VOYAGES

MÉTALLURGIQUES.

Tome II.

a

VOYAGES MÉTALLURGIQUES,

OU

RECHERCHES ET OBSERVATIONS

Sur les mines d'or & d'argent, celles de plomb, de cuivre, de bismuth, de cobolt & de mercure ; les fabriques d'azur, de céruse, du blanc de plomb & du minium, faites depuis 1757 jusques & compris 1769, en Allemagne, Suede, Norwege, Hongrie, Tirol, Angleterre, Écosse, dans le Hartz, la Saxe, le Comté de Mansfeld, la Bohême & la Hollande.

AVEC FIGURES.

Par feu M. J A R S, de l'Académie Royale des Sciences de Paris, de celle de Londres pour l'encouragement des Arts, & Associé de l'Académie des Sciences, Belles-Lettres & Arts de Lyon.

DÉDIÉS A L'ACADÉMIE ROYALE DES SCIENCES DE PARIS.

Et publiés par M. G. JARS, de l'Académie des Sciences, Belles-Lettres & Arts de Lyon, & Correspondant de celle des Sciences de Paris.

Veniet tempus, quo posteri nostri tam aperta nos nescisse mirentur.
SENEC. Nat. quæst. ch. 25.

TOME SECOND.

A PARIS, RUE DAUPHINE,

Chez { L. CELLOT, Libr.-Imprim. Gendre de CH.-ANT. JOMBERT Pere.
CL.-ANT. JOMBERT, aîné. } Libraires.
L.-ALEX. JOMBERT, jeune. }

M. DCC. LXXX.

AVEC APPROBATION ET PRIVILEGE DU ROI.

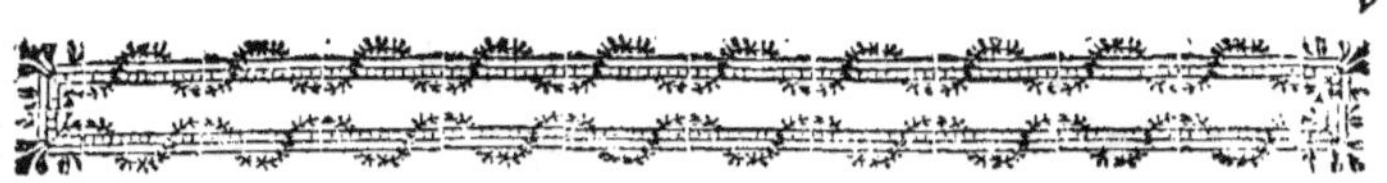

PRÉFACE.

SI l'Art de l'exploitation des Mines & celui de la Métallurgie, n'ont pas acquis en France la même célébrité qu'en Allemagne, & chez les autres Nations de l'Europe, ils ont néanmoins fixé l'attention du Gouvernement, & des Savans patriotes qui se sont empressés de traduire les ouvrages les plus instructifs sur cette matiere. Depuis un tems immémorial les Princes d'Allemagne ont regardé l'exploitation des mines comme une partie essentielle de leur domaine, & à leur imitation plusieurs Puissances de l'Europe ont cherché les moyens de les mettre en valeur : nous voyons même dans les Ordonnances rendues par Charles VI, & les Rois ses successeurs, qu'ils ont connu cette source de richesses, & qu'ils ont accordé quelques privileges à ceux qui entreprendroient de l'ouvrir.

Tout concourt à démontrer l'utilité de cette branche de commerce ; c'est elle qui fournit à l'Agriculture, le premier des Arts, les instrumens sans lesquels elle ne pourroit suffire aux besoins des Sociétés nombreuses ; c'est elle qui met en valeur tous les dons que la nature a faits à un Peuple ; c'est elle qui lui fournit les matieres premieres qui alimentent la plupart de ses Manufactures, & qui l'affranchit par-là des tributs qu'il seroit obligé de payer aux Nations plus actives ; c'est elle encore qui féconde en quelque maniere le sol le plus aride, ou du moins elle peuple la surface toujours ſtérile des rochers qui recouvrent les veines Métalliques; c'eſt à elle que nous devons le charbon foſſile qui ſupplée à la rareté des bois, & ſans lequel des Peuples entiers ſeroient privés des matieres combuſtibles ſi néceſſaires aux beſoins & aux uſages de la vie: c'eſt à elle enfin que nous devons les métaux, les ſoufres, les vitriols, les bitumes & les ſels dont aucun des Arts ne peut ſe paſſer.

Ajoutons que les mines ſont une ſource intariſſable de découvertes intéreſſantes pour l'Hiſtoire Naturelle, la Phyſique, la Chymie, & ce qui eſt plus précieux encore à un État, qu'elles occupent beaucoup d'hommes qui ſans cette reſſource languiroient dans l'inertie & l'indigence; & nous aurons donné une idée ſuccinte de l'Art des Mines & de la Métallurgie.

Après avoir expoſé en peu de mots les avantages que ces Arts peuvent produire, on ne diſſimulera pas les difficultés qui peuvent en retarder les progrès; il ne ſuffit pas pour être bon Mineur & bon Métallurgiſte , d'avoir la théorie & la pratique d'une ſeule mine, il faut encore avoir beaucoup vu, obſervé & pratiqué dans chaque Pays, Les filons & veines minérales nous offrent des variétés infinies, ſoit par la nature des minérais, ſoit par celle des matieres qui les accompagnent & du rocher qui les renferme. Il eſt très-peu de minérais qui puiſſent être traités avec le plus grand avantage par les mêmes procédés; il eſt donc important de connoître tous ceux qui ſont en uſage, de même que les fourneaux pour pouvoir les exécuter, en faire choix ſuivant les circonſtances , & même les perfectionner s'il eſt poſſible. L'Art de boiſer les ouvrages intérieurs, que l'on peut nommer l'Architecture ſouterraine, eſt très-importante à ſavoir ; la méchanique joue auſſi un grand rôle dans les Mines, pour les épuiſemens & la ſortie des matieres, ainſi que la Géométrie pour lever le plan d'une Mine & en conduire les travaux. On a encore recours à la Méchanique pour concentrer par le lavage le minérai, & le ſéparer des parties terreuſes, afin d'en avoir une moindre quantité à traiter par la fonte : enfin il ne faut ignorer aucune des opérations de Métallurgie, dont l'application peut guider un Chymiſte, lui fournir des reſſources contre les obſtacles imprévus, augmenter ſes lumieres & aſſurer ſes ſuccès.

La bonne régie eſt ſur-tout un point eſſentiel auquel on ne ſauroit donner trop d'attention ; c'eſt preſque toujours le défaut d'économie, qui fait échouer les entrepriſes Métallurgiques : où la ſage écomonie ne regne pas, les profits ſont abſorbés en pure perte, les entrepreneurs ruinés ſe diviſent, la défiance les arme les uns contre les autres, & l'exemple de leurs déſaſtres effraie ceux qui ſeroient tentés de marcher ſur leurs traces.

Avec les connoiſſances néceſſaires & une bonne adminiſtration, il y auroit beaucoup moins de riſques & de craintes, beaucoup plus de crédit & de confiance, & l'on verroit renaître inſenſiblement un art trop négligé en France depuis pluſieurs ſiecles.

L'exemple de nos voiſins doit nous inſtruire ; les Anglois & les Écoſſois ne ſont certainement pas mieux fitués que nous pour exploiter des mines ; cependant le progrès qu'elles ont fait chez eux depuis le commencement de ce fiecle, a de quoi nous furprendre. Nous avons fait connoître dans le premier Volume de ce Recueil, la quantité immenfe de charbon minéral que l'on y extrait annuellement des entrailles de la terre, & perfonne n'ignore que cette Nation fournit de l'étain à prefque toute l'Europe ; le plomb & le cuivre font devenus depuis peu d'années un produit qui excede déjà celui de l'étain, & journellement il s'établit dans ces deux Royaumes de nouvelles forges de fer ; l'alun & le vitriol leur rapportent auffi des fommes confidérables.

Pourquoi la France ne fe procureroit-elle pas les mêmes avantages ? Feu M. Trudaine pere, chargé de la partie des Mines dans l'adminiftration qui lui étoit confiée, avoit fenti combien leur exploitation pouvoit devenir utile au Royaume ; auffi ce Patriote éclairé, dont la mémoire fera toujours chere à la Nation, n'oublia-t-il rien pour faire valoir cette branche de Commerce. Il conçut d'abord le projet de former des Éleves, qui après les premieres études relatives à cet objet intéreffant, voyageroient dans les différens Pays où fe trouveroient les Mines les plus renommées ; il voulut qu'ils y obfervaffent avec foin toutes les opérations & tous les procédés que l'on y emploie, & que, inftruits chez l'Étranger, ils revinffent enrichir leur Patrie des connoiffances qu'ils y auroient acquifes. M. Trudaine concerta fon plan avec feu M. Hellot, à qui nous devons la traduction de l'Art Docimaftique,

&

& du Traité des Fonderies de Schlutter ; de concert avec ce Savant il prit toutes les mesures nécessaires, & détermina le Ministere à faire les dépenses indispensables pour le faire réussir ; lui-même fit le choix des premiers voyageurs sur qui il fondoit de grandes espérances, & c'est au zele de ce grand homme pour le progrès des Sciences & du Commerce, que nous devons le Recueil de ces Voyages Métallurgiques que je donne au Public. La protection qu'un Gouvernement éclairé continue d'accorder aux Citoyens qui s'adonnent à ces travaux utiles, est le mobile le plus puissant pour encourager ce talent, & assure au Protecteur la gloire de faire le vrai bien de l'État.

Nous avons déjà annoncé dans la Préface du premier Volume, que le choix de M. Trudaine tomba sur MM. Jars & Duhamel ; ils commencerent en 1757 par la Saxe, la Bohême, l'Autriche & la Hongrie, & terminerent en 1759 leur tournée par le Tirol, la Styrie & la Carinthie. En l'année 1765, M. Jars fut seul chargé de visiter les Mines de l'Angleterre & de l'Ecosse, & en 1766, j'eus le bonheur de participer à la confiance dont le Ministere l'avoit honoré. Nous entreprîmes ensemble le voyage du nord ; nous parcourûmes toutes les Mines importantes de l'Électorat d'Hanovre, du Duché de Brunswick, du Pays de Hesse, du Comté de Mansfeld, de la Norwege, de la Suéde, de Liége & du Comté de Namur ; nous rapportámes aussi de la Hollande quelques observations sur plusieurs Fabriques & Manufactures.

Compagnon d'une partie des voyages que mon

frere avoit entrepris par ordre du Gouvernement, guidé par fes exemples, animé de fon zele, refté bientôt par un cruel événement, dépofitaire de fes Manuf- crits & de nos recherches communes, comptable à ma Patrie de ce dépôt formé pour elle, je m'occupai après fa mort à raffembler le fruit de fes travaux, & de nos obfervations fur le fer, l'acier & le charbon minéral. Elles ont rempli le premier Volume de ce Recueil publié en 1774 ; j'avois réfervé pour la feconde & troifieme Partie, toutes celles qui concernent les autres Mines métalliques, les foufres, les vitriols & les fels ; chaque matiere y eft traitée féparément & dans l'ordre qui fera indiqué ci-après. Nous avons ajouté quelquefois des notes au texte, lorfqu'il nous a paru exiger plus de développement; & pour faciliter l'intelligence des Mémoires, nous y avons joint les deffins des machines & fourneaux dont ces Mémoires font mention.

Les connoiffeurs ne feront pas furpris de trouver quelques répétitions dans cet Ouvrage; ils favent bien que lorfqu'il s'agit de décrire des procédés & des ma- nipulations, il vaut mieux fe répéter & paroître diffus que d'omettre les moindres détails.

Voici l'ordre des matieres traitées dans les Mémoires qui rempliffent les deux nouveaux Volumes qu'on donne aujourd'hui au Public.

SECOND VOLUME.

Le premier peut être regardé comme une introduc- tion à l'Art d'exploiter les Mines ; ce font les Élémens de la Géométrie fouterraine, théorique & pratique, dont l'ufage eft indifpenfable pour la conduite & l'économie des travaux, & fans laquelle on ne peut reconnoître la marche des filons ou veines minérales, ni déterminer leur pourfuite fans s'expofer à des frais inutiles; feu M. König, Auteur de ces Élémens qui les avoit enfeignés à M. Jars, s'étend fur toutes les parties qui font relatives à cette Science. Après en avoir donné les définitions & celles des différentes fortes de filons, il décrit non-feulement les inftrumens qui y font propres, mais encore il en donne les plans & les deffins; il paffe enfuite à la pratique, & rapporte nombre d'exemple des opérations les plus ufitées, qui font plus que fuffifans pour opérer dans tous les cas qui peuvent fe préfenter.

La defcription des Mines d'or & d'argent de la Suede & du Tirol fournit la matiere du *fecond Mémoire*, où l'on fait connoître auffi l'origine & l'époque de leur découverte. Cette defcription eft intéreffante pour la France; 1°. parce que n'ayant point de mines d'or, on ne peut y en avoir une idée que par la defcription des Mines étrangeres.

2°. Parce que les filons des Mines d'argent qu'on décrit dans ce Mémoire, font d'une efpece très-remarquable.

Le troifieme Mémoire contient les mêmes détails fur les Mines de la Norwege, & particuliérement fur celles d'argent de Kongsberg très-renommées dans le nord; mais avant que de les décrire, l'Auteur donne une idée générale des autres mines de ce Royaume, il indique l'époque de leur découverte que l'on fait remonter au XIVe fiecle, le droit qu'elles paient au Souverain, & rapporte ce qui concerne leur exploitation ; il décrit enfuite celles de Kongsberg que nous avons vifitées en l'année 1767. Leur origine, un récit hiftorique de la maniere dont elles ont été découvertes, la forme de leur régie & de leur exploitation en différens tems, & fucceffivement l'état de leur adminiftration jufqu'à préfent, compofent la premiere Partie de ce Mémoire.

Dans la feconde il fait connoître les montagnes qui renferment les veines minérales, & la nature des unes & des autres ; il diftingue l'efpece de rochers dont elles font compofées, & particuliérement de ceux qui accompagnent les filons. Il obferve que ceux qui contiennent les veines minérales font ferrugineux, & que celles-ci les coupent toujours en angle droit ou aigu dans leur direction ; il fait une diftinction de ces rochers ferrugineux, dont l'épaiffeur eft plus ou moins grande, & qu'il confidere comme des filons principaux. M. Jars préfente plufieurs obfervations fur la direction & l'inclinaifon des veines, & fur leur produit en argent natif & autres efpeces de minérais ; il traite enfuite de l'exploitation & des procédés de la fonte.

Dans le quatrieme Mémoire qui concerne les Mines d'or & d'argent de la Hongrie, MM. Jars & Duhamel ne laiffent rien à defirer fur les détails de l'exploitation, & fur les moyens économiques que l'on emploie, tant à l'extraction des minérais qu'à l'épuifement des eaux.

Le cinquieme Mémoire qui eft une continuation du

précédent, détaille les différentes manieres de procéder au pilage & au lavage des minérais, & on n'oublie
rien pour en faire connoître toutes les opérations ; ce
Mémoire eſt terminé par une notice des Mines qu'on
exploite dans les environs de Schemnitz, & de celles
de Cremnitz.

Dans le ſixieme Mémoire qui eſt encore une ſuite
du précédent, on y rend compte de tous les procédés
que l'on ſuit pour la fonte des minérais.

Le ſeptieme concerne les mines du Pérou ; ce ſont
des obſervations extraites du voyage de M. Frezier à
la mer du ſud, que M. Jars tenoit de feu M. Hellot,
& que j'ai cru devoir placer ici pour completter ce qui
regarde l'or & l'argent.

Les mines d'or, argent, cuivre, plomb & zinc de
l'Électorat d'Hanovre & du Duché de Brunſwick,
leur exploitation, toutes les opérations des bocards &
laveries, celles des fonderies & un précis de leur adminiſtration & économie, fourniſſent la matiere des
huitieme, neuvieme & dixieme Mémoires ; l'Auteur y
décrit celles qui ſont compriſes dans le haut & bas
Hartz, & diſtingue les principales qui ſont très-riches
& très-abondantes.

Le onȝieme Mémoire a pour objet les mines de
Freyberg en Saxe. Après avoir fait la diviſion des différens diſtriᴄts que l'on diſtingue dans ſon arrondiſſement, MM. Jars & Duhamel rendent compte de
celles qu'ils ont viſitées, & de toutes les autres qui y
ſont compriſes. Ces recherches ſont accompagnées de
la carte du pays qui détermine leur poſition ; ils dé-

crivent en même tems les veines minérales, leurs variétés, leurs différences, la maniere de les exploiter, & celle de traiter les minérais pour les préparer à la fonte.

Ces dernieres opérations font contenues & rapportées dans le *douzieme Mémoire*, fous le titre d'*Adminiftration générale des Fonderies de Saxe*; c'eft d'après ces détails qu'on peut fe former une idée de l'économie des Mines, & de fon importance pour le foutien de ces fortes d'entreprifes.

Le treizieme Mémoire eft une defcription des Mines d'argent & de cuivre du Comté de Mansfeld; elle eft d'autant plus intéreffante, que les filons & les minérais font d'une efpece particuliere, & que l'exploitation n'eft pas la même dans toutes : cette defcription eft fuivie de celle de la fonderie la plus renommée en Allemagne pour le travail de la liquation.

Le quatorzieme Mémoire traite des Mines d'argent, de plomb, de bifmuth & de cobolt que MM. Jars & Duhamel vifiterent en 1758, dans les hautes montagnes de la Saxe & celles de la Bohême. Après avoir parlé des différentes Mines que l'on y exploite, & indiqué les procédés des fonderies, ils entrent dans les plus grands détails fur les fabriques d'azur, ils donnent même le deffin des fourneaux propres à fondre les mélanges, & terminent les obfervations par la defcription des Mines de mercure d'Ydria.

L'èxpérience avoit appris à M. Jars que dans l'affinage du plomb à la coupelle, les ouvriers fans ceffe expofés aux vapeurs arfénicales, devenoient par la fuite, pour la plupart, perclus de leurs membres; l'ambition qu'il avoit d'y remédier, lui donna lieu d'imaginer un fourneau d'une nouvelle conſtruction, dont il eſt queſtion dans ce Mémoire. A la ſuite des détails de cette opération, il faut en voir l'explication & les figures.

Dans le quinzieme Mémoire, M. Jars rend compte de pluſieurs Mines de plomb d'Angleterre, parmi leſquelles il diſtingue celle de plomb à crayons; il fait encore mention d'une autre Mine du Comté de Namur, & décrit les procédés que ſuivent les Hollandois & les Anglois pour la fabrication de la céruſe, du blanc de plomb & du minium.

T R O I S I E M E   V O L U M E.

Le premier Mémoire traite des Mines de cuivre & d'argent de la Hongrie, de la Bohême & du Tirol, qui ſont en partie exploitées aux frais de l'Impératrice, & des différentes opérations que l'on ſuit dans les fonderies pour extraire les métaux, avec quelques obſervations ſur les fontes, ſuivies de quelques notes, & un précis de la maniere dont on procede à la fonte des minérais de cuivre des Mines du Lyonnois.

Le deuxieme Mémoire contient de ſemblables détails, ſur les Mines de cuivre les plus remarquables de la Suede : leur origine, l'époque de leur découverte, l'eſpece des rochers, des filons & des minérais, leur exploitation, les machines qui ſervent à l'épuiſement des eaux & à l'extraction des matieres; tous ces articles y ſont diſcutés amplement. L'Auteur après avoir donné une idée de l'adminiftration & de l'économie de ces Mines, enfemble des priviléges dont jouiffent les entre-preneurs, décrit la méthode de griller les minérais, leur fonte & le procédé du raffinage du cuivre, & finit par la defcription d'une fabrique de laiton, & d'une autre de dez à coudre.

Dans le troifieme Mémoire, M. Jars fait connoître plufieurs Mines de cuivre & de pierre calaminaire, d'Angleterre, du Hartz & du pays de Heffe, & rend compte de différentes fabriques de laiton, & du pro-cédé du cuivre rouge avec la blende pour en faire du cuivre jaune.

La méthode de griller les minérais de cuivre en grande quantité, & par laquelle on en extrait en même tems la majeure partie du foufre qu'ils contiennent, forme l'objet du *quatrieme Mémoire*; pratique qui eft ufitée à Goflar pour ceux d'argent, cuivre & plomb, & que l'on fuit avec fuccès depuis trois années aux Mines du Lyonnois pour les minérais pauvres.

Le cinquieme Mémoire contient la defcription d'un grand fourneau à raffiner le cuivre, que l'Auteur fit conftruire en 1755, aux Mines du Lyonnois, & du procédé du raffinage. Ce fourneau eft le premier & peut être le feul encore de cette efpece, où l'on opere fur une très-grande quantité & auffi avantageufement.

Le fixieme Mémoire, dont M. Duhamel eft l'Au-teur, concerne une nouvelle machine à moulettes qui differe de celles qui font connues, principalement par la conftruction du tambour, dont il réfulte beaucoup plus d'économie, foit en ménageant la puiffance, foit

en

en gagnant de la vîteſſe. Au moment que j'eus la communication de ce Mémoire, on travailloit aux Mines du Lyonnois à conſtruire une de ces machines, je fis changer les premieres diſpoſitions, & elle fut exécutée ſuivant la théorie de l'Auteur du Mémoire.

Le ſeptieme Mémoire a pour objet les Mines d'étain de la Saxe, de la Bohême & celles d'Angleterre. L'Auteur obſerve que les filons de ces premieres, ſont en général de l'eſpece de ceux que l'on nomme *ſtock-werck* ou maſſe minérale; & comme les minérais contiennent une grande quantité de fer, il détaille les procédés au moyen deſquels on parvient à le ſéparer, & indique ceux de la fonte. A la ſuite de cette deſcription il fait celle des Mines de Cornouailles; ces recherches ſont accompagnées de quelques réflexions particulieres ſur les filons en général, ſur la méthode d'eſſayer ces ſortes de minérais, & les moyens les plus ſimples pour les découvrir.

Le huitieme Mémoire eſt ſur les monnoies dont il explique la fabrication; il traite ſur-tout de la maniere d'allier les métaux qu'on y fait entrer.

Le neuvieme Mémoire qui a pour titre : *Obſervations métallurgiques ſur la ſéparation des métaux*, lu par M. Jars à l'Académie Royale des Sciences en l'année 1769, préſente une méthode nouvelle de faire le départ des matieres d'argent & cuivre tenant or. L'objet de l'Auteur n'eſt pas d'employer principalement les pyrites pour précipiter le fin; car il ne les propoſe que pour le départ à ſec de l'or, & il conſeille de s'en ſervir comme additions dans certains cas ſeulement.

Tome II. c

Ses propres expériences contenues dans la premiere partie, pour la concentration de l'argent dans le cuivre, foit par le foufre du minérai, foit par celui des pyrites que l'on y ajoute, & tout ce que les principaux Auteurs qu'il cite en ont dit, n'ont d'autre but que d'appuyer & fervir de bafe aux nouveaux procédés qu'il propofe ; & l'on doit effentiellement obferver qu'il n'a en vue que de traiter les minérais d'argent & cuivre, qui contiennent toujours peu ou beaucoup de foufre, & non ceux qui ne tiennent que de l'argent, ou très-peu de cuivre ; car il y a de ces derniers qui ne font minéralifés que par l'arfénic, & en ce cas on fait ufage prefque par tout de la pyrite martiale.

En réfléchiffant fur les procédés dont M. Jars fonde la réuffite, non-feulement fur tous les principes déduits dans la feconde Partie de ce Mémoire, mais encore fur la méthode des Anglois pour traiter les Mines de plomb, qu'il a exécuté lui-même en baffe Bretagne, & qu'il a vu depuis en Angleterre, on verra que fon objet principal eft d'économifer beaucoup de plomb qui fe vitrifie, & qui va en pure perte par tous les procédés pratiqués, & connus en Europe pour la féparations des métaux.

Pour y parvenir, il ne cherche point à fondre les parties terreftres, qui par la minéralifation font unies aux métaux ou y font adhérentes ; il s'écarte en cela de tout ce que les Auteurs ont fait jufqu'à préfent. Ils prefcrivent tous des flux, des fondans pour fcorifier ces matieres réfractaires, fans faire attention que c'eft toujours aux dépens des métaux auxquels elles font unies, puifqu'elles fe vitrifient fi on leur donne un degré de chaleur plus fort qu'il n'eft néceffaire pour fondre les métaux; d'ailleurs par les additions on étend & l'on divife davantage les particules métalliques, d'où il réfulte un moindre produit.

Le fourneau de réverbere que M. Jars propofe a donc deux objets, celui de ne donner qu'une chaleur capable de faire couler les métaux, fans fondre les parties terreufes, & de cette maniere les liquéfier & reffuer en même tems; & en fecond lieu de concentrer par la même opération une grande partie du fin, contenu dans vingt quintaux & plus de minérais, que l'on introduit dans le fourneau; deux objets principaux & des plus importans des travaux Métallurgiques.

Le dixieme Mémoire traite dans le plus grand détail de plufieurs Mines & Fabriques d'alun, des Fabriques de foufre, de vitriol & d'huile de vitriol, dont il eft très-intéreffant de comparer les procédés, pour pouvoir en faire l'application fi quelqu'un vouloit former de pareils établiffemens. Ces articles font fuivis de la maniere dont on purifie le camphre en Hollande.

Le onzieme Mémoire renferme de femblables détails fur les mines de fel, les fources d'eau falée, l'évaporation de ces eaux pour en extraire le fel, & la purification du fel marin.

La fabrication de la poterie en Angleterre, celle des pipes, des briques & des tuiles en Hollande, forment l'objet du *douzieme Mémoire.* Quoique quelquesuns de ces articles foient déjà confignés dans les cahiers des Arts & Métiers de l'Académie Royale des

c ij

Sciences, nous n'avons pas cru devoir les fupprimer, parce qu'ils font trop intimement liés aux autres objets traités dans les autres Mémoires.

Le treizieme & dernier Mémoire eft un extrait des Ordonnances fur les Mines de Saxe, & celles des États de l'Impératrice, dans lequel MM. Jars & Duhamel rappellent tout ce qui fe pratique chez l'Étranger, & en font la comparaifon avec les Loix publiées en France fur la même matiere; d'où il réfulte des obfervations & des réflexions, qui les conduifent à propofer ce qu'ils croient convenable pour mettre les Mines en valeur; & ils terminent le Mémoire par un projet d'Édit en vingt-fept articles.

L'établiffement d'une École de Mines, à l'imitation de celle de Freyberg, où l'on profefferoit toutes les Sciences utiles & néceffaires à l'Art de la Minéralogie & de la Métallurgie; un pareil établiffement, dis-je, réuni à tant d'autres qui immortalifent en France, ceux qui en ont été les Inftituteurs, feroit bien digne de la grandeur de notre Nation. La gloire & l'intérêt de l'État y gagneroient également.

Nous avons cru devoir terminer ce Recueil par une notice de la Jurifprudence des Mines de Saxe, du Comté de Mansfeld, & des Ordonnances qui concernent celles du Hartz; & pour completter cette partie, nous y joignons celles qui ont été rendues en Angleterre pour les Mines d'étain & de plomb. Quoique les Loix concernant les Mines ne foient pas parfaitement uniformes, ou femblables dans toutes les parties de l'Allemagne, il regne une telle union entre les différens Conseils de Mines, qu'ils se consultent réciproquement dans les cas difficiles à résoudre; quelquefois même relativement à la conduite des travaux souterrains, lorsqu'ils sont de quelque importance.

Si l'Ouvrage que je publie aujourd'hui laisse encore quelque chose à desirer, j'ose croire qu'il contribuera à étendre nos connoissances, & que des Entrepreneurs prudens & instruits y trouveront des méthodes ou procédés qu'ils pourront employer avec succès dans leurs exploitations.

S'il est utile, j'aurai acquitté en le publiant, ce que je dois au Gouvernement, à ma Patrie, & à la mémoire d'un frere que je ne puis faire revivre que dans ce foible monument.

TABLE
DES MATIERES.

CINQUIEME

Tome II. d

Fin de la Table des Matieres.

EXTRAIT DES REGISTRES DE L'ACADÉMIE,
Du 21 Avril 1779.

M^{RS} FOUGEROUX & MACQUER, Commissaires nommés par l'Académie, ayant rendu compte des IIe & IIIe Volumes des *Voyages Métallurgiques* de feu M. JARS, de l'Académie des Sciences, publiés par M. son frere, l'Académie a jugé cet Ouvrage digne d'être imprimé sous son Privilege : En foi de quoi j'ai signé le présent certificat. A Paris, ce 12 Janvier 1780.

Le Marquis DE CONDORCET.

PREMIER

PREMIER MÉMOIRE (1).

ÉLÉMENS

DE LA

GÉOMÉTRIE SOUTERRAINE,

THÉORIQUE ET PRATIQUE.

PREMIERE PARTIE.

SECTION PREMIERE.

Des définitions de la Géométrie souterraine, des Mines & des Filons en général.

§. I. La Géométrie souterraine eſt une ſcience qui traite de l'étendue des mines, dont la théorie eſt fondée ſur la Géométrie ordinaire & qui a ſes opérations particulieres dans la pratique; on y opere également ſur les longueurs, largeurs & profondeurs; mais elle n'a pour objet que de ſimples lignes ou des dimenſions,

____

(1) Ces élémens ſont de feu M. König, Inſpecteur des mines de baſſe - Bretagne ; qui les avoit enſeignés à M. Jars, lorſqu'il y fut envoyé comme éleve.

Tome II.   A qui par leurs différentes positions, font connoître la situation des mines ouvertes & de celles que l'on auroit intention d'ouvrir.

REMARQUE. Il n'est question dans la Géométrie souterraine que des lignes droites; les principales font l'horisontale & la perpendiculaire; les lignes obliques, quoique très-fréquentes, ne servent souvent que pour trouver ces deux dernieres; & comme les lignes, les angles & autres figures géométriques ont ici les mêmes significations, nous n'en parlerons pas; ceux qui voudront pratiquer ces élémens, doivent en avoir une suffisante connoissance, comme de l'arithmétique & de la trigonométrie, qui dans tous les cas s'appliquent dans cette science.

§. II. Les mines font des espaces souterrains excavés par les hommes, pour y chercher les filons qui contiennent les matieres minérales & métalliques (*).

(*) *Voyez* la Pl. I, Fig. 2, & l'explication.

REMARQUE. Nous ne rapporterons pas ici les différens sentimens fur l'origine des mines ni fur les diverses manieres de les exploiter; nous obferverons feulement qu'elles font très-anciennes: quant à leur travail, il est plus ou moins difficile en raison de la quantité d'eau qu'il y a à élever, de la dureté des rochers & des profondeurs à vaincre, ce qui dépend toujours de l'étendue & de la fituation des filons; plufieurs de ceux-ci montent jusqu'à la furface de la terre, comme on peut le voir dans la même Pl. fig. 1, lettres A, B, C, D, E, F.

SECTION II.

Des filons, fentes & veines, & leur dénomination.

§. I. Un filon est une épaiffeur de rocher plus ou moins large, différente de celle qui le joint, & qui le traverse tant en longueur qu'en profondeur: la Pl. I, fig. 1, défigne des filons fuivant leur direction, & la fig. 2, les mêmes filons en profil fuivant leur pente.

REMARQUE. C'est dans cette épaiffeur de rocher où fe trouve

ordinairement le minerai ; fa largeur eft difficile à déterminer ; dans certains endroits ; elle eft de plufieurs pieds comme auprès de P Q, *fig.* 1, & de L M N, *fig.* 2, de la même planche ; dans d'autres elle fe réduit à une fimple marque de quelques lignes.

Sa couleur eft en général blanchâtre ; lorfqu'elle differe, c'eft l'expérience feule qui peut la faire connoître ; ces changemens n'arrivent fouvent que par la féparation & la réunion de plufieurs petits filets ou veines, qui partent toujours du filon principal. Ces dérangemens font auffi occafionnés par la bonne ou mauvaife qualité du rocher, & c'eft prefque une regle infaillible parmi les mineurs, de regarder un rocher fauvage comme la perte totale du filon & du minerai : on entend fous le nom de rocher, l'étendue des pierres qui fe trouvent à côté du filon, & qui en font féparées.

§. II. Une fente eft une fimple ouverture dans la maffe du rocher, dont la matiere eft compacte comme celle des filons, mais qui néanmoins a comme eux fa direction & fa pente : les lettres V V & X Y, Pl. I, fig. 1 , défignent des fentes.

Remarque. Lorfque ces fortes d'ouvertures ont une certaine largeur, environ un pied, & qu'elles contiennent des matieres fpongieufes, elles prennent la dénomination de fentes pourries ; fi au contraire elles font étroites & compactes, on les nomme fentes féches, comme l'on dit fentes graffes de celles qui font plus ouvertes & remplies de terre glaife, & fentes humides de celles par lefquelles il fe fait une filtration d'eau.

Ces fentes fe réuniffent au filon, le traverfent & y caufent du changement, fuivant leurs bonnes ou mauvaifes qualités, c'eft-à-dire, qu'elles l'enrichiffent ou l'appauvriffent.

§. III. Les filets ou petites veines font des filons féparés du filon principal. *Voyez* L M N O & I K, fig. 2 de la premiere planche.

Remarque. On entend par filon principal celui auquel fe

réuniſſent nombre de petits filons , & dont il en part d'autres qui ſe diviſent en pluſieurs branches ; il a d'ailleurs une marche réglée, & quoiqu'il ſe joigne à un autre, avec lequel il ſe traîne ſouvent ſur une aſſez longue diſtance, comme auprès de L , il s'en ſépare enſuite & revient dans ſa premiere direction ; c'eſt des filons principaux comme A B C D, fig. 1, que la plupart des autres tirent leur origine, auſſi ces derniers ne ſont-ils pas auſſi conſtans. Ces veines s'écartent, rejoignent & traverſent le véritable filon, comme on le voit dans la même planche près de P Q I K, fig. 1; on les nomme *déſerteurs* quand ils ſortent & ne reviennent que rarement comme M N ; *accompagnans* ou *compagnons* ceux qui côtoyent le filon, tels que L V O P ; *joignans* quand après une certaine diſtance de leur courſe , ils ſe réuniſſent au premier : *voyez* G O, même figure.

§. IV. On appelle une *Klûft* certaine marque ſemblable à une fente , avec cette différence que celle-ci ſe trouve à côté ou dans le filon même ſans le détruire ; au lieu que le premier le coupe ſouvent totalement , & quand il perd ſon épaiſſeur de rocher comme auprès de S T , Pl. I, fig. 1, alors on dit , il ne reſte plus qu'une klûft.

§. V. La ſortie ou la tête d'un filon eſt la marque ſurperficielle A C Q, que l'on trouve d'abord en faiſant la découverte.

REMARQUE. Elle ſe voit en pluſieurs endroits en deſſous du rocher de la même largeur & qualité du filon ; dans d'autres ce n'eſt qu'une terre d'une couleur différente de celle des environs, qui eſt le plus ſouvent graſſe & de couleur blanchâtre ; ces indices ſe trouvent à la ſurface des rochers ou dans une certaine profondeur de la terre, qu'il faut traverſer pour arriver à la tête d'un filon : on a reconnu par expérience que le terrain propre à l'accroiſſement des végétaux juſqu'au rocher, excédoit rarement la profondeur de dix toiſes.

§. VI. Découvrir un filon ſe dit quand on le rencontre par

hafard ou par une recherche ; s'il contient du minerai ou qu'il en promette par fes indices, on le nomme alors *filon noble*, & quand il ne produit rien, *filon fourd*, *vil & abject*.

SECTION III.

Des différentes fortes de filons, de leurs directions & de leurs chûtes.

§. I. On doit diftinguer quatre fortes de filons en les confidérant fuivant leurs directions principales. Filon feptentrional, filon méridional, filon occidental, & filon oriental. Un filon feptentrional eft celui qui a fa direction entre 12 & 3 heures : *voyez* **A B**, Pl. I, fig. 1. **CD**, même figure, eft un filon méridional, depuis 9 jufqu'à 12 heures. Les filons qui ont leurs directions de 6 à 9 heures, font occidentaux, tels que **EF**, même figure. On les nomme orientaux quand ils l'ont de 3 à 6 heures comme **GH** (1). La direction d'un filon eft le chemin qu'il fait par fes tours & détours, fuivant fon étendue horifontale **A B**, **E F**, figure 1.

REMARQUE. La direction principale d'un filon eft une ligne droite toujours horifontale, mais prife de façon que les tours & détours répondent au moins par un point à fa pofition ; la ligne ponctuée **E F** eft la direction principale du même filon, comme **H F G** eft celle du filon **H G I**.

Si l'on fait attention que les filons **A B**, **C D**, **G H** font inclinés, ainfi qu'on peut le remarquer dans le profil, fig. 2 de la même planche, qu'ils parcourent des montagnes & des vallons, & qu'ils s'éloignent par conféquent de l'horifon & de leurs directions principales, on verra que celles-ci ne peuvent être d'accord avec les directions communes, que lorfque les filons font perpendiculaires comme **EF**; ce qui arriveroit auffi avec les autres s'ils fe trou-

(1) C'eft fuivant la direction principale d'un filon prife avec la bouffole (*) qu'on le défigne ; chacun comprend le quart du cercle, qui dans fa circonférence eft partagé en deux fois douze parties que l'on nomme *heures*; chaque heure eft encore fubdivifée en huit autres parties que nous nommerons *huitiemes*; ainfi quand on trouve écrit 4, 5 heures, il fignifie 4 heures & 5 huitiemes.

(*) *Voyez* la Pl. II, Fig. 1.

voient dans une plaine exactement horifontale.

§. II. La chûte ou la pente d'un filon eft une ligne perpendi-culaire ou oblique prife toujours en angle droit fur la direction, fuivant laquelle il defcend vers le centre de la terre ; A B, fig. 2, eft la chûte de ce filon.

REMARQUE. On diftingue plufieurs fortes de filons fuivant leurs différens degrés de pente ; les quatre principaux font, 1°. les filons droits (dits vulgairement droiteurs) qui font perpendi-culaires ou qui n'inclinent point au-deffous de 80 degrés, tels que E F, fig. 2; 2°. les filons inclinés qui ont leur pente, de-puis 80 jufqu'à 50 degrés comme G H, même figure ; 3°. les fi-lons obliques qui inclinent entre 20 & 50 degrés comme C D, même figure ; 4°. les filons plats ou communément plateurs, qui fe trouvent par leur chûte inclinés depuis 20 degrés jufqu'à la ligne horifontale.

Pour mieux encore diftinguer les filons les uns des autres, foit par leurs directions, foit par leur chûte, on les divife en directs & indirects tombans ; ainfi un filon feptentrional, de même que le méridional, qui tombe ou defcend vers l'occident, eft re-connu pour direct tombant ; ceux qui font directs orientaux in-clinent à l'occident & au nord ; les occidentaux au nord ou au midi, tous les autres qui ont leur pente dans un fens contraire font éputés indirects. Suivant cette regle le filon A B, fig. 10, eft in-direct, comme étant incliné à l'orient; mais les autres de la même figure, par leurs directions & leurs inclinaifons, font cenfés directs tombans.

On en diftingue encore une autre efpece que les Allemands nomment *Stockwerek* ; c'eft une maffe minérale formée par le mêlange ou affemblage confus d'un nombre de petites veines qui fe réuniffent en un feul point, & qui n'ont ni direction ni pentes réglées.

SECTION IV.

Des ouvertures souterraines, leurs noms & leurs usages.

§. I. UNE tranchée est la premiere ouverture souterraine que l'on fait pour attaquer & reconnoître un filon.

Les tranchées se font ou en forme de puits comme les précédentes, ou en les commençant par l'ouverture d'une galerie ; elles font d'autant plus profondes qu'il y a d'épaisseur de terre mouvante.

§. II. On nomme *galeries*, des ouvertures oblongues telles que W Z, figure 1, même planche, & K V Z de la 2 figure.

.La galerie que nous avons regardée comme une tranchée, perd ce nom & celui de galerie par sa continuation vers l'ouverture E. On distingue les galeries par des dénominations particulieres, comme galerie principale, n°. 1 ; galerie d'écoulement ou galerie profonde, galerie de recherche, n°. 2, qui sert à reconnoître le filon dans une certaine distance ; enfin des galeries obliques qui font poussées fur des filons inclinés, comme celle du n°. 4, fig. 3.

REMARQUE. On donne communément aux galeries six pieds de hauteur dans œuvre, trois pieds de large dans le bas, & environ deux pieds & demi dans le haut ; leur pourfuite doit être faite en obfervant d'y donner un peu de pente pour l'écoulement des eaux, dans une galerie profonde qui est destinée à écouler toutes les eaux de la mine : on compte environ 24 à 30 pouces de chûte par chaque 100 toises.

§. III. Les puits font également des ouvertures en quarré oblong, mais dans un autre fens que celles des galeries.

REMARQUE. Les puits extérieurs font ces ouvertures qui partent de la furface de la terre, & qui tendent à fon centre lorfqu'elles font perpendiculaires comme le puits &, fig. 2; elles font obliques quand elles fuivent l'inclinaifon des filons comme G H, même figure.

Un puits oblique ne fe pratique que fur des filons qui inclinent; les autres filons doivent être approfondis perpendiculairement, parce qu'ils font plus commodes & utiles à l'avancement des travaux; leurs ouvertures varient dans les dimenfions : les plus ordinaires font de 9 jufqu'à 12 pieds de longueur, fur 4 à 5 pieds de largeur; ce qui dépend de l'utilité que l'on veut en retirer.

§. IV. Un puits intérieur eft celui qui a fon embouchure au niveau d'une galerie, comme il eft défigné par les lettres R S, figure 2.

Les noms des puits font aufli multipliés que ceux des galeries; on dit puits d'avancement, puits de l'eau, puits des machines, puits d'air ou de refpiration : ces dénominations ont été imaginées pour marquer l'ufage que l'on en fait.

§. V. Quand on travaille en montant par une ouverture en forme de puits irrégulier comme M N R, fig. 2 , on la nomme pourfuite, ou bien ouvrage en montant.

Ces fortes d'ouvertures fe commencent ordinairement dans les endroits du filon où il y a du minérai; & elles ne fe font ailleurs que dans le cas où l'on eft obligé de percer dans un puits de bas en haut pour en faire écouler les eaux, ou pour introduire de l'air dans les ouvrages inférieurs.

§. VI. Une traverfe eft une galerie que l'on pouffe d'un puits ou d'une autre galerie, vers certains endroits que l'on a en vue de reconnoître à droite ou à gauche; ainfi, n°. 3 , fig. 3 , eft une traverfe, par laquelle on veut arriver au filon feptentrional de la même figure.

Plufieurs motifs déterminent ces fortes d'ouvertures; c'eft principalement pour reconnoître des veines qui peuvent être échappées du filon principal; elles fervent aufli à communiquer d'une galerie ou d'un puits à l'autre, foit pour faciliter l'ouvrage, foit pour introduire l'air dans les endroits où il en manque; dans ce cas on les nomme *percement*.

§. VII.

§. VII. Un percement eft la jonction de deux ouvertures fou-
terraines, telles que la galerie V vers le puits Q, celle du puits *&*,
dans la galerie Z, & du puits K à R, pl. I, fig. 2.

Les percemens font fréquens dans les ouvrages des mines où Pl. I, Fig. 2.
ils font de la plus grande utilité; l'exécution en eft plus difficile
qu'on ne l'imagine d'abord, & demande une grande précifion &
exactitude dans les opérations; l'étude de la géométrie fouterraine
donne feule des regles certaines pour les faire juftes, comme on le
verra dans la feconde Partie de ce Traité : elle n'eft pas moins
précife dans les autres dimenfions, & elle feule peut donner la
connoiffance de la véritable fituation d'une mine.

§. VIII. Un détour fe fait dans une galerie, lorfqu'on rencontre quelques obftacles qui en retarderoient l'avancement, tel que
n°. 5 vers n°. 7, de forte qu'il faut paffer par n°. 6, pour revenir à n°. 7.

Il arrive quelquefois dans la pourfuite d'une galerie que l'on
rencontre de vieux travaux ou un rocher tendre, difficile à foutenir, & conféquemment difpendieux; on prévient cet inconvénient
par un détour que l'on fait à droite ou à gauche; on évite par-là
l'entretien des bois d'étançonnage, dont on ne doit faire ufage que
le moins qu'il eft poffible.

SECTION V.

*De quelques termes particuliers dont on fe fert dans la Pratique de
la Géométrie fouterraine.*

§. I. Le *lien* d'un filon fe dit de la féparation qu'il fait avec le
rocher, fuivant fa direction & fa pente, foit en deffus ou en deffous; quelques-uns le nomment *éponte*.

On la diftingue auffi par le toît & le mur, fur lefquels on doit
appliquer la bouffole, & autres inftrumens pour reconnoître la
direction & la pente d'un filon.

§. II. Le *fol* d'un puits ou d'une galerie eft le fond, & la partie
la plus baffe fur laquelle marchent ceux qui y entrent : ainfi D

Tome II. B

eſt le ſol de la galerie RZ, fig. 2, les lignes paralleles de la troiſieme figure déſignent celui de pluſieurs galeries.

§. III. On nomme *chef* la partie ſupérieure d'une galerie qui la détermine & la couvre horiſontalement ; R eſt le chef de la galerie Z , fig. 2.

§. IV. L'*extrémité* d'une galerie eſt l'endroit final où elle ſe trouve, non-ſeulement depuis long-tems, mais auſſi dans chaque moment lorſqu'on y travaille ; Y eſt l'extrémité de la galerie Z R, fig. 2, ce qui eſt également marqué par le n°. 8 de la troiſieme figure.

Souvent on nomme de même une galerie qui eſt pouſſée ſur un filon ou à travers le rocher, pourvu qu'elle ne communique point à d'autres ou à des puits ; dans ce cas , elle prend le nom de *percement*.

§. V. La charpente qui ſe poſe à l'embouchure d'un puits ſe nomme *quarrure*, & les pieces de bois jointes enſemble de 4 en 4 ſe diſent *cadres ;* ſur cette charpente ſe place par deux ſimples ſoutiens ou chandeliers , un tour armé d'une manivelle à chacune de ſes extrémités, pour ſervir à extraire hors du puits les matieres : *voyez* la partie ſupérieure des puits de la ſeconde figure.

§. VI. On dit les *faces* d'un puits pour exprimer les côtés longs , & *flancs* pour déſigner les côtés étroits. Nous avons adopté ces termes parce que, lorſque l'on entre dans un puits, on a toujours une de ſes longueurs en face , & ſa largeur vis-à-vis les flancs.

On entend ſous le nom d'*étançon* certains piliers droits de la hauteur d'une galerie qui ſervent à retenir le terrein ; ceux qui ſont poſés de niveau ou plus ſouvent obliquement, ſe nomment *étampes*, avec leſquels on étaie un puits ou autre ouverture. On diſtingue encore les chapeaux des étançons des galeries , & les traverſes des puits.

§. VII. Meſurer ou lever le plan d'un filon , d'une galerie , d'un puits ou autre ouverture , ſe dit lorſqu'avec le cordeau ou une chaîne , la bouſſole & le demi-cercle , on veut chercher la véritable poſition de chaque diſtance.

§. VIII. Plomber un puits fe fait quand ou fonde & mefure fa profondeur perpendiculaire, avec un plomb attaché à une ficelle de plufieurs toifes de longueur.

§. IX. La véritable étendue d'une galerie ou autre ouverture, fuivant leurs longueurs fe nomme *horifontale*; les nᵒˢ 1 & 5 fig. 3, défignent la véritable étendue horifontale de la galerie d'écoulement.

§. X. La profondeur perpendiculaire des ouvertures d'une mine, s'étend depuis la furperficie des montagnes jufqu'à leurs pieds, & de là au centre de la terre; ainfi le puits K K eft la profondeur perpendiculaire de la galerie Z Y, fig. 2, prife au bas de la montagne, en déduifant fa pente depuis Y à Z; de même S Q eft celle du puits marqué par les mêmes lettres.

§. XI. La profondeur oblique eft celle d'un filon, d'un puits, d'une galerie, & de toute ouverture qui a une pente fenfible; la pente A B, fig. 2, eft la profondeur oblique du filon plat.

C'eft par cette profondeur que l'on trouve ordinairement la longueur horifontale, & la perpendiculaire.

§. XII. *Montant* fe dit de chaque diftance qui s'éleve obliquement, & même perpendiculairement au-deffus de la ligne horifontale, qui eft fuppofée au bout de chaque ligne que l'on mefure.

§. XIII. *Defcendant* eft une autre diftance qui tombe obliquement au-deffous de la ligne horifontale.

On entend par *montant* & *defcendant*, la partie perpendiculaire que chaque diftance oblique a coupée par fon extrémité, en deffus ou en deffous de la ligne horifontale.

§. XIV. La ligne horifontale eft celle qui eft tirée de niveau dans le profil d'une mine, par les plus hauts points des ouvertures défignées dans le plan.

§. XV. On nomme *bafe* la ligne qui eft également tirée de niveau dans le profil d'un mine, par le point le plus profond des ouvrages.

REMARQUE. Depuis une de ces lignes jufqu'à l'autre eft comprife toute la profondeur d'une mine; & quoique l'on puiffe en tirer autant qu'il y a de hauteur & de profondeur notable, ces deux fuffifent.

Pl. I, Fig. 1, 2. §. XVI. Le plan d'une mine contient, 1°. la pofition extérieure du local; 2°. la coupe ou profil du terrain qui repréfente la hauteur & la profondeur perpendiculaire de tous les ouvrages; 3°. le fol & l'étendue horifontale des mêmes ouvrages.

REMARQUE. Dans un femblable plan qui feroit exécuté fur une plus grande échelle, on y feroit entrer toutes les parties de détails pour fervir d'éclairciffement & conduire à la meilleure exploitation; cela eft même très-important pour juger de la marche des filons, & pour éviter des dépenfes qui deviendroient inutiles.

Nous croyons avoir affez donné d'explication pour l'intelligence de ces élémens, qui s'apprennent encore mieux par la pratique, à laquelle nous pafferons après avoir donné la defcription des inftrumens qui font en ufage dans la Géométrie fouterraine.

SECTION VI.

Des Inftrumens ufités dans la pratique de la Géométrie fouterraine.

§. I. UN des premiers & des principaux eft la bouffole; *voyez* la figure 1 de la planche II (1).

Bouffole, Pl. II.

Elle confifte en une boîte circulaire AB C D, de 2 pouces ¼ de diametre en dedans & de 5 lignes de profondeur, fon rebord de 2 lignes; elle eft divifée en quatre parties égales par les lignes AB, CD qui fe croifent au centre F, & qui défignent les quatre points cardinaux marqués dans le fond pas SE, OC, ME & OR; mais de façon que l'occident fe trouve à la place de l'orient (2).

(1) Cette bouffole eft deffinée en grandeur naturelle, de même que les autres inftrumens.

(2) Les deux points cardinaux O R & O C, font marqués dans un fens contraire, parce que, en fe fervant de cet inftrument, on doit toujours tourner feptentrion vers l'endroit où l'on vife; ainfi en vifant au m idi, la pointe aimantée de l'aiguille tournant vers e nord, montre midi dans la bouffole: en fuppofant donc que l'on foit dans un fouterrain fans s'être orienté, on n'a qu'à regarder vers l'endroit que l'on voudra en fuivant le cercle large & en tenant toujours feptentrion, par exemple, vers l'orient, l'aiguille le montrera précifément.

Le cercle G H I K, fig. 2 , a un peu plus de 3 lignes de largeur, & le même diametre que celui de la boîte : il eſt diviſé en deux fois douze parties égales, marquées par 1, 2, 3 , &c. que l'on nomme *heures* , & celles-ci en *huitiemes* d'heures.

Ce cercle ſe place dans la boîte, de façon que la ligne AB réponde préciſément aux lignes du cercle marqué 12, 12, & 6, 6 à la ligne C D; ſur ce cercle qui eſt ſoutenu en deſſous à la hauteur de deux lignes & demie, on poſe un verre bien net qui eſt fermé par deſſus, avec un troiſieme petit cercle que l'on peut ôter & remettre à volonté.

Dans le centre de la boîte eſt une pointe ou pivot d'acier, fait en vis d'un côté, pour avoir la facilité de le retirer dans le beſoin ; ſur ce pivot tourne l'aiguille, ainſi qu'il eſt marqué dans la troiſieme figure L M N, où l'on voit cette boîte ſuſpendue par deux petits anneaux O P , enchaſſés dans les cercles O P Q , qui croiſent Q & R ; de ſorte que S E & M E , répondent au grand cercle S T, fig. 4; à ce cercle ſont fixés deux crochets qui ſervent à ſuſpendre la bouſſole dans la pratique.

Cet inſtrument appellé *bouſſole pendante* , demande une grande juſteſſe dans la conſtruction, & beaucoup de ſoin pour entretenir l'aiguille dans ſa force aimantée.

§. II. Le demi-cercle A B C D, pl. II, fig. 5 , eſt fait d'une lame de laiton, dont l'épaiſſeur eſt marquée par E F, fig. 6 ; cette lame doit être auſſi mince qu'il eſt poſſible , pour qu'elle ait d'autant plus de liberté, ce qui eſt eſſentiel à la juſteſſe des opérations. Le diametre du niveau eſt de 7 pouces $\frac{1}{2}$, & la moitié de la circonférence eſt comme à l'ordinaire diviſée en 180 degrés, & chaque degré en demi & quart. Cette diviſion eſt partagée par la ligne G H en deux fois 90 degrés , qui comptent à droite & à gauche ; à la partie ſupérieure du cercle ſont fixés deux crochets A C de même qu'à la bouſſole, à l'exception que ceux-ci ſont de l'épaiſſeur du cercle déſigné par E F, fig. 6 ; ils doivent être bien égaux, & poſés de façon que leur ligne intérieure ſoit parallele

Demi-cercle dit le niveau, Pl. III.

au diametre du cercle ; de fon centre G pend un petit plomb I, attaché à un fil bien fin pour marquer les degrés.

Pour reconnoître fi les crochets font pofés de niveau, l'on tendra un cordeau horifontalement ou obliquement, auquel on fufpendra le demi-cercle ; on remarquera alors le degré & minute que le plomb donnera, on le retournera enfuite de l'autre côté du cordeau, en le plaçant exactement dans le même endroit ; fi le plomb donne le même degré & minute, ce fera une preuve certaine de la jufteffe de l'inftrument ; dans le cas contraire, il faut y remédier.

De la chaîne,
Pl. III.

§. III. La chaîne doit être faite de fil de laiton, de la groffeur qu'on la voit repréfentée, fig. 1 ; elle eft ordinairement de fix toifes de longueur, mais pour avoir des lignes moins longues & opérer par conféquent avec plus de jufteffe, elle ne doit être que de cinq toifes que l'on diftingue par de petits anneaux, & la divifion de chaque toife qui eft de dix parties, par d'autres anneaux plus petits, ainfi qu'ils font marqués dans la même figure.

Remarque. Outre cette commune mefure, on peut en avoir une plus petite qui ne foit que d'un dixieme de toife, laquelle feroit divifée en dix autres parties, & celles-ci en dix autres encore, de maniere que la toife fe trouveroit l'être en mille ; cette mefure fuppléera à ce que l'on ne pourroit avoir bien jufte avec la chaîne.

Cette divifion par dixieme de toife facilite beaucoup le calcul ; on en verra la preuve dans la pratique.

Il eft encore néceffaire d'avoir une ficelle d'une foixantaine de toifes de longueur pour plomber les puits, fa groffeur doit être celle d'une paille moyenne ; elle peut auffi fervir au jour lorfqu'on leve la fuperficie, pourvu qu'il ne faffe ni vent ni pluie.

(*) Voyez la
Fig. 3.

Pour attacher cette ficelle ou la chaîne chaque fois que l'on prend une mefure, on fe fert de vis de laiton qui ont un manche de bois tourné (*) ; il fuffit d'en avoir une demi-douzaine.

§. IV. Le *viſeur*, fig. 2, pl. III, eſt un inſtrument auquel on ſuſpend la bouſſole & le demi-cercle , pour obſerver la ſituation des objets ; il eſt conſtruit en bois de poirier ou tout autre bois dur, qui ne ſoit point ſujet à ſe tourmenter ; il eſt compoſé des deux pieces A B C D, dont la plus grande a dix pouces de lon-gueur & la petite deux & trois quarts ; comme elles ſe ſurpaſſent de $\frac{1}{4}$ de pouce en ſe joignant par la vis G, toute la longueur n'eſt que d'un pied ſur 9 lignes de largeur & 5 d'épaiſſeur, à l'excep-tion du petit morceau qui eſt d'une épaiſſeur différente ; ce dernier a un trou D garni de laiton où l'on fixe le viſeur avec une vis.

Du viſeur.

Aux endroits E F ſe placent deux pinnules (*), de façon que la premiere ſe trouve à l'endroit F, & l'autre à celui E. Au bas de ces deux pieces & en deſſous du viſeur, s'étend par une autre vis H une corde de ſoie ou de boyau, qui ſert à ſuſpendre la bouſſole & le demi-cercle.

(*) *Voyez* Fig. 3 & 4.

§. V. Ces inſtrumens que l'on ſupplée à la bouſſole, conſiſtent en deux cercles de laiton, fig. 6 & 7, pl. III, diviſés en deux fois 12 parties de même que la bouſſole , avec un diametre de 3 pouces & demi, & garnis de deux regles A B & C D fixées par une vis, mais de maniere qu'elles peuvent facilement ſe mouvoir ; à la ſu-périeure il y a deux autres petites vis pour l'arrêter au point que l'on veut.

Inſtrumens pour lever dans les mi-nes de fer, Pl. III.

Tous les inſtrumens que nous venons de détailler ſervent uniquement dans la pratique ſur le terrain, à l'exception de la boîte qui renferme la bouſſole, celle-ci étant abſolument néceſ-ſaire pour tracer le plan ſur le papier ; on la retire pour cet effet d'entre ſes cercles, pour la mettre dans un autre inſtrument que nous nommons *rapporteur.*

Du rappor-teur, Fig. 9 & 10, Pl. III.

§. VI. Les dimenſions du rapporteur ſont de 6 pouces $\frac{1}{2}$ de longueur, ſur 3 $\frac{1}{2}$ de largeur ; dans ſon milieu eſt un petit en-caiſſement C D E F de 2 pouces $\frac{1}{4}$ de large, ſur 5 de long, dans lequel on place la boîte de la bouſſole, de ſorte que ſa hauteur doit ſe régler ſur celle de la boîte qui y eſt fixée par la vis G, fig. 8.

Le rapporteur eft du même diametre des cercles, & fert à rapporter fur le papier les angles trouvés par ces cercles.

S E C T I O N VII.

De l'aimant & de fon ufage dans la Géométrie fouterraine.

§. I. L'AIMANT eft une pierre noire & fort dure, qui fe trouve
le plus fouvent dans les mines de fer; il fert à aimanter un morceau de fer ou d'acier, qu'il fait tourner par une de fes extrémités
à peu près vers le pôle du nord, ce qui donne le moyen de fe
conduire avec plus de fûreté fur mer & fous terre.

Pour que l'aimant foit bon, il doit attirer promptement le fer.
Après avoir été taillé & poli, il doit être de couleur noirâtre fans
mêlange, & moins pefant qu'un autre en proportion.

§. II. Ayez une petite planche ronde bien mince & creufée un
peu vers le milieu comme une affiette; mettez-la fur un vafe affez
large & plein d'eau, que vous placerez à l'abri du vent; vous y
mettrez enfuite votre aimant qui tournera, jufqu'à ce qu'il ait
trouvé fon affife naturelle; vous obferverez le tems de fon mouvement, vous le retirerez après, & le remplacerez par un autre à
peu près du même poids, & fur lequel vous ferez la même
obfervation; celui dont vous aurez remarqué l'action plus
vive & qui fera moins long à s'arrêter fur l'eau, eft reconnu pour
le meilleur.

§. III. Sur le bord du même vafe plein d'eau, fans le remuer
& en paffant par fon milieu, il faut tracer la ligne méridionale
que l'on peut trouver par un bon méridien, ou par la gnomoni-
que; on mettra l'aimant avec la petite planche deffus l'eau, de
façon que, en s'arrêtant, il fe trouve fur la ligne marquée fur les
bords du vafe, que l'on allonge avec un fil d'un pôle à l'autre; on
remarquera enfuite l'endroit où le fil traverfe l'aimant, ce que
l'on peut faire avec le fil même que l'on auroit frotté de quelques
couleurs, ainfi que le pratiquent les Charpentiers pour aligner les
bois. De cette maniere on aura une ligne méridionale affez jufte
fur l'aimant.

                                                               Si

Si l'on veut donner enfuite à cet aimant une forme cubique , on le taille fuivant cette ligne de façon qu'en le remettant fur l'eau, il tourne fes faces verticales vers les quatre points cardinaux.

§. IV. On a un petit morceau d'aimant de la groffeur d'un grain de millet , fur une table où il n'y a point de fer ; peu à peu on en approche le grand aimant fur lequel on veut avoir le point d'attraction , en préfentant le côté feptentrional jufqu'à ce qu'il enleve le petit morceau , & que celui-ci s'y attache ; on s'affure du véritable point en lui donnant un mouvement en l'air ; fi alors le petit aimant fe détache facilement , & qu'on ne l'ait pas encore trouvé , dans ce cas on le cherchera de nouveau de la même maniere , en approchant le grand aimant plus doucement.

Ayez un aimant bien taillé en rond & fans qu'il foit befoin de chercher la ligne du nord ; placez le petit aimant fur la table , & roulez l'autre jufqu'à ce qu'il s'y attache fortement ; alors il vous indiquera le plus fort point d'attraction.

Approchez l'aimant du côté feptentrional d'une bouffole dont l'aiguille eft bien aimantée ; tournez-le dans la main jufqu'à ce que vous ayez obfervé l'endroit où l'aiguille s'attache le plus ; réitérez la même chofe deux ou trois fois ; fi elle s'arrête fur le même point , vous ferez affuré du véritable.

§. V. Quand on a trouvé le point de la plus forte attraction de l'aimant , on le prend dans une main & l'aiguille dans l'autre , on met cette derniere fur le bord d'une table , on appuie & on paffe fortement l'aimant fur la partie que l'on veut aimanter , le long de la ligne qui marque le pôle du nord , & ayant fait avec l'aimant un petit tour en l'air affez loin de l'aiguille , on le rapproche ; ce que l'on répete trois ou quatre fois : alors l'aiguille eft aimantée.

Une aiguille nouvellement aimantée ne doit pas être mife auffi-tôt dans la bouffole ; il convient de la garder environ quinze jours dans une boîte , & dans un endroit tranquille avant de s'en fervir , pour donner le tems à la force magnétique de fe bien allier

---

Marginal notes:

Trouver fur l'aimant le point de fa plus forte attraction. Premiere méthode.

Seconde méthode.

Troifieme méthode.

Aimanter l'aiguille d'une bouffole.

avec elle : d'ailleurs en frottant l'aiguille avec l'aimant, il s'y atta-che ordinairement un peu de limaille ; & ces parcelles de fer tombant dans la boîte de la bouſſole, pourroient la tourmenter & y cauſer du dérangement.

<hr>

SECONDE PARTIE.

SECTION PREMIERE.

Des opérations les plus uſitées dans la pratique de la Géométrie ſouterraine.

PREMIER PROBLÊME.

DES DIMENSIONS HORISONTALES.

Lever le plan d'une galerie d'écoulement ou autres dimenſions horiſontales, & indiquer au jour ſon extrémité, ainſi que les filons que l'on y a découverts.

§. I. COMMENCEZ à l'embouchure de la galerie ou à ſon extrémité ; faites-y attacher la chaîne à droite ou à gauche par des vis, à des morceaux de bois, ou à leur défaut aux étançons ou autres boiſages qui peuvent ſe trouver dans la galerie ; examinez de quelle longueur vous pourrez étendre la chaîne ſans quelle touche en aucun endroit, & l'ayant attachée aux deux bouts ſans avoir égard qu'elle ſoit entiere, vous compterez les toiſes, pieds & pouces que cette ligne vous donne.

§. II. Cherchez le milieu de cette ligne, & ſuſpendez à cet en-droit le demi-cercle qui marquera le montant ou le deſcendant ; vous noterez les degrés & minutes dans vos tablettes, ainſi que les toiſes, pieds & pouces que vous avez trouvés ci devant.

§. III. Suſpendez enſuite la bouſſole à l'une des extrémités de la chaîne, de façon que le nord ſoit toujours tourné du côté où vous allez ; quand l'aiguille eſt arrêtée, obſervez l'heure & le huitieme qu'elle vous donne ; animez de nouveau l'aiguille en touchant la bouſſole , & pendant qu'elle ſe met en repos , examinez dans vos tablettes ſi vous avez bien noté les degrés & nombre de toiſes de votre ligne ; ſi l'aiguille s'arrête à la même heure , vous êtes ſûr de votre opération.

§. IV. Recommencez au même point qui termine votre premiere ligne, & répétez tout ce qui vient d'être dit, à chacune de celles que vous leverez.

EXEMPLE. Soit une galerie A B (*) que l'on a relevée pour arriver au filon CD, & pour indiquer au jour où l'on eſt ſous terre, levez toute la galerie comme il a été dit ci-deſſus , en commençant à ſon embouchure A ; faites-en autant ſur la ſuperficie en partant du même point, vous trouverez dans cet exemple pour la premiere ligne, la montée d'un quart de degré ſur cinq toiſes de long, & ſa poſition de 8 heures 5 huitiemes que vous noterez comme il ſuit, ſans oublier le montant ou la hauteur du morceau de bois où l'on fixe la chaîne.

(*) Pl. **IV,**
Fig. **1.**

S.	M.	90	0	25		
S.	M.	0$\frac{1}{4}$	5	00	8	5 . . .

Continuez de ſuite & remarquez tant au jour que ſous terre , les filons, les puits & autres ouvrages que vous rencontrerez en chemin ; vous noterez les premiers par leurs directions & leurs pentes, & les autres par l'étendue de leurs excavations.

§. V. Lorſqu'en meſurant la ſuperficie, vous jugerez être arrivé à peu près à l'endroit où ſe trouve l'extrémité de la galerie , vous y planterez un piquet , ce que vous obſerverez pour tous les principaux endroits que vous voudrez indiquer ; ce piquet ſe nomme *piquet perdu*, d'où l'on part pour indiquer le vrai point perpendiculaire au-deſſus de celui qui eſt ſous terre. On ne doit lever au jour que dans un beau tems, ſans aucun vent ni pluie & autres injures de l'air ; toute l'opération ci-deſſus eſt notée comme il ſuit,

C ij

Dimensions intérieures de la galerie AB.

Lieu du monde.	Montée ou descente.	Degrés.	Longueur. Toises	Dix.	Heures & Huitiemes.		Ligne horizontale. Toi.	Dix.	Pou.	Montant. Toi.	Dix.	Pou.	Descendant. Toi.	Dix.	Pou.	REMARQUES.
	M.	90	0	25	0	0	0	0	0	0	2	5	0	0	0	Commence à l'embouchure de la galerie, signe ♀.
S.	M.	1¼	5	0	8	5	5	0	0	0	0	2	0	0	0	
S.	M.	1¼	5	0	9	1	5	0	0	0	0	4	0	0	0	
S.	M.	1	5	0	8	1	5	0	0	0	0	9	0	0	0	
S.	M.	1½	5	0	9	2½	5	0	0	0	0	4	0	0	0	A la fin de cette chaîne commence le boisage.
S.	M.	1½	5	0	8	3	5	0	0	0	0	4	0	0	6	Au milieu de cette ligne est le commencement du boisage de notre reprise.
S.	D.	3	5	0	9	4	4	9	9	0	0	0	0	2	6	A la fin est la premiere séparation de la galerie à main droite, qui va joindre le filon suivant.
S.	M.	3½	5	0	9	2	4	9	9	0	3	0	0	0	0	
S.	M.	1½	0	37	9	1	2	3	7	0	0	6	0	0	0	
S.	//	1¼	2	0	6	1	2	0	0	0	0	5	0	0	0	
S.	M.	2½	2	87	8	1	2	8	6	0	1	2	0	0	0	Dans la premiere toise 6 dixiemes traverse le premier filon sur 12. h. Sept.; & à la fin de cette ligne est une galerie à main gauche qui va le joindre.
S.	M.	3¼	1	25	6	3	1	2	4	0	0	8	0	0	0	Au bout de cette ligne est la seconde galerie à droite, sur un autre filon qui se dirige sur 11 h. & environ à son milieu doit descendre le puits du jour.
S.	M.	8¼	5	0	9	2	4	9	5	0	6	9	0	0	0	
S.	M.	2¼	2	0	8	6	2	0	0	0	6	8	0	0	0	
Mer.	D.	2¼	1	5	12	2½	1	5	0	0	0	0	0	1		Ici est le premier ouvrage en montant.
Sep.	M.		4	12	9	7	4	1	2	0	0	3	0	0		
Mer.	D.		2	0	12	6	4	0	0	0	0	0	0	0	1	
S	D.	1¼	1	81	10	3	1	8	1	0	0	0	0	0	4	
Mer.	M.	5½	1	93	12	5	1	9	2	0	1	8	0	0	0	
S.			3	31	9	6½	3	3	1	0	0	0	0	0	0	
Mer	D.	7¼	3	0	1	7	2	9	7	0	0	0	0	4	0	Jusqu'à une veine pourrie à droite, qui s'incline au levant de 40 degrés, & se dirige Mer. 4 h.
Mer.	M.	2¼	3	0	4	7	3	0	0	0	1	2	0	0	0	Vis-à-vis le puits souterrain à droite, qui communique à la galerie inférieure.
Mer.	M.	2½	5	0	12	2½	5	0	0	0	2	2	0	0	0	Dans cette ligne, la galerie rejoint le filon principal.
Mer.	M.	21½	2	5	12	1	2	3	3	0	9	2	0	0	0	Jusqu'au bout de la galerie signe ✝, à main gauche, d'où il descend 3 dixiemes, jusqu'au premier ouvrage en échelon.
S.			1	5	10	2	1	5	0	0	0	0	0	5	0	
										3	3	3	1	1	1	
										1	1	1	0	0	0	Descendant.
										2	2	2	0	0	0	Deux toises deux dixiemes deux pouces que la galerie monte.

Dimensions extérieures pour déterminer au jour l'extrémité actuelle de la galerie A B.

Lieu du monde	Montée & Descente	Degrés	Longueur Toi.	Longueur Dix.	Heures	Huitiemes	Ligne horisontale Toi.	Dix.	Pou.	Montant Toi.	Dix.	Pou.	Descendant Toi.	Dix.	Pou.	REMARQUES
	M.	90	0	25	0	0	0	0	0	0	2	5	0	0	0	Commencé à l'embouchure de la galerie, & continué jusqu'au sommet de la montagne.
Mer.	D.	½	12	12	9	1	12	1	1	0	0	0	0	1	0	Cette ligne est encore dans l'excavation du rocher, mais au jour.
S.	M.	3¼	8	55	1	2	8	5	3	0	4	8	0	0	0	
S.	M.	7¼	8	0	3	7½	7	9	3	1	0	0	0	0	0	Près du puits de respiration qui répond à la galerie inférieure.
S.	M.	16¼	17	44	9	1	16	7	4	4	8	8	0	0	0	
S.	M.	13¼	13	69	11	0	13	3	0	3	2	5	0	0	0	
Mer.	M.	11¼	13	12	12	3	12	8	4	2	6	7	0	0	0	Jusqu'à un piquet planté près d'une vieille ouverture en forme de galerie.
S.	M.	24¼	11	31	9	7	10	3	1	4	6	4	0	0	0	
S.	M.	15½	10	75	7	4½	10	3	6	2	8	7	0	0	0	
S.	M.	13¼	13	12	9	7½	13	1	1	0	4	0	0	0	0	Au milieu des premieres cinq toises est un vieux puits, qui communiquoit anciennement à la galerie.
Mer.	M.	½	16	33	12	4	16	3	2	1	4	0	0	0	0	Jusqu'au piquet perdu, c'est-à-dire à l'endroit où l'on doit indiquer l'extrémité de la galerie par un point perpendiculaire.
										20	5	8	0	1	0	Descendant.
											1	0	0	0	0	
										20	4	8	0	0	0	Vingt toises quatre dixiemes huit pouces qu'il y a de hauteur jusqu'au piquet perdu, à la prendre depuis le sol de la galerie à son embouchure.

§. VI. Lorsqu'on leve le plan d'une galerie ou autres, on n'écrit sur des tablettes que le lieu du monde, le montant & le descendant avec les dégrés & minutes, les toises, dixiemes de toises & les pouces; enfin les heures & les huitiemes d'heures comme il a été déjà indiqué, ce qui comprend les sept premieres colonnes, les neuf restantes se calculent ensuite de la maniere suivante.

II. PROBLÊME.

Chercher par les tables des sinus & les logarithmes, les distances horisontales, & la profondeur perpendiculaire des dimensions ci-dessus.

§. I. Rapportez de vos tablettes dans un livre ou cahier, ce que vous y avez noté en levant, à quoi vous ajouterez les mêmes remarques que vous avez faites sur les travaux; commencez par la premiere ligne, qui dans l'exemple eft de 5 toifes & un quart de degré de montant, & dites, fi 100000 qui eft le finus total me donne 5 toifes, combien me donnera 436 finus d'un quart de degré, vous trouverez un peu plus de 3 pouces; mais pour avoir la ligne horifontale , vous prendrez le complément de 99999, & vous aurez 4,99,95 = 5 ; écrivez ces deux nombres l'un dans les colonnes des diftances horifontales, & l'autre dans celles du montant ou du defcendant : fi l'on opere de même pour les autres dimenfions tant intérieures qu'extérieures, ou aura fatisfait au problême.

§. II. Il faut obferver que la ligne horifontale trouvée de 4,99,95, peut paffer pour 5 toifes en retranchant les fractions , & en ajoutant une unité à l'entier, par la raifon que les premiers chiffres de la fraction excédent l'un après l'autre le nombre 5 , & comme dans ce calcul on ne compte pas au-delà des centiemes parties ou pouces fuppofés d'une toife, toutes les autres fractions font rejettées par l'addition d'une unité, lorfque le premier chiffre de la partie retranchée paffe cinq.

REMARQUE. On fuppofe que ceux qui fe ferviront de ces élémens doivent être fuffifamment inftruits de la géométrie ordinaire , pour être difpenfés d'en décrire les opérations , comme d'élever une perpendiculaire, de tracer un angle, &c. Nous paf-ferons auffi fous filence celles de la trigonométrie, & l'ufage des tables de finus que l'on emploie très-fouvent ici, ainfi que des logarithmes pour abréger le calcul dans les grandes opérations , & pour éviter les fractions que produifent ordinairement les fixiemes ou huitiemes de toifes ; c'eft par cette raifon que nous avons introduit dans la géométrie fouterraine, le calcul décimal que l'on trouvera par fupplément à la fuite de ces élémens pratiques,

III. Problême.

Rapporter sur le papier les dimensions calculées pour en former un plan.

§. I. Prenez pour exemple les dimensions horifontales du précédent problême ; étendez votre papier fur une table de niveau & immobile, & à laquelle il n'y ait point de fer ; vous l'attacherez avec de la cire ou avec des pinces de laiton faites exprès.

§. II. Retirez de la bouffole pendante la petite boîte qui renferme l'aiguille & placez-la dans le *rapporteur*, où vous la fixerez ; vous le tournerez fur le papier jufqu'à ce que l'aiguille s'arrête fur la ligne du nord que vous tracerez, dans un endroit qui ne fera pas occupé par le plan, en paffant le crayon contre une des faces longues de l'inftrument ; vous marquerez le côté du nord par une fleur de lys ou par la lettre S , pour défigner le feptentrion.

§. III. Pour tracer la premiere ligne du plan, vous placerez le rapporteur à une extrémité du papier , de maniere que vous ayez affez d'étendue pour toutes les dimensions. Cherchez dans votre livre ou cahier, l'heure & le huitieme que la bouffole vous a donnés pour cette premiere ligne, & vous la tracerez de la même maniere que celle du nord , & à peu près de la longueur des toifes qu'elle contient fuivant votre échelle ; elle fera alors déterminée pour fa longueur horifontale, comme dans cet exemple où elle eft depuis A vers E, de 5 toifes feptentrionales, 8 heures 5 huitiemes. Pl. IV, Fig. 1.

§. IV. Remettez le rapporteur au point E, & n'oubliez pas de tourner toujours feptentrion devant vous , l'aiguille vous ayant montré l'heure ; tirez la feconde ligne que vous déterminerez également de ce point à un autre, par le nombre des toifes, dixiemes, &c. qu'elle contient : cette opération ayant été continuée de ligne en ligne, depuis A jufqu'à l'extrémité B , vous aurez rapporté les dimensions intérieures ; pour avoir les extérieures vous recommencerez au point A ou au figne ♀ , qui vous menera par un autre chemin vers B , & vous donnera le point **F** du piquet perdu.

§. V. Appliquez à ce point & à celui de l'extrémité de votre opération intérieure la face du rapporteur , & obfervez l'heure que vous montre la bouffole , & que vous écrirez entre les deux points ; elle eft dans notre exemple de 6 heures feptentrionales : vous mefurerez enfuite fur l'échelle la diftance en droite ligne d'un point à l'autre ; elle eft ici de 1 , 8, 5 (2 , c'eft-à-dire , d'une toife huit dixiemes & cinq pouces ; vous retournerez fur le local à l'endroit où eft le piquet perdu , auquel vous attacherez le vi‑ feur , & à celui-ci y fufpendrez la bouffole ; vous le tournerez jufqu'à ce que l'aiguille vous ait donné la même heure trouvée fur le plan ; depuis ce point mefurez la longueur de cette ligne , le nombre de toifes , dixiemes , &c. auffi trouvé fur le papier ; mar‑ quez leur diftance par un autre piquet, il vous indiquera précifément l'endroit où fe trouve perpendiculairement l'extrémité de la galerie.

REMARQUE. §. I. En rapportant vos dimenfions, il faut y placer auffi tout ce que vous avez noté en levant, & chaque partie en fon lieu comme dans l'exemple précédent, l'endroit où la galerie a été reprife, les deux filons qui la traverfent fuivant leurs directions, un ouvrage en montant & un puits fouterrain. Si l'on veut indiquer au jour quelques-uns de ces endroits, il faut planter des piquets perdus. Vous obferverez & rapporterez également tout ce que vous aurez rencontré au jour , comme vieux travaux , maifons , chemins , bois , prés ou champs , & plufieurs autres remarques également utiles dans la compofi‑ tion d'un plan.

§. II. Il arrive quelquefois que la diftance entre le piquet perdu & le vrai point, trouvée fur le papier horifontalement, ne peut fe marquer fur le terrain qu'en montant & defcendant ; alors il faut en prendre l'inclinaifon, en attachant votre vifeur avec la bouffole , pour tracer à volonté la ligne trouvée entre les deux

piquets

piquets, qui excédera plus ou moins la véritable, en raifon du plus ou moins d'inclinaifon du terrain.

A l'extrémité de cette ligne, faites planter un piquet, & attachez la chaîne à l'un & à l'autre, fufpendez-y le demi-cercle pour avoir fon inclinaifon que nous fuppofons de 21 degrés; cherchez, par la méthode ci-deffus, la diftance horifontale fur une longueur indifférente, par exemple, de 5 toifes, que vous trouverez de 4, 6, 7 (2; dites enfuite : fi 467 (2 horifontal me donne 5 toifes obliques, combien faut-il pour la diftance horifontale fuppofée de 32 (1 ? vous aurez 341 (2 pour votre longueur oblique, que vous mefurerez du piquet perdu à l'autre, & vous marquerez à l'extrémité de cette diftance le vrai point qui fe trouvera perpendiculairement au-deffus de ce que vous voulez indiquer.

IV. PROBLÊME.

Déterminer au jour une galerie ou autres ouvrages fouterrains ,
par les mêmes angles & lignes qu'on a trouvés en levant, fans
qu'il foit befoin de chercher leurs étendues horifontales.

§. I. Pour indiquer fous terre la galerie O S (*) par le puits (*) Pl. VI, perpendiculaire S T, commencez à l'orifice du puits & marquez Fig. 3. avec un plomb attaché à un cordeau dans fon fond, le point qui eft perpendiculaire au premier; mefurez comme il a été dit de ce dernier point, la galerie jufqu'à fon extrémité, & notez le tout exactement.

§. II. Remontez au jour, & tracez depuis le point pris à l'embouchure du puits tous vos angles & lignes l'un après l'autre, avec leur montant ou defcendant, & dans le même ordre que vous les avez obfervés intérieurement; la fin de cette opération déterminera le point qui eft perpendiculaire au-deffus de l'extrémité de la galerie donnée, & que nous avons marqué par la lettre P.

REMARQUE. Si cette méthode étoit auffi facile dans la pratique qu'elle eft expéditive, elle feroit fans contredit préférable aux autres ; mais comme les angles & les lignes doivent fe tracer au jour dans la même pofition qu'on les a trouvés fous terre, elle ne peut avoir lieu que fur un terrain plat, encore avec bien de la peine, étant, pour ainfi dire, impraticable dans des pays montagneux.

V. PROBLÊME.

Indiquer au jour l'extrémité de la même galerie par une feule ligne droite.

§. I. Ce problème ne fe peut, comme le précédent, pratiquer aifément que dans un terrain plat ou peu incliné.

Reprenez le dernier exemple, & cherchez par le calcul les dimenfions horifontales & perpendiculaires que vous rapporterez fur le papier ; placez enfuite votre rapporteur, de façon qu'un des côtés longs touche les points S O ; obfervez l'heure de la bouffole que vous noterez: fi ces points font trop éloignés l'un de l'autre & que le rapporteur ne puiffe les atteindre, tirez une ligne droite entre les deux, dont vous prendrez la direction.

§. II. Rendez-vous fur le local, & attachez le vifeur au point que vous avez pris à l'embouchure du puits ; fufpendez votre bouffole, & tournez le vifeur jufqu'à ce que vous ayez l'heure marquée, fuivant laquelle vous tracerez une ligne en faifant planter un piquet, vis-à-vis le rayon vifuel, à peu près dans l'éloignement, où vous eftimiez que l'extrémité de la galerie fe trouve.

Mefurez la diftance horifontale, & à fon extrémité plantez un piquet qui marquera le point que vous cherchez, & qui eft indiqué par la lettre P.

La ligne qui vient d'être tracée étant horifontale, il la faut auffi mefurer horifontalement fur le terrain ; mais lorfque celui-ci incline, il faut avoir recours à la méthode rapportée au fecond article de remarque du troifieme problême.

REMARQUE. On fe fert fouvent dans la pratique d'une mefure ou chaine, dont les toifes font divifées en huit parties & celles-ci en dix, ou bien la toife en fix pieds, & le pied en 12 pouces, ce qui donne des fractions dans le calcul pour les réduire en parties décimales : on trouvera ci-après deux tables qui ferviront à cette réduction ; l'ufage en eft facile : par exemple, fi vous n'avez que des huitiemes ou des pieds à changer, il faut les chercher dans le haut de la premiere colonne, la fuivante vous indiquera les parties décimales ; s'il y a des pouces, on les trouvera à la gauche ; pour chercher enfemble les deux points, obfervez les pieds dans la ligne fupérieure avec un doigt de la main droite, & avec un autre de la main gauche les pouces ; dans la premiere colonne en defcendant, avancez le premier en droite ligne du haut en bas, pendant que vous en approcherez horifontalement le fecond ; l'endroit où les deux doigts fe rencontreront fera le nombre que vous defirez : on fait le contraire lorfqu'on veut réduire les parties décimales en pieds & pouces.

Tables de réduction en parties décimales.

Huitiemes Pouces.	I.	II.	III.	IV.	V.	VI.	VII
0	125	250	375	500	625	750	875
1	12	137	262	387	512	637	762	887
2	25	150	275	400	525	650	775	900
3	37	162	287	412	537	662	787	912
4	50	175	300	425	550	675	800	925
5	62	187	312	437	562	687	812	937
6	75	200	325	450	575	700	825	950
7	87	212	337	462	587	712	837	962
8	100	225	350	475	600	725	850	975
9	112	236	362	487	617	737	862	987

Pieds.	I.	II.	III.	IV.	V.
0	167	333	500	667	833
1	14	180	347	514	680	847
2	28	194	361	528	694	861
3	41	208	375	541	708	875
4	56	222	388	555	722	888
5	69	236	403	569	736	903
6	83	250	417	583	750	916
7	97	264	430	597	764	930
8	111	278	444	611	778	944
9	125	292	458	625	792	958
10	139	305	462	639	805	972
11	153	319	486	653	819	986

VI. PROBLÊME.

Mefurer un puits oblique pour connoître la diftance horifontale qu'il occupe par fa pente.

§. I. Nous mettons ce Problême au nombre de ceux qui traitent des dimenfions horifontales, parce qu'un puits incliné

peut être regardé comme une galerie qui monte ou descend beaucoup ; ainsi attachez au tourniquet ou cadre du puits A B C, la
chaîne à l'endroit A ; examinez de quelle longueur vous pouvez
faire votre ligne dans le puits, sans qu'elle touche nulle part, par
exemple, jusqu'à B, où vous l'arrêterez à quelques étançons ;
appliquez à cette ligne le demi - cercle & la boussole, & opérez
comme il a été enseigné au premier Problème.

§. II. Lorsque vous avez bien observé & tout noté dans vos
tablettes, détachez la chaîne & recommencez pour la seconde
ligne au point où vous avez fini, sans qu'elle touche en aucun
endroit, ni jamais pour une plus grande justesse qu'elle soit plus
longue que de cinq toises ; ce que vous continuerez jusqu'à ce
que vous soyez arrivé au fond du puits C.

§. III. Vous calculerez les dimensions horisontales & perpendiculaires pour les rapporter sur le papier ; vous mettrez le rapporteur aux points A & C ; observez l'heure de la boussole & mesurez la distance qu'il y a entre ces deux points, qui sera l'horisontale du puits, que produit sur une certaine profondeur l'inclinaison
du filon E F ; retournez sur le local & déterminez depuis A vers D,
par l'heure & le nombre de toises trouvées, le piquet D qui indiquera le fond du puits perpendiculairement au-dessous.

VII. PROBLÊME.

Lever les galeries & les puits d'une mine de fer ou de telle autre,
dont le terrain est ferrugineux.

§. I. Comme dans ces opérations on ne peut se servir de la
boussole, on lui substitue les deux cercles de laiton (*) rapportés
au §. V de la VI Section.

A travers de la galerie que vous voulez mesurer, faites assujet-
tir deux morceaux de bois, éloignés l'un de l'autre de la distance de votre premiere ligne ; vous y attacherez la chaîne &
suspendrez la boussole à l'une & à l'autre extrémité, pour reconnoître si l'aiguille donne toujours la même heure ; sinon vous

chercherez un troifieme endroit de la chaîne, où le fer des environs la faſſe mieux varier; ceci n'a lieu que pour orienter les dimenſions.

§. II. Aſſujettiſſez avec des vis un des cercles ſur le morceau de bois qui eſt le plus près de l'endroit vers lequel vous meſurez, préciſément à l'extrémité de la chaîne que vous attacherez à la regle mouvante dudit cercle; alors vous le tournerez de façon que ſa regle touche la même heure & le même huitieme que vous avez trouvés par la bouſſole; vous les noterez de même que l'inclinaiſon de la ligne que vous prendrez avec le demi-cercle, dit le niveau.

§. III. Ce premier cercle étant fixé, vous tournerez avec la chaîne ſa regle mobile du côté où vous voulez meſurer, & ayant fait aſſujettir un autre morceau de bois, vous y mettrez le ſecond cercle, de façon que la chaîne ne faſſe avec les deux regles qu'une même & parfaite ligne droite; vous obſerverez l'heure & le huitieme que la regle du premier cercle indique, & vous tournerez le ſecond juſqu'à ce que ſa regle ſoit ſur la même heure, ce que vous noterez ſur vos tablettes, avec l'inclinaiſon de cette ſeconde ligne, & répéterez à chaque diſtance que vous aurez à meſurer. La fig. 5 de la pl. IV, repréſente quelques-unes de ces lignes avec les cercles.

REMARQUE. Cette méthode de lever eſt auſſi pénible qu'elle eſt ſujette à erreur, ſur-tout dans des puits fort obliques & ſur un terrain très-élevé; car les moindres dérangemens des cercles qui doivent être toujours de niveau, rendent l'opération imparfaite; il vaut mieux dans ces ſortes de cas employer la méthode de lever ſans cercles, expliquée dans le Problême ſuivant.

VIII. PROBLÊME.

Lever dans les mines de fer ſans les cercles, en ſe ſervant ſeulement du demi-cercle, autrement dit niveau, & de la chaîne.

§. I. Quoique cette façon de lever ſoit par rapport au calcul, un peu plus longue que celle que nous venons de décrire, elle eſt plus juſte, & conſéquemment préférable.

§. II. Etendez votre chaîne ou encore mieux une ficelle, de l'endroit A juſqu'à B, pl. IV, fig. 6, comme ſi l'on devoit ſe ſervir de la bouſſole, que vous ſuſpendrez néanmoins à cette premiere ligne uniquement pour vous orienter; & ſans déranger cette ficelle, étendez-en une autre de B en C, ſuſpendez à toutes les deux le demi-cercle, & obſervez les degrés de leurs montans ou de leurs deſcendans.

§. III. Marquez de B vers E & vers F, deux longueurs égales auſſi grandes que vous le pourrez ſans toucher au rocher, en meſurant la ligne E F, à laquelle il ſeroit à propos de ſuſpendre le demi-cercle pour en reconnoître la pente; mais comme on ne ſauroit la fixer à ces deux points, écrivez ſeulement ſa longueur à côté des autres, alors vous aurez achevé le premier angle; du point C, prolongez vers la ficelle G que vous aurez détachée de la ligne A B, & opérez comme il a été dit, juſqu'à ce que vous ayez fini.

§. IV. Après avoir mis au net toute l'opération, commencez par l'angle A B C, à chercher les lignes horiſontales & perpendiculaires, ce que vous ferez auſſi pour les deux longueurs égales; rapportez la ligne A B ſuivant ſa diſtance horiſontale, placez-y celle de B E, qui dans cet exemple eſt de 197 (2 & B F de 199 (2; mais pour achever cet angle, il faut avoir la diſtance horiſontale de E F, que vous trouverez en faiſant attention que lorſqu'on part d'un point & que l'on fait le tour pour y revenir, quelques montans ou deſcendans qu'il y ait, ils ſeront toujours égaux; ainſi en regardant E B F, comme un triangle qui ſe ferme au point F, il eſt évident que le montant ou deſcendant de E B F, ſont égaux à ceux de E F, c'eſt-à-dire, que la diſtance perpendiculaire de E B F eſt égale à celle de E F; la premiere étant compoſée de E B & de B F, ſi toutes deux ſont montantes ou deſcendantes, leur ſomme eſt celle de E F; au lieu que ſi elles deſcendent & montent,

Il faut alors fouftraire le plus petit du plus grand ; le refte fera E F.

§. V. Lorfque par cette méthode vous aurez trouvé la ligne perpendiculaire, vous chercherez l'horifontale ; quarrez chacune des lignes que vous connoiffez en les multipliant par elles-mêmes, & ôtez le quarré de la perpendiculaire, de celui de l'hypothénufe du triangle rectangle, le refte fera le quarré de la bafe dont vous extrairez la racine ; par exemple, celle de la ligne A B fera de fix toifes, celle de BC de 5, 4 (1 , EB = BF de deux, la premiere auroit monté 10 degrés, & la derniere defcendue de 6 degrés ÷ ; la perpendiculaire de EB fera de 25 (2, & celle de BF de 23 (2 ; par conféquent leur différence fera la longueur de la perpendiculaire.

$$35\ (\ 2 = \text{EB.}$$
$$23\ (\ 2 = \text{BF.}$$
$$12.\ (\ 2 = \text{EF.}$$

La ligne oblique de E F a été trouvée de 335 (2 ; on la multiplie par elle-même, ainfi que la perpendiculaire, on fouftrait un quarré de l'autre, & du reftant, on extrait la racine qui fera la bafe.

```
      335 ( 2            E F              12 ( 2
  x   335 ( 2   ligne oblique  E F.      12 ( 2
     ─────────                          ───────
      1675                               24
      1005                               12
      1005                    perpendiculaire  144 ( 4
    ──────────
    112225 ( 4
       144 ( 4
    ──────────
    1120·1 ( 0
```

La ligne horifontale aura donc 335 (2, que vous porterez depuis D vers F, pour achever votre angle, en traçant près de F un petit arc de cercle que vous couperez du point E en F, par la longueur de la ligne ; par le point B & celui de la fection, tirez la ligne B F, qui finira l'angle E B F ou A B C, ce que vous répéterez d'angle en angle, jufqu'à la fin de l'opération.

REMARQUE. Il n'y auroit point d'opération plus jufte que celle que nous venons de décrire, fi dans les mines on pouvoit toujours prendre les angles affez aigus, pour que les fections fuffent plus fenfibles; plus ils le font, plus exactes fe trouvent leurs pofitions; au lieu que les angles obtus comme près de **G**, rendent les points de la fection incertains.

Pour éviter cet inconvénient, il faut, autant qu'il eft poffible, en mefurant, fixer la chaîne ou la ficelle, tantôt à droite & tantôt à gauche de la galerie ou du puits oblique que l'on mefure ; c'eft principalement dans un puits de cette efpece ou autres grandes ouvertures, que cette méthode a fon mérite.

IX. PROBLÊME.

Niveller de combien une fource d'eau ou une riviere eft plus élevée qu'un endroit donné, où l'on voudroit la conduire pour y conftruire une machine hydraulique, ou une fonderie, bocard, &c.

Lorfque le nivellement n'eft que de quelques centaines de toifes, comme de la riviere F jufqu'à l'endroit K, que l'on ne peut voir de l'un à l'autre, on fe fervira de la méthode fuivante.

Pl. V.

§. I. Placez auprès de la riviere F un piquet, dont la tête foit de niveau avec la furface de l'eau ; le tems étant tranquille, vous mefurerez de l'un à l'autre endroit, de la même maniere qu'il a été enfeigné au premier Problême, & fi l'on ne veut pas avoir l'éloignement & la fituation précife du local, il eft inutile de fe fervir de la bouffole.

§. II. Marquez dans vos tablettes les montans ou les defcendans des longueurs; vous les calculerez, & après avoir fouftrait l'un de l'autre, l'excédent fera la hauteur du point où vous avez commencé, au-deffus de celui où vous avez fini ; s'il ne refte rien, les deux points fe trouvent de niveau: mais fuppofons que de la riviere F, il y ait jufqu'à K 5 toifes 3 pieds 4 pouces, plus de defcente que de montée, il fera facile de conduire l'eau à ce dernier endroit & d'y placer une roue, fur-tout fi l'on conftruifoit une digue fur la riviere qui ameneroit les eaux à une plus grande élévation; comme dans cet exemple de 36 (2, qui, ajou-

tés

tés aux 534 (2 , donneront 57 (1 , ou cinq toifes fept pieds.

§. III. Comptez à préfent combien il y a de diftance de K à F; elle eft dans l'exemple de 300 toifes, la roue ne devant avoir que 45 (1 de diametre ; vous ôterez cette hauteur de celle que vous avez trouvée par le nivellement, c'eft-à-dire, de 57 (1 ; il vous reftera pour la chûte totale du canal ou conduit 12 (1 , que vous diftribuerez de 5 en 5 toifes, ou de chaîne en chaîne le long de fon étendue, en difant fi 30 toifes me donnent 12 (1 , combien donneront les cinq ? Le produit fera 2 (1 .

§. IV. Ayez enfuite deux jalons de 5 à 6 pieds de hauteur, que vous diviferez en lignes & pouces décimales ; cette divifion doit s'élever ou defcendre par une couliffe , de façon qu'on puiffe l'arrêter par une vis à telle hauteur des jalons que l'on defire. Atta-chez à cette couliffe la chaîne de maniere qu'elle fe trouve élevée de deux pieds lorfque les jalons font plantés en terre ; on defcend enfuite l'une des couliffes deux pouces plus bas que l'autre, c'eft-à-dire, de la chûte que les 5 toifes ont donnée.

§. V. Plantez près de la riviere un des jalons , & du côté où vous voulez mefurer , étendez votre chaîne horifontalement en plantant l'autre jalon , qui doit être celui où la couliffe eft plus baffe de deux pouces , par rapport à l'élévation de la riviere occa-fionnée par la digue; ce que vous continuerez jufqu'à ce que vous foyez parvenu à la hauteur de 36 (2 ; alors vous changerez de jalon , & vous mettrez pardevant celui où la couliffe eft plus élevée , pendant le refte du nivellement , en obfervant toujours que la chaîne foit tendue horifontalement , & les jalons plantés perpendiculairement ; les places de ces derniers doivent être mar-quées par de petits piquets.

REMARQUE. S'il arrive que vous rencontriez une montagne trop élevée, & qu'il ne foit pas poffible de côtoyer par un canal ; dans ce cas, le plus court feroit de vaincre ces obftacles par une galerie, comme dans l'exemple de G vers H , à laquelle on donne un peu plus de pente qu'au canal extérieurement. Cette méthode de niveller eſt très-avantageuſe pour les petites diſtances, & lorſ-que la chûte eſt aſſez conſidérable ; mais pour les grands nivelle-mens où l'on doit ménager la pente, on ſe ſervira du niveau d'eau.

SECTION II.

De la découverte des filons & de leurs dimenſions.

DANS la premiere Partie de ces Élémens, IIe Section, nous avons donné les définitions des filons & de quelle maniere on les diſtingue les uns des autres ; il nous reſte à dire comment on les découvre & on les pourſuit, tant en longueur qu'en profondeur.

PREMIER PROBLÊME.

Découvrir dans une certaine étendue de terrain les principaux filons qu'elle renferme , & en reconnoître leurs directions approchantes.

§. I. La découverte des filons a lieu principalement dans les ravins, où l'on apperçoit leur tête ou ſortie ; elle ſe fait auſſi par des tranchées, ou par des puits & galeries ou autres ouvrages déjà pratiqués ; quelques-uns encore ont recours à la baguette divina-toire, à laquelle nous n'ajoutons aucune ſoi.

(*) Pl. VI, Fig. 1. §. II. Prenons pour exemple le plan de la mine (*) où les filons ont été découverts par pluſieurs tentatives & ouvrages ſuivis ; pour en connoître la direction ſur la ſuperficie , on fera planter des pi-quets dans l'alignement des endroits où ils paroiſſent : cette di-rection ſera ſeulement approchante , parce que ſi l'on opere ſur un terrain inégal & que le filon incline , on ne peut avoir la véri-table ; il faut employer d'autres méthodes que nous enſeignerons ci-après.

§. III. Il y a encore pluſieurs autres moyens de découvrir les filons : les ſources , l'eſpece des herbes , les arbres & la nature du ſol qui ſe trouvent ſur la ſurface de la terre & près des filons , ſont encore des indices qui réuſſiſſent ſouvent ; mais ils ſont trop généraux pour pouvoir les appliquer avec certitude à des cas particuliers : nous les passerons sous silence, ceux que nous avons donnés étant suffisans pour rapporter dans un plan les directions des principaux filons ; où il faut encore observer que pour opérer avec précision, on doit bien remarquer les points des sections où ils se croisent, comme dans notre exemple les points E F, K L M, &c. par lesquels on passe de la direction d'un filon à l'autre, pour avoir la véritable position qu'ils ont entr'eux ; quelquefois aussi on trace une ligne droite comme Z Y, placée de façon qu'elle traverse tous les filons que l'on soupçonne être dans un terrain ; on rapporte cette ligne suivant l'heure de la boussole, de la même maniere que la direction d'un filon, & des points V X, T S, R Q où elles le coupent, on part pour déterminer sa vraie position.

II. PROBLÊME.

Reconnoître la direction d'un filon que l'on a rencontré & traversé par une galerie.

§. I. Soit la galerie N O par laquelle on a découvert le filon 1, 2 (*) ; appliquez votre chaîne à droite & à gauche, & à l'endroit où il paroît le mieux réglé, faites-la tenir horisontalement autant bien qu'il soit possible, & suspendez-y votre boussole de façon que la ligne du sud au nord, soit parallele avec la direction du filon, l'aiguille indiquera la véritable qui est ici de 12 à 5 heures.

(*) Pl. VI ; Fig. 1.

§. II. Lorsqu'on veut avoir la direction d'un filon sur lequel on a avancé par une galerie, il faut chercher l'endroit de son penchant qui est le mieux réglé, sur la plus grande longueur qu'il sera possible d'atteindre avec votre chaîne, que vous appliquerez également de niveau le long de l'inclinaison, & à laquelle vous choisirez un endroit où vous pourrez suspendre votre boussole sans qu'elle touche au rocher ; alors l'aiguille vous montrera aussi la direction.

E ij

III. Problême.

Déterminer la direction principale d'un filon dans l'intérieur des travaux, ou à la superficie des terrains.

§. I. Comme les filons par leurs directions apparentes, s'éloignent souvent de plusieurs toises, à la droite ou à la gauche de leur vraie direction; on doit la chercher dans la galerie qui les suit s'ils sont perpendiculaires, en prenant le plus de points que l'on peut faire entrer dans une ligne droite; ce sera la principale.

§. II. Mais s'il arrive que le filon incline comme celui de F G (*), & que la galerie par laquelle il a été découvert monte ou descende, alors la direction apparente s'éloigne d'autant plus de la véritable, en raison de l'inclinaison.

(*) Pl. VI, Fig. 2.

§. III. L'un étant dans notre exemple de 47 degrés du couchant au levant, & le montant supposé de 125 (2, depuis F jusqu'à G, & regardant l'inclinaison du filon comme une ligne oblique, qui rapporteroit une toise, deux pieds & cinq pouces de profondeur perpendiculaire ; pour avoir sa distance horisontale, on dira : si le sinus de 47 degrés donne 125 (2, combien donnera son complément? Vous aurez 118 (2, que vous porterez de G en H, & ce point vous indiquera l'endroit où doit passer la direction, qui alors étant horisontale, sera la véritable.

Remarque. Ce qui vient d'être dit peut aussi s'appliquer à des terrains inégaux, pour déterminer la direction des filons, surtout lorsque ces premiers sont très-inclinés, en les considérant comme des galeries qui montent ou descendent; de sorte qu'en cherchant par la méthode ci-dessus, la direction horisontale que donne leur hauteur ou profondeur, on aura le vrai point par où elle passe.

IV. Problême.

Reconnoître la pente ou inclinaison d'un filon.

§. I. Lorsque le filon est excavé, faites tenir la chaîne en haut

& en bas de son toît ou de son penchant. S'il est encore dans son entier, vous l'appliquerez au mur; à cette chaîne ainsi étendue vous suspendrez le demi-cercle & la ferez varier; l'endroit où vous observerez le plus d'inclinaison sera le véritable.

§. II. Cherchez la direction du filon suivant le second Problême de cette Section; ajoutez à l'heure trouvée six autres heures, lorsque le premier nombre ne surpasse pas le sixieme, autrement il faut soustraire ce même nombre de six heures, & vous noterez ce qui restera; faites encore étendre & tenir votre chaîne le long de l'inclinaison du filon; suspendez-y la boussole, & si l'aiguille vous donne l'heure que vous avez notée, la chaîne se trouve bien placée; si on ne la rencontre pas d'abord, on changera une des extrémités de la chaîne, jusqu'à ce qu'on ait la même heure.

REMARQUE. Par l'une ou l'autre de ces deux méthodes également bonnes suivant les cas, on peut reconnoître toutes sortes d'inclinaisons, soit des filons principaux ou d'autres moins considérables, en quelque endroit que le filon se trouve à découvert sous terre ou au jour; mais il faut toujours en opérant choisir un endroit du penchant ou du couchant, qui soit, s'il se peut, également uni le long de la chaîne, & le plus approchant de la véritable inclinaison.

V. PROBLÊME.

Indiquer au jour l'endroit où l'on peut trouver la tête ou l'extrémité d'un filon, lorsque son inclinaison & sa direction sont connues dans la profondeur.

§. I. Soit la chûte du filon AB, pl. VI, fig. 3, qui est de 54 Pl. VI, Fig. 3. degrés que vous aurez reconnu par la galerie CD à l'endroit E, en descendant par le puits F, qui est perpendiculaire à la galerie horisontale.

Mesurez la profondeur du puits jusqu'à C qui est ici de 76 (1; & prenez la longueur de la galerie, jusqu'au filon que vous trouverez de 74 (1 ; vous direz : si le sinus de 54 degrés me donne

76 (1 , combien me donnera le finus du complément? Vous aurez
pour la ligne X, Z, 552 (2, qui , ajoutés à CE, donnera 1292(2
pour celle E,Z,X , que vous mefurerez de A à X horifontalement,
fi le terrain l'eft; autrement,

§. II. Attachez le vifeur au point F, & obfervez avec le demi-
cercle la pente de E en A qui eft de 10 degrés 15 minutes, ou un
quart de degré pour l'angle F, celui de X étant égal à 54 degrés, inclinaifon du filon : additionnez ces deux angles; leur fomme fouf-
traite de 180 degrés, donnera 115 pour l'angle A, dont le complément 64 deg. 15 min. eft à la ligne X F, comme 54 degrés l'eft à
F A, que vous trouverez par les finus de 116 (1, diftance que
vous déterminerez du puits F au point A, qui fera la tête du filon.

REMARQUE. Ces diftances, ainfi que les fuivantes, doivent
toujours s'aligner du point d'où elles partent, vers celui qu'elles
indiquent en angle droit à la direction du filon; par exemple,
celle du filon dont il s'agit étant 3 heures 7 huitiemes & demi, la
ligne aura fa pofition fur 9 heures 7 huitiemes & demi , qui eft
auffi celle du plan vertical de la coupe ou profil des filons.

Pour avoir plus de certitude de la rencontre d'un filon fur la
furperficie de la terre où ils montent rarement ; on s'éloigne
d'environ une toife , du point marqué vers le penchant du filon ,
comme de A en Y, & l'on fait approfondir perpendiculairement;
mais il ne faut pas trop s'éloigner , fur-tout lorfque les filons ne
font pas beaucoup inclinés , étant toujours plus avantageux de
les fuivre dans leur inclinaifon, puifqu'en même tems on en retire du minerai qui en paie les frais , que d'être dans le cas de le
rejoindre en traverfant le rocher; travail plus long & plus difpendieux.

VI. PROBLÊME.

*Déterminer la profondeur d'un puits où doit fe joindre certain filon,
dont la chûte & l'éloignement font connus.*

Pl. VI ;
Fig. 3. §. I. Soit le filon A B de l'exemple précédent, même planche, que l'on veut joindre dans la profondeur par le puits F C , fuppofé perpendiculaire ; la ligne X Z F étant horifontale , & fa longueur de 1292 (2, vous aurez un triangle rectangle dont la chûte du filon fait l'hypothénufe ; connoiffant d'ailleurs l'angle X égal à l'angle F de 54 degrés, & celui D F droit , le troifieme fera auffi connu & fe trouvera de 36 degrés ; on aura donc deux méthodes de calculer la profondeur du puits ; en difant

§. II. Si le finus de l'angle B de 36 degrés, donne la ligne XF de 1292 (2, combien donnera celui de X de 54 degrés? On aura 1778 (2 ; ou bien, comme le finus total eft à la ligne XF, ainfi la tangente de 36 degrés eft à la profondeur cherchée qui égale 1778 (2.

REMARQUE. Lorfque pour réfoudre ce Problême, il n'y a point de triangle rectangle qui foit équilatéral , ifocèle ou fcalêne comme A B F, même exemple , la méthode par les finus eft la feule dont on peut fe fervir pour déterminer la profondeur du puits F, C , B.

Pour que cette opération ou autres du même genre foient juftes, il faut fuppofer que les filons gardent toujours la même chûte ou inclinaifon ; autrement on n'aura qu'à peu près ce qu'on cherche, quelquefois auffi on en fera fort éloigné ; car il arrive que les filons changent totalement de pente , leur toît devient le mur tandis que d'autres très-obliques deviennent perpendiculaires.

VII. PROBLÊME.

Reconnoître fi le filon que l'on a découvert au jour , ou dans un puits ou une galerie à certaine profondeur, eft le même que l'on a rencontré à une plus grande.

§. I. Prenons pour exemple dans la précédente figure le filon ST qui incline de 43 degrés, découvert en premier lieu par la galerie CD, & enfuite par le puits F C à l'endroit V ; cherchez la longueur de la ligne CS qui eft ici de 905 (2 ; mefurez auffi du point C jufqu'à V où l'on a rencontré le filon, la profondeur du puits que vous trouverez de 84 (1.

§. II. Dites alors, fi le finus de l'angle V de 47 degrés donne
la ligne CS de 905 (2 , combien donnera le finus de S de 43 degrés? Vous aurez 843 (2 pour la profondeur de CV , qui étant
égale ou approchante à cellê que vous aviez trouvée en mefurant,
prouve fuffifamment que c'eft le même filon.

§. III. Si le même filon ou un autre , avoit été découvert par
deux différentes galeries, comme par celles de SC & QR , il
faudroit d'abord reconnoître fa chûte & fa direction aux deux
endroits. Mefurez du point S par les galeries & puits jufqu'à Q ,
cherchez la profondeur perpendiculaire entre ces deux points,
vous rapporterez le tout fur le papier , & prendrez la diftance
horifontale entre les deux directions ; fi alors le finus de la chûte
du filon vous donne, d'une part , la même profondeur ou approchante , & que de l'autre fon complément vous donne la diftance
horifontale, vous êtes affuré que c'eft le même filon , pourvu
toutefois qu'il n'y en ait pas d'autre près de celui-ci , qui ait une
égale inclinaifon & direction.

VIII. PROBLÊME.

Indiquer fur terre l'endroit où l'on peut joindre perpendiculairement
   la rencontre de deux filons , & déterminer à quelle profondeur fe
   fait cette jonction.

§. I. Mefurez la diftance ou l'intervalle P A des deux filons que
vous trouverez fuppofé de 29 (1 ; cherchez enfuite les angles
P A R & A P R , de même que l'angle R : vous aurez pour le premier 115 degrés 415 minutes ; pour le fecond 53 degrés 15 minutes , & pour le troifieme 11 degrés.

Les filons E, B, S, T fe croifant en R , on veut favoir à quelle
diftance du puits F on doit en commencer un autre pour tomber
perpendiculairement fur R , & de quelle profondeur il doit être ;
dites ,

§. II. Le finus de 11 degrés eft à 29 (1 , diftance P A , comme
le finus de 53 degrés 15 minutes , eft à la diftance A R que vous
trouverez de 1218 (2 ,   L'angle

L'angle **F A R** fe trouvant, en ôtant **P A R** de 180 deg., & celui en **M** ou fon oppofé au fommet **A N R**; en ôtant 10 degrés 15
min. de 90 deg., vous aurez pour l'un 64 deg. 15 min., & pour
l'autre 79 deg. 45 min.; retranchant leur fomme de 180 deg., il
vous reftera 36 deg. pour l'angle **A R N**; vous direz donc,

§. III. Le finus de 79 deg. 45 min. eft à la ligne **A R** de 1218
(2, comme le finus de 36 deg. eft à **A N**, qui fe trouvera
de 727 (2; ôtant cette ligne de **A F**, on aura 433 (2 pour la
diftance de **F** à **N**.

On trouvera également la profondeur perpendiculaire de **N R**,
en difant: le finus de 79 degrés 45 minutes eft à la même ligne **A R**,
comme le finus de 64 degrés 45 minutes eft à **N R**, qui fera de
1115 (2.

REMARQUE. On pourroit également réfoudre ce Problême par
le triangle **S E R**, dont les angles font connus, ainfi que la ligne
S E par la galerie **C D**; alors il faudroit avoir la diftance **E N** ou
C L de **E C**: mais pour avoir la profondeur **N R**, il faut ajouter
à **R L**, **C F**; en cherchant & retranchant la petite diftance **M N**
de cette longueur, le refte donnera au jufte **N R**.

La même opération peut également s'appliquer dans la recherche du point **T**, où les deux filons **P R T** & **I K T** fe rencontrent,
puifque leur chûte & la diftance **P A I** par **F** ou de **S** à **K** font
connus, comme on le voit par la figure.

SECTION III.

*Des percemens & de quelle maniere on rapporte fur le
papier le plan d'une mine.*

PREMIER PROBLÊME.

Déterminer la profondeur d'une galerie.

LES percemens dans la géométrie fouterraine font très-fré-
quens, de la plus grande conféquence & demandent beaucoup

de précifion dans les opérations, la moindre petite faute peut **y**
porter un grand préjudice ; il faut donc avoir la plus fcrupuleufe
attention en opérant, tant pour les diftances horifontales que pour
celles qui font perpendiculaires : nous allons donner trois Problêmes, par lefquels on pourra réfoudre tous les cas de ce genre qui
peuvent fe préfenter, après toutefois que nous aurons enfeigné la
maniere de déterminer les hauteurs ou profondeurs perpendiculaires d'un point donné à un autre point.

(*) Pl. VII, Fig. 2.

§. I. Soit par exemple la galerie A B (*), entre le fond de laquelle eft le point C ; on voudroit favoir au jufte la profondeur
perpendiculaire : commencez à mefurer à fon embouchure A, ou
à fon extrémité B.

§. II. Si vous commencez par A & que vous mefuriez jufqu'à B,
vous noterez en premier lieu la hauteur du morceau de planche
ou de l'étançon où vous aurez attaché la chaîne, jufqu'au point
où elle fera fixée, qui eft ici de 25 (2.

Continuez l'opération jufqu'au point B, en marquant exactement le montant & le defcendant de votre ligne ; & parvenu au
point d'où vous voulez déterminer la profondeur, vous écrirez la
defcente perpendiculaire, depuis votre point d'attache jufqu'au
fol de la galerie.

§. III. Recommencez au premier point A, en notant encore le
montant du morceau de bois ; mefurez enfuite en montant par
deffus le terrain jufqu'au point C, & de là en defcendant dans le
puits au point D. Si l'on vouloit en même tems connoître la
diftance qu'il y auroit à percer entre B & D ; achevez l'opération,
calculez & rapportez chaque article dans fa colonne ; reconnoiffez
le montant de la galerie A B ou fon defcendant, fi le premier point
a été près de B ; vous trouverez l'un ou l'autre en fouftrayant le
defcendant du montant, ou le montant du defcendant ; dans
notre exemple la galerie monte 35 (2.

§. IV. Si l'on ne cherche que la profondeur perpendiculaire
de C E, il fuffira de fouftraire le montant ci-deffus de celui du

point A vers C qui eſt de 20 (0; vous aurez 1965 (2. Mais pour ſavoir la diſtance qu'il y a à percer perpendiculairement, du point D juſqu'à la galerie, ou pour mieux dire de D à F, vous prendrez le montant du point A au point E, qui eſt de 32 (1, auquel vous ajouterez la diſtance de C à D de 158 (1, qui avec 32 (1 fait 19 (0; déduiſez alors cette ſomme de 22 (0 pour le montant A C, le produit ſera de 1 (0, que l'on aura à percer perpendiculairement, ſans avoir égard à l'obliquité dont nous parlerons ci-après.

REMARQUE. On trouvera le même produit en ôtant ſéparément le montant A F, & le deſcendant C D de la montée D A E; le premier devient deſcendant, comme nous l'avons déjà remarqué, en commençant au point F : cette façon d'opérer eſt auſſi plus naturelle, car alors vos ôtez le deſcendant du montant, le reſte D F en D eſt montant.

C'eſt par cette méthode que l'on détermine toutes les hauteurs & profondeurs perpendiculaires, d'un endroit à l'autre; nonſeulement dans les percemens, mais encore pour la formation du profil d'un plan d'une mine, comme on peut le voir par cet exemple, où les autres profondeurs ſe trouvent également marquées.

I I. PROBLÊME.

Arriver par une galerie d'écoulement à un filon qui la croiſe.

On veut joindre par la galerie A B le filon C D (*), pour reconnoître s'il deſcend juſqu'à la profondeur de ladite galerie, & s'il contient du minerai, de même que pour en écouler les eaux.

§. I. Levez ladite galerie par la méthode que nous avons enſeignée, & meſurez au jour depuis A, en paſſant aux environs de B, juſqu'à la direction ſupérieure du filon C D, que nous ſuppoſons découvert à l'endroit E, & prenez ſa direction & ſa chûte.

§. II. Rapportez ſur le papier toutes vos dimenſions, & calculez la profondeur perpendiculaire de G en H, *fig.* 2, vous trouverez

(*) Pl. VII. Fig. 1.

F ij

184 (1 , & sachûte ou inclinaison étant de 79 degrés , vous direz ,

§. III. Si le sinus de 79 degrés me donne 184 (1 , combien me donnera son complément ; le résultat sera de 368 (2 , que vous porterez sur le plan E , perpendiculairement sur C D vers F , où vous tirerez la direction inférieure ou parallele du filon , que vous joindrez par la galerie , en suivant la direction A B G , ou par le plus court chemin de B en H ; l'une & l'autre distance de l'extrémité de la galerie , se mesurant sur la même échelle du plan , vous aurez à percer jusqu'au filon , pour le premier 10 (& pour le second 95 (1.

REMARQUE. §. I. Dès que la galerie par laquelle on veut joindre un filon , est avancée sur un autre comme dans cet exemple , on suit ordinairement le même jusqu'à la rencontre du premier , à moins que les directions ne se croisent obliquement , & qu'il y ait encore beaucoup de chemin à faire , à peu près dans le sens que le filon L K traverse celui de A B , & qu'au lieu d'aller du point A vers B , jusqu'à la jonction L de ces deux filons , on peut du même point commencer la galerie , & marcher en angle droit à la direction du filon I K , vers le point I , qui est le plus court chemin entre tous ceux qui vont du point A au dernier filon.

§. II. Pour la jonction du filon M N , la même raison pourroit faire préférer le chemin par la galerie L K , à celui de L B , d'autant mieux que la rencontre de deux filons , dont l'un est plus apparent que l'autre , efface ordinairement le plus foible ; de maniere qu'il vaut toujours mieux chercher le plus fort , par la direction que tient le moindre , pourvu que celle-ci ne s'en éloigne pas par ses tours & détours , & que l'on y trouve l'avantage d'avancer beaucoup plus en suivant le filon qu'à travers le rocher , & l'espérance de rencontrer quelques roignons de minerai , qui puissent dédommager en partie des frais.

III. Problême.

Percer d'un puits à l'autre par la rencontre de deux galeries, que l'on pouſſe l'une contre l'autre.

Il arrive très-ſouvent que par le manque d'air dans certaine ſaiſon, on ne peut plus continuer l'approfondiſſement d'un puits ou autres ouvrages ſouterrains qui n'ont qu'une ouverture à la ſuperficie de la terre, comme le puits I de la 2ᵉ fig. pl. VII.

Pl. VII, Fig. 2.

Le meilleur moyen eſt de communiquer par un percement à un autre puits pour faire circuler l'air.

§. I. Soit le puits C avec ſa galerie K que l'on voudroit communiquer avec celle L, pour introduire de l'air au puits I; commencez à meſurer par l'extrémité d'une des galeries, & même de K par C, vers I juſqu'à L, tant en longueur que profondeur; rapportez enſuite après le calcul toutes vos dimenſions horiſontales, ſur le plan de la 1ᵉʳᵉ figure repréſenté par la galerie G F & O P; vous trouverez qu'il y aura du point P à F 121 (1 ſur par l'alignement de ſept. 2 heures 3 huitiemes, que vous ferez ſuivre les mineurs, en viſitant ſouvent l'ouvrage.

Fig. 1.

Remarque. Le percement dont nous venons de parler ſe fait preſque toujours de niveau, parce que l'on n'eſt pas gêné pour l'ouverture des galeries que l'on fait à telle hauteur que l'on veut; on les commence ordinairement, de façon que leurs ſols & leurs têtes ſe répondent horiſontalement vis-à-vis l'un de l'autre, & on les continue de même juſqu'à leur rencontre, à moins qu'il ne s'y trouve beaucoup d'eau : dans ce cas, on leur donne un peu de pente que l'on reprend enſuite, lorſqu'il convient d'écouler l'eau d'un ſeul côté.

Il n'y a au reſte dans ces ſortes de percemens d'autre difficulté que celle d'éviter ſoigneuſement, que les mineurs ne s'écartent à droite & à gauche, ce qui n'arrive gueres ſi l'on viſite ſouvent l'ouvrage, & ſi l'on vérifie la direction qu'ils doivent ſuivre, ſurtout dans les endroits où il y a un filon qui guide les ouvriers.

IV. Problême.

Percer d'une galerie d'écoulement en montant vers un puits ou autre ouvrage.

Nous voici à un des Problêmes qui demande le plus de précision & de précautions, & qui a lieu le plus souvent dans la pratique, où il s'agit de percer de la galerie A B (*) en montant juſqu'au puits O Q, que l'on ne peut plus approfondir, soit par l'abondance des eaux ou par le manque d'air.

(*) Pl. VII, Fig. 1.

§. I. Commencez à mesurer de Q vers O l'obliquité du puits, & de là par deſſus le terrain à l'embouchure de la galerie A, où vous entrerez & continuerez juſqu'à peu près vis-à-vis le fond du puits; ici c'eſt l'endroit R que vous ferez marquer sur le rocher ou sur le boiſage, par une ligne arbitraire.

§. II. Rapportez votre opération sur le papier, & examinez ſi la ligne R Q eſt préciſément en angle droit; ſi elle ne l'eſt pas, vous la mettrez sur la direction du filon ou de la galerie, en changeant de ſigne à l'endroit R, & meſurez avec votre échelle de Q en R, ſachez auſſi combien il reſte de profondeur perpendiculaire, entre les points F & D, *fig. 2*, qui eſt dans notre exemple de 1 (0, & de 28 (1 pour la ligne Q R.

§. III. Si, pour trouver la diſtance oblique qu'il y a encore à percer, vous voulez n'opérer que méchaniquement, formez avec une plus grande échelle le triangle rectangle Z Y X, *fig. 3*, dont Z Y eſt la baſe de la ligne horiſontale R Q de 28 (1, & Y X la perpendiculaire de D F trouvée d'une toiſe; l'hypothénuſe Z X ſera la diſtance oblique que vous cherchez : mais pour opérer avec plus de préciſion, multipliez chacune de ces deux premieres lignes par elles-mêmes, additionnez leur produit, & de la ſomme vous extrairez la racine quarrée qui vous donnera 297 (2 pour la longueur, que vous ferez ſuivre en montant ſur la direction de la ligne Q R, qui eſt ici ſur ſept. 8 heures 4 huitiemes.

Remarque. §. I. Si le puits étoit en partie rempli d'eau, il feroit dangereux d'y percer plutôt que l'on ne l'auroit prévu ; on conçoit de refte le danger où feroient les ouvriers qui fe trouve-roient furpris par l'écoulement fubit & rapide des eaux. On évite cet inconvénient, en procédant une feconde & même une troi-fieme fois à cette opération, pour peu qu'on fe défie de la pre-miere : d'un autre côté, lorfqu'il ne refte plus qu'une toife plus ou moins à percer, on fait fonder avec un long fleuret cette diftance pour reconnoître fi l'on a bien opéré, autrement on avance encore de quelques pieds, en fondant à droite & à gauche pour éviter les furprifes qui ne font pas à craindre, lorfqu'on a mefuré avec exactitude.

§. II. Il eft plus facile de faire ce percement lorfque l'on appro-fondit le puits, fur le même filon que l'on a fuivi par la galerie ; de forte qu'en connoiffant les diftances horifontales & perpendicu-laires, on n'a qu'à fuivre la direction : c'eft pour faire connoître toutes ces difficultés qu'on a donné l'exemple précédent, en per-çant d'un filon à l'autre à travers les rochers, par le chemin Q R.

V. PROBLÊME.

Compofer le plan d'une mine avec fon profil.

Le plan d'une mine eft d'autant plus important, que fouvent on y a recours pour l'avancement des travaux ; il eft même in-difpenfable pour fe reconnoître & pour pouvoir mieux les diriger; la marche des filons qu'il indique fert de guide, & détermine les ouvrages à fuivre par le plus court chemin, avec le moins de frais poffible.

La majeure partie de ce qui a été enfeigné ci-deffus fur la pra-tique de la Géométrie fouterraine, peut entrer dans la compofi-tion d'un plan qui ne fe forme que par les opérations qui ont été détaillées ; quelque petites qu'elles foient, il eft toujours bon de les tracer fur le papier dès qu'il s'agit des lignes & des angles.

§. I. On prendra une feuille de papier un peu grande, & à fa partie fupérieure on placera le plan avec les remarques que l'on a faites dans l'opération. On formera le plan en rapportant toutes les dimenſions horiſontales que l'on aura trouvées par le calcul : la figure 1ere de la planche VII, en donnera un exemple, pouvant être regardée comme un plan horiſontal, auquel on ajoute ſon profil qui ſe trace ordinairement au-deſſous, & que l'on coupe toujours ſuivant la ligne qui montre ou fait paroître le plus d'ouvrages ſouterrains, & découvre la plupart des filons par leur inclinaiſon ; pour cet effet,

Pl. VII.

Pl. VII,
Fig. 2.

§. II. A une diſtance raiſonnable de la ligne du plan, vous en tirerez une autre qui lui ſoit parallele, & qui paſſant par le plus haut point du terrain coupé, repréſente l'horiſon du plan relativement au profil.

§. III. Enſuite des principaux points du plan, vous abaiſſerez ſur cette ligne horiſontale, des perpendiculaires que vous prolongerez en deſſous, & y rapporterez la profondeur dont chaque puits, auquel répond la perpendiculaire, s'éloigne de l'horiſontale. Le plus éloigné vous déterminera l'endroit où il faut faire paſſer la baſe de tous les ouvrages paralleles à la ligne horiſontale ; de ſorte que toute la profondeur d'une mine eſt compriſe entre ces deux lignes.

§. IV. La plan d'une mine peut être accompagné d'un léger deſſin qui repréſente l'extérieur des environs, de façon à ne pas maſquer les ouvrages intérieurs, que l'on marque toujours par de plus fortes lignes pour les diſtinguer ; on y donne même des couleurs à peu près comme l'on deſſine les payſages & les plans des fortifications.

§. V. Faites répondre le profil au payſage, galeries & puits marqués dans le plan, en figurant l'élévation du terrain qui étant coupé, repréſentera en détail les ouvrages intérieurs que vous releverez par des couleurs qui correſpondront à celles du plan, en donnant auſſi une teinte rouge ſur toute la coupe : deſſinez enſuite une bouſſole & tracez une échelle ; elles doivent être communes au plan & au profil, en les plaçant chacune dans l'endroit où il convient.   §. VI,

§. VI. Quelques-uns font en ufage d'écrire fur le plan & le profil toutes les remarques, comme la direction & la chûte des filons, la profondeur des puits, &c. mais pour éviter la confufion, il fuffit de défigner les principales ouvertures & leurs ouvrages, par des lettres alphabétiques qui correfpondront à celles de l'explication qui fera mife dans un des côtés, & où l'on écrira tout ce que l'on aura obfervé fur chaque partie, ainfi que le jour & l'année que ce plan a été fait.

REMARQUE. Il y a encore plufieurs petites obfervations à faire que la pratique enfeigne, & dont la majeure partie eft répandue dans ce Traité, comme par exemple, de noter en levant les galeries, puits, &c. qui répondent à l'endroit que l'on mefure, de marquer la direction & la chûte des filons & veines qui traverfent.

Lorfque l'on opere dans les longues galeries, il convient de laiffer à chaque 50 ou 60 toifes, des marques dans le rocher ou fur les bois d'étançonnages, lefquelles vous rapporterez fur le papier avec les mêmes fignes, pour avoir de diftance en diftance des points fixes, d'où l'on puiffe partir pour faire d'autres opérations fans être obligé de recommencer au premier point.

SUPPLÉMENT

DE L'ARITHMÉTIQUE DÉCIMALE.

L'ARITHMÉTIQUE décimale eft une fcience qui enfeigne à compter en fraction par dix.

Les Géometres & principalement ceux d'Allemagne, fe fervent de cette méthode de calculer par dix, en divifant leur toife, perche, &c. en dix parties égales que l'on pourroit nommer pieds, dixiemes ou primes; ces derniers divifés encore en pouces, centiemes ou fecondes; & celles-ci en lignes, milliemes ou tierces, & ainfi de fuite à l'infini.

Ces différentes fractions s'écrivent l'une après l'autre, comme les chiffres ordinaires qui les précedent, en diftinguant ceux-ci par

Tome II. G

une virgule, & un autre petit chiffre appéllé *caractere*, qui annonce par le nombre de ses unités combien il y en a dans la fraction.

Premier exemple. 3 toises 5 pieds ou dixiemes, 6 pouces ou centiemes, 4 lignes ou milliemes s'écrivent ainsi, 3564 (3; cette façon de noter les fractions n'a lieu que pour les longueurs, mais lorsqu'elles expriment des superficies ou des mesures cubes, il faut toujours deux ou trois chiffres pour une seule dimension qui est exprimée par ces fractions.

Second exemple. 5 toises quarrées, plus 10 pieds quarrés qui font le dixieme de la toise, & 25 pouces quarrés s'écrivent comme il suit, 5.1025 (4□ . De même 8 toises, 100 pieds & 150 pouces cubes, s'expriment ainsi 8.100150 (6c ; ce qui est facile à comprendre en se rappellant que chaque toise divisée par dix, donne à son quarré 100 pieds ou dixiemes de toises quarrées ; un de ces pieds encore divisé par dix, contient 100 pouces quarrés, & ainsi de suite; au lieu qu'une toise cube doit, suivant cette même méthode, faire 1000 pieds cubes, & le pied 1000 pouces, &c. d'où il suit qu'il faut deux chiffres pour chaque fraction des mesures quarrées, & trois pour les cubes; car s'ils excédoient ce nombre, ils feroient un entier de la fraction ou de l'entier qui les précede ; ce qui prouve l'avantage de cette maniere de calculer, parce qu'on n'opere que sur les nombres entiers, comme il va être expliqué.

PREMIER PROBLÊME.

Additionner un nombre entier & ses fractions, avec d'autres nombres de même espece.

§. I. Écrivez les nombres que vous avez à additionner, les uns sous les autres ; savoir, les entiers sous les entiers & les fractions sous les fractions; commencez par la plus petite, en opérant comme sur des nombres entiers, & finissez par ces derniers s'il y en a.

§. II. Observez quel est le plus grand caractere qui exprime les fractions que vous retrancherez de la somme, en comptant

de la droite à la gauche, autant de chiffres que ce caractere a
d'unités.

E X E M P L E.

Dimenfions de longueurs.	*Dimenfions quarrées.*	*Dimenfions cubiques.*
32568 (3	46304 (4 □	13216 (3 C
8104 (3	1502 (2	1200413 (6
1675 (2	93712 (4	27105901 (6
280156 (4		
854376 (4	290216 (4 □	41522314 (6 C

Il faut obferver que le caractere des dimenfions quarrées fe diftingue par un □, & celui des cubes par un C, pour ne pas les
confondre avec celles des longueurs fimples.

II. P R O B L Ê M E.

Souftraire un plus petit nombre & fes fractions, d'un plus grand
avec de femblables fractions.

Placez le plus grand nombre le premier & le plus petit deffous,
que vous exprimerez par leur caractere, dans le même ordre que
dans l'addition; opérez enfuite comme dans la fouftraction ordinaire, & du refte retranchez de la droite à la gauche autant de
chiffres que le plus grand caractere a d'unités.

E X E M P L E.

Dimenfions de longueurs.	*Dimenfions quarrées.*	*Dimenfions cubiques.*
36,5104 (4	26,3576 (4 □	45,019 … (3 C
15,806 . (3	5,9031 (4	19.786324 (6
20,7044 (4	20.4545 (4	25,232676 (6

A l'addition auffi bien qu'à la fouftraction, on n'ajoute ou ne
retranche jamais les longueurs des quarrés, ni ces derniers des
dimenfions, parce que chaque efpece doit être jointe ou ôtée de
fon efpece, afin que la fomme qui refte foit auffi de la même ; il
en eft autrement dans la multiplication & la divifion.

G ij

III. PROBLÊME.

Multiplier une dimension décimale par une autre semblable.

Lorsque des longueurs se multiplient par des longueurs, il en résulte des superficies ou un nombre quarré, & des cubes en multipliant des quarrés par des longueurs.

Mettez indifféremment un nombre sous l'autre avec son caractere, en multipliant à l'ordinaire, & du produit qui en résultera vous retrancherez autant de chiffres qu'il y a d'unités dans les deux caracteres pris ensemble.

EXEMPLE.

Longueurs par longueurs ou largeurs.	Longueurs par un quarré.	Le quarré par la longueur ou profondeur.
356 (2	51204 (4 □	253104 (4 □
812 (2	16 (0	103 (2
712 356 2848	307224 (4 ᶜ 51204 (	.759312 2531040
289072 (4 □	819264 (4 ᶜ	26069712 (6 ᶜ

Pour bien entendre cette maniere de multiplier, on n'a qu'à tracer sur le papier un quarré ou un cube, suivant les dimensions multipliées; mais la mesure d'un cube sera encore plus facile à concevoir, en formant un cube dont chaque face sera divisée, par exemple, en 3 pieds ou dixiemes de longueurs, & ensuite taillée par toutes ces divisions, on aura 27 petits morceaux qui font autant de dixiemes cubiques.

IV. PROBLÊME.

Diviser un nombre avec des fractions décimales par un autre nombre décimal.

§. I. La division se fait comme à l'ordinaire, où le nombre à diviser doit toujours être plus grand que le diviseur, & s'il arrive que celui - ci quoique plus petit, ait un plus grand nombre de fractions, on ajoute à l'autre autant de zéros & d'unités à son caractere, qu'il y en a dans celui du diviseur.

§. II. Ecrivez ce dernier fous le premier, & commencez la divifion de la gauche à la droite ; s'il ne refte rien, ôtez le caractere du divifeur de celui du nombre à divifer, le produit exprimera le caractere du quotient.

§. III. Mais fi après la premiere divifion il refte quelque chofe, on ajoute au nombre à divifer plufieurs zéros, & le même nombre d'unités à fon caractere ; on continue la divifion jufqu'à ce qu'il ne refte plus rien, ou que les parties deviennent fi petites qu'elles ne puiffent plus être comptées.

E X E M P L E.

Longueur 1152 (2 □ { 48 (1 larg. | 8832 (3 ᶜ { 12 (1
Largeur   190   { —————————— | 470   { 736 (2
              0   { 24 (1 | 00

A U T R E.

563 (2 □ { 70 (1 ,   il refte 3.
 00 (3   { ———————
des zéros,   8 (1 , que l'on divifera en ajoutant

5630000 (6 □   {   70375 (4
0000000   {   ——————————
                    8 (1

N'ayant eu befoin dans cette divifion que de trois zéros, il faut diminuer le caractere 6 d'une unité, puifque nous nous fommes fervis de 4 & du 5 qui vient ; ôtez celui du divifeur 1, vous aurez le caractere du quotient de 4, ainfi vous ne retrancherez que quatre chiffres de la droite à la gauche.

§. IV. Lorfque vous divifez des quarrés par longueurs, il en réfulte au quotient des longueurs ou lignes ; de même qu'en divifant un cube par fon quarré, le quotient eft fa hauteur & profondeur.

V. PROBLÊME.

De l'extraction de la racine quarrée.

Il n'y a ici d'autre différence de l'extraction ordinaire, que de diviſer le nombre ou la quantité de chiffres qui expriment la fraction par deux, où le quotient marquera combien il doit y avoir d'unités au caractere de la racine.

E X E M P L E.

```
       4 | 00 |              □
 2   ʒ8  | ɪ4 | 00      4
11   94  | ʒ9 | 36    ─────────
     64  | 88 | 06     3456 ( 2 racine.
      6  | 69 |
```

VI. ET DERNIER PROBLÊME.

De l'extraction de la racine cube.

Cette extraction ſe fait à l'ordinaire, mais au lieu de diviſer le caractere du nombre cube dont on veut extraire la racine par deux, on le diviſe par trois, pour avoir au quotient le caractere de la racine.

E X E M P L E.

```
190,410,480 ( 6

125                 575 ( 2 racine
────────
  65,410
  60,193
────────
    5217,480
    4916,375
    ────────
     301,105   reſte.
```

Si l'on veut avoir la racine cube du reſtant 301,105, il faut ajouter trois zéros pour chaque fraction, & continuer l'extraction auſſi loin que l'on voudra ; ce qui ſe pratique auſſi à l'égard de l'augmentation des zéros, lorſqu'il manque quelques chiffres à remplir la derniere fraction, dans le nombre dont on veut extraire la racine.

SECOND MÉMOIRE.

MINES D'OR ET D'ARGENT
DE LA SUEDE ET DU TIROL.
SECTION PREMIERE.

Mine d'or d'Adelfors dans la Paroiſſe d'Alshéda, Province de Smoland en Suede.

Par *MM. JARS*, année 1767.

§. I. DEPUIS environ 30 années que s'eſt faite la découverte de cette mine (1), elle a été exploitée ſans interruption aux frais de la Couronne, quoique ſon produit ait ſuffi à peine pour en payer les dépenſes ; c'eſt pourquoi dans la derniere Dïete, il fut queſtion de l'abandonner ; elle mérite néanmoins de nouvelles avances pour en étendre l'exploitation, car il en réſulte toujours un bien réel pour l'État, & quoique l'entrepriſe n'en ſoit pas profitable, on a toujours l'eſpérance qu'elle le deviendra : on ne fait monter ſon produit annuel, quant à préſent, qu'à 12 marcs d'or, mais il y a lieu de croire qu'il augmentera avec le tems, & au dire du Directeur qu'on le pouſſera juſqu'à cent marcs & même au-delà.

§. II. La montagne qui renferme cette mine peut être regardée comme moyenne, ſur-tout ſi l'on compare ſa hauteur à celle de ſes voiſines qui l'environnent ; elle eſt expoſée au nord-oueſt dans l'endroit où l'on a exploité deux filons paralleles, diſtans l'un de l'autre d'environ 150 toiſes, dont la direction du nord-eſt au ſud-oueſt, eſt preſque parallele à celle du vallon, & qui inclinent de

Situation de cette mine & diſpoſition des filons.

(1) *Voyez* ci-après, Section II, la diſſertation hiſtorique ſur la découverte de cette mine, par ſieur Colliander.

30 à 40 degrés de la ligne horifontale, du côté du fud - eft ; on n'exploite actuellement de ces deux filons que le fupérieur , celui qui eft près du vallon eft entiérement fufpendu.

§. III. Les rochers qui compofent la montagne , font de la nature du fchifte , dont les lits ont une pofition prefque perpendiculaire , & une direction contraire à celle des filons , de forte que ceux-ci ne portent du minerai qu'autant qu'ils coupent les premiers en angle droit.

Ces filons font fujets à être dérangés dans leur direction, c'eft-à-dire, que ce que les Allemands nomment *klûft* ou fente , les jette prefque en angle droit , du côté du toît ou de celui du mur , à quelques pieds d'éloignement, même jufqu'à 5 , 6 & 7 toifes ; on fait à ne pas s'y tromper fi le filon eft dans le toît ou le mur , par conféquent fi l'on fait attention à cette fente qui n'a point d'épaiffeur & qui n'eft proprement qu'une trace du filon, on ne s'amufera pas à le chercher en fuivant cette trace , l'on s'expoferoit à faire des ouvrages inutiles & même à le mafquer , puifque dans cette direction on fuivroit les lits du rocher , où bientôt la trace ne pourroit plus fe diftinguer , ce qui eft arrivé dans le commencement de cette exploitation ; mais l'expérience a appris que le plus fûr moyen , étoit d'avancer la galerie & d'y faire une traverfe en angle droit , du côté où la trace a indiqué que devoit être le filon.

§. I V. Le minerai que produit ce filon eft une pyrite martiale aurifere , les Chymiftes Suédois regardent l'or qui y eft contenu , comme minéralifé par le foufre , par l'intermede du fer.

Cette pyrite eft ordinairement adhérente à un quartz gras ou *felt-quartz* , dont quelques morceaux laiffent appercevoir de l'or natif ; nous en avons même vu & rapporté quelques échantillons qui font aujourd'hui très-rares, puifque tout ce que l'on extrait eft tranfporté au bocard , & que l'on n'en fait aucun choix.

Le filon en général eft fort étroit, car la pyrite & le quartz enfemble n'ont que quelques pouces de largeur & rarement un pied ;

le

le furplus eft un fchifte mêlé de quartz, & fur-tout d'une argille durcie que les Suédois nomment *Horn-Schieffer* ou *Schifte corné*, dans lequel on remarque des grains de pyrite aurifere, de forte qu'on ne compte que fur environ deux pieds pour la largeur totale du filon; plufieurs Chymiftes nous ont affuré que la pyrite pure tient $\frac{1}{2}$ jufqu'à 2 loths par quintal, mais que l'on ne fait fond que fur cette premiere teneur.

Ce que la pyrite tient en or.

§. V. Cette mine eft la feule dans la Suede, qui foit exploi-tée comme celles de France & d'Allemagne, par petits puits, galeries & autres travaux fouterrains; c'eft auffi la feule où les filons foient fi étroits: on y forme des ouvrages en échelons, des ftroffes, des caftes, &c. & elle coûte peu de bois d'étançon-nage; la profondeur de cette mine eft de 50 à 60 toifes, & l'éten-due des travaux n'eft pas confidérable (*).

(*) Voyez le profil de cet-te mine, Pl. VI.I.

§. VI. Quoique les filons ne fourniffent pas une grande quan-tité d'eau, les frais qu'elle coûte à élever ne font pas en raifon du produit; il étoit donc important d'appliquer les moyens de les diminuer: c'eft pourquoi il a été entrepris depuis plufieurs années, dans l'endroit le plus bas, une galerie qui écoulera les eaux de 30 toifes de profondeur, & dont la longueur fera de 180 toifes: elle en a actuellement 110 de faites; & quoiqu'elle foit travaillée des deux côtés même à prix fait, cet ouvrage ne peut aller bien vîte par la néceffité où l'on eft de faire du feu contre le rocher pour l'attendrir, & que par cette raifon l'ouvrier ne peut y travailler de fuite: pour avancer une toife dans la galerie qui a 8 pieds de hauteur, fur 3 à 4 de largeur, on brûle 8 à 10 cordes de bois de pin (1); on y a déjà approfondi deux puits d'air qui font d'autant plus néceffaires, qu'il en faut un grand courant pour faire brûler le bois (2).

Galerie d'é-coulement.

§. VII. On a conftruit fur cette mine deux machines à mou-

Machines.

(1) La corde de bois eft de 83 pieds cubes, pied de roi.

(2) Cette méthode de préparer & d'allumer les bûchers contre le rocher, eft décrite dans le Mémoire.

lettes, dont l'une fert à élever les eaux, & l'autre à l'extraction des minérais; à cette premiere qui fait mouvoir les pompes, on a adapté un tirant, qui à l'aide d'une barre de fer femblable à celle d'un moulin à fcie qui fait avancer la piece de bois, & qui eft mife en mouvement par un varlet, fait agir une roue dentée & un rouet qui engrenne dans un autre, & ainfi de fuite pour faire tourner l'aiguille d'un cadran placé extérieurement ; c'eft fur l'indication des heures marquées fur le cadran, que font payés les maîtres des chevaux qui font aller la machine auxquels l'on donne tant par heure.

§. VIII. C'eft ordinairement pendant l'hiver que fe fait le tranfport des minérais au bocard, éloigné d'une demi-lieue, fur des traîneaux.

Le bocard & les tables à laver fans toiles nous ont paru d'une mauvaife conftruction & peu avantageufes ; les grilles où paffe le minérai au fortir des pilons font fi mal faites, que l'on en apperçoit fur les tables d'auffi gros que des pois & des lentilles, mêlé avec le fin, d'où il eft impoffible que la féparation puiffe fe bien faire : on nous a montré qu'en pouffant un peu loin le dernier lavage du minérai, on pouvoit en féparer un peu d'or maffif.

Comme ce bocard ne fuffit pas, à beaucoup, près pour piler toutes les matieres extraites des filons, au lieu de fuivre ce qui eft exécuté ailleurs, on a imaginé une conftruction nouvelle de bocard, dont le fuccès paroît bien douteux, quoique l'on croie avoir beaucoup perfectionné. Pour fe procurer un cours d'eau on a conftruit un canal affez difpendieux de 400 toifes de longueur, qui n'amene que 2 pieds & demi à 3 pieds de chûte, qui pouvoit être plus confidérable, fi on en eût formé la prife d'eau plus loin ; la roue eft à aîles dans lefquelles on a pratiqué des efpeces de caiffes, pour élever l'eau néceffaire aux pilons & aux laveries. Son diametre de 26 pieds (1) & fon arbre a été doublé de façon qu'il en a 8 ou 9 ; fa circonférence eft armée de 11 man-

Nouveau Bocard.

____

(1) Le pied de Suede égale 22 pouces pied de roi.

tonnets qui font élever 42 petits pilons très - légers ; comme ils n'ont que 4 à 5 pouces au plus de levée, ils feront certainement un effet bien moindre, que nous ne croyons pas être fuffifant pour pulvérifer le minérai qui ne fera que s'arrondir fans eux, & dont la furface fe détachera comme une farine ; c'eft du moins ce qu'il nous a paru en les voyant travailler.

On n'a point mis de grille, mais à une certaine hauteur on a ménagé des canaux de communication avec une grande caiffe, qui elle-même en a du côté oppofé, pour fe décharger dans des caiffes allemandes, fufpendues fur des chaînes pour être mifes en mouvement, de la même maniere que les tables de répercuffion ufitées en Saxe & en Hongrie (*). L'intention eft que, au fortir du bocard, le minérai fe lave tout de fuite, & de diminuer par-là beaucoup de main-d'œuvre ; mais on n'a pas fait attention que les différentes groffeurs du minérai pilé, n'auront pas le tems de fe féparer, & que l'on rifquera d'envoyer à la riviere le plus fin.

§. IX. La fonte des minérais fe fait dans un fourneau courbe, à peu près femblable à ceux dont on fe fert aux mines de cuivre de Fahlun ; on y pratique de même un grand baffin dans l'inté- rieur, & la percée fe fait dans un des murs de côté. Comme ra- rement la fonte a lieu par le manque de minérai lavé, nous n'avons pu y voir opérer ; ce que nous allons rapporter du procédé eft d'après le détail que nous en a fait le Directeur.

Le *fchlick* ou minérai lavé, qui tient environ demi-loth par quintal, eft fondu avec partie égale de mattes provenant du tra- vail de l'imbibation, qui ont été rôties 5 & 6 fois ; elles fervent de flux & d'addition quelconque ; on n'y ajoute pas même des fcories, mais celles que l'on obtient de cette fonte font mifes à part pour être fondues avec une pyrite qui ne contient point d'or : il nous paroîtroit plus convenable de les fondre avec du *fchlick* aurifere le plus pauvre, puifqu'il eft lui-même une pyrite ; mais dans ce cas, il faudroit le moins laver, c'eft-à-dire, le rendre par le lavage moins riche en or ; ce feroit au refte une expérience à faire.

H ij

Ces mattes grillées cinq à six fois, lorsqu'elles ne tiennent pas au-dessus d'un demi - loth d'or par quintal, sont fondues comme ci-dessus à partie égale avec le *schlick*, & tiennent lieu de celles d'imbibation provenant de l'opération suivante.

Sur un foyer semblable à celui du raffinage du cuivre que l'on remplit de charbon, on met 16 quintaux des mattes de la premiere fonte, auxquelles on ajoute, lorsqu'elles sont fondues, deux quintaux de litarge, & depuis 20 jusqu'à 40 livres de fer coulé qui précipite l'or dans le plomb, à mesure qu'il se révivifie : après trois ou quatre heures on fait couler le tout dans un bassin de réception; le plomb se précipite dans le fond & laisse surnager la matte, qui est celle que nous avons nommée d'imbibation. Le Directeur nous a assuré que lorsqu'elle étoit cuivreuse, la litarge ne suffisoit pas, qu'alors on en ajoutoit moins, mais qu'on y substituoit du minérai de plomb; & à défaut de ce dernier, il en composoit un factice en fondant ensemble de la litarge & du soufre.

On obtient de cette opération environ 120 livres de plomb, ou œuvre, qui tiennent depuis 6 jusqu'à 9 loths d'or.

On n'ajoute point de scories dans les fontes afin, dit-on, que les mattes ne puissent s'y répandre & s'y diviser; les fourneaux de grillage murés de trois côtés sont très-petits, l'on n'y grille que 10 *schipfund* à la fois, ou environ 40 quintaux.

Le fourneau de coupelle est aussi très-petit, on n'y affine que deux quintaux de plomb à la fois, & l'or qui provient de cet affinage est raffiné dans un creuset avec du borax, du salpêtre & du sublimé corrosif; on prétend qu'à l'affinage, il vient au titre de 21 jusqu'à 23 karats de fin.

SECTION DEUXIEME.

Diſſertation hiſtorique & minéralogique ſur la mine d'or d'Adelfors en Smaland, Province de la Suede.

Par JEAN COLLIANDE, *traduite du latin, année* 1764.

ART. I. EXISTE-T-IL de l'or dans les climats ſeptentrionaux ? Queſtion trop prématurée, peut-être, mais queſtion curieuſe agitée juſqu'à préſent par nombre de Savans. Pluſieurs d'entre eux, peu convaincus d'ailleurs de l'influence du ſoleil ſur les corps ſublunaires métalliques, ont penſé qu'il n'étoit pas poſſible de trouver des mines d'or dans les contrées hyperborées, où la rigueur du froid fait néceſſairement languir la nature, & contrarie par-là même la génération des métaux précieux (1) ; ils appuient encore leur ſentiment, ſur ce que le globe terreſte ayant ſous les tropiques un mouvement plus conſidérable, il doit y avoir dans ces climats une denſité plus grande, qui ne peut être occaſionnée que par l'exiſtence des riches métaux qui y ſont produits : mais ils n'ont pas fait attention que ſi cette denſité du globe eſt néceſſairement plus grande ſous les tropiques, elle peut être attribuée également (pour ne pas dire plus ſûrement) à la maſſe plus conſidérable de matiere qui eſt ſous l'équateur ; ainſi que le démontre le plus grand diametre de la terre. Ces Savans enfin en appellent aux expériences faites juſqu'à ces derniers tems. Tacite, à mon avis, étoit plus prudent & plus circonſpect ; dans le 5me chapitre de ſon ouvrage, s'il paroît douter qu'il y ait des mines d'or & d'argent en Germanie, il ajoute, mais, *quelqu'un les a-t-il fouillées ?*

D'autres au contraire & en grand nombre, ne doutent point que nos climats glacés, n'aient eu des mines d'or en abondance, & qu'on ne puiſſe encore y en trouver ; ils s'autoriſent d'abord du ſentiment du grand Olaüs, qu'ils regardent comme un témoin

(1) Bourguet, lett. phil. Sporing, *in aftis erud.* Upſal 1737.

auquel il n'y a rien à répliquer; cependant, quoique cet auteur dans le livre 6me, chapitre 10 de fon ouvrage, s'étende jufqu'à laffer fes lecteurs fur le détail des mines d'or qui abondoient autrefois dans notre patrie, & que la pefte, la guerre, la famine & d'autres fléaux femblables ont enfuite forcé d'abandonner; ceux qui font dans le fentiment oppofé fufpectent fon avis, & refufent de l'en croire fur ce point, où il paroît varier quelquefois.

On donne pour feconde preuve de l'exiftence de nos mines riches, cette abondance d'or dont, fuivant ce même Olaüs, étoient ornés les temples des idoles, les palais des rois, les berceaux des enfans & les harnois des chevaux; outre cette quantité de vaiffelle, de bracelets, d'anneaux & autres meubles d'or dont on voit de précieux reftes dans les curiofités qu'on a tirées des anciens tombeaux (1), & qu'on trouve encore de nos jours: de là cependant on ne peut rien conclure de certain; car ne pourroit-on pas attribuer toutes ces richeffes à l'induftrie des anciens Goths, qu'on fait avoir exercé la piraterie & fait un grand commerce avec les étrangers? Néanmoins ce qui donne du poids à toutes ces raifons, c'eft ce que racontent les auteurs anciens, des *Gryphes* du feptentrion qui étoient couverts d'or.

Plufieurs par ce mot de *Gryphes* prétendent moins défigner l'or, & les autres richeffes précieufes, que les perfonnes même qui cherchoient à découvrir & à conferver ces tréfors; ajoutez à cela le proverbe des rabins, voulez-vous devenir riche? allez au nord; voulez-vous devenir favant? allez au midi; & ce qui confirme fur-tout cette opinion, c'eft l'oracle du faint homme Job qui nous dit: l'or vient du feptentrion; mais il n'eft pas poffible de rapporter toutes leurs raifons.

Pour moi, qui ne veux prendre aucun parti dans cette queftion fur laquelle j'ai jetté à peine un coup d'œil, je me contenterai de croire, que comme le foleil n'a point encore achevé toutes fes révolutions, nous ne connoiffons point non plus toutes les

(1) Biorneri.

richeſſes renfermées dans le ſein de la terre de ces contrées boréales : ſans entrer donc dans cette diſpute, je la laiſſerai vider aux hiſtoriens à qui elle appartient de droit ; c’eſt à eux à examiner s’il y a eu réellement autrefois en Suede des mines d’or ; quant à celles qu’on pourra trouver dans la ſuite, la poſtérité aura ſoin de les compter & d’en conſerver la mémoire ; au reſte on nous a annoncé par un préſage heureux, conçu je ne ſais ſur quel fondement, que les terres ſeptentrionales cachoient dans leur ſein des tréſors conſidérables : c’eſt Théophraſte Paracelſe qui l’aſſure, Aphoriſme 94, *de generatione metallorum*, &c.

Son opinion paroît être appuyée par l’auteur anonyme d’un livre imprimé à Caſſel, en 1616, ſous le titre de *Fama Fraternitatis, cap. de flavo leone ex ſeptentrione.*

Ces réflexions faites, & après avoir dit quelque choſe dans les articles ſuivans de l’hiſtoire de Suede, je ferai connoître par une deſcription nette & claire la mine d’or d’Adelfors, ſituée dans la province de Smoland ma patrie ; cette mine eſt une des plus renommées qu’on connoiſſe aujourd’hui en Europe, ſi toutefois elle n’eſt pas plus fameuſe ; je n’oublierai rien pour lui aſſurer le mérite & la réputation dont elle jouit ; & pour ſeconder mes efforts, j’oſe compter ſur la bienveillance dont veut bien m’honorer le lecteur.

Art. II. Je viens aux tems les plus rapprochés de nous, mais je ne parlerai pas de cette eſpece d’or que nous devons à l’art du Chymiſte ; l’infortuné Paykull en donna l’année 1706, un eſſai que Sporing a vu dans l’académie de Bromel, & l’on conſerve dans les archives royales des antiquités du royaume, une monnoie faite avec ce même or. Je paſſerai auſſi ſous ſilence les veſtiges d’or trouvés en ſi grand nombre, & preſque ſans recherches dans pluſieurs mines d’argent, de cuivre & d’autres métaux, ſoit à Fahlun, Hellefors & autres lieux de Suede.

L’unique objet ſur lequel je veux inſiſter ici, c’eſt l’or tiré avec plus ou moins de profit des mines ou des métaux : ſous ce point de vue, mes premieres obfervations doivent fe porter fur la veine d'or découverte depuis fi long-tems à Alshéda, dans la province de Smaland. Voici ce qu'en dit *Dalin* dans fon hiftoire de Suede.

« Deux ans après on fit la découverte en Suede d'une mine » d'or à Alshéda dans la Smaland. Cette découverte fut faite » par *Henri Lejel*, à qui le Roi Jean III donna des lettres de » poffeffion perpétuelle de différentes terres, pour l'engager à » exploiter cette mine ; mais cet ouvrage a été négligé jufqu'à » notre tems ».

Nous ignorons au refte par quelle malheureufe deftinée une entreprife de cette importance n'a pas été fuivie, & ce qui l'a fait échouer dès fon commencement ; & fi tous aujourd'hui ou du moins le plus grand nombre en ignore les raifons (ce qui paroît bien furprenant), nous craignons bien qu'il ne refte rien de ces premiers travaux qu'une vaine ombre ; d'ailleurs nous ne pouvons faire aucune recherche exaéte de la caufe qui a fait tomber, pref-que au moment où il a été conçu, le projet de fouiller cette mine précieufe ; nous pouvions tout au plus par conjeéture attribuer la chûte de cette entreprife aux malheurs de ces tems-là ; mais des conjeétures ne démontrent point le vrai, & il vaut mieux fur ce point garder le filence.

La feconde mine digne de notre attention eft celle du *Mont d'argent oriental* (*oftra filf berget*) fituée dans la Dalécarlie, Paroiffe de *Tun*: on peut affurer que l'argent qu'elle produifoit ne contenoit que peu ou point d'or ; cependant l'illuftre Comte de la Gardie, Maréchal du Royaume, rapporta en 1636, en préfence du Sénat, qu'on avoit anciennement rencontré des veftiges d'or dans cette montagne. Convaincu de la vérité de ce fait le Baron de *Gripenhielm*, Gouverneur de ladite province, eut foin de faire féparer de l'argent tiré de cette mine, l'or qui y étoit mêlé, & il fut le premier à en faire faire différentes monnoies de

l'un

l'un & l'autre métal; en 1695 (1), il s'en tint à ces premiers fuccès, & les travaux pour lors ne furent pas pouffés plus loin.

On perfectionna dans la fuite l'or qu'on tira de l'argent de cette mine, & on dut ces progrès aux foins d'Adolphe Chriftiernin & de Roshof fon affocié, qui environ l'année 1748, fe chargea de reprendre les travaux de cette mine alors abandonnée, & les continua pendant quelques années, en faifant ufage du départ par la voie féche établie à Stockholm par le directeur Flintberg; mais ces travaux furent encore interrompus & entiérement abandonnés: néanmoins la livre d'argent rendoit depuis 4 jufqu'à 10 ducats.

La troifieme mine remarquable eft celle du *Mont d'argent occidental*, fituée à l'occident de la même province & dans la paroiffe de Norrberck; il eft fûr qu'on en a tiré de l'or, & nous en avons la preuve dans une lame d'or, dont on fit préfent à l'académie de Bromel, & qu'on conferve dans les archives royales. L'infcription qui s'y lit nous apprend que le baron Jonas *Cedercreutz* la fit faire en 1711 de l'or de *Woüeft filf berget*; & fuivant ce que rapporte Sophie Brenner dans fes poéfies, le quintal d'argent de cette mine donnoit un demi ducat d'or pur.

En quatrieme lieu, la mine de cuivre de *Svappavar* fituée à *Tornéa* dans la Laponie, donne auffi de l'or, ainfi que femble l'indiquer un échantillon de ce minerai, que l'on conferve dans le cabinet du college royal, fous le numéro 642; on y voit en effet, non-feulement un or folide, mais encore un or fuperficiaire adhérent à du quartz de couleur blanche; cet échantillon fut trouvé en 1742 (2). *Scherfer* & après lui *Sporing* en font mention; au refte je n'oferois pas affurer que ce morceau ait été tiré de la dite mine.

(1) On dit que le marc d'argent donnoit depuis 28 jufqu'à 36 grains d'or. *Sporing* s'étend plus au long fur cet article; on peut le confulter, ainfi que *Brenneri*.

(2) André *Stockenftroms*, maître Mineur & depuis Confeiller du College des Mines, trouva au mois d'Août 1742, une maffe d'or natif dans une gangue de quartz, dans laquelle on diftinguoit des loupes d'un azur brun, mêlé de malachite.

Enfin l'on dit qu'il s'en eſt trouvé dans la Finlande & même dans l'iſle *Forſoo*, paroiſſe de *Perno*, diſtante de neuf milles de la ville d'Helſingfors dans la Nylande ; cette mine donna d'abord de l'argent dont on tira de l'or en 1612, mais les eaux la ſubmergerent preſqu'avant qu'on la connût, & elle eſt entiérement abandonnée ; ce fait eſt conſtaté par tout ce qu'en dit *Sporing*.

Les preuves que j'ai rapportées juſqu'à préſent démontrent aſſez qu'il exiſte de l'or en Suede ; mais pour qu'il ne reſte plus de doute ſur la poſſibilité de trouver de l'or dans les climats du nord, je citerai encore cette abondance d'or découverte en Norwege, non-ſeulement dans la mine de Kongsberg (1), mais encore en d'autres contrées, & cet or nouvellement trouvé dans l'ouverture faite à *Edsvald* à 8 milles de Chriſtiania, dans une veine de quartz méridionale, & une veine de pyrite qui s'étend à l'orient ; on voit dans le célebre cabinet d'hiſtoire naturelle du Préſident, un échantillon de mine qui laiſſe appercevoir un or ſolide & en lames, adhérent à du quartz un peu ferrugineux.

Que ce ſoit par ignorance ou par jalouſie, que certaines perſonnes veuillent encore aſſurer qu'il n'eſt point de mines d'or dans les climats froids, & que l'on n'en a jamais trouvé ni que l'on n'en trouvera en Suede ; ce que je viens de rapporter doit aſſurément leur faire changer d'idées ; mais un témoignage auquel il leur ſera impoſſible de ſe refuſer, & qui vaut mieux lui ſeul que toutes les preuves déjà données, c'eſt l'exiſtence de la mine d'or d'Adelfors dans la Smaland, découverte en l'année 1738, & dont je vais donner la deſcription.

SECTION PREMIERE.

Hiſtoire de la découverte de la mine d'or d'Adelfors.

ART. III. Ce qui a d'abord donné lieu à la découverte de

(1) Daniel Tilas, Gouverneur de la Province, a fait faire de cet or une piece de monnoie : j'avouerai ici avec reconnoiſſance que c'eſt à ce ſavant que je dois une partie des obſervations que je viens de rapporter, & de celles que je rapporterai par la ſuite.

cette mine, eft un procès occafionné par l'envie de pouvoir faire des charbons ; ce procès s'éleva entre le poffeffeur du martinet des cuivres de *Gya*, appellé aujourd'hui Adelfors, fitué dans la préfecture de *Junecopens* à l'orient, paroiffe d'*Alsbed*, d'une part ; & d'autre part, les poffeffeurs du martinet en fer appellé *Pauls-trom* dans la paroiffe de *Kulstrop*. Il étoit queftion d'une belle forêt très-propre à la préparation des charbons ; elle fut adjugée au poffeffeur du martinet en cuivre, comme étant plus ancien & occupé fur un métal plus noble : cette préférence déplut aux pro-priétaires du martinet en fer ; ils promirent une fomme confidé-rable à quiconque pourroit trouver dans le fol de cette forêt, des mines de cuivre ou de fer femblables à celles de *Gyafors*, étant fûrs, fi une telle découverte fe faifoit, qu'ils partageroient les bois de la forêt ; il n'en fallut pas davantage pour engager quelques manœuvres, & les gardes-forêts de la paroiffe d'*Alshéda* & de celle d'*Okna*, voifine de la premiere, à chercher avec foin les mines qu'on defiroit. Un garde-forêt Nicolas *Stenborg* & le nommé Germund Jonas, habitans de *Biorkolm*, paroiffe d'*Alshéda*, furent affez heureux pour découvrir en l'année 1737 , des pierres ferru-gineufes dans une fente de la montagne, dont le pied s'étend vers le marais *Giola*, & fituée dans le fond des terres de *Germunde-ryd* en tournant au nord ; ce fonds eft éloigné de cet endroit de 16 milles, & d'un demi-quart de mille du martinet de *Gyafors*.

On mit à part ces pierres ferrugineufes ; on fit une ouverture dans la montagne, & on découvrit une veine de quartz avec de la pyrite mêlée de particules de cuivre, & remplie de petites pointes, & quelques lames que l'on jugea être cuivre natif ; cette veine s'étendoit de l'orient à l'occident : après quelques femaines de travail, *Stenborg & Jonas* abandonnerent leur ouvrage ; ils ne l'avoient entrepris que pour trouver du cuivre, & la veine qu'ils avoient d'abord fouillée, ne leur parut pas mériter leurs peines & leurs foins.

ART. IV. M. Antoine Svab , intendant des mines de la province

de Schönen, & ayant par-là même jurifdiction fur celles d'Adelfors, vint heureufement dans le mois d'avril de l'année fuivante
1738, vifiter la mine de cuivre de *Cleva*, fituée dans la paroiffe
d'*Alshéda* ; cet homme célèbre en minéralogie, occupé à
examiner avec foin ladite mine & les métaux qu'elle contenoit,
eut quelque foupçon qu'on pouvoit y trouver de l'or ; il ne fut
pas trompé dans l'efpérance qu'il avoit conçue. En effet, il avoit
donné ordre qu'on apportât les pierres que *Siemborg* avoit trouvées
dans les terres du village de *Germunderyd*, & ce que le garde-
bois avoit cru n'être que du cuivre, fut conftaté être de l'or natif ;
M. Svab fit enlever les terres & les pierres qui étoient dans l'ouverture qu'on avoit faite, il en fit puifer l'eau & y trouva de
l'or : ainfi c'eft aux foins de cet illuftre Savant qu'on doit attribuer
la gloire de cette découverte.

Cette premiere ouverture eft appellée aujourd'hui du nom du
lieu où elle a été faite, *Germunderyd* : elle n'a que trois toifes de
profondeur ; on y trouve une pyrite abondante qui ne contient
que très-peu d'or.

2°. Après ces premiers & heureux effais, le college royal des
mines commit fon affeffeur M. Laurent *Benzelftiern*, pour aller
reconnoître & examiner à fond cette nouvelle mine d'or, trouvée
dans la province de Smaland. Les connoiffances & les lumieres
de M. Svab pouvant lui être néceffaires dans cet examen, cet
illuftre membre du même College voulut bien fe joindre à lui ;
mais par l'événement le plus heureux que ce dernier pût defirer
dans cette occafion, il eut l'avantage de trouver en préfence de
M. Benzelftiern, une autre veine d'or dans le penchant d'une
montagne efcarpée, au-delà du marais de *Giola*, près du village
d'*Offlandahult* de la paroiffe d'*Okna* ; cette découverte mit le
comble à fes defirs. On ne compte que 120 toifes de diftance entre
cette nouvelle veine d'or fituée à l'orient, & la premiere ouverture vers laquelle s'étend la mine ancienne de la couronne, qui a
déjà 27 toifes de profondeur. Depuis ce tems-là, on a trouvé &

exploité prefque chaque année de nouvelles veines d'or.

3°. Et d'abord en 1738, on fit l'ouverture nommée *Hallehagen,* du nom de *Germain Kolher*, près & au fud-oueft de *Germunde-ryd* : cette ouverture n'a de profondeur qu'une toife & deux pieds.

4°. La nouvelle mine de la couronne (*Nya Cron Grufvan*) découverte par les ouvriers Svenon, Charles & Jona Nicolas, en 1740, a déjà 3 toifes de profondeur oblique ; le profil de cette ouverture peut être apperçu dans la planche VIII.   Planche VIII.

5°. Ce fut encore en 1740 , que le célebre médecin Ol. *Kahlmeter*, affeffeur du college royal des mines, découvrit la mine nommée d'*Adolphe Frédéric*, lequel par les loix devenoit poffeffeur légitime d'une portion de cette mine ; mais il céda fon droit à la couronne. Cette mine percée obliquement eft profonde de 48 toifes : *voyez* la planche VIII.

6°. En 1739, le décurion *Ekedal* trouva la mine du nom de *Gallon Grufvan* ; elle a 10 toifes de profondeur.

7°. L'ouverture (*Tornes Skierpning*) que le nommé Torne, maître des montagnes, découvrit en 1742.

8°. Celle d'Olai (*Ollfons Skierpning*) découverte en 1747 , par Odelberg, qui a cédé à la couronne la portion qui lui revenoit de droit ; elle a 2 toifes de profondeur.

9°. La nouvelle ouverture (*Nya Gallon Grufvan*) a été découverte en 1757, par *Ericborg* & par *Holmberg*.

10°. C'eft encore le décurion *Ekedal*, qui découvrit en 1744, celle qui porte fon nom, profonde de 4 toifes.

11°. Et en 1751 , celle qui eft voifine de la charbonniere, fut découverte par le garde-bois *Stenborg*.

12°. Le même Stenborg, infpecteur des mines, découvrit en 1761 , celle qui porte fon nom, profonde de 4 toifes.

13°. Enfin, la nouvelle ouverture de Stenberg, date de 1763, & a demi-toife de profondeur.

Art. V. Le droit de poffeffion, par rapport à ces mines, me paroît devoir entrer dans cette partie hiftorique, & d'abord je ne faurois affez louer la prudence de M. Laurent Benzelftiern ; ce gouverneur de la province, connoiffant à quelles cruelles viciffitudes l'exploitation des mines d'or étoit expofée dans les autres pays, reconnut qu'il étoit en quelque façon impoffible que des particuliers puffent fournir aux dépenfes néceffaires aux travaux métallurgiques, qu'exigeoit la veine ancienne de la couronne découverte en 1738. Le droit du fonds appartenoit au habitams d'*Offlandahult*; M. Benzelftiern l'acheta pour le roi qui en devint maître, & les fuites prouverent combien en cela il avoit agi prudemment.

En effet, cette opération ne fut pas plutôt connue des poffeffeurs du martinet en fer de *Paulftrom*, qu'ils s'intriguerent & exciterent quelque tumulte ; & comme depuis long-tems ils avoient projetté d'acheter la mine de cuivre de *Cleva*, & le martinet de *Gyafors*, ils crurent que les mouvemens qu'ils excitoient leur rendroient plus facile la poffeffion de toutes les mines déjà trouvées dans ce canton, & de celles qu'on y découvriroit dans la fuite ; ils n'épargnerent donc ni travaux ni dépenfes pour venir à bout de leur projet. Semblables aux arufpices appliqués à lire dans les entrailles des victimes, ils fouilloient toutes les veines de quartz qui fe trouvoient dans leur voifinage, ils en fondoient les morceaux fuivant les loix de la métallurgie, & les procédés reçus ; & par-là ils crurent s'affurer le droit de poffeffion, & faire renaître pour eux le fiecle d'or.

Les gens de la campagne ennuyés de leur pauvreté, s'emprefferent de feconder leurs travaux, & fur l'appât des récompenfes qui leur furent promifes, ils n'oublierent rien pour fouiller la terre & pénétrer jufques dans fon fein. Outre cela on penfa que l'on accélereroit beaucoup l'ouvrage, & qu'on fe porteroit avec plus d'ardeur au fuccès de l'entreprife, fi on formoit une fociété ; il y entra jufqu'à 300 perfonnes, & chacune fournit cinq cens écus d'argent pour fubvenir aux frais néceffaires : on acheta

d'abord la mine de *Cleva* & le martinet de *Gyafors*, avec les
privileges qui y étoient annexés; & dès-lors cette mine, le martinet
& cette société furent appellés du nom d'*Adelfors*.

On n'avoit point encore commencé à travailler aux frais du
roi dans la mine ancienne de la *couronne*; la société d'Adelfors
se trouvant en caisse un argent considérable, saisit avidement
cette occasion pour acheter & soumettre à son droit, du moins
en partie, la portion de cette mine que les loix accordoient à
M. Svab, auteur de cette découverte.

On espéroit qu'en réunissant ainsi les sommes destinées par le
roi & par la société, on pousseroit plus vivement les travaux
nécessaires à l'exploitation de cette mine; mais la société éleva
tant de difficultés & fit naître de si grandes discussions, qu'on
s'apperçut aisément, que loin de contribuer au succès de l'entreprise, elle en empêchoit les opérations & sembloit s'attacher à y
mettre obstacle. Ce fut dans ces circonstances de procès & de
querelles qu'on découvrit heureusement en 1740, dans le terrain
d'*Offlandahult*, la nouvelle mine de la couronne, découverte
qui déconcerta entiérement les intrigues de la société d'*Adelfors*,
dont aucune démarche ne pouvoit la mener à avoir droit
sur cette mine, *Offlandahult* & son terrein appartenans déjà à la
couronne; & les deux ouvriers qui avoient trouvé la mine ayant
vendu au roi la portion que leur avoit acquis leur découverte.
Cette société cependant, quoique déchue de ses hautes espérances,
continua ses mauvais procédés, & elle ne les abandonna que
lorsque sa majesté eut attribué au tribunal ordinaire inférieur, la
connoissance des difficultés élevées entre la couronne & la société,
& le droit de les terminer par un jugement définitif.

Cette conduite du roi fit ouvrir les yeux aux associés. Ils virent
leurs moyens de défenses rendus inutiles, leurs fortunes presque
ruinées, & tous leurs frais perdus en grande partie. La seule res-
source qui leur restoit, étoit de rentrer en grace avec le roi, &
ils se virent enfin obligés en 1742, de solliciter auprès du trône;

fa majefté accorda ce qu'on lui demandoit, & voulut bien con-firmer avec bonté les articles du contrat préfenté par la fociété ; ces articles portoient en fubftance, que toutes difficultés & toutes haines ceffant, la fociété d'*Adelfors* partageroit avec la couronne les travaux de toutes les mines d'or, & qu'elle jouiroit du martinet par égale part ; que tous les travaux feroient fous l'infpection d'un directeur qui feroit entretenu, ainfi que les autres officiers infé-rieurs néceffaires à l'exploitation, à frais communs ; qu'enfin les émolumens & les charges feroient également partagés entre la couronne & ladite fociété.

On défigna plufieurs paroiffes chargées de fournir la quantité néceffaire de charbons ; & les forêts fituées dans les cantons où l'on travailloit pour les mines, furent confiées & recommandées à l'infpection fpéciale du college royal des mines. Par cet arran-gement la fociété d'Adelfors fut à l'abri des blâmes que les diffi-cultés qu'elle avoit élevées lui devoit attirer, & elle évita heu-reufement les mauvaifes affaires, où l'avoient engagé les procédés fâcheux qu'elle avoit eu pour les officiers publics de la couronne. A dire vrai, le but principal de cette fociété étoit de fe tirer de l'embarras où elle s'étoit mife.

Mais les travaux métallurgiques pour les mines d'or, exigeant, fur-tout dans les commencemens, des dépenfes continuelles, & demandant de nouveaux crédits, à moins qu'on ne laiffe ralentir l'ouvrage ; la fociété fut bientôt réduite aux expédiens & con-trainte de chercher les moyens de rompre le contrat paffé avec la couronne. Elle n'en put trouver d'autres que celui de céder fon droit de poffeffion fur les mines d'or ; ce fut une néceffité pour elle d'y renoncer, ce qu'elle fit en 1744.

ART. VI. Depuis ce tems, c'eft aux frais de la couronne qu'ont été faits & que fe font encore les travaux entrepris dans les mines, & les ouvertures dont nous avons parlé. Dans tous les ouvrages, l'on n'a encore cherché qu'à découvrir les filons & leur épaiffeur, la nature & la variété des mines d'or ; & pour y

parvenir

parvenir & continuer les travaux, on prit d'abord chaque année dans le tréfor plublic 5000 *thalers* ou écus d'argent, ou
1668 imperiles & trois quarts; quelque tems après la fomme
monta à 8000 *thalers*, & par cette dépenfe on a porté l'ouvrage
au point de perfection où il eft continué aujoud'hui; on efpere
avec raifon de voir de plus fortes fommes tirées du tréfor public,
& employées à l'exploitation de ces mines, où les perfonnes
éclairées découvrent des marques certaines d'une conftante abondance de richeffes, & de plufieurs milliers de marcs d'or enfermés
dans le fein de la terre.

Pouvons-nous affez former de vœux pour le fuccès d'une entreprife qui fait l'efpérance de notre patrie?

S E C T I O N   I I.

Art. VII. La plupart des ouvertures dont j'ai fait mention,
art. IV, & contenant plus ou moins d'or, ont été découvertes
dans une chaîne de grandes & petites montagnes, qui entourent
à trois quarts de mine de diftance, le marais appellé *Giola*, qui
s'étend du midi au nord.

Ces montagnes ne fe terminent pas en pointes, elles paroiffent
plutôt fphériques & confiftent en rocher ordinaire, corné, perpendiculaire de diverfes couleurs, & d'une texture plus molle ou
plus dure; la terre adjacente y eft ordinairement de couleur noire
ou rouge mêlée d'argille & de gravier.

Leur plus haute élévation eft environ de 100 toifes à l'horifon
de l'océan, & de 50 au-deffus du niveau des eaux du fleuve *Am*
qui coule autour de la paroiffe d'*Alshéda*, s'étend enfuite jufqu'à
Am dans la préfecture de *Clamar*, & va fe décharger dans la mer
Baltique.

Art. VIII. Les ouvertures dont j'ai parlé, art. IV, conduifent à quatre ou cinq veines métalliques, dont les plus
célebres font celles auxquelles tendent les mines de la couronne;
foit que ce foit l'ancienne ou la nouvelle, la montagne où ces

Tome II.   K veines paſſent eſt appellée la montagne de la *couronne*, parce que tous les travaux que l'on y a compris, y ſont faits à ſes frais ; & pour mieux faire connoître ce qui concerne ces mines, j'obſerverai:

1°. Que la veine de l'ancienne mine de la couronne laiſſe appercevoir à découvert une étendue de 30 à 40 toiſes au nord-eſt & au ſud-oueſt, avec une déclinaiſon de 30 degrés de la ligne horiſontale ; l'ouverture nommée *Stenborg* tend à cette veine.

2°. La veine de la nouvelle mine de la couronne eſt plus élevée que celle dont je viens de parler eu égard à ſa ſituation ; elle a, à découvert, une étendue de 100 toiſes du midi au nord, & dans l'endroit où la montagne décline, elle décline auſſi de la ligne horiſontale d'environ 35 degrés ; à cette veine tendent la mine du roi Adolphe, l'ouverture nommée *Fimbria*, celle qui porte le nom de *Tornes*, & la nouvelle encore appellée *Fimbria*.

Au reſte, les différentes déclinaiſons & les mêlanges reconnus depuis long-tems dans les veines de cette montagne, donnent lieu de conclure avec la plus grande probabilité, que les veines de l'ancienne & nouvelle mine de la couronne, ainſi que toutes les autres dont j'ai fait mention, vont ſe réunir à une certaine profondeur, & n'en font plus qu'une ſeule ſur les confins du village de *Germunderyd*.

3°. Les deux ouvertures de Germunderyd, celles d'*Hallebagen*, d'*Olai* & d'*Ekedahl*, paroiſſent être autant de veines ſéparées, dont les trois premieres s'étendent de l'orient à l'occident, & ſont paralleles ; les deux dernieres ſe dirigent du *nord-eſt* au ſud-oueſt ; la veine d'*Ekedahl* & celle de *Stenborg*, ſemblent être plus avantageuſes que les autres, qui produiſent néanmoins de la pyrite aurifere & de l'or natif.

ART. IX. Il faut encore obſerver en général, 1°. que toutes ces veines ne forment point une ligne droite, mais au contraire elles dérivent dans leur étendue des courbes différentes.

2°. Que leur épaiſſeur varie beaucoup, ayant quelquefois près de trois pieds & d'autres fois moins ; elle diminue ou augmente, foit dans la profondeur , foit dans l'extenfion des veines.

3°. Que toutes ces veines ne donnent pas de l'or dans toute leur étendue, mais que l'on y trouve des endroits d'une extenfion plus ou moins grande où l'on découvre l'or ; ces endroits s'appellent filons riches (*adel-fall*).

ART. X. Le rocher de la veine ou filon eft un quartz qui , felon la différence du lieu, contient auffi différens minérais , comme de l'or, de la pyrite mêlée d'or , de la mine de cuivre jaune & verte , & du minérai de fer & de plomb , en outre des pierres ferrugineufes & fufées , & des cailloux rouges & verdâtres , & enfin de la roche cornée verte ou rouge ; ce qui montre que ces mines d'or de ces cantons varient en raifon de la variété qui fe trouve dans la bafe & la nature du corps minéralifant.

1°. L'or natif trouvé en pointes , en grains ou en petites lames ou fur la fuperficie, eft mêlé ou adhérent au quartz, plus rarement à la pierre cornée , très-fréquemment à la pierre calcaire grainée, fort peu aux pierres ferrugineufes & fufées, autrement dites *Drufen ;* on en trouve encore dans la mine jaune de cuivre, dans les mines de fer à petits grains , dans le plomb à plus gros grains, mais la pyrite n'offre que bien peu de plomb.

2°. On trouve l'or minéralifé , non-feulement dans la pyrite, d'autant plus riche , qu'elle eft plus folide & brillante de petits grains quand on la caffe , & qui donne deux ou deux lots un quart pour cent ; mais encore dans la mine jaune de cuivre , lorfqu'elle eft en même tems très-pyriteufe : au refte la pyrite qui n'a que des parties groffieres , & qui eft facile à caffer ou qui paroît fablonneufe & teffulaire, eft moins riche & ne donne pour l'ordinaire que depuis un feizieme de lot, jufqu'à deux lots d'or par quintal.

ART. XI. Les ouvrages entrepris depuis long-tems font , 1°. les galeries horifontales , dont deux ont été pouffées jufqu'au pied de la montagne de la couronne : la premiere fut entreprife par la fociété, dans l'efpérance de rencontrer à la profondeur de fix ou fept toifes, la veine ancienne de la couronne ; elle fut trompés dans fon attente, & il fallut continuer cette recherche jufqu'à 1 2 toifes de longueur, ce qui fut achevé en 1741.

La feconde galerie faite aux frais de la couronne a déjà 80 toifes de longueur, & doit être continuée jufqu'a 160 du côté de la mine d'Adolphe Frédéric, à laquelle elle arrivera à la profondeur de 26 toifes & deux aunes (1) ; c'eft pour cela que depuis longtems on a commencé un puits près du lieu d'incidence de la fection perpendiculaire ; on en voit le profil dans la planche VIII, à côté de la machine hydraulique, & au-deffous de la ligne qui indique la profondeur de 30 toifes. Ce puits doit avoir bien des avantages ; il fervira à mieux connoître la nature des rochers de l'intérieur de la montagne, à donner une plus facile circulation d'air, & à extraire plus aifément les eaux & le minérai.

2°. Sur le puits de la nouvelle mine de la couronne, profond de 30 toifes, eft conftruite la machine qui fert à élever les eaux de celle d'Adolphe Frédéric, qui s'y rendent dans le fond par une galerie tranfverfale, d'où elles font enfuite élevées au jour.

L'autre puits eft creufé à 48 toifes de profondeur dans la mine d'Adolphe Frédéric ; c'eft par ce puits que fe fait l'extraction du rocher & des minérais, il fert encore à monter & defcendre par des échelles ; M. Lilienberg, préfident du college des mines & M. Svab, en firent la vifite l'été dernier, & obferverent tous les ouvrages fouterrains.

ART. XII. Les journées des ouvriers font payées au prix dont on eft convenu avec eux. L'exploitation du rocher & des veines de minérai fe fait avec de la poudre ; on creufe, foit pour découvrir jufqu'où la veine s'étend, pour ouvrir des galeries de communication, pour faire la découverte de nouveaux filons, foit auffi pour faciliter les iffues ; & enfin, pour exploiter les reftes de minérai qu'on avoit laiffé au-deffus, au-deffous & dans les côtés.

(1) Une aune Suédoife eft de 22 pouces, pied de roi.

Art. XIII. Quant aux opérations qui se font au jour pour le traitement des minérais, il faut observer:

1°. Que tous les morceaux de rocher extraits de la mine, riches ou non, sont transportés dans un bocard à 9 pilons, où ils sont pilés & lavés suivant la méthode des Allemands; mais ce bocard étant insuffisant, on travaille à en construire un nouveau où le minérai sera lavé par la nouvelle méthode de Saltzbourg ou de Hongrie: il y a une somme d'argent uniquement destinée pour les frais de cette construction.

Le quintal de rocher donne ordinairement deux pour cent de mine lavée, & chaque quintal de *schlick* donne un lot d'or.

2°. La mine lavée est portée à un quart de mille du bocard de Kibbé où sont les fonderies d'*Adelfors*; la fonte se conduit à peu près comme celle du cuivre, mais sans quartz ou cailloux & dans un fourneau plus petit; on a attention que le fer ne se réduise.

3°. La pierre purement métallique est liquéfiée de la maniere suivante; dans un fourneau propre à cette opération, préparé avec de l'argille & du poussier de charbon, on fait fondre deux quintaux de cuivre aurifere, c'est-à-dire, un mêlange de fer, de cuivre, de plomb & d'or, avec quatre quintaux de pierres purement *métalliques concentrées*.

Cette liquéfaction faite, on arrête les soufflets, & on enleve les scories; on agite fortement cette matiere dans laquelle on jette un mêlange composé d'un quintal de plomb lavé pur, 100 livres de plomb calciné avec de la litarge, & 20 livres de plomb granulé; cette mixtion faite on met les soufflets en mouvement, on augmente le feu, & l'on verse dans l'endroit où le vent est le plus fort, quelques cuillerées de pyrites & 20 livres de fer fondu.

Lorsque toute la matiere est bien en fusion & dans une liquéfaction parfaite, & que le métal paroît être dans un feu clair, on fait une ouverture & l'on en retire 120 livres de plomb qui donnent ordinairement de 7 à 8 jusqu'à 10 lots d'or par quintal, & peu ou point de cuivre; quant à la matte restante, à peine contient-elle un seizieme de lot d'or.

Tout le fondement de cette opération confiste en ce qu'il faut que le plomb s'empare de l'or, & foit changé par le foufre en matte, de laquelle par l'intermede du fer on précipite le plomb avec l'or.

La matte de cuivre qui a refté après cette liquéfaction, donne un cuivre aurifere.

4°. La coupellation du plomb chargé d'or, fe fait de la même maniere qu'elle fe pratique ailleurs; mais la coupelle eft faite avec une pierre calcaire, lavée & non brûlée; on augmente le feu jufqu'à ce que l'or faffe vivement fon éclair: c'eft la méthode du directeur *Schefferi.*

SECTION TROISIEME.

Mines d'or de Saltzbourg dans le Tyrol.

Par MM. JARS & DUHAMEL, année 1759.

§. I. A huit lieues de Schwalz, près du village de Zell & dans les montagnes de Heinzenberg & de Rohrberg, font fituées les mines dont il s'agit, qui depuis plus de cent ans font exploitées avec bénéfice & à intérêt égal, par l'Impératrice & le prince de Saltzbourg.

Quoique les filons des deux montagnes aient la même direcrection de 7 à 8 heures, & la même expofition au nord, ils ne

Nature des filons, leur direction. font point auffi bien réglés dans la derniere; on en compte quatre en exploitation dans la premiere, qui font paralleles & à peu de diftance les uns des autres, feulement de quelques toifes; ils ne fe réuniffent nulle part, quoiqu'ils changent un peu de direction du côté du levant; ils fuivent celle du ruiffeau, & ont leur inclinaifon du côté du midi, par conféquent contraire à celle de la montagne qui eft affez élevée.

Le rocher eft compofé de quartz & d'ardoifes, où ce premier domine; il y eft par veines plus ou moins larges & féparé par des lits du dernier; c'eft ordinairement entre ces lits que fe trouve l'or natif avec de la pyrite arſénicale, & où rarement il eſt viſible, auſſi y eſt-il en très-petite quantité. Dans les endroits où il paroît le mieux & où il eſt le plus abondant, c'eſt dans le quartz & l'ardoiſe qui ſemblent avoir été calcinés , cette qualité de rocher eſt moins dure que l'autre & d'une couleur différente ; celui-ci eſt jaunâtre & le premier blanc & bleuâtre.

Les filons ont une largeur plus ou moins grande, depuis quelques pouces juſqu'à trois & ſix pieds ; c'eſt dans cette derniere que ſont les petites veines qui contiennent de l'or ; mais comme il y en a également dans le toit & dans le mur, on en abat un peu de chaque côté ; on eſſaie ce rocher en en pulvériſant quelques morceaux & en le lavant dans une ſébille (*).

(*) Pl. XVI, Fig. 3, 4.

Ces filons ſont preſque tous excavés depuis le jour juſqu'à la profondeur actuelle, qui eſt dans des endroits de quelques toiſes au-deſſous du ruiſſeau ; on ſe propoſe de les ſuivre plus bas, dans l'eſpérance où l'on eſt qu'ils s'enrichiſſent.

La maniere de les exploiter eſt la même qu'à Schemnitz & autres endroits ; & quoique la dureté du rocher la rende un peu difficile, il en coûte très-peu pour conduire le minérai au jour, puiſqu'il n'y a point de puits , & que le tranſport s'en fait par des galeries qui ne ſont pas longues.

§. II. Le minérai, tel qu'il ſort de la mine en gros morceaux, eſt grillé à l'air libre ; on ſuit la méthode qui eſt uſitée à *Schlacken Wald* en Bohême, pour les mines d'étain (*) ; il eſt enſuite pilé & lavé ſur des tables par répercuſſion (**), quatre à cinq fois, juſqu'à ce qu'il ſoit net & qu'il contienne environ ſeize lots d'or ou un marc par quintal ; les bocards n'ont point de labyrinthes, & l'on ne fait aucun uſage de ce qui ſort des tables, d'où il réſulte une perte inévitable de ce métal ; il eſt vrai que ſa peſanteur ſpécifique eſt conſidérable : mais ſi l'on fait attention aux particules très-fines qui ſe dépoſent dans les grandes caiſſes, avec le minérai pilé groſſiérement , il eſt aiſé de voir qu'en lavant le *ſchlick* ſi riche, il ne peut manquer de s'en perdre.

(*) Mémoire XXII, Sect. 6, §. 3.
(**) Pl. XXI, Fig. 1, 2, 3.
Richeſſe du minerai.

Amalgamation de l'or.

(*) Pl. **XI**, Fig. 5.

§. III. Ce *fchlick* eſt amalgamé avec du mercure, pour féparer l'or des parties terreuſes & pyriteuſes auxquelles il eſt uni; cette opération ſe fait dans un moulin (*), dont la meule eſt miſe en mouvement par une roue & une lanterne; le deſſous eſt d'une ſeule pierre de grès taillée & creuſée, même polie intérieurement; la meule épaiſſe d'environ ſix pouces eſt de bois, ſa ſurface eſt garnie de lames de fer qui y ſont diviſées par rayons: on a eſſayé de ſuppléer à ces lames avec des chevilles de bois, mais elles ne font pas le même effet. On procede à l'amalgame ſans y ajouter de l'eau, comme cela ſe faiſoit autrefois, ce qui va beaucoup mieux & dépenſe moins de mercure; il ſe perd auſſi bien moins d'or que l'eau entraînoit: on ſait que le mercure s'y diviſe en très-petites globules qui nagent comme une graiſſe à ſa ſurface.

On met dans ce moulin 25 livres de *fchlick*, & par-deſſus 4 livres de mercure; au bout de deux heures qu'il a été broyé, on en prend un eſſai en le lavant dans une ſébille, & ſi l'on y apperçoit de l'or, on fait aller de nouveau le moulin juſqu'à ce qu'il ſoit entiérement amalgamé; on retire enſuite l'amalgame pour la laver dans une grande ſébille de 4 pieds & demi de longueur, ſur 8 pouces de largeur, qui eſt ſuſpendue à une chaîne; le *fchlick* eſt reçu dans une caiſſe placée au-deſſous, & l'amalgame reſte dans la ſébille: lorſqu'elle a été bien lavée, on la paſſe à travers des peaux de chamois, & l'on en forme des boules comme à Schemnitz: on a également des vaiſſeaux de terre pour diſtiller le mercure *per deſcenſum*(*); ces boules ſe partagent chaque quartier entre l'Impératrice & le prince de Saltzbourg; les premieres ſont envoyées à la monnoie de Hall. Quant au *fchlick* dont on a retiré l'or par l'amalgame, on l'eſſaie par la ſébille; & ſi l'on y apperçoit encore quelque choſe, on le lave ſur les tables avec d'autres minérais; s'il ne tient rien, on l'entaſſe hors du bocard: c'eſt une pyrite qui paroît arſénicale.

(*) Pl. **XVI**, Fig. 5.

Pluſieurs alchymiſtes s'étoient imaginés que quoiqu'on eût retiré l'or de cette pyrite, il ne lui manquoit que quelques préparations

tions pour la réduire toute en or : on affure qu'ils ont dépenfé à cette recherche 4 à 5000 liv. fans la moindre réuffite. Il n'eft pas douteux qu'elle contient encore de l'or , & même de l'argent qui payeroient bien au-delà les frais de fonte , mais en très-petite quantité.

Cette pyrite, qui a toujours été emmoncelée depuis le commencement de l'exploitation , s'étoit tellement liée , qu'on n'a pu en avoir qu'en y faifant jouer la mine ; on ne diroit pas à la voir qu'elle eût jamais été pulvérifée : on eft dans l'intention de l'effayer à la fonderie de *Brixlegg* , dans le travail en grand.

On extrait environ 20 mille quintaux de minérais chaque année, qui produifent de 52 à 34 marcs d'or, fur lefquels il y a 8 à 10 mille livres de bénéfice.

SECTION QUATRIEME.

Mines d'argent de la Suede.

Année 1767.

§. I. **O**N exploitoit anciennement plufieurs mines d'argent en Suede , dont la plupart ont été abandonnées par la fucceffion des tems : on en compte encore trois en exploitation, celle d'*Helle-fors* , dans la province de Vermelan, la feconde à *Segerfors* dans la Néricie , & la troifieme celle de *Sahla* ou *Sahleberg*, dans la Weftmanie, dont nous allons rendre compte comme étant la plus importante.

Le produit de cette premiere eft fi petit qu'elle auroit déjà été abandonnée, fi on n'avoit obligé les propriétaires des forges des environs de les exploiter; cette obligation a été même fpécifiée dans leurs privileges, comme d'y employer un certain nombre d'ouvriers , à quoi le maître des mines du département tient la main. Le minérai eft fi pauvre en plomb qu'on ne retire point de ce métal, mais feulement 40 à 45 marcs d'argent chaque année.

Tome II. L

Historique
des mines de
Sahleberg.

§. II. Les mines de plomb & d'argent de *Sahleberg*, ont la réputation d'avoir été très-abondantes & très-riches. Suivant la tradition elles furent découvertes par un taureau en fureur, qui ayant mis ses cornes en terre en rapporta du minérai; mais on en ignore l'époque. Quelques-uns la font remonter à 500 ans, & d'autres plus loin : quoi qu'il en soit, en l'année 1280, elles étoient noyées d'eau & les machines en avoient été brûlées, lorsque les états en firent donation au roi, avec toutes les autres mines qui furent déclarées royales, & leurs revenus assignés à la couronne. Le roi se vit obligé d'imposer sur le peuple des redevances en bois & charbons pour servir à leurs besoins; il fit même instruire des ouvriers dans l'art des mines. On ajoute qu'elles furent travaillées sans interruption pour son compte pendant

Ancien produit de ces mines.

350 ans, & que pendant cent années de suite elles donnerent près de 20 mille marcs d'argent : on assure même qu'en 1506, le produit monta à 35 mille, mais que depuis ayant toujours diminué, il les afferma à deux riches négocians de Riga qui s'y ruinerent. Elles furent cédées ensuite à divers autres particuliers qui n'éprouverent pas un meilleur succès, soit que cela vînt d'une mauvaise administration ou par le manque de minérais; ce qui détermina le roi en 1682, d'en faire une cession entiere aux habitans de *Sahla*, qui avoit été érigée en ville depuis 1624. On divisa la société en 160

Don de la couronne.

actions, à chacune desquelles la couronne y joignit un don de douze tonnes (1) de terre, & passa un contrat avec eux par lequel elle leur céda les impositions de douze villages ou paroisses des environs, qui ont été converties en bois & charbons, en fixant ce que les paysans doivent livrer aux mines & aux conditions suivantes.

La quantité de charbon nécessaire au besoin des mines, a été fixée à 2500 *stiggar*, & 3000 cordes de bois (2), pour laquelle les

(1) La tonne est une mesure qui contient 14,000 aunes quarrées; l'aune de 22 pouces pied de roi.

(2) Le stig est une mesure qui contient 12 tonnes, & la tonne 4 pieds cubes, la corde d'environ 116 pieds cubes de roi.

intéreſſés paient annuellement 27 mille *thalers* ou écus de cui-vre (1) , & le dixieme en nature de tout l'argent ; le ſurplus eſt livré à la monnoie à raiſon de 8 *reichſdaler* ou 136 thalers de cuivre, le marc.

Depuis cet arrangement, ces mines ont fait du progrès, & l'on eſpere qu'elles en feront encore. Leur produit actuel eſt d'environ 2000 marcs ; & ſuivant le dire du maître des mines , chacune des deux dernieres années a bénéficié, tous frais faits, d'en-viron 5000 livres.

Les entrepreneurs jouiſſent encore de toutes les dépenſes qui ont été faites anciennement, ſoit en conſtruction de machines , & des canaux pour la conduite des eaux extérieures.

§. III. Pour veiller à la bonne régie & à l'exécution des loix, le roi a établi ſur les mines un *Bergmeiſter* ou maître des mines , un fiſcal qui fait la fonction de procureur du roi, un juré & un eſſayeur , & chaque ſemaine il ſe tient un conſeil, *Grufve rett* , compoſé des ſuſdits officiers & des ſix conſeillers, qui ſont pris dans le nombre des actionnaires , & nommés par le college des mines de Stockholm.

Adminiſtra-tion.

Il y a un autre conſeil qui ne ſe tient que dans un cas de né-ceſſité ; il eſt compoſé du maître des mines, du bourguemeſtre & des magiſtrats. Il arrive auſſi quelquefois que les actionnaires s'aſſem-blent ; mais ce n'eſt que lorſque le beſoin l'exige, après la déciſion des conſeils ou dans le cas d'une élection.

Pour l'avantage des mines, on a établi quatre caiſſes deſtinées à différens emplois ; la premiere a été déſignée par la caiſſe des mines, celle d'économie, celle du magaſin , & celle des pauvres.

La caiſſe des mines , avec un fonds de 150 mille *thalers* de cuivre, ſert à payer les frais de l'exploitation en général , & tire ſes revenus du produit. On ne fait répartition que des ſommes qui ne ſont pas néceſſaires au ſoutien des mines.

Caiſſe des mines.

La ſeconde qui a un fonds de 65 mille *thalers* de cuivre , a été

Caiſſe d'é-conomie.

(1) Le *thaler* ou écu de cuivre vaut environ 8 ſols 6 deniers, argent de France.

créée avec l'intérêt d'une somme que la caisse du magasin avoit placée ; cet intérêt a augmenté & augmente chaque jour. Elle est destinée à des besoins imprévus, à des recherches & à de nouvelles entreprises.

Caisse du magasin.

Cette caisse a un fonds de 100 mille écus de cuivre ; elle tire ses revenus du bénéfice des marchands de toute espece, dont le magasin est toujours fourni pour le besoin, & la commodité des ouvriers qui ont la liberté de n'y pas acheter.

Caisse des pauvres.

La quatrieme est ce qu'on nomme en Allemagne caisse ou boîte des pauvres mineurs ; elle tire ses revenus du produit de 2 sols sur chaque marc d'argent, de toutes les amendes & de la rétribution annuelle de 8 à 9 sols que paie chaque ouvrier ; elle est destinée à soulager les pauvres mineurs, leurs veuves & leurs enfans.

Des filons de Sahleberg.

§. IV. Les mines de Sahleberg sont situées dans un vallon d'une si grande étendue, que l'on pourroit le considérer comme une plaine ; mais dominée par des montagnes.

Nature des rochers.

Le rocher dans lequel sont renfermés les filons est une pierre à chaux de couleur grisàtre, qui se dirige comme eux du sud-est au nord-est, & soutient cette direction sur environ 3000 toises de longueur, avec une largeur de 12 à 15 toises, limité de tout côté par une espece de granite & de petro-silex (1).

Ces filons observent tous un parallélisme & une même direction, mais ils ne contiennent pas tous du minérai, ou plutôt il faut distinguer la qualité de pierre à chaux qui les enrichit, d'avec celle qui les appauvrit. Cette premiere est mêlée avec de petits grains de mica, & n'est enrichie fort souvent que par des veines qui se dirigent en différens tems, & s'inclinent à peu près au sud ; & lorsqu'elles rencontrent celles des *filons de minérai*, on les nomme *ertz fall, accident de minérai*. Aussi-tôt qu'elles disparoissent le minérai diminue, & quelquefois il est entiérement coupé.

(1) Espece de pierre cornée.

Cette pierre à chaux renferme deux principaux filons qui ne produifent point de minérais, mais qui fervent de guide à ceux qui en contiennent. Par les ouvrages actuels on en a reconnu trois de ceux-ci qui font paralleles ; l'on a obfervé que des deux filons principaux, l'un fe dirigeoit en ligne droite du *fud-eft* au *nord-oueft*, mais que l'autre du côté du *nord-eft* formoit une courbe ou corde de 45 degrés, dont le finus a 80 toifes de longueur ; d'où on en foupçonne d'autres ; & fur ce que l'on a des filons à miné-rais entre la corde & le finus, on conclut que l'on en trouvera d'autres ; mais dans ce cas ils pourroient bien être paralleles aux cordes, c'eft-à-dire, décrire eux-mêmes la courbe.

Les filons principaux font un mêlange de mica & de fpath calcaire.

Parmi les filons à minérai, il en eft de perpendiculaires & d'autres d'une très-petite inclinaifon au *fud-oueft*. La difficulté de les diftinguer d'avec l'efpece de pierre à chaux qui n'en produit pas, pourroit les faire manquer fi les ouvrages n'étoient pas travail-lés fur une auffi grande largeur qu'ils le font. Cependant pour en être plus fûr, il auroit été convenable d'employer de diftance en diftance des galeries de traverfe. On a reconnu que ces filons ne produifent qu'à différentes profondeurs prefque déterminées ; par exemple, s'ils ceffent de produire en approfondiffant, ce qui fe foutient quelquefois 8 à 10 toifes fans en retrouver ; il refte feu-lement une petite trace, d'où il réfulte, & l'expérience l'a mon-tré, qu'on en chercheroit vainement dans cet intervalle. Cette obfervation fert aujourd'hui de regle pour les ouvrages à faire. Indépendamment des accidens finguliers auxquels ils font fujets, ils font encore quelquefois dérangés dans leur direction, & même entiérement coupés par des rochers qui les traverfent, & enlevent le minérai. Nous en avons vu dans ce cas, par l'efpece de rocher que les Suédois nomment *trapp*.

Ces filons produifent en général du minérai de plomb à gran-des & petites facettes, qui tient depuis un jufqu'à un marc & demi

d'argent par quintal, mais qui diminue de fa richeffe en approfondiffant ; de forte qu'à 150 toifes il n'en tient plus que la moitié, raifon pour laquelle on a abandonné pour le préfent les travaux de la profondeur, & qu'on ne travaille plus que jufqu'à
celle de 106 toifes.

Le minérai eft quelquefois uni à du mica, & à une pierre calcaire de couleur verte; l'on y trouve auffi de la pierre cornée;
mais en fe rapprochant du jour, de la ferpentine, fur-tout de la
jaune, de la ftéatite ou pierre de lard, de l'amianthe, & du cuir de
montagne.

§. V. D'un très-grand nombre de mines qui étoient anciennement en exploitation, dont la plupart font noyées d'eau, & d'autres dont les ouvrages font éboulés, il n'y en a que deux qui
foient travaillées, l'une appellée *les vieilles mines* & l'autre *la
grande mine*. Les éboulemens ne pouvoient manquer d'arriver
par la fucceffion des tems, par les trop grandes excavations que
faifoient les anciens ; celles que l'on fait aujourd'hui, quoique
moins confidérables le font encore beaucoup, mais elles le font en
raifon de la folidité du rocher, & de la néceffité où l'on eft de
faire du feu pour abattre le minérai. Les galeries de communication, comme celles qui font faites fur la direction des veines
minérales, font d'une largeur fuffifante à y paffer deux charrettes, &
les autres ouvrages en proportion. Le puits de la principale mine
par lequel nous fommes defcendus dans une tonne, a 7 à 8 toifes
de diametre, fur 106 toifes de profondeur perpendiculaire. Il y a
dans l'intérieur de cette mine des machines à moulettes, & des
chevaux pour l'extraction des minérais, & des charrettes pour le
tranfport des matieres d'un endroit à un autre.

Si le rocher qui accompagne les filons n'avoit pas de la folidité
& que l'on fût obligé de l'étayer, la quantité de bois d'étançonnage qu'exigeroient des travaux auffi vaftes, rendroit les mines
inexploitables.

Les mineurs font à prix fait & travaillent 24 heures de fuite ;

ils n'entrent dans la mine que trois fois la femaine, & pour ce tems gagnent 10 à 12 livres.

§. VI. Pour le fervice de ces mines il y a cinq machines hydrau-liques, dont les roues ont de 36 à 39 pieds de roi de diametre ; trois font deftinées à élever les eaux de la plus grande profon-deur, & deux à roues doubles pour l'extraction des matieres ; les eaux y font amenées de 6 lieues d'éloignement par des canaux, dont la dépenfe a été faite par la couronne.

La dureté du rocher qui eft uni aux minérais a mis dans la né-ceffité de leur donner un feu de grillage pour en rendre la fépa-ration plus facile ; cette féparation fait d'autant plus d'effet que le feu agit fur une pierre calcaire ; ils font enfuite, après le triage, tranfportés dans les bocards où on les lave fur des tables couvertes de toiles, comme il eft d'ufage au hartz (*).

On ne fe fert point des autres ni des caiffes allemandes ou *fchlem graben*, que l'on emploie ordinairement pour le premier minérai qui fe dépofe. On prétend que c'eft la meilleure méthode connue pour l'efpece que l'on a à traiter, ce qui eft fondé fur plufieurs expériences.

A quelques-unes des tables on a fait un changement dans la partie fupérieure ; au lieu d'agiter le minérai dans le canal où on l'a mis, on y fait tomber l'eau par filets de quelques pieds de hauteur qui fe trouble bien vîte, & entraîne avec elle le minérai qui fe précipite fur la table, en raifon de fa pefanteur fpécifique. Un feul enfant peut conduire ce travail.

Tout le minérai doit être lavé plufieurs fois pour être fuffifam-ment concentré ; & ce que l'on en fépare dans le dernier lavage que l'on nomme *after* eft traité par la fonte. Le travail des bocards fournit deux efpeces de *fchlick*, dont le plus pur tient jufqu'à 14 lots d'argent par quintal, & celui qui provient du minérai pilé à fec 20 lots & plus.

§. VII. Tous ces *fchlick* font grillés féparément dans un four-neau de reverbere, à peu près femblables à ceux du hartz repréfenté

Machines extérieures.

Triage des minérais.

(*) Pl. XVIII, & IX mé-moire.

Laveries.

After ; ce que c'eft.

Grillage des minérais.

dans le traité de Schlutter : on y met à chaque fois neuf quintaux que l'on remue de tems à autre, pour en chaffer la plus grande partie du foufre & de l'arfénic; la durée de cette opération eft de 24 heures.

Fourneaux. §. VIII. Comme les fourneaux font de l'efpece de ceux que l'on nomme *courbes*, dont on trouve le deffin dans le traité de Schlutter, nous nous contenterons de donner les proportions des quatre qui fervent à la fonte des mines de Sahleberg, & qui font égaux, & nous obferverons que dans leurs cheminées on a pratiqué à différentes hauteurs plufieurs voûtes les unes fur les autres, deftinées à retenir & recevoir la fumée du plomb, qui entraîne toujours avec elle du fin, & quelques portions de *fchlick* enlevées par le vent des foufflets.

On a donné à la chemife du fourneau, 4 pieds 7 pouces de hauteur, 3 pieds 3 pouces de profondeur, & 22 pouces de largeur, & la tuyere placée à 14 pouces au-deffus du niveau du trou de l'œil. La brafque dont font formés l'intérieur du fourneau & le baffin de l'avant foyer, eft faite avec deux parties de pouffier de charbon fur une d'argille.

Fonte crue. §. IX. Cette fonte fe fait en mêlant aux *atfer*, des pyrites pilées & des fcories du travail du plomb ; & ce mêlange doit être dans une telle proportion que les mattes qui en proviennent, ne contiennent que 4 lots au plus d'argent par quintal. On continue cette fonte pendant une femaine entiere ; les mattes font enfuite grillées cinq à fix fois en petite quantité dans les fourneaux ordinaires.

Seconde fonte. Le mêlange pour la fonte du plomb fe fait comme il fuit.

7 quintaux de *fchlick* de 14 lots d'argent.

5 dits de teneur moyenne.

14 dits encore moindre, nommé *Kiff.*

2 à 3 quintaux de litharge ou cendres de coupelle,

4 à 5 quintaux de matte rôtie à 5 feux.

2 à 3 quintaux de minérai trié & grié.

A quoi l'on ajoute des fcories,

De

De cette fonte il réfulte un *œuvre* ou plomb riche de 24 à 30 lots d'argent, & à la fin de la femaine un produit de 50 à 60 marcs. Comme les fcories qui en proviennent font encore riches en plomb, on acheve cette fonte en les paffant feules dans les fourneaux, fans autre addition qu'un peu de litarge & de cendres de coupelles, pour entraîner l'argent qu'elles peuvent avoir retenu. Ce font celles que l'on ajoute au mêlange de la fonte crue; celle-ci produit quelques mattes qui furnagent le plomb ; on les fait griller avec les autres.

On procede à l'affinage du plomb dans un petit fourneau de coupelle avec un chapeau de fer, dans lequel on ne peut opérer que fur 28 à 30 quintaux, dont on retire un culot d'argent de 60 à 70 marcs.

La pouffiere ou *fchlick* qui s'eft raffemblée fur les voûtes des fourneaux eft recueillie avec foin pour la fondre, après l'avoir mêlée & broyée avec de l'argille. Elle tient 4 lots d'argent par quintal, & forme un objet annuel d'environ 20 marcs.

TROISIEME MÉMOIRE.

SUR LES MINES D'OR,

D'ARGENT ET DE PLOMB DE LA NORWEGE.

Par *MM. JARS*, *année* 1767.

Hiſtorique des mines. §. I. **I**L paroît hors de doute que les mines de la Norwege étoient découvertes dans le quatrieme ſiecle , puiſque par une lettre de la reine Marguerite , au roi Eric de la Poméranie , datée de l'an 1397 , elle lui défend de permettre aux particuliers d'exploiter des mines ; ce qui ſuppoſe des découvertes antérieures.

En 1515 , le roi Chriſtian II fit venir de la Suede des ouvriers pour découvrir des mines ; ils en trouverent en effet , & en 1539, Chriſtian III en fit travailler. Depuis cette époque & par la ſucceſſion des tems , ces découvertes ſe ſont multipliées ; les unes ont été ſuivies & d'autres abandonnées : il en reſte néanmoins une grande quantité en exploitation , qui font non-ſeulement la richeſſe du pays & le bien des ſujets ; mais encore un avantage réel au ſouverain par le produit des matieres que le royaume fournit à l'étranger.

On exploite en Norwege principalement des mines de fer & de cuivre. Les plus conſidérables de ces dernieres ſont ſituées dans le gouvernement de *Drontheim*, & particuliérement la mine de *Reuras*, à 150 lieues au nord de Kongsberg , renommée par ſa richeſſe & ſon abondance. C'eſt , dit-on , un *ſtockwerck* immenſe ou maſſe minérale de pyrites cuivreuſes , ſi près de la ſurface de la terre, que l'on a pu facilement y pratiquer des ouvertures aſſez grandes pour y faire entrer & ſortir des voitures qui en tranſportent au-dehors les minérais. Cette mine où pluſieurs familles fe font enrichies, produit annuellement 12000 quintaux & plus de cuivre.

§. II. Toutes les mines de métaux, à l'exception de celles d'or & d'argent, font exploitées par des compagnies compofées d'un nombre plus ou moins grand d'intéreffés, mais toujours divifés en 120 actions. Ces compagnies reconnoiffent & dépendent de la jurifdiction du confeil des mines du département, dont on en diftingue deux, l'un à *Drontheim* & l'autre à Kongsberg.

§. III. La plupart des mines font fituées dans des endroits écartés, & fouvent fort éloignés de ceux où l'on tient des marchés; les intéreffés pourvoient eux - mêmes à la fubfiftance des ouvriers, afin qu'ils ne foient pas obligés de perdre leur tems en s'abfentant. Ils achetent pour leur propre compte toutes les provifions qui leur font néceffaires, ce que l'on a foin de faire dans un tems d'abondance; mais pour éviter le monopole, c'eft le confeil des mines qui deux fois l'année, taxe la valeur de toutes les denrées fuivant le prix courant.

§. IV. Il eft libre à toute compagnie & à tout particulier, après toutefois en avoir obtenu la conceffion du confeil qui ne peut pas la refufer, de travailler toutes fortes de mines, à l'exception de celles d'or & d'argent, dont le roi s'eft réfervé à lui feul l'exploitation; & fur les autres métaux il lui eft dû un droit de dixieme.

Au premier qui demande une conceffion, on accorde d'abord l'arrondiffement qu'il defire pour faire des recherches; & lorfqu'il a découvert un filon qu'il a deffein d'exploiter, on lui détermine fa conceffion, comme cela fe pratique en Allemagne : on lui donne un *fundgroube*. C'eft une étendue de terrain de 42 toifes & 10 mefures de 22 toifes, c'eft-à-dire, cinq de chaque côté. On lui affigne enfuite un circuit de plufieurs lieues dans lequel tous les payfans & habitans font obligés de lui fournir le bois & le charbon néceffaires à fon exploitation; & ce, à un prix fixé par le confeil des mines; de forte que ceux-ci ne peuvent e

Confeils des
mines.

M ij

vendre à qui que ce foit qu'à fon refus. Cet arrangement eft d'autant plus effentiel, que fans lui il y auroit une concurrence continuelle, qui feroit payer ces marchandifes à un trop haut prix, & conféquemment occafionneroit bientôt l'abandon de l'entreprife. Pour prévenir encore plus cet inconvénient, il eft défendu d'avoir deux fonderies dans un arrondiffement affigné, de maniere que s'il arrivoit qu'une compagnie vînt à exploiter une mine dans celui d'un autre, ce qui eft permis, elle feroit en ce cas obligée de chercher un autre diftrict, pour y bâtir une fonderie, où elle feroit tranfporter fon minérai, & pour lequel on donneroit également une affignation de bois.

Une mine qui refte fix femaines fans exploitation & fans permiffion de la fufpendre, peut être travaillée par le premier qui la demande; mais pour peu que celui qui ceffe ait des raifons valables ou légitimes, il lui eft aifé d'obtenir une fufpenfion d'une année, ce qui fait un an & fix femaines; il y a plufieurs mines dans ce cas là, fur-tout des mines de fer.

S'il furvient des difficultés entre les intéreffés d'une mine, le confeil du département nomme, à leur réquifition, des députés qui fe tranfportent fur les lieux aux frais de la compagnie, pour les examiner. Ils en font leur rapport au confeil qui les juge. Ces commiffions font ordinairement très-coûteufes, attendu l'éloignement; par exemple, le département de *Kongsberg* s'étend à plus de cent lieues.

§. V. Les droits du dixieme que j'ai dit que les mines payoient à la couronne, n'eft pas toujours perçu en entier, ou du moins très-rarement. Il eft modifié fuivant les circonftances pour l'encouragement & le foutien des exploitations.

Les entrepreneurs des mines & forges de fer de la ville de *Mofs* paient par an pour tout droit 500 rixdalers (1). La mine de cuivre de *Numédal*, à 30 lieues de *Kongsberg*, a été affranchie pendant dix années, ainfi que celle de *Sodal* éloignée de 100 lieues.

____

(1) Le rixdaler équivaut à 4 liv. 10 fols, monnoie de France

D'autres n'ont obtenu que 5 années de franchife, ce que l'on prolonge ou diminue fuivant la valeur de la mine. Après ce tems accordé par le confeil, avec l'approbation de la chambre de Copenhague , on fait payer le quart, le tiers ou le total du dixieme, fi l'on juge que la mine puiffe le fupporter. Telle eft la fameufe mine de *Reuras* dont il a été parlé ci-deffus, qui dans l'ef-pace de 3 ou 4 ans, a payé en droits de dixieme 30000 rixdalers.

SECTION PREMIERE.

Mines d'or.

§. I. A 50 lieues au nord de la ville de Chriftiania , & à 30 de celle de Kongsberg, on exploite depuis environ 10 ans, une mine d'or , dont le produit n'a été jufqu'à préfent que d'une très-petite conféquence, puifqu'il a fuffi tout au plus à payer les frais d'ex-ploitation. En l'année 1758 , il fut frappé des ducats de cet or , & nous en avons vu entre les mains du capitaine des mines , un culot du poids de 7 à 8 marcs.

§. II. Le minérai eft une pyrite aurifere unie au quartz dans lequel on apperçoit l'or vierge. Sa reffemblance avec celui de la mine d'or de Suede dont nous avons rendu compte , nous difpenfe d'entrer dans de plus grands détails ; nous obferverons feulement que pour en tirer le parti le plus avantageux, on a fait venir de la Hongrie un maître de bocard pour monter le travail des laveries.

SECTION II.

Mines d'argent de Kongsberg , leur origine , la maniere dont elles ont été dirigées & exploitées , & fucceffivement l'état de leur ad-miniftration actuelle (1).

§. I. A 20 lieues de la ville de Chriftiania, font fituées les mines dont il s'agit , dans un pays montagneux , à trois quarts de lieues de la ville de Kongsberg , qui leur doit fa population & fon ac-croiffement. Cette derniere eft bâtie dans un vallon arrofé par une

(1) Ce Mémoire a été lu à l'Académie Royale des Sciences, en 1772.

riviere, dont le cours eſt parallele à la direction des montagnes qui renferment les veines minérales.

C'eſt au lieu nommé *Sandsverd*, dans le canton de Nummedal & dans l'endroit que l'on appelle aujourd'hui *Montagne moyenne*, qu'on fit la premiere découverte ; elle a été ſuivie de pluſieurs autres qui ont fondé la grande réputation de ces mines. On en fait remonter l'époque à l'année 1623 , & l'on eſt d'accord qu'elle eſt due à des bergers, qui, en gardant leurs troupeaux, trouverent de l'argent natif, qui, ſe manifeſtoit au jour par filets ſortans du rocher. (Ce fait eſt auſſi vraiſemblable qu'il eſt hors de doute ; la plupart des mines que l'on exploite actuellement ont été découvertes de la même maniere.) Il n'en fallut pas davantage ; ces indices étoient ſuffiſans pour inviter à un examen & pour décider bientôt l'exploitation. Le premier ſoin fut de lui donner un nom ; on adopta celui du roi regnant, *Chriſtianus quartus Kænigs groube*, ou mine du roi Chriſtian IV, nom qu'elle conſerve encore.

On ſongea auſſi-tôt à mettre cette mine en valeur ; pour cet effet l'on fit venir d'Allemagne des mineurs & autres oûvriers entendus dans cette partie. On commença l'exploitation aux frais de pluſieurs particuliers qui s'y intéreſſerent avec l'agrément de ſa majeſté. L'année ſuivante, en 1624, elle ſe tranſporta en perſonne ſur ces mines (on voit encore la pierre ſur laquelle elle dina ; elle eſt près de l'ouverture) ; mais ſe réſervant l'adminiſtration ſuprême, elle en confia la direction à un ſurintendant & grand capitaine des mines, dont elle aſſigna les appointemens ſur le dixieme qui lui appartenoit, & ordonna que les autres officiers qui furent jugés néceſſaires pour la régie des différens détails, ſeroient payés par la caiſſe des intéreſſés. Elle aſſigna auſſi une autre mine ouverte, qui pour lors donnoit des eſpérances, pour être exploitée au profit des pauvres ſeuls ; elle ſubſiſte encore & eſt appellée *la mine des pauvres*.

Cette exploitation ſe continua ainſi pendant près de 40 années mais la méfintelligence s'étant mife parmi les intéreffés & les officiers des mines, donna lieu à d'autres arrangemens. Frédéric III, informé de cette défunion toujours préjudiciable à ces fortes d'entreprifes, & du bon état de la mine, réfolut en 1661, de rembourfer les intéreffés ; ce qui fut exécuté.

La défunion qui ne ceffoit pas parmi les employés des mines, & le mauvais état où elles fe trouverent, déterminerent en 1673 fa majefté à les aliéner pour la fomme de 80000 rixdalers.

Les mines firent de grands progrès pendant quelques années, mais elles déchurent enfuite tellement que, faute des avances néceffaires, l'exploitation fut négligée au point que les ouvriers & les officiers n'étoient plus payés. Leurs plaintes parvinrent en 1683 à *Chriftian V*, qui la reprit lui-même fous la direction d'un officier de mines que l'on fit venir du Hartz.

En 1686, fa majefté fe tranfporta fur les lieux, & entr'autres changemens qu'elle fit, le département des mines fut tranfmis de Chriftiania à Kongsberg ; en 1689, elle créa ce département en fupérieur & inférieur, en forme de college compofé de différens membres.

De 1686 à 1689, les chofes allerent de façon que, quoiqu'en plufieurs endroits les mines fuffent riches, la recette ne pouvoit pas fuffire pour en payer les frais, & que le roi fe vit obligé non-feulement d'accorder pour leur foutien le dixieme qui lui revenoit fur les mines de fer, & une partie du droit d'accis fur le cuivre, mais encore d'avancer une fomme de 6600 rixdalers ; malgré cet avantage les dépenfes & la recette fe balançoient feulement. De plufieurs arrangemens que l'on fit, il réfulta une réduction des falaires, tant des employés que des ouvriers, dont ils ne furent indemnifés qu'en 1699, à l'avénement de Frédéric IV.

·Depuis 1689, les mines furent dirigées de la même maniere qu'on vient de le dire.

De 1705 à 1710, plufieurs bâtimens, les machines & les conduits d'eau furent mis en état & l'on y conftruifit des étangs. Depuis ce tems, l'exploitation des mines s'eft faite fans interruption aux frais du souverain, qui, comme on l'a dit ci-deſſus, ſe l'eſt réſervée à lui ſeul, pour toutes celles d'or & d'argent qui ſe découvriroient dans ſon royaume. Leurs progrès ont toujours été en augmentant, quoiqu'il y ait eu des tems où les bénéfices étoient bien médiocres; mais les découvertes qui ſe ſont faites ſucceſſivement, & ſur-tout celles des mines de *Gottés Hilfin der Nosh* & de *Jangs Knouten*, les ont rendu très-importantes. On évalue le produit annuel de toutes les mines de ce département de 32 à 33 mille marcs d'argent.

Ces mines ſont adminiſtrées aujourd'hui par deux conſeils, que l'on diſtingue par *Oberbergennt* & *Bergamt*, qui tous deux ſe tiennent le ſamedi matin de chaque ſemaine.

Dans le premier, on traite toutes les affaires majeures qui concernent l'exploitation, & auſſi le réſultat de celles qui ont été auparavant examinées dans le ſecond.

Les officiers de ce conſeil ſont; le capitaine des mines, trois conſeillers & deux aſſeſſeurs.

Le ſecond conſeil examine toutes les affaires de détails, qui ſont enſuite approuvées & décidées dans le premier. Il eſt compoſé de deux grands maîtres des mines, de quatre jurés, d'un ſurveillant & de deux géometres; ceux-ci ne peuvent aſſiſter au premier conſeil.

Des montagnes qui renferment les veines minérales, & de la nature des unes & des autres.

§. II. La plupart des mines compriſes dans le diſtrict de la ville de Konsgberg, ſont placées au couchant de cette ville ſur le penchant d'une montagne, dont la direction eſt du ſud au nord & l'expoſition à l'orient. Elle eſt encore dominée par d'autres élévations.

Les veines minérales que l'on y a découvertes en différens tems, depuis trois quarts de lieue, juſqu'à une lieue & demie de diſtance les unes des autres, ont donné lieu à en faire une diſtinction générale. On diviſe la montagne en trois parties; ſavoir, *Oberquébirg*

birg ou montagne haute , *Mittelguébirg* ou montagne moyenne, *Onterguébirg* ou montagne baffe. Les mines de cette derniere ne font éloignées de la ville que d'une demi-lieue.

A l'oueft de la montagne haute , & à trois quarts de lieue de la moyenne , on travaille une autre veine principale, de forte qu'il y en a quatre en exploitation.

Il convient d'expliquer encore ce que l'on entend par *fall-band* ou *fall-art*, qui eft le nom en ufage dans ces mines pour défigner la partie de rocher qui contient les veines d'argent natif, & les matieres minérales qui l'accompagnent ; ainfi l'on dit *fall-band* de la montagne haute , de la moyenne , &c. & en parlant de plufieurs l'on s'exprime par *fall-bender*. Quant à nous, nous les confidérerons comme des filons principaux.

Tous les rochers en général dont cette montagne eft compofée, de même que tous ceux de cette partie de la Norwege , font très-compacts & fi durs que l'on eft obligé d'avoir recours au feu pour les abattre plus facilement, & avec plus d'avantage qu'avec la la poudre. Ces rochers font formés d'une infinité de lits ou couches dans une pofition qui approche beaucoup de la perpendiculaire ; ils confervent la même direction de la montagne du nord au fud , à peu près parallele à celle de la riviere. Ils varient extrêmement dans leurs couleurs , & font compofés de différentes matieres intimement réunies ; les unes forment un mêlange de pierre cornée blanche & rouge , de quartz, fpath & mica. Ce dernier y eft répandu en très-grande quantité ; d'autres font prefque tout pur mica.

A peu près au tiers de la hauteur de la montagne, elle préfente des lits de rochers d'une nature différente de celle des précédens , mais qui ne peut être diftinguée que par une grande habitude : ils font auffi très-durs & de couleur grife. Ils different en ce qu'ils renferment des matieres ferrugineufes ; plufieurs font feu avec l'acier , fans doute par l'adhérence de quelques parties de quartz, peut-être auffi de *feld-fpath*, *fpatum fcintillans* ; mais la plupart des autres rochers, fur-tout de ceux qui compofent les filons principaux de la montagne haute & de la moyenne, n'ont pas du tout cette propriété; de forte qu'on peut les envifager comme un mêlange de mica, de fpath calcaire, & d'une matiere ferrugineufe très-divifée.

On ne remarque dans ces lits de rocher ferrugineux aucune épaiffeur déterminée qui varie même beaucoup ; elle eft dans les uns feulement de deux toifes, & dans d'autres de 20 toifes, c'eft-à-dire, qu'il s'en trouve plufieurs fur une telle largeur, mais qui font féparés par ceux de la nature des premiers. C'eft la réunion de ces lits de rocher que l'on nomme dans le pays un *fall-band*, & que nous défignons par filon principal. Ce font ces filons principaux qui renferment les veines minérales d'argent ; & ce qu'il y a de particulier, c'eft que celles-ci les coupent en angle droit plus ou moins aigu, de maniere qu'elles font dans une direction totalement oppofée, c'eft-à-dire, de l'eft à l'oueft.

Sur une étendue d'environ 600 à 800 toifes, dans plufieurs endroits de leur direction (car d'une mine à l'autre il y a quelquefois 50, 100, 200 & même 300 toifes d'éloignement où l'on ne trouve aucun indice), l'on compte une infinité de petites veines qui les traverfent, mais dont les unes s'inclinent du côté du nord & les autres du côté du midi ; fouvent auffi elles font fi rapprochées que fur une diftance de 10 à 15 toifes, on en peut compter une douzaine & plus (*). La proximité de ces veines, la différence dans leur inclinaifon, & quelquefois auffi dans leur direction, font qu'elles fe croifent en longueur & fouvent en profondeur ; ce qui les rend alors plus abondantes au point de réunion.

(*) *Voyez* Pl. IX, fig. 1 & 2.

Ces veines, quoiqu'ayant leur continuité, ne produifent pas toujours du métal conftamment dans le même filon ; & ce qu'il y a de plus fingulier, c'eft qu'elles n'en produifent jamais au-delà, quoique leur direction coupe également les lits de rocher de la montagne. On nous a dit être certain que quelques-unes fe prolongent à une affez longue diftance, fans produire autre chofe que du minérai de fer, & fur-tout de la pierre d'aimant.

Dans l'épaiffeur des filons principaux, les lits de rocher ne font pas tous propres à produire des veines riches ; ce qui met dans le cas de faire des travaux fort irréguliers, de fe tromper dans la pourfuite des galeries, particuliérement de celles que l'on nomme *traverfes*, & qui font faites en fuivant la direction du filon principal, pour découvrir de nouvelles veines. Ce n'eft qu'une longue expérience qui peut apprendre, lorfqu'on ne part pas d'un filon déjà riche, quel eft le lit qu'on doit préférer & que l'on penfe devoir produire du minérai, l'un plutôt que l'autre ; encore fe trompe-t-on chaque jour! Cela eft de la derniere difficulté, principalement lorfqu'il s'agit de nouvelles découvertes ; car quoiqu'il foit conftant que les veines ne font riches, & productives que dans les lits de rocher ferrugineux, dont font compofés les filons principaux, & que l'on ne doit les rechercher que fur ceux de cette efpece, il en eft pourtant qui ne produifent aucun métal. C'eft ce qui fait que les recherches actuelles s'appliquent toutes fur les principaux filons connus, & qu'on n'en entreprend d'autres qu'après que la découverte en a été bien conftatée. La connoiffance des véritables eft due fouvent au hafard ; mais bien plus à l'encouragement que fa majefté donne à toute perfonne qui découvre des veines minérales. On a des exemples récens que des payfans & ouvriers ont reçu une récompenfe depuis 30, 50, 100, jufqu'à 1000 rixdalers, ce qui eft proportionné à la valeur de la découverte. Il y a une ordonnance du roi qui porte que la récompenfe peut s'étendre jufqu'à cette fomme fi l'objet le mérite ; c'eft le confeil des mines qui la fixe après une exploitation de quelques années pour mieux l'apprécier.

Pour prouver ce que nous venons de dire, on voit à la furface de la terre des filons principaux très-diftincts par le rocher ferrugineux qui le compofe, fur lefquels on a fait des recherches, en fuivant les veines qui les traverfent. Celles-ci ont bien produit un peu d'argent, mêlé de fpath & autres matieres femblables aux

autres; mais elles n'ont pas été trouvées affez riches pour en continuer le travail.

A l'occident & plus près de la ville de Kongsberg, il y a une
petite montagne ifolée, voifine de la premiere, féparée feulement
par un vallon; quoique la difpofition de fes lits de rocher foit la
même, & leur direction également du nord au fud, on n'y a
trouvé jufqu'à préfent aucun filon qui fût reconnu propre à enrichir des veines minérales.

Dans la montagne à l'eft de ladite ville & expofée à l'oueft,
on a bien découvert, & même exploité des filons principaux paralleles aux premiers qui produifent des veines riches, & de
celles-ci qui ont été très-abondantes; mais elles n'ont eu que très-
peu de fuite.

Sur l'étendue de chacun des deux filons principaux de la montagne moyenne & de la montagne baffe ou inférieure, que nous
eftimons d'environ trois lieues, on a ouvert en différens tems
plufieurs mines. Lors de notre féjour à Kongsberg on en comptoit fur le premier 10 en exploitation, & 14 fur le fecond, indépendamment de 7 à 8 recherches où l'on travailloit du côté
du nord, qui produifoient toutes un peu d'argent.

C'eft ici le cas d'obferver que ces deux filons principaux qui
font les plus anciennement connus, ont une continuité du côté
du nord d'environ une lieue au-delà des mines, qui n'eft pas par
tout la même en épaiffeur, puifque celle-ci diminue infenfiblement, au point qu'ils fe réuniffent l'un à l'autre, & qu'on ne les
diftingue plus. On attribue la caufe de cette interruption à un
vallon profond, qui fépare cette montagne entiérement d'une
autre, où l'on croit les avoir retrouvé dans les recherches dont
nous avons parlé ci-deffus, qui font à peu près fur la même
direction, & où le minérai & les matieres qui l'accompagnent
font de la même efpece. L'on compte environ deux lieues de
diftance de cette montagne à l'autre.

Du côté du midi, au contraire, les lits de rocher ne paroiffent
être que de la pierre à chaux que l'on apperçoit peu à peu, les

recouvrir, fur-tout dans le filon de la montagne inférieure. On ignore s'ils ont leur fuite intérieurement ou s'ils font entiérement coupés par cette pierre à chaux. L'un d'eux produit au-delà des veines d'argent, de la pyrite martiale & auffi de la cuivreufe.

Dans le filon principal de la montagne baffe & fur fa direction, l'expérience a montré & prouve tous les jours, qu'au-deffous du niveau du lit de la riviere, & de 80 toifes depuis la furface de la terre, les veines minérales ne produifent plus. Nous en excepterons néanmoins la mine dénommée *alte feéguen gottés*, qui, à la profondeur de 300 toifes, fournit encore des minérais de toute efpece; mais c'eft l'unique qui foit dans ce cas; car toutes les autres fuivent la regle ci-deffus, & l'on n'en continue l'exploitation que par pure curiofité, fon produit n'étant pas à beaucoup près fuffifant pour payer les frais immenfes qu'on eft obligé de faire, pour l'extraction des matieres & pour fon foutien.

Il réfulte de cette derniere obfervation, que les filons principaux fupérieurs à celui-ci, comme étant beaucoup plus élevés, donnent de grandes efpérances pour l'avenir. Leur différence de hauteur, ajoutée aux 80 toifes ci-deffus, amene déjà une très-grande profondeur; & fi l'on veut y comprendre celui de la montagne haute, il y a tout lieu de fe flatter que ces mines feront de plus en plus des progrès. Cependant il ne faut pas conclure que ces filons produiront toujours en approfondiffant; car on a l'exemple de plufieurs mines, où les veines fe font appauvries au point de ne plus mériter l'exploitation.

Nous avons dit que les veines minérales renfermées dans les filons principaux étoient fort étroites; il eft rare qu'elles aient au-deffus d'un pied d'épaiffeur, qui très-fouvent n'eft que d'un pouce, & même de quelques lignes.

Ces veines ne produifent généralement point d'argent minéralifé, fi l'on en excepte quelques morceaux de mine d'argent vitreufe que le hafard fait rencontrer quelquefois; encore moins de la mine d'argent rouge; mais toujours de l'argent vierge extrêmement varié dans toutes fes configurations. Elles font remplies de différentes matieres pierreufes, qui fervent comme de matrices à ce métal, & forment un compofé de fpath calcaire, d'un autre fufible couleur d'améthyfte, d'un fpath verdâtre, & d'un autre encore d'une blanc tranfparent, reffemblant affez à une félénite, & fouvent recouvert de cuir foffile ou de monta-gne, qui tous contiennent eux-mêmes & font unis à de l'argent vierge. Cé métal fe trouve encore dans un rocher de couleur grife, qui pourroit être regardé comme le toit & le mur defdits filons ; on le rencontre auffi, mais plus rarement avec du mica.

Dans tous ces mêlanges, on n'apperçoit aucune partie de quartz, mais bien dans les filons principaux où l'on trouve même de la pyrite riche en argent, dans laquelle ce métal fe manifefte quelquefois, & où l'on voit des cryftallifations de fpath & de quartz, ce dernier reffemblant à du cryftal de roche. Ces filons contiennent auffi de la blende.

L'argent eft toujours maffif dans le rocher & prefque pur, c'eft-à-dire, avec peu de mêlange. Il s'en extrait des morceaux de différentes groffeurs & poids ; plufieurs fois on en a détaché qui pefoient depuis 20 jufqu'à 80 marcs.

Dans la principale mine *Gottés hilf in der noth*, fituée fur le filon de la montagne moyenne, que nous avons vifitée jufqu'à fa profondeur de 140 toifes, & qui eft une des plus riches de ce département, on trouva, il y a près de fept années, à 135 toifes au-deffous de la furface de la terre, un feul morceau d'ar-gent vierge prefque pur, qui pefoit 419 marcs. On en fit l'effai fur quelques échantillons qui étoient au titre de 15 lots 14 grains ; 16 lots de fin font en Norwege, comme 12 deniers en France. Dans le cabinet de curiofités naturelles de Coppenhague, appar-tenant à fa majefté, on en voit une piece d'environ 4 pieds de hauteur, accompagnée de différens rochers que l'on eftime valoir 15000 livres.

Cependant la forme la plus commune où l'on trouve ce métal,

est celle d'un fil plus ou moins gros, prenant toutes sortes de courbes & figures ; quelques-uns ont un pied & plus de longueur, d'autres ont la finesse des cheveux, seuls ou réunis ensemble en grande quantité par un seul point d'où ils partent ; mais ordinairement mêlés à du spath ou du rocher : d'autres encore qui forment différentes branches de ramifications de diverses grosseurs, & dont la blancheur & le brillant annoncent toute la pureté du métal lorsqu'il est affiné. On en trouve aussi en feuilles ou lames ; c'est communément à travers, ou entre les lits d'un rocher gris schisteux, de maniere que dans un de ces morceaux qui pourroit avoir 3 ou 4 pouces d'épaisseur, on rencontre quelquefois une, deux, même trois couches pénétrées de cet argent, qui, quand on les sépare, présentent à chaque surface des feuilles très-blanches & très-minces.

Il est de ces veines enfin, où l'argent natif est tellement divisé dans le spath & le rocher, qu'on a bien de la peine à le reconnoître ; dans d'autres on n'en distingue pas du tout.

Tous ces minérais, en un mot, ont entr'eux la plus grande variété, & l'on ne finiroit point si on vouloit entrer dans le détail qu'une description exacte de chaque espece exigeroit. Nous croyons en avoir assez dit, pour que l'on puisse s'en former une idée ; nous nous tiendrons au reste à la distinction connue & usitée dans ces mines. On les divise en quatre classes : savoir ;

1°. En argent vierge séparé du rocher, dont la teneur est d'environ deux tiers de métal pur par quintal.

2°. Autre espece mêlée avec le rocher, de 25 à 26 marcs par quintal.

3°. En minérai trié ; c'est le rocher dans lequel on apperçoit de l'argent vierge, & qui tient depuis un jusqu'à un marc & demi par quintal.

4°. En minérai à bocard ; c'est un rocher pyriteux dans lequel l'argent ne se manifeste d'aucune maniere. Pilé & lavé, il produit trois especes de *schlicks*, dont le plus riche tient un marc par quintal, le moyen cinq à fix lots , & le plus pauvre depuis un jufqu'à deux lots.

Après avoir parlé des deux anciens filons principaux fur lefquels les premieres découvertes de ces mines ont été faites , il eft à propos de dire un mot des deux autres plus modernes que nous avons annoncés.

Ce fut au mois d'août de l'année 1764 , que fe fit la découverte du troifieme filon principal de la montagne haute, dans l'endroit nommé *Jonsknouten.*

A plus d'une lieue d'éloignement de la montagne moyenne, & à fon revers expofé au fud-oueft, eft fitué ce filon du côté du nord.

Sur la direction de ce filon principal qui paroît avoir 30 ou 40 toifes d'épaiffeur , & fur une longueur de 100 toifes au plus, lors de notre vifite, on y avoit déjà fait 13 ouvertures ou recherches, dont les plus profondes n'avoient que 7 toifes. Elles avoient toutes produit, & produifoient encore de l'argent vierge ; on en remarque plufieurs dans ce nombre qui n'ont que quelques pieds d'approfondiffement ; d'autres qui font à peine commencées , dans lefquelles nous avons vu & détaché nous-mêmes ce métal, qui fortoit du rocher fous différentes formes.

Dans chacune des recherches, on reconnoît une infinité de petites veines traverfantes , plus ou moins riches & de différentes épaiffeurs ; il en eft qui s'étendent jufqu'à 8 & 10 toifes en longueur, fur leur direction qui eft toujours à angle droit ou approchant à celle du filon principal. Elles confiftent également en un fpath pénétré dans fon intérieur d'argent vierge : d'autres fois c'eft le rocher même qui l'accompagne ; fes lits font remplis dans leurs féparations de feuilles d'argent très-minces. Il en eft enfin de celui-ci comme des deux premiers que nous avons décrits ; ce qui peut l'en faire diftinguer, ce font les caracteres fuivans.

1°. Les lits qui le compofent font moins marqués , & le rocher eft plus entier & plus compact.

2°.

2°. A la furface de la terre le rocher eft jaune, ferrugineux, paroiffant fe déliter comme un fchifte. Il a exactement toutes les apparences extérieures de certains filons de cuivre.

3°. Il contient lui-même du cuivre & de la blende en plus grande quantité que les autres filons principaux; d'où il fuit qu'on pourroit le confidérer comme un filon pauvre d'une pyrite cuivreufe dans un rocher ferrugineux très-dur, traverfé par des petites veines riches en argent. Cela eft d'autant plus probable, qu'il eft fur la direction d'un femblable filon, exploité il y a quelques années à 2 ou 3 lieues d'éloignement, qui a produit de l'argent vierge.

4°. Dans ces recherches on trouve une pyrite blanche arféninicale très-pefante, compacte & de la plus grande dureté, que l'on foupçonne tenir un peu du cobalt, puifqu'on voit des rochers teints des fleurs de ce minérai.

La veine d'argent la plus abondante forme à quelques pouces de la furface de la terre, une fente remplie d'une efpece d'ocre jaune, dans laquelle on a trouvé des morceaux prefque détachés de ce métal.

Outre les différens fpaths qui accompagnent les veines minérales, on en diftingue un dans ce filon tout particulier qui n'eft point cryftallifé, mais qui a la propriété de reffembler à une pierre favonneufe, & fur-tout à un favon blanc dans fa caffure : il en eft d'autres très-veinés en noir & blanc. Cette efpece de fpath & celui de couleur d'améthyfte, de même que la pyrite cuivreufe qui eft divifée dans le rocher, font regardés & reconnus par expérience, comme les meilleures indices; de forte que l'on efpéroit que ces recherches qui étoient déjà très-fructueufes & donnoient du bénéfice, formeroient la plus belle découverte que l'on ait eue jufqu'alors.

Ce que nous venons de dire du troifieme filon principal, doit être entendu pour le quatrieme ; celui-ci étant de la même nature & compofé des mêmes matieres. De tout ce que nous avons rapporté, nous croyons devoir conclure que les mines d'argent de Kongsberg, foit par la fingularité de leur efpece, foit par la nature de rochers, leur pofition & celle des veines minérales, foit auffi par les variétés qui s'y trouvent, méritent de tenir un des premiers rangs dans l'hiftoire naturelle, & peuvent fervir en même tems d'inftruction fur les divers filons de métaux que la nature préfente, & fur ceux que l'on peut découvrir.

De l'exploitation des mines d'argent de Kongsberg.

§. III. La méthode d'exploiter ces mines differe en certains points de celle qui eft ufitée dans d'autres pays, puifqu'on eft obligé de s'affujettir, non-feulement à fuivre la direction des veines métalliques & leur inclinaifon, mais encore celle des filons principaux; de forte que les ouvrages fouterrains ne peuvent être que d'une forme très-irréguliere. Lors donc que l'on juge qu'une recherche mérite d'être fuivie, on y conftruit un puits pour fervir, tant à l'extraction des matieres qu'à l'élévation des eaux; on arrange fa pofition fur la veine la plus large & la plus riche, ou dans un endroit qui en réunit plufieurs, de façon que fon côté long foit entre les deux directions, c'eft-à-dire, celle des veines minérales, & celle des lits de rocher qui compofent les filons principaux; cela dépend de l'inclinaifon defdites veines; il eft donc non-feulement néceffaire de la donner au puits, mais encore & en même tems celle du filon principal; car fi l'on fe fixoit à fuivre uniquement celle de ce dernier, la profondeur le faifant fortir de la ligne perpendiculaire, on le manqueroit indubitablement; de même fi on fuivoit l'inclinaifon feule de la veine, on pafferoit au-delà du lit de rocher qui l'enrichit, & on perdroit le minérai. Cela eft d'autant plus effentiel que fouvent la plupart de ces veines ne produifent rien, même avant que d'être hors du filon, & qu'elles font ftériles en différentes profondeurs. Ce n'eft donc que par la reffource d'en réunir plufieurs, qu'on peut foutenir l'exploitation; ainfi il eft conftant que l'approfondiffement des puits doit être dirigé fur les deux inclinaifons; &

nous penfons qu'il n'eft pas poffible d'exploiter ces filons plus avantageufement.

Ce n'eft point ici le cas des puits perpendiculaires, comme dans les mines où l'on eft certain de la contrariété des veines; celles-ci étant très-étroites, & très-variées dans leurs directions & leurs inclinaifons. D'un autre côté, le *fallband* qui les ennoblit eft très-difficile à connoître. Il faut abfolument les fuivre où elles font & prendre garde de ne pas les échapper; car en les perdant, ce ne feroit qu'à grands frais qu'on pourroit le retrouver, fur tout dans un rocher auffi dur que l'eft celui du *fallband*.

A mefure d'approfondiffement & à différentes profondeurs d'un puits, ce qui dépend de la nature & de la richeffe des filons, on forme des ouvrages en galeries à droite ou à gauche, quelquefois tous les deux enfemble, fur la direction d'une veine principale ou de plufieurs réunies, & on les fuit auffi long-tems que l'on conferve le bon lit du rocher, ou qu'on efpere en trouver un autre; mais afin de n'échapper aucunes veines, on forme d'autres galeries dans une direction toute oppofée, c'eft-à-dire, fur celle du *fallband* (*), qui prennent ici le nom de *qwer fchläg* ou *galeries de traverfe*.

Comment on fuit les veines minérales.

(*) Pl. **IX**; fig. 1.

Si les veines produifent ou s'enrichiffent, c'eft alors que l'on pouffe les premieres galeries dans plufieurs endroits à la fois; de forte que fur une petite étendue d'environ 10 & 20 toifes, l'on en trouve en tout fens, un grand nombre qui font prefque en angle droit, les unes des autres.

Lorfqu'une galerie eft avancée fur la direction des veines, on exploite le filon par des ouvrages en échellons ou *ftroffen*. Le *fürften baû* ou échellon montant n'eft point ufité.

Les galeries faites fur la direction, de même que celles de traverfes, fe travaillent & s'avancent en allumant des bûchers devant le rocher, & après l'effet du feu, on extrait facilement à coups de pic, ce qu'il a commencé à détacher; ce rocher fe délite alors & fe fépare par lames comme un fchifte.

O ij

Cette méthode qui n'eft pratiquable que dans les pas où le bois eft abondant, n'eft bonne que relativement à la quantité du rocher qui eft de la plus grande dureté ; mais elle eft fujette à un grand inconvénient, fur-tout dans ces mines où les ouvertures ou les travaux ne font pas vaftes, & celui du feu qui, par la négligence des ouvriers peut fe communiquer à la charpente quoiqu'elle foit très-peu multipliée, puifqu'on ne l'emploie que pour former les cadres des puits, le fupport des échelles, & pour le foutien des larges excavations, où deux ou trois pieces de bois font fuffifantes.

Malgré cela on a des exemples de femblables accidens, qui néanmoins font très-rares, dont le réfultat a été la perte de quelques ouvriers, & le danger où fe font trouvés plufieurs autres de perdre la vie, par la trop grande chaleur & l'abondance d'une fumée épaiffe qui fe répand dans tous les ouvrages, par le défaut d'un courant d'air fuffifant qui ne peut y être établi, n'y ayant fouvent qu'une ouverture extérieure.

Cette méthode ne concerne uniquement que les galeries fur la direction des veines & celles de traverfe ; car dans les ouvrages en échellons & l'approfondiffement des puits, on fe fert de la poudre.

Les exploitations nouvelles, comme celles qui viennent d'être commencées fur le filon principal de la montagne fupérieure, s'entreprennent de même qu'on ouvriroit une carriere. On prend autant de longueur que les filons s'étendent en richeffe, & autant de largeur que l'on y trouve de petites veines réunies. On s'approfondit infenfiblement jufqu'à 6 à 7 toifes. Si à cette profondeur les veines font conftantes dans leur produit en argent, pour lors on établit un travail en regle ; on forme un puits fur chacune des recherches, & l'on conduit les autres ouvrages comme il a été dit.

Dans ces mines, on fupplée à l'ufage des chandelles ou des lampes, celui d'efpece de torches formées avec du bois de fapin refendu en petits morceaux, que chaque ouvrier eft obligé de faire lui-même après les heures de fon travail. La réfine que ce bois contient les fait brûler ; elles donnent beaucoup de flamme.

Dans quelque ouvrage que ce foit, les ouvriers ne travaillent jamais la nuit ; on laiffe ce tems pour diminuer la plus grande chaleur qu'y a occafionné le feu que l'on fait devant les galeries, & en laiffer échapper la fumée. Leur journée ou pofte eft fixée à huit heures de travail qui fe réduifent à fix ; ils font tous à prix fait. Les florêts dont ils ont befoin font marqués & pefés, & ils font obligés, lorfqu'ils font ufés, de les rendre poids pour poids, en leur tenant compte de cinq pour cent de déchet. Cette précaution ou cet arrangement les met dans la néceffité d'avoir le plus grand foin des morceaux de fer qui fe détachent des florêts, & devient un objet d'économie, puifque ces déchets fervent à fabriquer de l'acier à l'ufage des mines.

Chaque mineur avant de quitter fon ouvrage, c'eft-à-dire, deux heures après midi, conftruit fon bûcher & y met le feu. On lui donne pour cela environ la huitieme partie d'une corde de bois (1) ; ce qui forme pour l'année un objet de confommation de 7 à 8 mille cordes.

§. IV. Lorfque les minérais font extraits au jour, ils font choifis & mis à part fuivant leurs efpeces. Les plus riches, comme l'argent vierge, le minérai moyen ou *mittel ertz* & le *fcheid ertz*, minérai trié, font placés à fur & mefure dans un magafin qui eft deftiné à les recevoir ; le maître mineur en a feul la clef, & feul eft refponfable des matieres qui y entrent. Il en fait faire un choix, en mettant de côté les morceaux les plus purs qu'il eft tenu de livrer lui-même à la fonderie, tous les vendredi de chaque femaine ; d'autres moins purs y font également tranfportés dans des facs de peau. A l'égard des minérais moins riches, ils font portés dans les bocards les plus voifins.

Triage &
choix des mi-
nérais.

Sans faire mention de la probité que doivent avoir tous les

____

(1) La corde de bois eft de 83 pieds cubes, pied de roi.

ouvriers , il fuffira de connoître la févérité que la police exerce pour empêcher les friponneries. Le foin & la vigilance continuelle que l'on a fur chacun d'eux , eft un excellent remede à ces fortes de malverfations ; mais bien plus la jufte punition qui s'enfuit , de même que la précaution que l'on a de ne point fouffrir dans la ville , aucun orfévre ni ouvrier au fait de traiter , fondre & employer les métaux. Malgré cela , il eft pourtant arrivé depuis une couple d'années , que trois ouvriers de concert ont volé quelques morceaux d'argent ; ils furent découverts, arrêtés , &, leur procès inftruit, condamnés à un banniffement perpétuel dans les lieux les plus éloignés de la Norwege , où ils venoient d'être relégués depuis deux mois , lors de notre arrivée à Kongsberg.

Galeries d'écoulement.

§. V. Les mines de Kongsberg font fecourues par trois galeries d'écoulement ; la premiere dirigée contre les travaux du fallband moyen y a même une profondeur de 40 & 45 toifes, fur 352 toifes de longueur, jufqu'à la mine de *Elfe* ; & de celle-ci jufqu'à celle de *Gottes hilf in der noth* , 96 toifes.

La feconde prend fon embouchure à l'*eft* de la mine de *Bley-gang* , & communique avec la majeure partie des mines de l'*Unter geburge* ou *fallband inférieur* , où elle écoule les eaux jufqu'à 75 & 84 toifes ; fa longueur totale eft de 1470 toifes.

Les efpérances fondées que l'on a dans les recherches de l'*ober geburge* ou *fallband fupérieur* , ont donné lieu à l'entreprife de la troifieme , qui a pu être commencée , fans trop l'allonger , fur la direction du *fallband* , où l'on efpere de rencontrer des veines. Elle aura en longueur environ 100 toifes fur 26 de profondeur.

Etangs & machines.

§. VI. Par la pofition d'un grand nombre de petits étangs, que l'on a conftruits fur toute l'étendue de la montagne à différentes hauteurs , la même eau fert par gradation à plufieurs machines & même aux bocards ; elle eft fuffifante pour le befoin de toutes les mines.

Quoique les machines hydrauliques que l'on a vues à Kongsberg, aient été conftruites par des ouvriers du Hartz, fur les mêmes principes de celles de ce dernier endroit, nous croyons devoir donner ici le deffin (*) d'une de celles qui y font exécutées, & en faire obferver quelques particularités.

 Plufieurs des mines n'étant pas profondes, & étant très-rappro-chées les unes des autres, une même roue fait agir les pompes ce différens puits, mais jamais à la fois. On a d'autant plus de raifon d'éviter les frais d'une conftruction nouvelle, que les filons n'ont pas toujours une fuite en approfondiffant. Dans la même vue, on a expliqué le mouvement d'une de ces machines, à l'extrac-tion du minérai, de la maniere fuivante.

 Sur un puits divifé en deux parties égales dans fon côté long, on a placé au milieu de fon embouchure un tambour horifontal, fur lequel s'enveloppe une chaîne fans fin. A fon axe eft affujettie une lanterne garnie de fix fufeaux de fer, diftans d'un pied les uns des autre. A l'extrémité du dernier balancier de la machine eft un long tirant terminé par un crochet, à l'aide duquel il fe fait alternativement un engrainage fur la lanterne, qui la fait tourner; d'où il réfulte que la chaîne a un mouvement continuel, qui eft facilité par une poulie placée dans le fond de la mine, fur laquelle elle roule. Lorfqu'on veut s'en fervir, on accroche à la chaîne le fceau ou la tonne pleine de minérais, qui, dès qu'il eft en haut, eft décroché par un ouvrier dans un des côtés du puits, pendant qu'un autre en accroche un vide dans le côté oppofé, & ainfi alternativement. On arrête la machine par le moyen d'un levier, qui par une chaîne correfpondante, leve les tirans à crochets & fufpend l'engrainage. Il y a à cette machine un *prems rad* ou petite roue, fur laquelle on preffe pour arrêter fubi-tement le mouvement, & empêcher que le poids de la tonne ne faffe retourner la chaîne.

 Pour extraire les minérais de la mine de *Alte feégen gottes*, profonde de 300 toifes, une feule machine n'avoit pu le faire par rapport au poids qu'acquéroit la corde. On a été dans l-

(*) *Voyez* la pl. X, fig. 1 & 2, & l'explication.

néceffité d'en conftruire une dans l'intérieur, qui éleve les matieres de 140 toifes, qui le font enfuite au jour par une autre.

Lorfqu'on commence de nouveaux ouvrages, & qu'ils font à peu de diftance les uns des autres, comme ceux du *fallband* fupérieur, & jufqu'à ce que l'on foit affuré d'une réuffite, on ne conftruit point de ces machine difpendieufes ; mais pour faciliter l'extraction des matieres, on fe fert d'une machine à moulette rrès fimple, que l'on place au milieu de plufieurs ouvertures. Le tambour eft triple & quadruple pour fervir par des poulies de renvoi, & par d'autres qui fupportent la corde fur l'éloignement à élever les minérais & déblais de 3 & 4 recherches, fans déplacer la machine; bien entendu, qu'elle ne fert à l'une qu'après avoir fervi à l'autre.

§. VII. Les bocards, au nombre de 17 dans tout le diftrict, font tous montés à neuf pilons; les mantonnets de l'arbre font en fer. On n'a d'autres laveries ou tables que les caiffes allemandes ou *fchlem graben*, qui font les meilleures pour l'efpece de minérais, & les opérations en font très-fimples. On n'eft point en ufage de piler bien fin, auffi n'a-t-on qu'une grille dont les trous font de moyenne groffeur; le minérai pilé eft porté dans les *fchlem grahen* où il eft lavé trois différentes fois. Le meilleur *fchlick* fe ramaffe dans la partie fupérieure qui compofe la moitié de la longueur de la caiffe; un peu plus bas fe dépofe le moyen, & enfuite le plus pauvre; chaque quantité eft mife à part pour être fondue féparément fuivant fa richeffe. L'effai de ces *fchlicks* fe fait chaque femaine, & eft répété par un contrôleur. Le quintal du bon *fchlick* tient un marc, celui du moyen cinq à fix lots, & du pauvre un à deux lots.

Les laveries n'ont que fix pouces & demi de profondeur, fur une longueur de douze pieds trois pouces.

Un bocard produit dans une femaine trois quintaux de *fchlick* de la premiere qualité, cinq de la feconde, & neuf quintaux de la troifieme, qui proviennent de 150 quintaux de minérais,

De

De la fonte des minérais d'argent.

§. VIII. On dit que les maîtres mineurs de chaque mine doivent livrer au magasin de la fonderie, tous les vendredis de chaque semaine, les minérais d'argent les plus purs. Cette livraison se fait au contrôleur qui pese & enregistre la partie de chacun d'eux, & toujours en présence de l'assesseur, ou en son absence en celle d'un autre officier des mines, qui prend la clef des caisses où l'on verse les minérais après la livraison.

Il y a un autre magasin pour le dépôt des *schlicks*, provenant des laveries où chaque qualité est mise séparément.

Il n'y a qu'une seule fonderie royale à l'usage des mines de tout le district, qui renferme toutes les especes de fourneaux nécessaires. On se sert également des fourneaux courbes pour la fonte crue & pour celle des mattes, dont on trouve le dessin dans le traité de Schlutter, qui sont, quant à la construction, semblables, mais qui peuvent différer dans les proportions ; ceux - ci ont 4 pieds 6 pouces de hauteur sur le devant, & 4 pieds de profondeur ; leur largeur dans leur partie supérieure est de 2 pieds 4 pouces, & dans le bas au niveau du bassin de l'avant foyer, de 2 pieds. La tuyere que l'on place presque horisontalement est toujours élevée de 14 pouces au-dessus dudit bassin, & seulement de 6 pouces pour la fonte des mattes.

Fourneaux.

La fonte crue, comme celle des mattes est réglée par chaque semaine, c'est-à-dire, pour l'une ou pour l'autre : on la commence toujours le lundi matin, pour être arrêtée le vendredi suivant à midi ; la journée du samedi est employée à réparer les fourneaux, & à les préparer à la fonte de la semaine suivante. On fait la brasque d'une seule partie d'argille, sur trois de poussier charbon.

On entend par fonte crue, le mêlange de 120 jusqu'à 150 quintaux de *schlick* le plus pauvre, avec une même quantité de pyrites, & de scories du travail du plomb, auquel on ajoute huit

Fonte crue ou Roharbeit.

à neuf quintaux de cochons de fer, qui auparavant ont été réduits en morceaux. Ces matieres ferrugineufes font les rebuts que
les anciens retiroient de leurs fourneaux après la fonte en groffes
maffes, fans doute par des mauvais procédés qu'ils avoient alors,
puifqu'ils tiennent encore un peu d'argent, ainfi qu'il eft conftaté
par différentes épreuves.

De cette fonte on obtient 80 quintaux de mattes crues ou
roh ftein, dont le quintal tient 4 à 5 lots d'argent, auxquelles on
donne feulement deux feux de grillage. On prétend que l'augmentation des feux qu'on leur donnoit anciennement, occafionnoit
dans la fonte les amas ferrugineux qui entraînoient de l'argent
avec eux ; ce qui n'arrive point aujourd'hui.

Fonte des mattes crues.
Lorfqu'on a affez de ces mattes pour compofer une *fchia* ou
une femaine, on fait la mixtion fuivante.

De 150 quintaux de *fchlick* pauvre, & 50 quintaux de mattes
grillées, qui en produifent environ 60 quintaux d'une autre
matte plus riche, & qui tient 7 à 8 lots d'argent.

Fonte des minérais & du *fchlick*.
Le mélange fe fait de façon qu'à la fin de la fonte, on
doit avoir 34 percées, pour chacune defquelles on combine

 300 liv. de minérai trié ou *fcheiderts*, de 12 jufqu'à 24 lots
   pour cent.
 200 liv. *fchlick* de 4 & 6, & auffi de 12 jufqu'à 16 lots.
 150 liv. matte ordinaire rôtie, ou de la riche.
 200 liv. pierre calcaire pilée groffiérement, &
 150 liv. plomb frais en 140 liv. litharge.
       30 liv. cendres de coupelle.
       30 liv. plomb frais ou neuf.
___________________ ___________________
 1000 liv.   150 liv.

De chacune des percées on a deux pieces de plomb enrichi
du poids de 150 liv., de maniere que la fonte entiere étoit d'environ 102 heures. On obtient deux pieces toutes les trois heures ;
cet œuvre tient en argent de 4 à 6 marcs par quintal ; avec ce
produit on retire à peu près 15 quintaux de matte de plomb,

que l'on rejette auffi-tôt dans le fourneau , après l'avoir divifé en trois parties, & fait à chacune une addition de 50 liv. de plomb frais , qui fe faifit des petites portions d'argent qui pour-roient refter en arriere, & les entraîne avec lui dans les mattes qui après cette fonte tiennent de 12 à 18 lots pour cent, & que l'on grille également deux fois.

Cette fonte concerne auffi le minérai moyen ou *mittel ertz*, qui étant plus rare, ne fe fait qu'une fois chaque mois, après qu'on a fondu 3 ou 4 *fchids* de l'autre. Comme il eft plus riche, on a des proportions différentes, pour compofer le mêlange de chaque percée : elles font ,

Pour 100 quintaux de *mittel ertz*, 275 liv. environ de plomb, en 175 liv. de litharge & 100 liv. plomb frais, avec même quan-tité de mattes & de pierre à chaux, que dans le procédé précédent.

Le produit eft d'environ 230 liv. plomb ou œuvre , dont le quintal tient en argent de 20 à 30 marcs.

Pour chaque percée dont il y en a 26 , on ajoute 7 quintaux de mattes grillées, 120 livres de plomb, qui produifent deux pieces de 125 à 128 liv. d'œuvre, de 4 à 5 marcs pour cent, & des mattes de cuivre.

Lorfqu'on a 150 à 200 quintaux de mattes de cuivre grillées , on les fond avec des fcories de la même fonte ; & on en obtient 30 à 35 quintaux de cuivre noir de très-mauvaife qualité , & d'autres mattes riches.

Cette opération n'eft proprement qu'un reffuage ; elle fe fait dans le fourneau d'affinage , fur la coupelle duquel on met une couche de brafque, que l'on tient inclinée du côté du paffage de la litharge , & par deffus on y arrange le cuivre que l'on chauffe pendant quelques heures , jufqu'à ce qu'il foit dégagé du plomb ; il eft enfuite raffiné fur le petit foyer par 5 à 6 quintaux à la fois , & déchete de 40 à 50 pour cent. Le quintal de la rofette tient de 2 à 4 marcs d'argent.

Ce métal eft accidentel & n'eft qu'un très-petit objet, au plus

Fonte des mattes de plomb.

Fonte des mattes de cuivre.

Liquation du cuivre.

de 100 quintaux. On l'emploie à la monnoie où le fin se trouve, & dont on tient compte dans les alliages.

Imbibation.   Cette opération est bien simple ; elle se réduit à imbiber l'argent dans le plomb. Lorsqu'on a une quantité d'argent vierge dégagé du rocher , on la fond avec égale quantité de plomb , sur un foyer semblable à celui du raffinage du cuivre : on fait fondre le plomb le premier , & après trois heures d'un feu continuel , on retire un culot d'œuvre du poids d'environ 130 livres , dont la teneur est de 60 à 70 marcs d'argent fin.

Affiner & *brûler l'argent.*   On met pour chaque affinage 100 quintaux d'œuvre, qui, suivant sa richesse, produit de 4 à 600 marcs.

L'argent affiné fait environ 5 pour cent de déchet, lorsqu'on le raffine ou brûle. Cette opération se fait par 100 marcs à la fois, au titre de 15 lots, 15 & 16 grains.

Le quintal de la fumée de plomb, qui se ramasse en poussiere sur la voûte des cheminées des fourneaux, tient 1 lot d'argent, & celui qui se dépose sur le toit des grillages 2 lots.

La fonte d'une semaine dans un fourneau consomme 25 *last* de charbon (1), à raison de 5 liv. & quelques sols.

Produit.   L'objet annuel du produit des mines de Kongsberg est de 32 à 33 mille marcs d'argent , qui, chaque quartier, est transporté en nature à Coppenhague sous une escorte, d'où on en renvoie de monnoyé.

§. IX. Relativement à l'espece des minérais , les procédés des fonderies sont très-bien entendus. Il nous paroîtroit cependant que l'on pourroit perfectionner la fonte crue en se servant d'un haut fourneau , & économiser du charbon en diminuant la profondeur de ceux de fonte, qui en consomment beaucoup sans effet.

La ville de Kongsberg n'est habituée que par gens travaillant aux mines , & leurs familles ou autres qui leur sont utiles. On y compte 12 mille ames , dont 5 mille sont employées aux mines ;

(1) Un last est une mesure qui contient 12 tonnes , & la tonne est de 14 pieds, 197 pouces cubes.

mais en y comprenant les habitans du dehors, dix mille vivent de leur produit.

Tous les ouvriers bleſſés ou malades ſont traités gratis, & aux frais de la caiſſe royale, qui a pour cet objet un fonds de dix mille écus. Ils jouiſſent encore de leurs gages pendant deux mois, & enſuite de la moitié pendant un an. Si alors ils ne ſont pas rétablis, on leur fait une penſion annuelle, & on accorde aux veuves le neuvieme des gages de leurs maris.

Section III.

Mines d'argent & plomb d'Iarlsberg.

§. I. Ces mines tirent leur nom de celui du comté où elles ſont ſituées, à une lieue de la ville de Bragnaſſ ou Dramen, dont les bords ſont arroſés par une riviere qui en ſépare la communication, & en forme les limites du côté du nord.

Toutes les mines, à l'exception de celles d'or & d'argent vierge qui ſe trouvent ou ſe trouveroient dans ce comté, appartiennent en toute propriété au ſeigneur, qui jouit à perpétuité des droits régaliens; de ſorte qu'il eſt le maître de les exploiter, affermer ou céder ſans payer aucun droit à la couronne; mais toutefois elles ſont ſous la direction du conſeil des mines du département où elles ſe trouvent.

L'époque n'eſt pas ancienne : on la fait remonter ſeulement à 30 ou 40 années que le comte d'Iarlsberg en fit l'exploitation, qui pendant très-long-tems a eu le meilleur ſuccès; mais ſoit par l'augmentation des dépenſes, ou le défaut d'abondance ou de richeſſe des minérais, ſoit plutôt par le manque de fonds, & la difficulté de trouver des moyens pour épuiſer les eaux, elles ſont tombées inſenſiblement en décadence, & ſont aujourd'hui dans le plus mauvais état. On n'y occupe plus que 18 ouvriers.

Les uns & les autres de ces motifs déterminerent alors le comte, à vendre la conceſſion de cette mine à différens particuliers, qui ont formé une compagnie diviſée en 500 actions. C'eſt cette compagnie qui fait exploiter aujourd’hui , mais avec la plus grande nonchalance ; aucun des actionnaires ne voulant ou n’étant pas en état de faire les dépenfes néceffaires.

§. II. La montagne où font fituées ces mines eft fort élevée & forme deux vallons , l’un au nord & l’autre au fud. La montagne & la riviere ont leur direction du nord-eft au fud-oueft.

Prefqu’à fon fommet & fur fon penchant , font les ouvrages que l’on a faits fur plufieurs filons de plomb & argent, qui obfervent un parallélifme , & fe dirigent de l’eft à l’oueft , fur une largeur de quelques pieds , jufqu’à plufieurs toifes.

Ces filons font coupés dans leur direction par deux parties de rocher très-dur & très-compact , de la nature du fchifte & de couleur bleuâtre , on le nomme *blaû beft*. Il nous a paru être perpendiculaire , & fe diriger du nord au fud , d’où il fuit qu’il coupe en angle droit les veines minérales. Ces deux parties de rocher , éloignées l’une de l’autre de 40 toifes au plus , n’ont fouvent que quelques pieds d’épaiffeur ; & au-delà de cette diftance , elles n’enrichiffent plus les filons , ou ceux-ci n’ont point une fuite à mériter d’être exploités ; mais il y a toute apparence que l’on n’a pas fait des recherches à pouvoir donner des certitudes à cet égard ; car il eft prefque général dans les mines, que lorfqu’un filon a été coupé , il eft riche d’un côté & pauvre de l’autre, fur une certaine diftance. Ces filons n’ont point, à ce qu’on affure , une inclinaifon réguliere , qui en général approche beaucoup de la perpendiculaire : ils produifent du minérai de plomb à petits grains , dont le quintal tient en argent 3 à 4 lots ; il eft mêlé à une grande quantité de blende , & fort fouvent avec du minérai de cuivre. On le trouve rarement pur , de forte qu’on n’en a , pour ainfi dire , que de celui à bocard très-embarraffé dans la blende.

Dans l’état floriffant de cette mine , on avoit pouffé les travaux jufqu’à 60 toifes de profondeur , en la prenant du puits principal le plus élevé.

L'abondance des eaux dont on n'auroit pu fe rendre maître qu'avec des machines très-difpendieufes, ont fait abandonner les 40 toifes de la profondeur. L'un des maîtres mineurs qui conduifoient alors les travaux, nous a cependant affuré qu'il y avoit du très-bon minérai ; on ajoute aujourd'hui à cette faute, celle de remplir les ouvrages inférieurs, avec les déblais que l'on fait journellement, de maniere que fi quelques jours on vouloit en reprendre la pourfuite, il en coûteroit des frais immenfes. Le feul moyen qu'il y auroit pour remettre cette mine en valeur, & auquel on auroit dû penfer dans le tems que l'on en retiroit du bénéfice, feroit d'entreprendre une galerie profonde très-aifée à faire par l'avantage de la fituation, dont on placeroit l'embouchure à l'endroit le plus convenable de la riviere ; elle donneroit une profondeur de 120 à 130 toifes, fur 4 à 500 de longueur ; mais les entrepreneurs ne veulent pas faire la dépenfe d'un ouvrage qui demanderoit nombre d'années pour en avoir la jouiffance ; il ne faudroit qu'un homme entendu pour remonter cette exploitation. Il eft étonnant que le roi ne fe charge pas de cette entreprife pour la faire travailler à fes frais ; elle lui feroit d'autant plus avantageufe, qu'il eft obligé d'acheter des Anglois tout le plomb dont il a befoin pour fes mines de Kongsberg, qui n'en font éloignées que de dix lieues. Quand même il ne bénéficieroit pas, fon état gagneroit du moins l'argent qu'il envoie en Angleterre en échange du plomb.

En confidérant un fi grand nombre de filons, dont le minérai s'annonce jufqu'au jour, & celui que l'on a laiffé dans la profondeur, nous ne pouvons diffimuler notre regret de voir ces mines à la veille d'être abandonnées.

QUATRIEME MÉMOIRE.

SUR LES MINES D'OR
ET D'ARGENT DE LA HONGRIE,

SECTION PREMIERE.

Mines de Schemnitz.

Par MM. JARS & DUHAMEL, année 1758.

Époque.

§. I. ON fait remonter l'époque du commencement de l'exploitation de ces mines à plus de dix siecles, interrompue à différentes fois par la peste ou la guerre, & reprise de nouveau. Ces mines étoient anciennement travaillées par des compagnies, qui furent forcées de les abandonner, soit par les motifs que l'on vient de citer, soit aussi parce qu'elles ne pouvoient pas faire les grandes avances qu'exigeoient ces travaux. De cet abandon, il résulta la nullité des concessions, dont le souverain s'empara peu à peu, comme d'un grand nombre d'actions qu'il acquit de divers intéressés ; mais les arrangemens furent pris de façon que les compagnies ont conservé dans chacune des mines que sa majesté fait exploiter, cinq actions des 128 qui composent une société. Ces cinq actions sont réparties à différentes personnes, qui peuvent les vendre à d'autres qu'à sa majesté qui ne peut les acquérir ; & par ces mêmes conventions, les compagnies ont le pouvoir de prendre le même intérêt dans toutes les nouvelles mines que la Reine fait ouvrir ; de sorte qu'elles entrent toujours pour leur part ou contingent dans les recherches que l'on fait.

Étendue des mines.

§. II. Les mines royales comprennent une étendue de 2200 toises de longueur, sur 900 de largeur, dans laquelle on exploite

trois

trois filons principaux. Le filon de *fpittaler*, celui de *biber ftollner* & celui de *Théréfia Schacter*: ils font feptentrionaux, & ont une même direction fur 3 heures. Leur pente eft du côté de l'eft, ce qui, en Saxe, les feroit nommer *indirects tombans*; mais ici on les nomme *directs*, parce qu'on ne fe regle point fur la partie du monde vers laquelle ils inclinent, & qu'ils ont leur inclinaifon du même côté que la montagne : ceux qui inclinent dans un fens contraire font réputés *indirects*. Au refte on ne leur donne ces noms que pour les diftinguer. Ils font quelquefois plus ou moins inclinés ; les deux premiers ont leur pente de 45 à 60 degrés, & le troifieme de 65 à 80.

§. III. Ces filons produifent généralement du côté du midi, un minérai riche en argent aurifere ; mais enveloppé dans une blende noire & jaunâtre, & auffi dans de la pyrite fulfureufe & arfénicale, ce qui le rend extrêmement difficile à connoître. Il en eft qui rendent 100 lots d'argent par quintal, & que l'on croiroit être de la blende toute pure ; vraifemblablement c'eft de la mine d'argent vitreufe recouverte par la blende & la pyrite. Ce qui donne encore plus lieu de le croire, ce font des morceaux jaunes comme de la pyrite ordinaire, qui ne font autre chofe que cette efpece que l'on peut couper comme du plomb. Dans le filon de *biber ftollner* on en a trouvé anciennement une grande quantité : on rencontre auffi de tems en tems du cinabre, mais trop peu pour mériter l'extraction du mercure. Ces filons contiennent encore un quartz fort dur, mêlé d'une roche cornée rouge que l'on nomme *zinopel* très-aurifere (1) ; mais il ne faut pas confondre cette efpece de minérai, avec un ocre de fer qui y eft auffi fort abondant ; ils produifent du côté du nord une plus grande quantité de minérai de plomb & du *zinopel*, & par conféquent moins riche en or, mais plus riche en argent.

Efpece des minérais.

(1) Cette pierre reffemblante à un jafpe peut'très-bien fe polir. On diftingue deux efpeces de ce *zinopel* ; l'un qui eft fi compact qu'il ne laiffe aucune rougeur lorfqu'on paffe les doigts par-deffus, & un autre moins dur qui tache les doigts ; le premier contient plus d'or.

Le rocher qui accompagne le minérai eft un quartz plus ou moins blanc & tranfparent ; il y en a qui a un peu de reffemblance à du cryftal, que l'on nomme dans le pays *verre*. Il eft regardé comme un très-bon indice ; car c'eft ordinairement à cette efpece que fe trouve unie la mine d'argent vitreufe pure, & celle qui eft recouverte de pyrite fulphureufe nommée *Gilft*. On diftingue auffi un autre quartz moins dur que le précédent, de couleur rougeâtre, auquel on donne mal à propos le nom de fpath ; cependant on rencontre de ce dernier dans quelques endroits du filon, mais le premier eft toujours le dominant. Ce qui vient à l'appui du fentiment général des naturaliftes, qui prétendent que l'on trouve rarement du fpath dans les filons qui contiennent de l'or.

Largeur des filons. §. IV. La largeur ou épaiffeur des filons eft très-confidérable, de plufieurs pieds & même de plufieurs toifes ; ce qui fe vérifie dans le filon de *fpittaler*, où dans quelques endroits il eft large de 12 toifes. Il eft vrai que dans cette largeur il fe trouve fouvent des parties trop pauvres en minérai pour en mériter l'extraction, & par cette raifon on les laiffe pour fervir de piliers ou de foutiens.

Ce filon fe divife en plufieurs branches qui s'en féparent pendant 10, 20 & 30 toifes, & qui elles-mêmes font fouvent plus abondantes que le filon principal, fur-tout lorfqu'elles approchent plus de la perpendiculaire dans leur inclinaifon ; & au point de leur jonction, elles produifent toujours plus de minérai que quand elles font feules.

Le rocher dans lequel font renfermés les filons, peut être mis au rang des ardoifes groffieres ; quelquefois il eft mêlé avec de petites veines blanches de pierre calcaire, & d'autres fois avec du quartz très-dur. Celui qui fépare les filons fur une grande diftance, paroît n'être qu'une marne ou argille pyriteufe durcie, puifque dans les endroits où ce rocher a été excavé, il s'effleurit au point que l'eau qui paffe au travers, forme des ftalactites de vitriol, & dans d'autres endroits, notamment dans la profondeur, le rocher produit de l'alun de plume en abondance; il produit en outre un dépôt pierreux très-tendre, & extrêmement fin que les mineurs Allemands nomment *Stein marck* ou moëlle de pierre, *medulla faxi.*

La grande étendue des travaux qui ont été faits fur ces trois filons, & fur les veines correfpondantes, & qui fe communiquent tous aujourd'hui, a mis dans la néceffité de laiffer fubfifter la divifion des différentes mines qui en avoit été faite anciennement. Nous allons rendre compte des unes & des autres.

§. V. La quantité d'ouvrages fouterrains & extérieurs que l'on remarque fur cette mine, ne laiffe aucun doute fur l'abondance & la richeffe du filon, & l'on ne doit en attribuer l'abandon qu'à des forces majeures, comme la guerre ou la pefte. Le commencement de ce fiecle a été l'époque de la reprife de l'exploitation d'une mine auffi importante, qui a produit & produit encore du très-bon minérai, fur-tout dans le diftrict du nom d'*Einigkeit,* où les filons de *Therefiæ fchacter* & de *Biber ftollner,* paroiffoient fe réunir, & dont les anciens en avoient retiré confidérablement, à environ 20 toifes de profondeur.

Le premier objet dont on s'occupa pour relever cette mine, fut de déblayer 355 toifes de l'ancienne galerie d'écoulement, depuis le filon de *Spittaler;* ce qui fut exécuté & achevé en l'année 1722, dans le cours de laquelle, après avoir pénétré dans plufieurs ouvrages des anciens, l'on parvint à la cinquieme galerie de *Sieglisberg,* & infenfiblement à 80 toifes de profondeur au-deffous de la fixieme. Ce filon principal produifit, dans cet endroit, une immenfe quantité de minérai très-riche, dont le fouverain & les compagnies ont retiré des fommes confidérables; mais il s'eft enfuite appauvri jufqu'à la profondeur de 150 toifes, où il s'eft divifé en plufieurs petites veines ou branches, les unes obliques & d'autres perpendiculaires, qui, quoiqu'avec une abondance de minérai, ne font pas, à beaucoup près, auffi riches que lui ; ce n'eſt plus qu'un mêlange de minérai de plomb avec de la blende , & ſur-tout de la pyrite dont on ne peut tirer parti que par le travail du bocard.

Sur 2200 toiſes d'étendue qu'ont les différens travaux de ces mines , on a reconnu que les filons ci-deſſus dénommés , avoient également diminué en richeſſe à la même profondeur de 150 toiſes.

Dans le tems que les ouvrages de la huitieme galerie fourniſ-ſoient quantité de minérais très - riches , on découvrit du côté du midi , dans le toit du filon principal de *Biber ſtollner* , & à 35 toiſes du puits de *Sieglisberg* , une veine qui produiſit du bon minérai pendant quelques années ; mais comme du côté du nord elle ſe réunit à ce filon , & ſans l'enrichir , elle a ceſſé de produire par elle-même.

Une galerie de recherche pouſſée du côté du nord , donna lieu en 1749 , à une découverte ſur le même filon qui produit encore des minérais , juſqu'à la profondeur de 180 toiſes , qui eſt celle de la galérie d'écoulement de l'*empereur François*.

A une petite diſtance du puits de *Sieglisberg* , au-deſſous de la ſeptieme galerie , on rencontra deux veines qui ont également produit de riches minérais juſqu'à la huitieme galerie ; l'une dé-nommée *Stende Klüft* dans le mur du filon , & l'autre *Saiger Klüft* dans le toit du côté du midi ; mais ces veines n'ont jamais été bien larges ni d'un produit conſtant , s'étant trop éloignées du filon principal dans leur direction : d'ailleurs elles ont été traver-ſées par d'autres petites veines qui les ont appauvries , & qui en ont diviſé le minérai , de façon qu'il ne méritoit plus d'être extrait.

Cette mine offre un grand exemple de la variété & de l'in-conſtance des filons dans leur produit , puiſque celui-ci , à une profondeur depuis 80 juſqu'à 150 toiſes , & ſur une étendue ho-riſontale de 400 toiſes du côté du nord , a été ſans minérai ; ce qui démontre qu'il n'y a rien à eſpérer dans cette diſtance , & il eſt reconnu qu'ils ſont plus productifs du côté du midi ; l'expérience joint aux minérais que l’on a trouvés dans les travaux , & les déblais des anciens, viennent à l’appui de cette opinion ; & en conféquence on s’eſt décidé depuis pluſieurs années , à attaquer le filon de ce côté, par l’ouverture du puits de *Kœnigs Seiger ſchacter* , profond de 160 toifes perpendiculaires , & par une traverfe pour arriver , où l’on a grande efpérance de trouver du minérai.

L’extraction des matieres & des eaux qui y font très-abondantes , fe fait à l’aide d’une machine à moulettes (*).

§. VI. Cette mine ou puits de Chriſtine eſt fur le même filon que la précédente, & a été auſſi abondante à la profondeur de 70 juſqu’à 108 toifes ; mais ce filon a été excavé de tous les côtés, de forte qu’il ne reſte que très-peu de minérais que l’on a laiſſés dans le toit & le mur & à quelques piliers ; ce qui prouve que l’on n’a pas beaucoup à efpérer dans cette partie de filon, à moins qu’il ne produiſît dans une plus grande profondeur ; ce qui eſt très-incertain, par la même obfervation qui a été faite dans toutes les mines , que les filons ceſſent d’être exploitables à la même profondeur. Mais une galerie de recherche que l’on fuivoit au niveau du fol de celle de *Biber ſtollner* , donna lieu à la découverte d’une veine, qui, quoique étroite, produiſit du riche minérai, avec les plus belles efpérances pour l’avenir , puifqu’en confervant fa direction , elle paroît , à une diſtance d’environ 100 toifes, aller fe réunir au filon principal de *Spittaler*, & que cet intervalle eſt encore entier. Comme cette veine eſt moins inclinée que le filon de *Biber ſtollner*, & que par cette raifon elle doit le couper à une certaine profondeur, on a lieu d’efpérer qu’elle fournira du minérai, depuis la galerie de *heilige drey faltigkeit erb ſtolln*, juſqu’à celle de 38 toifes, où doit être le point de réunion.

Le puits principal de cette mine a une profondeur perpendiculaire de 66 toifes 34 pouces, juſqu’au fol de la fufdite galerie d’écoulement.

Ce filon que l’on nomme auſſi *Valentinus gang* dans cette

mine, du côté de l'orient, s'est séparé du filon principal de *Biber flollner*, & s'est joint avec celui de *Spittaler* dans la mine du puits de Ferdinand. Cette veine qui a produit abondamment du minérai jusqu'à la profondeur d'environ 100 toises, sert comme de lien diagonal à ces deux filons principaux. La dureté de ce minérai, soit aussi la difficulté d'élever les eaux de cette profondeur, paroissent être les motifs qui déterminerent les anciens à abandonner cette exploitation. Les travaux que l'on y a faits sont de petite conséquence.

Mine du puits de Ste Thérèse.

§. VII. Cette mine située à 100 toises d'éloignement du mur du filon de *Biber Stollner*, & qui avoit été abandonnée depuis très-long-tems, fut relevée en 1721. La quantité de minérais de plomb & de *zinopel*, plus riches en or que tous ceux des autres travaux, donna lieu à cette nouvelle entreprise qui eut tout le succès possible. Dès qu'on fut parvenu à la profondeur la plus avantageuse de 76 jusqu'à 83 toises, & que l'on eut achevé la galerie de *Klinger flolln*, pour servir tant à l'écoulement des eaux & à la sortie des matieres qu'à la circulation de l'air, on établit une exploitation réglée, de laquelle il résulta l'extraction d'une quantité considérable de minérais pendant plusieurs années, & l'on résolut de suivre le filon dans une plus grande profondeur. Arrivé à celle de 100 toises, il augmenta en dureté & diminua en richesse.

Suivant des manuscrits de 1609, les anciens avoient retiré de ce filon beaucoup de minérais, jusqu'à la profondeur de *Biber flollner*, & même en partie jusqu'à celle de *Heilige drey faltigkeit*; mais les eaux les ayant incommodés, ils furent contraints de l'abandonner.

La partie du filon que les anciens avoient laissée, a non-seulement donné beaucoup de minérais au-dessous de la galerie de *Klinger flolln*, jusqu'à celle de *Biber flollner*, depuis 40 jusqu'à 94 toises; mais encore dans le toit de ce dernier, & au niveau de ladite galerie, où l'on a trouvé une veine qui n'a cessé de produire depuis quatre années ; & comme tout eſt encore entier dans cette partie, tant au-deſſus que du côté du midi & de celui du nord, & qu'au point de jonction, cette veine a enrichi le filon de *Biber ſtollner*, elle eſt regardée comme l'objet le plus important de cette mine.

Le côté du midi où l'on a exploité pluſieurs veines fort riches, vient à l'appui de cette opinion.

C'eſt par ce puits, ſitué dans la partie ſupérieure de la monta- ·gne, que les anciens avoient commencé leur exploitation ſur le filon principal de *Spittaler*, qui ne leur devint avantageux que dans la profondeur où il paroît qu'ils formerent leur plus grand travail, & où le filon avoit augmenté en largeur & en richeſſe, par la réunion de différentes veines. Ils approfondirent encore au-deſſous de 128 toiſes par le puits de *Windſchacter* & d'*Éléo- nord*. Toute la partie ſupérieure de la mine fut de cette maniere peu à peu abandonnée par les compagnies, & l'on ne conſerva que l'entretien des galeries néceſſaires, ſoit pour la circulation de l'air, ſoit pour l'écoulement des eaux, juſqu'en 1749 que cette mine fut relevée aux frais de la reine, & que la galerie du nom de *Mathias*, à la profondeur de 90 toiſes, fut rétablie. La facilité qu'elle a procuré, d'extraire les minérais à la portée du bocard, a donné lieu à l'exploitation de ceux que les anciens avoient laiſſés.

On a de plus découvert par une galerie de recherche, priſe au niveau de celle de *Mathias*, dans le toit du filon, quatre veines qui donnent les plus belles eſpérances; elles ſe dirigent au midi, & n'ont point été travaillées, tant dans les hauteurs que dans les profondeurs.

§. IX. Au-deſſous de 30 toiſes du jour, le filon de *Spittaler* dans cette mine a toujours augmenté en largeur & en richeſſe; ce qui a mis dans le cas de continuer l'approfondiſſement par d'autres puits. Les plus grandes richeſſes qu'il a données ſe ſont trouvées à la profondeur de 100 juſqu'à 130 toiſes, ſur une étendue de

Mine du puits de Ferdinand.

Mine du *Windtſchat.*

140 toifes, depuis le puits faint-Jofeph, jufqu'à celui de faint-André ; & quoiqu'il n'ait pas été également riche fur toute cette longueur, il a été néanmoins d'un bon produit. Ce filon s'eft encore foutenu dans une plus grande profondeur, mais moins large & moins conftant ; il étoit mêlé de minérai de plomb pauvre & pyriteux ; & à celle de 165 toifes, il s'eft divifé en plufieurs petites veines fi pauvres, qu'elles ne méritent plus l'exploitation. On approfondit encore de 24 toifes les puits de *Charles* & de *Magdelaine* fans un meilleur fuccès. Les frais immenfes de cette recherche la firent abandonner, dans l'efpérance de la reprendre lorfque la grande galerie d'écoulement de l'*empereur François* feroit achevée, pour reconnoître fi ce filon ne fe trouve pas dans le cas de bien d'autres, qui, pendant un intervalle, font divifés & coupés par des parties de rocher, & produifent enfuite plus qu'auparavant.

On a travaillé dans cette mine nombre de branches ou veines, qui ont produit du minérai lorfqu'elles ont confervé la direction du filon principal ; mais au delà elles fe font divifées & ont été entiérement coupées ou fe font confondues avec lui, de maniere qu'il refte peu d'efpérance dans ce diftrict. On s'occupe feulement aujourd'hui à extraire le peu de minérai, que les anciens avoient laiffé dans les piliers ou dans les côtés du filon.

Mine de Pacherftolln.

§. X. Le filon de *Spittaler* que l'on exploite dans cette mine, n'a produit aucuns minérais fur une longueur de 130 toifes ; mais il fe bonifia enfuite à mefure d'approfondiffement, il s'enrichit même & devint abondant dans nombre de galeries ; & dans l'intention de le mieux reconnoître encore, on ouvrit la galerie d'écoulement de *Heilige drey faltigkeit ;* alors on s'approfondit de nouveau d'environ 60 toifes perpendiculaires, & l'on fut en état d'exploiter le filon au-deffous de ladite galerie : mais parvenu à la profondeur de 93 toifes & demie, il ne fut plus poffible d'en continuer l'exploitation, par la difficulté d'en extraire les eaux & le matieres.

En

En l'année 1709 , le souverain prit avec la compagnie des arrangemens pour exploiter le filon dans cette partie profonde de la mine ; ce qu'il fait exécuter aujourd'hui. La compagnie a seulement conservé la partie supérieure, c'est-à-dire , 84 toises depuis le jour ; la profondeur de cette mine a produit depuis ce tems , & continue à produire du minérai en quantité sur une grande largeur , & avec bénéfice.

Pour en faciliter l'exploitation, on commença en l'année 1717, l'approfondissement d'autres puits , sur lesquels on construisit des machines à moulettes (*) pour servir à l'extraction. La profondeur totale est actuellement près du puits saint-André , de 159 toises.

(*) Pl. XI, fig. 1 & 2, & l'explication.

Sur une étendue de 400 toises horisontales du côté du nord , le filon a beaucoup diminué en largeur & en richesse ; du côté du midi , au contraire, il a augmenté & se soutient très-bien. Il s'est également soutenu en profondeur depuis la 20me jusqu'à la 145me toise ; mais au-dessous sa richesse en or & en argent, a diminué, sur-tout aussi du côté du nord. Il reste encore dans cette mine quantité de piliers ou massifs , dont la richesse en argent est à la vérité moindre qu'à celle de *Windtschact* ; mais le filon y est plus riche en or, & les minérais que l'on en extrait paient au delà les frais.

A une distance de 116 toises horisontales du filon de *Spittaler* du côté du matin , est un autre filon *Johann Klüft*, à peu près parallele au premier , qui étoit travaillé par des compagnies , & que la reine fait exploiter aujourd'hui à ses frais, avec beaucoup plus d'avantage qu'elles ne pouvoient le faire, faute de moyens.

Cette veine suivie dans les hauteurs & en longueur, a produit très-peu de minérai quoiqu'avec les plus belles apparences. Sur une étendue de 326 toises , elle a toujours été infructueuse. On se décida pour lors à l'attaquer dans la profondeur ; & 10 toises au-dessous de la galerie d'écoulement, on fit la découverte de minérais très-riches : on approfondit encore, mais les eaux rendirent le travail trop difpendieux, d'où il réfulta la conftruction d'une machine fur le puits de *Sigifmond.*

En général le filon de cette mine eft affez abondant, & mérite, quant à préfent, les frais de l'exploitation.

Par les différentes ouvertures & autres ouvrages que l'on voit au jour, & qui ont été traverfés par la galerie de *Schmidten Rinner*, dont l'embouchure eft dans la rue fupérieure de Schemnitz, il paroît que les filons de *Biber ftollner* & du puits fainte-Thérefe, ont été exploités par les anciens beaucoup plus avant du côté du nord. Ces travaux furent abandonnés & repris. Pour donner l'écoulement aux eaux, l'unique moyen étoit de relever ladite galerie, avec laquelle on parvint à reconnoître une étendue confidérable d'ouvrages que les anciens avoient excavés, fans favoir à quelle profondeur ils avoient été ; on fe détermina alors d'approfondir. Arrivé à la feizieme toife, le filon de fainte-Thérefe, joint à une autre veine, produifit dans plufieurs endroits de très-bon minérais.

Le filon s'étant retréci, on ceffa l'approfondiffement & l'on reprit la pourfuite de la galerie d'écoulement de *heilige drey faltigkeit.*

Pour arriver du filon de *Spittaler* à celui de *Biber ftollner*, on eut 243 toifes à traverfer, & de ce dernier à celui de fainte-Thérefe 395 toifes. Le premier a été rencontré à la profondeur de 80 toifes, & le fecond à celle de 100.

Parvenu au filon de *Biber ftollner*, il fut fuivi du côté du midi & produifit des minérais riches en argent, femblables à ceux que l'on trouve dans la mine de *Sieglisberg*, & du minérai de plomb uni à quantité de *zinopel* qui l'enrichit en or. Cette exploitation fe continue avec profit.

Celui de fainte-Thérefe n'eft pas moins fpécieux ; il produit également du côté du nord & du midi, & notamment du minérai de plomb, qui tient par quintal depuis un jufqu'a trois lots

d'argent aurifere, & beaucoup de zinopel. De cet endroit à l'ancien percement fait fur le filon, il y a plus de 400 toifes qui
n'ont point été excavées, & de l'autre côté 180 jufqu'aux limites
de la mine; mais on ignore ce qu'il peut y avoir au-deffus du
fol par la quantité d'anciens travaux.

Dans l'efpérance de trouver d'autres veines, les anciens avoient
ouvert une galerie de traverfe derriere le filon de fainte-Thérefe,
& au niveau de celle de *Schmidten Rinner*, qu'ils fuivirent jufqu'à 57 toifes dans la montagne de Paradis; mais n'y ayant
trouvé qu'une veine de quartz fort étroite, il en abandonnerent
la pourfuite. Il s'agiffoit néanmoins de reconnoître les filons de
Heilige geift & de *Martini ftolln*, qui fe dirigent dans cette montagne, & fur lefquels les anciens avoient beaucoup travaillé dans
les hauteurs; mais ayant examiné que pour parvenir à ces filons, il
y auroit encore 300 toifes à faire dans le rocher ferme, & la difficulté
qu'il y avoit à y introduire de l'air, & que d'ailleurs on en étoit
plus près, en prenant cet ouvrage de l'autre côté de la montagne;
on commença en 1751, une nouvelle galerie nommée *faint-
Ignace*, au niveau de celle de *Schmidten Rinner*, qui en 1757
étoit avancée de 255 toifes. A la 195me on a rencontré une veine
fe dirigeant au midi, qui a fi belle apparence qu'elle promet chaque jour de produire de bons minérais, tout au moins de ceux à
bocard.

§. XI. Les dépenfes énormes que l'on eft obligé de faire pour
l'élévation des eaux, & dans la vue de foutenir l'exploitation de
ces mines, mirent dans la néceffité de chercher des moyens de les
diminuer; à cet effet, en l'année 1747, la cour envoya des
commiffaires à Schemnitz. La propofition fut faite au confeil des
mines affemblé, qui d'une voix unanime décida l'entreprife d'une
galerie d'écoulement, & que l'on choifiroit une des quatre que
les anciens avoient commencées: les fentimens furent partagés.
La longueur des unes étoit moindre que celle des autres, mais
auffi beaucoup plus d'obftacles à furmonter; la montagne eft fi

élevée que le puits que l'on auroit été obligé d'y faire, foit pour
la circulation de l'air, foit pour l'extraction des matieres, auroit
coûté autant que la galerie, & l'on auroit perdu beaucoup de
tems; & d'un autre côté, il étoit important de pouffer cette
galerie avec vigueur, puifque dès le moment qu'elle fera achevée,
elle procurera une économie confidérable. Ces raifons déterminerent à préférer celle de *Hodritfch*, en lui faifant faire un angle
dont le fommet aboutiroit dans un vallon où il y avoit un étang,
des eaux duquel on pourroit fe fervir pour une machine à moulettes à élever les matieres, & même pour une machine à conduire l'air s'il en étoit befoin.

L'entreprife décidée, on chercha l'endroit le plus convenable
du vallon pour y commencer un puits : on fit alors un nivellement depuis ce puits jufqu'à l'extrémité de la galerie, où les anciens l'avoient laiffée ; on mefura auffi la diftance horifontale pour
avoir la profondeur perpendiculaire que devoit avoir le puits, en
ménageant une pente de 24 pouces par 100 toifes, qui eft celle
que l'on eft en ufage de donner dans les galeries, pour l'écoulement des eaux. On tira enfuite une ligne droite extérieure de ce
puits à l'embouchure de la galerie ; on en fit de même du puits à
celui de *Sieglisberg* où elle aboutit, & l'on y parvint en fe plaçant fur differentes montagnes, d'où l'on pouvoit voir les deux
points. Cette ligne ayant été tracée, on commença au mois de
janvier 1748, à approfondir le puits du vallon, & à pouffer la
galerie du côté de fon embouchure & de celui de *Sieglisberg*. Le
puits du vallon achevé à la profondeur que devoit avoir la galerie, on la pouffa dans le même endroit à droite & à gauche à la
rencontre des autres ; on conftruifit fur ce puits une machine à
moulettes, & une autre pour conduire l'air, faite fur les mêmes
principes que celle à eau & à air dont eft joint le plan, mais
qui n'eft pas à beaucoup près fi bonne dans fon genre. On auroit
retiré un plus grand avantage d'une trompe, qui n'auroit pas
coûté la huitieme partie de celle-ci.

Voyez la
Pl. XIII.

Cette galerie fut pouſſée avec tant d'activité, qu'en l'année 1753, que ſe fit le percement avec le côté de l'embouchure, elle étoit avancée de 520 toiſes, & depuis ce tems de 1241 toiſes 3 pieds 8 pouces; & du côté de *Sieglisberg* de 335 toiſes 3 pieds 4 pouces. Sa longueur totale depuis l'endroit où les anciens l'avoient laiſſée, étant de 2359 toiſes 2 pieds 3 pouces, il reſte encore à percer 782 toiſes 1 pied 3 pouces, que l'on eſpere être achevés dans ſept années, allant à la rencontre des deux côtés, à moins qu'il ne ſurvienne quelque empêchement que l'on ne peut prévoir. On y parviendroit plutôt ſi la montagne n'étoit pas auſſi élevée; on auroit approfondi un puits, & pour lors on l'auroit pouſſée de quatre côtés au lieu de deux.

Par le calcul que l'on fit, lors du projet de cette galerie, il en réſulta une épargne de 112,500 liv. qu'il faut réduire à environ 75,000 liv. attendu la conſtruction de pluſieurs machines; on pourra y conſtruire un plus grand nombre de celles à moulettes, auxquelles on emploiera l'eau des étangs; les machines à feu pourront auſſi être réformées. D'ailleurs on aura l'avantage de reconnoître les filons dans une plus grande profondeur.

Cette galerie eſt une des plus vaſtes que nous coñnoiſſions; on lui a donné 9 pieds de hauteur, ſur 5 pieds de largeur dans le ſol, & 3 pieds dans la partie ſupérieure: quand ſes dimenſions auroient été un peu moindres, elle auroit été de la même utilité, quoiqu'il y dût paſſer une grande quantité d'eau. Pour en avancer le travail, on l'a mis à prix fait, & le poſte des ouvriers a été réglé à 6 heures, pendant lequel tems ils doivent faire autant que dans leur poſte ordinaire. 20 ouvriers ſont employés de chaque côté. Le rocher étant fort dur du côté de l'embouchure, on leur donne 37 liv. 10 ſols du pied (1), la poudre & l'accommodage des outils à leur charge. Ils avancent ſeulement de 15 à 16 pieds par mois; du côté de *Sieglisberg* où le rocher eſt moins dur, le prix eſt en proportion.

(1) Le pied de Schemnitz égale 19 pouces du pied de roi.

Pour fe procurer de l'air dans cette galerie , on en pouffe une autre qui lui eft parallele, de 6 pieds de hauteur, fur 3 pieds & demi de largeur dans le fol. On y emploie 3 ouvriers à chaque pofte de 6 heures, ce qui fait 12 en 24 heures, auxquels on donne 22 l. 10 fols du pied , aux mêmes conditions que les autres. Ces deux ouvrages occupent dans les 24 heures 64 ouvriers , fans y comprendre ceux qui font néceffaires au tranfport des matieres ; les forgeurs d'outils font également à prix fait qui eft payé par les mineurs.

Si l'on fait attention que ces deux galeries étant au même niveau , la colonne d'air eft la même, & que par conféquent il ne peut y avoir de circulation , l'on fe convaincra aifément que l'on auroit pu éviter la dépenfe de cette feconde galerie, objet de plus de 200 mille liv. fur toute la longueur. Ici, l'air entre par l'embouchure de la petite galerie , paffe dans la grande & vient reffortir par le puits du vallon ; on auroit eu le même effet en plaçant un tuyau tout le long de la galerie , d'une capacité fuffifante pour le paffage de l'air.

Cette galerie a confervé le nom d'*Hodsrifch* jufqu'en 1751 , que fa majefté , l'empereur François I, vint à Schemnitz pour voir les mines ; elle vifita entr'autres cette galerie à laquelle elle donna fon nom,

SECTION II.

De quelle maniere on conduit l'extraction des mines à Schemnitz.

Puits perpendiculaires.

§. I. On a généralement adopté pour méthode dans les mines de Schemnitz , de faire des puits perpendiculaires & auffi profonds qu'il eft poffible, pour éviter la multiplicité de la main d'œuvre , qui eft indipenfable lorfque l'on n'a que de petits puits répétés pour extraire les minérais. On conçoit du refte combien, en ce cas, la main-d'œuvre feroit difpendieufe , dans une mine qui auroit 200 toifes de profondeur. Il eft très-rare que l'on fe ferve ici de petits puits ; ils n'ont lieu qu'en certaines circonftances dans l'intérieur, ou au jour pour des recherches, ou dans le commencement d'une exploitation ; car en général ils font approfondis de 100 , 150 , jufqu'à 200 toifes perpendiculaires , fur lefquels font établies des machines hydrauliques , & de celles à moulettes quand l'eau manque. On a même de ces premieres, conftruites dans la mine, qui élevent les matieres jufqu'à la moitié de la hauteur du puits ; & par d'autres femblables , depuis cette hauteur jufqu'à la furface de la terre.

Cette méthode diminue non-feulement la main-d'œuvre, mais elle gagne un tems confidérable , que l'on met néceffairement à tranfporter les minérais d'un puits à un autre , & au rempliffage des fceaux ; d'où il arrive qu'un minérai, qui fouvent ne fuffiroit pas pour payer les frais d'extraction , paie encore ceux du bocard & des fonderies. On a de plus l'avantage, avec des machines hydrauliques , d'éviter beaucoup de frottement qui eft toujours plus grand dans les puits obliques , puifque les tirans qui conduifent les piftons, doivent être fupportés fur des rouleaux ou petits cylindres mobiles ; que d'ailleurs quand on a plufieurs puits pour arriver au fond de la mine, les varlets & les balanciers augmentent d'autant plus le frottement ; ce qu'il faut éviter autant qu'il eft poffible.

Il eft vrai que des puits d'une auffi grande profondeur font fi difpendieux (car ils exigent une charpente beaucoup plus exacte , ou bien une màçonnerie), qu'ils font bien capables d'effrayer les entrepreneurs ; que d'ailleurs ils font rarement approfondis fur le filon , parce qu'on trouve très-peu de ceux-ci qui foient exactement perpendiculaires ; qu'étant parvenu à une certaine profondeur , il faut faire des galeries de communication pour conduire les matieres fous lefdits puits , & qu'en approfondiffant , cette communication devient d'autant plus longue , que le filon a d'inclinaifon : une compagnie n'envifage que l'utilité préfente, fouvent même elle n'eft pas en état de fupporter des frais auffi confidérables, fur-tout fi dans le même tems elle a des galeries d'écoulement à faire.

La reine qui fait travailler ces mines n'épargne rien pour aſſurer une exploitation durable, dont elle ſe trouve dédommagée
par le nombre de mines qu'elle fait exploiter : quand l'une ne
produit pas, l'autre donne un bénéfice conſidérable ; & nous
pouvons dire que la plupart de celles que l'on travaille aujour-
d'hui en Saxe avec perte, donneroient du profit, ſi dès le
commencement de leur entrepriſe, on eût approfondi un puits
perpendiculaire, que l'on auroit continué juſqu'à la plus grande
profondeur, puiſque le minérai coûteroit la moitié moins d'extraction.

Les compagnies exploitent leurs mines ſur les mêmes principes
que celles de ſa majeſté, qui les favoriſe autant qu'il eſt poſſible,
pour aſſurer la durée de leur exploitation, & la leur rendre auſſi
profitable qu'elle l'eſt au ſouverain.

§. II. Les différentes méthodes d'excaver les rochers & les
filons pour en extraire les minérais, ſe diſtinguent par

Galeries en avant dans la montagne, en ſuivant le filon.

Galeries de traverſe ou de recherche.

Galeries pour le commencement du travail, en échellons ou
ſtroſſes.

Stroſſes de bas en haut, que l'on nomme *Fürſten baû.*

Ouvrages en montant, qu'on nomme *Uberſichbrechen.*

Et *ſtroſſes* en travers ou *qwer baû.*

Les principales galeries de pourſuite que l'on fait en avant dans
la montagne, ont depuis 7 juſqu'à 9 pieds de hauteur, par rapport à l'écoulement des eaux & à la circulation de l'air. On leur
donne environ 3 pieds de largeur dans le haut, & 4 juſqu'à 5 pieds
dans le bas. La pente que l'on y obſerve eſt ordinairement de 24
pouces par 100 toiſes, pour celles qui ſervent à écouler les eaux.

Les galeries de traverſe ou de recherche ſe font de 7 à 8 pieds de
hauteur, ſur 3 à 4 pieds de largeur dans le ſol ; les dimenſions de
celles pour le commencement des *ſtroſſes,* dépendent de la largeur
des filons,

Les

Les *ſtroſſes* priſes de bas en haut ou *Fürſtenbaû*, ſe font de 7 pieds de haut, ſur 5 à 6 pieds de large. Cette maniere d'excaver les filons eſt une des plus avantageuſes ; elle épargne beaucoup de bois.

Comme on attaque généralement les filons par des puits perpendiculaires, ou par des galeries priſes au bas d'une montagne, il arrive qu'on n'en fait la communication qu'à une grande profondeur ; pour lors ayant reconnu par une galerie ſur la direction, ſi le filon produit du minérai, on en continue la pourſuite ; & en même tems dans l'endroit où le minérai eſt plus abondant, on commence un ouvrage en montant, que l'on nomme *Uberſich brechen*. Il ſe fait en formant un puits de bas en haut, pour donner de la place, & la facilité à prendre les *ſtroſſes* ; cet ouvrage doit être conſidéré comme un travail ordinaire en échellons, mais renverſé. S'il y a du minérai lorſqu'il eſt avancé, on commence une *ſtroſſe* de chaque côté, & s'il n'y en a point, on laiſſe cette partie pour ſervir de pilier, & l'on travaille plus haut. Si alors cet ouvrage produit, l'on forme un échafaud dans le milieu de la galerie de pourſuite, pour ſupporter les mineurs qui doivent commencer la premiere *ſtroſſe*, que l'on prend ordinairement de 7 pieds de hauteur, & en largeur de 4, 5 & 6 pieds, ſuivant celle du filon. Lorſque cette ſtroſſe eſt avancée de quelques toiſes, on forme un autre échafaud au-deſſus du premier pour en prendre une ſeconde, & ainſi de ſuite, en faiſant reſſervir les mêmes échafauds.

Quoique ce travail ſoit plus fatiguant pour l'ouvrier, que celui des *ſtroſſes* ordinaires, en ce que travaillant toujours à ſa hauteur & même au-deſſus, il a moins de force ; on en retire pluſieurs avantages, celui d'abattre avec plus de facilité le rocher & le minérai, puiſqu'en faiſant jouer la mine, la poudre a pour effort de moins à faire, celui de la peſanteur du rocher qui tend toujours à tomber. D'un autre côté, il épargne du bois d'étançonnage ; car le mineur, à meſure qu'il monte, laiſſe le rocher fous fes pieds , & en fépare le minérai qu'il fait rouler dans la galerie au-deffous où l'on forme une charpente folide, pour fupporter le rocher qui y refte , & l'on continue de fuite en montant, fans avoir befoin d'autre bois que celui des échafauds , que l'on tranfporte d'un endroit à un autre. Si le filon eft abondant en minérai, & que par conféquent on n'ait pas affez du rocher pour remplir les vuides, on pouffe quelquefois une galerie de traverfe dans un endroit plus élevé , pour s'en procurer.

Les ouvrages en échellons ou *ftroffes* ordinaires exigent une plus grande quantité de bois , foit pour fupporter le rocher., foit auffi les déblais que l'on fépare des minérais : c'eft ce que l'on nomme former des *caftes*.

Le *Fürftenbaû*, tout avantageux qu'il eft , préfente néanmoins des inconvéniens , fur-tout pour les minérais riches ; il arrive fouvent qu'en les abattant, il s'en gliffe dans les vuides que laiffent les déblais, où il refte fans qu'on l'apperçoive & qui eft perdu. Le rifque n'eft pas le même pour les minérais pauvres , dont la perte eft de petite conféquence , en comparaifon de l'épargne en bois d'étançonnage. Ce travail eft toujours à préférer , fur-tout dans un pays où le bois eft rare.

Qwerbaû, ce que c'eft.   Le *Qwerbaû* ou ftroffes en travers eft en ufage dans les endroits où les filons ont plufieurs toifes de largeur, comme fur le filon de *Spittaler*, dans la mine de *Pacherftolln*.

Avant que de commencer ce travail , on pouffe une galerie en fuivant le toit du filon de 3 à 4 pieds de large , fur laquelle on forme un ouvrage en montant & enfuite un *Fürftenbaû*. Lorfque celui-ci eft un peu élevé, & que le filon eft dégagé de ce côté , on fait une galerie de traverfe au niveau de la premiere que l'on prend en angle droit, & que l'on fuit jufqu'au mur dudit filon.

Si l'on veut abattre beaucoup de minérai , on peut faire une femblable galerie dans un autre endroit, & au lieu de prendre une *ftroffe* en deffus ou dans le bas, on la prend de côté de 9 pieds de longueur ou de largeur, fur 6 à 7 pieds de hauteur, qui eft celle que l'on donne à la galerie. A mefure que l'on abat le rocher ou minérai, on foutient la partie fupérieure avec des pieces de bois droites, que l'on place fur d'autres horifontales arrangées fur le fol, qui eft fouvent du minérai ; on remplit enfuite les vides que l'on fait avec les déblais, & à fur & mefure on en retire les pieces de bois droites dont on fe fert ailleurs. Les autres reftent, on en expliquera les raifons.

Si l'on n'a pas affez de décombres pour remplir tous les vides, on en apporte d'un autre endroit, comme on l'a dit en parlant du *Fürftenbaû*, & l'on continue de même à droite & à gauche ; le bois qu'on a mis fous les déblais fert à les foutenir, lorfqu'on prend le minérai du fol, & auffi pour pouvoir placer des pieces de bois droites par deffus à mefure qu'on l'abat. On pourroit dire avec raifon, que comme il fe paffe quelquefois bien du tems avant de toucher à ce minérai, le bois pourroit être altéré ; on répond que quoiqu'en cet état s'il a été bien joint, les petits déblais ne peuvent paffer au travers, & il forme toujours une couche. On ne met ce bois fur le fol que dans le cas où il n'a pas encore été abattu ; car dans la fuite il n'eft d'aucune utilité.

Avant que de commencer une nouvelle *ftroffe* fupérieure, on laiffe paffer un certain tems, afin que par fon propre poids le minérai puiffe s'affaiffer, ce qui arrive toujours parce que les déblais ne peuvent s'arranger auffi folidement que le rocher dans fon entier ; cela eft même néceffaire dans ce cas-ci, puifqu'on y trouve un grand avantage. Le minérai en s'affaiffant de plufieurs pouces, fur une hauteur affez confidérable, fe fend dans différens endroits & fe trouve à moitié détaché ; c'eft ce que nous avons remarqué & qui eft affez naturel, puifque du côté du toit il a déjà été dégagé par le *Fürftenbaû*, & pour preuve de cet avantage, c'eft que le prix fait de la *ftroffe* fupérieure ne fe paie que le tiers de la premiere. On y gagne non-feulement l'épargne du bois, mais encore une moindre dépenfe pour l'extraction.

S ij

Ce n'eſt que depuis 6 ou 7 ans que cette méthode, qui fait honneur à celui qui l'a imaginée, eſt établie. On ne peut aſſez dire combien il y a d'émulation pour perfectionner les travaux ; chaque année on fait quelque changement, qui tend toujours à une nouvelle économie. On eſt perſuadé avec raiſon qu'on en peut faire encore chaque jour, même les officiers inférieurs des mines ; ce que l'on voit rarement dans d'autres pays, où le préjugé domine, où l'on ſe croit être fort habile, & où chacun eſt myſtérieux. On penſe tout différemment en Hongrie, & ce qui contribue beaucoup aux progrès des mines & à l'émulation, ce ſont les gratifications que la reine fait donner à ceux qui propoſent des choſes utiles ; quand même elles ne le ſeroient pas, pourvu que l'idée en ſoit bonne, ils ont également droit à une récompenſe.

Prix-faits.

§. III. Pour extraire beaucoup de minérais & à moins de frais qu'il eſt poſſible, tous les travaux en général ſe donnent à prix-fait, à tant le pied de long, ou en avant ſur les dimenſions des ouvrages, dont il a été fait mention précédemment, depuis 2 liv. 10 ſols juſqu'à 30 liv. le pied, ſuivant la dureté du rocher, ſur quoi les mineurs doivent payer le ſuif pour leur lampe, & la poudre qu'on leur fournit. Cette méthode eſt très-bonne, il n'y a point d'abus, & l'ouvrier n'emploie que la poudre qui eſt néceſſaire.

Ces prix-faits ſont meſurés tous les 15 jours, & on en donne de nouveaux. Ceux qui ſont prépoſés pour cette opération ſont un juré ou inſpecteur nommé *Uber Raiter*, & un maître mineur d'un autre diſtrict que celui qui leur a été confié ; un pratiquant ou éleve avec le maître mineur de la mine, qui conduit ces premiers, & leur montre les marques qui ont été faites pour le commencement de chaque prix-fait.

Arrivés dans l'endroit, on meſure l'ouvrage de la quinzaine; chacun d'eux a un petit livre où eſt marqué la valeur du prix-fait, & ils calculent ce qu'ils ont gagné pendant ce tems. Ils examinent avec le marteau & l'acier (1) fi le rocher eft le même, s'il eft plus tendre ou s'il a augmenté en dureté; chacun dit enfuite fon fentiment : s'ils font tous du même avis, on écrit avec un crayon fur une colonne du petit livre à combien on fixe le prix-fait. Si au contraire les avis font différens, on écrit la fomme que chacun a jugé convenable, on additionne le total que l'on divife par le nombre de perfonnes qui ont mis une eftimation. Nous avons été témoins d'une de ces fixations dans un endroit où l'on travailloit une *ftroffe* en travers ou *qwerbaû*.

Quatre mineurs avoient excavé 2 pieds & demi en avant en 15 jours fur les dimenfions ci-deffus données, ils avoient dépenfé en poudre & fuif 8 liv. 15 fols, le prix-fait avoit été réglé à 25 l. du pied, ainfi ils avoient gagné chacun 13 liv. 8 fols 9 den. ; mais comme ce prix eft un peu trop haut, puifqu'un mineur ne doit gagner que 10 à 12 l. dans les 15 jours, ce qui provient de la qualité du rocher qui eft devenu plus tendre, on leur a réglé le nouveau prix-fait à 20 liv. du pied. Le rocher du filon ou le filon même n'étant jamais également excavé lorfqu'on mefure les prix-faits, on laiffe un demi-pied pour la quinzaine fuivante : on fe regle auffi là deffus, pour que le mineur n'ait pas trop gagné dans les 15 jours précédens, fur-tout lorfque les prix-faits font à un haut prix, comme depuis 14 jufqu'à 25 & 30 liv. Il eft à obferver que pour ne pas confondre les différens ouvrages, on les a divifés par numéros ; chacun d'eux occupe fix ou huit perfonnes fur deux *ftroffes*, c'eft-à-dire, quatre fur chacune, dont deux travaillent à la fois; ainfi ces quatre ouvriers travaillent en deux poftes, le premier depuis 4 heures du matin jufqu'à 11 heures, & l'autre depuis midi jufqu'à 7 heures. La nuit eft employée à élever le minérai & à nétoyer les ouvrages.

Dans les ouvrages preffés, comme les percemens, &c. le travail

Exemple des
prix-faits.

---

(1) On nomme acier une efpece de marteau plus petit que le premier, formé d'un côté en pointe, dont les mineurs fe fervent pour abattre le rocher en frappant deffus; on le nomme auffi *Pointerole*.

des prix-faits eft de 6 heures, & les 24 heures font divifées en quatre poftes ou *fchichts*; mais pour qu'il ne ceffe jamais, les mineurs font obligés de fe remettre le marteau, c'eft-à-dire, qu'ils ne doivent pas quitter l'ouvrage que les autres ne foient arrivés.

La galerie de l'empereur François offre un exemple de ce travail, où l'on occupe 12, 16 jufqu'à 20 ouvriers.

S'il arrive que des mineurs d'un numéro tombent malades, les autres font obligés de les entretenir pendant trois mois, c'eft à eux à forcer leur travail de façon qu'ils gagnent fuffifamment; cependant on y a égard en augmentant les prix-faits la quinzaine fuivante, fur-tout s'il y avoit plufieurs mineurs malades d'un même numéro; dans ce cas & après trois mois, on délibere dans l'affemblée du confeil, fur ce qu'on peut leur accorder, & cela eft payé par la caiffe des mineurs.

Outre le fuif & la poudre qui font à la charge des mineurs à prix-fait, on leur fait encore payer les épinglettes dont ils fe fervent pour charger les coups de mines. Ces épinglettes font de cuivre, afin d'éviter les accidens dont on n'a que trop d'exemples; car comme l'on eft obligé de les retirer avec force, lorfque les coups ont été chargés pour laiffer le trou à mettre la mêche, il arrive que celles de fer en frottant contre le rocher ou minérai, fouvent mêlé de quartz ou pyrite, peuvent donner des étincelles de feu, qui mettroient les mineurs en danger de perdre la vie, par le frottement confidérable qu'elle fait en la retirant, fur-tout fi les trous n'ont pas été percés droits. Il eft vrai que fi l'on avoit foin de la graiffer avec du fuif, à chaque fois que l'on charge, il y auroit beaucoup moins de danger; mais comme il eft plus fûr de fe fervir de celles de cuivre, on en a adopté l'ufage, quoiqu'elles n'aient pas la même réfiftance que celles de fer. On a prévu à l'inconvénient qui en réfulteroit pour la dépenfe, en les faifant payer aux mineurs; par ce moyen ils n'en confomment pas davantage, par la précaution qu'ils prennent lorfqu'ils s'en fervent, & en conféquence on en a toujours une provifion. L'on s'apper-

çoit qu'elles durent autant que celles de fer, quand on les fourniſſoit aux mineurs. Pour éviter tout accident, il leur eſt défendu
ſous peine de punition, de ſe ſervir, pour charger leurs coups de
mines, d'autres matieres que de petits cylindres d'argille ſéchée de
la groſſeur des trous, qui empêchent l'épinglette de plier; chacun d'eux en prend ce qu'il lui en faut en entrant dans la mine.

Dans les endroits où l'on extrait du minérai, il y a des mineurs
à part qui ont auſſi une eſpece de prix-faits; chaque endroit eſt
auſſi marqué d'un numéro, & chaque numéro occupe huit hommes en deux ſtroſſes. Ils gagnent entr'eux pour les 15 jours 40 l.
ſur quoi ils paient le ſuif; la poudre leur eſt fournie gratis, mais
ils ſont obligés de trier, d'abord dans la mine, le bon minérai
propre à la fonte, à meſure qu'ils l'abattent du filon, & de le
mettre dans un petit panier nommé *Rimpel* (1), pour le trier de
nouveau au jour, & en faire les diviſions après avoir rempli leurs
poſtes : tous les 15 jours on fait l'eſſai de ces minérais en conſi-
dérant ladite meſure comme un quintal fictif, qui n'eſt que le
tiers réel du poids de Vienne.

La quantité de lots d'argent trouvée par l'eſſai eſt nommée
Rimpel-lot pour le diſtinguer du lot ordinaire, & c'eſt ſuivant ce
lot fictif que l'on paie le mineur. A *Sieglisberg*, par exemple,
qui eſt le diſtrict le plus riche, on lui donne ſeulement 1 ſol 1 denier du *Rimpel-lot*; dans un autre diſtrict 1 ſol 4 deniers, juſqu'à
1 ſol 8 deniers, lorſque le minérai eſt plus pauvre, & n'eſt pas
auſſi abondant ; mais ſi le minérai trié rend 10 lots réels par quintal, on le compte comme ſi c'étoit le *Rimpel*. Ainſi ſi les ouvriers
d'un numéro ont extrait & trié dans leur quinzaine 40 *Rimpels*
de minérai, qui tient 17 lots d'argent par quintal, on compte,
pour le payement des mineurs, comme ſi chaque *Rimpel* contenoit 17 lots, quoiqu'il n'en contienne que le tiers d'un quintal
réel, & l'on fait le calcul ſuivant: 40 *Rimpels* multipliés par 17

*Autre eſpece
de prix-faits.*

______

(1) Le *Rimpel* eſt une meſure contenant 888 pouces 9 lignes cubes, peſant environ
le tiers d'un quintal.

lots donnent 680 *Rimpels-lots*, qui, à 1 fol & un demi-denier, montent à 35 liv. 2 fols 9 den., qu'il faut ajouter aux 40 liv. du prix-fait, pour huit mineurs d'un numéro, ce qui forme un total de 75 liv. 2 fols 9 den., qu'ils ont à partager entr'eux, déduction faite de ce qu'ils ont payé pour le fuif; mais comme il arrive quelquefois que le minérai eft très-riche, & que pour lors les mineurs gagneroient trop, il a été arrêté que lorfque le nombre des *Rimpels-lots* ne pafferoit pas 800, chacun d'eux leur feroit payé à raifon de 1 fol demi-denier, & s'il excédoit, feulement 10 deniers; par exemple, un numéro ayant livré 72 *Rimpels* à 19 lots d'argent par quintal, le produit fera de 1368 *Rimpels-lots*, qui, à 10 deniers le lot, montent à 55 l. lefquelles ajoutées aux 40 liv. ci-deffus, font la fomme de 95 liv. que le numéro a gagné dans 15 jours. Si l'on prend le tiers de 1368 *Rimpels-lots* pour en faire des lots réels, on trouvera 456 lots ou 28 marcs & demi d'argent contenus dans les 72 *Rimpels*; cet arrangement a été pris pour prévenir & éviter la perte du minérai qui refteroit dans les déblais par la négligence des ouvriers. Les minérais qui ne tiennent qu'un lot & au-deffous ne font pas payés, on les trie de nouveau, ou bien on les met avec celui qui eft deftiné pour être lavé & criblé.

Lorfqu'il s'en trouve dans les endroits où les minérais font entiérement à prix-fait, il leur eft payé également à tant le lot; c'eft un événement pour eux, dont ils profitent pendant la quinzaine; car pour la fuivante, on leur paie en proportion.

§. IV. Les mineurs chargés du triage des minérais les mettent à part dans le magafin fuivant leur qualité, leur richeffe & leur groffeur.

Du plus riche en gros morceaux ils diftinguent quatre efpeces dont ils font des tas féparés; le premier de celui qui contient 100 lots & au-deffus, le fecond depuis 80 jufqu'à 99, le troifieme de 60 jufqu'à 79, & le quatrieme depuis 40 jufqu'à 59.

Ils agiffent de même pour celui qui eft en très-petits morceaux.

A

A l'égard du minérai groffier d'une richeffe ordinaire , on en fait cinq tas particuliers ; le premier de celui qui tient depuis 20 lots jufqu'à 39 ; le fecond depuis 13 jufqu'à 19 ; le troifieme depuis 10 jufqu'à 12 , & le quatrieme depuis 5 jufqu'à 9 ; le cinquieme enfin du gros & du petit , ne font enfemble qu'un tas lorfqu'ils ne tiennent que deux lots.

On fait également cinq tas du minérai ordinaire en petits morceaux , dont les quatre premiers font de la richeffe ci-deffus , c'eft-à-dire , de la derniere efpece , & le cinquieme de celui qui ne tient qu'un lot.

Dans cet état & après les avoir pefés , ils font livrés aux différentes compagnies , fuivant la part qu'elles y ont , qui , comme nous l'avons dit , eft de cinq actions fur 128 , à raifon defquelles elles entrent dans les frais de l'exploitation.

: §. V. Le tranfport des matieres fous les puits par les différentes galeries qui y communiquent , fe fait à prix-fait par des compagnies de manœuvres , qui font plus ou moins nombreufes fuivant l'étendue des ouvrages , & qui font établies dans chaque mine ou diftrict ; quelques-unes font compofées de 10 perfonnes & d'autres de 12 , 15 , 20 , jufqu'à 30 ; pour ces prix-faits on a formé des tables pour chaque galerie , dans lefquelles font fpécifiés leur longueur & le nombre de brouettes ou chiens (1) , pour gagner telle ou telle fomme ; par exemple , pour conduire 244 chiens , fur une longueur de 104 toifes , le prix eft fixé à 6 l. 5 f. & pour 91 chiens fur celle de 689 toifes , on leur paie 10 liv. & ainfi des autres.

Mais comme toutes ces matieres ne fe conduifent pas fous les puits , & qu'il arrive quelquefois que l'on a plus ou moins de longueur de galerie pour les tranfporter , on a fait différens réglemens ; par exemple , pour un pied de rocher d'une galerie de 7 pieds de hauteur fur 4 pieds de largeur , où les mineurs travail-

---

(1) Un *chien* eft un petit traîneau à 4 roues qui contient environ 3 pieds cubes de matieres ; deux en contiennent autant que cinq brouettes.

lent à prix-fait, on donne 30 fols fur 315 toifes de longueur, &
35 fols fur 415 toifes, & ainfi de fuite par proportion. Il faut
communément 14 à 15 *chiens*, pour contenir tout le rocher qui
provient d'un pied d'excavation; ces prix-faits ont été calculés de
maniere que les premieres 100 toifes font payées 12 f. 6 den., les
fecondes 10 fols, & les troifiemes 7 fols 6 den., ce qui fait 30 f.
pour les 300 toifes; à l'égard des quatriemes 100 toifes & les
fuivantes, on leur donne 5 fols en augmentation de prix; mais
comme les galeries deviennent d'autant plus longues à mefure
qu'on les avance, on paie 2 fols 6 den. de plus pour une qui
auroit 120 toifes; s'il elle en a 200 il faut qu'elle foit de 25 toifes
plus longue pour jouir des 2 fols 6 den., de 33 ⅓ fi elle en a 300,
& de 50 fi elle en a 400; par conféquent on donne 42 fols 6 den.
pour 450 toifes: celles au-deffous de 50 fur une telle longueur ne
font pas payées.

Ce n'a été qu'après un grand nombre d'expériences qu'on eft
parvenu à faire ce réglement, par lequel on paie beaucoup plus
à proportion pour une petite diftance que pour une grande; la
raifon en eft que moins il y a d'éloignement, plus l'ouvrier perd
de tems à remplir & vider fon traîneau.

Dans cet arrangement on a calculé de maniere que chaque ouvrier puiffe gagner au plus 14 fols 2 den. dans fon pofte de huit
heures, & pour qu'une partie d'une compagnie qui travaille dans
un endroit, ne puiffe pas fe plaindre de celle qui eft dans un autre, on les change alternativement; de même comme l'on fait ce
qu'un certain nombre d'ouvriers peut faire fur une diftance donnée, ils ne peuvent pas s'accufer les uns les autres de négligence.

Sacs de cuir. §. VI. Au lieu des tonnes ou feaux dont on fe fert ordinairement pour extraire les minérais au jour, on fait ufage à Schemnitz de facs de cuir, faits avec deux peaux de bœuf préparées &
coufues enfemble, dont la dépenfe eft certainement plus grande;
mais dont on eft dédommagé par les avantages qu'ils procurent;
1°. en ce que faifant moins de volume, il n'eft pas néceffaire

que les puits foient auffi larges ; 2°. qu'ils font d'un moindre poids, & conféquemment peuvent élever une plus grande quantité de minérais ; 3°. en ce que la corde venant à caffer, ils ne peuvent endommager les puits, nous parlons ici des puits perpendiculaires ; car ils ne fauroient avoir lieu dans ceux qui feroient obliques, où ils feroient bientôt ufés par le frottement qu'ils éprouveroient.

Ces facs font garnis à leur embouchure de deux anneaux, qui prennent aux crochets de deux chaînes placées dans le fond du puits, lefquelles les tiennent ouverts & fufpendus, pour avoir la facilité de les remplir pendant que d'autres montent. Arrivés au haut du puits, on les accroche par l'anneau qui eft en deffous pour les vuider dans des traîneaux ou chariots ; cela fe fait à l'aide d'une corde qui paffe fur une poulie, & qui répond à un petit treuil qu'un ouvrier met en mouvement.

Cette efpece de traineau qui eft tiré par un cheval, eft compofé d'une caiffe de 4 pieds & demi de longueur, fur 2 de largeur, & 14 pouces de profondeur, fupportée par quatre petites roues verticales en forme de cylindres, qui tiennent de chaque côté à une piece de bois ; au-deffous font fixées quatre autres petites roues horifontales, qui fervent à guider le traîneau & l'empêcher de s'écarter. Il eft conftruit de façon qu'on peut atteler le cheval devant ou derriere fans qu'il foit befoin de le retourner ; on ne s'en fert que lorfqu'il y a de l'éloignement, autrement on fait ufage des traîneaux ordinaires ou *chiens.*

Le minérai contenu dans ces traîneaux eft verfé fur une grille inclinée d'environ 40 degrés, & dont l'ouverture entre les barres de fer eft de 18 lignes, ce qui paffe au travers eft porté aux laveries par gradation (*), & le gros eft caffé avec la maffe.

(*) *Voyez* la Section premiere du cinquieme Mémoire.

SECTION III.

Des différentes machines que l'on emploie, soit à l'extraction des matieres, soit à l'épuisement des eaux, des étangs & galeries.

§. I. Ces machines au nombre de sept, font conftruites dans le diftrict de *Windfchacht*; chacune d'elles confifte en un tambour de 18 pieds de diametre fur 13 de hauteur, fixé à un arbre vertical d'un pied d'équarriffage, lequel eft mis en mouvement par quatre bras de levier de 22 pieds de longueur, qui par le diametre du tambour fe trouvent réduits à 13. Par cette conftruction on perd véritablement de la force, mais auffi on gagne de la vîteffe, ce qui eft effentiel dans les puits qui ont une grande profondeur, fur-tout lorfqu'on a beaucoup de matieres à élever; car en augmentant le nombre des chevaux, on peut en extraire autant qu'avec deux des machines ordinaires, telles qu'on les a en Saxe & en France (*); on a de moins la dépenfe d'une feconde, & le frottement qui eft prefque double; 16 chevaux font employés à cette machine, & divifés en deux poftes de 7 à 8 heures, pendant lefquelles ils élevent 24 tonnes ou facs de la profondeur de 86 toifes; 50 de celle de 144 toifes, & 42 de celle de 178. S'il y a une grande différence dans les profondeurs, on fe fert de facs plus ou moins grands; dans le premier exemple ils contiennent de 13 à 14 quintaux en minérai, & dans le dernier feulement 9 à 10 quintaux, ce qui eft fenfible; car plus un puits eft profond, plus le poids augmente en raifon de celui de la corde.

§. II. Indépendamment des machines dont on vient de parler pour élever le minérai, il y en a quatre autres qui agiffent par une roue à eau, dont l'une eft placée dans l'intérieur de la mine; elle ne differe des machines ordinaires, qu'en ce qu'il n'y a point de petites roues à côté de la grande pour l'arrêter, & que la preffion fe fait dans le milieu de cette derniere, par deux grandes pieces de bois que l'on rapproche avec un levier. Cette méthode nous paroît affez bonne, puifque l'effort eft moins confidérable.

De ces quatre machines, il y en a deux d'une conſtruction différente, & ſemblables à celles dont on ſe ſert dans les mines de Joachimſthal en Bohême, & qui nous paroiſſent mériter la préférence ſur les premieres (*).

§. III. Pour puiſer les eaux des mines, on en a encore d'autres à chevaux, que l'on ne fait travailler que quand l'eau extérieure manque pour faire aller les machines hydrauliques.

A un arbre vertical placé profondément dans la terre, on a fixé un rouet horiſontal de 48 pieds de diametre, ſoutenu par des pieces de bois qui partent de ſa circonférence aux deux extrémités de l'arbre, auquel il y a 8 bras de levier de 5 pieds, plus longs que le rayon du rouet; celui-ci eſt armé de 252 dents qui engrennent dans une lanterne placée au-deſſous de 12 pieds de diametre, & garnie de 72 fuſeaux. Elle eſt fixée à un arbre horiſontal, auquel eſt une manivelle double de deux pieds de rayon; cette manivelle du poids de 34 quintaux, eſt faite avec un mêlange de cuivre & d'étain fondus enſemble.

Il réſulte de ce que l'on vient de dire, que la lanterne fait trois tours & demi, pendant que le rouet en fait un.

Suivant la profondeur d'où on éleve les matieres, on attele à la machine plus ou moins de chevaux, 12, 14 & quelquefois 16, qui travaillent 4 heures de ſuite, pendant leſquelles ils doivent faire 300 tours, & pour que ceux qui les fourniſſent ne puiſſent pas tromper, on a fixé à l'extrémité ſupérieure de l'arbre vertical un mentonnet, qui met en mouvement un long bras de levier, lequel répond à des roues dentées & pignons, pour faire tourner une aiguille qui marque le nombre de tours, à chacun deſquels il y a ſept coups de piſton, qui élevent 105 pintes d'eau avec de ſimples répétitions de pompes, ce qui forme un objet de 31,500 dans les 4 heures, & 189,000 dans les 24. Pour le travail de 14 chevaux changés ſix fois (1), cette machine en occupe alterna-

(*) *Voy.* les Pl. XVII & XX.

Machines à chevaux pour élever les eaux.

----

(1) La pinte contient 4 pouces cubes, par conſéquent 4540 pieds cubes en 24 heures, & 7200 avec 16 chevaux.

tivement 56, dont on paie le travail de 15 jours, depuis 33 jufqu'à 42 liv. par chaque couple.

Les pompes font de l'efpece de celles qu'on nomme *hautes* (*),
de 6 pouces 10 lignes de diametre. La levée des piftons eft de
3 pieds lorfqu'on éleve les eaux de 70 toifes ; mais fi la profondeur eft moindre ou que l'on mette plus de chevaux, on la donne
de 4 pieds, en rapprochant le tirant de la manivelle du centre du
mouvement du varlet en croix.

Une autre machine femblable à la précédente conftruite fur le
puits d'André, éleve, de 25 toifes de profondeur, en deux poftes
de 4 heures, avec huit chevaux à la fois, 2882 pieds cubes d'eau.

§. IV. Dans cette machine (*), on a fubftitué au rouet deux
ovales de 6 pieds fur 2, pour leur grand & petit diametre, fixés
à l'arbre en angle droit ; au-deffus font deux bras de levier de 14
pieds & demi de long, & à leur côté deux pieces de bois horifontales de 25 pieds, placées l'une au-deffus de l'autre fans qu'elles
fe touchent, & dont l'une eft un peu plus longue ; chacune d'elles
eft foutenue à fon extrémité par une autre piece de bois, & c'eft
à cette extrémité que font attachés les tirans, qui répondent au
varlet ou croix du puits.

Lorfque la machine eft en mouvement, il arrive que l'ovale
fupérieur en pouffant la piece de bois la plus élevée, fait agir les
piftons des pompes, à mefure qu'il la quitte & que l'ovale inférieur preffe l'autre ; de cette maniere 4 chevaux attelés aux bras
de levier, élevent de 18 toifes de profondeur, par deux répétitions
ou trains de pompes, 568 pieds cubes d'eau en 4 heures, pendant
lefquelles ils parcourent 7333 toifes en 500 tours.

Cette machine eft certainement moins difpendieufe que les
autres, & feroit préférable fi l'on pouvoit parvernir à diminuer
le frottement.

§. V. Dans le même diftrict de *Windfchacht* on compte cinq
machines hydrauliques, qui ne different entr'elles que par la conftruction des balançiers, auxquels on a donné différentes formes

( ) *Voyez* le
Mémoire XI,
§. 4, fect. V.

Machine à
chevaux d'u-
ne nouvelle
conftruction.
(*) *Voyez* Pl.
XI, fig. 3 &
4, & l'expli-
cation.

pour éprouver ceux qui ont le moins de frottement. Les uns n'ont point leur axe au centre du mouvement, mais leur partie inférieure eſt plus longue que la ſupérieure, ce qui eſt très-mal, puiſqu'il en réſulte un effort conſidérable, que l'on a à la vérité un peu diminué, en ne fixant qu'un petit nombre de ces balanciers aux tirans. Dans d'autres les tirans ſe meuvent ſur un petit axe ou tourillon qui lui-même eſt un balancier, ou bien il y a un petit morceau de bois mobile, entre le tirant & le balancier qui eſt mis en mouvement lorſque la machine eſt en activité : d'autres enfin, ont leurs balanciers fixés par leurs extrémités aux tirans, & leur centre de mouvement au milieu ; ce ſont ces derniers qui nous paroiſſent les meilleurs, pourvu qu'ils ſoient aſſez longs, ſur-tout ſi l'axe peut s'avancer & ſe reculer ſur les grenouilles lorſqu'ils ſont en mouvement. Les roues de ces machines étant fort éloignées des puits, on perd beaucoup de puiſſance par la répétition des tirans & des balanciers ; quelques-unes ont juſqu'à 400 toiſes de longueur de tirans placés ſur le penchant de la montagne, comme à celle de Marly. Les roues de ces machines ſont de 36 à 37 pieds de diametre ; elles n'ont à leur arbre qu'une ſeule manivelle qui fait agir un ſeul tiran double : le ſupérieur fait mouvoir un varlet ou croix qui eſt au-deſſus du puits, & celui du bas en fait agir un autre placé immédiatement au-deſſous du ſupérieur ; de cette façon la machine ou plutôt la roue va avec autant d'égalité que s'il y avoit deux manivelles, & l'on épargne un rang de tirans qui ne feroit qu'augmenter le prix de la conſtruction, & ſur-tout le frottement. Ces machines élevent, chacune en 24 heures, d'une profondeur de 56 toiſes, 5763 juſqu'à 7200 pieds cubes d'eau, & en dépenſent de celle qui eſt extérieure & matrice 172908 pieds cubes. La plupart de leurs manivelles ſont faites avec du cuivre allié avec de l'étain, ce qui eſt très-diſpendieux ; mais l'on prétend que celles de fer coulé ſe caſſe trop aiſément.

Tous les varlets ou croix des machines forment du côté où ſont fixés les tirans, auxquels ſont attachés les piſtons des pompes, des quarts de cercles , fur lefquels s'enveloppe une petite chaîne qui tient aux mêmes tirans , de maniere qu'ils font toujours également éloignés du centre du mouvement du varlet , qu'ils confervent la perpendiculaire , & ne forment point d'angle dans la pompe, ce qui évite un frottement confidérable.

Dans les machines où une feule roue ne fait agir qu'un varlet , comme celle-ci eft pour lors inégalement chargée , & qu'il n'y a point de pifton ou tiran dans le puits pour faire équilibre avec les autres , on met dans le haut du puits un contre - poids égal à la pefanteur des tirans, afin que la roue n'ait que l'eau feule à élever & à vaincre le frottement fans élever encore le pied des tirans. On s'en fert même dans les machines doubles, mais beaucoup moins pefans , & feulement pour conferver l'équilibre des tirans qui font dans les puits ; ces contre - poids font formés avec un grand levier, à une des extrémités duquel il y a une caiffe remplie de pierres ; & à l'autre une chaîne qui correfpond aux tirans ou piftons des pompes ; ce levier eft fixé à peu près au tiers de fa longueur , & tourne fur fon axe ou tourillon. On donne , dans ces machines, depuis 30 jufqu'à 44 pouces de levée aux piftons

§. VI. Cette machine doit fon nom au nommé *Höll* qui en eft l'auteur , & qui la fit exécuter en l'année 1751 , d'après l'examen & l'approbation du confeil des mines , fur le modele qu'il en avoit donné (*).

Machine hydraulique fans roue , nommée *Hollifchemachine.* (*) *Voy.* Pl. XII.

Le moteur de cette machine eft une colonne d'eau de 46 toifes 10 pouces de hauteur, qui defcend par les tuyaux *A* de fer coulé, auxquels on a donné intérieurement un plus petit diametre , pour qu'ils apportent plus de réfiftance à la preffion de l'eau , nous voulons dire ceux qui font inférieurs; car par la même preffion il y paffe la même quantité d'eau que dans les fupérieurs; la colonne d'eau contenue dans ces tuyaux , arrive dans le cylindre *C* , de 12 pouces 1 ligne 3 points & demi de diametre. Ainfi la furface eft de 135 pouces , qui , multipliés par la hauteur de la colonne , donnent 259 piéds & demi cubes. Si on les multiplie par

70 livres, qui eft le poids d'un pied cube d'eau, on a pour produit 181 quintaux 65 livres, qui eft l'effet que peut faire cette machine. *L* eft le tiran du pifton du cylindre, qui eft chargé de fer, pour qu'il faffe non-feulement équilibre avec ceux des piftons des pompes & la colonne d'eau à élever, mais encore qu'il foit en état, par fon poids, d'élever l'eau. *N* eft le tiran des piftons des pompes, qui prend de l'autre côté des balanciers *M* dans le puits où font les pompes *R*. Pour bien fe repréfenter les effets de cette machine, il faut favoir, 1°. que le robinet *B* eft ouvert pour la communication de l'eau extérieure avec le cylindre ; que le robinet *V* étant fermé du côté des tuyaux de l'eau extérieure, eft ouvert d'un autre côté, & que l'eau du cylindre s'échappe ; que dans le même tems le poids du pifton ou plutôt du tiran *L*, le fait defcendre ; que lorfqu'il arrive au fond du cylindre le régulateur *I* appuie fur l'extrémité du fer *X*, qui par ce moyen s'éloignant du marteau E en H le laiffe tomber, & par fon poids il tire avec vîteffe par la chaîne qui eft à fon extrémité le fer *G* qu'on nomme *coureur* ; il fait tourner le robinet *V* qui ouvre le paffage de l'eau extérieure avec le cylindre *C*. La preffion de la colonne d'eau fait monter tout le poids du pifton *L*, d'une toife trois pouces & demi de haut ; dans le même tems, par le moyen du balancier *M*, les tirans & les piftons defcendent également d'une toife trois pouces & demi. A peine le pifton *L* a-t-il été élevé par la preffion de l'eau, d'une toife de hauteur, que le régulateur *I* en montant, rencontre le crochet *H*, & lui faifant faire la bafcule, l'éloigne du marteau *E* qui, tombant par fon propre poids, fait revenir fur des rouleaux le coureur *G*, que le marteau *E* avoit pouffé dans un fens contraire. Pour lors ce coureur faifant tourner le robinet *V*, ferme de nouveau le paffage de l'eau extérieure, & en ouvre un à celle qui eft dans le cylindre, laquelle s'échappe par un tuyau placé derriere. L'eau du cylindre s'écoulant, le pifton *L* par fon poids retombe avec vîteffe, & fait monter de nouveau les piftons des pompes d'une toife trois pouces & demi.

Cette machine donne jufqu'à huit coups de piſton dans une minute; lorſqu'on veut arrêter cette machine, on ferme le robinet *B*. On a oublié de dire que, par le moyen des chaînes, les marteaux ſont relevés alternativement; l'un par le balancier *K*, & l'autre par le régulateur *I*, qui ſont tourner la poulie ſur laquelle la chaîne eſt paſſée : ces marteaux étant levés retomberoient avant le tems, s'ils n'étoient arrêtés par les crochets *H* & *Y*, qui n'agiſſent par le régulateur que lorſqu'il eſt tems. Toute cette méchanique a été priſe ſur celle de la machine à feu.

Des trois machines ci-deſſus, qui ſont établies dans le puits de *Léopold*, il y en a deux qui dans les 24 heures élevent de 110 toiſes de profondeur, 13 à 14500 pieds cubes d'eau, & en conſomment 71645 pieds; la troiſieme avec la même quantité d'eau extérieure en éleve 39000 pieds d'une profondeur de 34 toiſes. La quatrieme enfin qui eſt placée ſur le puits d'*Amélie*, & dont le cylindre eſt beaucoup plus petit, avec 17 à 20000 pieds cubes d'eau extérieure, & une chûte de 41 toiſes 5 pieds, en éleve de 24 toiſes, 11500 pieds cubes, & de 14 toiſes 4 pieds, 17200 pieds.

Ce que ces machines ont coûté.

On porte la dépenſe des trois machines conſtruites ſur le puits de Léopold, à la ſomme de 150,000 liv. y compris tous les frais d'excavation, pour le placement des balanciers & des tirans; leurs cylindres de 5 pieds 4 pouces de hauteur, ont près de 2 pouces d'épaiſſeur.

La premiere de ces machines qui a été conſtruite en 1749, & qui eſt ſemblable à celle du puits d'Amélie, differe des deux autres, en ce que les tirans des pompes ſont rapprochés du cylindre, & que quand la preſſion de l'eau extérieure fait monter le piſton du cylindre, elle fait en même tems monter ceux des pompes, en ce que n'ayant pas aſſez de place ſur le même puits pour les cylindres, on a été obligé de les mettre plus loin, & de changer le mouvement par un balancier; de maniere que quand le piſton du cylindre monte, ceux des pompes deſcendent, *& vice verſâ*. On a élevé non-ſeulement le poids de l'eau de la mine, mais encore celui des tirans des pompes, ce qui occafionne un frottement affez confidérable fur le tourillon du balancier, qui doit lui-même être très-fort & folide ; dans la premiere machine au contraire, il n'y a que des balanciers chargés de fer ou de pierre pour faire équilibre avec les tirans des pompes, & pour que la machine n'ait que le feul poids de l'eau à élever.

Quand on a une chûte d'eau fuffifante, on doit toujours pré-férer ces machines à celles que l'on fait aller avec des roues, qui font les plus en ufage dans les mines ; car on n'y perd pas une goutte d'eau ; ce qui eft inévitable dans les machines avec les roues, par conféquent les premieres en dépenfent moins, le frot-tement eft auffi moins confidérable. D'ailleurs, en faifant un petit cylindre on peut avoir une de ces machines, qui, à la vérité, n'élevera de l'eau que proportionnellement, mais du moins elle agira avec une quantité qui ne fuffiroit pas pour une machine à roue. Si l'on n'a pas beaucoup de chûte d'eau, mais que celle-ci foit abondante, on peut fuppléer à la chûte par un grand cylin-dre. On peut obferver qu'ayant une grande chûte d'eau exté-rieure, cette même eau pourroit faire agir plufieurs roues l'une fur l'autre, placées dans l'intérieur de la mine, de même qu'à Freyberg où il y en a quatre. Cela eft vrai, mais elles dépen-fent toujours beaucoup plus d'eau en proportion ; d'ailleurs ce feroit une dépenfe bien confidérable, que celle de leurs emplace-mens ; au lieu que pour la machine dont il s'agit, il en faut très-peu, fur-tout lorfqu'on place le cylindre fur le puits même.

§. VII. Le même maître des machines, *Höll*, imagina une autre machine fort ingénieufe, qui fut exécutée dans le puits d'Amélie en 1755, & dont nous allons décrire les effets, la quantité d'eau qu'elle dépenfe, & celle qu'elle éleve (*).

Quoique les tuyaux ne paroiffent pas dans le deffin, il fuffira de favoir que ceux qui fervent pour la chûte de l'eau *B*, ont 23 toifes de hauteur perpendiculaire, & ceux *N* qui élevent celle des fouterrains, ont 16 toifes. Lorfqu'on veut faire agir la machine, tous

V ij

Avantage de ces machines fur celles à roue.

(*) *Voy.* Pl. XIII , & l'explication. Nouvelle machine à eau & à air.

les robinets doivent être fermés , & le réfervoir *A* toujours plein d'eau extérieure , par conféquent le tuyau *B* en eft auffi rempli jufqu'au robinet *C*. Le réfervoir *L* l'eft de même des eaux intérieures, qu'il s'agit d'élever de 16 toifes 4 pieds 8 pouces, jufqu'en *O*. A cet effet on ouvre le robinet *K* ; pour lors l'eau du réfervoir *L* fe rend dans celui *I*, & pour qu'elle puiffe y entrer, on ouvre le robinet *M*, pour la fortie de l'air renfermé dans le réfervoir. On connoît qu'il eft plein quand l'eau fort par le tuyau *P* ; on ferme auffi-tôt les deux robinets *M* & *K* pour ôter la communication du réfervoir *I* avec celui *L* : cela fait, on ouvre auffi-tôt le robinet *C* & celui *G* ; l'eau extérieure venant par les tuyaux *B* entre dans le fond du réfervoir *D* , & comprimant l'air qui y eft contenu, l'oblige d'enfiler les tuyaux *H* ; cet air fe rend fur la furface de l'eau contenue dans le réfervoir inférieur *I*, & contraint l'eau dont il eft rempli à monter par le tuyau *N*, jufqu'à la hauteur *O* , qui eft celle de la galerie d'écoulement où elle s'écoule. Cette eau étant élevée & le réfervoir *I* vide, on ferme les robinets *C* & *G* ; le premier, afin qu'il ne puiffe plus venir d'eau extérieure du réfervoir *A* dans celui *D* , & le fecond afin que tout l'air ne puiffe pas s'échapper entiérement. On ouvre enfuite le robinet *E* pour faire écouler l'eau du réfervoir *D* ; & comme il ne fe videroit pas affez promptement, fans une communication libre d'air, on ouvre le robinet *F* par où l'air extérieur entre avec force , pour remplacer l'eau qui fort par le tuyau *E* : étant entiérement vide d'eau , on bouche l'un & l'autre robinet dans le même tems que le réfervoir d'en haut fe vide. Un ouvrier placé à celui d'en bas ouvre le robinet *K*, afin que l'eau du réfervoir *L* puiffe fe rendre dans celui *I*. On ouvre auffi le robinet *M* par où l'air fort avec une impétuofité furprenante : cela fait, après avoir fermé les robinets d'en bas, on ouvre de nouveau ceux d'en haut *C* & *G* , pour que l'eau du tuyau *B* vienne dans le réfervoir comprimer l'air , & l'obliger d'enfiler le tuyau *K*, & ainfi de fuite. La machine va continuellement , mais elle emploie

toujours environ 3 minutes à chaque fois qu'elle éleve de l'eau ,
& à chacune elle donne 29 à 30 pieds cubes d'eau : il faut deux
hommes pour conduire cette machine, un près du réfervoir *D*
pour ouvrir & fermer les robinets *C G* , *F E* , & un près du réfervoir d'en bas pour les robinets *K* & *M*. Lorfque cette machine
va fans interruption , elle éleve en 24 heures de la profondeur
de 16 toifes 12 à 13000 pieds cubes d'eau , & dépenfe pour cela
17 à 20 mille pieds cubes d'eau extérieure.

Quoique cette machine exige deux hommes pour la diriger ,
on épargne d'un autre côté , puifque l'on n'a point à faire les
dépenfes des autres machines , pour le cuir , la graiffe & les
vis & écrous qu'il faut continuellement refaire. Elle eft enfin
d'un très-petit entretien , & très-bonne à exécuter dans les endroits où l'on n'a pas plus de 15 à 20 toifes à élever les eaux , &
où on a peu d'eau extérieure , & une chûte plus grande que la
profondeur de celles à élever ; car on peut la faire aller feulement
quelques heures , & enfuite l'arrêter & même ne la faire travailler
que tous les quarts d'heure une fois ; par-là on n'a befoin que de
très-petits réfervoirs pour raffembler les eaux , tant extérieures
qu'intérieures ; ce qui ne peut avoir lieu dans les machines à roues ,
même dans toutes celles où on emploie des pompes.

. Lorfque la machine eft fur la fin de fon opération , c'eft-à-dire,
que prefque toute l'eau du réfervoir *I* d'en bas a été élevée , fi l'on
ouvre le robinet *M* pour donner iffue à l'air comprimé , & que
l'on préfente à fon embouchure *P*, un chapeau ou bonnet de mineur , les vapeurs aqueufes répandues dans l'air comprimé, & peut-
être auffi une partie de celles de l'air extérieur , font condenfées
fur ce chapeau en forme de glace très-blanche & très-compacte ,
qui reffemble beaucoup à la grêle , & que l'on en détache difficilement. Elle fe fond affez vîte , ce qui n'eft pas furprenant puifque l'endroit où elle fe forme eft tempéré. M. Duhamel & moi
ayant féjourné à Schemnitz depuis le mois de janvier 1758 ,
jufqu'à celui de juillet de la même année , nous avons obfervé

que le même phénomene avoit lieu dans toutes les faifons.

Il faut remarquer que l'air fort du tuyau avec une très-grande impétuofité, & que fi l'ouvrier qui oppofe le chapeau n'étoit appuyé par derriere, il lui feroit impoffible de pouvoir le tenir à quelques pouces de l'embouchure comme il le fait. De plus, que fi on ne tourne le robinet qu'en partie, la glace eft beaucoup plus compacte que fi on l'ouvre entiérement ; ce qui prouve que plus l'air eft preffé dans fon paffage, plus ce phénomene eft apparent.

On pourra évaluer jufqu'à quel point l'air eft comprimé, en faifant attention qu'il foutient une colonne de la valeur de 1206 pieds 8 pouces cubes d'eau, qui pefent 84466 livres.

La premiere réflexion que nous a fait naître ce phénomene, c'eft qu'il nous repréfente peut-être la maniere ou une des manieres dont la grêle fe forme dans l'air. Nous ne hafarderons cependant point de propofer des conjectures & des doutes ; il appartient aux phyficiens de l'expliquer (1).

§. VIII. Cinq de ces machines placées dans le même diftrict de *Windfchacht*, ont été conftruites par un Anglois, qui ne demanda pour récompenfe que l'épargne qu'elles procureroient dans dix années ; & comme alors on avoit prefque par-tout de celles à chevaux & très-peu des autres, il n'y avoit aucun doute fur l'avantage qu'on en retireroit ; cet Anglois en eut une fomme confidérable.

Quatre de ces machines font établies fur un feul puits où les quatre balanciers viennent répondre ; nous obferverons cependant que depuis leur conftruction on y a fait plufieurs changemens : chacune d'elles a deux balanciers au lieu d'un, placés tant fur l'un que fur l'autre, & qui ont leurs tourillons dans le milieu, au lieu que dans celles que nous voyons en France (*) le balancier eft plus long, tant depuis la chaîne qui tient le pifton du cylindre, jufqu'à fon axe, que depuis le même axe jufqu'à l'extrémité du balancier, où eft

----

(1) La defcription de cette machine eft imprimée dans le volume des Mémoires de l'Académie, de l'année 1760, page 160.

la chaîne , à laquelle font attachés les tirans des pompes qui entrent dans le puits. De cette maniere , on s'eft confervé une plus grande levée pour le jeu des piftons , c'eft-à-dire, la même qu'a le pifton dans le cylindre ; & comme il falloit avoir un contre-poids pour faire équilibre avec les tirans & les piftons , on a mis un fecond balancier chargé de pierre à fon extrémité en fuffifante quantité , afin que les tirans des pompes aient affez de pefanteur pour relever le pifton du cylindre à mefure que la vapeur y entre; de cette façon la machine n'a que l'eau à élever , & le frottement des piftons & des tirans à vaincre ; ce qui eft très-bien , quand cela eft exactement obfervé dans toutes les machines à feu avec un balancier, dont le tourillon n'eft point dans le milieu ; on a le même effet , & même on le préfere dans plufieurs cas , c'eft-à-dire , de donner moins de levée aux piftons des pompes, mais un plus grand diametre aux corps des pompes , pour avoir à chaque coup de pifton une même quantité d'eau. La raifon eft que le bras de levier fur lequel la colonne d'air preffe , étant plus long, la machine a plus d'effet.

Le pifton du cylindre eft beaucoup mieux qu'en France; on ne fe fert plus de cuir, mais d'une groffe toile. Voici comment eft fait le pifton : il y a fur la plaque de cuivre, qui eft de la même grandeur que celle du cylindre, trois pouces d'épaiffeur de bois , qui y tient avec des vis & des écrous; & par-deffus, à la circonférence feulement, un doigt d'épaiffeur de groffe toile bien coufue enfemble , que l'on recouvre d'un cercle de plomb pour la rendre folide. Les piftons des pompes font de laiton ; on les entoure de cuir , dépenfe qu'on pourroit éviter : ceux en bois font le même effet & font plus légers. Les pompes ont 48 à 49 pieds de hauteur ; le diametre des corps de pompes eft de 6 pouces 10 lignes : la levée des piftons de 6 pieds 3 pouces & demi. Comme cette machine donne 2241 pouces cubes d'eau à chaque coup de pifton, & qu'elle agit 8 fois dans une minute , elle éleve en 24 heures 14940 pieds cubes d'eau, de la profondeur de 56 toifes 3 pieds

9 pouces : elle fait un effort de 90 quintaux , femblable à une colonne d'eau de 20 pieds 11 pouces 8 lignes, dont la bafe eft le diametre du cylindre, de 33 pouces 6 lignes & deux tiers; ce qui fait 128 pieds trois quarts cubes, qui , à 70 florins le pied , fait les 90 quintaux.

Quoique la colonne d'air de l'athmofphere , qui preffe fur le pifton foit d'environ un tiers plus pefante , on a trouvé par différens calculs & expériences , qu'elle ne peut cependant dans cette machine faire plus de 90 quintaux, attendu qu'il refte toujours de l'air dans le cylindre en deffous du pifton , après que la vapeur a été condenfée par l'eau froide ; ce qui retient le pifton en defcendant. Cette machine confomme par 24 heures, pour élever l'eau ci-deffus , depuis 2 & demi jufqu'à 3 mefures de bois ou cordes (1) , & elle dépenfe 5764 à 7200 pieds cubes d'eau, foit de celle qui vient continuellement fur le pifton du cylindre , afin que l'air extérieur ne puiffe pas paffer tout au tour; foit de celle d'injection , qui, à la fortie du cylindre, fert en partie à fournir à la chaudiere pour l'eau qui s'en évapore. On ne fe fert point ici de celle de la mine, même pour l'eau d'injection comme on le fait en France ; mais on a conftruit deux petits étangs pour raffembler de l'eau extérieure, qui font affez élevés pour qu'elle puiffe arriver par des tuyaux dans le haut du bâtiment de chaque machine ; on évite par-là la perte de beaucoup de force qu'il faut employer pour élever l'eau intérieure jufqu'à cette hauteur.

La cinquieme machine à feu eft bâtie fur le puits de *Magdelaine* ; elle éleve en 24 heures, de la profondeur de 34 toifes 3 pieds un tiers , depuis 23000 jufqu'à 28000 pieds cubes d'eau, & confomme la même quantité de bois que les autres ; & comme il y a moins de profondeur qu'aux autres , on a fait les piftons plus gros.

Il eft fort rare que ces cinq machines aillent en même tems, on ne

(1) La corde de bois contient 130 pieds cubes & un tiers , ce qui fait 391 pour les trois.

s'en

s'en sert que dans le cas où les hydrauliques n'ont pas affez d'eau extérieure, ou bien lorsqu'il y a une surabondance d'eau intérieure. Il arrive aussi quelquefois, comme nous l'avons vu, qu'aucune de ces machines ne travaille; mais cela dure tout au plus 15 jours ou trois femaines. Les cylindres font en cuivre allié avec de l'étain, & pefent 5 quintaux chaque; les chaudieres font également du même métal mais pur, & formées avec des planches de cuivre; elles pefent de 40 à 42 quintaux.

§. IX. Comme il n'y a ni riviere ni ruiffeau à Schemnitz, defquels on puiffe prendre l'eau pour faire agir les différentes machines hydrauliques, & dans la vue d'épargner une partie de la grande dépenfe que coûtent celles à chevaux, on a ouvert autour des montagnes des environs, un grande quantité de canaux pour raffembler les eaux des pluies, & fur-tout celles qui proviennent de la fonte des neiges. On a conftruit auffi fept étangs, indépendamment des deux petits qui fourniffent l'eau d'injection aux machines à feu. Nous allons parler des deux qui font les plus confidérables.

A environ 600 toifes du puits de *Kœnigfegger*, on a conftruit dans un vallon, au milieu duquel il y a une petite monticule, les deux étangs de Reichaver, de maniere que cette petite monticule pût fervir d'appui aux deux digues. On a donné à celle du grand étang 100 toifes de longueur, & 75 pieds & demi de profondeur perpendiculaire; à celle du fecond 80 toifes, & 65 de profondeur. La bafe de la digue du premier a été faite de 276 pieds de large, fur 60 pieds dans le haut, & dans fon milieu on a creufé encore de 20 pieds pour les fondations, fur 90 pieds de large: ce vide a été rempli avec de l'argille bien battue, & au niveau du fond, on a placé le tuyau ou canal pour la fortie de l'eau; mais comme il peut arriver un accident à une bonde, on en a mis deux; on a enfuite continué à battre de l'argille jufqu'à la hauteur de 95 pieds & demi, y compris les fondations, mais en diminuant toujours la largeur, de forte que dans la partie

Étangs.

Étangs de
Reichaver.
Conftruction.

supérieure de la digue, l'épaisseur en argille n'est que de 25 pieds 2 pouces ; en dedans & en dehors on a mis de la terre ordinaire. En laissant d'un côté l'inclinaison naturelle de 45 degrés, & en dedans celle de 27 , ce qui a été observé en faisant un mur de 12 pieds de large dans le fond, & qui va toujours en diminuant vers le haut.

Galerie faite
sous l'Étang. Comme ces étangs sont séparés des mines par une montagne, on a été obligé de la traverser par une galerie pour conduire les eaux ; à cet effet on en a commencé une au bas de la digue du petit étang, qui passe à 14 pieds au-dessous du fond & qui a 481 toises de longueur, dans le milieu desquelles on a approfondi un puits, afin qu'on pût y travailler de quatre côtés en même tems, & qu'elle fût plutôt achevée ; ce qui fut exécuté en quatre ans. Les étangs le furent en deux : six mille ouvriers, dont partie fut prise dans les troupes de sa majesté, travaillerent continuellement à cette entreprise. Ces étangs ont coûté, compris les frais de la galerie & des principaux canaux qui y aboutissent, & dont il y en a un qui traverse une montagne, 821.867 l. Le plus grand contient environ 160000 toises cubes d'eau, & le petit 104938 toises cubes. Quoique cette entreprise ait coûté des sommes aussi considérables, on a fait un calcul de l'épargne que ces étangs ont procurée ; d'où il résulte qu'elle se monte depuis 1742, où tout a été achevé jusqu'en 1747, à 709317 liv. ; de sorte qu'aujourd'hui, l'avantage a été plus que double de ce qu'elles ont coûté. C'est par-là qu'on peut assurer de tels établissemens quand on est dans la possibilité de le faire.

Siphon de
l'étang de
Reichaver. Depuis qu'on a construit ces digues, on s'est trouvé dans le cas d'avoir besoin d'eau au puits de *Kœnigsegger* , pour élever les eaux & le minérai des souterrains ; mais il falloit en même tems conserver à cette eau, une hauteur ou chûte suffisante pour qu'elle pût faire le même effet aux mines de *Sieglisberg*, &c. le canal ou galerie au bas de l'étang, étant trop bas pour qu'on pût profiter de cette eau , sur-tout au premier puits, on prit la réfolution de faire deux fiphons, l'un en tuyaux de cuivre, & l'autre en tuyaux de fer, de quatre pouces de diametre en dedans. Ces tuyaux ont été mis de 25 pieds 2 pouces perpendiculaires en dedans de l'étang, & placés le long de la digue, dont il ont par conféquent l'inclinaifon; en dehors de la digue fur l'autre pente, le tuyau du premier fiphon defcend de 21 pieds 5 pouces, & le fecond de 44 pieds en profondeur perpendiculaire. Au bas de chacun de ces tuyaux, il y a une caiffe où l'eau fe rend, & delà eft conduite par un canal dans un bâtiment, où il y a auffi deux caiffes de quelques pouces plus bas que les premieres; au-deffous de celle qui eft la plus élevée, prennent deux tuyaux creufés en ovale vers leur embouchure, qui a deux pieds pour le grand diametre, & 14 pouces pour le petit. Ces tuyaux qui font faits de 2 pieds appliqués enfemble, ont 44 pieds de profondeur perpendiculaire, jufqu'au fol de la galerie qui paffe fous l'étang, & diminuant toujours en groffeur jufqu'au diametre de 6 pouces 3 lignes & demie, ils font continués fur toute la longueur de la galerie, & bien cerclés avec des liens de fer. Sur les 481 toifes de la longueur de cette galerie, on a donné 5 pieds 3 pouces de pente, qui, ajoutés au 44 pieds pour la hauteur dont le réfervoir du fiphon eft plus élevé, forme un total de 49 pieds 3 pouces. A l'extrémité de la galerie eft un autre tuyau perpendiculaire de 26 pieds 4 pouces, qui correfpond à ceux de ladite galerie. Cette hauteur eft celle à laquelle l'eau eft élevée, par la preffion de l'autre colonne d'eau : cette machine fournit en 24 heures 98000 pieds cubes d'eau. On auroit pu faire monter cette eau à une plus grande hauteur, pour fe conferver plus de chûte dans le puits; mais on n'en auroit eu qu'une quantité proportionnée & fuffifante, pour que la machine puiffe aller de la vîteffe qu'on defire. Il eft vrai qu'on auroit pu, au lieu de deux tuyaux, en mettre quatre, même plus s'il avoit été néceffaire; mais cette dépenfe auroit été bien confidérable fur une diftance auffi longue. Quand l'eau eft baiffée de 12 pieds 7 pouces dans l'étang, on fe fert de l'autre fiphon, le premier n'étant pas en état de fournir; pour lors l'eau n'entre dans les tuyaux perpendiculaires qu'à une hauteur de 35 pieds 6 pouces, au lieu de 49 pieds 3 pouces, qui eft la hauteur de la colonne, lorfqu'on fe fert du premier fiphon. Mais, comme il faut qu'elle monte toujours à la même hauteur de 26 pieds 4 pouces, il arrive qu'au lieu de 98000 pieds cubes d'eau, il n'en paffe par ces tuyaux que 36900 pieds dans les 24 heures; pour lors la machine va plus lentement.

Comme la galerie qui paffe fous le petit étang dont on a parlé ci-deffus, a été faite dans un mauvais rocher, & que la diftance du fond de l'étang à cette galerie n'eft que de 14 pieds, il eft arrivé qu'il s'y eft fait une ouverture, qui y communique du fond. Pour y remédier on a approfondi un puits dans cet endroit, & enfuite on a conftruit deux digues dans la même galerie, de 7 toifes chacune d'épaiffeur tout en argille, qui eft arrêtée de chaque côté par des pieces de bois qui prennent dans le rocher. Ces digues font à une diftance de 90 toifes l'une de l'autre, & font traverfées par les tuyaux qui amenent l'eau des fiphons du grand étang. Indépendamment de ceux-ci, on en a mis encore d'autres dans ce vide, de forte que par la preffion qu'éprouve l'eau dans l'étang, elle remonte par les tuyaux à l'extrémité de la galerie à la même hauteur que celle du grand étang. On a oublié de dire que quand on veut faire monter l'eau dans les fiphons, on fe fert d'un pifton de cuir, qu'on paffe par le haut du fiphon qui eft ouvert, & que l'on fait agir à bras d'hommes par un levier. Pour que l'eau ne retombe pas à chaque coup qu'il donne, au bas du tuyau eft une foupape qui prend dans l'eau qui s'ouvre & fe referme à chaque coup de pifton. Lorfque l'eau eft arrivée jufqu'en haut, on ôte le pifton du fiphon, & l'on bouche exactement ce dernier avec un bouchon de cuivre; alors l'eau enfile l'autre branche du fiphon qui eft de l'autre côté de la digue, & continue ainfi fon cours jufqu'à ce qu'on veuille l'arrêter, en débouchant le fiphon.

CINQUIEME MÉMOIRE.

Sur le traitement des minérais d'or & d'argent de Schemnitz, par les laveries, les bocards & le lavage sur les tables, avec une notice des mines des environs & de celles de Cremnitz.

Par MM. JARS & DUHAMEL, *année* 1759.

SECTION PREMIERE.

Des laveries par gradation.

§. I. LES minérais qui ont passé au travers de la grille inclinée, dont on a parlé dans le précédent Mémoire, Sect. II, §. VI, & dont la majeure partie est en poussiere, & l'autre en petits morceaux, sont traités dans les laveries suivantes pour en séparer chaque espece suivant sa grosseur & qualité.

Ces laveries (*) sont composées de six différentes placées par gradation, les unes au-dessus des autres, à chacune desquelles il y a une grille par où passe le minérai. Ces grilles ou cribles sont également gradués pour la grosseur des trous ; ceux de celle qui est la plus élevée sont d'un pouce, ceux de la seconde de 9 lignes environ, & ceux de la troisieme de 6 lignes.

Ces trois premiers cribles sont faits avec des baguettes de fer, dont l'une alternativement est droite, & l'autre formée en zigzag ; de sorte que les vides que forment ces dernieres, sont les ouvertures par où passe le minérai.

Les trois autres cribles sont faits chacun d'une plaque ou feuille de cuivre, dans laquelle on a percé des trous ronds de différentes grosseurs. Le quatrieme crible a des trous de trois lignes de dia-

(*) *Voy.* Pl. XV.

metre ; le cinquieme d'environ une ligne un quart , & le sixieme ou dernier un peu moins d'une ligne.

Toutes ces grilles ou cribles sont à peu près de la même grandeur ; ils ont 18 pouces en quarré , & le fond de chaque laverie, y compris la grille , 2 pieds & demi de long , sur 1 pied & demi de large.

Comment on sépare chaque espece de minérai.

§. II. Au niveau de l'embouchure d'une trémie qui répond à la laverie la plus élevée, est un plancher où l'on amene le minérai pour le verser dans ladite trémie, qui doit être toujours pleine ; & au-dessous de celle-ci il y a un petit canal, par lequel il vient un courant d'eau de chaque côté de la laverie ; deux petits garçons attirent avec un rable de fer , le minérai qui tombe de la trémie sur la grille , & l'agitent sans cesse. L'eau le nettoie & entraîne avec elle les petits morceaux avec le plus fin , à travers du crible ; quand il n'en passe plus , & que celui qui a resté dessus est net, ils le retirent avec un rateau de fer , hors de la caisse de la laverie. Ils font descendre du nouveau minérai de la trémie, & continuent la même manœuvre ; ce qui passe au travers de la grille tombe avec l'eau sur un plancher de bois qui est en dessous , & qui est un peu incliné jusqu'à la grille ou tamis de la seconde laverie , où il y a de même deux petits garçons, qui agitent ce minérai à mesure qu'il arrive sur la grille , & procedent comme il vient d'être dit. Les laveries sont toutes construites de la même maniere, avec un plancher incliné au-dessous , & les grilles placées de niveau. À la troisieme & quatrieme laverie, il y a également deux petits garçons qui font la même manœuvre que ci-dessus ; mais aux deux dernieres il n'y en a qu'un seul à chacune, attendu qu'il ne vient sur ces cribles que ce qui a passé au travers des autres , qui est conséquemment en bien moindre quantité ; quand ils voient qu'il n'en passe plus, ils le retirent de dessus. Ceux qui travaillent sur les cribles de cuivre , se servent de rateaux ou rables de bois , au lieu de ceux de fer : ils sont faits comme ceux dont on se sert sur les tables ordinaires des bocards, à l'exception qu'ils sont un peu plus forts & plus courts.

§. III. Comme le minérai qui a resté sur les deux premieres grilles, n'a pu être parfaitement nétoyé, puisqu'il n'a pas été baigné par l'eau, qui passe trop promptement par les gros trous, & qu'il en reste toujours une partie enveloppée de terre; deux hommes prennent ce minérai, & le lavent chacun dans une cuve avec des cribles, à peu près de la même grosseur que les grilles ou cribles des laveries : ce qui reste sur ces cribles est donné à de petits garçons qui le trient sur une table, pour en former différentes classes. Ils mettent à part dans un panier celui qui peut être envoyé à la fonderie tel qu'il est; dans un autre celui qui est pour le bocard, & dans un autre enfin les gros morceaux pour les porter à la casserie qui est dans le même bâtiment, & tout près de ces tables. A l'égard des morceaux de rocher qui s'y trouvent mêlés & qui ne tiennent rien du tout, on les met également à part pour les jetter sur les mauvais décombres; mais ce qui a passé au travers des cribles, & qui est dans les deux cuves, on l'en retire pour le laver de nouveau dans les laveries de gradation, où il se divise suivant son degré de finesse. Comme ce minérai est déjà assez fin, on met celui de la premiere cuve, qui est provenu de la premiere laverie, dans la seconde, & celui de la seconde dans la troisieme : de chaque côté de cette derniere il y a un homme devant une cuve pleine d'eau, ayant un crible à la main, dont les trous sont à peu près de la même grosseur que ceux du crible de la laverie; chacun des petits garçons qui y travaillent a une *trog*, ou baquet, dans laquelle il fait tomber le minérai en le retirant; & lorsque sa *trog* est pleine, il la vide dans le crible de l'ouvrier placé à côté, qui par les mouvemens qu'il donne dans l'eau avec son crible, fait ensorte que le plus pesant, qui est le bon minérai, prenne le fond, & le léger qui est le mauvais le dessus; pour lors il enleve ce dernier & le met à côté. Comme il s'y trouve encore du bon qui est mêlé, on le passe au bocard : comme il y a une moindre quantité de métal dans les trois dernieres laveries, il n'y a qu'un seul cribleur pour chacune, qui nétoie continuellement le minérai. Les cribles dont ils se servent sont de fil de laiton : les trous sont un tant soit peu plus petits que ceux de la grille de la laverie, d'où provient le minérai qu'ils criblent ; le minérai qui est purifié par le travail du crible est assez riche pour être fondu tel qu'il est ; c'est pourquoi on le met dans des cuves à part pour l'envoyer ensuite aux fonderies : quant à ce qui a passé au travers du crible & qui s'est déposé dans les cuves, on le remet sur les laveries par gradation ; savoir, toujours sur une laverie plus haute que celle dont on a pris le minérai ; par exemple, celui de la troisieme laverie est mis sur la seconde ; celui de la quatrieme sur la troisieme, & ainsi des autres ; mais cela se traite à part, c'est-à-dire, qu'on ne fait point passer d'autre minérai pendant ce tems-là sur les laveries ; on crible de la même façon celui qui reste sur les grilles.

A l'égard du plus fin qui passe de laverie en laverie jusqu'à la sixieme ou derniere, & qui est emporté par l'eau au travers de la grille de cette même laverie, il est reçu dans des caisses longues qui sont au bout de la derniere, & qui forment comme le labyrinthe d'un bocard. Au bout de chacune de ces caisses, on met de petits morceaux de bois dans une coulisse, les uns sur les autres, à mesure qu'elles se remplissent, pour avoir dans chacune le même degré de finesse ; un petit garçon conduit ce travail avec un petit rateau de bois en frappant sur ce minérai, pour faire monter le plus léger en dessus, afin que l'eau puisse l'entraîner dans les caisses suivantes. Comme tout ceci est essentiel & très-bien observé dans tous les bocards, on en parlera plus amplement dans la Section suivante : à la suite de ces premieres caisses il y en a d'autres plus éloignées, pour recevoir le minérai le plus fin qui s'y dépose. On le nomme boue ou *schlam* ; il est lavé sur des tables particulieres, comme on le dira ci-après.

§. IV. Tout le minérai fin qui se dépose dans les caisses au bas des laveries par gradation, est lavé sur des tables de 16 pieds de long, sans y comprendre le haut sur lequel coule l'eau avec le

minérai,

minérai , elles ont 5 pieds 3 pouces de large en dedans. Il y a trois
de ces tables , l'une à côté de l'autre (*) ; les deux premieres , où
on lave le plus groffier , ont plus de pente que l'autre ; elle eft
dans celles-ci de 10 degrés jufqu'aux deux tiers de leur longueur,
& de 5 degrés pour le reftant : quant à la troifieme table , elle
n'a pas plus de cinq degrés de pente dans le haut , & le refte ou
le bas de la table en proportion. Celle de la partie fupérieure fur
laquelle coule le minérai entraîné par l'eau, avant que d'arriver fur
la table, eft de 15 à 20 degrés ; elles font garnies en haut de petits
morceaux de bois pour divifer l'eau , de même qu'aux tables de
répercuffion (*).

Sur les deux premieres il y a dix de ces morceaux de bois,
c'eft-à-dire , cinq de chaque côté , & fur la troifieme où fe lave
le plus fin , quatorze ; ils forment par leur pofition un triangle
ifocele , au fommet duquel, c'eft-à-dire , tout à fait au haut de la
table , il y a un crible de fil de fer ou de fil de laiton , de 8 pouces
ou environ en quarré , placé fous le canal qui amene l'eau & le
minérai. Au-deffus de ce canal & au haut de chaque table , il y a
une caiffe qu'on remplit du minérai que l'on veut laver , fur
lequel il tombe un petit filet d'eau qui l'entraîne dans le canal, & de
celui-ci fur la grille ou crible où s'arrêtent les morceaux qui font
trop gros à la fortie de cette grille ; l'eau, entraînant le minérai ,
fe divife par le moyen des petits morceaux de bois, & fe répand
également fur toute la table. La premiere fois qu'on lave le minérai , le crible qu'on met deffous doit avoir les trous plus gros ,
que celui dont on fe fert pour le fecond lavage ; & de même pour
le troifieme en diminuant. Le minérai qui s'arrête fur les tamis eft
porté aux laveries par gradation pour le divifer encore , fuivant
fon degré de fineffe. On emploie plus d'eau fur les deux premieres
tables où l'on paffe le minérai le plus gros, que pour le travail
fur la troifieme ; ce qui eft affez fenfible , fans quoi on rifqueroit
d'entraîner beaucoup de minérai : tout dépend de celui que l'on a
à traiter , & ce n'eft que par plufieurs épreuves qu'on peut

*Tome II.*Y

(*) Pl. XV.

(*) *Voyez* la
Pl. XXI , &
l'explication.

parvenir à connoître le vrai point pour la quantité d'eau néceffaire, ainfi que l'inclinaifon qu'on doit donner aux tables. On
met fur ces tables des toiles d'une médiocre groffeur jufqu'au
tiers, en prenant depuis le haut; elles fervent, au commencement du lavage, à retenir le minérai à mefure que l'eau l'entraîne;
par le moyen de ces toiles, on peut auffi donner plus ou moins
de pente, en mettant par deffous du fable ou bien du *fchlick*; ce
qui eft néceffaire, car la qualité du minérai change quelquefois,
ou bien on en lave de plus ou moins fin. Ces toiles fervent auffi à
empêcher que la table ne foit endommagée par les pelles de fer,
avec lefquelles on enleve le minérai : fur chacune d'elles il y a
un laveur qui a un rable de bois de 2 pieds de long, fur 3 pouces de haut & 5 à 6 lignes d'épaiffeur, fixé à un bâton de 8 à 9 pieds
de longueur.

Afin que le laveur puiffe aller commodément fur la table, où
il eft continuellement, fans qu'il fe mouille les pieds, il a des
efpeces de fandales de bois de 3 ou 4 pouces de hauteur, qu'il
attache fous fes fouliers. A mefure que l'eau chargée de minérai
coule fur la table, le laveur a foin, avec fon rateau, de le remonter, en commençant à peu près au tiers & même à la moitié; ce qu'il fait avec plus ou moins de force felon la groffeur
du minérai; par exemple, à celui qu'on lave fur les premieres
tables, il en emploie affez pour que l'eau chargée de minérais,
aille frapper contre le haut de la table, & revenant d'elle-même
par le contre-coup, laiffe tomber le plus pefant qui fe précipite &
s'arrête, tandis que le plus léger eft entraîné. Le laveur continue
de la même maniere, jufqu'à ce que la table foit pleine, c'eft-à-
dire, qu'il y en ait dans la partie fupérieure, jufqu'à la hauteur
de la planche, d'où l'eau tombe avec le minérai ou du moins
qu'il n'y ait qu'un travers de doigt entre ladite planche & le minérai; c'eft ce qu'on appelle un *lavage*. Lors donc qu'il eft fini, le
laveur laiffe un moment couler l'eau pure fur toute la furface du
minérai, afin qu'elle puiffe entraîner ce qu'elle a laiffé de terreux

& de léger, la derniere fois qu'il l'a repouſſée de bas en haut, après quoi on enleve le minérai avec des pelles de fer ordinaires de la maniere ſuivante. Le laveur marque trois largeurs de pelle, en prenant depuis le haut à l'endroit où l'eau tombe, & enfonce ſa pelle dans les trois diviſions ſur toute la longueur, afin qu'il ait plus d'aiſance à l'enlever ; ce minérai eſt mis à part pour être lavé de la même maniere, lorſqu'on en a en ſuffiſante quantité.

La quatrieme largeur de pelle eſt miſe auſſi de côté dans un autre endroit, pour être auſſi lavée ſéparément. Quant à ce qui eſt au bas de la table juſqu'au tiers & plus, on le met dans un autre endroit, & on le relave avec du nouveau qui provient du labyrinthe, où il ſe dépoſe en ſortant des laveries par gradation ; ce qui reſte eſt tranſporté dans des brouettes hors du bâtiment, pour être enſuite bocardé, comme celui qui eſt dans une caiſſe au bas de la table. Le plus fin qui ſe dépoſe dans d'autres réſervoirs, toujours ſuivant ſon degré de fineſſe, eſt lavé ſur d'autres tables, comme on le dira par la ſuite.

Comme la planche ſur laquelle ſont les morceaux de bois de diviſion, & où coule l'eau avec le minérai eſt ſaillante de deux pouces en dedans, il arrive qu'il reſte du minérai dans ce petit eſpace ; mais on ne l'enleve pas, parce qu'il eſt entraîné par l'eau dès qu'on recommence un autre lavage, & qu'il ſert à former une premiere petite couche : ce minérai d'ailleurs n'eſt pas ſi pur que celui de la premiere pelletée, parce que l'eau en tombant rejaillit & en tranſporte alors du bon & du mauvais. Comme il n'y a point de courant d'eau continuel dans cet endroit, il peut fort bien ſe faire qu'il ſe précipite dans cette partie la plus élevée, de l'un & de l'autre. Les trois premieres pelletées, qui ont été priſes au premier lavage, ſont relavées deux fois ſur la même table lorſqu'on en a ſuffiſamment de pluſieurs lavages ; mais on ſe ſert de tamis plus fins, & on procede de la même maniere, mais avec un peu plus de précaution, parce qu'il eſt plus riche que la premiere fois. Lorſque la table eſt pleine, & que par conſéquent le lavage eft fini , on prend les deux premiers rangs de la largeur chacun d'une pelle, ce que l'on nomme les trois premieres pelletées , & on le met à part pour le laver encore une troifieme fois , après laquelle il eft net & tel qu'on le livre aux fonderies ; ce qui refte au-deffous de la troifieme pelletée, eft féparé pour en faire du *fchlick* moyen avec celui de la quatrieme pelletée du premier lavage, c'eft-à-dire, ce qui fe trouve environ jufqu'à la moitié de la table ; car ce qui fe dépofe plus bas fe met encore dans une brouette, & eft conduit au monceau pour être bocardé. Il peut entrer fur ces tables , c'eft-à-dire, jufqu'à la moitié de leur longueur, où s'arrête le bon ou du moins celui qui eft repaffé, 16 à 17 quintaux de minérai qui proviennent d'une quantité plus ou moins grande que l'on ignore, n'ayant jamais fait d'expériences dans ces laveries, pour connoître la diminution qu'il y a à chaque lavage, dont il s'en fait quelquefois deux par jour ; cela dépend de la quantité de minérai , fur-tout fi le rocher avec lequel il eft uni eft fort léger. La troifieme table qui eft beaucoup moins inclinée que les deux autres , fert à laver celui qui eft le plus fin , & qui s'eft dépofé dans le troifieme réfervoir à la fortie des laveries par gradation. Il y a auffi un ouvrier fur la table, qui , avec un pareil inftrument que les premiers, remonte le minérai de bas en haut , à mefure que l'eau l'amene de la caiffe ; mais comme ce minérai eft bien plus fin que celui qui eft lavé fur les deux premieres tables, on n'a pas befoin d'une auffi grande quantité d'eau , & il faut que le laveur agiffe bien plus légérement avec fon rateau, qui doit être auffi plus léger ; quand la table eft pleine , on enleve les quatre premieres pelletées qu'on met à part également que les dernieres prifes jufqu'au milieu ou environ, pour être relavé fur la même table où il eft paffé auffi deux fois de la même maniere ; ce qui fuffit pour fa féparation & purification. On ne prend pas dans ce dernier lavage de quatrieme pelletée pour le *fchlick* moyen, car il feroit trop fin ; ainfi on n'en fait que deux divifions.

§. V. Le *fchlick* ou minérai le plus gros , provenant des premieres tables & des premieres pelletées, tient 4 , 5 & 6 lots d'argent par quintal ; mais celui qui provient des quatriemes pelletées & qu'on nomme *fchlick* moyen , n'en rapporte que deux ou trois. Quant au fin qui eft lavé fur la troifieme table , il eft de la même teneur en argent que le gros , mais auffi il exige un travail beaucoup plus long ; car il faut trois jours pour faire un feul lavage. Le plus fin qui fort des tables & des laveries , & qui fe dépofe dans les derniers réfervoirs, eft lavé fur trois tables qui ont les mêmes dimenfions que les dernieres , mais plus de profondeur dans leur partie fupérieure qui eft de 16 pouces , & inclinées de 5 degrés : les deux premieres font deftinées à laver le *fchlam* , tel qu'il fort des réfervoirs où il s'eft dépofé , & on agit comme dans les dernieres laveries , avec la feule différence qu'à 6 pieds 4 pouces , à prendre du haut de la table , il y a une couliffe où l'on met des planches minces de trois pouces de hauteur, pour que le minérai ne tombe pas plus bas : quand il y en a de dépofé prefque jufqu'au haut de la premiere planche , on en met une feconde par deffus & l'on continue de même, jufqu'à ce que cette partie de la table foit entiérement remplie ; ce qui excede ces planches & qui va plus bas ne fert à rien , mais ce qui refte au-deffus eft divifé comme il fuit. Les deux premieres pelletées du haut font mifes à part pour être lavées encore deux fois fur une table femblable , mais fans y mettre des planches pour arrêter le minérai, attendu que celui-ci a plus de poids ; comme il eft extrêmement fin , & que par cette raifon il fe tient enfemble, & ne fe laifferoit entraîner par l'eau que difficilement , on le met dans une caiffe placée dans le haut des deux premieres tables , où un petit garçon l'agite avec un bras de levier , & le délaie dans l'eau qui l'emporte fur chaque table , par un petit canal féparé qui part des deux extrémités de la caiffe.

Il n'y a point d'ouvrier à la troifieme table pour agiter ce minérai , parce qu'il eft déjà dégagé de la plus grande partie de la boue qui le lioit enfemble ; mais feulement un petit filet d'eau ; qui, en paffant deffus, l'entraîne fur la table ; il tient alors 5 à 6 lots d'argent par quintal ; on enleve les deux premieres ¡pelletées pour les laver fur une petite table féparée, & en retirer l'or pur qui s'y trouve, que l'on traite enfuite par le mercure.

Avantage des laveries par gradation.

§. VI. Par l'établiffement des laveries par gradation, on parvient à divifer le minérai fuivant fon degré de fineffe, & à purifier le groffier dans les cribles, puifque la pefanteur des corps de chaque efpece eft plus fenfible, que lorfque les morceaux font inégaux ; d'ailleurs on évite de bocarder une grande quantité de minérai, comme on le fait dans la plupart des endroits où ces laveries ne font pas établies ; il nous paroît néanmoins que l'on pourroit éviter de la main-d'œuvre, en ne faifant que quatre divifions au lieu de fix : indépendamment du lavage fur les tables, on épargneroit par-là deux ouvriers à chaque laverie, & peut-être trois, puifque la plus grande quantité de grilles ou cribles en occupe chacun deux.

Nouvelle épreuve pour les laveries par gradation.

§. VII. Dans l'intention d'éviter le criblage des gros morceaux de minérai, qui reftent fur les premieres grilles, on a imaginé une laverie où l'on fait tomber l'eau perpendiculairement fur le minérai dans la premiere grille, au lieu de la faire arriver de niveau ; de cette maniere il fe nétoie auffi bien que dans le crible de fer ou de laiton, & l'on évite par-là deux hommes à chaque laverie.

Nouvelle façon propofée pour trier le minérai. Bocard portatif.

§. VIII. On a auffi propofé un moyen de trier le minérai des anciens décombres à beaucoup moins de frais, en le pilant dans un petit bocard portatif, dont les pilons feroient mis en mouvement par une roue que des hommes feroient tourner. A chaque mentonnet des pilons eft un levier affez long qui eft fixé par fon milieu, c'eft-à-dire, qu'il a un axe ou tourillon qui prend dans un pilier droit fur lequel il meut : ce levier fert à rendre les pilons plus pefans ou plus légers, fuivant l'efpece de minérai qu'on a à piler ; ou bien à conferver l'égalité dans les trois, fi l'un devient plus léger que l'autre en s'ufant; les leviers font fixés cha-cun à leur extrémité à un pilon, & font mûs par les pilons mêmes à chaque fois qu'ils font élevés. Si on veut les rendre plus légers, on met un poids à l'extrémité des leviers, plus ou moins près du point d'appui ; ce qui dépend de la pefanteur qu'on veut donner aux pilons : fi au contraire on veut les rendre plus pefans, pour lors on met le poids fur la partie du levier, entre l'extrémité qui eft fixée au pilon & fon point d'appui , en obfervant également de le mettre plus ou moins près de l'axe ou tourillon, en raifon de la pefanteur qu'on veut leur donner. On propofe de piler avec ce bocard, le minérai feulement de la groffeur d'une petite noix , & de le mettre enfuite fur des tables où des ouvriers les choifiroient pour mettre chaque efpece à part, de cette maniere on n'auroit befoin que de très-peu d'ouvriers connoiffeurs en minérais.

SECTION II.

Des bocards de Schemnitz.

§. I. Le travail des bocards étant une des opérations les plus effentielles pour perdre moins de minérai qu'il eft poffible , on prend ici toutes les précautions néceffaires pour y parvenir, en caffant le minérai & le féparant des morceaux de rocher qui n'en contiennent point ; on met à part tout celui qui eft pur & qui n'eft pas divifé en grains trop fins dans le rocher , parce qu'alors on peut le piler féparément & groffiérement , ce qu'on nomme *Frifche* , parce que plus un minérai eft pilé fin , plus il y a de perte. Comme il arrive fouvent qu'il y a des minérais durs & tendres, il faut tâcher de les féparer les unes des autres autant qu'il eft poffible , ainfi que ceux qui contiennent du plomb. Pour connoître la perte qui fe fait du minérai dans le travail du bocard, & les défauts qui pourroient réfulter du pilage & du lavage , on a une brouette de mefure dont on fe fert toujours pour mettre le minérai dans les trémies ou dans la caiffe des pilons,

& que l'on remplit également à chaque fois. Elle contient 150 l. L'ouvrier chargé de la conduite de ce travail, en marque non-seulement le nombre, mais encore il prend indifféremment sur chaque brouettée quelques morceaux pour l'essai, & les remet au maître du bocard nommé *Puschschaffer*, qui après les avoir pilés & tamisés, les lave dans une *trog* ou sébille (*) pour les rendre plus purs avec le moins de perte possible; car l'essai du feu suit toujours celui de l'eau. Malgré toutes les précautions que l'on prend dans le travail en grand, on a remarqué que cette perte étoit toujours d'un tiers de minérai : c'est donc pour en éviter une plus grande que l'on fait ces essais, par lesquels on reconnoît si l'or & l'argent sont purs ou trop divisés, si le minérai de plomb y est en gros ou petits grains, & l'espece des trois qui est la plus abondante eu égard à la valeur; c'est par ce résultat qu'on se regle pour la façon dont on doit piler le minérai.

§. II. Pour la construction d'un bocard (1), on commence par creuser quatre pieds de profondeur pour les fondations, ce qui est suffisant si le terrain est solide; si au contraire il ne l'est pas, on y supplée avec des pieces de bois que l'on met dans le fond ou bien avec une maçonnerie. On forme ensuite un grand encaissement, avec de grosses pieces de bois de sapin placées les unes sur les autres, & l'on met en même tems les quatre montans, dont deux aux extrémités & les deux autres pour la séparation de chaque caisse, qui renferme trois pilons : toutes ces pieces de bois sont liées solidement avec d'autres extérieures bien jointes ensemble. L'une est placée en travers en dessous de chaque montant, & une autre de même au-dessus de la caisse, & liées par des pieces qui y sont assemblées obliquement ; les joints des pieces de bois qui forment l'encaissement, sont garnis avec de la mousse pour que l'eau ne puisse pas s'échapper. On bat ensuite tout autour de cette caisse un pied, jusqu'à un pied & demi d'argille, de maniere qu'elle est enterrée; on la double intérieurement avec

(1) Presque tous les bocards de Schemnitz sont à neuf pilons.

des

des plateaux de bois de chêne, d'environ 4 pouces d'épaisseur,
fur chacun des grands côtés & fur le petit côté, oppofé à celui
où s'écoule le minérai, c'eft-à-dire, le long du montant. La
doublure n'eft que de 3 pouces & de 4 ou 5 de l'autre : cette
précaution eft prife pour avoir moins de travail, & moins d'embarras à réparer la caiffe lorfqu'elle eft ufée ; ce qui eft inévitable
par le frottement qu'il y a du minérai contre les parois de la caiffe,
lorfqu'il eft agité par les pilons. Dans quelques bocards on fait
cette doublure avec des plaques de fer battu, de deux pouces
jufqu'à deux pouces & demi d'épaiffeur ; ce qui dure beaucoup
plus, & évite les réparations qui arrêtent toujours le travail. Le
fol des caiffes fe forme avec des pierres que l'on y confolide, en
faifant agir les pilons : fi le fol fe baiffe, le minérai remplace ce
vide, de maniere qu'il eft toujours à la hauteur que l'on defire.
Les caiffes, où jouent les trois pilons, ont chacune 2 pieds 3 pouces un quart de longueur, fur 11 pouces & demi de large. On
obferve de placer toujours l'arbre de la roue, de façon que la
roue foit du côté le plus petit ; autrement l'eau qui coule le long
de fa furface le fait pourrir plus promptement. Si l'arbre & la
roue font d'un moyen diametre ; par exemple, le premier de
2 pieds & la derniere de 12 à 15 pieds, on met trois mentonnets
pour chaque pilon ; ce qui fait une divifion de 27 pour les 9 ;
mais fi au contraire l'arbre eft plus gros, & que la roue ait un
plus grand diametre, on en met quatre pour avoir la même
vîteffe. Les pilons font de bois de hêtre & non de chêne, parce
que ce dernier s'échauffe trop aifément : ils ont 5 pouces 3 lignes
fur 4 pouces & 2 lignes d'équarriffage, & 2 toifes de longueur.
On les place de maniere que le petit côté foit parallele à l'arbre,
afin que la plus grande largeur foit fur celle de la caiffe, où ils
préfentent plus de furface, & peuvent par cette raifon mieux relever le minérai pour que l'eau l'entraîne : les mentonnets de l'arbre reffortent de 9 pouces, & ceux des pilons de 13. La levée eft
depuis 1 pied jufqu'à 15 pouces ; les pilons de fer dont on arme

ceux de bois ont 5 pouces de diametre dans le bas, & 6 pouces un quart dans le haut, & 7 pouces un quart de hauteur. Ils ont encore 9 pouces de longueur ou hauteur, dont les deux tiers prennent dans le bois, où il eſt aſſujetti par trois liens de fer qu'on fait entrer de force : ces pilons ſont de fer forgé & ronds ; ils durent beaucoup plus que les autres qui caſſent très-ſouvent ; cependant on ſe ſert avec avantage de ces derniers en Saxe & en France, ce qui provient ſans doute de la qualité du fer. Ils ont les angles du haut rabattus, afin qu'ils enlevent moins de matiere ; ce qui eſt contraire au but qu'on ſe propoſe pour avoir de l'égalité dans le minérai pilé : ils peſent de 70 à 80 livres ; celui de bois de 40 à 50 livres, ce qui forme un poids total de 110 à 120 livres.

Dépenſe d'eau pour les bocards.

§. III. Un bocard à 9 pilons, dont la roue eſt de 12 pieds 7 pouces de diametre, dépenſe toutes les 24 heures 186750 pieds cubes d'eau, y compris 5775 pieds de celle qui paſſe dans les caiſſes pour entraîner le minérai ; ce qui eſt conſidérable ; mais auſſi le minérai eſt mieux diviſé ſuivant ſon degré de fineſſe, mieux lavé dans les caiſſes, & moins chargé du plus fin qui par cette raiſon s'attache plus difficilement au groſſier, comme cela arrive dans pluſieurs endroits ; ce qui eſt un très grand inconvénient pour le lavage. Un bocard de 6 pilons conſomme ordinairement 131416 pieds cubes, & un de trois 86458 pieds cubes également dans 24 heures, toujours proportionnellement au nombre des caiſſes ; car pour 3 pilons, il n'en faut que le tiers de la quantité déſignée ci-deſſus pour 9 pilons. Pour piler le minérai d'une moyenne groſſeur, comme on le fait pour ceux de plomb qui ſont toujours unis à celui qu'on nomme *Zinopel*, & qui tient de l'or & de l'argent, le ſol de la caiſſe des pilons eſt de 20 pouces de profondeur de l'endroit où ſe vide l'eau. Car de même qu'à *Joachimſtahl* en Bohême, on ne ſe ſert point de grille, ce qui eſt beaucoup mieux ; de cette façon le ſol étant de 20 pouces de profondeur, l'or ne reſte pas dans le *zinopel* ou dans le quartz ;

ce qui arriveroit, si on le piloit trop grossiérement. Il seroit égalment dangereux de piler trop fin le minérai d'or, d'argent & de plomb qui deviendroit trop léger, & seroit entraîné au lavage sur les tables, du moins en grande partie ; mais si les minérais ont plus de valeur en plomb qu'ils n'en ont en argent tenant or, il faut les piler plus grossiérement, & avoir à cet effet le sol plus élevé. Si du minérai de plomb & de cuivre se trouve parsemé en petits grains dans le rocher, également pur, on a trouvé plus avantageux de le piler grossiérement, afin que le *schlick* puisse se laver plus aisément & avec moins de perte. Au contraire quand l'or, l'argent & le plomb sont en petits grains, & divisés dans la pierre ou rocher, il faut piler plus fin en abaissant le sol ; ce qui a été reconnu aussi plus avantageux, parce qu'on ne cherche, par le travail du bocard, qu'à séparer le rocher du minérai. C'est donc sur l'espece qu'il faut se régler, & comme il y a toujours beaucoup plus de perte à laver le minérai fin que celui qui est grossier, on ne doit piler fin que quand le cas l'exige : à quoi il faut cependant bien prendre garde ; car autrement on tomberoit dans un inconvénient, aussi dangereux que le premier, par la perte qui en résulteroit : cela est d'autant plus important que ce sont les minérais d'argent, qui demandent le plus d'être pilés fin.

Pour élever le sol de la caisse des pilons, quand on veut piler grossiérement, il faut placer le mentonnet plus bas que lorsqu'on veut piler fin. On pourroit aussi abaisser l'ouverture par où s'échappe l'eau avec le minérai à la sortie de la caisse ; mais on ne le fait pas, pour ne pas déranger le labyrinthe : si au contraire on veut piler plus fin & par conséquent baisser le sol, on éleve le mentonnet en ôtant le coin qui est en dessus pour le mettre en dessous, ou un autre moins fort si le cas l'exige ; de la même maniere on éleve l'ouverture par où s'écoule l'eau & le minérai, sans que cela puisse déranger les canaux. Lorsqu'on éleve les mentonnets pour avoir un sol plus profond, on laisse aller les pilons sans mettre du minérai dans la caisse, afin qu'ils se creusent eux-mêmes dans le fol, la profondeur que l'on defire ; pour lors on les y maintient en leur fourniffant du minérai à proportion de ce qu'ils peuvent piler, fans que le fol s'éleve par la quantité qu'on leur en fournit. Dans les bocards où l'on a affez d'efpace pour avoir des trémies, on met un mentonnet dans le haut du pilon environ aux deux tiers de fa hauteur, en deffous duquel il y a un morceau de bois droit qui eft fixé fur l'extrémité de la trémie, & d'une telle longueur que, quand le mentonnet du pilon porte deffus, il y ait en deffous feulement quelques pouces de vide entre le fol & l'extrémité du pilon pour la place du minérai ; de forte que lorfqu'il n'y en a plus fous les pilons, celui qui a le mentonnet frappe fur le morceau de bois droit, qui, en baiffant, fait auffi baiffer la trémie, & lui donne une fecouffe qui oblige le minérai à tomber dans la caiffe ; de cette maniere le fol demeure toujours le même, & les pilons confervent la même levée.

Le pilon où l'on met le mentonnet pour donner la fecouffe à la trémie, eft toujours celui qui eft du côté oppofé à celui de l'écoulement de l'eau qui entre dans la caiffe, pofitivement au-deffous de l'endroit où tombe le minérai de la trémie, comme cela eft pratiqué dans la plupart des bocards ; & pour que le minérai tombe plus facilement fous les pilons, à la premiere fecouffe que la trémie reçoit par le pilon, on a donné à cette même trémie 18 à 19 degrés de pente ou inclinaifon. Comme les pilons s'ufent chaque jour, que par cette raifon le fol s'éleve, & que par conféquent on auroit du minérai pilé plus groffiérement qu'on ne le defire ; pour y remédier & conferver toujours le fol à la même profondeur, on met des morceaux de bois au paffage de l'eau, qui entraîne le minérai hors de la caiffe : comme il arrive très-fouvent qu'un pilon de fer s'ufe plus vîte qu'un autre, & qu'il y auroit par-là de l'inégalité dans la façon dont le minérai feroit pilé, puifque le fol feroit plus bas pour les uns que pour les autres, alors on éleve ou on baiffe avec des coins de bois le mentonnet du pilon, afin que chacun d'eux foit toujours de la même longueur, depuis ce mentonnet jufqu'à fon extrémité inférieure ; mais on a reconnu que cela valoit beaucoup moins que le fol dont on fe fert aujourd'hui, puifqu'on ne pouvoit pas les élever ni les baiffer à volonté; que d'ailleurs le fer en s'ufant & fe perçant, le minérai paffoit en deffous, ce qui occafionnoit une dépenfe plus confidérable. Lorfque les pilons s'ufent, ou les pieces de bois entre,lefquelles ils jouent, ils deviennent fujets à vaciller, donnent plus de frottement, & tombent inégalement fur le minérai ; on y remédie avec des coins de bois. Pour que les pilons aillent bien, il faut que l'on ne voie jamais, hors de l'eau, le pilon de fer, mais feulement les trois liens qui le tiennent enchaffé dans le bois, furtout quand ils font neufs : deux liens lorfqu'ils font d'une moyenne groffeur, & un feul lorfqu'ils font prefque ufés; car fi les pilons s'élevoient jufqu'au-deffus de l'eau, ils la feroient rejaillir en tombant, & il y auroit une perte de minérai; comme l'arbre qui fait agir les pilons, eft plus gros à une extrémité qu'à l'autre, les mentonnets reffortans également de l'arbre, il y auroit des pilons qui auroient plus de jeu que d'autres, puifque le levier, du côté où l'arbre eft plus gros, feroit plus long. Pour y mettre de l'égalité, on éloigne un peu plus l'arbre des pilons, du côté où il eft le plus gros; par exemple, l'arbre eft communément du côté du gros bout, à 11 pouces 6 lignes du montant de la caiffe des pilons; & l'autre extrémité à 10 pouces 9 lignes du montant oppofé de la troifieme caiffe des pilons. La fineffe ou la groffeur du minérai pilé, dépend de la viteffe qu'on donne à la roue; car fi elle va trop vîte, l'eau eft tellement agitée fous les pilons, que le minérai n'a pas le tems de fe précipiter.

§. IV. La conftruction d'un labyrinthe dépend de l'emplacement que l'on a : s'il eft fuffifant, on met à l'extrémité de chaque conduit qui amene l'eau & le minérai d'une des trois caiffes des pilons, deux canaux en angle droit de 8 pouces de largeur fur autant de profondeur, & de 2 toifes de longueur, auxquels on donne 2 pouces & demi de pente par toife. Ces canaux font placés par gradation, pour y recevoir le minérai à volonté dans l'un ou dans l'autre, & pouvoir en nétoyer un tandis que l'autre se remplit. On les nomme *Wellenlutten* pour les distinguer des autres, & parce que le lavage s'y fait avec plus de précaution, puisque la plus grande quantité d'or y est retenue. A mesure qu'ils se remplissent, on a soin de mettre à leur extrémité des petits morceaux de bois, de 2 pouces de hauteur, les uns sur les autres, pour que le grossier ne soit pas entraîné; & à la même extrémité un autre plus petit en angle droit, sous lequel il y en a encore deux de 2 toises & demie de longueur, sur 1 pied de profondeur & autant de largeur, avec une inclinaison d'un demi-pouce. Le petit canal est percé dans son fond de deux trous qui y communiquent, & dont on en bouche un pendant que l'autre se remplit & que l'on vide le premier. A l'extrémité de ceux-ci il y en a encore un en angle droit, & au-dessous de ce dernier deux autres paralleles de même longueur, sur 14 ou 15 pouces de largeur & de profondeur, & seulement d'un quart de pouce de pente. Si le besoin l'exige, on augmente ces canaux dans le bâtiment du bocard ou en dehors, ayant soin de placer à chacun d'eux les petits morceaux de bois d'un pouce de hauteur, & aux derniers d'un pouce & demi.

Pour que la séparation du plus fin se fasse exactement, & qu'il soit entraîné par l'eau, on frappe de tems en tems sur sa surface avec un rateau de bois sans dents, en observant de ne point le faire suivant le courant de l'eau, mais de côté, afin que le gros ne soit pas emporté; on en fait de même pour le plus fin qui se dépose en dehors des bocards, & qui sans cette précaution resteroit comme une boue claire qu'on ne pourroit laver.

§. V. Les tables à laver le minérai sont, pour la forme, semblables à celles dont nous avons parlé (*); elles ont communément 12 à 13 pieds de long, sur 5 pieds de large en dedans, & 8 à 9 pouces de profondeur, & varient dans leur inclinaison suivant l'espece de minérai que l'on a à traiter; sur 9 pieds 5 pou-

(*) *Voy.* Pl. XV, fig. 3.

ces de longueur, la pente eſt de 20 à 24 pouces ou 11 à 12 degrés dans les tables où on lave le gros minérai ; les ſuivantes en ont 16 à 18, 12 à 14 & 10 à 12, & d'autres encore moins inclinées. Sur les 9 pieds 5 pouces de longueur, elles forment une courbe dans l'endroit le plus profond, & au tiers en prenant depuis le haut ; le ſurplus eſt deſtiné à placer l'ouvrier pour le travail. Au-deſſous eſt une caiſſe pour recevoir l'eau avec le rocher, au moyen de laquelle on reconnoît ſi les laveurs ne laiſſent point échapper de minérai ; à quoi le maître de bocards doit avoir l'œil, en eſſayant de tems en tems celui qui s'y raſſemble.

Lorſqu'on commence un lavage, on met dans le haut de chaque table une toile pour retenir le minérai : on ſe regle ſur ſa qualité pour le nombre de morceaux de bois qu'il eſt néceſſaire d'y placer ; par exemple, pour le groſſier on en met 5 de chaque côté, & pour les autres eſpeces 6 juſqu'à 7. Dans la partie ſupérieure de chaque table, eſt une caiſſe une peu inclinée pour recevoir le minérai pilé, à l'extrémité de laquelle il y a un robinet, & à ſon fond une autre ouverture par où s'échappe l'eau avec le minérai, dans un canal qui la conduit ſur la table. L'eau du robinet qui eſt le plus près de cette ouverture, entraîne trèspeu de matieres puiſqu'elle ne paſſe pas par deſſus, l'autre au contraire en charie continuellement ; au moyen de ces deux robinets on ſe regle pour la quantité d'eau que l'on doit donner à la table, & pour que celui-ci ſoit également chargé de minérai. Si l'eau arrivoit trop épaiſſe, on boucheroit un peu le robinet ſupérieur & l'on ouvriroit davantage l'inférieur ; ſi au contraire elle étoit trop claire, on fermeroit ce dernier pour ouvrir le ſupérieur.

§. VI. La méthode que l'on ſuit pour le lavage des minérais eſt la même que celle que nous avons décrite, en parlant des laveries par gradation ; nous avons auſſi enſeigné la maniere de ſéparer les différentes pelletées de minérai pour les laver à part. Nous ajouterons à cela qu'on ne peut établir aucune regle pour cette diviſion ; le laveur doit avoir une connoiſſance ſuffiſante pour diſtinguer chaque efpece. Comme ces mines produifent , fur-tout du côté du nord, de ces minérais qui contiennent beaucoup de plomb ; on parvient à les féparer les uns des autres par le lavage : autant qu'il eft poffible on en obtient du *fchlick* de plomb, qui par fa pefanteur s'arrête toujours dans le haut de la table, & de celui de pyrite, & tous deux enfuite font lavés féparément ; mais comme ces différens *fchlicks* contiennent encore beaucoup de pyrites, on les purifie de nouveau, en les lavant dans des *fchlem graben* ou caiffes allemandes (1).

Comme ce *fchlick* renferme encore un peu de minérai de plomb qui eft fort précieux dans ce pays, par le befoin qu'on en a dans les fonderies pour extraire l'argent des minérais, & qu'il fe vitrifie par la fonte crue en le laiffant dans les pyrites, fans qu'on puiffe en profiter, on a conftruit depuis quelque tems de nouvelles laveries pour le féparer entiérement des pyrites. Trois de ces laveries, à côté les unes des autres, confiftent chacune en deux tables, placées fur une même ligne : la premiere qui eft la plus élevée, de 13 pieds 8 pouces de longueur, fans y comprendre l'endroit où fe met le minérai qui a 1 pied & demi, & 5 pieds 3 pouces de large, & la profondeur ordinaire. La deuxieme ou plutôt l'inférieure, de 4 pieds 2 pouces, & la même largeur, fur un pied de profondeur. Le fol de la fupérieure, incliné de 10 degrés eft recouvert avec du *fchlick* très-fin, fur toute la furface & par deffus avec des toiles : on agit de même fur le fol de l'autre table, mais en ne mettant qu'une toile dans le haut ; celle-ci n'a que 6 degrés de pente.

Lorfqu'on veut faire un lavage, on met 4 trogs de *fchlick* de pyrite, dans la partie fupérieure de la premiere table, & l'on ouvre auffi-tôt la vanne d'un canal qui eft en deffous, d'où l'eau tombe par 15 petits trous ; alors le laveur placé fur une planche en travers de la table, & avec un rateau de bois dont le manche

____

(1) Nous avons parlé ci-devant de ces caiffes ; on en trouvera auffi la defcription dans le IX Mémoire, Sect. I, §. VIII.

eft

eſt ſuſpendu par le milieu à une corde , agite le minérai & l'attire en dehors pour que l'eau l'entraîne ſur les toiles , où le plus peſant s'arrête. Le ſurplus ſe rend ſur la table inférieure , où un autre laveur le remonte de bas en haut , en prenant la précaution de placer à l'extrémité de cette table des morceaux de bois pour le retenir , de façon qu'il y en ait 9 à 10 pouces d'épaiſſeur.

Lorſque ce lavage eſt fini , on ferme la vanne & on enleve les toiles pour les laver ſéparément dans des cuves pleines d'eau ; les laveurs les étendent de nouveau ſur les tables pour commencer un autre lavage. Le minérai des cuves eſt encore lavé 3 ou 4 fois ſur des tables ſemblables , inclinées de 8 degrés. On en obtient un ſchlick de plomb , dont le quintal rend 40 livres , mais on ne relave point celui de pyrite qui eſt dans le haut de la table , il eſt envoyé dans cet état aux fonderies ; celui qui eſt dans le bas eſt encore lavé dans des ſchlem graben. De 200 quintaux de ſchlick de pyrite , on retire 14 à 15 quintaux de celui de plomb.

§. VII. Les deux premieres pelletées de ſchlick qui proviennent de chacun des précédens lavages , ſont miſes à part , comme il a été dit , pour être lavées ſéparément ſuivant leur degré de fineſſe , & en retirer l'or. Ce lavage ſe fait ſur une petite table de 9 pieds & demi de long , y compris une petite caiſſe placée dans le haut , de 18 pouces de longueur , ſur 6 pouces & demi de profondeur , & de la même largeur que la table dont l'extrémité n'a que 6 pouces d'ouverture , & dont l'inclinaiſon eſt de 19 degrés. Ayant mis dans le haut de cette table une trog de minérai , on y fait arriver un courant d'eau ; pour lors le laveur avec un balai le remonte de bas en haut , & continue cette manœuvre , juſqu'à ce qu'il n'en reſte qu'une petite quantité dans laquelle on apperçoit de l'or en nature , mais uni au ſchlick de plomb. Au bas de cette table qui eſt. élevée , il y a une caiſſe de 3 pieds de profondeur toujours remplie d'eau , au travers de laquelle on a mis des planches étroites , pour ſoutenir la ſébille ou trog (*) , qu'on met en deſſous pour recevoir le minérai entraîné

Lavages des premieres pelletées de ſchlick pour en ſéparer l'or.

(*) Voyez la Pl. XVI , fig. 3 & 4.

par l'eau. Dès que ce lavage, qui ne dure que quelques minutes, eſt fini, on ôte cette trog pour en remettre une autre : cela fait, le ſchlick qui eſt venu dans la premiere eſt porté dans le haut de la table pour être lavé de nouveau ; pendant ce tems l'autre laveur nétoie l'or de la ſébille, comme il ſuit (1).

L'ouvrier tient la ſébille avec les deux mains par les rebords *A*, & frappe l'extrémité *B* continuellement contre ſon ventre, ce qui attire l'or comme le plus peſant. Il laiſſe enſuite écouler l'eau avec le minérai qui eſt venu vers *G* ; il en remet de nouvelle, & continue cette manœuvre juſqu'à ce que l'or paroiſſe auſſi pur qu'il eſt poſſible de le faire ſans en perdre : lorſqu'il y eſt parvenu, il prend une corne de bœuf remplie d'eau , & percée à ſon extrémité d'un petit trou, par lequel il fait couler un filet de cette eau ſur la largeur de la ſébille, & de cette façon ſépare le minérai d'avec l'or qui reſte dans le haut; & en inclinant ladite ſébille , il le fait tomber dans la grande caiſſe dont il a été parlé , & enſuite l'or avec l'eau dans une trog à part ; il attend qu'il en ait de pluſieurs lavages pour le purifier encore tout enſemble dans la même ſébille. Ces ſébilles qui ſont toutes de bois, ſont meilleures pour le lavage que celles dont le fond eſt d'une plaque de cuivre ; la plupart ſont d'un ſeul morceau de noyer creuſé de 17 à 18 pouces de long en dedans , ſur 15 à 16 de large , les rebords de 2 , & leur profondeur ſur le derriere de 3 à 4.

Le maître du bocard veille avec le plus grand ſoin à ces lavages, pour qu'il ne ſoit fait aucun vol. Chaque ouvrier doit livrer tous les ſoirs à l'inſpecteur, l'or qu'il a lavé dans une boîte de cuivre ; les produits de chaque jour ſont réunis pour être lavés de la même maniere. Douze ouvriers qui ont tous fait ſerment, ſont chargés de ce travail, ainſi que de celui de l'amalgame. Lorſque la caiſſe qui eſt au bas de la petite table , & ſur laquelle on lave l'or dans les ſébilles eſt pleine de ſchlick , on en fait un lavage ſéparément ſur une grande table , & l'on en prend tout le haut de

____

(1) De cette maniere on lave 5 à 6 fois le minérai, & à chaque fois dans la ſébille

la largeur de quatre pelles pour le laver & en retirer l'or.

L'avantage que l'on retire par cette méthode, en perdant le moins de minérai qu'il eſt poſſible, doit être appliqué dans tous les pays, ſur-tout dans tous les endroits où le bois eſt très-rare. Quoiqu'en Saxe on ait beaucoup d'exactitude dans ce travail, on eſt cependant encore bien éloigné de la perfection de celui des Hongrois, qui, malgré cela, prétendent qu'on peut faire encore des changemens. Les gratifications que la cour donne à ceux qui les propoſent & qui y réuſſiſſent, donnent de l'émulation aux autres.

§. VIII. L'or en nature qu'on ſépare du ſchlick par le lavage dans les ſébilles eſt encore mêlé avec du minérai de plomb, & un peu de pyrite ; on le purifie en l'amalgamant avec le mercure, opé‑ ration qui ſe fait au commencement de chaque mois ſur la quan‑ tité qui a été raſſemblée dans le précédent. Au milieu de l'appar‑ tement deſtiné à ce travail, eſt un canal de bois ſoutenu par des piliers, à 3 pieds de terre, autour duquel il y a des planches per‑ cées de trous ronds, aſſez grands pour pouvoir y mettre des mortiers de bois, dont on ſe ſert pour y triturer l'or avec le mercure. Le long de ces planches il y a des bancs pour aſſeoir les ouvriers qui font ce travail. L'inſpecteur des bocards qui doit être préſent, donne à chaque ouvrier pour un mortier qui a 6 à 7 pouces de hauteur intérieurement & autant de diametre dans le haut, le *ſchlick* qu'il a lavé dans le mois, avec une quantité proportion‑ née de mercure ; par exemple, s'il y a 8 lots, il donne autant de mercure & quelquefois davantage, ce qui dépend du plus ou moins d'or contenu dans le ſchlick ; car plus il eſt riche, plus il faut de mercure. Chaque ouvrier met dans ſon mortier le ſchlick chargé d'or, qu'il y fait tomber avec de l'eau, afin qu'il n'en reſte pas d'adhérent à la boîte de cuivre qui le contenoit ; & pour que l'on puiſſe décanter cette eau du mortier, il frappe tout au‑ tour pour le réunir ; pour lors on décante l'eau ſans craindre qu'il ſoit entraîné : cela fait, on verſe un peu de mercure par

Amalgamation de l'or avec le mercure.

A a ij

deffus le fchlick d'or , & l'ouvrier avec un pilon de bois triture
jufqu'à ce qu'il n'apperçoive plus de mercure ; il en ajoute de nouveau & continue cette manœuvre. Quand toute la matiere qui
eft dans le mortier devient molle & pâteufe, c'eft une preuve
que l'or eft déjà tout amalgamé ; alors en y verfant de l'eau
chaude, l'amalgame devient liquide & s'unit aux parties d'or
qui ne feroient pas amalgamées. Il triture fans difcontinuer, &
verfe l'eau chargée de fchlick de plomb dans une fébille, & quand
il ne refte plus que l'amalgame dans le mortier, il lave dans la fébille le fchlick que l'eau a entraînée: s'il y apperçoit encore de l'or,
il le remet dans le mortier pour continuer la trituration ; mais
s'il n'y a rien, il prend l'amalgame dans les mains, met une fébille
par deffous, ouvre le robinet du canal qui eft devant lui, & fait
couler de l'eau froide par-deffus ; il paîtrit bien cette amalgame
dans les mains, afin de la nétoyer entiérement, & il continue
ainfi jufqu'à ce que l'eau en forte parfaitement claire, ce qui eft
une preuve que la maffe ne contient que de l'or & du mercure.

Si cette amalgame étoit trop dure , on y ajoute un peu de **ce**
dernier & on paîtrit le tout entre les doigts : cela fait, on met
l'amalgame dans une peau de chamois, qu'on lie enfuite avec une
corde pour que le mercure fuperflu puiffe paffer à travers ; on
délie la peau & on en retire une boule qui eft ordinairement de
la groffeur d'une noix ; on ne les fait jamais plus groffes parce
le mercure auroit plus de peine à s'en féparer par la diftillation.
L'ouvrier qui a fait cette amalgame , enfonce dans chaque boule
de petits morceaux de bois, mais feulement le nombre néceffaire pour défigner le numéro du bocard d'où cet or eft provenu. On enferme enfuite cette boule dans un linge qu'on lie
avec un fil, & on coupe le furplus de la toile : lorfqu'on a une
quantité fuffifante de ces boules, on les foumet à la diftillation
comme il fuit.

(*) *V.* la Pl.
XVI, fig. 5.　Le vaiffeau (*) dont on fe fert pour diftiller le mercure des boules
eft de terre & de deux pieces, dont la fupérieure emboîte dans l'autre,

que l'on emplit d'eau. Lorfque la premiere eft placée dans le milieu de l'inférieure, on met un pied de fer dans le centre, duquel s'éleve une branche de fer refendue à fon extrémité & divifée en trois, recourbées de façon qu'elles puiffent fupporter un petit teft de terre très-plat, & percé de trous, fur lequel on place 5 à 6 boules. Par-deffus ces boules on met un autre teft femblable au précédent, qu'on garnit de même avec des boules : on place alors la partie fupérieure du vaiffeau, & on l'enterre dans du fable jufqu'à la hauteur de l'inférieure qui eft pleine d'eau ; quant à la partie qui eft hors du fable, on la couvre bien de charbon auquel on met le feu. Le vaiffeau étant échauffé, le mercure fe fépare de l'or & fe rend dans l'eau ; la durée de cette opération eft d'environ trois quarts d'heure ou une heure tout au plus, après lequel tems on retire le vaiffeau, à moins que l'on ne s'apperçoive que les boules donnent encore de la fumée. On doit avoir la plus grande attention de ne pas donner trop de feu dans le commencement de la diftillation ; car on rifqueroit de faire fondre les boules. Le mercure qui en provient eft très-pur ; il eft mis à part pour fervir de nouveau. On regarde cette méthode de diftiller le mercure d'une amalgame, comme la meilleure qui foit connue jufqu'à préfent. Comme le fchlick de plomb divifé avec l'amalgame dans l'eau contient encore un peu d'or, on le lave de nouveau fur la petite table dont il a été parlé, & enfuite dans une fébille. On trouvera dans le fixieme Mémoire, Sect. I, §. XXIII, l'ufage que l'on fait de ces boules.

La perte du mercure dans cette diftillation, eft d'un lot & demi par marc, jufqu'à 2 lots au plus.

Section III.

Mines d'or & d'argent des environs de Schemnitz.

§. I. A une lieue & à l'orient de la ville de Schemnitz eft fituée la mine de *Hoffer ftollen*, que les anciens furent forcés d'abandonner par l'abondance des eaux , dont ils ne pouvoient fe rendre maîtres, malgré la galerie qui les écoule à 40 toifes de profondeur, & par le manque d'eau extérieure pour fournir à des machines : cette mine cependant a été reprife par une compagnie , & doit le foutien de fon exploitation à la conftruction d'un étang que la reine propofa de faire à fes frais, fous la condition qu'ils lui feroient rembourfés à fur & mefure fur les produits ; & comme il eft utile à deux mines, on a fixé la fomme que l'une & l'autre devoient payer , en raifon de la quantité d'eau que chacune dépenfoit. La chambre des mines a décidé que les compagnies payeroient 50 fols par chaque marc d'argent , & 10 liv. 10 fols par chaque marc d'or , jufqu'à l'entier rembourfement de la dépenfe, que l'on eftime d'environ 100000 l. La digue eft de 70 toifes de longueur , fur 12 de profondeur.

Cette mine a actuellement 100 toifes de profondeur perpendiculaire ; les eaux en font élevées par quatre machines hydrauliques de 60 toifes, jufqu'au niveau de la galerie d'écoulement : on y remarque trois filons principaux , dont deux ont leur direction de 1 à 3 heures, & l'autre de 3 à 6 ; mais tous approchent beaucoup de celle de 3 heures , & c'eft alors qu'ils font meilleurs. Ces filons contiennent du quartz blanc , du fpath & de la pyrite , dans lefquels on trouve de la mine d'argent vitrée, & de la mine d'argent rouge divifée dans la blende : tous ces minérais font plus riches en or que ceux de Schemnitz, puifque le marc d'argent laiffe au départ 18 deniers d'or. On y apperçoit affez fouvent de l'or natif qui y eft toujours en très-petits grains. Dans quelques endroits de ces filons on trouve plufieurs pieds de largeur en quartz , dans lequel on ne voit aucun atome d'or ni de minérai : cependant en le paffant au travail des bocards , on retire un peu de ce métal pur & du *fchlick* d'argent aurifere ; nous en avons vu faire l'expérience devant nous , fur un morceau que l'on a pilé & lavé enfuite dans une fébille , dont le réfultat fut de l'or réduit en une poudre impalpable.

L'exploitation des filons eſt la même qu'à Schemnitz , avec cette différence que les *qwerbaû* n'y ſont pas uſités , parce qu'ils ne ſont pas auſſi larges.

On a commencé une autre galerie d'écoulement qui ſera de 80 toiſes plus profonde que la premiere , & longue de 700 toiſes.

Le produit de cette mine eſt d'environ 60 marcs d'argent , dont le marc tient , comme il a été dit , 18 deniers d'or. On retire en outre des laveries , par chaque ſemaine , un marc de ce dernier métal , dans lequel il ſe trouve le quart d'argent. *Produit.*

§. II. Cette mine , diſtante de la premiere de demi-lieue , & déjà fort ancienne , a été repriſe depuis pluſieurs années par une compagnie , qui en a commencé le travail par une galerie priſe au pied de la montagne , de 550 toiſes de longueur & qui ſert d'écoulement ; elle a été pouſſée en grande partie ſur le filon , ſur lequel on a fait des ſtroſſes ou ouvrages en montant , avec un petit puits d'airage. On a auſſi travaillé dans la profondeur au-deſſous de ladite galerie , mais l'abondance des eaux l'a fait abandonner , juſqu'à ce que l'on en ait achevé une autre de 24 toiſes plus profonde : on aura alors la facilité d'établir des machines dans la mine pour en ſuivre l'exploitation. Mine d'*Antoni de Padoua Stollen.*

Le filon de cette mine ſe dirige entre 11 & 12 heures , & s'incline à l'orient de 40 à 45 degrés ; ſa largeur eſt de 3 toiſes dans certains endroits , mais toujours très-mêlé ; on y trouve rarement du minérai pur , mais de celui à bocard , du quartz blanc & de couleur d'améthyſte , & un peu de ſpath ; ce dernier ne tient pas , à beaucoup près , autant d'or & d'argent. On compte dans les minérais ordinaires la mine d'argent rouge , la mine vitrée, la mine d'argent blanche , de celle que l'on nomme *ſilber glantz*, de la pyrite & de la blende. *Eſpeces des minérais.*

Cette mine jouit des eaux de l'étang aux mêmes conditions que la précédente.

§. III. Les bocards ſont triples , c'eſt-à-dire , à 9 pilons , & les tables à laver les minérais ſont de celles que l'on nomme *tables* *par répercuſſion* (*), qui ont 4 pieds 8 pouces de long, & 5 pieds 3 pouces de large , ſur leſquelles ont fait les mêmes opérations qu'à Schemnitz. Elles ſont un peu rondes dans la partie ſupérieure, c'eſt-à-dire , que le ſol eſt en courbe, de maniere que le *ſchlick* ſe nétoie beaucoup mieux. Elles ont une inclinaiſon différente pour chaque eſpece ; mais on obſerve de ne pas laiſſer couler autant d'eau ſur celles où on lave le plus fin que ſur les autres, & qu'elles ne reçoivent pas autant de ſecouſſes ; du reſte l'on procede comme à Schemnitz, & le minérai y eſt lavé quatre fois.

Le *ſchlick* qui provient de ces laveries eſt eſſayé à la fin de chaque ſemaine ; le groſſier doit tenir 8 lots par quintal d'argent aurifere, & le fin 4 lots ; ſi l'un & l'autre ſont moins riches , on rabat au maître laveur 12 ſols 6 den. par chaque lot ; par exemple , s'il ne tenoit que 7 lots , il ne retireroit que 5 liv. pour ſes gages d'une ſemaine ; & s'il en manque davantage, on lui diminue en proportion , mais toujours 12 ſols 6 deniers par lot. C'eſt toujours le maître laveur qui en eſt reſponſable , & non les autres ; d'où il réſulte que chaque bocard doit livrer 33 lots d'argent par ſemaine ; ſavoir, 24 lots $\frac{1}{3}$ pour les 10 rimpels de *ſchlick* groſſier, & 8 lots $\frac{2}{3}$ pour les 8 rimpels reſtans ; ce qui fait pour les dix bocards un produit de 20 marcs 10 lots , & par mois 82 marcs 8 lots , quand ils n'ont point d'interruption & que le minérai eſt le même ; mais communément il eſt de 50 à 60 marcs , à 7 deniers d'or ; en général il eſt porté à 100 marcs d'argent par mois , & 15 lots d'or qui a été ſéparé par le lavage.

Tous les minérais ſont livrés à la fonderie impériale de Cremnitz pour y être fondus.

S E C T I O N   I V.

Mines d'or & d'argent de Cremnitz.

§. I. Les travaux de ces mines que fait exploiter la reine s'étendent à un quart de lieue ; on y exploite un filon principal qui ſe dirige de 1 à 2 heures, & s'incline de 60 à 70 degrés du

ſoir

ſoir au matin. Il eſt ſitué dans un vallon qui a la même direction; on y remarque quantité de veines qui s’en détachent du côté du midi, & qui forment elles-mêmes des filons ; mais pluſieurs s’en éloignent tellement du côté du nord qu’elles ne le rejoignent plus. Ces veines ſont communément plus riches, & ont la même inclinaiſon de la montagne, qui eſt dans un ſens contraire.

Dans certains endroits le filon principal a juſqu’à 12 & 15 toiſes de largeur ; il eſt compoſé pour la majeure partie d’un quartz blanc, qui à la vue paroît ne tenir aucun minérai , mais qui donne au lavage de l’or natif , & un peu de *ſchlick* d’argent aurifere : on y trouve par intervalle de petites veines noires que l’on reconnoît pour de la mine d’argent blanche & de la rouge ; quelquefois même de l’or vierge que l’on y apperçoit très-diſtinctement , quoiqu’en petits grains, & auſſi de celui en feuilles ou lames ; elles contiennent auſſi beaucoup de pyrites auriferes tenant argent. Ces veines ont juſqu’à 4 pieds de largeur.

Les rochers qui accompagnent les veines & filons & qui les renferment , ſont de la même eſpece que ceux de Schemnitz , & contiennent également quantité de pyrites, dont la facile effloreſcence fait éprouver dans les travaux une ſi grande chaleur , qu’à peine on y peut reſter un quart d’heure , malgré le courant d’air qu’on y a établi.

L’exploitation eſt auſſi la même , il en coûte ſeulement plus de bois d’étançonnage, parce que le rocher y eſt moins dur.

Les minérais trompent à l’œil ; car il s’en trie mêlés avec quantité de quartz qui ont très-peu d’apparence, & dont le quintal tient juſqu’à 100 lots d’argent aurifere.

§. II. Tous les travaux de cette mine ſont ſecourus par une galerie d’écoulement, profonde de 81 toiſes ſur 400 toiſes de longueur , dont la majeure partie a été excavée par les anciens. Cette profondeur n’étant pas ſuffiſante pour élever les eaux de 154 toiſes, on a conſtruit des machines dans l’intérieur , dont une eſt employée à l’extraction des minérais , & en même tems à

Tome II. Bb

l'épuifement des eaux. Celles qui fervent aux machines & aux bocards ne manquent jamais; elles viennent de différentes fources par un canal de dix mille toifes de longueur.

Le travail des bocards & celui des faveries font les mêmes qu'à Schemnitz, avec cette feule différence que l'or étant divifé en plus petites parties dans le minérai, celui-ci eft pilé plus fin.

SIXIEME MÉMOIRE.

SU R les divers procédés que l'on emploie à Schemnitz pour la fonte des minérais d'or & d'argent, & fur la mine d'argent d'Annaberg dans la baffe Autriche.

Par MM. J A R S & D U H A M E L, annéé 1753.

SECTION PREMIERE.

Des fonderies, de la divifion des minérais, de leur effai, de leur grillage & de leur fonte.

§. I. PLUSIEURS compagnies ont confervé le privilege d'avoir leurs propres fonderies, & d'y traiter leurs minérais à leur gré ; elles font feulement obligées de livrer les métaux à la chambre des mines à un prix fixe ; mais il n'eft point libre aux nouvelles compagnies d'en conftruire, elles s'arrangent avec les anciennes pour fondre leurs minérais, ou bien elles les livrent aux fonderies impériales, fuivant la taxe qui en a été faite & que l'on trouve à la fin de cette Section.

Fonderes
impériales &
particulieres.

§. II. Chaque mois dans tous les atteliers de la reine, & en préfence de l'effayeur-juré de la chambre des mines, & d'un des intéreffés, on procede à la divifion des minérais fuivant leur qualité & richeffe ; chaque pefée fe fait d'un quintal dont on prend quelques livres pour l'effai. Lorfque la totalité d'un monceau d'une même efpece a été pefée, on mêle bien enfemble celui que l'on a pris pour effai, & on en fait une couche d'environ 2 pouces d'épaiffeur, dans une caiffe deftinée à cet ufage; alors on en prend avec une petite pelle dans tous les fens, pour avoir du gros & du fin; on mêle de nouveau celui qui a été enlevé & on l'étend pour

Divifion des
minérais.

le réduire en un plus petit volume de 5 ou 10 livres. Ce minérai est remis à l'essayeur de la reine qui le fait sécher, & en note le poids étant sec & mouillé; il le fait ensuite pulvériser & tamiser, ce qui ne peut pas passer au travers du tamis est broyé avec un marteau sur une plaque de fer ; s'il s'y trouvoit de la mine d'argent vitrée & de l'argent natif, il faudroit les couper en petits morceaux, les mêler avec le minérai qui a passé au tamis, & les pulvériser encore jusqu'à ce que le tout soit réduit. Ce produit est divisé par l'essayeur en trois paquets qu'il cachete, & dont il en garde un ; le second est envoyé à l'essayeur de la chambre, & l'autre aux compagnies. D'après leur essai fait séparément, si l'un differe d'un gros & l'autre d'un demi-gros, on se contente de prendre la moyenne proportionnelle; mais si la différence est plus forte & qu'elle soit, par exemple, de deux ou trois gros, dans ce cas ils doivent répéter les essais; si alors deux sont d'accord on s'y tient, l'essayeur-juré de la chambre fait un état des minérais, dans lequel il spécifie la fonderie où ils doivent être envoyés, ce qu'il ne peut faire cependant sans l'ordre de l'administrateur général des fonderies de sa majesté, qui lui indique la quantité de chaque espece pour faire faire les mêlanges.

Quand on fait la division des minérais, le maître peseur de chaque attelier passe en recette tout celui qui est destiné pour la reine, & lorsqu'il faut en envoyer aux fonderies, l'essayeur de la chambre leur expédie un billet pour que l'on pese les différentes quantités qui doivent être livrées à chacune ; alors il écrit avec de la craie sur une table noire, l'an, le jour, le nom de la mine d'où provient le minérai, son espece, son poids & sa teneur, & ensuite l'enregistre sur son livre. Le prix que l'on donne pour le transport de chaque quintal de minérai, a été fixé de maniere qu'un homme avec une voiture à quatre chevaux, puisse gagner 5 liv. par jour; l'écrivain des fonderies en tient un état pour payer les voituriers.

§. III. Rien n'est plus important pour le travail des fonderies,

que de faire l'effai des minérais avant de les fondre. Les fourneaux
d'effais font affez grands pour que l'on puiffe y mettre une mouffle
capable de contenir 30 coupelles à la fois ; ils font conftruits
avec des pierres de grès, liées avec des cercles de fer.

Comme prefque tous les minérais contiennent de l'argent aurifere, on les fait fcorifier à l'ordinaire avec le plomb pour en obtenir le fin. On prend de chaque efpece deux quintaux fictifs,
chacun de cent livres, que l'on met féparément dans un teft, avec
fept quintaux de plomb bien mêlés enfemble. Si le minérai eft
réfractaire, on augmente la quantité de plomb, on fait fcorifier
fous la mouffle ; & lorfque la fcorification eft parfaite, on les
verfe dans de petites cavités demi-fphériques, formées dans une
plaque de fer : quand les effais font froids on en fépare les fcories
avec un marteau, & on coupelle le plomb pour en avoir le grain
de fin. Ces procédés font décrits dans le traité de docimafie de
Schlutter d'une maniere qui ne laiffe rien à defirer.

De cette maniere on effaie le minérai qui a été livré de chaque
pofte ; & pour connoître ce que le marc d'argent provenant de
tous ces poftes, fondus enfemble, tient en or, on fond tous les
petits grains d'argent avec un peu de plomb, & on les paffe fur une
coupelle. On applattit enfuite le bouton qui en provient, & on le
chauffe de tems à autre pour le rendre plus malléable, avant que de
le mettre dans l'eau forte. Si la lame d'argent pefe un marc on en
prend autant pour le *départir*, & après l'avoir pliée on la met
dans un matras de verre à long col, & par deffus de l'eau forte,
dont on fait précipiter les féces ; on place enfuite ce petit matras
fur un trépied de fer, au-deffous duquel on fait un feu de charbon.
Lorfque l'argent eft entiérement diffout, on décante l'eau forte
dans un vaiffeau particulier ; on verfe alors de l'eau chaude dans
le matras, & après qu'on l'a fait bouillir on la décante auffi fur du
fchlick, & on en remet de la nouvelle, jufqu'à ce qu'elle foit parfaitement limpide ; on renverfe auffi-tôt le matras dans un petit
creufet pour en retirer l'or que l'on pefe après l'avoir fait fécher.

§. IV. L'effai des minérais des compagnies fe fait de même que de ceux de la reine ; car quoiqu'elles aient leurs fonderies avec la liberté d'y fondre, elles ne peuvent cependant y faire tranfporter leur minérai, fans en avoir donné avis à l'effayeur - juré de la chambre, qui doit fe rendre fur la mine pour en prendre un effai, & la note de la quantité de chaque efpece. Les compagnies ont été affujetties à ces conditions, afin de prévenir le tort qu'elles pourroient faire à fa majefté, en vendant fous main les métaux de fes mines, vu qu'elles font obligées de les livrer à la chambre à un prix fixé, fur lequel la reine a un bénéfice qui lui tient lieu de dixieme ou de vingtieme qu'elle fe réferve ailleurs : cependant à le bien confidérer ce profit n'eft pas confidérable, attendu qu'elle fournit gratis tous les bois néceffaires pour la charpente intérieure des mines, la conftruction des machines, des bocards & à l'ufage des fonderies ; les compagnies en paient feulement le tranfport.

§. V. Le paiement que la chambre des mines fait de l'or & de l'argent aux compagnies, a été diftingué en deux efpeces : favoir, en haut paiement & paiement ordinaire. Le premier s'accorde à celles dont les mines font en *χûbûſſe* ou perte, ou bien dans le cas où elles auroient quelque entreprife à faire, comme une galerie d'écoulement, machine & autres, quand même la mine donneroit du bénéfice. Le nombre d'années eft fixé à ce fujet, & on en prolonge même le tems fi on le juge néceffaire ; mais il faut que le confeil des mines de Vienne décide pour en obtenir le paiement, ou que l'ordre émane directement de fa majefté ; dans l'un & l'autre paiement, l'or & l'argent fe paient toujours à raifon du fin qu'ils contiennent, trouvé par les effais & comme il fuit.

Le marc d'argent, poids de Vienne, fuivant le haut paiement, eft payé aux compagnies, lorfqu'elles le livrent à la chambre des mines . . . . 53 liv. 6 f. 8 d.

Et fuivant le paiement ordinaire . . 48 liv.

Le marc d'or, fuivant le haut paiement eft payé 806 liv. 8 f.

Et ſuivant le paiement ordinaire . . . 776 liv. 10 ſ.

Quant au plomb, lorſqu'on en retire, le quintal de 100 livres, poids de Vienne eſt payé . . . . . 24 liv. 7 ſ. 6 d.

Quand les compagnies, au lieu de fondre leurs minérais, les livrent aux fonderies royales, le paiement s'en fait comme il vient d'être dit ; mais en déduiſant les frais de fonte : par exemple, ſi le quintal tient depuis 1 juſqu'à 4 lots d'argent aurifere, on diminue pour ces frais 3 liv. 15 ſols par chaque quintal, lorſqu'il tient depuis 4 lots & demi juſqu'à 6 ; on diminue 5 l. & 7 l. 12 ſ. 6 d. s'il eſt riche de 6 lots & demi.

Il n'y a pas d'égalité dans cette taxe ; car on compte plus pour les frais de fonte d'un minérai riche que d'un minérai pauvre, tandis que l'un ne coûte pas plus que l'autre. S'il y avoit de la différence, il n'eſt pas douteux que les premiers, ſur-tout étant riches, doivent moins coûter ; mais il eſt vrai de dire que ſi la reine ne perd pas ſur ceux qui ſont pauvres, elle n'y a aucun bénéfice ; d'où il réſulte que l'on en fait ſupporter la perte à ceux qui ſont riches. Comme le ſchlick de pyrite eſt néceſſaire dans les fontes, on ne diminue du paiement de l'or & de l'argent qui y ſont contenus, que 1 l. 15 ſ. par chaque quintal pour les frais. Cette taxe avoit lieu avant l'année 1756, lorſqu'on envoya de Vienne la table qui fixe les prix de chaque eſpece de celui qui provient des mines du diſtrict de Cremnitz, & qui tient un lot trois quarts en argent, dont le marc laiſſe au départ juſqu'à 45 deniers d'or ; & pour ceux de Schemnitz, qui tiennent juſqu'à 2 lots & trois quarts en argent, & le marc de cet argent juſqu'à 54 deniers d'or & plus.

Lorſqu'il eſt plus riche en argent, pour lors il vient à la premiere taxe, c'eſt-à-dire, que l'on paie l'un & l'autre de ces métaux en déduiſant les frais de fonte, à proportion de ſa richeſſe en argent, ſans avoir égard à l'or ; par exemple, ſi un minérai de 6 lots d'argent par quintal, dont le marc contient 16 deniers d'or, eſt payé ſelon le haut paiement, il y a pour la valeur de l'ar-

Prix du plomb.

Taxe des minérais.

gent 20 liv. & pour celle de l'or 18 liv. 17 fols 11 den. cinq huitiemes, ce qui fait un total pour le fin de 39 liv. 17 fols 11 den.
cinq huitiemes, dont il faut déduire 5 liv. pour les frais de fonte;
il restera 34 liv. 17 fols 11 den. cinq huitiemes, que la chambre
paie aux compagnies pour cette espece de minérai.

Le dernier dont il est fait mention & qui est mis dans la table,
est différent de celui de France. Le marc est divisé en 16 lots, le
lot en 4 gros, & le gros en 4 deniers : ainsi le denier est la 256me
partie d'un marc, au lieu d'être la 192me comme en France : donc
dans le cas ci-dessus, où l'on a supposé du minérai, dont le marc
d'argent contient 16 deniers d'or, on peut le considérer comme
si c'étoit 12 deniers, en divisant le poids comme en France. Au
reste le poids de Vienne est toujours intrinséquement plus pesant
que ce dernier ; depuis que *Schlutter* a eu communication du procédé des fonderies de Schemnitz, on y a fait quelques changemens ; c'est pourquoi on va les détailler.

§. VI. Quelques changemens faits dans les procédés des
fonderies de Schemnitz, depuis que Schlutter en a donné la description, nous déterminent à les détailler le plus succintement
qu'il nous fe rapossible, en commençant par les opérations qui se
font sur les minérais de plomb, dans la fonderie royale nommée
Stadtgrand, située à un quart de lieue de Schemnitz.

L'essai des minérais de plomb ne se fait pas sur la mine, mais
seulement lorsqu'ils arrivent aux fonderies & qu'on les pese, &
de la même maniere que celui des minérais d'or & d'argent. Pour
connoître la différence du poids, étant sec & mouillé, on en pese
100 lots réels qu'on fait sécher, & autant de lots qu'on trouve de
diminution lorsqu'il est sec, en déduit autant de livres de chaque
quintal. On envoie aux essayeurs le minérai pris pour les essais,
& celui de la chambre doit donner à l'écrivain des fonderies, la
teneur qui a été trouvée avant qu'il l'enregistre,

§. VII. On a deux méthodes de rôtir les minérais de plomb, dans
un fourneau de réverbere & dans des fourneaux à feu ouvert. Ce

premier

Fourneaux de
grillage,

premier a deux chauffes, dont une de chaque côté; le paſſage
de la flamme eſt d'un pied de haut, ſur deux pieds & demi de
large, le ſol élevé de 3 pieds eſt pavé de briques, & incliné de
3 pouces du côté de l'entrée pour l'aiſance du travail. La bouche
du fourneau par laquelle on remue le minérai, & par où on le retire, a 3 pieds 10 pouces de large & 18 pouces de haut dans le milieu.
Sa longueur intérieure eſt de 9 pieds & demi, ſa largeur de 9 pieds,
& la voûte de 2 pieds & demi de hauteur; ſur le derriere eſt un
trou quarré de 9 pouces de large, ſur un pied de hauteur qui
prend depuis le ſol, & par où la fumée s'échappe dans une cheminée. Il y a auſſi au milieu de la voûte une ouverture de 4 pouces
en quarré, par laquelle on introduit le ſchlick dans le fourneau,
qui eſt lié avec des cercles de fer. La cheminée du devant eſt de
10 pouces & demi plus élevée que le ſol, c'eſt-à-dire, ſa partie
inférieure : cette cheminée eſt portée ſur un arc qui eſt à l'entrée
de la bouche du fourneau.

Les deux chauffes ou réverberes paroiſſent d'autant plus inutiles,
que comme la flamme n'a que la moitié de la largeur du fourneau à circuler pour arriver dans la cheminée, il arrive qu'il y
a une grande partie de la chaleur de perdue. Il ſeroit plus convenable d'en conſtruire un plus étroit & plus long, avec un ſeul réverbere, & une cheminée élevée, ſemblable à celui dont les Anglois ſe ſervent, & que l'on nomme *Cupol.* On pourroit même
s'en ſervir auſſi pour le minérai, puiſqu'on eſt dans l'uſage de le
fondre ſeul; on épargneroit beaucoup de fagots pour le rôtiſſage.

§. VIII. On fait entrer par la trémie ou petit trou de 4 pouces en quarré, du fourneau que nous venons de décrire, 8 quintaux de ſchlick de plomb, que l'on étend bien ſur l'aire, de maniere qu'il y en ait une épaiſſeur de 2 pouces ſur toute la ſurface.
On ferme la bouche, & on remplit les deux chauffes de fagots,
ce qu'on renouvelle trois fois ſans toucher au minérai. Lorſque
celui-ci eſt rouge & qu'il s'y forme une croûte, on ouvre la bouche du fourneau pour remuer le minérai; ce que l'on continue

Grillage du
ſchlick de
plomb.

de tems à autre , jufqu'à ce que le fchlick devienne pâteux ; alors
on le retire avec des rables de fer, pour en remettre auffi-tôt du
nouveau, & commencer un autre grillage , dont la durée eft de **7**
à **8** heures, pendant lefquelles on confomme **80** fagots ; on y
emploie quelquefois **10** heures, fi le minérai contient beaucoup
de foufre ; & comme cette opération ne difcontinue point, l'objet
d'une femaine eft de **168** quintaux de minérai, pour lefquels on
brûle **1800** fagots.

Cette méthode differe de celle qui eft ufitée dans d'autres fonderies, en ce que, au lieu de remuer fans ceffe le minérai dans le
commencement du grillage, on ne le fait que lorfque le fchlick
eft déjà couvert d'une croûte, & on n'a pour objet de le rendre
en gros morceaux plutôt que de le rôtir parfaitement, que d'éviter que le vent des foufflets n'en enleve dans la fonte. Dans ce cas
ne vaudroit-il pas mieux donner dans le commencement une
forte chaleur pour le rendre pâteux en **2** ou **3** heures, & enfuite
le rôtir en morceaux dans des fourneaux à feu ouvert, où il en
coûte toujours beaucoup moins de bois, que dans ceux de réverbere, lorfque le minérai n'eft pas en pouffiere, & que par cette
raifon l'air & le feu peuvent s'infinuer dans les vides que laiffent
les morceaux entr'eux ?

Grillage à feu ouvert. §. **IX.** Les murs qui forment les fourneaux de grillage à feu
ouvert, ont **5** pieds de hauteur, fur **18** de longueur & **12** de largeur, avec une épaiffeur de **18** pouces, & placés fous une halle. Le
paffage pour entrer dans le fourneau, y mettre le bois, le charbon & le minérai, eft de **3** pieds **2** pouces d'ouverture ; le fol eft
fait d'une couche d'argille d'un pied d'épaiffeur, à laquelle on
donne une petite inclinaifon, pour que le plomb en coulant puiffe
fortir facilement fans fe vitrifier : dans le mur de derriere de chaque grillage, il y a deux trous dans le bas pour donner de l'air,
qui ont **9** pouces de hauteur, fur **6** de largeur.

Grillage des matieres. Les matieres qu'on rôtit dans ces fourneaux, font les minérais
de plomb qui ont été triés ; on en forme des couches avec le bois
& le charbon de la maniere fuivante. Après avoir mis fur le fol des

pieces de bois à une certaine diftance les unes des autres, dont on remplit les intervalles avec du charbon, & par deffus d’autres pieces de bois en angle droit des premieres & très-rapprochées, on les recouvre d’environ 15 *roff* de charbon (1), fur lequel on étend 100 à 120 quintaux de minérai ; on fait enfuite un nouveau lit de bois & de charbon femblable au précédent, & l’on continue jufqu’à ce qu’il y ait 4 couches de minérai, en obfervant que la troifieme foit d’un demi-pouce moins épaiffe que les deux premieres, & la quatrieme d’un demi-pouce auffi moins épaiffe que la troifieme ; le tout eft recouvert avec du pouffier de charbon mouillé, pour que la flamme refte concentrée dans le grillage, dont la contenue eft de 400 à 420 quintaux de minérai. La confommation du bois pour un feul feu, eft d’environ 160 pieds cubes de bois de corde, & de 350 pieds cubes de charbon. Lorfque le premier feu eft paffé on en donne un fecond, mais en augmentant la quantité du bois & du charbon, qu’on arrange également par couches. Il réfulte de ce détail que les frais de ce grillage font très-confidérables, mais que l’on pourroit les diminuer de beaucoup, en augmentant l’épaiffeur des couches de minérai qui fe grilleroit également ; car il fe perd beaucoup de chaleur.

· §. X. Le fourneau courbe dont on fe fert pour la fonte du minérai de plomb, étant le même que celui que *Schlutter* a repréfenté fur la planche XXIII, de fon traité des fonderies ; nous en donnerons feulement les principales mefures. Sa hauteur eft de quatre pieds, fur deux pieds huit pouces de profondeur & deux pieds deux pouces de largeur ; la tuyere, qui eft de cuivre, a 2 pouces & demi d’ouverture en dedans, 9 pouces & demi de large fur le derriere, 9 pouces de haut, & 1 pied 8 pouces de long, avec une épaiffeur de demi-pouce. Elle fe place de 9 à 12 pouces au deffus de la pierre d’encaiffement, & à 2 pouces en dedans du fourneau, où elle eft recouverte d’un morceau de fer ; mais il faut obferver que la furface du baffin de l’avant-foyer, eft

Fourneau de
fonte.

(1) Cette mefure contient 5 pieds 10 pouces cubes.

C c ij

d'environ 6 pouces plus élevée que cette pierre , enforte que la tuyere n'eft ordinairement que de 5 ou 6 pouces plus haute que ce baffin. On lui donne 9 degrés de pente , les foufflets font fimples & de cuir , de 9 pieds 5 pouces de longueur , 3 pieds 8 pouces de large fur le derriere , 1 pied 7 pouces fur le devant , & 10 pouces de hauteur ; l'ouverture de la foupape eft d'un pied en quarré. Leurs canons de fer ont 3 pieds 11 pouces de longueur , & 2 pouces un quart d'ouverture à leur extrémité , éloignée de 4 ou 5 pouces du trou de la tuyere , dont ils ont la même pente.

Brafque.　§. XI. La brafque , dont on fe fert pour cette fonte , eft compofée de deux parties d'argille , & une partie de charbon pilé : celle que l'on met au trou de la percée , eft au contraire de deux parties de pouffier de charbon fur une d'argille ; elle fe fait ordinairement plus légere , pour donner plus de facilité à percer. Le bois ou moule avec lequel on forme ce trou , a à fon gros bout 2 pieds 5 pouces de long , fur 5 pouces de diametre , qui diminue infenfiblement jufqu'à l'autre extrémité qui eft pointue.

La brafque fe bat à l'ordinaire jufqu'à 2 pouces & demi au-deffous de la tuyere en dedans du fourneau ; la trace fe coupe d'un pied de large près de la tuyere , & d'environ 3 pouces de profondeur ; en approchant du baffin de l'avant-foyer , elle diminue en largeur & augmente en profondeur , de forte que près du baffin elle a prefque la même profondeur d'un pied. La brafque ayant été battue , & la trace , ainfi que les baffins , étant coupé , on y met du charbon le famedi à 3 heures après midi , on l'allume auffi-tôt , & on entretient le feu jufqu'au dimanche à la même heure , que l'on bouche le fourneau pour commencer la fonte : on ferme le bas avec des briques capables de réfifter à la violence du feu , en obfervant d'y laiffer un trou de 5 à 6 pouces , que l'on puiffe ouvrir lorfqu'il eft befoin de dégager le fourneau. On ferme enfuite la porte de fer doublée d'argille , repréfentée fur la planche **XXIII** de Schlutter qui déborde également de 2 pouces , afin , difent les fondeurs , que le vent ne monte pas , & que le nez puiffe fe former plus aifément ; Schlutter la nomme *le coin de nez.*

§. XII. Le mélange *fcheicht* ou journée pour la fonte du minérai de plomb, fe compofe de 20 quintaux de fchlick grillé, qui tient 49 pour 100 en plomb & un lot d'argent; 20 quintaux de fcories provenant de la même fonte, tenant une livre de plomb par quintal; 4 rimpels de minérais de fer, ce qui fait environ 4 quintaux & demi. Lorfqu'on veut commencer la fonte, on remplit le fourneau de charbon, & l'on charge des fcories pour former le nez : on fait agir les foufflets qu'on laiffe aller d'abord doucement; on met même dans la tuyere, devant les canons des foufflets, une cuiller percée que l'on nomme *Aûgenlöffel*, afin de divifer le vent pour qu'il ne frappe pas en un feul endroit, & que par conféquent le nez puiffe fe former plus promptement : dès qu'il eft formé on ôte cette cuiller, & l'on charge le fourneau avec du mêlange ci-deffus. Comme le baffin de l'avant-foyer & la trace font petits dans le commencement de la fonte, on eft obligé de percer après les deux ou trois premieres charges; on juge par cette premiere percée fi la fonte va bien, & fi au lieu de donner beaucoup de plomb elle rend trop de matte, pour lors il faut ajouter davantage de mine de fer, qui, comme abforbant du foufre, contribue à diminuer la quantité de cette matte; on peut auffi y ajouter des fcories. Si au contraire elle ne donne pas affez de matte, on y met quelques quintaux de celle qui eft grillée qu'on a toujours en provifion. La percée fe fait, fuivant l'ufage, après avoir bien chauffé le baffin, on enleve la matte qui eft par deffus le plomb, enfuite on puife ce métal avec une cuiller pour le verfer dans des moules ronds; ce produit eft de 8 quintaux 63 livres. Dès que la fonte eft finie, on coupe deux effais de chaque piece de plomb, l'un en deffus & l'autre en deffous, pour les envoyer à l'effayeur-juré de la chambre, qui après en avoir fait l'effai, en expédie un billet à l'écrivain des fonderies où fe fondent les minérais d'argent.

Depuis le dimanche 3 heures après midi, jufqu'au famedi matin qu'on arrête le fourneau, on fond ordinairement de 360 à

420 quintaux de *fchlick* de plomb grillé, même quantité de fcories, & 70 jufqu'à 80 rimpels de mine de fer, avec 260 mefures de charbon (1).

Ce que nous venons de décrire ne concerne que la fonte du *fchlick* de plomb. A l'égard du minérai qui a été trié & grillé, on en fait une femblable *fchlick* de 20 quintaux, avec les mêmes matieres, auxquelles on ajoute de plus 3 ou 4 quintaux de matte de Cremnitz, provenant du travail riche lorfqu'elles ont été rôties deux fois à feu ouvert. Le plomb s'unit à la plus grande quantité du fin contenu dans ces mattes, qui font confondues enfuite avec celles de plomb. Celles-ci fe grillent de la même maniere que le minérai, mais avec une moindre quantité de bois & de charbon : elles font auffi fondues feules, en faifant un mêlange dans les mêmes proportions avec des fcories & de la mine de fer.

Mattes de plomb.

Etat de ce que chaque quintal de minérai de plomb a coûté dans la fonderie impériale de Stadtgrand *pour en extraire le métal, & de ce que coûte le quintal de ce plomb pendant l'année* 1757.

	Livres	Sols	Den.
Les frais des fondeurs, aides & manœuvres qui ont été employés pour le travail de 52 femaines, à un fourneau courbe, montent à . , . .	1768	3	4
Pour les ouvriers des grillages	1701	11	3
Pour les fagots qui font de différens prix . .	5787	2	6
Bois de corde pour le rôtiffage	378	15	
Frais des forgerons ou maréchaux . . .	260	12	11
Pour différens matériaux	212	7	11
Pour la charpente	57	10	
Pour la maçonnerie	45	7	6
Pour différentes journées de manœuvres .	506	8	9
Pour les laveries . , . , .	14	11	8
	10732	10	10

(1) Le *roff* ou mefure de charbon coûte 9 fols 7 deniers, & le rimpel de mine de fer 6 fols 3 deniers.

	Livres	Sols	Den.
Ci-contre	10732	10	10
Pour les officiers ou employés des fonderies, & les gages des meſſagers qu'on nomme *Heyducs* .	1338	6	8
Pour les charois de 2190 quintaux, 1 livre de minérai, à divers prix	2568	6	8
Pour 17189 meſures de charbon pour la fonte & le rôtiſſage, à 9 ſols 7 deniers la meſure . .	8236	7	11
Pour le minérai de fer qu'on ajoute à la fonte .	1529	1	3
Somme totale	24404	13	4

Il a été fondu pendant 52 ſemaines ou une année, dans un ſeul fourneau, 22737 quintaux 70 livres, en minérai de plomb & diverſes mattes, les débris des fourneaux après avoir été lavés, les coupelles d'eſſai & les teſts où l'on brûle l'argent, ce qui fait pour la dépenſe de chaque quintal . . . 1 liv. 1 ſ. 5 d. $\frac{1}{2}$.

Les minérais & matieres ci-deſſus ont produit 8969 quintaux 90 livres de plomb contenant or & argent, dont le quintal coûte pour tous les frais qu'il a fallu faire . . 2 liv. 14 ſ. 4 d. $\frac{3}{4}$.

Minérais & autres matieres.

Quintaux.	Livres.	
12141	97	Gros ſchlick de plomb.
3620	95	Schlam ou ſchlick fin de plomb.
748	80	Schlick de plomb de *Thereſiæ ſchacht.*
2552	80	Minérai de plomb de Siber ſtolln.
234	77	Minérai de plomb des laveries.
375	98	Minérai de plomb de Zweyer.
741	50	Minérai de plomb grillé à ſec.
35	88	Schlick de plomb.
18		Schlick de plomb de *Sather ſtolln.*
1	25	Schlam ou ſchlick fin de plomb.
21	35	Minérai de ſainte-Annaberg.
1727		Matte de travail riche.
60		Matte crue.
232		Matte de plomb.
60		Débris des fourneaux lavés.
166		Coupelles d'eſſai & teſts où l'on brûle l'argent
22737	70	

	Plomb		argent tenant or.		
	Quintaux.	Liv.	Marcs.	Lot.	Gr.
Il en eft provenu en plomb . . .	8969	90			
Et en argent			3051	7	2
Ces matieres ont produit 2166 quintaux de matte de plomb, contenant en argent			203	10	
Somme totale . .	8969	90	3255	1	2
Suivant ce qui a été trouvé par les effais, on auroit dû avoir	10004	56	3153	15	1
Le déchet en plomb eft donc de . .	1034	66			
Ce qui fait environ 10 un quart pour cent.					
(1) L'augmentation en argent eft de . .			101	2	1
Il reftoit en plomb de l'année 1756 . .	1514	85	233	11	2
Le plomb obtenu en 1757, fe monte à	8969	90	3051	7	2
TOTAL	10484	75	3285	3	
De ce plomb on a envoyé à la fonderie de Schernowitz	5439		1815	1	1
A celle de Cremnitz . . .	2513	36	797	14	2
TOTAL	7952	36	2612	15	3
Ainfi le plomb qui refte en magafin pour l'année 1758, eft de . . .	2532	39			
Et l'argent			672	3	1

§. XIII. On diftingue à Schemnitz deux principales fonderies où l'on fond les minérais d'or & d'argent, éloignées de cette ville feulement de 2 ou 3 lieues, dans un endroit que l'on nomme Schernowitz. Les fourneaux font les mêmes que ceux dont on fe fert pour la fonte du minérai de plomb, avec cette différence que la tuyere fe place de 11 à 12 pouces, au deffus du baffin de

(1) Cette augmentation en argent vient de quantité de morceaux de fer qu'on trouve dans les déblais des fonderies , & ce fer provient des débris des fourneaux où il formoit des amas , occafionnés par la trop grande quantité de minérai de fer qu'on ajoutoit dans les fontes.

l'avantl’avant-foyer, avec une inclinaifon de 8 degrés, ce qui eft très-mal; car dans cette fonte on ne craint pas de vitrifier le métal comme dans celle du plomb; ainfi il vaudroit mieux qu’elle fe fît dans un endroit plus élevé, & pour cet effet que la tuyere fût horifontale, afin que le minérai eût le tems d’entrer en parfaite fufion avant que d’arriver devant elle; de cette façon on en fondroit une plus grande quantité fans augmenter la confommation du charbon. Il ne faut pas s’étonner fi l’on fe plaint que le minérai eft réfractaire; le placement de la tuyere en eft d’abord une raifon, & en fecond lieu les fourneaux font trop larges, eu égard à leur profondeur & à leur hauteur; ce qui fait que la chaleur n’eft pas concentrée, & par conféquent eft moins vive. L’ouverture des tuyeres qui eft de 2 pouces un quart à 2 pouces & demi, y contribue auffi, parce que le vent s’étend trop dans toutes les parties intérieures du fourneau, tandis qu’il devroit être très-vif dans l’endroit où tombe le minérai.

§. XIV. On emploie deux efpeces de brafque dans ces fonderies, l’une compofée de parties égales de charbon & d’argille, & l’autre de deux parties de charbon & d’une d’argille; la premiere qui eft forte, convient à la fonte riche qui produit une matte fort chaude qui creufe beaucoup: la feconde au contraire eft meilleure pour le travail crud, dont les mattes font pâteufes, & qui, loin de creufer, s’y attachent. Elle fe bat fuivant la méthode ordinaire; on en forme la trace & l’avant-foyer comme dans la fonte de plomb, & l’on procede de la même maniere pour les chauffer, & pour fermer le fourneau. Pendant ce tems l’écrivain des fonderies fait le mélange *fchicht* ou journée, en obfervant que pour le travail crud, il doit être compofé avec du minérai pauvre en argent & en pyrite, pour former des mattes qui raffemblent cet argent; mais il faut favoir auparavant qu’elle eft la quantité de matte que peut produire le fchlick de pyrite; s’il contient des matieres réfractaires, & fur-tout s’il donne peu ou beaucoup de *gefchur* ou durillons, qui proviennent de la blende; fi ces derniers font trop abondans,

Deux efpeces de brafque.

on diminue la quantité de fchlick de pyrite, qui tient de la blende, pour augmenter l'autre. On doit faire l'eſſai pour la matte du fchlick des pyrites, attendu que pour la fonte crue, on a pour principe que les mattes ne contiennent pas au-deſſous de trois lots d'argent par quintal, ni au-deſſus de cinq, par la raiſon que ſi elles devenoient trop riches, les *gefchurs* & les ſcories le feroient à proportion ; ce n'eſt que lorſque la fonte eſt bien fluide, qu'on peut enrichir les mattes juſqu'à 6 lots par quintal. Suppoſons que les minérais ſuivans ſe trouvent en magaſin pour le travail crud.

25 Quintaux de minérai mêlé au quartz, à 1 lot 3 gros d'argent, & 8 livres de matte pour cent.

15 Quintaux de minérai mêlé de blende, à 1 lot 2 gros & 10 livres de mattes.

70 Quintaux de minérai uni au ſpath, à 2 lots 2 gros & 12 livres de matte.

110

Il faut prendre de ces minérais pour en former une journée, & y ajouter de la pyrite en proportion, pour avoir des mattes qui tiennent environ 5 lots d'argent par quintal. On obſervera que le fchlick de pyrite étant en partie décompoſé à l'air & au feu, & encore plus par le minérai de fer que l'on ajoute, ne donne dans la fonte en grand qu'environ 30 livres de matte par quintal, au lieu de 50 pour cent par l'eſſai en petit. On doit obſerver que les pyrites & les ſcories du travail riche tiennent de l'argent, c'eſt pourquoi on fait le mêlange ou journée comme il ſuit :

		Lots.	Gros.
2	Quintaux de minérai avec quartz, à 1 lot 3 gros . .	3	2
1	Quintal de minérai avec blende, à 1 lot 2 gros . .	1	2
3	Quintaux de minérai uni au ſpath, à 2 lots 2 gros. .	7	2
18	Quintaux de fchlick de pyrite, à 1 gros	4	2
36	Quintaux de ſcories de travail riche, à 1 gros . .	9	
60		1 marc 10 lots.	

Ce mêlange auquel on a ajouté environ 3 quintaux de minérai de fer, en a produit 5 de matte riche de 5 lots d'argent par quintal ; ce qui fait 1 marc & 9 lots: il y a donc un lot de diminution qui se trouve ensuite dans une autre fonte, en fondant les débris des fourneaux.

§. XV. Quand le fourneau a été fermé, la fonte se commence à 3 heures après midi, en mettant d'abord du charbon dans le fourneau de maniere qu'il recouvre un peu la tuyere, & sur lequel on charge des scories du travail riche ; on remet encore du charbon & par dessus deux trogs des mêmes scories, ce que l'on répete autant de fois qu'il est nécessaire , jusqu'à ce que le fourneau soit entiérement plein; alors on fait aller doucement les soufflets, & aussi-tôt que le nez est formé, on charge du mêlange. Lorsque le fourneau n'est pas encore assez chaud , & que la matiere s'y attache, le fondeur a soin d'y remédier & examine s'il peut porter davantage de matiere, ce qu'il reconnoît au nez. Si celui-ci est clair sur le devant, & qu'il n'ait pas plus de 4 ou 5 pouces de longueur, on peut augmenter la charge ; mais si au contraire il étoit trop long & trop épais, il faudroit le faire sauter & diminuer la charge ; le fondeur, en un mot, doit connoître quelle est celle que peut supporter un fourneau : ici on charge le mêlange de chaque côté, & le charbon dans le milieu. Si l'ouverture de la tuyere étoit plus petite, il conviendroit de charger le minérai dans le milieu, afin qu'il pût descendre devant elle où il y auroit une grande chaleur qui le rendroit plus fluide ; & dans le cas où le fourneau s'engorge, on charge seulement du minérai de fer, qui, s'unissant au soufre des pyrites & au zinc contenu dans la blende , forme un nouveau composé très-fluide ; c'est ce que l'on nomme *matte.*

La percée n'a lieu qu'après 10 à 11 heures de fonte ; & lorsque toute la matte a coulé dans le bassin de réception, on bouche celui de l'avant-foyer. On observe ensuite si dans ce bassin & dans la trace il ne s'y est point attaché des *geschurs* ou durillons ;

dans ce cas , on les retire pour les mettre fur le mélange. On prend l'effai de la matte dans le baffin de réception en y trempant une baguette de fer , lorfque la premiere piece eft enlevée , ce qui s'y attache eft mis à part pour le conferver avec celui des autres percées. On fond pendant la femaine environ 96 quintaux de ce minérai , indépendamment des fcories & des *gefchurs* que l'on met fur la journée , pour lefquels on confomme 250 mefures de charbon.

Obfervation fur la fonte crue. §. XVI. La quantité confidérable de fchlick de pyrite qui provenoit de ces mines , & dont les frais de fonte auroient abforbé le produit , donna lieu aux officiers à nous demander notre avis fur le procédé de la fonte crue que nous venons de détailler ; notre fentiment fut d'enlever à ce fchlick , par le rôtiffage , le foufre qu'il contient ; que par cette opération l'arfénic fe volatiliferoit, & que par conféquent la diminution de ce demi-métal entraîneroit moins d'argent dans la fonte ; que la pyrite n'étant autre chofe qu'un mêlange de fer & de foufre , il refteroit un *crocus martis* , qui équivaudroit le minérai de fer que l'on ajoute : ce fchlick feroit fondu avec des fcories du travail riche , qui contiennent de l'argent & que l'on a auffi en abondance. L'effet de la mine de fer eft de s'unir pendant la fonte , à une partie de foufre des pyrites , & de former des fcories très-fluides qui facilitent la fufion des parties réfractaires. Ce fchlick grillé fait le même effet , & en fervant de fluor , l'argent qu'il contient s'en dégage pour fe mêler aux mattes , que l'on rend auffi de cette maniere plus riches , fans qu'il y ait à craindre que les fcories retiennent plus de fin que dans la précédente fonte , parce qu'elles font plus fluides , & que la quantité de *gefchurs* ou durillons diminue , ce que l'on doit attribuer au *zinc* féparé de la blende par le grillage. Sa bafe terreufe fe vitrifie aifément , puifqu'elle ne fait plus corps avec un demi-métal qui retenoit toujours des mattes avec lui.

On ne tarda pas à faire cette épreuve, dont le fuccès répondit à l'attente, fans que l'on eût befoin d'ajouter de la mine de fer. Les mattes provenues de cette fonte ont été enrichies de 6 à 7 lots par quintal ; & par l'effai des fcories, on s'eft affuré qu'elles contenoient très-peu d'argent : le mêlange de la fonte étoit moitié en fchlick rôti & moitié en fchlick crud : il s'agit au furplus d'étudier les proportions pour les traiter avec le plus grand avantage, comme de les rôtir en grande quantité à la fois, jufqu'à 1000 & 1200 quintaux qui grilleront prefque d'eux-mêmes, par l'abondance du foufre qu'ils contiennent, ce qui diminuera d'autant des frais, qu'il faut toujours éviter dans ces fortes d'opérations. Il feroit bien effentiel que quelqu'un eût des principes de chymie, pour étudier & employer les meilleurs procédés ; il feroit auffi très-important que l'on fe fervît de hauts fourneaux, pour fondre cette efpece de minérai, qui feroit grillé en partie avant que d'arriver devant la tuyere.

§. XVII. Les mattes crues réduites en petits morceaux, & en quantité de 200 jufqu'à 350 quintaux, font grillées trois différentes fois dans des fourneaux femblables à ceux marqués par la lettre *F*, fur la planche **X** du traité des fonderies de Schlutter. Grillage des mattes.

En diminuant la moitié de la largeur de ces fourneaux, & en les augmentant de hauteur, nous croyons qu'ils feroient plus avantageux, pour rôtir la même quantité de matieres avec moins de bois.

§. XVIII. Cette fonte mériteroit la même attention pour la conftruction des fourneaux, & le placement de la tuyere ; la brafque eft la même que celle que l'on emploie pour la fonte crue : celle du baffin de réception eft plus légere, pour avoir plus de facilité à percer & à enlever les mattes. Le premier mêlange de cette fonte fe fait comme il fuit. Fonte riche.

Quintaux.	liv.		Lots.	Gros.
32 { 20		de matte provenant du même travail rôtie à un feu.		
{ 12		de matte rôtie à trois feux.		
2		bon minérai trié, tenant par quintal.	43	3
2		de minérai trié ordinaire, à	27	
3		de minérai de moyenne richeffe, à . .	10	2
3		de minérai maigre, à	7	3
3		de minérai maigre en fable, à . . .	3	
4		bon minérai du travail du crible, à .	27	2
5		de minérai médiocre, à	7	
6	61	minérai en fable, à	4	
1	39	minérai trié, à	8	

Total 30 Quintaux de minérais.

La moyenne proportionnelle de ce mêlange eft de 12 lots 3
gros 2 deniers, fans y comprendre la teneur des mattes. Il y a de
plus huit rimpels de mine de fer, ou environ 3 quintaux.

Deuxieme mélange.

Quintaux.	liv.		Lots.	Gros.
26 { 16		de matte du même travail.		
{ 10		de matte crue.		
8		de minérai en fable, à	4	2
1		de meilleur minérai trié, à . .	43	2
3		minérai moindre de la même efpece, à	27	
4		du travail du crible, à . . .	12	3
4		moindre, à	7	
	57	de minérai trié, à	40	
3	37	du minérai du crible, à . . .	22	2

Total 23 | 94

La teneur moyenne de ce mêlange eft de 14 lots par quintal
de minérai, auquel on a ajouté 6 rimpels de mine de fer.

Troisieme mélange.

Quintaux.	liv.		Lots.	Gros.
26 { 16		de matte du même travail.		
10		de matte crue.		
9		bon minérai en fable, à	4	2
	62	du plus riche trié, à	59	3
3		du bon minérai trié, à	56	2
5		du médiocre, à	12	3
2		du moindre, à	7	
4	46	provenant du travail du crible, à	8	2
Total 24	8	de minérai.		

La teneur moyenne en argent eft de 15 lots par quintal ; on y a ajouté 6 rimpels de mine de fer de deux efpeces.

Quatrieme mélange.

Quintaux.	liv.		Lots.	Gros.
22 { 14		de matte du même travail.		
8		de matte crue.		
4		du meilleur minérai en fable, à	4	2
3		minérai en petits morceaux, à	14	3
2		minérai maigre, *idem*, à	7	3
2		minérai tendre, à	41	
2		minérai de moyenne groffeur, à	12	3
1	80	minérai en petits morceaux, à	5	3
1	52	minérai en fable, à	8	
1		minérai en petits morceaux, à	9	2
Total 17	32			

La teneur moyenne par quintal eft de 12 lots d'argent ; on y a ajouté 5 rimpels de mine de fer dans la fonte.

Cinquieme mélange.

Quintaux.	liv.		Lots.	Gros
16 { 14		de matte du même travail.		
2		de matte crue.		
5		minérai en fable, à		3
1		minérai de moyenne groffeur, à .	10	2
4		minérai moindre, *idem*, à . . .	7	3
2		bon minérai trié, à	43	3
5		moindres en petits morceaux, à . .	7	
	52	de minérai pilé à fec, à . . .	37	3
2	70	minérai en petits morceaux, à . .	9	2
Total 20	22	de minérai.		

La teneur moyenne par quintal eft de 11 lots d'argent; on y a
ajouté 5 rimpels de mine de fer.

Les mattes ne font point comptées dans le total de chaque
mêlange, ainfi que leur teneur en argent ; cela ne fe fait qu'après
la fonte, qui en produit de nouvelles.

Après les effais on fait le calcul du plus ou moins d'argent qui
refte dans ces mattes, dont la richeffe eft ordinairement de 15 à
15 lots & demi d'argent par quintal.

Le mêlange que l'on fond à la fin de la femaine n'a lieu que
pour nétoyer le fourneau, & afin que les débris que l'on retire,
retiennent de l'argent le moins qu'il eft poffible : on a foin d'arrofer
chaque mêlange avec une quantité d'eau fuffifante, pour que le
fchlick fe pelotte, & ne puiffe pas être enlevé facilement par le
vent des foufflets. La fonte fe commence comme celle du travail
crud, en obfervant que le nez du fourneau ne foit jamais trop
clair. Si dans la percée l'on s'apperçoit que la matiere eft trop
chaude, & qu'elle ronge les baffins, ce que l'on reconnoît à
l'abondance de fumée, que les fcories foient prefque auffi claires que la matte même ; qu'elles ne foient pas nettes, & que
l'on y voie des grains de matte qui y foient adhérens, alors on
change

change le mélange en diminuant le minérai de fer & les mattes, & mettant à leur place des minérais réfraétaires ; mais fi au contraire la fonte devient trop lente, il faut charger quelques *trogs* de mattes & même du minérai de fer, pour rendre la fufion plus fluide.

On a pour cette fonte deux baffins de réception ; on en chauffe un en même tems que le fourneau, & dès qu'on l'a commencée, on y met quelques bûches de bois en travers, fur lefquelles on arrange 3 quintaux 50 livres de plomb avec du charbon, pour faire fondre & couler ce métal dans le baffin. Lorfque celui de l'avant-foyer eft plein, on perce la matte fur ce plomb, & on remue bien l'un & l'autre avec une baguette de fer, afin que le plomb puiffe s'unir avec l'argent qui eft dans la matte. On y met enfuite 8 ou 10 livres de litarge par deffus la matte, pour qu'elle prenne auffi de l'argent en fe révivifiant ; fi ces mattes reftent très-fluides, on ajoute encore un peu de litarge ; & plus on en peut mettre, plus on les appauvrit. Lorfqu'on fait cette addition, on agite également toute la matiere & on laiffe refroidir les mattes pour les enlever piece à piece : le plomb refte dans le baffin pour recevoir une autre percée, ce que l'on répete 18 ou 20 fois en douze heures pour l'enrichir ; après ce tems, & que toutes les mattes de la derniere percée font enlevées, on puife le plomb avec une cuiller pour le verfer dans des moules ronds, enduits d'un peu d'argille, en obfervant, lorfque le baffin eft à moitié vide, d'en prendre un peu dans une fcorification pour l'effai. Quand le baffin eft vide, on met de nouveau des morceaux de bois par deffus, & l'on y arrange 3 quintaux 70 livres de plomb à enrichir, autour duquel on met également du charbon. On fait cette augmentation de 20 livres, pour que le baffin étant devenu plus grand, ce métal puiffe mieux s'étendre, que la matte foit par conféquent moins épaiffe, & que l'argent foit mieux attaqué ; le plomb n'y refte que 10 heures cette feconde fois, parce qu'ajoutant davantage de mattes de travail riche pendant cet intervalle , elles ont été mifes à part du mêlange. On perce plus fouvent. La grandeur du baffin, qui facilite l'union du plomb avec l'argent, l'enrichit autant dans les 10 heures que la premiere fois dans les 12 heures. Pendant qu'on fait les percées dans ce premier baffin, on en prépare une feconde de l'autre côté du fourneau , & on le chauffe de la maniere fuivante : y ayant mis un fer garni d'un crochet à l'extrémité, & affez long pour le déborder , on prend avec une cuiller des fcories dans celui de l'avant-foyer, pour en remplir celui de réception ; & lorfqu'elles font froides, on les enleve avec ce fer ; enfuite on les caffe & on replace dans le baffin pour y en mettre de nouvelles. Quand on s'eft fervi pendant vingt-deux heures d'un baffin, on perce dans l'autre , on reconftruit à neuf le premier , on le chauffe de la même maniere que nous l'avons dit , & l'on continue pendant toute la femaine en perçant alternativement de l'un à l'autre ; de forte que ce plomb qui ne tenoit auparavant que 5 à 6 lots de fin par quintal , s'enrichit de cette façon jufqu'à trois marcs & demi. Le famedi à 6 heures du matin on arrête le fourneau pour le nétoyer , & l'on met à part les gros débris pour les refondre ; les autres font tranfportés aux laveries pour y être lavés & réduits en un plus petit volume. Pendant ce tems on fond 245 quintaux , qui forment la totalité des cinq mêlanges, *fchichts*, ou journées, pour lefquelles on confomme 270 mefures de charbon , ou 1575 pieds cubes , y compris celui qui a été employé à griller les mattes du travail riche, dont on a fait ufage dans cette fonte.

§. XIX. Quoique le travail de cette fonte differe de celui de Saxe, il eft cependant très-bien entendu ; nous penfons néanmoins qu'il feroit plus à propos de fe fervir du plomb, quoiqu'on nous ait dit que l'on avoit fait quantité d'expériences pour y parvenir, & toujours fans fuccès, dont il eft réfulté beaucoup de perte en argent ; ce qui prouve peu de théorie de la part des perfonnes qui ont fuivi ces opérations , & qui font dans l'idée que ce métal s'eft vitrifié , fans faire attention que les épreuves ne réuffiffent pas toujours, & que l'argent peut fort bien avoir passé dans les scories & débris des fourneaux. Pour condamner ce travail, il leur suffisoit de n'avoir pas retiré tout de suite dans le plomb & les mattes, la même quantité que dans les précédentes opérations, & elles ignoroient comment il falloit s'y prendre pour fondre les minérais riches avec ceux de plomb. On est dans l'usage de compter un gros de fin par quintal des scories du travail riche, sans en faire d'essais; d'où il arrive fort souvent d'avoir dans la fonte crue, où on en ajoute beaucoup, une augmentation d'argent. Les plus fortes raisons que l'on donne contre la fonte avec le plomb se déduisent de ce que ce métal, ainsi que les matieres qui en contiennent, fondent trop promptement, & que le minérai d'argent reste dans le fourneau; à quoi l'on peut répondre que, si l'on construisoit ce fourneau de maniere à lui procurer plus de chaleur, & que l'on donnât moins de pente à la tuyere, on fondroit le minérai réfractaire à peu près dans le même tems que celui du plomb, en observant de ne jamais employer pour cette fonte ce métal en nature, mais son minérai ou autres matieres tenant plomb; & afin de mieux disposer le minérai d'argent à la fusion, il faudroit le rôtir auparavant. Cette méthode seroit certainement plus convenable; car puisqu'on fond le minérai de plomb seul dans un pareil fourneau, il seroit plus avantageux de le fondre en même tems avec ceux d'argent pour en extraire le fin. Il en résulteroit aussi une perte moindre; & quoiqu'on ajoute de la mine de fer qui s'empare de l'arsénic, il s'en volatilise toujours une partie lorsque le régule éprouve la chaleur; au lieu que si l'on ajoute du minérai de plomb, il s'unit à cet argent dans le même tems que l'arsenic au fer; comme il arrive à la fonderie de Joachimstahl en Bohême, où l'arsenic des minérais est encore bien plus volatilisé. Par cette méthode on pourroit épargner le minérai de fer, car celui d'argent étant grillé seroit bien plus disposé à la fusion : il est vrai qu'il faudroit toujours des matieres ferrugineuses pour retenir l'arsenic; on y suppléeroit en donnant plus de feux de grillage aux mattes crues qu'on emploie dans cette fonte, & qui, comme on le fait, tiennent une plus grande quantité de fer : d'ailleurs, les mines d'argent ne font pas à beaucoup près auffi arfénicales qu'à Joachimftahl. Il n'y a pas d'apparence qu'on change rien à la fonte riche, à moins qu'il ne fe préfentât quelqu'un inftruit dans la chymie & la pratique, qui fe chargeât de faire les épreuves néceffaires pour y parvenir, & qui fur-tout ne fe rebutât pas du mauvais fuccès d'une premiere. Quant au travail actuel, nous penfons qu'on peut épargner le minérai de fer, par la même raifon qu'on le fait depuis quelque tems à la fonte crue, en rôtiffant la pyrite exempte d'arfenic, & la plus riche en argent qu'il eft poffible d'avoir ; que fi cela n'alloit pas bien, on pourroit laver un peu plus cette pyrite pour en enlever tout le rocher, ou bien l'on effayeroit de rôtir une partie des mattes crues, jufqu'à l'entiere privation du foufre.

ÉTAT des matieres pour le travail riche qui ont été fondues dans un feul fourneau pendant une femaine, & des produits réfultans depuis le 10 Janvier jufqu'au 17.

Quint.	Livres.		Teneur en argent des matieres. Lots. Gros.		Total du fin contenu dans chaque efpece. Marcs. Lots. Gr.		
80		Matte du travail riche tenant par quintal	13	2	67	8	
48		Matte crue	4	3	14	4	
128		Total de mattes. Total de l'argent.			81	12	
	4	90 Du meilleur minérai trié . . .	43	3	13	6	1
	4	90 Du moindre trié . . .	27		8	4	1
	2	94 Autre minérai trié . . .	56	2	10	6	
	2	94 Du meilleur trié fur les tables en fortant du lavage par gradation . .	14	3	2	11	1
	3	92 Du moyen, *idem* . . .	10	2	2	9	
	9	80 Du moindre, *idem* . . .	7	3	4	11	3
		56 Du meilleur très-tendre . .	59	3	2	1	1
	1	86 Du moindre, *idem* . . .	41		4	12	1
	3	72 Du meilleur provenant du travail du crible	27	2	6	6	1
	12	9 Du médiocre ou moyen, *idem* .	12	3	9	10	
	47	63					

Quint.	Livres.		Teneur, &c. Lots.	Gros.	Total, &c. Marcs.	Lots.	Gr.	
47	63	*De l'autre part.*						
14	88	Du moindre, *idem*	7		6	8		
19	53	Le meilleur du plus petit que l'on trie sur						
		les tables	4	2	5	7	3	
7	44	Du moindre, *idem*	3		1	6	1	
	56	Du meilleur minérai trié	40		1	6	1	Puits de Léo-
1	77	Du gros trié sur les tables	5	3	.	10		pold.
6	15	Du petit, *idem*	4	1	1	10		
3	31	Du meilleur trié sur les tables	22	2	4	12	1	De la mine
2	86	Du moindre, *idem*	8		1	6	3	de Hoffer-
3	45	Du moyen du travail du crible	9	2	2		3	ftolln.
	51	Du minérai trié	37	3	1	3	1	S Joannès de
4	38	Du moyen trié sur les tables	8	2	2	5	1	Deo-ftolln.
112	47	Total de tout le minérai Total de l'arg.			93	10	3	
128		de mattes tenant argent	.		81	12		
240	47				175	6	3	

On a ajouté les matieres fuivantes.

Quint.	Livres.		Teneur Lots.	Gros.	Total Marcs.	Lots.	Gr.
6		De litarge qu'on a mis dans le baffin de					
		réception tenant argent . . .	1		2	2	
18	20	De plomb provenant du minérai de					
		plomb, *idem*	2		2	4	1
8	10	Plomb révivifié de la litarge, *idem* . .	1	3	14		
4	8	*Idem*, retiré des tefts, *idem* . .	8		2	2	
		Total			180	11	

On a ajouté 30 *rimpels* de mine de fer
aux minérais ci-deffus, ce qui fait environ 10 à 12 quintaux.

Les produits ont été les fuivans.

Quint.	Livres.		Teneur Lots.	Gros.	Total Marcs.	Lots.	Gr.
30	25	De plomb enrichi tenant argent			108	3	2
77		De matte	14		67	6	
148		De fcories	1		2	5	
10		De débris de fourneaux . . .	3		1	14	
		Total de l'argent			179	12	2
		Ainfi il y a diminution de . .			14		

Ce déchet confidérable en plomb & qui eft fouvent plus fort,
doit être attribué au tems qu'il refte dans le baffin de réception,
où une partie fe réduit en chaux, & fur-tout aux mattes qui en
emportent avec elles; ce plomb fe vitrifie, foit aux rôtiffages,

foit à la fonte riche. Si on examine à préfent la perte qu'il y a dans la fonte du minérai de plomb , avec celle dont on vient de parler , on verra qu'elle fe monte toujours à 25 pour cent ; ce déchet feroit peut-être moindre , fi on fondoit les minérais de plomb avec ceux d'argent.

§. XX. Comme les minérais contiennent peu de cuivre , il arrive qu'ayant beaucoup d'affinité avec le foufre , il refte toujours dans les mattes , & qu'à la fin celles du travail riche font de vraies mattes de cuivre. On en fait l'effai , & lorfqu'elles tiennent 25 pour cent en cuivre , on en fait cas : on les caffe pour les rôtir une feule fois, enfuite on les fond avec un mêlange de litarge. On met auffi un peu de plomb dans le baffin de l'avant-foyer : le fourneau eft le même que celui du travail riche ; ces mattes qui tenoient avant la fonte 14 à 15 lots d'argent par quintal , dont le marc laiffoit au départ 4 & demi, 5 jufqu'à 6 deniers d'or , n'en contiennent après que 7 , & fi peu d'or qu'il ne mérite pas d'en être extrait. On les rôtit enfuite 10 ou 11 fois pour en obtenir le cuivre noir , que l'on envoie à Neuffol pour y être liquéfié. Cette méthode de tirer l'or du cuivre , n'eft en ufage que depuis quelques années ; auparavant on retiroit tout de fuite le cuivre noir de ces mattes , & on le faifoit paffer par la liquation ; mais on perdoit l'or qui y étoit contenu ; fi Schlutter avoit connu ce travail , il auroit épargné bien de la dépenfe pour féparer l'or du cuivre dont il parle, chap. III, page 530 de fon Traité des Fonderies ; le meilleur parti qu'il eût eu à prendre , étoit de fondre le cuivre dont il fait mention , avec des pyrites pour en faire des mattes, de fondre enfuite ces mattes avec de la litarge & du teft. Ce procédé eft des mieux fondés en théorie ; car puifque l'or ne fe fépare pas du cuivre par la liquation , il faut néceffairement qu'il ait plus ou du moins autant d'affinité avec le cuivre, qu'il en a avec le plomb, ce qui fait qu'il ne s'en fépare pas par l'addition de ce dernier métal ; mais l'or ne peut pas s'unir au foufre : fi donc on prend de la matte cuivreufe qui contient de l'or , on fait qu'il y eſt diviſé en petits globules, ſans faire corps avec le cuivre & le ſoufre ; que ſi on a du cuivre aurifere où l'or y eſt joint intimement, & qu'en faiſant des mattes de ce cuivre par l'addition du ſoufre, il s'y trouve diviſé de la même maniere que dans le premier cas ; il faut donc fondre ces mattes avec une matiere avec laquelle l'or puiſſe faire corps, ſans qu'elle s'uniſſe aux mattes : rien de plus propre à cela que le plomb dont on fait aiſément la ſéparation d'avec le fin.

§. XXI. Les fourneaux d'affinage ſont tous conſtruits à peu près de la même maniere ; avec un chapeau de fer ſemblable à celui qui eſt repréſenté ſur la planche 46 du Traité des Fonderies de Schlutter ; avec un diametre intérieur de 8 pieds & demi à 9 pieds ; ils en different ſeulement en ce que la cendre qu'on y bat eſt plus haute de quelques pouces que les murs qui compoſent le fourneau, enſorte que quand la coupelle eſt battue, & qu'on veut commencer un affinage, on arrange des pierres autour de ſa circonférence, de maniere qu'elles ſont plus élevées de quelques pouces que les cendres qui forment ladite coupelle : dans d'autres fourneaux, le chapeau a un rebord aſſez haut pour tenir lieu de ces pierres. A ce rebord on a fait une ouverture du côté de la chauffe, de 42 pouces de largeur, ſur 12 de hauteur, pour le paſſage de la flamme : celui de la litarge eſt de 20 pouces ſur 9 ; celui enfin du côté des ſoufflets, de 40 pouces de large, & 9 de hauteur. Afin qu'on puiſſe rapprocher ou éloigner les tuyaux des ſoufflets l'un de l'autre, on met des pierres entre deux, ſur leſquelles repoſe le chapeau de ce côté, & à chacun des tuyaux une eſpece de tuyere ou alonge de 2 pieds & demi, avec une ouverture de 2 pouces & demi du côté de l'intérieur de la coupelle, où ils avancent de 3 pouces en dedans. Ces tuyeres ont ſeulement 5 pouces de diametre à l'autre extrémité, & chacune d'elles a un papillon : celle du ſoufflet eſt d'un quart, juſqu'à demi-pouce plus élevée que l'autre, du côté du paſſage de la litarge ; on ne ſauroit donner la juſte diſtance qu'il y a entr'elles, parce qu'elle change fort fouvent : c'eft fur la quantité du plomb que l'affineur fe regle ; il peut même les déranger pendant l'opération , s'il le juge à propos. Ce fourneau a fes foupiraux & fes ventoufes comme tous ceux de cette efpece ; on met par deffus les fcories qui couvrent les ventoufes , un lit d'argille de quelques pouces d'épaiffeur , & par deffus environ deux pouces de cendres féches qui y reftent toujours , afin qu'elles puiffent attirer l'humidité de la coupelle. Quant à fa préparation & aux opérations de l'affinage, nous renvoyons à ce qui eft décrit dans le Mémoire XII, Sect. VI, §. II. Nous dirons feulement qu'on affine dans ces fourneaux de 48 à 52 quintaux de plomb d'œuvre en 12 à 13 heures, & nous obferverons que mal à propos on fe fert de cendres qui n'ont point été leffivées (1) , de maniere qu'il y entre des grenailles de plomb qui remplacent l'alkali qui fe vitrifie, & vient à la furface du bain ; ce qui fe démontre par la richeffe qu'elles acquierent, puifqu'elles tiennent plus de deux lots par quintal. Il en eft de même des litarges qui s'enrichiffent également d'un lot, par la négligence des affineurs qui laiffent paffer des grenailles de plomb avec elles , & qui affinent fouvent avec trop de chaleur. On verra par la table fuivante , que la litarge ne tient qu'un gros, & le plomb révivifié plus d'un lot par quintal ; fon déchet qui eft porté de 17 à 18 livres par quintal eft trop confidérable.

Comment on brûle l'argent.

§. XXII. Le raffinage de l'argent fe fait ici fous une grande mouffle de même qu'à Joachimftahl (2) , fur une grille de fer, au-deffous de laquelle eft un cendrier de 6 pouces de hauteur. On place la coupelle ou teft, formée de deux parties de cendre d'os & une de bois, humectée & battue fuivant l'ufage dans un poëlon de fer, de 9 lignes d'épaiffeur. La mouffle ayant été mife par deffus, on l'entoure avec des pierres de grès taillées d'environ un pied de hauteur ; on remplit le total avec du charbon & on

(1) On ne fait d'autre préparation à ces cendres que de les bien tamifer fans les laver en aucune maniere , & d'y mêler une partie de fable fur deux.

(2) *Voyez* le quatorzieme Mémoire , Sect. VI. §. IX.

chauffe

chauffe le teft, dans lequel on met 50 marcs d'argent : l'on procede enfuite comme à Joachimftahl. Cet argent n'eft pas pouffé au-delà de 11 den. 19 à 20 grains, parce qu'on l'allie en proportion dans la monnoie de Cremnitz , lorfqu'on juge qu'il eft à peu près au titre ordinaire ; après avoir ôté les charbons qui font à l'entrée de la mouffle , on a un morceau de fer tranchant & arrondi , que l'on met dans l'argent encore liquide , pour le divifer en deux parties. Lorfqu'il eft figé on verfe de l'eau deffus , & on le retire en deux pieces pour le mettre plus facilement dans un creufet ; on opere en même tems dans trois ou quatre coupelles , & quand on en a 250 à 300 marcs de raffiné , on les fait fondre dans un grand creufet placé dans un fourneau à vent.

Pour le granuler , dès qu'il eft en parfaite fufion , on le puife avec un petit creufet , & au bout d'une tenaille , pour le verfer dans une grande baffine de cuivre remplie d'eau , qu'un autre ouvrier agite circulairement avec un bâton , pour faire précipiter l'argent en grenailles minces ; quand l'eau eft trop chaude & qu'on à verfé environ la moitié de ce qui étoit dans le creufet , on en met quelques lots dans une lingotiere pour l'effai. Ce lingot eft divifé en deux parties , dont l'une eft envoyée à la monnoie de Cremnitz , & l'autre eft effayée fur le titre & fur l'or par le raffineur ; on continue de verfer le refte de l'argent dans une autre baffine (1) pleine d'eau froide , jufqu'à ce qu'il n'en refte plus ; alors on décante l'eau des deux baffines. Mais comme il refte fouvent quelques petites grenailles très-fines qui n'ont pu fe précipiter , on met cette eau dans une grande cuve qu'on ne vide qu'une fois l'année , au fond de laquelle on trouve quelques lots d'argent. On fait fécher cet argent grenaillé dans d'autres baffines beaucoup plus larges & moins profondes , en les plaçant fur le fourneau ; il eft enfuite envoyé à la monnoie où l'on en fait le départ.

Comment on granule l'argent.

(1) Ces baffines dont la forme eft celle d'un cône renverfé , & fupportées par un pied femblable à celui d'un verre à boire , ont trois pieds pour leur plus grand diametre , 8 à 9 pouces pour le plus petit , & une profondeur de 2 pieds & demi.

§. XXIII. Les boules d'or dont on a parlé dans le cinquieme Mémoire, Sect. II, §. VIII, & qu'on a retirées de l'amalgame avec le mercure, sont fondues toutes ensemble dans un creuset, & granulées de même que l'argent pour en faire un essai juste, & afin que les comptes de la chambre des mines se rapportent avec ceux de la monnoie de Cremnitz ; car on ne pourroit faire le départ de ces boules qui ne contiennent qu'environ 4 lots d'argent & le reste en or, sans les refondre avec de l'argent.

TABLE pour la taxe du schlick de pyrite, faite le 28 Février 1756, par laquelle on fixe le prix qui doit être payé lorsque les compagnies le livrent dans les fonderies Impériales, eu égard à ce qu'il tient en or, en argent & en matte.

Premiere taxe suivant laquelle, & non autres, on recevra à Cremnitz, en livraison, le schlick de pyrite aussi pur qu'il est possible, tenant au moins 50 livres de matte : pour lors le quintal sera payé aux compagnies suivant la taxe ci-après, y compris l'or & l'argent qui y sera contenu.

LORSQUE le minérai tient un gros d'argent par quintal, & le marc d'argent 10 jusqu'à 15 deniers d'or, le quintal sera payé zéro.

	liv.	sols.	den.
Si le marc de cet argent tient 16 jusqu'à 20 deniers d'or, le quintal sera payé		6	8
S'il tient 21 à 25 deniers d'or, le quintal sera payé .		8	4
S'il tient 26 à 30 den. d'or, le quintal sera payé .		10	10
S'il tient 31 à 35 den. d'or, le quintal sera payé .		15	10
S'il tient 36 à 40 den. d'or, le quintal sera payé .	1		
S'il tient 41 à 45 den. d'or, le quintal sera payé .	1	5	

Lorsque le minérai ci-dessus tient un gros & demi d'argent par quintal, & le marc de cet argent 10 à 15 deniers d'or, le quintal sera payé . . . . | | 8 | 4

<table>
<tr><td>Si le marc de cet argent tient 16 à 20 deniers d'or,</td><td>liv.</td><td>fols.</td><td>den.</td></tr>
<tr><td>le quintal sera payé . . . . .</td><td></td><td>17</td><td>11</td></tr>
<tr><td>S'il tient 21 à 25 den. d'or, le quintal sera payé .</td><td>1</td><td>2</td><td>6</td></tr>
<tr><td>Si le marc de cet argent tient 26 à 30 deniers d'or ,</td><td></td><td></td><td></td></tr>
<tr><td>le quintal sera payé . . . . .</td><td>1</td><td>12</td><td>6</td></tr>
<tr><td>S'il tient 31 à 35 den. d'or, le quintal sera payé</td><td>1</td><td>17</td><td>1</td></tr>
<tr><td>S'il tient 36 à 40 den. d'or, le quintal sera payé .</td><td>2</td><td>6</td><td>8</td></tr>
<tr><td>S'il tient 41 à 45 den. d'or & au-dessus, le quintal</td><td></td><td></td><td></td></tr>
<tr><td>sera payé . . . .</td><td>2</td><td>17</td><td>8</td></tr>
<tr><td>Lorsque le minérai tient deux gros d'argent par quintal, & le marc de cet argent 10 jusqu'à 15 deniers d'or, le quintal sera payé . . . .</td><td>1</td><td></td><td></td></tr>
<tr><td>Si le marc de cet argent tient 16 jusqu'à 20 deniers d'or, le quintal sera payé . . . . .</td><td>1</td><td>15</td><td></td></tr>
<tr><td>S'il tient 21 à 25 den. d'or, le quintal sera payé .</td><td>2</td><td></td><td></td></tr>
<tr><td>S'il tient 26 à 30 den. d'or, le quintal sera payé .</td><td>2</td><td>9</td><td>2</td></tr>
<tr><td>S'il tient 31 à 35 den. d'or, le quintal sera payé .</td><td>2</td><td>18</td><td>4</td></tr>
<tr><td>S'il tient 36 à 40 den. d'or, le quintal sera payé .</td><td>3</td><td>8</td><td>4</td></tr>
<tr><td>S'il tient 41 à 45 den. d'or, le quintal sera payé .</td><td>3</td><td>17</td><td>6</td></tr>
<tr><td>Lorsque le minérai tient 3 gros d'argent par quintal, & que le marc de cet argent tient 10 jusqu'à 15 deniers d'or, le quintal de ce minérai sera payé .</td><td>2</td><td>3</td><td>9</td></tr>
<tr><td>Si le marc de cet argent tient 16 jusqu'à 20 deniers d'or, le quintal sera payé . . . . .</td><td>3</td><td>2</td><td>6</td></tr>
<tr><td>S'il tient 21 à 25 den. d'or, le quintal sera payé .</td><td>3</td><td>12</td><td>6</td></tr>
<tr><td>S'il tient 26 à 30 den. d'or, le quintal sera payé .</td><td>4</td><td>6</td><td>8</td></tr>
<tr><td>S'il tient 31 à 35 den. d'or, le quintal sera payé .</td><td>5</td><td></td><td>10</td></tr>
<tr><td>S'il tient 36 à 40 den. d'or, le quintal sera payé .</td><td>5</td><td>15</td><td></td></tr>
<tr><td>S'il tient 41 à 45 den. d'or & au-dessus, le quintal sera payé . . . . . .</td><td>6</td><td>10</td><td></td></tr>
<tr><td>Lorsque le minérai tient un lot d'argent par quintal, & le marc de cet argent 10 jusqu'à 15 den. d'or, le quintal de ce minérai sera payé . . . .</td><td>3</td><td>7</td><td>6</td></tr>
</table>

Si le marc de cet argent tient 16 jufqu'à 20 deniers d'or,   liv. fols. den.
le quintal fera payé 4 11   3
S'il tient 21 à 25 den. d'or, le quintal fera payé .   5   5 10
S'il tient 26 à 30 den. d'or, le quintal fera payé .   6   4   7
S'il tient 31 à 35 den. d'or, le quintal fera payé .   7   3   9
S'il tient 36 à 40 den. d'or, le quintal fera payé .   8   2 11
S'il tient 41 à 45 den. d'or & au-deffus, le quintal
fera payé 8 17   1

Lorfque le minérai tient un lot un quart d'argent par quintal, & le marc de cet argent 10 jufqu'à 15 deniers d'or, le quintal de ce minérai fera payé .   4 10 10
Si le marc de cet argent tient 16 jufqu'à 20 deniers d'or, le quintal fera payé   6
S'il tient 21 à 25 den. d'or, le quintal fera payé .   6 18   9
S'il tient 26 à 30 den. d'or, le quintal fera payé .   8   2 $8\frac{1}{2}$
S'il tient 31 à 35 den. d'or, le quintal fera payé .   9   6   8
S'il tient 36 à 40 den. d'or, le quintal fera payé .   10   5 10
S'il tient 41 à 45 den. d'or & au-deffus, le quintal fera payé 11 10

Lorfque le minérai tient un lot & demi d'argent par quintal, & le marc de cet argent 10 jufqu'à 15 deniers d'or, le quintal de ce minérai fera payé .   5 15
Si le marc de cet argent tient 16 jufqu'à 20 deniers d'or, le quintal fera payé   7   3   4
S'il tient 21 à 25 den. d'or, le quintal fera payé .   8 12   6
S'il tient 26 à 30 den. d'or, le quintal fera payé .   10   10
S'il tient 31 à 35 den. d'or, le quintal fera payé .   11   5
S'il tient 36 à 40 den. d'or, le quintal fera payé .   12 13   4
S'il tient 41 à 45 den. d'or & au-deffus, le quintal fera payé   14   1   8

Lorfque le minérai tient un lot trois quarts d'argent par quintal, & le marc de cet argent 10 à 15 deniers d'or, le quintal de ce minérai fera payé .   6 18   4

Si le marc de cet argent tient 16 jufqu'à 20 deniers d'or, le quintal fera payé 8 16 8

S'il tient 21 à 25 den. d'or, le quintal fera payé . 10 5

S'il tient 26 à 30 den. d'or, le quintal fera payé . 11 18 9

S'il tient 31 à 35 den. d'or, le quintal fera payé . 13 7 6

S'il tient 36 à 40 den. d'or, le quintal fera payé . 15 10

S'il tient 41 à 45 den. d'or & au-deffus, le quintal fera payé. 16 9 2

Seconde taxe fuivant laquelle, & non autres, on recevra à Schem-nitz, en livraifon, le fchlick de pyrite auffi pur qu'il eft poffible, tenant au moins 50 jufqu'à 55 livres de matte par quintal; pour lors le quintal fera payé aux compagnies felon la taxe ci-après, y compris l'or & l'argent qui y fera contenu.

Lorfque le minérai tient un gros d'argent par quintal, & le marc de cet argent depuis 10 jufqu'à 14 deniers d'or, le quintal fera payé zéro.

Si le marc de cet argent tient depuis 15 jufqu'à 18 de-niers d'or, le quintal fera payé . . . 4 2

S'il tient depuis 19 jufqu'à 22 den. d'or, le quintal fera payé 5 10

S'il tient depuis 23 jufqu'à 26 den. d'or, le quintal fera payé 10 5

S'il tient depuis 27 jufqu'à 30 den. d'or, le quintal fera payé 13 4

S'il tient depuis 31 jufqu'à 34 den. d'or, le quintal fera payé 17 6

S'il tient depuis 35 jufqu'à 38 den. d'or, le quintal fera payé 1 5

Si le marc de cet argent tient depuis 39 jufqu'à 42 deniers d'or, le quintal fera payé . . 1 4 7

S'il tient depuis 43 à 46 den. d'or, le quintal fera payé 1 7 6

S'il tient 47 à 50 den. d'or, le quintal fera payé . 1 11 8

S'il tient 51 à 54 den. d'or, le quintal fera payé . 1 15

	liv.	fols.	den.
Lorſque le minérai tient un gros & demi par quintal , & le marc de cet argent 10 à 14 deniers d'or , le quintal ſera payé		11	8
Si le marc de cet argent tient 15 à 18 den. d'or, le quintal ſera payé		17	6
S'il tient 19 à 22 den. d'or, le quintal ſera payé .	1	1	8
S'il tient 23 à 26 den. d'or, le quintal ſera payé .	1	7	6
S'il tient 27 à 30 den. d'or, le quintal ſera payé .	1	13	4
S'il tient 31 à 34 den. d'or, le quintal ſera payé .	1	18	9
S'il tient 35 à 38 den. d'or, le quintal ſera payé .	2	2	11
S'il tient 39 à 42 den. d'or, le quintal ſera payé .	2	9	2
S'il tient 43 à 46 den. d'or, le quintal ſera payé .	2	14	7
S'il tient 47 à 50 den. d'or, le quintal ſera payé .	3		5
S'il tient 51 à 54 den. d'or, le quintal ſera payé .	3	5	
Lorſque le minérai tient deux gros d'argent par quintal, & le marc de cet argent 10 à 14 deniers d'or, le quintal ſera payé . . .	1	4	7
Si le marc de cet argent tient depuis 15 juſqu'à 18 deniers d'or, le quintal ſera payé . .	1	11	8
S'il tient 19 à 22 den. d'or, le quintal ſera payé .	1	18	4
S'il tient 23 à 26 den. d'or, le quintal ſera payé .	2	5	10
S'il tient 27 à 30 den. d'or, le quintal ſera payé .	2	12	11
S'il tient 31 à 34 den. d'or, le quintal ſera payé .	3		
S'il tient 35 à 38 den. d'or, le quintal ſera payé .	3	7	6
S'il tient 39 à 42 den. d'or, le quintal ſera payé .	3	14	7
S'il tient 43 à 46 den. d'or, le quintal ſera payé .	4	1	8
S'il tient 47 à 50 den. d'or, le quintal ſera payé .	4	8	9
Si le marc de cet argent tient depuis 51 juſqu'à 55 den. d'or & au-deſſus, le quintal ſera payé . .	4	15	10
Lorſque le minérai tient trois gros d'argent par quintal, & le marc de cet argent 10 à 14 deniers d'or, le quintal ſera payé	2	7	11
Si le marc de cet argent tient 15 à 18 den. d'or, le quintal ſera payé . . .	3		

	liv.	fols.	den.
S'il tient 19 à 22 den. d'or, le quintal fera payé .	3	9	7
S'il tient 23 à 26 den. d'or, le quintal fera payé .	4	1	8
S'il tient 27 à 30 den. d'or, le quintal fera payé .	4	11	8
S'il tient 31 à 34 den. d'or, le quintal fera payé .	5	2	11
S'il tient 35 à 38 den. d'or, le quintal fera payé .	5	12	11
S'il tient 39 à 42 den. d'or, le quintal fera payé .	6	4	7
S il tient 43 à 46 den. d'or, le quintal fera payé .	6	14	7
S'il tient 47 à 50 den. d'or, le quintal fera payé .	7	5	10
S'il tient 51 à 55 den. d'or & au-deſſus , le quintal fera payé	7	15	10
Si le minérai tient un lot d'argent par quintal , & le marc de cet argent 10 à 14 den. d'or, le quintal fera payé	3	14	2
Si le marc de cet argent tient depuis 15 juſqu'à 18 den. d'or, le quintal de cet argent fera payé . .	4	8	4
S'il tient 19 à 22 den. d'or, le quintal fera payé .	5	2	6
S'il tient 23 à 26 den. d'or, le quintal fera payé .	5	17	1
S'il tient 27 à 30 den. d'or, le quintal fera payé .	6	11	3
S'il tient 31 à 34 den. d'or, le quintal fera payé .	7	5	10
S'il tient 35 à 38 den. d'or, le quintal fera payé .	8		
S'il tient 39 à 42 den. d'or, le quintal fera payé .	8	14	2
S'il tient 43 à 46 den. d'or, le quintal fera payé .	9	8	9
S'il tient 47 à 50 den. d'or, le quintal fera payé .	10	2	6
S'il tient 51 à 55 den. d'or & au-deſſus, le quintal fera payé	10	3	4
Lorſque le minérai tient un lot un quart d'argent par quintal, & le marc de cet argent depuis 10 juſqu'à 14 deniers d'or, le quintal fera payé . . .	4	18	4
Si le marc de cet argent tient 15 à 18 den. d'or , le quintal fera payé . . .	5	16	8
S'il tient 19 à 22 den. d'or, le quintal fera payé .	6	13	9
S'il tient 23 à 26 den. d'or, le quintal fera payé .	7	12	6
S'il tient 27 à 30 den. d'or, le quintal fera payé .	8	10	

	liv.	fols.	den.
S'il tient 31 à 34 den. d'or, le quintal fera payé .	8	9	4
S'il tient 35 à 38 den. d'or, le quintal fera payé .	10	5	10
S'il tient 39 à 42 den. d'or, le quintal fera payé .	11	4	2
S'il tient 43 à 46 den. d'or, le quintal fera payé .	12	1	8
S'il tient 47 à 50 den. d'or, le quintal fera payé ,	13		
S'il tient 51 à 55 den. d'or, le quintal fera payé .	13	17	6

Lorſque le minérai tient un lot & demi d'argent par quintal, & le marc de cet argent 10 à 14 deniers d'or, le quintal de ce minérai eſt payé . ,   **6   3   4**

	liv.	fols.	den.
S'il tient 15 à 18 den. d'or, le quintal eſt payé .	7	5	
S'il tient 19 à 22 den. d'or, le quintal eſt payé .	8	6	8
S'il tient 23 à 26 den. d'or, le quintal eſt payé .	9	8	4
S'il tient 27 à 30 den. d'or, le quintal eſt payé .	10	9	7
S'il tient 31 à 34 den. d'or, le quintal eſt payé .	11	11	3
S'il tient 35 à 38 den. d'or, le quintal eſt payé .	12	12	6
S'il tient 39 à 42 den. d'or, le quintal eſt payé .	13	14	2
S'il tient 43 à 46 den. d'or, le quintal eſt payé .	14	15	10
S'il tient 47 à 50 den. d'or, le quintal eſt payé .	15	17	6
S'il tient 51 à 55 den. d'or, le quintal eſt payé .	16	18	9

Lorſque le minérai tient un lot trois quarts d'argent par quintal, & que cet argent tient par marc 10 à 14 deniers d'or, le quintal fera payé. . . .   **7   7   11**

Si le marc de cet argent tient 15 à 18 den. d'or, le quintal fera payé **8   13   4**

	liv.	fols.	den.
S'il tient 19 à 22 den. d'or, le quintal fera payé .	9	17	11
S'il tient 23 à 26 den. d'or, le quintal fera payé .	11	3	9
S'il tient 27 à 30 den. d'or, le quintal fera payé .	12	8	4
S'il tient 31 à 34 den. d'or, le quintal fera payé .	13	14	2
S'il tient 35 à 38 den. d'or, le quintal fera payé .	14	18	4
S'il tient 39 à 42 den. d'or, le quintal fera payé .	16	4	2
S'il tient 43 à 46 den. d'or, le quintal fera payé ,	17	8	9
S'il tient 47 à 50 den. d'or, le quintal fera payé	18	15	

S'il

S'il tient 51 à 55 den. d'or & au-deſſus, le quintal
ſera payé . . . .

Lorſque le minérai tient deux lots d'argent par
quintal, & que cet argent tient par marc 10 à 14 deniers d'or, le quintal eſt payé . . .

Si le marc de cet argent tient 15 à 18 den. d'or, le
quintal ſera payé . . . .

S'il tient 19 à 22 den. d'or, le quintal ſera payé .

S'il tient 23 à 26 den. d'or, le quintal ſera payé .

S'il tient 27 à 30 den. d'or, le quintal ſera payé .

S'il tient 31 à 34 den. d'or, le quintal ſera payé .

S'il tient 35 à 38 den. d'or, le quintal ſera payé .

S'il tient 39 à 42 den. d'or, le quintal ſera payé .

S'il tient 43 à 46 den. d'or, le quintal ſera payé .

S'il tient 47 à 50 den. d'or, le quintal ſera payé .

S'il tient 51 à 55 den. d'or & au-deſſus, le quintal
ſera payé . . . .

Lorſque le minérai tient deux lots un quart d'argent par quintal, & que cet argent tient par marc
10 à 14 deniers d'or, le quintal ſera payé . .

Si le marc de cet argent tient 15 à 18 deniers d'or,
le quintal ſera payé . . . . . .

S'il tient 19 à 22 deniers d'or, le quintal ſera payé

S'il tient 23 à 26 den. d'or, le quintal ſera payé .

S'il tient 27 à 30 den. d'or, le quintal ſera payé .

S'il tient 31 à 34 den. d'or, le quintal ſera payé .

S'il tient 35 à 38 den. d'or, le quintal ſera payé .

S'il tient 39 à 42 den. d'or, le quintal ſera payé .

S'il tient 43 à 46 den. d'or, le quintal ſera payé .

S'il tient 47 à 50 den. d'or, le quintal ſera payé .

S'il tient 51 à 55 den. d'or, le quintal ſera payé .

Lorſque le minérai tient deux lots & demi d'argent
par quintal, & que cet argent tient par marc 10 à 14

	liv.	ſols.	den.
	19	18	9
	8	13	4
	10	2	1
	11	10	10
	12	19	2
	14	7	11
	15	16	8
	17	5	5
	18	14	2
	20	2	11
	21	11	3
	23		
	9	17	6
	11	10	5
	13	2	1
	14	15	
	16	6	2
	17	19	7
	19	10	10
	21	4	2
	22	15	5
	24	8	4
	26		

Tome II. Gg

	liv.	sols.	den.
deniers d'or, le quintal du minérai sera payé. . .	11	2	11
Si le marc d'argent tient 15 à 18 deniers d'or, le quintal sera payé	12	18	9
S'il tient 19 à 22 den. d'or, le quintal sera payé .	14	14	7
S'il tient 23 à 26 den. d'or, le quintal sera payé .	16	10	5
S'il tient 27 à 30 den. d'or, le quintal sera payé .	18	6	3
S'il tient 31 à 34 den. d'or, le quintal sera payé .	20	2	1
S'il tient 35 à 38 den. d'or, le quintal sera payé .	21	17	10
S'il tient 39 à 42 den. d'or, le quintal sera payé .	23	13	9
S'il tient 43 à 46 den. d'or, le quintal sera payé .	25	10	
S'il tient 47 à 50 deniers d'or le quintal sera payé .	27	5	5
S'il tient 51 à 55 den. d'or & au-deſſus, le quintal sera payé	29	1	8
Lorſque le minérai tient deux lots trois quarts d'argent par quintal, & le marc de cet argent 10 à 14 deniers d'or, le quintal sera payé	12	7	6
Si le marc de cet argent tient 15 à 18 deniers d'or, le quintal sera payé	14	7	6
S'il tient 19 à 22 den. d'or, le quintal sera payé	16	5	10
S'il tient 23 à 26 den. d'or, le quintal sera payé .	18	5	10
S'il tient 27 à 30 den. d'or, le quintal sera payé .	20	4	7
S'il tient 31 à 34 den. d'or, le quintal sera payé .	22	5	
S'il tient 35 à 38 den. d'or, le quintal sera payé .	24	3	9
S'il tient 39 à 42 den. d'or, le quintal sera payé .	26	4	2
S'il tient 43 à 46 den. d'or, le quintal sera payé .	28	2	6
S'il tient 47 à 50 den. d'or, le quintal sera payé .	30	2	11
S'il tient 51 à 55 den. d'or & au-deſſus, le quintal sera payé	32	1	8

Troifieme taxe fuivant laquelle , & non autres, on recevra à Schem-nitz , en livraifon , le fchlick de pyrite auffi pur qu'il eft poffi-ble , tenant 57 livres de matte , & au - deffus pour cent : pour lors le quintal fera payé aux compagnies fuivant la taxe ci-après , y compris l'or & l'argent qui y fera contenu.

Lorfque le minérai tient un gros d'argent par quintal, & que le marc de cet argent tient 10 à 14 deniers d'or, le quintal fera payé zéro.

	liv.	fols.	den.
Si le marc de cet argent tient 15 à 18 deniers d'or, le quintal fera payé		4	2
S'il tient 19 à 22 den. d'or, le quintal fera payé .		7	11
S'il tient 23 à 26 den. d'or, le quintal fera payé .		11	3
S'il tient 27 à 30 den. d'or, le quintal fera payé .		15	
S'il tient 31 à 34 den. d'or, le quintal fera payé .		18	9
S'il tient 35 à 38 den. d'or, le quintal fera payé .	1	2	6
S'il tient 39 à 42 den. d'or , le quintal fera payé .	1	6	3
S'il tient 43 à 46 den. d'or, le quintal fera payé .	1	10	
S'il tient 47 à 50 den. d'or, le quintal fera payé .	1	13	9
S'il tient 51 à 54 den. d'or, le quintal fera payé .	1	17	6

Lorfque le minérai tient un gros & demi d'argent par quintal, & que le marc de cet argent tient 10 à 14 den. d'or, le quintal fera payé . . . . 12 ... 6

Si le marc de cet argent tient 15 à 18 den. d'or, le quintal fera payé		18	4
S'il tient 19 à 22 den. d'or, le quintal fera payé .	1	4	2
S'il tient 23 à 26 den. d'or, le quintal fera payé .	1	9	7
S'il tient 27 à 30 den. d'or, le quintal fera payé .	1	15	
S'il tient 31 à 34 den. d'or, le quintal fera payé .	2		5
S'il tient 35 à 38 den. d'or, le quintal fera payé .	2	4	2
S'il tient 39 à 42 den. d'or, le quintal fera payé .	2	10	
S'il tient 43 à 46 den. d'or, le quintal fera payé .	2	15	
S'il tient 47 à 50 den. d'or, le quintal fera payé .	3		10

liv. fols. den.

S'il tient 51 à 55 den. d'or & au-deffus , le quintal fera payé   3   6   8

Lorfque le minérai tient deux gros d'argent, & le marc de cet argent 10 à 14 deniers d'or, le quintal fera payé   1   5   5

Si le marc de cet argent tient 15 à 18 den. d'or, le quintal fera payé   1   12   11

S'il tient 19 à 22 den. d'or, le quintal fera payé .   2   5

S'il tient 23 à 26 den. d'or, le quintal fera payé .   2   7   11

S'il tient 27 à 30 den. d'or, le quintal fera payé .   2   15   5

S'il tient 31 à 34 den. d'or, le quintal fera payé .   3   2   6

S'il tient 35 à 38 den. d'or, le quintal fera payé .   3   8   4

S'il tient 39 à 42 deniers d'or , le quintal fera payé   3   15   10

S'il tient 43 à 46 den. d'or, le quintal fera payé .   4   2   11

S'il tient 47 à 50 den. d'or, le quintal fera payé .   4   10   3

S'il tient 51 à 54 den. d'or & au-deffus, le quintal fera payé   4   17   11

Lorfque le minérai tient trois gros d'argent par quintal, & le marc de cet argent 10 à 14 deniers d'or, le quintal fera payé   2   10   10

Si le marc de cet argent tient 15 à 18 den. d'or, le quintal fera payé . . .   3   2   1

S'il tient 19 à 22 den. d'or, le quintal fera payé .   3   13   4

S'il tient 23 à 26 den. d'or, le quintal fera payé .   4   2   6

S'il tient 27 à 30 den. d'or, le quintal fera payé .   4   13   4

S'il tient 31 à 34 den. d'or, le quintal fera payé .   5   4   2

S'il tient 35 à 38 den. d'or , le quintal fera payé .   5   15   10

S'il tient 39 à 42 den. d'or, le quintal fera payé .   6   6   8

S'il tient 43 à 46 den. d'or, le quintal fera payé .   6   15   10

S'il tient 47 à 50 den. d'or, le quintal fera payé .   7   7   1

S'il tient 51 à 55 den. d'or, le quintal fera payé .   7   18   4

Lorfque le minérai tient un lot d'argent par quin-

<table>
<tr><td>tal , & que le marc de cet argent tient 10 à 14 d.d'or ,</td><td>liv.</td><td>fols.</td><td>den.</td></tr>
<tr><td>le quintal fera payé .   .   .   .</td><td>3</td><td>15</td><td>10</td></tr>
<tr><td>Si le marc de cet argent tient 15 à 18 den. d'or, le
quintal de cet argent fera payé .   .   .</td><td>4</td><td>10</td><td>10</td></tr>
<tr><td>S'il tient 19 à 22 den. d'or, le quintal fera payé .</td><td>5</td><td>4</td><td>2</td></tr>
<tr><td>S'il tient 23 à 26 den. d'or, le quintal fera payé .</td><td>5</td><td>18</td><td>9</td></tr>
<tr><td>S'il tient 27 à 30 den. d'or, le quintal fera payé .</td><td>6</td><td>13</td><td>4</td></tr>
<tr><td>S'il tient 31 à 34 den. d'or, le quintal fera payé .</td><td>7</td><td>8</td><td>4</td></tr>
<tr><td>S'il tient 35 à 38 den. d'or, le quintal fera payé .</td><td>8</td><td>1</td><td>3</td></tr>
<tr><td>S'il tient 39 à 42 den. d'or, le quintal fera payé .</td><td>8</td><td>15</td><td>10</td></tr>
<tr><td>S'il tient 43 à 46 den. d'or, le quintal fera payé .</td><td>9</td><td>10</td><td>10</td></tr>
<tr><td>S'il tient 47 à 50 den. d'or, le quintal fera payé .</td><td>10</td><td>6</td><td>10</td></tr>
<tr><td>S'il tient 51 à 55 den. d'or , le quintal fera payé .</td><td>10</td><td>18</td><td>9</td></tr>
<tr><td>Lorfque le minérai tient un lot un quart d'argent
par quintal , & que le marc de cet argent tient 10 à
14 den. d'or , le quintal fera payé   .   .</td><td>5</td><td>1</td><td>3</td></tr>
<tr><td>S'i le marc de cet argent tient 15 à 18 den. d'or , le
quintal fera payé   .   .   .</td><td>5</td><td>17</td><td>11</td></tr>
<tr><td>S'il tient 19 à 22 den. d'or, le quintal fera payé .</td><td>6</td><td>16</td><td>8</td></tr>
<tr><td>S'il tient 23 à 26 den. d'or, le quintal fera payé .</td><td>7</td><td>15</td><td></td></tr>
<tr><td>S'il tient 27 à 30 den. d'or, le quintal fera payé .</td><td>8</td><td>11</td><td>8</td></tr>
<tr><td>S'il tient 31 à 34 deniers d'or , le quintal fera
payé .   .   .   .   .</td><td>9</td><td>10</td><td></td></tr>
<tr><td>S'il tient 35 à 38 den. d'or, le quintal fera payé .</td><td>10</td><td>8</td><td>9</td></tr>
<tr><td>S'il tient 39 à 42 den. d'or, le quintal fera payé .</td><td>11</td><td>5</td><td>5</td></tr>
<tr><td>S'il tient 43 à 46 den. d'or, le quintal fera payé .</td><td>12</td><td>4</td><td>2</td></tr>
<tr><td>S'il tient 47 à 50 den. d'or, le quintal fera payé .</td><td>13</td><td>2</td><td>6</td></tr>
<tr><td>S'il tient 51 à 55 den. d'or, le quintal fera payé .</td><td>13</td><td>19</td><td>2</td></tr>
<tr><td>Lorfqu'un minérai tient un lot & demi d'argent
par quintal, & le marc de cet argent 10 à 14 deniers
d'or, le quintal fera payé .   .   .   .   .</td><td>6</td><td>5</td><td></td></tr>
<tr><td>Si le marc de cet argent tient 15 à 18 den. d'or , le
quintal fera payé .   .   .   .   .</td><td>7</td><td>7</td><td>1</td></tr>
</table>

	liv	fo's.	den.
S'il tient 19 à 22 den. d'or, le quintal fera payé .	8	9	2
S'il tient 23 à 26 den. d'or, le quintal fera payé .	9	9	7
S'il tient 27 à 30 den. d'or, le quintal fera payé .	10	11	8
S'il tient 31 à 34 den. d'or, le quintal fera payé .	11	14	2
S'il tient 35 à 38 den. d'or, le quintal fera payé .	12	14	7
S'il tient 39 à 42 den. d'or, le quintal fera payé .	13	16	8
S'il tient 43 à 46 den. d'or, le quintal fera payé .	14	17	1
S'il tient 47 à 50 den. d'or, le quintal fera payé .	15	19	2
S'il tient 51 à 55 den. d'or, le quintal fera payé .	17	1	3
Lorsque le minérai tient un lot trois quarts d'argent par quintal, & le marc de cet argent 10 à 14 den. d'or, le quintal fera payé	7	10	
Si le marc tient 15 à 18 den. d'or, le quintal sera payé	8	15	10
S'il tient 19 à 22 den. d'or, le quintal fera payé .	10		
S'il tient 23 à 26 den. d'or, le quintal fera payé .	11	5	10
S'il tient 27 à 30 den. d'or, le quintal fera payé .	12	10	
S'il tient 31 à 34 den. d'or, le quintal fera payé .	13	15	10
S'il tient 35 à 38 den. d'or, le quintal fera payé .	15	1	8
S'il tient 39 à 42 den. d'or, le quintal fera payé .	16	5	10
S'il tient 43 à 46 den. d'or, le quintal fera payé .	17	11	8
S'il tient 47 à 50 den. d'or, le quintal fera payé .	18	15	10
S'il tient 51 à 55 den. d'or, le quintal fera payé .	20	1	8
Lorsque le minérai tient deux lots d'argent par quintal, & le marc de cet argent 10 à 14 den. d'or, le quintal fera payé	8	15	5
Si le marc de cet argent tient 15 à 18 deniers d'or, le quintal fera payé	10	5	
S'il tient 19 à 22 den. d'or, le quintal fera payé .	11	12	11
S'il tient 23 à 26 den. d'or, le quintal fera payé .	13	2	6
S'il tient 27 à 30 den. d'or, le quintal fera payé .	14	10	5
S'il tient 31 à 34 den. d'or, le quintal fera.payé .	16		
S'il tient 35 à 38 den. d'or, le quintal fera payé .	17	7	6

liv. fols. den.

	liv.	fols.	den.
S'il tient 39 à 42 den. d'or, le quintal fera payé .	18	17	1
S'il tient 43 à 46 den. d'or, le quintal fera payé .	20	5	
S'il tient 47 à 50 den. d'or, le quintal fera payé .	21	14	7
S'il tient 51 à 55 den. d'or & au-deſſus, le quintal fera payé	23	2	1
Lorſque le minérai tient 2 lots un quart d'argent par quintal, & le marc de cet argent 10 à 14 deniers d'or, le quintal fera payé	10		10
Si le marc de cet argent tient 15 à 18 den. d'or, le quintal fera payé	11	12	1
S'il tient 19 à 22 den. d'or, le quintal fera payé .	13	5	5
S'il tient 23 à 26 den. d'or, le quintal fera payé .	14	17	1
S'il tient 27 à 30 den. d'or, le quintal fera payé .	16	10	5
S'il tient 31 à 34 den. d'or, le quintal fera payé .	18	1	8
S'il tient 35 à 38 den. d'or, le quintal fera payé .	19	13	4
S'il tient 39 à 42 den. d'or, le quintal fera payé .	21	6	8
S'il tient 43 à 46 den. d'or, le quintal fera payé .	22	17	11
S'il tient 47 à 50 den. d'or, le quintal fera payé .	24	11	3
S'il tient 51 à 55 den. d'or, le quintal fera payé .	26	2	6
Lorſque le minérai tient 2 lots & demi d'argent par quintal, & le marc de cet argent 10 à 14 deniers d'or, le quintal fera payé	11	5	10
Si le marc de cet argent tient 15 à 18 den. d'or, le quintal fera payé	13	1	3
S'il tient 19 à 22 den. d'or, le quintal fera payé .	14	17	11
S'il tient 23 à 26 den. d'or, le quintal fera payé .	16	13	4
S'il tient 27 à 30 den. d'or, le quintal fera payé .	18	8	4
S'il tient 31 à 34 den. d'or, le quintal fera payé .	20	5	5
S'il tient 35 à 38 den. d'or, le quintal fera payé .	22		5
S'il tient 39 à 42 den. d'or, le quintal fera payé .	23	15	5
S'il tient 43 à 46 den. d'or, le quintal fera payé .	25	12	6
S'il tient 47 à 50 den. d'or, le quintal fera payé .	27	7	11
S'il tient 51 à 55 den. d'or, le quintal fera payé .	29	2	11

S E C T I O N   I I.

Mine d'argent d'Annaberg dans la basse Autriche.

§. I. Cette mine fut découverte en 1752 dans une forêt, sur une montagne fort élevée, dont le rocher est une pierre à chaux, comme toutes celles qui l'environnent ; ce sont des couches qui se croisent en différens sens, & qui quelquefois sont coupées en angle droit par d'autres qui ne renferment point de minérai. La *Direction des couches.* direction la plus commune de celles qui produisent, est entre 9 & 11 heures, & leur pente de 60 à 70 degrés. Le minérai le plus abondant est une pierre calcaire, dans laquelle on n'apperçoit rien même avec la loupe, quoiqu'il y ait des morceaux riches de plusieurs marcs.

« M. Justi, auteur d'une dissertation sur cette mine, prétend » que l'argent y est minéralisé par un alkali fixe ou plutôt » dissout par un foie de soufre, & que l'on ne peut en retirer le » métal par les essais ordinaires. Il rapporte même que l'on en » a fait plusieurs épreuves à la monnoie de Vienne sans en retirer » le fin ; que cette mine n'auroit pas été exploitée s'il n'avoit pas » fait connoître sa richesse ».

Espece des minérais. §. I I. Ces minérais présentent plusieurs especes ; on en voit d'assez durs pour prendre le poli, dans lesquels on apperçoit des veines d'argent natif ; d'autres plus tendres, où il paroît y avoir de la mine d'argent vitrée, & quelquefois encore de celle d'argent rouge, & des petites veines de la blanche, dans un minérai qui se trouve ordinairement dans des cavités ferrugineuses, & ayant une espece d'ocre pour enveloppe ; d'autres morceaux sont tachés de verd & de bleu, ce qui paroît désigner le cuivre : « mais M. Justi dit avoir fait toutes les expériences imaginables » pour l'y découvrir, sans avoir pu en obtenir, & que c'est un » effet de l'alkali avec l'argent ; car il assure avoir donné avec un » alkali, la couleur bleue & verte à l'argent le plus pur. On sait » pourtant qu'en chymie l'alkali est la pierre de touche du cuivre ».

Cette

Cette mine produit encore du minérai de plomb, qui, à une demie-lieue de là dans la même montagne, & la même efpece de rocher, eft affez abondant; il reffemble à de la mine de plomb noire; quoiqu’on ne le trouve pas cryftallifé comme elle, il paroît être diffout; s’il étoit blanc, il feroit tranfparent. Prefque toute la pierre à chaux de cette mine tient un peu d’argent, mais en trop petite quantité pour pouvoir la bocarder avec avantage. Le fchlicht que l’on en retireroit, ne feroit pas plus riche que le minérai même avant que d’être lavé; nous penfons que fi on le calcinoit dans des grands fours à chaux, on pourroit par le lavage en faire aifément la féparation, comme cela fe pratique pour des minérais plus riches.

§. III. Dans le triage des minérais, on en diftingue trois claffes que l’on fépare: le plus riche doit tenir au-deffus de 30 lots d’argent par quintal, le moyen depuis 2 jufqu’à 30, & le plus pauvre de 1 à 2. Ce font les mineurs qui font ce triage à prix fait, & le caffent en morceaux de la groffeur d’une noifette: tout le menu minérai eft lavé & paffé au crible, & enfuite trié fur une table par de jeunes garçons; celui de plomb eft également mis à part.

§. IV. Tous les minérais dont le quintal tient 30 lots d’argent & au-deffous, font grillés dans un fourneau de réverbere à deux chauffes, femblables à ceux de Schemnitz que nous avons décrit art. VII de la première Section. On en met 8 quintaux à la fois, que l’on retire après trois heures de feu pour être fondu. Le plus pauvre de 1 à 2 lots eft lavé pour concentrer l’argent dans un plus petit volume: ce lavage fe fait dans une caiffe allemande ou *fchlem graben*; il eft alors réduit au tiers de fon poids, de forte que celui qui ne tenoit que 2 lots, en tient de 6 à 8 par quintal. De cette opération il réfulte une perte d’un gros d’argent qui eft entraîné par l’eau; ce qui femble appuyer le fentiment de M. Jufti, qui prétend qu’une partie de l’argent eft diffout dans le minérai par un alkali. Cette perte eft de peu de conféquence, en comparaifon des frais confidérables qu’exige ce minérai, eu égard à fa pauvreté : fi on n'en diminuoit pas le volume, il ne payeroit pas même ceux de la fonte. Si dans les environs on avoit une mine d'argent unie à du quartz & de la pyrite, on en fondroit au-deffous d'un lot avec bénéfice, comme on le fait en Saxe.

Fourneaux. §. V. Les fourneaux qui fervent à la fonte des minérais font les mêmes qu'à Schemnitz ; ceux-ci n'en different que dans le placement de la tuyere qui eft beaucoup mieux ; elle eft ici élevée d'un pied au-deffus du niveau du baffin de l'avant-foyer : d'ailleurs on ne fait point de trace dans le fourneau, la matiere coule continuellement par l'œil ; la brafque eft de partie égale de pouffier de charbon & d'argille.

Fonte crue. §. VI. Le mélange pour cette fonte eft de 100 quintaux de minérai grillé, partie de celui qui a été lavé & partie de celui qui ne l'eft pas, dont le quintal tient au-deffous de 10 lots d'argent, auxquels on ajoute 67 à 68 quintaux de pyrites, & fur le total environ 200 quintaux de fcories du travail riche. Si ce mélange eft trop fluide, & que l'on craigne que ces dernieres entraînent de la matte avec elles & conféquemment du fin, on fait une addition d'argille d'environ 2 quintaux fur 12 de minérai ; c'eft dans cette proportion que nous l'avons vu faire. On procede du refte à la conduite de la fonte comme à Schemnitz ; les mattes qui en proviennent tiennent de 10 à 12 lots par quintal plus ou moins, ce qui dépend de la richeffe des minérais, & du plus ou moins de pureté des pyrites.

La durée de la fonte de ce mélange eft d'une femaine, pour lequel on confomme de 100 à 120 mefures de charbon (1).

On ne donne aux mattes qu'un feul feu de grillage ; elles font enfuite fondues dans le même fourneau fur une brafque de trois parties de charbon, & cinq d'argille.

Fonte des mattes. §. VII. Le mélange pour la fonte riche eft toujours de moitié matte grillée & de moitié minérai, depuis 10 jufqu'à 40 lots d'argent par quintal & au-deffus ; quand on a de celle qui provient du

____

(1) Cette mefure eft de douze pieds cubes.

travail riche, on en ajoute auffi dans cette fonte, mais en diminuant de la premiere la même quantité, pour que la proportion foit toujours égale. On y mêle auffi des déchets des fonderies, comme on le voit dans l'exemple fuivant.

3 Quintaux de matte riche grillée à un feu.

7 Quintaux de matte ordinaire, *idem.*

10 Quintaux de minérai.

12 Quintaux de fcories du travail riche.

2 Quintaux débris de fourneaux.

Et 1 Quintal de la pouffiere qui fe ramaffe dans les cheminées, qui tient 1 lot & demi; elle forme un objet de 20 quintaux par mois.

Le plomb que l'on y ajoute eft toujours en proportion de fa richeffe & de celle des minérais, de maniere que le quintal tienne 80 à 100 lots; en un mot, on l'enrichit autant qu'il eft poffible, mais on obferve d'effayer de tems en tems les fcories, parce que fi elles entraînoient du plomb ou de l'argent, il faudroit changer le mélange, foit en y ajoutant des fcories ou d'autres matieres pour accélérer ou retarder la fonte. L'une & l'autre extrémité eft pernicieufe.

Anciennement on imbiboit le plomb dans le baffin de réception, comme cela fe pratique à Schemnitz; mais on a reconnu depuis qu'il eft plus avantageux de l'ajouter dans la fonte, en le divifant fur la *fchlicht* ou journée, de maniere qu'il y ait trois ou quatre percées, c'eft-à-dire, la quantité à peu près néceffaire pour remplir le baffin de l'avant-foyer. On enleve la matte en feuilles ou plaques, & on puife le plomb pour le verfer dans des moules ronds.

§. VIII. On n'ajoute dans la fonte du minérai de plomb que des fcories; mais feulement la quantité fuffifante pour la rendre fluide. La brafque eft très-légere, elle n'eft compofée que d'une partie d'argille, fur 7 à 8 de pouffier de charbon : le trou de la percée eft prefque toujours ouvert, ou plutôt on ne bat que

Hh ij

légérement la brafque dans cet endroit. La fonte une fois commencée, il n'y a que les fcories qui reftent dans le baffin de l'avant-
foyer; le plomb coule continuellement à travers la brafque pour
fe rendre dans celui de réception, d'où on le retire lorfqu'il y en
a une certaine quantité de raffemblé. Ce minérai tient ordinairement 15 livres de plomb par quintal, & ce plomb 20 lots d'argent; c'eft celui que l'on ajoute dans la fonte riche, & que l'on
enrichit jufqu'à 100 lots par la concentration.

On procede à l'affinage de l'argent de même qu'à Schemnitz.
On le brûle dans un fourneau femblable à celui de Joachimfthal en
Bohême.

*Obferva-
tions fur les
fontes.*

§. IX. Dans le commencement de l'exploitation de cette mine,
on fit des dépenfes confidérables en épreuves, fur la meilleure
méthode de féparer l'argent du minérai; on fit apporter de tout
côté, de différentes efpeces de pierres pour trouver un bon fondant. On effaya encore de tranfporter le minérai à Schemnitz
pour y être traité, mais les frais excéderent la valeur. On parvint
enfin au procédé que nous venons de décrire; il eft bien étonnant
que l'on n'ait pas fongé d'abord à l'intermede des pyrites. Quoi qu'il
en foit, les opérations paroiffent affez bien entendues; il n'y auroit
que quelque changement à faire dans la conftruction des fourneaux de grillage & de fonte, pour l'économie du bois & du
charbon. La fonte du minérai de plomb eft très-bien imaginée,
puifqu'on évite la vitrification d'une grande quantité de ce métal,
qui bien loin de refter expofé à la grande chaleur, comme cela
arrive dans d'autres fonderies, eft auffi-tôt environné de phlogiftique.

SEPTIEME MÉMOIRE.

SUR LES MINES D'OR,

D'ARGENT ET DE MERCURE DU PÉROU (1).

SECTION PREMIERE.

Extrait du voyage de M. Frézier à la mer du Sud, concernant les mines (2).

Page 96. TITIL est un petit village situé un peu plus qu'à demi-côte d'une haute montagne remplie de mines d'or ; outre qu'elles ne font pas fort riches, le minérai en eft fort dur ; il y a peu d'ouvriers depuis qu'on en a trouvé de meilleures dans d'autres endroits : d'ailleurs l'eau manque aux moulins pendant quatre mois de l'été. Il y avoit du tems de ce voyageur cinq de ces moulins que les Efpagnols appellent *trapiches* ; ils font faits à peu près comme ceux qui fervent en France pour écrafer les pommes : c'eft une grande pierre ronde de 5 à 6 pieds de diametre, creufée d'un canal circulaire, profond de 18 pouces. Cette pierre eft percée dans le milieu pour y paffer l'axe prolongé d'une roue horifontale pofée au-deffus, & bordée de demi-godets contre lefquels l'eau vient frapper pour la faire tourner. Par ce moyen on fait rouler dans le canal circulaire, une roue pofée

Mines d'or
de Titil.

(1) Je tiens ce manufcrit de feu M. Hellot.

(2) La mer du fud fut découverte en 1513, par un gentilhomme nommé *Vafco Nunès de Balboa*, né à Xeves de Badajos ; mais l'époque véritable de la premiere découverte & du nom du Pérou eft de 1515. François Pizarro avec fes quatre freres, & Diego d'Almagro, n'entrerent dans le pays pour le conquérir qu'en 1531. Huit ans après la mort de *Huayna Capac*, qui mourut en 1523, Manco Capac fonda la monarchie des Incas qui n'ont regné qu'un peu plus de 400 ans, & non pas 600 ans, comme l'a rapporté le P. Blafvalera.

de champ, qui répond à l'axe de la grande. Cette roue se nomme *volteadora*, c'est-à-dire, la tournante ; son diametre ordinaire est de 3 pieds 4 pouces, & son épaisseur de 10 à 15 pouces. Elle est traversée dans son centre par un axe assemblé dans le grand arbre, qui la faisant tourner verticalement, écrase la pierre qu'on a tirée de la mine, que les gens du pays appellent le métal. Les François le nomment *minérai* ; il y en a de blanc, de rougeâtre & de noirâtre, mais la plupart ne montre point d'or à l'œil. Dès que les pierres sont un peu écrasées, on y jette une certaine quantité de mercure qui s'attache à l'or que la meule a séparé de la pierre ; pendant ce tems on fait tomber dans l'auge circulaire, un filet d'eau conduite avec rapidité par un petit canal, pour délayer la terre qu'elle entraîne dehors par un trou fait exprès ; l'or incorporé avec le mercure tombe au fond, & y demeure retenu par sa pesanteur. On moud par jour un demi *caxon*, c'est-à-dire, 25 quintaux de minérai, & quand on a cessé de moudre, on ramasse cette pâte d'or & de mercure, qu'on trouve au fond de l'endroit le plus creux de l'auge : on la met dans un rouet de toile pour en exprimer le mercure autant qu'il est possible ; on la fait ensuite chauffer pour évaporer ce qui reste, & c'est ce qu'on

Pignes. appelle de l'*or en pigne*.

Pour dégager entiérement l'or du mercure, il faut fondre la *pigne*, & alors on en connoît le juste poids & le véritable titre : chaque jour les mineurs d'or ont l'avantage sur les mineurs d'argent, de savoir ce qu'ils gagnent. Le poids de l'or se mesure par *castillans* ; un *castillan* est la centieme partie d'une livre poids d'Espagne : il se divise en huit *tomines* ; ainsi 6 *castillans* & 2 *tomines* font une once ; mais il y a 6 & un tiers pour cent de moins au poids d'Espagne qu'à notre poids de marc. Le titre de l'or se compte par *quilates* ou karats, qu'on borne à 24 pour cent le plus haut ; celui des mines de Titil est de 20 à 21, suivant la qualité du minérai. 50 quintaux, ou chaque caxon donne 4, 5 & 6 onces d'or ; quand il n'en donne que 2, le mineur ne retire que ſes frais, mais il eſt quelquefois bien dédommagé quand il trouve de bonnes veines. Les mines d'or ſont de toutes les mines métalliques les plus inégales, d'où il arrive qu'il eſt plus rare de voir un mineur d'or riche qu'un mineur d'argent. *L'or ne paie au roi que le vingtieme*, qu'on nomme *covo*, du nom d'un particulier à qui il fit cette grace; car on en payoit le quint comme de l'argent.

Page 98. Toutes les mines appartiennent à qui les découvre; il ſuffit de préſenter requête à la juſtice pour ſe les faire adjuger : on meſure ſur la veine 80 *varres* de longueur, c'eſt-à-dire, 246 piéds, & 40 en largeur, pour célui à qui elle eſt accordée. Il choiſit cette étendue où bon lui ſemble, enſuite on en meſure 80 autres qui appartiennent au roi ; le reſte revient au premier prétendant en même meſure, & il en diſpoſe comme il lui plaît ; ce qui appartient au roi eſt vendu au plus offrant, qui veut acheter une richeſſe inconnue & incertaine. Ceux qui veulent travailler de leurs bras obtiennent ſans peine du mineur, une veine à exploiter ; ce qu'ils tirent eſt pour leur compte, en lui payant les droits du roi & le louage du moulin qui eſt ſi conſidérable, qu'il y en a qui ſe contentent du profit qu'il donne, ſans faire travailler aux minieres.

A la deſcente de la montagne du Titil eſt un riche *lavadero* ou lavoir d'or, où l'on trouve ſouvent des morceaux d'or natif du poids d'environ une once.

Page 100. Il y a un lavage auprès de la Palme, à 4 lieues à l'eſt-ſud-eſt de *Valparaiſſo* ; les jéſuites y font travailler pour leur compte : on creuſe au fond des coulées, dans les angles rentrans, où l'on juge par certaines marques qu'il peut y avoir de l'or ; car il ne paroît point à l'œil dans les terres où il eſt. Pour faciliter cette excavation, on y fait couler un ruiſſeau, dont le courant délaie & entraîne la terre facilement en la remuant, & quand on eſt arrivé au banc de terre où eſt l'or, on détourne le ruiſſeau pour creuſer à force de bras ; c'eſt cette terre qu'on porte dans un petit baſſin fait par ſon plan, comme un ſoufflet de forge, dans lequel on fait couler de l'eau avec rapidité pour la délayer ; & afin qu'elle la détrempe mieux , on détache l'or qui y eſt mêlé. On la remue ſans ceſſe avec un crochet de fer qui ſert auſſi à ramaſſer les pierres qu'on jette hors du baſſin ; cette manœuvre eſt néceſſaire pour qu'elles n'arrêtent pas le cours de l'eau qui doit tout entraîner, à l'exception de l'or qui par ſa peſanteur ſe précipite dans le fond, parmi un ſable noir fin où il n'eſt gueres moins caché que dans la terre, s'il n'y a de gros grains du moins comme une lentille. Il s'en trouve quelquefois de plus gros, & dans le lavoir dont on a parlé, on en avoit tiré un de 3 marcs ; il s'en échappe cependant hors du baſſin quelques particules, à quoi l'on pourroit remédier. Après avoir détourné l'eau, on ra-maſſe ce ſable, & on le met dans un grand plat de bois (1) , au milieu duquel eſt un petit enfoncement de 3 ou 4 lignes ; on le remue à la main en le tournant dans l'eau , de maniere que tout ce qu'il y a de terre & de ſable ſe répand par-deſſus les bords ; l'or ſeul reſte dans le fond en grains, plus ou moins gros, de toutes ſortes de figures , pur , net & de ſa couleur naturelle , ſans qu'il ſoit beſoin d'autre art ; ce qui eſt beaucoup plus avan-tageux lorſque la terre eſt médiocrement riche, que de travailler aux minieres. On fait peu de frais ; il ne faut pour cela ni moulins, ni mercure, ni ciſeaux, ni maſſes pour rompre les veines avec beaucoup de travail ; il ne faut que des pelles, le plus ſouvent faites avec des omoplates de bœuf.

On trouve dans toutes les coulées du Chily, de la terre dont on peut tirer de l'or plus ou moins ; elle eſt ordinairement rougeâtre & mince vers la ſurface. A hauteur d'homme elle eſt mêlée de grains de gros ſable où commence le lit d'or, & en creuſant plus bas, ſont des bancs de fond pierreux, comme d'un rocher pourri, bleuâtre, mêlé de quantité de pailles jaunes qu'on prendroit pour de l'or, mais qui ne ſont en effet que des pyrites ou marcaſſites, ſi minces & ſi légeres que l'eau les entraîne : au-

(1) C'eſt ce que nous nommons *trog* ou *ſébille*.

deſſous

deſſous de ces bancs de pierres on ne trouve plus d'or , il ſemble qu'il eſt retenu deſſus pour être tombé de plus haut.

Page 104. La montagne de *Saint-Chriſtofle* de *Lampanguy* eſt auprès de la Cordiliere , environ 31 degrés de latitude à 80 lieues de *Valparaiſſo* ; on y a découvert en 1710, quantité de mines de toutes ſortes de métaux, or , argent , fer , plomb , cuivre , étain ; l'or y eſt au titre de 21 à 22 karats. Le minérai y eſt dur ; mais à 2 lieues de là , dans la montagne de *Claoin*, il eſt tendre , preſque friable , & l'or y eſt en poudre ſi fine qu'on ne peut l'appercevoir.

La vallée de *Quillota* à 9 lieues au nord-eſt de *Valparaiſſo* , étoit ſi abondante en or , que le général *Valdivia* y bâtit une fortereſſe qui depuis a été détruite par les Indiens , & l'on a ceſſé d'y faire des recherches.

Page 121. Dans tous les ruiſſeaux de la vallée de *Coquimbo* , dépendante du Chily , on trouve de l'or. A 9 lieues vers l'*eſt* de la ville , il y a des lavoirs où l'on travaille toujours avec beaucoup de profit. Les habitans prétendent que l'or s'y forme continuellement ſur les montagnes ; il y a aſſez de mines d'or & d'argent pour occuper 400 ouvriers. Les mines de cuivre ſont auſſi très-fréquentes dans les environs de *Coquimbo*.

Page 127. Mines d'or au-deſſus de la ville de *Copiapo* : le *caxon* y rend juſqu'à 12 onces d'or ; l'once de ce métal s'y vend fondu, 12 à 13 piaſtres & demie : on y trouve auſſi des mines de fer , de cuivre , d'étain , de plomb , de l'aimant & du *Lapis Aʒuli*. Dans les hautes montagnes de la Cordiliere , à 40 lieues du port , ſont les mines du plus beau ſoufre ; il ſe vend à raiſon de trois piaſtres le quintal rendu au port pour le tranſporter à Lima.

Page 131. Lipes eſt un lieu de mines qui ont fourni beaucoup d'argent.

Potoſi qui en eſt à 70 lieues eſt une ville renommée (1). La

Mines d'argent du *Potoſi.*

(1) Conquête du Pérou , tome 2 , page 213. Le capitaine *Carvajal* a découvert les mines d'argent du Potoſi : voici comment quelques Indiens trouverent à 18 lieues de

montagne au bas de laquelle elle eſt ſituée, a fourni autrefois des richeſſes immenſes, & en fournit encore. Il y a eu juſqu'à 120 moulins, mais il n'en reſte plus que 40 qui même ne ſont pas tous occupés : à 12 lieues de l'iſle d'*Iquique* on a découvert en 1713, des minieres d'argent dont on eſpéroit beaucoup.

Page 140. Après avoir concaſſé la pierre qu'on tire de la mine, on la moud dans les moulins à meule dont on a parlé, ou ſous les pilons d'un bocard, qui peſent environ 200 livres : on tamiſe enſuite cette poudre par des cribles de fer ou de cuivre pour en tirer la plus fine, & remettre la plus groſſe au moulin. Dans les petites minieres on pile le minérai avec de l'eau pour en former une boue, que l'on fait couler dans un réſervoir, au lieu que quand on le moud à ſec, il faut enſuite le détremper & le paîtrir avec les pieds pendant long-tems. Pour cet effet, dans un emplacement fait exprès, on range cette poudre par tables ou couches d'environ un pied d'épaiſſeur, qui contiennent chacune 25 quintaux de minérais, ſur lequel on verſe environ 200 livres de ſel marin plus ou moins ſuivant ſa qualité. On le paîtrit & on le fait incorporer avec la terre pendant 2 ou 3 jours, enſuite on y jette une certaine quantité de mercure, en preſſant avec la main une bourſe de peau dans laquelle on le met pour le faire ſortir par gouttes, ſuivant la qualité & la richeſſe du minérai : on en émploie pour chacun 10, 15 ou 20 livres ; car plus il eſt riche, plus il en faut pour ramaſſer l'argent qu'il contient. Ainſi on n'en connoît la doſe que par une longue expérience ; on charge un Indien du ſoin de paîtrir une de ces tables huit fois par jour, afin que le mercure puiſſe bien s'incorporer avec l'argent ; pour cela on y mêle ſouvent du ſel marin quand le minérai eſt gras,

la ville de la Plata, une montagne fort haute & ſeule au milieu d'une plaine dont elle eſt environnée. A quelques indices, ils y reconnurent des mines d'argent ; par l'eſſai, ils avoient d'un quintal 80 marcs : ces mines entrepriſes, chaque Indien fourniſſoit à ſon maître deux marcs d'argent par ſemaine, ſans ce qu'il gardoit pour lui, en ſe ſervant de *guairas* ou petits fourneaux indiens. Tous ceux qui tiroient de l'or à *Carabaya* & dans les rivieres, quitterent & ſe rendirent au Potoſi.

en quoi il faut user de précaution; car on dit que quelquefois il s'échauffe si fort, qu'on n'y trouve plus ni mercure ni argent, ce qui paroît incroyable; souvent aussi on y mêle du minérai de plomb ou d'étain, pour faciliter l'opération du mercure, qui dans les grands froids se fait plus lentement que dans les tems modérés; c'est par cette raison qu'au *Potoſi* & à *Lipes*, on est souvent obligé de paîtrir le minérai pendant un mois ou six semaines; mais dans des pays plus tempérés, il s'amalgame en 8 à 10 jours.

[Pour faciliter le mercure à s'amalgamer, on a dans quelques endroits, comme à *Buno*, des emplacemens voûtés en briques, sur lesquels on fait du feu pour échauffer le minérai pendant 24 heures. Quand on croit que le mercure a ramassé tout l'argent, l'essayeur en prend un peu de chaque & le lave dans une assiette ou bassin en bois : il connoît par la couleur du mercure qui se précipite dans le fond s'il a fait son effet; car lorsqu'il est noirâtre, c'est une preuve que le minérai a eu trop de feu, on y remet du sel ou autre drogue; ils disent alors que l'argent s'enfuit. Si le vif argent est blanc, on en met un peu sous le pouce; & en l'appliquant vîte dessus, l'argent reste attaché au doigt, & le mercure s'échappe en globules. Enfin quand on reconnoît que tout l'argent est amalgamé, on transporte la terre dans un bassin où tombe un ruisseau pour la laver, à peu près comme on a dit qu'on lavoit l'or, excepté que l'on ne se sert point de crochet pour la remuer, mais seulement avec les pieds; du premier bassin elle tombe dans un second, où on la remue encore pour la bien délayer, & de ce second elle passe à un troisieme où l'on procede de même. Après que le tout a été lavé & que l'eau est claire, on trouve au fond des bassins garnis de cuir, le mercure incorporé avec l'argent, ce qu'on nomme *la pella*; on la met dans une chausse de laine de vigogne suspendue pour faire couler une partie de mercure, on la lie, on la bat & on la presse fortement, en appliquant par dessus des morceaux de bois plat, & quand on en a tiré ce qu'on a pu, on met cette pâte dans un moule conſtruit en planches , dont la forme eſt celle d'une pyramide octogone tronquée , & dont le fond eſt une plaque de cuivre percée de petits trous. On la foule dans ce moule pour l'affermir , & lorſqu'on veut faire pluſieurs *pignes* de différens poids , on les diviſe par de petits lits de terre qui empê‑ chent la continuité ; pour cela il faut peſer *la pella* , & en déduire les deux tiers pour ce qu'elle contient de mercure , & l'on ſait à peu de choſe près, ce qu'il y aura d'argent net.

On leve enſuite le moule , & on met la *pigne* avec ſa baſe de cuivre ſur un trépied poſé ſur un grand vaſe plein d'eau, on l'en‑ ferme ſous un chapiteau de terre qu'on couvre de charbons, dont on entretient le feu pendant quelques heures , afin que la *pigne* s'échauffe vivement , & que le mercure qu'elle contient en ſorte en fumée ; mais comme cette fumée n'a point d'eſſor , elle circule dans le vide qui eſt entre la *pigne* & le chapiteau , & venant à rencontrer l'eau qui eſt au-deſſous , elle ſe condenſe & tombe au fond transformée de nouveau en mercure ; ainſi on en perd peu , & le même ſert à pluſieurs fois ; mais il faut en augmenter la doſe parce qu'il s'affoiblit. On conſommoit autrefois au Potoſi 6 à 7000 quintaux de mercure ſelon *Acoſta* , d'où l'on peut con‑ noître la quantité d'argent qu'on en tiroit.

Comme dans la plus grande partie du Pérou , il n'y a ni bois ni charbons , mais ſeulement de l'herbe qu'on appelle *icho*, on s'en ſert-pour chauffer les *pignes* , par le moyen d'un four conſ‑ truit auprès de la *Deſazo gadodera* , ou fourneau à deſſécher l'argent & à le purger du mercure , & l'on en communique la chaleur par un canal où le mercure en vapeurs s'engouffre.

Quand le mercure eſt évaporé , il ne reſte plus qu'une maſſe de grains d'argent contigus , fort légere & preſque friable, qu'on ap‑ pelle pigne, *pina* , marchandiſe de contrebande hors des minieres , puiſque par les loix on eſt obligé de la porter aux caiſſes royales ou à la monnoie pour en payer le *quint ;* & où elle eſt fondue en lingots , ſur leſquels on applique les armes de la couronne, celles du lieu où ils font faits, leur poids & leur qualité avec le titre. On eſt ſûr que les lingots *quintés* ſont ſans fourberie (1), au lieu que ceux qui font des pignes mettent ſouvent dans le milieu, du fer, du ſable, &c. pour en augmenter le poids; ainſi il eſt prudent de les faire ouvrir & rougir au feu. Si la pigne eſt falſifiée, le feu la fait noircir, ou jaunir, ou fondre plus facilement; cette épreuve ſert encore à les priver de l'humidité qu'elles contractent, dans les endroits où on les met exprès pour les rendre plus peſantes. En effet, on peut augmenter leur poids d'un tiers en les trempant dans l'eau lorſqu'elles ſont toutes rouges, ſoit auſſi pour les purger du mercure, dont le bas de la pigne eſt toujours plus imprégné que le haut.

Le minérai, ou comme on le nomme au Pérou, le métal dont on tire l'argent, n'eſt pas toujours de même qualité, conſiſtance ni couleur.

Il y en a de blanc & gris mêlé de taches rouſſes ou bleuâtres, on le nomme *Plata blanca.* Les minieres de *Lipes* ſont la plupart de cette qualité; pour l'ordinaire on y diſtingue à l'œil quelques grains d'argent, ſouvent même de petites palmes entre les lits du rocher. Il y en a au contraire qui eſt noir comme du mâchefer, où l'argent ne paroît pas, on le nomme *Négrillo;* quelquefois il eſt noir mêlé de plomb, l'argent y paroît en le grattant avec quelque choſe de rude. C'eſt ordinairement le plus riche & celui qui revient à moins de frais, parce qu'au lieu de le faire paîtrir avec le mercure, on le fait fondre dans des fourneaux où le plomb s'évapore à force de feu, & laiſſe l'argent pur & net: c'eſt de ces minieres que les Indiens tiroient leur argent; car ils ne connoiſſoient pas le mercure, & comme ils avoient peu de bois, ils chauffoient leurs fourneaux avec de l'*Icho* & des crottes de *Klamas* ou autres animaux, & ils les expoſoient ſur les montagnes, afin que le vent entretînt le feu dans ſa force.

(1) Les lingots *quintés* peſent ordinairement 200 marcs ou environ, longs de 12 à 15 pouces, larges de 4 à 5, & épais de 2 à 3.

Il y a un autre minérai semblable à celui-ci, également noir, & où l'argent ne paroît nullement ; mais en le mouillant & le *Rosicler.* frottant contre du fer il rougit, on le nomme *Rosicler* ; il est fort riche & donne de l'argent du plus haut aloi. Celui qui brille comme du talc est ordinairement mauvais & donne peu d'argent, *Zoroche.* on le nomme *Zoroche*.

Paco. Le *Paco* qui est d'un rouge jaunâtre est fort tendre, brisé en morceaux & rarement riche, on ne l'exploite que parce que l'extraction en est facile ; il y en a de verd qui n'est gueres plus dur que celui-ci, on l'appelle *Cobrisso* ; il est très-rare, & quoique l'argent y paroisse & qu'il soit presque friable, il est le plus difficile à bénéficier ; il faut employer plusieurs moyens pour en séparer le cuivre.

Enfin, il y a encore dans le Potosi un autre minérai fort rare que l'on a trouvé dans la seule mine de *Cotamito* ; ce sont des filets d'argent pur, entortillés comme du galon brûlé en pelotons si fins, qu'on l'a nommé ARAÑA, parce qu'ils ressemblent à une toile d'araignée.

Les veines des minieres de quelle qualité qu'elles soient, sont plus riches au milieu que vers les bords ; l'endroit où elles se coupent est toujours très-riche, & celles qui courent du nord au sud le sont plus que les autres. Celles où l'on peut construire des moulins sont préférables ; à *Lipes* & au *Potosi* il faut que le *caxon* donne environ 10 marcs d'argent pour payer les frais ; dans la province de Tarama, ils sont payés avec cinq.

Vers l'an 1696, la foudre tomba sur la montagne d'*Ilimanni* qui est au-dessus de la *Paz*, autrement *Chuquiago*, ville du Pérou, à 80 lieues d'*Arica*, elle en abattit un morceau, dont les éclats répandus dans la ville & aux environs étoient remplis d'or : cependant cette montagne a toujours été couverte de neige.

Les mines qui en 1715 donnoient le plus d'argent, sont celles d'*Oruvo*, petite ville éloignée de 80 lieues d'*Arica*. En 1712, on en découvrit une si abondante à *Ollachea*, près de *Cusco*, qu'elle a donné 2500 marcs par *caxon*, c’eſt-à-dire, près d’un cinquieme ; elle n’eſt plus aujourd’hui qu’au rang des ordinaires. Celles de *Lipes* ont eu le même ſort, & celles du Potoſi donnent, mais coûtent beaucoup de frais par leur grande profondeur.

Les mines d’or ſont rares dans la partie du ſud du Pérou ; il n’y en a que dans la province de *Guanuco* du côté de *Lima*, dans celle de *Chicas* & à *Chuquiaguillo*, à 2 lieues de la *Paz* ; on y a trouvé des *pépitas* ou morceaux d’or vierge d’une groſſeur prodigieuſe, entr’autres deux, dont un peſoit 64 marcs & quelques onces, qui fut acheté par le comte de la *Moncloa*, vice-roi du Pérou, pour en faire préſent au roi ; l’autre eſt tombé en 1710 entre les mains de *Dom Juan de Muo*, corrégidor d’*Arica* ; il étoit de trois titres 11, 18 & 21 karats, & peſoit 45 marcs.

Mine d’or du Pérou.

Tous les cantons des minieres ſont ſtériles à cauſe des mauvaiſes exhalaiſons qui en ſortent.

Il y a auſſi des minieres vers la côte, comme celle nouvellement découverte à *Iquique* ; il y en a également dans toutes les montagnes d’*Arica*, mais elles ne ſont pas aſſez riches.

Puno eſt une petite ville à 70 lieues de *Cuſco*, qui eſt conſidérable par la quantité de mines d’argent qui ſont dans ſes environs.

A 40 lieues de *Moquegua* & à 5 de *Cailloma*, on a découvert en 1715, les mines de Saint-Antoine qui promettoient beaucoup, & dont l’argent eſt du plus haut aloi du Pérou.

A *Guancavelica*, petite ville à 60 lieues de *Piſco*, riche & fameuſe par la quantité de mercure qu’on tire d’une miniere qui a 40 *varres* de front, & qui ſeule fournit tous les moulins ; ceux qui l’exploitent ſont obligés de remettre au roi tout ce qu’ils en retirent ; ſa majeſté les paie 60 piaſtres le quintal, & le vend 80 dans les lieux écartés ; la terre qui le contient eſt d’un rouge pâle comme de la brique mal cuite.

Mine de Mercure.

Les Indiens ne déclarent pas toutes les mines riches qu’ils connoiſſent, de crainte qu’on ne les force d’y travailler, & pour que les Espagnols n'en profitent pas, ce qui s'est manifesté plusieurs fois, particuliérement dans la fameuse mine de *Salcédo*, à un quart de lieue de *Puno*, dans la montagne de *Hijacota*, où l'on coupoit avec le cizeau l'argent massif & en planches. Elle fut découverte à *Salcédo* par une maîtresse Indienne qui l'aimoit éperdument : l'avarice & la jalousie des Espagnols le firent condamner à mort sur un faux soupçon de révolte vers 1640. Pendant leurs contestations à qui succéderoit à ce trésor, la mine se remplit d'eau, & on n'a pu l'épuiser depuis ce tems-là. *Salcédo* reconnu innocent après sa mort, on l'a redonnée à son fils avec quelques redevances.

Section II.

Extrait de la conquête du Pérou sur les mines.

CASTELLANAS, espece de monnoie d'or en usage au Pérou dans le tems de sa conquête par les Espagnols ; elle valoit alors 14 réales & environ 18 deniers, c'est-à-dire, à peu près 3 livres 14 sols monnoie de France, l'argent à 27 livres le marc.

Ce fut dans les années de 1544 & 1545, qu'on découvrit de riches mines d'or près de *Quito*, *tome I, page* 41.

Autour de la ville de *Cusco* on a trouvé plusieurs mines d'or, desquelles on a tiré tout celui qu'on a transporté en Espagne ; il est vrai qu'on les voit presque abandonnées depuis qu'on a découvert celles du *Potosi*, tant parce qu'on tire beaucoup plus de profit des mines d'argent de ce dernier lieu, que parce qu'il y a moins de danger pour ceux qui y travaillent, *id. page* 46.

Au-delà du pays montagneux de *Mullobamba*, d'où coulent les rivieres de *Maranaon* & de la *Plata*, Juan *Perés* eut connoissance d'un grand pays vers le nord, où il y a de riches mines d'or. Vers le même tems on découvrit dans le voisinage de *Cusco* les plus riches mines d'or, dont on ait entendu parler de nos jours, particuliérement dans une riviere qu'on nomme *Carabaya*, où un Indien en recueillit en un jour la valeur d'un marc, *ibid. page* 290.

La

La *Vera-Cruz* ou *Saint-Jean de Ulhna*, fut découverte un jour de vendredi-faint, l'an 1519.

A la Puebla de *los Angeles* ou ville des Anges, eft la monnoie où l'on fabrique la moitié de l'argent qui vient des mines de *Sacatecas*, à 80 lieues de la ville du Mexique.

Ferdinand Cortès conquit la fameufe ville de Mexique, le 3 Août 1521, le fiege en dura trois mois.

L'*Hifpaniola* ou l'ifle de Saint-Domingue, étoit renommée autrefois par fes mines d'or qui paffoit pour le plus pur, *ibid. tome II, page* 48.

Autrefois on trouvoit beaucoup d'or aux environs du Mifteque au Mexique ; mais à préfent les Indiens ne veulent plus indiquer ces mines. Il y a auffi des mines d'argent, *ibid. page* 64.

A *Guatimala* une mine d'argent qui fut donnée en 1633, au couvent des Bénédictins de cette ville, & qui leur rapportoit 30,000 ducats par an.

Entre *Açafabaftan* & *Guatimala*, particuliérement aux environs d'*Aqua Caliente*, il y a une riviere de laquelle les Indiens tiroient en certains endroits une grande quantité d'or, mais les mauvais traitemens des Efpagnols les ont obligés de tenir ces tréfors fecrets.

A deux journées de *Coban*, fur le chemin de *Guatimala* à *Jiucatan*, eft une riviere où les Indiens trouvent de l'or.

A *Parihuana-Cocha*, c'eft-à-dire, le *fac aux moineaux*, il y avoit beaucoup d'or. *Hift. des Incas.*

Dans la province d'*Aymara* qui a plus de 30 lieues de long, terminée par la grande montagne de *Mucanca*, il y a beaucoup de mines d'or, d'argent & de plomb, *ibid.*

Dans les provinces qui fe trouvent à droite & à gauche de la riviere d'*Amancay*, & qu'on connoît fous le nom de *Quechua*, on trouve beaucoup d'or, *ibid.*

Les montagnes de Serres d'*Huallaripa*, font fameufes par la quantité d'or qu'on en tire, *ibid.*

Tome II.   K k

Après le défert de *Cocha Caſſa* eſt la province de *Sura*, où il y a beaucoup d'or , *ibid.*

Du tems de *Garcilaſſo de la Véga*, on découvrit dans les deux provinces de *Sulla* & d'*Utum Sulla* quelques mines d'argent , & une mine de mercure.

Quoique l'or ſe trouve preſque par-tout dans le Pérou , les mines d'or y ſont néanmoins à préſent (1713) aſſez rares. **On** n'en trouve que dans la province de *Guanaco* près *Lima* ; dans celle de *Chicas* près de *Tarija* , & à *Chuqui-Aguillo* , éloigné de deux lieues de la *Paz*. Les *pépins* ou *pépitas* ſont aſſez communs dans ce dernier endroit ; on y en a trouvé un d'or vierge de 64 marcs , & un autre de 45.

Suivant *Garcilaſſo* , tout l'or du Pérou eſt de 18 à 20 karats ; celui qu'on tire des mines de *Collavaya* , eſt ſi fin qu'il paſſe 24 karats , mais il étoit peu inſtruit de l'aloi de l'or.

Il y a auſſi quelques mines d'argent au Pérou ; mais il n'y en a jamais eu de ſemblables à celles du *Potoſi* qu'on découvrit en 1545, quatorze ans après la conquête des Eſpagnols ; c'eſt une raſe campagne dans laquelle s'éleve une montagne en pain de ſucre, dont la baſe a plus d'une lieue de circuit. Les mines de cette montagne du *Potochi* furent découvertes par des Indiens, ils en profiterent pendant quelques jours en commun ; mais les ayant déclarées , la premiere veine fit découvrir les autres. Goncalo Bernal , qui fut depuis maître d'hôtel de Pedro de Hinoyoſa, fut un de ceux qui profiterent de cette bonne fortune.

Mine de Mercure.

Les rois des Incas connoiſſoient le mercure , mais ils en ignoroient l'uſage , & ayant reconnu qu'il occaſionnoit des tremblemens de membres à ceux qui le manioient , ils défendirent de le tirer de la mine , mais ils permettoient l'uſage de la poudre fine qu'on trouve dans ces mines de mercure , & qui eſt du plus vif cramoiſi. Les Indiens l'appelloient *ychma* & non *klimpi* , comme le dit Acoſta ; il n'étoit permis qu'aux femmes du ſang royal de s'en ſervir ſur leurs joues.

'Auprès de la montagne de *Potochi*, il y en a une autre petite de même forme que la grande ; la grande fournit de l'argent que les Indiens ne savoient pas fondre ; ils découvrirent dans la petite une mine de plomb qu'ils nomment *guruchec* ; ils le mêlerent avec la mine d'argent en proportion convenable ; ils fondoient ce mêlange dans des fours portatifs, faits comme des poëles de terre ; ils ne se servoient pas de soufflets, mais de tuyaux de cuivre, dans lesquels ils souffloient avec la bouche ; ils cherchoient des arbres dans les collines, afin que la situation leur servît à ménager le vent. Il y avoit jusqu'à 15 mille fourneaux allumés sur ces montagnes où l'on faisoit la premiere fonte ; car la seconde se faisoit dans leurs maisons, avec des tuyaux de cuivre qui leur servoient aussi à raffiner l'argent avec le plomb. *Garcilasso de la Véga.*

En 1667, un Portugais nommé *Henriquez Garcez*, trouva dans la province de *Huanca*, surnommée *Vilica*, une mine de vif argent très-abondante, qui fournissoit tous les ans pour le roi 1000 quintaux ; mais on fut encore quatre années sans savoir l'employer. Ils furent instruits par un Espagnol nommé *Fernandés de Velasco*, qui avoit vu travailler dans le Mexique.

HUITIEME MÉMOIRE.

SUR LES MINES D'OR,

ARGENT, CUIVRE ET PLOMB DU HARTZ,

DANS L'ÉLECTORAT D'HANOVRE, ET LE DUCHÉ DE BRUNSWICK.

Par MM. JARS, année 1766.

LES mines ont été regardées de tout tems en Allemagne comme des fiefs appartenans aux souverains. L'empereur, comme chef de l'empire, jouissoit dans les tems de tranquillité de ce droit régalien, & seul pouvoit donner la permission de les exploiter & en retirer le dixieme; mais par la bulle d'or de l'année 1356, l'empereur Charles IV donna le privilege exclusif à tous les princes & autres souverains de l'empire d'exploiter des mines, & de jouir seuls des avantages & profits. Cette bulle s'exprime ainsi :

Bulle d'or. « Nous voulons & entendons que, par la présente loi qui
» sera immuable, les rois de Bohême, de même que tous
» électeurs ecclésiastiques ou séculiers, puissent posséder avec tous
» droits & en toute sûreté sans aucune exception, toutes les
» mines d'or, d'argent, de cuivre, de plomb, d'étain, de fer,
» acier & autres, de même que les sels découverts ou à découvrir
» dans ledit royaume, ainsi que dans les autres pays qui en dé-
» pendent, & dans tous les états des princes ci-dessus dénom-
» més ».

On fait la distinction de ces mines par celles du haut Hartz, & celles du bas Hartz, dont l'arrondissement forme une étendue de 7 à 8 lieues de diametre; c'est un amas ou assemblage de plufieurs montagnes réunies & prefque ifolées, qui ne tiennent pour ainfi dire à d'autres, que du côté de l'eft, où elles font dominées par celle de *Blocksberg*, qui eft la plus élevée d'entre elles; elles renferment une très-grande quantité de filons qui les enrichiffent d'autant plus, que leur exploitation confomme la majeure partie des bois dont elles font couvertes. Tous les auteurs qui ont écrit fur l'origine des mines du haut Hartz, ne font point d'accord; les uns la font remonter au dixieme & onzieme fiecle, d'autres feulement au treizieme, & difent qu'elles ont été abandonnées & reprifes à plufieurs fois : quoi qu'il en foit de ces opinions, il paroît certain que l'exploitation en a été renouvellée dans le quinzieme fiecle, & continuée jufqu'à ce jour fans interruption.

Le haut Hartz comprend fept villes principales que l'on nomme villes montaniftiques ou villes de mines, qui jouiffent, ainfi que les bourgs & villages qui en dépendent, de plufieurs franchifes. Ces fept villes font *Clauflhal, Altenau, Andréasberg, Zellerfeld, Grund, Wildenman & Lautenthal* : toute l'étendue où font fituées ces trois premieres, appartient feule à l'électeur d'Hanovre, & celles des quatre dernieres eft en communauté avec le prince de Brunfwick, comme le font les mines de Rammelsberg ou de Goflar dans le bas Hartz ; c'eft ce que l'on nomme *communion.* On prétend qu'en l'année 1635, la maifon de Brunfwick Wolfenbutel s'étant trouvée fans héritier direct, la fucceffion paffa à fept différentes perfonnes, qui par la fuite des tems & par des arrangemens particuliers, fe réunirent en deux maifons : celle d'Hanovre & celle de Brunfwick qui font exploiter ces mines en commun ; la premiere en retire les quatre feptiemes, & la feconde les trois autres feptiemes.

SECTION PREMIERE.

Mines de Rammelsberg.

§. I. La plupart des auteurs qui ont parlé de la découverte de

ces mines l'attribuent à un chaffeur du nom de *Ramm*, qui étant
à la pourfuite d'une bête fauve, & ayant attaché fon cheval à
un arbre, s'apperçut à fon retour que cet animal en frappant du
pied contre terre, avoit découvert des matieres minérales; ils
rapportent que ce chaffeur en porta des échantillons à l'empereur,
qui d'après l'examen qu'il en fit faire, fit venir des mineurs de la
Franconie, & en fit commencer l'exploitation, de laquelle il
retira de grandes richeffes; dès ce moment la montagne & les
mines eurent le nom du chaffeur. Quoi qu'il en foit, tous fem-
blent s'accorder fur l'époque du commencement de l'exploitation,
que l'on fixe en l'année 972, fous l'empereur Othon Ier; ce qui
continua fans interruption jufqu'en 1006, qu'elles furent abandonnées, par caufe de pefte & de famine. En 1016, ces mines
furent reprifes & travaillées pendant 89 ans; enfuite depuis 1111,
jufqu'en 1181, que la guerre occafionna leur abandon, elles
furent reprifes de nouveau en 1209, & exploitées jufqu'en 1344,
1349 ou 1353. On ne s'accorde pas fur cette époque, ni fur le
fujet qui en fit alors ceffer le travail; les uns l'attribuent à une pefte
des plus contagieufes qui ravagea tout le Hartz; d'autres difent
que c'eft dans ce tems qu'arriva cet éboulement fi confidérable,
dont parlent plufieurs auteurs, entr'autres, Agricola, par lequel
il doit y avoir eu un fi grand nombre de mineurs enfevelis qu'il
en réfulta 400 veuves. Ce trait d'hiftoire paroît devoir être ré-
voqué en doute, puifque les officiers actuels des mines difent
qu'il n'y a aucune apparence d'un pareil événement, & que ce
qui a pu donner lieu à cette opinion, eft une fente très-grande
que l'on voit fur le fommet de la montagne. Autant que nous
en avons pu juger par nous-mêmes, cette fente eft très-éloignée
des filons, à moins que les anciens n'en euffent exploité un qui
leur fût parallele.

Cependant quoiqu'il ne foit pas vraifemblable qu'un éboulement ait eu des fuites auffi funeftes, il eft poffible, comme on nous
l'a affuré, qu'il y en ait eu un affez confidérable pour avoir

occafionné cette grande ouverture , avec d'autant plus de raifon que ledit éboulement étant arrivé fur fon penchant , & tous les rochers faifant une feule maffe , l'ouverture peut fe trouver au-delà du filon. Ce qu'il y a de certain, c'eft que ces mines en ont éprouvé plufieurs depuis qu'elles font en exploitation , & que celui dont il s'agit a eu lieu , mais les fuites que l'on en rapporte font une pure fable.

Ces mines furent enfin reprifes en 1453 , & exploitées jufqu'à ce jour fans interruption.

§. II. Le filon de Rammelsberg eft renfermé dans la montagne du même nom , affez élevée & fituée au *nord-nord-oueft* , & tout près de la ville de Goflar. Elle préfente moins de rapidité jufqu'à peu près la moitié de fa hauteur , & c'eft dans cette partie que le filon fe manifefte au jour, fe dirigeant du nord-oueft au fud-oueft, & s'inclinant au midi ; le rocher qui l'accompagne & dont eft compofée la montagne , eft une ardoife ou fchifte qui forme dans fon intérieur des couches plus ou moins inclinées ; les unes prefque horifontales , & d'autres prefque perpendiculaires , mais plus communément elles tiennent le milieu entre ces deux pofitions.

Ce filon forme une maffe fi confidérable qu'il pourroit être regardé comme un *ftockwerck* ; nous nous en tiendrons à cette premiere dénomination, comme étant très-réglé & ayant une direction conftante : cette maffe paroît former un prifme qui, depuis le jour avec une inclinaifon plus ou moins grande , va en s'élargiffant jufqu'à une moyenne profondeur, d'où enfuite il diminue de même en s'approfondiffant. Il s'étend en longueur d'environ 400 toifes , fur 40 de largeur , & forme deux branches qui ont chacune 20 toifes dans leur plus grande largeur ; celle du côté du toit n'en a plus que 14 à la profondeur actuelle, & 160 de longueur ; celle du côté du mur s'étend plus loin dans fa direction, même jufqu'à 200 toifes.

Ce n'eft pas fans fondement que plufieurs perfonnes prétendent que cette maffe minérale forme deux filons, puifque dans fa plus grande largeur elle eft divifée par une épaiffeur de 30 toifes de rocher, & que les deux branches qu'elle forme ne fe réuniffent point à leurs extrémités ; car du côté de l'oueft elles s'en éloignent plutôt, & n'ont point de continuité du côté de l'*eft*; mais dans le centre de çe rocher où elles font réunies, elles forment un maffif de minérais de plus de 40 toifes de largeur.

§. III. L'efpece de rocher eft un fchifte noir d'un grain fin & ferré que l'on nomme *knieft*; quelques-uns lui donnent mal à propos la dénomination de pierre cornée ; car il ne fait point feu avec l'acier ; il eft quelquefois parfemé de mica, & près des deux branches dont à l'une il fert de toit & de mur à l'autre, il eft uni avec de la mine de cuivre, plus riche que celle du filon même. Il eft diftingué alors par *knieft de cuivre*, & *knieft de plomb* s'il eft uni à ce minérai.

La branche du côté du toit ou du midi, produit beaucoup plus de matieres pyriteufes que l'autre ; mas celle-ci eft plus abondante & plus riche en plomb & argent.

Cette maffe fuit dans fa direction & dans fa pente la même marche que le rocher, tantôt plus ou moins inclinée, & faifant des détours & des fauts comme les couches & les filons ; elle conferve fur-tout dans les hauteurs une pofition prefque horifontale, ce qui a fait dire à plufieurs que c'étoit une mine par couches.

On remarque quelquefois dans ce rocher des veines de fpath blanc, mais qui ne pénetrent pas dans la maffe ; car celle-ci fe trouve entiérement pure fans aucun mêlange. Le minérai en eft maffif, d'un grain très-ferré & de la plus grande dureté ; c'eft un mêlange de minérai de plomb à grains d'acier, & à plus gros grains, de pyrites cuivreufes & martiales, uni à une grande quantité de blende : ces minérais contiennent environ un lot d'argent par quintal & un peu d'or.

Ce filon produit encore différens vitriols qui fe forment en ftalactites dans les galeries, & principalement dans les vieux

ouvrages

ouvrages , on y trouve auſſi trois eſpeces de pierre atramentaire, de la rouge , de la griſe & de la noire , qui paroît devoir ſon origine aux vitriols que les eaux ont chariés , & qui ſe ſont réunis à une matiere terreuſe , qui ſans doute eſt celle qui ſert de baſe aux pyrites. On y voit encore une matiere vitriolique de couleur jaune , très-légere , très-friable & entrant facilement en décompoſition, à laquelle on a donné le nom de *miꝣy.* On retire des vieux ouvrages une autre matiere, & en très grande quantité, ſous le nom de *Kupfer-Rauch* ou fumée de cuivre , que l'on emploie pour la fabrication du vitriol; c'eſt un mêlange de toutes ces premieres , de pyrites décompoſées , de terre & de la ſuie du bois que l'on brûle , qui s'attache aux voûtes. On profite des eaux vitrioliques pour faire du cuivre de cément, dont le produit annuel n'eſt que de 5 à 6 quintaux.

§. IV. Le minérai du maſſif eſt ſi dur que pour percer un trou Exploitation. de 30 pouces , deux mineurs y emploient 3 à 4 jours de travail , & uſent 200 forêts ou éguilles ; on ſe ſert, il eſt vrai, de ceux dont la forme eſt celle des bonnets de prêtres , c'eſt-à-dire, à quatre tranchans ; mais par différentes épreuves qu'on vient de faire , on a reconnu avec raiſon que ceux en forme de ciſeaux ſont beaucoup plus avantageux pour avancer l'ouvrage , & l'on en a adopté l'uſage; de même qu'on a conſervé l'ancienne méthode d'extraire le minérai , en faiſant du feu contre le rocher. On commence par former une galerie dans le mur du filon en ſuivant le minérai , & dès que l'on eſt aſſez avant pour pouvoir l'attaquer , on en déchauſſe la partie inférieure , & l'on arrange des bûches de bois inclinées , qui d'un côté appuient ſur une autre ſemblable miſe en long ſur le mur , & de l'autre côté contre le minérai. On entaſſe ce bois pour en former un bûcher que l'on allume ordinairement le dimanche matin; au moyen du déchauſſement que l'on a fait du filon , le feu a beaucoup plus d'action ſur le minérai qui ſe délite par couches de 2 & 3 pieds , que l'on abat facilement avec la maſſe.

Ce travail fe continue en avant tout le long de la galerie, & auffi en defcendant ; mais toujours en fuivant le mur que l'on ne quitte jamais, quelqu'inclinaifon qu'il ait.

Pour foutenir les grandes excavations qu'on eft obligé de faire pour exploiter ces mines, les bois ne feroient pas fuffifans ni affez forts; mais on laiffe par intervalle des piliers de minérais de 4 toifes d'épaiffeur; de plus l'on conftruit fur le mur du filon une maçonnerie folide qu'on éleve perpendiculairement, de deux toifes fur trois de largeur ; & à mefure qu'on la monte, on abat le minérai qui eft par deffus & auffi haut qu'il eft poffible. L'avantage que l'on retire de cette méthode, c'eft que la nature du rocher qui compofe le toît & le mur du filon, & qui fe trouve dans la mine même, eft très-propre à ces fortes de conftructions, & que d'un côté la terre vitriolique nommée *Kupfer-Rauch*, délayée avec de l'eau, tient lieu du meilleur mortier fait avec la chaux & le fable, qui fe durcit dans les endroits fecs, comme le font tous ceux où l'on travaille ; le feu que l'on y fait y maintient une chaleur égale.

On met par derriere cette maçonnerie tous les déblais de la mine, & à mefure que les ouvrages s'approfondiffent, on conftruit des murs femblables, jufqu'à ce qu'ils aient un point d'appui fixe contre les piliers de minérais. On a grand foin de tenir regiftre de tous ceux que l'on laiffe, & de les défigner fur les plans.

Pour l'aifance de l'exploitation, on pratique à différentes profondeurs des galeries de communication fur la direction du filon, qui fe font toujours le long des piliers ; ces galeries fe forment par deux petits murs, fur lefquels on appuie une voûte qui eft enfuite chargée de déblais.

Par cette maniere d'exploiter, on laiffe beaucoup plus de minérais contre le toît que l'on n'en extrait; auffi on affure en avoir affez en réferve pour travailler plus d'un fiecle fans interruption. On continue d'exploiter de même, foit en avant, foit en approfondiffant; on a intention de fuivre le filon jufqu'à ce qu'il foit entiérement coupé par le bas ; alors on maçonneroit derriere foi , on auroit une bafe folide , & on prendroit tout le minerai en remontant jufqu'au toit. L'exploitation des anciens n'étoit pas à beaucoup près auffi folide , puifqu'ils ne travailloient que du côté du toit qui ne l'eft pas autant que le minérai même , ce qui leur coû-toit une grande quantité de bois d'étançonnage. On ignore où ils peuvent avoir laiffé du minérai, & il arrive fort fouvent qu'en dirigeant les travaux contre le toit , l'on perce dans de vieux ou-vrages qui occafionnent quelquefois des éboulemens imprévus.

Dans tous les ouvrages rapprochés de puits d'extraction , on fe fert de la poudre pour abattre le minérai, & l'on n'y allume point de bûchers , dans la jufte crainte où l'on eft que le feu ne prît à la charpente des puits & n'embrafât toute la mine ; par la même raifon dans les endroits où l'on fait du feu , on a grand foin de retirer tous les charbons que le bois laiffe en brûlant ; car fi on les mêloit avec les déblais , qui font continuellement pé-nétrés par des matieres vitrioliques , il y auroit à craindre qu'ils ne priffent feu dans leur fermentation ; d'ailleurs ces charbons en fe confumant laifferoient des vides dans les déblais , qui nuiroient au foutien des travaux.

La grande chaleur qu'occafionne dans tous les ouvrages la combuftion des bûchers , met les ouvriers dans la néceffité de travailler prefque nuds ; dans ceux qui font moins échauffés ils confervent leur culotte, mais dans ceux où les pyrites font con-tinuellement en fermentation & en efflorefcence , ils n'ont que la ceinture de couverte, & font obligés de tems en tems de paffer dans un air frais ; ils ont auffi un mouchoir devant le nez & la bouche, pour fe garantir de l'odeur de foufre qui prend à la gorge. Malgré cet inconvénient ce travail ne nuit point à leur fanté , & ils vivent très-long-tems : la tranfpiration continuelle où ils font, leur eft fans doute falutaire ; plufieurs d'entr'eux couchent dans la mine fur des grabats de paille , & y paffent la femaine fans fortir.

La confommation annuelle en bois de corde pour les bûchers eft de 5 à 6 mille *malter* (1), ce qui démontre qu'il feroit impoffible d'exploiter de la même maniere une mine femblable dans un pays où le bois feroit rare ; & fi dans ces mines on vouloit fupprimer cette méthode, il faudroit en changer totalement l'exploitation, ou plutôt que toute la maçonnerie fût faite à chaux & à fable, puifqu'à la grande chaleur qui y regne, fuccéderoit la température & beaucoup d'humidité qui délayeroient le mortier dont les murs font conftruits, en feroient écrouler la plupart, & mettroient les mines en danger d'un éboulement général.

§. V. Il y a fur ces mines quatre puits pour fervir à l'extraction du minérai ; l'un de 100 toifes de profondeur qui eft le feul où il y ait une machine à eau; les trois autres de 60 à 80 toifes, où font établies des machines à moulettes. On en compte encore cinq fur la montagne qui fervent à la circulation de l'air.

La plus grande profondeur de cette mine, depuis l'endroit où eft la machine à eau eft de 120 toifes ; on a pratiqué dans fon intérieur près du vallon trois roues les unes fur les autres, armées de leurs manivelles, tirans & varlets, pour faire mouvoir des pompes, & élever les eaux jufqu'au niveau de la galerie d'écoulement, c'eft-à-dire, de 45 toifes.

Les deux premieres font toujours occupées & fuffifent pour le travail ordinaire ; la troifieme ne fert que dans des cas extraordinaires où il y a une furabondance d'eau.

Les eaux qui font mouvoir ces machines font raffemblées dans un étang voifin, & font conduites par une galerie fur ces roues, de maniere que celles qui ont fervi à la premiere, font reçues dans un réfervoir d'où elles arrivent fur la feconde, & de celle-ci fur la troifieme, & prennent leur écoulement par la galerie fupérieure.

Tous les corps de pompes font faits de bois de hêtre, & l'on n'y emploie aucune ferrure, qui feroit bientôt détruite par les eaux vitrioliques : tout eft en bois, jufques aux vis & écrous.

____

(1) Cette mefure eft de 17 pieds cubes pied de roi.

On pourroit encore y suppléer par des corps de pompes de cuivre, ainsi qu'il est usité aux mines du Lyonnois qui sont dans le même cas de celles-ci.

§. VI. Tous les travaux faits sur ce filon sont divisés en onze mines qui se communiquent. Huit sont exploitées par la communion, & trois aux frais de la ville de Goslar, ville libre de l'empire ; ce qui a lieu par une convention fort ancienne qui oblige les magistrats de livrer à la communion leur minérai extrait, partie à 8 sols & partie à 10 sols le *scherben* (1) ; ils paient en outre le dixieme & le neuvieme du minérai, le dixieme pour le droit régalien, & le neuvieme pour celui de la galerie d'écoulement. Ils ne peuvent manquer de perdre sur cette exploitation, puisqu'on compte que le *scherben* leur revient de 25 à 30 sols ; mais ils en sont dédommagés par la matiere vitriolique *kupfer-raüch*, qu'ils retirent des vieux ouvrages, avec laquelle ils fabriquent une grande quantité de vitriol, & sur laquelle ils ne paient d'autres droits que le neuvieme & dixieme ; on leur fait présent encore chaque année de 400 quintaux de plomb.

§. VII. On extrait annuellement de ces mines environ 180 mille quintaux de minérais, & 12 à 13 mille quintaux de *kupfer-raüch*, soit pour le service de la fabrication de vitriol de la communion, soit pour celle des magistrats.

Produit annuel en minérai.

§. VIII. Ces mines sont dirigées par les officiers des princes qui composent la maîtrise des mines de Goslar, au nombre de huit ou dix, qui rendent compte aux deux capitaines des mines de la communion, qui sont les chefs du conseil établi à Zellerfeld.

§. IX. Les procédés que l'on suit à Goslar pour le grillage des mines de Rammelsberg, sont si bien décrits dans le Traité de Schlutter, publié par feu M. Hellot de l'académie royale des Sciences, que nous y renvoyons le lecteur, de même que pour ce qui concerne leur fonte, l'affinage du plomb & autres opéra-

Grillage des minérais.

---

(1) Un *scherben* est une mesure qui pese de quatre à cinq quintaux ; elle a trois pieds cubes.

tions relatives; mais comme depuis les obfervations de cet auteur, il s'eft fait un changement dans la méthode de retirer le
zinc, par laquelle on en obtient une plus grande quantité, il convient de dire comment fe fait l'accommodage du fourneau. Nous
ajouterons donc à l'art. 5 du chapitre XL, page 244, que contre
une des faces extérieures de la chemife du fourneau, & au niveau
de la tuyere, on a fixé une lingotiere de fer inclinée, qui fur fa
longueur entre même un peu dans la maçonnerie où l'on forme
un petit canal avec de l'argille, & à fon extrémité un petit creufet de la même compofition.

L'intérieur du fourneau ayant été préparé, comme il eft dit à
l'art. 5, on en ferme également le devant avec une pierre de
grès, que l'on place de façon qu'elle excede fuffifamment la chemife, pour y former l'affiette du zinc qui réponde au canal, c'eft-
à-dire, d'environ 4 pouces; elle eft foutenue avec deux gros
charbons qui repofent fur le pouffier, & on l'affermit avec
l'argille dont on fait auffi une couche fur la furface, mais plus
épaiffe d'un côté pour donner de l'inclinaifon à la pierre d'ardoife
ou affiette de zinc que l'on met par-deffus, & dont on dirige la
pente du côté du canal extérieur. Cette ardoife ou affiette du
zinc doit entrer de 7 à 8 pouces dans le fourneau, & déborder
par conféquent la pierre de grès : elle eft pofée de façon que le
vent des foufflets frappe immédiatement contre cette derniere &
au-deffous de la premiere ; on place par-deffus une autre ardoife
droite affez grande pour fermer une partie du fourneau, toujours
en fe fervant d'un mortier d'argille & de vieille brafque. On en
ufe de même pour recouvrir le canal, & le creufet deftiné à recevoir le zinc, & l'on acheve de fermer entiérement le fourneau.

La fonte fe conduit en chargeant fur le derriere du fourneau
du gros charbon, & par-devant fur l'affiette de zinc un pannier
de petits charbons, ce que l'on répete quatre fois dans le commencement de la fonte, que l'on continue enfuite avec du charbon
ordinaire. Le petit charbon révivifie la chaux du zinc qui eft

pouſſée contre le devant du fourneau , & en conſervant le phlogiſtique à celui qui eſt déjà métalliſé , le détermine à couler dans
le petit creuſet.

La durée de la fonte eſt toujours de 18 heures comme du tems
de Schlutter ; l'on voit que cette méthode de retirer le zinc n'eſt
pas la même que celle qui eſt décrite à l'art. 10 du même chapitre ;
que celle-ci eſt plus avantageuſe , & que pour en obtenir une plus
grande quantité , on a intéreſſé chaque fondeur de 4 ſ. pour livre,
auſſi y ont-ils la plus grande attention.

Le produit de ce demi-métal n'eſt jamais égal par la variété des
minérais ; mais l'objet annuel eſt de 140 à 150 quintaux.

Les parois des fourneaux en recelent une grande partie ſous le
nom de *Cadmia fornacum* , dont il eſt parlé à l'art. 16.

§. X. Pour toutes les opérations qui ſe font dans les trois fonderies dépendantes de la communion , on conſomme chaque année 90,270 meſures de charbon (1) , & l'on retire en produit
3200 à 3500 marcs d'argent , 8 mille quintaux de plomb , 5 mille
quintaux de litarge , & 2 à 300 quintaux de cuivre.

Produit an-
nuel en ar-
gent, cuivre,
plomb & li-
targe.

S E C T I O N I I.

Mines du haut Hartz dans le diſtrict de Zellerfeld, du département
de la communion.

§. I. On nomme *Zûg* , un train ou une continuité de mines
attenantes les unes aux autres, dans leſquelles on exploite un même
filon. On en comptoit ſept autrefois dans la partie de la communion du haut Hartz qui ſont aujourd'hui réduits à trois ; ſavoir ,
Stûffenthaler zûg , *Schûlenberg zûg* & *Lautenthaler zûg*. L'exploitation des autres a été abandonnée , ſoit par la trop grande profondeur des travaux , ou parce que les minérais n'étoient pas aſſez
abondans pour payer les frais.

La grande affinité qu'ont les travaux des mines qui ſe font ſur
le même filon , nous engage à renvoyer ce que nous avons à dire

____

(1) Cette meſure contient ſept pieds cubes.

fur celui de *Stüffenthaler zûg.*, lorfque nous traiterons du diftrict de Claufthal où il ne fait que changer de nom.

Tous les filons qui jufqu'à préfent ont été exploités dans la communion du haut Hartz, quoiqu'à deux ou trois lieues de diftance, obfervent à peu près le parallélifme dans leur direction du *nord-eft* au *fud-oueft*, & s'inclinent au midi de 60 jufqu'à 80 degrés. L'expérience enfeigne journellement aux mineurs que dans un pays il y a toujours plus à efpérer des filons qui font paralleles ; cette obfervation fert ici comme de regle générale, pour ne pas faire des recherches fur ceux qui auroient une direction & une inclinaifon contraire.

Filon de *Schulenberg Zûg.* §. II. La mine de *Glücksrath* que l'on exploite fur ce filon, offre l'exemple d'une de celles qui a été la plus abondante & la plus riche en minérais ; mais actuellement dans un état à ne donner aucun bénéfice. On eft parvenu au filon par une galerie de traverfe de 20 toifes, dans un rocher divifé par des parties de roc de la même efpece que celui dont eft compofée la montagne, & de la nature du fchifte, de forte qu'on pourroit dire que ce font plufieurs filons paralleles, s'il n'y avoit une différence dans la direction defdites parties de rocher, avec celui de la montagne.

La difpofition de ce filon a occafionné plufieurs ouvrages paralleles, comme s'ils étoient pris fur des veines différentes. La même galerie qu'il a traverfée a été fuivie dans fon mur, plufieurs toifes, pour reconnoître s'il n'y en auroit pas un autre parallele dont on voit quelques indices fur le fommet de la montagne, mais fans fuccès.

Ce filon produit du minérai de plomb à gros grains, riche de trois lots d'argent par quintal, du fpath, du quartz, de la pyrite cuivreufe, & dans la partie fupérieure de la mine renfermée dans des cavités, la mine de plomb fpathique de la plus grande blancheur, cryftallifée en éguilles très-fines, & d'autres azurées & colorées en verd & bleu de différentes nuances (1).

(1) On en trouve de la même efpece dans les mines de plomb de *Léadhill* en Ecoffe.

§. III.

§. III. Cette mine s’exploite jufqu’à la profondeur de 160 toifes, dont les eaux & le minérais font élevés par deux machines hydrauliques, jufqu’à la galerie d’écoulement de ce diftrict, c’eft-à-dire, de 100 toifes. L’air ayant manqué dans les ouvrages inférieurs, on a conftruit à l’embouchure du puits une machine très-ingénieufe pour le renouveller ; mais dont on auroit évité la dépenfe en fe fervant de moyen plus fimple.

Cette machine confifte en une cuve de bois fixe d’environ quatre pieds de diametre, cerclée de fer & percée dans fon fond, à pouvoir y introduire un tuyau de pompe qui s’éleve de plufieurs pieds dans fon intérieur, mais tellement proportionné à l’ouverture dudit fond, qu’il ne puiffe paffer une goutte d’eau dans la jointure. Ce tuyau eft prolongé dans la mine avec d’autres de 6 pouces fur 8 en quarré, conftruits en planches jufqu’à l’endroit où l’on veut renouveller l’air ; l’extrémité de celui qui eft dans la cuve eft bouchée avec une foupape ; cette cuve eft remplie d’eau jufqu’à cette hauteur ; par deffus eft une autre cuve renverfée d’un moindre diametre que la premiere, de façon qu’elle puiffe entrer dedans. A fon fond qui dans la pofition où il eft, fait fa partie fupérieure, il y a trois trous qui chacun ont également une foupape ; il eft embraffé par des pieces de fer qui fe réuniffent dans fon milieu, & fervent à le tenir fufpendu à un varlet, qui étant mis en mouvement par la roue de la machine hydraulique, le fait monter & defcendre. L’effet en eft très-fenfible.

Lorfque la cuve mobile eft élevée, fon fond s’éloignant de la furface de l’eau tend à faire un vide ; alors la colonne d’air de l’atmofphere entre par le puits, va jufqu’à l’extrémité du tuyau dans la mine, & l’enfile pour venir remplacer le vide qui fe fait entre les deux cuves. Il ne peut y entrer d’air par aucun autre endroit, puifque la cuve mobile joue toujours dans l’eau qui en intercepte le paffage ; cet air en entrant fait ouvrir la foupape du tuyaum, ais dès que la petite cuve eft arrivée à fa plus grande hauteur, elle redefcend, la foupape fe ferme, l'air fe trouvant comprimé fait ouvrir les trois foupapes de la cuve mobile, & s'échappe par ces ouvertures ; la cuve remonte & tend de nouveau à faire un vide. Cette machine renouvelle très-bien l'air dans la mine.

§. IV. On exploite fur ce filon principal fept mines, dont la plus renommée eft celle de *Lautenthal glück*, profonde de 168 toifes, & feulement de 133 au-deffous de la galerie d'écoulement.

Ce filon eft renfermé dans un fchifte, il fe dirige comme les précédens du *nord-eft* au *fud-oueft*, & s'incline au midi ; dans quelques endroits il a jufqu'à 40 toifes d'épaiffeur, où il forme lui-même plufieurs branches ou veines, & il eft toujours plus abondant du côté du toit. Il produit du minérai de plomb tenant argent mêlé à une très-grande quantité de blende, que l'on regarde comme le meilleur indice, ce qui l'a fait nommer *ertz mütter, matrice de minérai*. On en trouve de plufieurs efpeces, mais toujours à gros grains ou à facettes, de la noire, de la brune & de la jaune & d'autre pure, fans aucun mêlange ; on y trouve auffi en très-grande abondance du fpath rhomboïdal, mêlé du même rocher qui compofe le toit & le mur.

Ce filon produit encore par intervalle de la pyrite cuivreufe que l'on met à part, pour être traitée féparément.

La maniere de l'exploiter eft celle des échellons renverfés ou *furften baû* (*), que l'on prend ordinairement de 7 à 8 toifes de large, 6 fur toute la largeur de ce filon ; on entreprend plufieurs de ces ouvrages paralleles.

Dans les endroits où le rocher n'eft pas folide, on les étaie comme il eft d'ufage, & dans la formation des *caftes* on donne beaucoup d'inclinaifon aux pieces de bois qui foutiennent, & fupportent les déblais, de maniere que le plus grand fardeau porte fur le mur du filon.

A près de deux lieues de cette mine & fur la même direction des veines qui ont formé la grande largeur du filon, on travaille à plufieurs recherches qui ont les meilleures apparences.

Quinze machines hydrauliques font employées à l'exploitation de toutes les mines de ce diftrict, quelques-unes ont leurs roues dans l'intérieur.

Les opérations des bocards & des fonderies étant les mêmes qu'à Claufthal (*).

Toutes les mines de ce diftrict occupent environ 400 ouvriers en tout genre.

§. V. Entre la ville de *Lautenthal* & celle de Zellerfeld, à une lieue de diftance l'une de l'autre, on a exploité plufieurs mines fur le filon principal de *Bockfwiefer zûg*, que l'on dit être le plus abondant en minérai de tous ceux de la communion du haut Hartz; mais l'abondance des eaux qu'il faut élever de la profondeur de 112 toifes eft fi confidérable que, quoiqu'on y ait établi onze machines d'une nouvelle invention, dont on fe promettoit plus de fuccès que des machines hydrauliques ordinaires, il réfulta un abandon de ces mines, qui a lieu depuis 7 à 8 ans. Le fuccès ne répondit pas à l'attente, de forte qu'on ne peut efpérer de les remettre en valeur, qu'en conftruifant une machine à feu pour fecourir les autres, ou lorfqu'on aura achevé la galerie d'écoulement de Lautenthal, qui doit y arriver à la profondeur de 80 toifes.

Ces machines font nommées de *Winter Schmidt*, nom de l'inventeur; elles ont beaucoup de rapport à celles de Schemnitz (*), & à une autre dont on trouve le deffin dans l'architecture hydraulique de Bélidor.

Chacune de ces machines a deux cylindres de fer fondu d'environ un pied de diametre, dont les piftons font élevés par une même colonne d'eau, qui à l'aide de robinets, entre alternativement par leur fond, de maniere qu'il n'y a point de tems perdu, comme cela arrive quand il n'y a qu'un cylindre; mais d'un autre côté les machines de Schemnitz feroient préférables, en ce que le jeu des robinets fe fait avec plus de facilité, & avec moins de perte de la puiffance, puifque c'eft par le mouvement même des piftons qu'ils font ouverts & fermés, au lieu que *Winter Schmidt* emploie une petite partie de fa colonne d'eau d'injection pour cet ufage. Il l'a fait entrer dans des petits tuyaux horifontaux où il y a des piftons dans la même pofition, que la force de l'eau fait agir, & par leur mouvement ouvrir & fermer les robinets pour la communication alternative des tuyaux qui amenent l'eau extérieure avec les cylindres, qui dans la machine que nous avons vu nous ont paru trop rapprochés l'un de l'autre.

Chaque pifton a une efpece de balancier auquel eft fixé le train des pompes; il nous paroîtroit plus convenable que les cylindres fuffent affez éloignés, pour qu'un même balancier fervît à tous les deux; on y gagneroit de la force puifqu'on diminueroit le frottement, & l'on obtiendroit une égalité fur-tout dans le mouvement alternatif, que l'on cherche, autant qu'il eft poffible, à fe procurer, par d'autres balanciers qui font placés dans la mine de diftance en diftance au-deffous des cylindres, & auxquels font attachés les trains de pompes. On affure que fans cette précaution la machine eft fujette à caffer.

Nous avons lieu de croire que fi on y faifoit toutes les corrections dont elle eft fufceptible, elle feroit moins en difcrédit qu'elle ne l'eft actuellement au Hartz; il eft même étonnant que l'on en ait fait conftruire un fi grand nombre, puifqu'on prétend que celles à roues font préférables. Il n'y en a pas eu une feule de conftruite dans le diftrict de Claufthal.

Pour appliquer ces machines aux travaux des mines, il y a bien à dire pour & contre.

Avec une chûte d'eau fuffifante qui eft ici de 24 à 30 toifes, elles peuvent tenir lieu de plufieurs roues qui exigent des emplacemens confidérables dans l'intérieur des mines; mais d'un autre côté, elles font plus fujettes à réparation & à perdre de l'eau; chacune d'elles a befoin d'un ouvrier pour y veiller, tandis qu'il peut feul avoir foin de plufieurs des autres en même tems. La perte du tems eſt de la plus grande conſéquence, puiſque dès le moment qu'une machine eſt arrêtée, les eaux montent & les mineurs ne peuvent plus travailler dans l'approfondiſſement ; mais les mines où ces machines ſeroient d'une grande utilité, ce ſont celles où l'on auroit beaucoup de chûte d'eau, dont le volume ne ſeroit pas ſuffiſant pour faire mouvoir une roue : on regagneroit par la chûte, ce qu'on ne pourroit ſe procurer par la quantité.

A *Hahnclée* peu diſtant de *Bockſwieſer*, on exploite un autre filon principal, que l'on aſſure être un de ceux qui ſe réunit à celui de Lautenthal, & ſur lequel on fait actuellement pluſieurs tentatives.

Mine de Hahnclée.

§. VI. La ville de Grûnd eſt une des plus anciennes où l'on ait exploité des mines dans le haut Hartz, & où il y en a eu de très-riches en argent, qui ont été abandonnées & repriſes à pluſieurs fois. La ſeule qui ſoit aujourd'hui en exploitation a été entrepriſe par une compagnie qui eſt occupée à faire déblayer une ancienne galerie : ce travail va très-lentement comme la plupart de toutes les recherches qui ſe font dans le département de la communion.

Mines de Grûnd.

§. VII. Les deux villes de Zellerfeld & de Clauſthal, diſtantes de 4 lieues au ſud-oueſt de celle de Goſlard, ſont ſituées à peu près ſur le point le plus élevé des montagnes du Hartz, ſi on en excepte celles qui ſont à l'eſt & au ſud-oueſt ; elles ſe touchent l'une à l'autre, & ne ſont ſéparées que par un ruiſſeau qui forme un vallon entre deux, dont la direction eſt du nord-eſt au ſud-eſt ; du côté du ſud-eſt, il remonte inſenſiblement pendant environ mille toiſes de chaque côté, & ſur-tout de celui du midi ; ſa pente eſt très-douce, mais du côté du nord-oueſt dans le bas de Zellerfeld, il ſe détourne plus à l'oueſt, & va ſe confondre dans un autre plus grand qui ſe dirige à peu près du midi au nord comme le cours du ruiſſeau.

Situation de Zellerfeld & de Clauſthal.

La direction du vallon du nord-oueſt au ſud-eſt eſt la même que celle du filon principal, dont partie eſt exploitée dans le diſtrict de Zellerfeld, & l'autre dans celui de Clauſthal, ſous deux dénominations , celles de *Stûffenthaler ʒûg* dans le premier, & celle de *Bûrgſtädterg ʒûg* dans le ſecond ; ſa direction s'étend au nord-oueſt pendant une lieue, juſqu'à la ville de Wildenman où l'exploitation a commencé.

Diſtrict de Zellerfeld.

§. VIII. La ville de Wildenman eſt ſituée dans l'endroit le plus bas où l'on pouvoit attaquer le filon ; c'eſt auſſi dans cet endroit où ſont les embouchures des galeries d'écoulement qui ſervent à toutes les mines , & qui ont pris leur nom de leur différente profondeur ; la plus haute eſt dénommée par *galerie de* 19 *toiſes* , la ſuivante *galerie de* 16 *toiſes* , & la plus profonde *galerie de* 13 *toiſes*. Il y en a encore une quatrieme ſous le nom de *francken ſcharner ſtollen*, dont l'embouchure eſt dans le vallon de Zellerfeld, & qui a été ſuivie ſur 1159 toiſes à travers le rocher , avant que d'arriver au filon ; les trois premieres ont été faites ſur ſa direction , on a même extrait du minérai preſque ſur toute leur longueur, & elles ſont entretenues par la communion qui en retire le droit de galeries comme de la quatrieme. Nous dirons ce que c'eſt que ce droit de galeries , & donnerons les longueurs & profondeurs des unes & des autres en détaillant les mines de Clauſthal , de même que la maniere de les exploiter qui eſt en tout ſemblable.

Toute l'étendue du filon depuis Wildenman juſqu'à Zellerfeld, a été exploitée par différentes compagnies, qui ſont encore au nombre de dix ; mais aucune de leurs mines, pour le préſent, ne donnent de bénéfice. On a obſervé que ce filon n'a jamais été auſſi riche dans le diſtrict de la communion, que dans celui de Clauſthal.

Mine de Ring ûnd ſilber ſchnûr.

§. IX. Le puits principal de cette mine eſt de 120 toiſes de profondeur , & de 80 juſqu'à la *galerie de* 13 *toiſes ;* il eſt, de même que les machines hydrauliques , entretenu aux frais des princes , qui retirent des compagnies un droit relatif à la quantité de matieres, & à la profondeur d’où elles font extraites, qui eft fixé par le confeil des mines.

Le filon dans cette mine fur une largeur d’environ 30 toifes produit du minérai de plomb & argent, qui eft fi divifé par petites veines dans le rocher qu’il occafionne beaucoup de frais, puifqu’il faut extraire l’un & l’autre pour l’en féparer. Il eft rare qu’il foit à gros grains, il l’eft toujours à grains fins, dans le quartz & dans une roche bleuâtre, fouvent auffi uni à une pierre de corne rouge & grife ; il eft plus riche & on le trouve en plus grande abondance du côté du toit du filon que du côté du mur : ce minérai trié, pilé & lavé eft riche de 3 jufqu’à 6 lots d’argent par quintal.

§. X. A peu de diftance de cette mine du côté du nord-oueft, on exploite fur le même filon celle de *Bleyfeld*, profonde de 100 toifes jufqu’à la *galerie de* 13 *toifes*, & de 30 toifes au-deffous. On en extrait du fuperbe minérai de plomb blanc & gris, cryftallifé en éguilles groffes & petites, de la même efpece que celui de la mine de *Glückfrath*, mais moins beau.

§. XI. Par une convention entre l’électeur de Hanovre & la communion, toutes les roues des machines qui fervent à l’exploitation des mines du diftrict de Claufthal, feront conftruites fur la furface de la terre, afin que les eaux qui les auront fait mouvoir puiffent par la différence de hauteur, fervir auffi à celles de la communion qui font renfermées dans les mines. Il n’y en a que quelques-unes de celles à élever le minérai, qui foient placées au jour, & qui prennent les eaux de quelques étangs.

§. XII. D’environ 50 mines qui font encore en exploitation dans la communion du haut Hartz, on n’en compte que deux qui foient en bénéfice ou *ausbeute*, & une troifieme qui paie fes frais. Ces deux premieres font du diftrict de Lautenthal ; la plus importante eft celle de *Lautenthal glück*, qui bénéficie conftamment depuis l’an 1685 ; mais ce profit a augmenté & diminué en différens tems. Il y a environ trente années que chaque action, au nombre de 135 , produifoit 250 livres par quartier, conféquemment 33750 livres , & annuellement 145000 livres ; mais dans le dernier quartier de 1766, l'aftion n'a produit que 50 livres, dont le confeil des mines a fixé la valeur intrinfeque à 1800 livres pour chacune.

La feconde mine eft celle de *Gúttés des Herrn*, qui n'a bénéficié dans le dernier quartier que de 20 liv. par aftion ; cependant leur valeur a été portée à 1640 liv. ce qui n'eft point en proportion de celle que l'on a fixée pour chacune de la premiere ; mais l'on a eu plus en vue la valeur réelle de la mine, ce qu'elle peut promettre pour l'avenir , & le moins de dépenfes que fes travaux peuvent occafionner, que ce qu'elle produit dans le moment préfent.

Toutes les autres mines font dans le cas du *ʒúbúffe*, c'eft-à-dire, de nouvelles avances chaque quartier.

Diftriɛt de Claûfthal.

§. XIII. On exploite dans ce diftrift le même filon que dans celui de Zellerfeld & Wildenman , mais qui prend ici le nom de *Búrgfteller ʒúg* ; c'eft le cas de répéter que tous les filons de cette partie du haut Hartz, n'ont été reconnus bons & abondans qu'autant que leur direftion eft conftante du nord-oueft au fud-oueft, ou de 7 à 10 heures de la bouffole des mineurs , & qu'ils s'inclinent au midi de 60 à 80 degrés.

Que ces filons font toujours renfermés dans une roche fchifteufe qui fe délite en morceaux épais ; mais dont les lits ou couches qui font plus ou moins inclinés, font dans une direftion différente, de forte qu'ils font coupés par ces derniers par un angle qui approche plus ou moins de l'angle droit.

Nous obferverons que quoique les indices fe manifeftent fouvent au jour, ils ne produifent du minérai qu'à 20 & 30 toifes de profondeur, & au-deffous de celle-ci jufqu'à la plus grande , puifqu'on en exploite encore aujourd'hui à plus de 250 toifes.

Tous les ouvrages faits fur ce filon font fecourus par trois

galeries

galeries d'écoulement, celle de *Francken fcharner*, celle de 19 *toifes*, & la plus profonde de 13 *toifes*. On prétend que la premiere a été commencée en l'année 1548, & qu'elle n'a communiqué au filon dans le diftrict de la communion, qu'après une marche de 1159 toifes dans le rocher ferme; fur cette longueur on y a ouvert huit puits ou *bures* d'air. De l'endroit où s'eft fait le percement jufqu'aux limites de Zellerfeld & de Claûfthal, elle a été prolongée de 356 toifes, & depuis ces limites jufqu'à la mine de Sainte - Elifabeth, où la communion en a ceffé la pourfuite, 1846 toifes compris tous fes détours, & de cette mine jufqu'à celle de Caroline 459; en total 3820 toifes.

Mais fi cette longueur étoit prife en ligne droite, elle ne feroit que de 3124; elle a été encore continuée 632 toifes jufqu'à la mine de *princeffe Elifabeth*, fur la direction du filon, fans y trouver du minérai comme on l'efpéroit.

Les 459 & 632 toifes, depuis la mine de Sainte-Elifabeth, ont été à la charge des compagnies, qui fe trouvent par-là difpenfées de payer le droit des galeries. Cette galerie eft la plus élevée, & n'amene qu'une profondeur d'environ 30 toifes dans tout ce diftrict.

Celle de 19 toifes a été commencée en 1535, & a en longueur jufqu'aux limites de Claûfthal 2308 toifes, qui ont été excavées aux frais de la communion; & de là jufqu'à la mine de *princeffe Elifabeth*, aux frais des différentes compagnies, à qui elle pouvoit être utile. Elle a été encore continuée de 126 toifes, fans avoir plus de fuccès que la précédente; fa longueur totale eft de 2276 toifes, & fa profondeur dans ce diftrict de 50 à 60 toifes.

La galerie *de 13 toifes* eft la plus profonde & la plus ancienne; quoiqu'on ignore l'époque de fon commencement, il y a apparence qu'elle a été travaillée en plufieurs fois; & ce qu'il y a de certain, c'eft qu'elle a été reprife pour la derniere fois en 1526. De fon embouchure aux limites de Claûfthal, fa longueur eft de 2589 toifes, dont 588 dans le rocher ferme, 428 moitié boifées,

& le furplus entiérement boifé : toute la partie qui eft dans le diftrict de Wildenman & celui de Zellerfeld, a été faite aux frais de la communion, & continuée de 1580 toifes dans ce diftrict par les compagnies; elle écoule les eaux de 60 jufqu'à 80 & quelques toifes.

Ces galeries ont fait naître autrefois beaucoup de difficultés entre le confeil des mines de Zellerfeld & celui de Claûfthal; mais il n'en eft plus queftion aujourd'hui, que l'on eft convenu des différens droits à payer.

Les galeries de *19 & 13 toifes* ayant été faites aux frais des compagnies, celles-ci font exemptes du droit de neuvieme; mais comme celle de *Francken fcharner* a été pouffée jufqu'à la mine de Sainte-Elifabeth aux frais de la communion, il en réfulte que les mines qui font exploitées depuis les limites de Zellerfeld, jufqu'à cette derniere, paient un droit. Le plus fort eft le dix-huitieme du produit, au moyen de quoi la communion, dans fon diftrict, doit entretenir à fes frais les fufdites trois galeries.

§. XIV. Le filon a éprouvé dans ce diftrict plus de variétés que dans celui de la communion; fur une étendue de 8 à 900 toifes, depuis les limites jufqu'à la mine de Sainte-Elifabeth, il s'eft foutenu de même; mais dans cette mine il s'eft divifé en plufieurs branches, qui forment enfemble une largeur au moins de 20 toifes. Il eft vrai qu'il s'y eft réuni plufieurs veines principales, qui font affez confidérables pour avoir mérité d'être exploitées féparément par différentes compagnies; mais qui cependant ne doivent être regardées que comme détachées du filon principal, puifqu'elles n'ont pas plus de 2 à 300 toifes de continuité : comme elles s'y réuniffent au fud-eft, il arrive qu'elles s'en éloignent du côté du nord-oueft, au point qu'elles en font diftantes de plus de 20 toifes; & quoique dans des endroits leur largeur foit de quelques toifes, cette largeur diminue infenfiblement au nord-oueft. En vain s'eft-il fait nombre de recherches pour s'affurer de leur continuité; & ce qui démontre que ce ne font pas d'autres filons, c'eft que le minérai, quoique plus riche en argent & le rocher qui l'accompagne, font exactement de la même espece. Le filon principal lui-même est entiérement dérangé dans sa direction, quelquefois aussi dans son inclinaison, & à l'extrémité de la mine de Sainte-Elisabeth au fud-est, il a cessé de produire du minérai, de sorte qu'il ne reste que quelques petites traces de filons, qui dans des endroits ne font pas même apparens sur une distance d'environ 400 toises, où plusieurs compagnies s'étoient formées pour les exploiter ; mais tous leurs travaux ont été sans succès ; ce n'est qu'à la mine de Dorothée, que ce filon a produit du minérai plus riche & en plus grande abondance que dans aucun autre endroit. Il se soutient dans les deux mines qui suivent, de *Caroline* & *Neûe Bénédicte*, ce qui comprend une étendue d'environ 300 toises pour les trois concessions.

Il s'est établi encore plusieurs autres compagnies à la suite, qui ont poussé des galeries au niveau de celle d'écoulement la plus profonde, de plusieurs centaines de toises sur la direction du filon : on y a même entrepris des traverses à droite & à gauche de 2 & 300 toises de longueur, sans retrouver la moindre apparence de minérai ; & comme on est persuadé que ce filon doit avoir une suite à une distance plus éloignée, & que l'on en espere beaucoup, on est sur le point de faire des recherches à une demi-lieue & même à une lieue plus loin sur la même direction.

Les veines que nous avons dit s'être réunies au filon principal, ont donné lieu de croire qu'il y en auroit peut être d'autres plus éloignées ou des filons paralleles ; ce qui a déterminé à faire des traverses où l'on n'a reconnu que les susdites.

On attribue la richesse & l'abondance du filon dans la mine de Dorothée, à la réunion d'un autre filon principal, du nom de *Thûrm rosen hoffer*, qui s'exploite aussi dans ce district.

Cependant celui-ci a été suivi près de mille toises sans produire du minérai ; mais il est vrai que sa direction vient répondre à la mine de Dorothée, d'où l'on peut conclure que le filon que l'on exploite dans celle - ci, eſt auſſi bien la continuité de celui de *Thûrm roſen hoffer* que de celui de *Bûrgſtadter*. Ce n'eſt que par de nouvelles recherches que l'on feroit dans un plus grand éloignement, que l'on pourra connoître celle des deux directions qui aura prévalu ; car ils varient d'une heure & demie à deux heures, autrement l'on conçoit qu'ils auroient été paralleles. On s'aſſurera s'ils n'en font qu'un ſeul, ou s'ils ont été entiérement coupés après la mine de *Bénédicte*, ce que l'on peut également ſuppoſer que le reſte.

Non-ſeulement ce filon a éprouvé des variétés & des interruptions dans ſa direction, mais encore dans ſon approfondiſſement qui a été conſtant, ſur 15 à 20 toiſes ſans produire du minérai ; dans d'autres mines, il y étoit ſi diviſé qu'il ne méritoit pas les frais d'extraction : la plupart des filons, particuliérement ceux qui font auſſi larges, font aſſez communément dans ce cas-là.

Nous ſortirions de notre objet ſi nous voulions rendre compte de toutes les mines de ce diſtrict ; il ſuffira, pour en donner une idée, de décrire les deux principales qui en font l'objet le plus important.

Mine de Dorothée & de Caroline.

§. XV. Ces deux mines font, quant à préſent, les plus riches de tout le Hartz ; c'eſt dans la mine de Dorothée que le filon, après une interruption d'environ 400 toiſes, a donné du minérai plus abondamment que jamais ; ce que l'on attribue à la réunion de celui de *Thûrm roſen hoffer*.

La mine de Dorothée & celle de Caroline, pourroient être conſidérées comme une ſeule, par la communication de leurs travaux ; mais on en fait la diſtinction parce qu'elles font exploitées par des compagnies différentes, chacune ſuivant ſes limites. La premiere a 168 toiſes de profondeur & la ſeconde 161., & de 77 & 84 plus profonde que la galerie de *13 toiſes* qui en écoule les eaux.

§. XVI. Dans la mine de Dorothée, le filon n'a commencé à produire du minérai qu'à 38 toifes de profondeur, tandis que dans celle de Caroline, on en a extrait à 20 toifes. Il y a eu enfuite des intervalles de plufieurs toifes en rocher, efpece d'accidens qui arrivent ordinairement aux filons.

Ce filon a dans fon mur une branche ou veine qui paroît en avoir été féparée, quoique, près du jour, elle en foit éloignée de 22 toifes, mais elle s'y réunit dans la profondeur; elle eft riche & abondante en minérai de plomb & argent. La même compagnie l'a louée & réunie à fa conceffion; il n'en eft pas de même d'une autre qui fe trouve dans le toit du filon, qui eft auffi très-bonne, & que l'on peut regarder plutôt que l'autre comme en étant dépendante, puifque dans fon plus grand éloignement, elle n'en eft qu'à 9 toifes de diftance, & qu'elle s'y joint dans la hauteur comme dans la profondeur; que même le rocher qui l'en fépare peut être confidéré comme celui du filon, ayant entre fes parties des veines de fpath & de quartz. L'on pourroit dire enfin en terme de mineurs, que le filon a fait un ventre dans cet endroit.

Cette veine eft exploitée par une autre compagnie, par la négligence du maître des journées de la mine de Dorothée, qui, en louant les veines qui pourroient fe trouver dans le mur du filon, auroit dû y comprendre celles du toit.

Cette compagnie ayant foupçonné qu'il pourroit y en avoir du côté du toit, en demanda la conceffion qui ne pouvoit lui être refufée fuivant les loix. Elle commença fon attaque au niveau de la galerie d'écoulement, & fut affez heureufe de rencontrer au bout de neuf toifes, cette veine riche & abondante qu'elle exploite avec fuccès, & dont elle continuera la pourfuite jufqu'à ce qu'elle fe trouve dans la conceffion de ladite mine, c'eft-à-dire, à trois toifes & demie du filon principal, comme il eft d'ufage en Saxe : fuivant les ordonnances des mines, le plus ancien a le droit.

§. XVII. Le filon de *Búrgftetter* produit en général du miné- Qualité des
minérais.

rai de plomb ou galene, de celui à gros & petits grains , & de celui à grains d'acier ; mais très-rarement de la mine d'argent blanche , & de celle de cuivre grife ; quelques grains de pyrite cuivreufe , & dans certains endroits un minérai arfénical qui reffemble beaucoup au cobalt, ce qui lui en a fait donner le nom.

Ces minérais fe trouvent répandus dans le fpath & le quartz ; mais le premier eft le dominant, fur-tout dans la mine de Dorothée : ils fe trouvent auffi affez fouvent dans un fchifte femblable à celui du toit & du mur du filon.

Dans les autres mines du côté du nord-oueft, on rencontre par fois de la pyrite cuivreufe que l'on met à part ; mais dans la feule mine du nom de *Kranig*, à la profondeur de 200 toifes , le filon produit de la blende brune cryftallifée à petits grains. On trouve encore dans celle de Dorothée, mais bien rarement , une matiere unie au minérai d'un brun rougeâtre, par feuillets très-minces, qui eft, dit-on, très-riche en argent.

Tous les minérais en général tiennent depuis 2 jufqu'à 5 onces & demie d'argent par quintal. La teneur commune eft de 2 à 3 onces ; mais la veine qui s'exploite au mur de la mine de Dorothée, eft riche de 5 à 5 onces & demie, de même que celle que l'on exploite dans la mine de *Kranig*.

Exploitation.

§. XVIII. On exploite ce filon par des ouvrages en échellons & en montant, c'eft-à-dire, échellons renverfés. Comme fa largeur eft trop grande pour pouvoir être extrait en entier , on a pour regle de n'en abattre que trois toifes dans l'endroit où il eft le meilleur ; que ce foit contre le toit , contre le mur ou dans le milieu, cela eft égal ; on n'obferve pas toujours de prendre ce travail en ligne droite ; & comme il vient d'être dit, car nous avons mefuré des étançons qui avoient 4 toifes & demie de longueur, ils font recouverts avec d'autres bois en travers pour former les *caftes*. Quoique les pieces de bois que l'on y emploie foient très-fortes en groffeur, elles caffent après un certain tems , comme nous l'avons remarqué : on les foutient néanmoins avec d'autres pieces droites que l'on met en deſſous du côté du plus bas ; celles qui forment les *caſtes* ſe placent toujours inclinées , pour leur donner plus de force , ou plutôt qu'elles aient moins à ſupporter la charge des déblais , puiſque le centre de gravité ſe trouve ſur les extrémités.

Les mortoiſes ſe font indifféremment ſur le toit & le mur ou ſur le filon même, c'eſt-à-dire , que l'on choiſit toujours le côté le plus dur, & du côté oppoſé on met la piece de bois contre laquelle appuie l'étançon, *& vice verſâ*.

Si on prend le travail en échellons , on continue à former des *caſtes*, à meſure que l'on avance en montant, à 4 toiſes de diſtance les unes des autres , en ménageant une eſpece de galerie pour ſervir au tranſport des minérais au puits principal.

Les échellons renverſés ſe travaillent comme il a été dit pluſieurs fois, en laiſſant ſous les pieds le rocher ſur la *caſte*; c'eſt alors qu'on abat & que l'on extrait preſque toute la largeur; & quoique les étançons n'aient pas cette longueur, une partie du filon ſupporte les déblais : cependant on ne doit agir ainſi que dans le cas où celui-ci eſt ſolide, & qu'il ſe laiſſe abattre ſans crainte d'éboulement ; il ſuffit de mettre des pieces de bois volantes pour ſoutenir le plus dangereux , mais il eſt toujours très-imprudent de prendre trop de largeur , & l'on ne ſauroit avoir aſſez de précautions à cet égard.

Cette méthode épargne certainement du bois , puiſque les *caſtes* ſont diſtans les uns des autres de 12 toiſes au lieu de 4; mais pour en extraire le minérai, on pratique dans leur milieu, conſtruit en bois ou en maçonnerie, un tuyau ou eſpece de petit puits, par lequel on le fait tomber dans la galerie inférieure.

Si aux différentes méthodes que l'on a d'exploiter les filons, on ajoutoit celle des échellons en travers ou *qwerbaû*, uſitée dans les mines de Hongrie (*), l'on économiſeroit beaucoup, ſur-tout en bois.

Pour le ſoutien des mines, & à l'effet de les maintenir avec un

(*) *Voyez le* IVe Mémoire, Sect. II, Art. II.

bénéfice égal, lorfque les filons font riches & abondans, on a pour principe de toujours approfondir pour faire de nouvelles découvertes, & de laiffer dans les hauteurs du minérai en réferve, que l'on n'exploite que pour fuppléer au manque de produit des profondeurs; ce qui ne fe fait jamais fans l'approbation du confeil des mines.

Indépendamment de tous les maffifs que l'on laiffe dans les différens ouvrages à mefure d'exploitation, on en voit un dans la mine de Dorothée de 90 toifes de longueur, fur 9 de largeur & 10 d'épaiffeur, en très-bon minérai; & dans celle de Caroline de 60 toifes de longueur fur 10 en largeur & épaiffeur, de forte que fans y comprendre ou en y comprenant les découvertes journalieres, & auffi lorfque l'on peut efpérer des profondeurs, on peut fe promettre une exploitation de longue durée.

Sur toutes les mines du Hartz, il n'y a aucun puits qui foit perpendiculaire, l'ufage eft de les approfondir fur le filon même, & de fuivre tous les fauts ou détours qu'il fait dans fon inclinaifon, de forte qu'ils font très-irréguliers, ce qui entraîne plufieurs inconvéniens.

Celui de confommer une prodigieufe quantité de bois, & d'être fujets à beaucoup de réparations; que les machines perdent de leur force à vaincre les frottemens; de faire fupporter les tirans par des rouleaux de diftance en diftance, & d'avoir le nombre des varlets néceffaires pour changer leur direction & fuivre celle des puits; enfin le dommage confidérable que fait en tombant une tonne pleine de minérais, lorfque la corde ou chaîne vient à caffer; d'où il fuit que les puits perpendiculaires font préférables à tous égards, mais ils doivent être entrepris dans le commencement d'une exploitation.

Les puits principaux que l'on a au Hartz, & qui font approfondis depuis le jour jufqu'aux plus grandes profondeurs, font divifés en deux parties; l'une pour le paffage des tonnes & des bois, & l'autre pour le placement des échelles, & dans laquelle

paffent

paſſent les tirans des machines. On donne à cette premiere dans œuvre, ſans y comprendre la charpente, 9 pieds 4 à 5 pouces de longueur, ſur 6 pieds 4 à 5 pouces de largeur, & à celle des échelles 7 pieds 6 pouces de longueur ſur la même largeur.

Indépendamment de ces puits, on en a de petits dans l'intérieur des mines, avec des treuils pour élever les matieres de certains ouvrages, & les conduire par galeries au puits principal.

Outre les gros étançons que l'on emploie à boiſer les grands puits, au lieu des plateaux & de bois refendus que l'on met par derriere, on y place des arbres entiers de 16 à 18 pouces de diametre, les uns ſur les autres ſur toute la profondeur; d'où l'on peut juger de l'immenſité de bois que cette méthode exige, d'autant plus qu'ils n'y durent pas long-tems. Nous ne croyons pas qu'il y eût une ſeule province en France, où une mine pût être exploitée avec une auſſi grande dépenſe en bois, à moins que l'on ne changeât entiérement la forme de l'exploitation. On ne cherche dans le Hartz aucun moyen d'économiſer à cet égard, y ayant du bois plus qu'on n'en peut employer, & que le prince fournit gratis. Au reſte nous ne pouvons nous empêcher de convenir que l'aſſemblage des bois eſt très-bien fait, & que l'on a d'excellens ouvriers dans ce genre, & ce n'eſt pas un petit travail que de changer & de placer d'auſſi fortes pieces de bois.

Pour abattre & extraire les matieres du filon, dans les endroits tendres, du côté du toit ou de celui du mur, on a pour méthode de le déchauſſer, ainſi que cela ſe pratique aux mines de Rammelsberg, c'eſt-à-dire, qu'avec le marteau & l'acier on en détache quelques pouces de largeur, & auſſi avant qu'il eſt poſſible pour faciliter l'extraction du reſte, & pour que les coups de mine faſſent mieux leur effet. Cette méthode n'a lieu que dans ce cas, & jamais dans les ouvrages où le rocher eſt dur dans toute la largeur du filon, ni dans ceux en échellons montans, où il eſt plus avantageux de l'abattre avec la poudre.

Les trous de mines ſe font ordinairement avec de gros forets à 4 angles, & plus gros à leur extrémité pour en faciliter le jeu. On en a de plufieurs groffeurs & longueurs ; un ouvrier le tient, le tourne & le maintient dans fa direction, pendant que l'autre frappe deffus avec une maffe du poids de 15 à 18 liv. L'ufage de cette efpece de forets eft très-ancien, & n'a pas encore été changé dans le Hartz, où l'on commence à être perfuadé de l'avantage qu'il y a à fe fervir de ceux en forme de cizeaux ; on en a fait plufieurs épreuves qui vraifemblablement les feront adopter, ainfi que ceux avec un feul ouvrier.

Les premiers préfentent une furface trop large qui réduit le rocher en poudre, & n'avancent pas autant l'ouvrage que les derniers, qui par leur tranchant le réduifant en fable, l'accélerent davantage. On pourroit alléguer d'autres preuves en faveur de ceux-ci, mais il fuffit de dire que l'expérience les a fait préférer dans tous les pays : les forets à un feul mineur, font, dans le plus grand nombre de cas, plus avantageux que les gros; comme devant une galerie où un homme fera autant d'ouvrage & peut-être plus que deux. Il n'en eft pas de même fur les échellons, où les gros paroiffent être préférables, ainfi qu'il eft démontré dans le XIe Mémoire, Sect. II, §. II.

Prix-faits. §. XIX. A chaque vifite générale que les officiers font dans une mine; après l'examen fait du rocher; ils fixent dans chaque endroit la profondeur des trous que les ouvriers font obligés de faire pour remplir leur journée ; c'eft communément depuis 40 jufqu'à 60 pouces, que deux hommes doivent percer en un ou deux trous. Pendant qu'ils font ce que l'on nomme *frohn arbeit* (1), le maître mineur marque avec de l'argille le placement des trous, & met des morceaux de bois dans la direction qu'ils doivent avoir; cet arrangement entraîne des inconvéniens. Le maître mineur n'a pas le tems d'examiner le rocher pour les bien déter-

(1) Ce travail confifte à caffer le minérai, & en féparer groffiérement ce qui n'eft que rocher, pour mettre ce dernier fur les *caftes*, à nétoyer les ouvrages & à tranfporter les bois dans la mine, &c.

miner ; il eft gêné, en ce qu'il doit donner en deux trous la profondeur fixée, tandis qu'il eft des cas où elle devroit être partagée en trois. Le mineur n'a point à répondre de leur effet ; il ne cherche qu'à remplir ce qui lui a été prefcrit ; auffi arrive-t-il fouvent qu'il traverfe des fentes que l'on n'apperçoit que difficilement dans le rocher, par lefquelles la poudre s'échappe fans avoir fait le moindre effet ; nous avons été témoins de plufieurs de ces cas.

Ce font les fous-maîtres mineurs qui chargent les coups de mines de ces prix-faits, & non les mineurs ; autre raifon pour que ceux-ci s'embarraffent peu du fuccès de leurs trous. La maniere de les charger eft encore une mauvaife méthode que l'on a intention d'abolir ; on commence même à la fupprimer dans quelques ouvrages.

Au lieu de patrons ou cartouches de papier qui fervent à charger les trous, on y fupplée dans les endroits mouillés, avec du carton recouvert de colle ou de poix ; on a un petit tuyau de bois que l'on met dans le trou, on y paffe l'épinglette que l'on fait entrer de deux pouces dans la poudre ; fur ce patron & autour du tuyau, on y preffe avec le bouroir de l'argille humectée, & l'on acheve de charger avec de celle qui eft feche, & du rocher pourri. On retire l'épinglette du tuyau pour y verfer de la poudre, & à fon extrémité on place la mêche de foufre : cet ufage peut à la vérité prévenir quelques accidens, & donner plus de fûreté à l'ouvrier ; mais il en réfulte plufieurs inconvéniens, celui de la dépenfe des tuyaux, les rifques de perdre le trou puifqu'on ne peut parvenir à introduire le feu jufqu'à la poudre, enfin la perte de la poudre par l'ouverture que laiffe le tuyau qui a été enlevé par l'effort, & par laquelle elle fait tout fon effet.

Les prix-faits fe donnent pour cinq femaines : les jurés fixent une longueur, largeur & épaiffeur de rocher à abattre, & une livre de poudre par chaque 40 fols ; c'eft-à-dire, que fi le prix-fait eft de 40 liv. on donne 20 livres de poudre : mais il faut obferver que ces prix-faits ne font réellement qu'en apparence ; fi les mineurs avancent leur travail , de façon qu'il puiſſe être achevé avant les cinq ſemaines , le juré en augmente l'étendue ſans aug-menter le prix , & dans le cas contraire on le leur diminue en leur augmentant la poudre. Il eſt facile de comprendre combien cet arrangement peut être nuiſible , par les faveurs que peuvent faire les jurés , ſans diſtinguer celui qui travaille mieux.

Après leur travail , les prix-faiteurs font encore des journées extraordinaires ; le tranſport des matieres dans l'intérieur de la mine eſt également à prix-fait , pour lequel on ſe ſert de petits charriots ou *chiens*.

§. XX. Nous avons donné précédemment les raiſons auxquelles on attribue la réunion de ce filon avec celui de Burgſtédter (*).

Filon prin-cipal de Thürm Ro-ſen Hoffer. (*) *V.* §. XV.

L'irrégularité qu'il a dans ſon inclinaiſon ſur laquelle ſont ap-profondis les puits rend l'extraction des matieres très-difficile ; on remarque dans ſon toit, mais ſur-tout dans le mur, des veines qui s'en éloignent ſi fort, qu'on pourroit les regarder comme des filons ſéparés, qui ſe réuniſſent & en forment d'autres ſur une largeur de 9 à 10 toiſes, ordinairement de cinq. Cette réunion ſe fait dans la mine de *Roſen hoffer* & dans celle de Saint-Jean ; cette derniere de 256 toiſes de profondeur.

Pour le ſervice des mines que l'on exploite ſur ce filon, il y a deux galeries d'écoulement qui ont été faites aux frais du prince qui en retire le droit, l'une de 567 toiſes de longueur, & l'autre de 1297.

Ce filon produit à peu près les mêmes matieres que celui de *Burgſtédter*, avec cette ſeule différence que le minérai y eſt un peu ferrugineux, & qu'on y trouve quelquefois de la mine de fer ſpathique.

Il s'exploite de la même maniere que le précédent, & les tra-vaux s'y prennent ſur une auſſi grande largeur, quoique moins ſolide ; ce qui a occaſionné pluſieurs éboulemens, notamment celui qui s'eſt fait dans une de ces mines, ſur 80 toiſes de profon-deur, qui l'a rendue inexploitable.

§. XXI. De 16 mines qui ont été exploitées fur ce filon , il Obferva-
tions. n'en refte plus que fept , dont aucune ne donne de bénéfice ; elles feroient même bientôt abandonnées , fi le prince ne faifoit pas travailler à fes frais la plus difpendieufe & la plus profonde , qui eft comme la clef & le foutien des autres.

Le nombre de celle qui ont été exploitées fur le filon de *Burg-flëdter* eft réduit de 56 à 22 , dont fept donnent du profit , notamment celles de *Dorothée* & de *Caroline* , & une feule paie les frais de fon exploitation. Cette premiere depuis plus de cinquante années donne un bénéfice conftant , qui a été plus ou moins confidérable à raifon de l'état de fes travaux ; chaque action au nombre de 130 , dont eft formée la compagnie , a bénéficié dans le dernier quartier de 1766 , de 250 livres , & par conféquent de 130 mille livres pour l'année entiere.

Cette mine pendant fort long-tems a donné un profit plus que double de celui que l'on vient de citer ; celle de *Caroline* qui limite avec elle , a produit dans le dernier quartier 230 livres par action ; celle de *Neûe Bénédicte* 20 livres , de *Sainte-Marguerite* , de *Chriftian Lûdewig* , de *Gabe gottes* & *Rofenbûfch* 10 livres , enfin celle de *Kranig* feulement 5 livres.

La valeur intrinfeque de chaque action de la mine de *Dorothée* , a été portée par le confeil à 19,600 livres , pour celle de *Caroline* à 14,000 liv. & une moindre fomme en proportion pour les autres. Cette eftimation fe fait toujours comme il a été dit , à raifon de l'état des travaux , & de la plus ou moins grande dépenfe de l'exploitation : on confidere aufli quelquefois l'efpérance d'une nouvelle découverte , de forte que les actions d'une mine en perte ont fouvent une affez forte valeur , tandis que beaucoup d'autres n'en ont aucune.

Toutes les autres mines de ce diftrict font en perte ou *zûbûffe* , c'eft-à-dire , dans le cas d'y faire de nouvelles avances , fuivant la fixation qui en a été faite par le confeil.

SECTION III.

Mines d'argent de Saint-Andréasberg.

Hiſtorique. §. I. La ville de Saint-Andréasberg, ſituée à 4 lieues au ſud-oueſt de Claûſthal, eſt une des trois villes franches de mines du haut Hartz , qui appartient à l'électeur d'Hanovre, & dont toutes les affaires concernant la police & l'exploitation des mines de ſon diſtrict , ſont rapportées au conſeil dudit Claûſthal.

Quoique les auteurs qui ont écrit ſur ces mines , ne ſoient pas bien d'accord ſur leur origine , ils aſſurent pourtant & il eſt certain qu'elle eſt du commencement du quinzieme ſiecle , & qu'alors ladite ville fut bâtie. Les uns diſent que ce fut en 1516, que l'on fit venir des mineurs de la Bohême ; que la galerie du nom de *Joahnes ſtollen Sigmund* avoit été commencée avant 1521, arrêtée ou ſuſpendue alors & repriſe en 1529 ; que la ville de Saint-Andréasberg avoit pris ſon nom du jour auquel on avoit trouvé le premier minérai dans ladite galerie , & que ce jour étoit celui de Saint-André ; que cette ville étoit dans ce tems ſous le gouvernement des comtes de *Hohnſtein* , qui depuis dans le commencement du dix-ſeptieme ſiecle a paſſé à la maiſon d'Hanovre , qui fit la réunion de ces mines avec celles de Claûſthal.

Ces auteurs s'accordent encore à dire que dans cet intervalle d'environ 90 ans , les mines furent entiérement abandonnées & enſuite repriſes avec vigueur. Ils en citent à ce ſujet près de 300 qui ont été exploitées en différens tems ; qu'en 1624 le conſeil des mines qui y étoit établi fut transféré & réuni à celui de Claûſthal , comme il ſubſiſte encore aujourd'hui ; qu'alors les mines furent concédées à des compagnies , dont le nombre a augmenté ou diminué en proportion de l'avantage qu'elles y trouvoient. Elles ont été de même abandonnées de nouveau , & repriſes pluſieurs fois juſqu'à ce jour , où elles ne ſont pas à beaucoup près auſſi floriſ-ſantes qu'elles l'ont été anciennement , puiſqu'il n'en reſte que dix en exploitation , qui même ne donnent aucun bénéfice, & ſont dans le cas du *ʒûbúſſe* , c'eſt-à-dire, en perte.

§. II. La fituation de ces mines eft bien différente de celle du diftrict de Claûfthal; ce font ici des montagnes fort hautes & fort rapides, fur le penchant d'une defquelles la ville eft bâtie, & qui font féparées par des vallons très-profonds.

Les filons different auffi beaucoup; on n'y voit point de *zugs* principaux, c'eft-à-dire, une quantité de mines fur une même ligne & fur le même filon; ces montagnes en renferment un grand nombre qui ont été exploités, & dont la majeure partie a été abandonnée; ils n'ont point la même direction en longueur & en profondeur, de façon que quelques-uns fe croifent & d'autres font paralleles; plufieurs ont auffi une inclinaifon contraire. Ils different encore par leur largeur qui n'eft que de quelques pouces, jufqu'à deux toifes au plus. Les trois principales mines que nous avons vifitées ferviront d'exemple; la premiere du nom de *Gnaden gottes*, profonde de 80 toifes; la feconde de *Samfon* de 188 toifes, & la troifieme *Catherine Neûfang* de 182; toutes les trois fe communiquent.

Quoique l'on ait l'opinion qu'elles renferment trois filons différens, il nous a paru cependant qu'il n'y en avoit que deux; l'un dans la mine de *Gnaden gottes*, & le fecond dans les deux autres mines. La direction de ce premier, dans plufieurs endroits, eft de onze à douze heures fuivant la bouffole (*), & il s'incline du côté du nord; le dernier au contraire la tient de 8 à 9, & a fa pente au midi dans la mine de *Neûfang*: c'eft fans doute la différence de leur inclinaifon, & de ce qu'ils ne fe dirigent pas fur une même ligne, qu'au contraire il y a une veine qui s'en éloigne, qui a fait imaginer à plufieurs qu'ils forment deux filons. Si on les confidere ainfi, on peut dire qu'ils fe réuniffent & n'en forment plus qu'un, quoique la direction ne foit pas tout à fait la même: d'un autre côté, ils font fi peu inclinés qu'on pourroit les regarder comme perpendiculaires; d'ailleurs cette inclinaifon varie, en un mot, leur direction générale eft de 7 à 12 heures. Ils produifent de la mine d'argent rouge, de la mine d'argent

Nature des filons.

(*) *Voyez* la pl. II, fig. 1 & 2.

blanche, de la mine de plomb à facettes, du minérai d'arſénic que l'on nomme *cobolt*, & très-rarement de l'argent vierge ; mais de tous en ſi petite quantité qu'ils ne peuvent payer les frais, & que, comme il a été dit, les compagnies ſont obligées d'avancer tous les quartiers, par chaque action, depuis 4 juſqu'à 12 livres.

Ces minérais ſe trouvent indifféremment dans le quartz & le ſpath, le mineur préfere ce premier & prétend qu'il eſt de meilleur indice ; les filons ſont renfermés dans une eſpece de ſchiſte ſauvage très-dur, de couleur brune, & qui ſe délite en morceaux plus ou moins épais ; on y remarque des lits d'une roche de la nature de la pierre cornée qui fait feu avec l'acier. On nomme ce ſchiſte *Wachen* : ces lits de rocher ſont plus ou moins inclinés ; quelquefois même ils ſont perpendiculaires, & d'autres fois ils forment avec l'horiſon un angle de 45 à 50 degrés, tantôt d'un côté d'une partie du monde, & tantôt de l'autre ; mais ce qu'il y a de remarquable, c'eſt que leur direction eſt entiérement oppoſée à celle des filons ; de ſorte que ceux-ci dans quelques endroits les coupent en un angle preſque droit, & dans d'autres en un angle plus ou moins aigu. Ces rochers les renferment de façon qu'il ſembleroit qu'ils ſe ſont ſéparés pour les recevoir, & qu'enſuite il y a coulé de l'eau contre les parois, pour les rendre unis dans leur caſſure, ce qui en facilite l'exploitation, tandis qu'ailleurs ils ſont partie du filon, & y ſont intimément unis avec le minérai. On ne remarque point de différence ſenſible du rocher du toit avec celui du mur.

Ces filons dans leur largeur contiennent quantité de quartz & de ſpath ; ils ſont dérangés dans leur marche par le rocher même qui les jette dans le toit ou dans le mur, mais plus communément dans ce dernier ; alors ils ne laiſſent fort ſouvent qu'une trace de quartz ou de ſpath, ou tous les deux enſemble, avec quelques grains de minérais, & quelquefois rien du tout ; d'autres fois ils ſe diviſent par veines ſi petites qu'ils deviennent inexploitables. Il arrive auſſi aſſez fréquemment qu'ils ſont entiérement coupés par des veines

qui

qui viennent fur-tout du côté du mur, mais on les retrouve au bout de quelques toifes : il en eft d'autres riches par elles-mêmes qui les enrichiffent & produifent du minérai, de maniere qu'on pourroit les prendre pour d'autres filons.

Ces filons ont leur continuité au fud-eft, où ils ont été exploités fort avant, principalement dans la mine de *Catherine Neûfang*, où les ouvrages ont été étendus jufqu'à trois quarts de lieue du côté du nord-oueft; au contraire, dans un éloignement de 2 à 300 toifes, ils ont été coupés par un rocher rouge, & l'on n'y trouve que des filons de mine de fer qui ont été très-abondans ; mais ils fe foutiennent dans la profondeur; & dans l'efpérance de les y trouver plus riches, on continue l'approfondiffement du puits de *Neûfang*, malgré la dureté du rocher qui eft fi grande qu'il faut près de trois mois à fix mineurs pour en excaver une toife, fur trois & demie de longueur, & une & demie en largeur.

§. III. La fituation avantageufe des montagnes, a donné lieu à la recherche des filons par des ouvrages en galeries, de forte que toutes les mines avoient leurs galeries d'écoulement, dont partie eft encore entretenue ; nous parlerons des fept principales.

Galeries d'écoulement.

La premiere du nom de *Saint-Johannes ftollen* a été commencée en 1529; elle a depuis fon embouchure 596 toifes de longueur, & amene une profondeur de 13 toifes au-deffous de la fuivante, & écoule les eaux qui ont fervi aux machines intérieures.

La feconde de *Saint-Jacobs glüeker ftollen*, commencée en 1534, a fon embouchure au pied de la montagne de *Beer Berge*, & a une profondeur de 28 toifes ; elle a été pouffée fur deux filons qui fe croifent.

La troifieme *der Spotter ftollen*, commencée en 1536, a fon embouchure fous la ville à l'endroit nommé *Keilberge* ; elle traverfe les mines de *König Lûdevig, Gnaden Gottes, Samfon* & *Catherine Neûfang*, & amene dans cette derniere une profondeur de 44 toifes.

La quatrieme de *Anner ftollen* eft de 20 toifes plus élevée que

Tome II. P p

la feconde, elle raffemble les eaux des hauteurs des différentes mines où elle paffe.

La cinquieme *Tiefefürften ftollen* a fon embouchure au *Knieberge* fous la mine de *Sainte-Félicité*, pour laquelle elle a été faite, & où elle amene feulement 7 toifes de profondeur; elle a été continuée dans plufieurs autres mines, nommément à celle de *Saint-Andréas*, où elle n'eft profonde que de 34 toifes, mais elle n'eft entretenue que jufqu'à celle de *Lûdevig*.

La fixieme *Tieffe grün hirfcher ftollen*, commencée en 1691 , communique dans toutes les mines de deux diftricts; elle amene une profondeur de 55 toifes à la mine de *Saint Andréas*, 50 à celle de *Lûdevig*, & 33 à celle de *Sainte-Félicité*.

La feptieme de *Tiefe fieber ftollen*, commencée en 1716, eft la plus profonde; depuis fon embouchure jufqu'au premier puits d'airage fa longueur eft de 150 toifes; depuis ce puits jufqu'au fecond de 295, & y amene une profondeur de 48: ce percement a été fait en 1730 ; de là jufqu'au puits de la mine du *prince Maximilien* qui fert de troifieme puits d'air, & qui eft profond de 48 toifes & demie, elle a une longueur de 382 toifes; cette communication a eu lieu en 1746. De ce puits jufqu'à celui de *Fünf bücher mofis* 262 toifes, & de celui-ci 149 fur le filon, & 100 dans le rocher jufqu'à *Sainte-Félicité*, où elle écoule les eaux à 67 toifes & demie. La communication de ces deux mines s'eft faite en 1739, depuis Sainte-Félicité 152 toifes dans le rocher, & 85 dans le filon jufqu'au puits de *Gnaden gottes*, où elle fe trouve profonde de 90 toifes : elle a été continuée de 159 jufqu'à la mine de *Samfon* avec une profondeur de 97 toifes, & depuis cette mine 101 toifes jufqu'à celle de *Catherine Neüfang*, où elle amene une profondeur de 115 toifes; ce percement a été fait en 1754. La longueur totale de cette galerie eft de 1835 toifes.

§. IV. Tous les minérais font triés avec le plus grand foin; on a fur-tout une attention particuliere pour qu'il ne foit point volé de ceux qui font riches en argent, comme la mine d'argent blanche & celle d'argent rouge, qui tiennent depuis 20, 60 jufqu'à 70 marcs & plus par quintal. Il y a même peine de mort pour un cas femblable, comme cela eft arrivé il y a quelques années.

Tous les filons de ce diftrict produifent à peu près les mêmes ef-peces de minérais que ceux des trois mines dont on vient de parler; mais il en eft, dans le nombre, qui contiennent des veines féparées en mine de cuivre que l'on choifit pour être traitée à part.

Section IV.

Des différentes machines fervant à l'élévation des eaux & à l'extraction des minérais.

§.I. Les machines hydrauliques pour élever les eaux font toutes femblables dans leur conftruction, elles ne different que par la hauteur des roues (1), & leur plus ou moins d'éloignement des puits; les unes font placées dans l'intérieur des mines à différentes élévations, afin que la même eau puiffe fervir à trois ou quatre.

On ne peut pas toujours placer les roues près des puits, il faut néceffairement fe régler fur l'eau extérieure, que l'on pourroit à la vérité y conduire par des canaux, mais la dépenfe en eft fouvent trop confidérable; on y fupplée par des tirans répétés. On voit plufieurs de ces machines, dont l'éloignement des roues aux puits eft depuis quelques toifes jufqu'à 5 & 600 en montant & defcendant, fuivant l'inclinaifon du terrain.

Les machines à élever les eaux n'ont qu'une manivelle & un feul rang de tirans, qui répond à un varlet double, aux deux extrémités duquel font les trains des pompes; on ne fe fert que de celles qui font baffes, comme étant les plus avantageufes par la facilité qu'il y a pour les réparer. On leur donne de 5 jufqu'à 7 toifes de hauteur fuivant l'inclinaifon des puits; les corps de

---

(1) Le diametre des roues eft de 15 jufqu'à 34 & 35 pieds; la largeur intérieure des gouffets de 2 pieds, les manivelles appliquées aux arbres de 18 jufqu'à 30 pouces d'un centre à l'autre, ce qui donne une levée aux pompes depuis 3 jufqu'à 5 pieds. On compte dans ces deux diftricts 24 machines de l'une & l'autre efpece.

pompes où jouent les piftons avec un diametre, depuis 4 jufqu'à 12 à 13 pouces, font de fer coulé; les piftons font en bois & percés de 5 trous pour le paffage de l'eau, fur lefquels on met une piece de cuir d'un diametre un peu plus grand que le pifton. On emploie, comme en Hongrie, du cuir de poiffon qui a été reconnu le meilleur & le plus durable; quelquefois auffi on y ajoute par deffus de celui de bœuf.

Les roues des machines deftinées à élever les matieres font doubles, c'eft-à-dire, que dans l'épaiffeur de leur circonférence il y a deux rangs de gouffets, placés dans un fens contraire, de maniere qu'elles puiffent tourner à volonté d'un côté ou de l'autre lorfque le befoin l'exige. A cet arbre & près de la grande on a adapté une roue d'un moindre diametre, dont l'utilité eft d'arrêter fubitement la machine, par le moyen d'un grand levier qui embraffe fa circonférence, en deffous & en deffus, & chan- ge la direction de l'eau. Ces machines ne different de celles de Bohême & de Hongrie (*), que par la forme du tambour ou treuil, qui n'ont point ici celle de deux cônes: on y a fuppléé par des cadres de bois fitués très-près les uns des autres, & que l'on a fixés à l'arbre, pour obliger chaque corde à s'envelopper fur elle-même, & augmenter ou diminuer par-là le diametre du tambour.

(*) *Voyez* les pl. XI, fig. 3 & fuiv. & pl. XXV.

Lorfque les machines font éloignées des puits, il eft de nécef- fité de mettre à l'arbre deux manivelles placées en angle droit l'une de l'autre, pour faire marcher également les tirans, & faire agir les manivelles adaptées au treuil, qui font toujours de deux à trois pouces moins longues que les premieres, ce qui dépend néanmoins du plus ou moins d'éloignement de la roue, & de la longueur des tirans; dans ce cas, elles exigent plus de précifion dans leur conftruction, fur-tout dans la pofition & l'ouverture des varlets horifontaux.

Quand les roues font rapprochées des puits, rien de plus facile que de diriger ces machines; l'ouvrier qui en eft chargé voit monter & descendre les tonnes, & sait quand il faut presser le levier pour arrêter la roue, & changer la direction de l'eau ; mais il ne le pourroit dans le cas ci-dessus. On y a suppléé d'une maniere très-ingénieuse ; il faut premiérement observer que la principale roue est séparée de celle du levier par une charpente, afin que cette derniere ne soit jamais mouillée dans sa circonférence : à peu de distance d'elle on a construit un petit cabinet, où répondent non-seulement le bras de levier qui presse la roue, mais encore ceux qui servent à ouvrir & fermer les vannes. Ce cabinet renferme une espece d'horloge ou cadran, dont les roues dentées & les pignons sont mis en mouvement par une petite manivelle, d'où part un petit tirant qui à son autre extrémité est attaché au premier balancier de la machine ; ce cadran qui est divisé suivant la profondeur du puits, a une aiguille qui marque le nombre de toises que parcourent les tonnes à mesure qu'elles montent & descendent ; il indique à l'ouvrier qui la dirige la quantité d'eau qu'il faut mettre sur la roue, sur-tout au moment que les seaux se rencontrent, afin que venant à se heurter, il n'y ait aucun risque de faire casser la corde ou la chaîne, ou de verser les matiéres qu'on éleve.

Indépendamment de ce cadran, il y a une autre machine plus importante ; c'est celle qui avertit l'ouvrier pour arrêter ou faire tourner la roue : cet ouvrier que nous nommerons le marqueur est toujours placé près de l'embouchure du puits, pour noter le nombre de tonnes. On applique à la charpente qui soutient les gros tirans, d'autres plus petits très-minces que deux ou trois varlets mettent en mouvement ; ils sont continués & répétés jusques dans l'endroit où est l'ouvrier qui dirige la roue, & où ils font lever un marteau qui frappe sur une plaque de fer, & désigne par le nombre de coups convenu quand il faut arrêter la machine, la faire marcher ou aller plus lentement ; il y a également un marteau semblable à l'embouchure du puits, que l'on peut faire mouvoir de différentes hauteurs, comme de la plus grande profondeur de la mine, au moyen de petits leviers attachés aux tirans de distance en distance. On avertit ainsi le marqueur qui donne le même signal à celui qui dirige l'eau, pour faire arrêter & marcher la machine d'un éloignement de deux cens toises en profondeur, deux ou trois minutes suffisent; nous en avons fait l'expérience.

Ces machines ont été apportées en 1709, par des personnes qu'on avoit envoyées exprès en Suede. Quoique dans bien des cas elles soient de la plus grande utilité pour les mines, nous ne pouvons nous empêcher de dire qu'on en a fait un abus dans le Hartz, dont on commence à revenir, puisqu'on en détruit quelques-unes pour placer les roues près des puits. On devroit en faire de même de plusieurs de celles qui servent à l'élévation des eaux, on éviteroit beaucoup de frottement.

§. II. On auroit épargné nombre de ces machines & beaucoup d'eau extérieure qu'on ne s'est procurée qu'à grands frais, si on avoit établi sur ces filons principaux un ou deux puits perpendiculaires, que l'on auroit placés dans les endroits les plus avantageux pour y attirer les eaux des différentes mines, ou tout au moins pour y conduire les matieres que l'on veut élever au jour.

Nous trouvons aussi qu'on a approfondi une trop grande quantité de puits, qui attirent nécessairement beaucoup d'eau dans les mines.

Par la connexion qu'elles ont entr'elles & pour le bien général de leur exploitation, il a été indispensable de faire servir souvent les mêmes machines à plusieurs; pour cet effet le conseil fixe le prix & le droit qu'une mine doit payer à l'autre; suivant l'usage qu'elle en fait, on regle aussi le nombre de *treiben* (1) que l'on doit tirer par chaque semaine, depuis 3, 4, jusqu'à 15 & 16, sans compter ceux des déblais.

§. III. Les machines à moulettes que des chevaux font agir, ne servent que dans des tems où les premieres ne pourroient suffire, ou dans le cas d'un manque d'eau extérieure. Leur construction

(1) Cette mesure pese de 4 à 5 quintaux.

ne differe en rien de celle de cette efpece (*), à l'exception d'une nouvelle, dont le tambour eft fait fur les mêmes principes que celui des machines à eaux, c'eft-à-dire, que chaque corde ou chaîne s'enveloppe fur elle-même ; la machine acquiert plus d'égalité, & conféquemment les chevaux ont toujours à peu près la même réfiftance à faire. (*) *Voyez* pl. XI, fig. 1 & 2, & l'ex-plication.

On fe fert de chaînes de fer & de cordes : on préfere néanmoins ces dernieres quoique d'une moindre durée & plus coûteufes, parce qu'elles font moins fujettes à caffer, & que cela n'arrive jamais fans qu'on s'en apperçoive d'avance ; les premieres au contraire caffent plus fouvent, fans qu'on puiffe le prévoir, d'où il arrive des dommages d'autant plus confidérables, que les puits font obliques & très-irréguliers.

On a de groffes & petites cordes : la toife des unes pefe fept à huit livres, & celle des petites une & demie à deux livres ; elles font toutes goudronnées.

Section V.

Des étangs.

§. I. L'exploitation des mines a mis dans la néceffité de conf-truire en divers endroits des étangs & des canaux, qui ont coûté au prince des fommes confidérables, & qui font encore entrete-nus à fes frais. Il eft de ces canaux qui ont jufqu'à 3 mille toifes de longueur & auxquels on n'a donné que 5 à 6 pouces au plus de pente par 100 toifes.

On a profité des vallons les plus avantageux, pour y établir des digues folides & les moins élevées, pour y raffembler une grande étendue d'eau. On compte 32 étangs dans ces deux diftricts, tant pour le fervice des mines, que pour celui des bocards & des fon-deries, qui ont depuis 2, 4, 5, jufqu'à 7 toifes de profondeur.

La méthode de les conftruire eft de choifir d'abord un bon fol pour y établir les fondations de la digue ; fur 8 à 10 pieds de lar-geur, & fur la longueur qu'elle doit avoir, on creufe jufqu'à ce que l'on rencontre le ferme ou une couche de bonne argille : fi c'eft du rocher, on do't bien examiner la difpofition de fes couches. La pofition la plus avantageufe que l'on puiffe defirer eft, lorfqu'elles traverfent le vallon & qu'elles inclinent du côté de l'étang ; car dans le fens contraire, il y auroit tout à craindre que les eaux ne s'échappent par le fond, à moins qu'en creufant plus bas, on ne trouvât plus de folidité. On remplit cette tranchée ou foffé avec des mottes de gazons de 20 pouces de longueur, fur 10 à 12 de largeur & 3 à 4 d'épaiffeur, que l'on range également les unes fur les autres, de façon que le côté de l'herbe foit toujours en bas : on continue d'en mettre jufqu'à ce que le foffé foit rempli, en obfervant d'en battre toutes les couches, & de les recouvrir avec un peu de terre franche pour garnir les vides.

Cette méthode eft encore fuivie aujourd'hui jufqu'au niveau du fond de l'étang, mais les anciens, à cette hauteur, s'avançoient intérieurement 10 à 12 pieds de plus, qu'ils rempliffoient de la même maniere avec des gazons, dont ils diminuoient peu à peu l'épaiffeur en montant pour en former un talus. Cela feroit très-bon, fi les étangs étoient toujours pleins d'eau ; mais dans les féchereffes, comme dans les tems de gelée & des vents, ils fe dégradent infenfiblement.

Lorfqu'on a battu les gazons dans le foffé, jufqu'à la hauteur du fol de l'étang, on bat par derriere environ 9 pieds d'épaiffeur de bonne terre franche, & par devant dans l'intérieur on forme avec des déblais, un talus pour fortifier la digue ; ce talus eft fait d'une feule ligne, de maniere que fur 6 pieds de hauteur, on s'éloigne de 8 à 9 pieds de la perpendiculaire. On voit de ces digues qui ont une bafe de trois fois & demi, jufqu'à quatre fois la profondeur de l'étang, ce qui dépend beaucoup de la forme du vallon ; toute la digue peut s'élever en même tems avec les matériaux ci-deffus ; fa partie fupérieure eft ordinairement de 3 à 4 toifes de largeur, quand les étangs en ont 4 & 6 de profondeur.

Dans les anciens étangs la vanne fervant à l'écoulement des

eaux

eaux eſt placée dans leur intérieur, & dirigée par une charpente qui monte juſqu'à la hauteur de la digue ; mais dans les modernes elle eſt dans la digue même, & préciſément devant les gazons ; on forme une eſpece de petit puits de 4 pieds en quarré, conſtruit avec des pieces de bois, qui joignent exactement dans le fond au canal qui eſt dans le milieu de la digue. Le tout eſt bien ſerré avec quantité de gazons que l'on bat tout autour ; dans ce puits eſt la vanne ; le canal qui y amene l'eau n'eſt pas le même qui l'écoule, mais il lui eſt ſupérieur & placé immédiatement au-deſſus. De cette façon, l'eau eſt dans le puits toujours à la même hauteur & au même niveau que dans l'étang ; on y a mis une diviſion par toiſes & pieds pour, au moyen d'une échelle qui y eſt fixée, connoître quand on veut la hauteur de l'eau.

La vanne eſt une ſeule piece de bois de ſapin ronde qui doit remplir exactement l'ouverture, ménagée dans le conduit ou canal fait pour la recevoir ; elle eſt poſée bien perpendiculairement & dirigée de même juſqu'au haut, où elle eſt fixée dans un écrou par une vis, pour pouvoir la monter & baiſſer à volonté.

Chaque étang eſt pourvu de ſon déchargeoir, qui eſt conſtruit en maçonnerie à une des extrémités de la digue ; on lui donne plus ou moins de largeur & de profondeur, ſuivant que la ſituation du local eſt plus ou moins ſujette aux inondations.

L'expérience a appris à ceux qui ont ſoin des étangs, de combien de pouces la vanne doit être ouverte pour faire aller telle ou telle roue ; par ce moyen, ils apprécient la quantité d'eau contenue dans un étang, & pour combien de ſemaines il en fournira en proportion du nombre des machines où elle doit être employée. A cet effet on a des tablettes imprimées, où l'on écrit chaque ſemaine la hauteur de l'eau de chacun d'eux, à laquelle cette hauteur étoit la ſemaine précédente, & pour combien de tems il y en a encore, dans le cas qu'elle ne ſoit pas augmentée par les pluies.

Les étangs & les canaux ou foſſés qui y amenent l'eau, ont été conſtruits, comme il a été dit, aux frais du prince; mais les conduits pour les amener aux machines ſe font aux dépens des compagnies, au ſecours deſquels vient la caiſſe nommée *Berg bau caſſa*, s'ils ſont trop diſpendieux.

On a commencé depuis quelques années un très-grand ouvrage pour gagner le niveau, & conduire l'eau d'un vallon dans un étang deſtiné à la mine de *Dorothée*; il s'agit de faire traverſer ces eaux par une montagne ſur une longueur de 450 toiſes. Le projet fait a été approuvé par la chambre d'Hanovre & le conſeil des mines, qui ont décidé que la dépenſe s'en feroit par tiers; ſavoir, un par le prince, le ſecond par la caiſſe *Berg bau caſſa*, & que l'autre tiers ſeroit pris ſur les bénéfices de la mine de *Dorothée*, à qui ces eaux ſeront utiles. L'eſtimation de cet ouvrage a été portée à 40 mille livres; il eſt à peu près au trois quarts achevé.

Étang de S. Andréaſberg.

§. II. Cet étang eſt le plus conſidérable de tous ceux du Hartz; il eſt ſitué à deux lieues de la ville de Saint-Andréasberg, dans l'endroit *Brûch berg* où coule la petite riviere de *Oder*, dont les anciens amenoient les eaux juſqu'aux mines; mais par la ſucceſſion des tems, comme elles ne pouvoient ſuffire à toutes les machines, on chercha le moyen de s'en procurer une plus grande quantité en conſtruiſant un étang. L'on choiſit à cet effet l'emplacement le plus convenable, & ce fut en 1714, que commença cette conſtruction qui fut achevée, ainſi que les canaux de conduite, en l'année 1721. On en porte la dépenſe de 40 à 50 mille livres; ce qui a d'autant plus contribué à cette entrepriſe, ce ſont les matériaux que l'on trouve ſur le local même, particuliérement un ſable brun qui tient exactement l'eau, & avec lequel on a fait une maçonnerie en groſſes pierres pour former la digue qui eſt de toute ſolidité: on a donné à ſa baſe 24 toiſes d'épaiſſeur, 8 dans ſa partie ſupérieure, & 9 de hauteur depuis les fondations; (*) ſa longueur totale eſt de 74 toiſes (1).

(*) *Voyez* pl. XVII & l'explication.

La ſurface de l'eau dans cet étang a 800 toiſes de longueur; on

(1) Le pied du Hartz eſt plus petit de 15 lignes & demie que celui de roi.

a donné à l'ouverture de la vanne 10 pouces de diametre, de forte qu'elle peut fournir à entretenir continuellement le mouvement de quatre roues.

Les canaux depuis la fortie de l'étang jufqu'au-deffus de la ville de Saint-Andréasberg, & dont la plus grande partie eft maçonnée, ont environ 4200 toifes de longueur, & à cet endroit il fe fépare en deux branches pour le befoin de toutes les mines : dans leur longueur ils reçoivent encore les eaux de deux petits ruiffeaux ; en un mot, cet étang avec celui qui eft près des mines fourniffent par gradation des eaux fuffifantes pour faire mouvoir, tant à l'intérieur qu'à l'extérieur 47 roues, foit pour les machines hydrauliques, les bocards & les fonderies : ces eaux fe raffemblent au bas des montagnes, & y prennent le nom de la riviere de *Sperlûtter* qui paffe à *Lauterberg*. Depuis la fortie de l'étang jufqu'à cette réunion, elles ont parcouru une profondeur perpendiculaire de 145 toifes.

NEUVIEME MÉMOIRE.

Sur les bocards & laveries du haut Hartz, la livraison des minérais aux fonderies, leur grillage, leur fonte, l'affinage du plomb & des mattes, la révivification de la litarge & le rafinage de l'argent.

Par MM. J A R S , *année* 1767.

SECTION PREMIERE.

Des bocards & des laveries.

§. I. **T**ous les bocards ont été conftruits & font entretenus aux frais du prince, qui en retire un droit proportionné à la nature & à la qualité des minérais ; arrangement très-convenable pour éviter des frais d'établiffement à des compagnies, & les encourager à exploiter des mines.

Le traitement des minérais dans les bocards & les laveries étant le même dans le diftrict de Claûfthal, que dans les fept villes montaniftiques du haut Hartz, nous nous contenterons de détailler ce qui fe pratique dans ce premier.

Tous les minérais deftinés pour les bocards y font amenés aux frais des compagnies ; mais à un prix fixé par le confeil des mines, lequel eft réglé fuivant l'éloignement.

§. II. Chaque bocard eft compofé de 6 pilons (*) ; le fol fur lequel ils frappent eft une feule piece de fer coulé, de 2 pieds 10 pouces de longueur, fur · 7 pouces & demi de largeur & 5 pouces d'épaiffeur, & du poids de plus de trois quintaux ; elle n'eft point enfermée dans celle de bois qui forme le fol de la caiffe, comme il eft ufité dans d'autres endroits, mais par deffus. On

(*) *Voyez* pl. XVIII & l'explication,

l'y affujettit en le garniffant tout autour avec des morceaux de rocher que l'on y fait entrer avec force.

On nous a dit avoir effayé de faire le fol feulement avec du rocher ; qu'à la vérité il faifoit le même effet dans le commence- ment, mais qu'il duroit moins long-tems que les autres ; ailleurs on eft d'un avis tout contraire, & avec d'autant plus de raifon que les fols en fer coulé font toujours plus coûteux, puifqu'ils fe creufent, s'ufent & font fujets à être fouvent changés. Ils fervent tout au plus un mois, quelquefois au bout de huit jours il faut les retourner, fi le minérai fe trouve dur.

Pour conferver les encaiffemens, on les double avec des pieces de fer coulé d'environ un demi-pouce d'épaiffeur, 3 pieds 3 pou- ces de longueur, & 1 pied 4 pouces de largeur, percées chacune de fix trous, pour les arrêter avec de gros clous contre les parois des caiffes.

§. III. La grille que l'on met à chaque caiffe pour le paffage du minérai, a communément 10 à 12 pouces en quarré ; elle eft de fil de laiton : on en a dont les trous font de différentes groffeurs ; c'eft au maître des bocards à juger par la nature du minérai, celle qu'il doit employer. Les plus gros trous étoient autrefois comme la tête d'une épingle, mais actuellement on fait des épreuves avec des grilles dont les trous font plus grands, & dont on retirera un plus grand avantage pour le minérai, qui, dans le rocher, n'eft pas divifé en grains trop fins, quand même on feroit obligé de piler de nouveau le groffier après le lavage.

§. IV. Les pilons en bois font armés à l'ordinaire avec des pieces de fer coulé, chacune de 114 livres poids de Cologne ; elles fe changent tous les 15 jours. L'arrangement des pilons dans les caiffes fe fait comme il fuit.

On met ordinairement un pilon neuf du côté de la grille, un autre un peu ufé dans le milieu, & celui qui l'eft encore davantage du côté oppofé. Ce dernier fe nomme *pilon du minérai*, parce que c'eft de ce côté-là où on le jette dans la caiffe ; par conféquent ils different entr'eux de deux pouces de longueur ou hauteur, c'est-à-dire, que celui du milieu est de deux pouces plus court que celui du minérai, & que celui qui est près de la grille l'est encore de deux pouces plus que ce dernier ; c'est afin de leur conferver l'égalité, eu`égard à leur armure de fer qui est plus ufée dans les uns que dans les autres ; cependant on leur donne toujours une différente levée, par exemple, celui du minérai en a 6 à 7 ; celui du milieu 7 à 9, & celui de la grille 10 à 11. Tout cela est aifé à régler avec les coins de bois que l'on met plus ou moins fort deffous ou deffus la piece de bois qui est levée par les mentonnets de l'arbre.

§. V. On a pour principe, comme dans tous les bocards, de fe régler pour la façon de piler fur la nature du minérai. S'il est à gros grains on fait aller les pilons plus vîte, & on donne un plus grand courant d'eau dans les caiffes, que s'il étoit à petits grains. On donne plus de poids & plus de levée au pilon de la grille, pour achever d'écrafer le minérai & l'obliger à paffer au travers, à l'aide du courant d'eau.

Chaque caiffe a un canal pour recevoir l'eau & le minérai qui en fort : ces canaux fe réuniffent, ils ont des féparations fur 6, 8, 10 pieds de longueur, dans lefquelles fe raffemblent le minérai groffier & le meilleur que l'on enleve à mefure qu'ils fe rempliffent, & on met chaque divifion à part pour être lavée féparément. Les premiers canaux ont quelques pouces de pente, & tiennent à un feul qui communique au labyrinthe.

§. VI. Ce labyrinthe est compofé de fept canaux dont cinq font tous réunis enfemble & placés de niveau ; ils ont de 50 à 60 pieds de longueur, 15 à 18 pouces de profondeur & 16 à 18 de largeur (*). L'eau est obligée de parcourir tout le premier des cinq & deux autres de côté qui ont 20 à 25 pieds de longueur, avant que d'entrer dans le quatrieme, & ainfi de fuite de tous les autres. Par cette circulation elle peut dépofer une grande quantité de matieres, auxquelles on donne des dénominations

(*) Pl. XVIII, lettre Y,

différentes fuivant leur fineffe, pour les traiter féparément au lavage. On nomme celle qui fe précipite dans le premier canal
Sumpel, celle du fecond & troifieme *Halbgerinne*, & enfin les
quatre autres *Zehgerinne*; mais comme il eft inévitable que, fous
les pilons, le minérai ne foit réduit affez fin pour nager fur l'eau,
on a pratiqué hors du bâtiment des creux profonds (*), pour recevoir leur dépôt, quelques-uns font maçonnés & d'autres revêtus feulement en bois; ces derniers paffent pour les meilleurs
puifque la boue du minérai s'attache mieux contre les parois. On
en a plus ou moins, fuivant la richeffe en argent du minérai que
l'on a à traiter; ce minérai étant plus léger que celui de plomb
& plus facile à être entraîné par l'eau, on eft obligé auffi de fe
régler fur l'emplacement.

Il eft des bocards qui en ont depuis 12 jufqu'à 20, dans le
nombre defquels quelques-uns reçoivent ce qui fort des laveries,
parce que le tout eft travaillé & lavé de nouveau au profit de la
caiffe des pauvres mineurs : tous ces creux font de niveau &
communiquent entr'eux par leur partie fupérieure.

§. VII. Chaque bocard a deux ouvriers que l'on nomme *pileurs*
pour conduire les fix pilons, dont l'un travaille le jour & l'autre
la nuit; ils caffent à coups de maffe les minérais tels qu'on les
apporte des mines, au plus de la groffeur d'un poing, afin que
les pilons ne perdent pas de leur levée, & en féparent les morceaux qui font deftinés à être traités différemment.

Ils jettent ce minérai dans les caiffes des pilons, en obfervant de
n'en point trop mettre à la fois. La méthode que l'on a en Hongrie d'avoir une efpece de trémie toujours remplie, & qui,
par le jeu des pilons en fournit au befoin, eft préférable :
on y prend auffi beaucoup plus de précaution pour le choix (*).
On jugera de l'avantage que l'on peut retirer de la conftruction
des labyrinthes, pour avoir une féparation plus exacte des différentes efpeces de minérais.

Le pileur a foin de frapper & de remuer de tems en tems avec

(·) Même
planche,
lettres N N.

(*) *V.* le IVe
Mém., Se&.
II, § III.

la pelle dans les premiers canaux où s'arrête le minérai , en fortant des caiffes du bocard , avant que d'être arrivé à celui qui conduit au labyrinthe , afin d'obliger le fchlick le plus fin d'être entraîné par l'eau ; il doit même l'enlever à mefure que les canaux fe rempliffent , pour être lavé enfuite dans des *fchlem graben* ou caiffes allemandes placées l'une à côté de l'autre , laiffant feulement entr'elles un paffage d'environ un pouce pour la manœuvre , & auxquelles on donne plus ou moins de pente fuivant les qualités , environ d'un pouce par pied. Ces caiffes ont 12 à 13 pieds de long, y compris celle de deffus qui a 18 à 20 pouces de large & 16 à 10 de profondeur (*).

(*) Même pl. lett. A , B , C.

§. VIII. On y lave tout le minérai groffier provenant des premiers canaux , comme cela fe pratique ailleurs ; mais pour avoir celui qui s'arrête dans le haut , affez pur pour la fonte , on le repaffe 4, 5 , même jufqu'à 6 fois, ou plutôt jufqu'à çe qu'en en mettant un peu dans une fébille avec de l'eau claire , & en le remuant bien il ne trouble point l'eau : on le nomme *hädel* ou *fchlick* à gros grains. De ce qui s'eft dépofé après la moitié de la longueur des caiffes , dans les deux premiers lavages , on enlève la largeur d'une pelle que l'on met à part pour être lavé avec d'autrés. On le défigne par *fchwanʒel* , & ce qui eft au bas de la caiffe *groffier* : dans les autres lavages du *fchlick* à gros grains , on prend tout ce qui fe rend dans le bas , pour le mettre avec le *fchwanʒel* & n'en faire que deux efpeces. On procede de la même maniere pour ces deux derniers, mais ce qui fe raffemble dans le bas eft mis à part, pour être lavé fur la premiere table , ainfi que le groffier. Lorfqu'on a reconnu le *fchwanʒel* bien propre & bien lavé , on le nomme alors *fchwanʒel fchlick*.

Dans les deux premiers lavages du *fchlick à gros grains* , il fe dépofe dans le haut de la table , de la largeur de deux ou trois doigts, du minérai en très-gros grains , que l'on ramaffe pour le traiter dans les caiffes allemandes. Lorfqu'on en a une quantité , on le nomme, étant lavé, *korner* ou grains : l'eau avec le minérai fin qu'elle entraîne hors de ces caiſſes, eſt reçue dans une autre au-deſſous, & ſe rend par des canaux dans les grands creux.

§. IX. Indépendamment des *ſchlem graben*, chaque bocard a ſix tables réunies deux à deux (*); leur longueur eſt de 24 pieds, y compris la petite caiſſe triangulaire d'en haut & la caſ-cade qui ont enſemble 5 pieds, ce qui fait 19 pieds pour la longueur intérieure & environ 3 pieds de longueur; à peu près aux deux tiers du bas de la table, il y a une ouverture d'une couple de pouces, pour que l'eau & le minérai puiſſent y paſſer dans une grande caiſſe qui a été placée ſous chaque double tables; on bouche auſſi cette ouverture quand on veut, pour faire aller l'eau juſqu'au bout, & de là dans un canal qui la conduit dans quelques caiſſes ou foſſés du dehors. On donne à ces tables communément un pouce de pente par pied, quelquefois moins ou plus, ſuivant la nature du minérai que l'on a à laver.

L'uſage eſt de les couvrir avec des toiles pour y laver certains minérais : elles ſont très-groſſieres & en morceaux de deux pieds trois pouces environ de large, ſur quatre pieds un pouce de longueur. On en met neuf dans leur largeur ſur chaque table, mais afin qu'il ne puiſſe point paſſer du minérai en deſſous, on en cloue un morceau ſous la piece de bois qui forme la caſcade; on arrange la premiere toile ſous celle-ci, la ſeconde de façon que la premiere la déborde de deux pouces, & ainſi de ſuite juſqu'à l'ouverture que nous avons dit qu'il y avoit aux deux tiers de la table. On place à cet endroit un petit linteau de bois ſous l'extrémité de la derniere toile, qui la releve d'environ deux à trois pouces, & la met dans le cas de retenir davantage de matieres, avant que l'eau l'entraîne dans le réſervoir inférieur.

§. X. Auprès de chaque table il y a trois caiſſes & quelquefois cinq, auxquelles on donne une dénomination ſuivant le rang où elles ſont placées, premiere, ſeconde & troiſieme.

Lorſqu'on y lave le déchet des caiſſes allemandes, c'eſt-à-dire, le *groſſier*, on étend les toiles de façon que l'ouverture qui eſt aux deux tiers foit bouchée, pour que le rebut aille tomber à leur extrémité, dans les canaux qui le conduifent dans les caiffes hors du bâtiment. Il y a deux jeunes garçons à chaque table, le laveur & le ferveur; ce dernier porte une pleine *trog du groffier*, & le verfe dans la partie fupérieure triangulaire de la table; le laveur, placé fur un banc derriere elle, fait arriver fur le minérai un courant d'eau, & avec un petit rateau ou rable de fer, il l'agite bien de façon que l'eau l'entraîne fur toute la furface des toiles. Le *fchlick* ou bon minérai qui eft le plus pefant s'arrête fur ces toiles; le fable eft entraîné hors de la table. A l'endroit où font jointes les toiles, il s'y arrête de la boue, le laveur prend un rateau de bois, monte fur un des côtés de la table & le promene jufqu'à ce qu'il voie que le fchlick foit net; alors avec fon camarade ils relevent les angles de chaque toile, & prennent les quatre premieres qui contiennent le *fchlick pur*, pour les laver dans la premiere caiffe : les deux toiles fuivantes qui en contiennent encore d'impur, font portées & lavées dans la feconde caiffe, & les trois dernieres dans la troifieme.

§. XI. Le minérai obtenu par ce lavage fe nomme *Grobgervafchner fchlick*. Le *fchwanzel* fe lave avec plus de précaution; on met un linteau fous la fixieme toile, afin de mieux retenir le bon *fchlick*, ce qui dépend néanmoins de la richeffe & qualité du minérai : les toiles font lavées dans une caiffe ou tonneau à part, parce qu'on ne mêle point du tout les efpeces de *fchlick*. On nomme celui qui provient de ce travail *Auffang fchlick*; on lave toujours les matieres de même qualité fur les mêmes tables.

§. XII. Le minérai pilé qui s'eft arrêté dans les caiffes du labyrinthe eft lavé fur la feconde table, mais en le faifant couler par l'ouverture qui eft aux deux tiers, & qui fe rend dans la caiffe inférieure. Le *fchlick* de cette premiere opération fe nomme *Untergerinne fchlick*, & celui reftant, qui n'eft prefque que de la boue, *Schlamm fchlick* ou *Trüb fchlick*.

On lave de la même maniere ce qui s'eft dépofé dans la feconde

& troisieme caisse du lavage des toiles qui contenoient du *schlick* impur. Lorsque les réservoirs inférieurs sont pleins de minérai fin, que l'on nomme *boue*, on retire quelques planches de l'extrémité des tables, afin de pouvoir l'enlever (*). Il est lavé comme ci-dessus : on en fait de même de celui qui s'est déposé dans les creux hors du bâtiment.

(*) *Voyez* W, même pl.

Quant aux déchets provenans du lavage du *grossier* sur la premiere table que l'on nomme *sable*, mais plus communément *after*, ils sont reçus dans des canaux & caisses hors du bâtiment que l'on vide deux fois par jour. Si ces *afters* proviennent d'un minérai riche, on les pile & relave deux fois au profit de la caisse des pauvres mineurs ; c'est à quoi on emploie les ouvriers pendant l'hiver : lorsqu'on les repile, on fait agir les pilons plus lentement, & l'on prend une grille plus fine.

§. XIII. On a aussi dans le Hartz quelques bocards dont les tables n'ont point de toiles, & on y lave le minérai pilé avec le rateau de bois & le balai, comme dans la plupart de ceux de Saxe, de Bohême & de France ; mais on n'est point encore d'accord quel est le lavage le plus avantageux. On a fait un grand nombre d'expériences par comparaison, en différens tems, dont le résultat des produits a été à peu près le même ; mais comme le travail sans toiles demande plus de soins & de précautions (ce que l'on ne peut pas toujours exiger des enfans laveurs), on préfere celui des toiles, quoique ce dernier produise un *schlick* bien moins pur que le premier, par conséquent en plus grande quantité, ce qui occasionne plus de frais de fonderies. Notre avis à cet égard est de chercher dans chaque mine la méthode la plus avantageuse suivant la nature du minérai, & la maniere & le prix que l'on peut traiter les matieres dans les fonderies.

§. XIV. Pendant notre séjour au Hartz un maître de bocard Hongrois voyageur, s'est offert de laver les minérais à la façon Hongroise, en assurant qu'il retireroit plus d'argent que par les autres méthodes. Par le résultat de son procédé il y a eu une petite perte en argent : il auroit dû faire attention que l'on ne piloit pas ici, ni on ne faifoit la féparation des différens minérais avec autant de foin qu'en Hongrie, & qu'elle ne fe fait pas auffi bien dans les labyrinthes.

§. XV. Il y a dans chaque bocard une table noire fur laquelle le maître écrit l'efpece de minérais qu'il a reçu, & de quelle mine il vient ; combien il en a été pilé dans la femaine ; le *fchlick* qui a été livré aux fonderies, le nombre d'ouvrier & à combien fe montent leurs gages, &c. Cette table noire eft rayée avec des lignes rouges pour chaque divifion d'article.

§. XVI. On a un autre bocard pour y piler à fec les minérais purs que l'on a triés fur la mine, c'eft-à-dire, ceux qui font affez riches pour mériter la fonte fans paffer par les laveries, & qu'il faut néceffairement pulvérifer pour fe conformer au procédé des fonderies. Il eft feulement de trois pilons dont la caiffe eft ouverte par devant, le fol également en fer coulé : on y a joint une machine pour cribler ou tamifer le minérai au fortir des pilons ; c'eft une efpece de crible de quatre pieds & quelques pouces de longueur, onze à douze pouces de profondeur fur le derriere, & fept à huit pouces fur le devant ; fa largeur intérieure de dix-huit à vingt pouces par derriere, & feulement douze à treize fur le devant, où il eft entiérement ouvert ; il eft placé fur une grande caiffe à côté des pilons, & plus élevé par derriere où il repofe dans fon milieu, fur un pivot de fer dans une grenouille de même métal, qui eft affujettie à un tirant mis en mouvement d'un côté par des mentonnets fixés à l'arbre, & à fon autre extrémité il eft attaché au bout d'une longue piece de bois qui fait le reffort ; de cette façon le crible eft agité continuellement par le mouvement même de la roue ; & comme il eft placé en pente, le minérai qui s'eft trouvé trop gros pour paffer au travers, tombe par l'ouverture de devant qui eft en dehors de la caiffe.

Deux hommes de jour & autant de nuit conduifent ce travail ; l'un met continuellement le minérai fous les pilons, & le releve à mefure qu'il s'en écarte ; l'autre veille au crible en y mettant celui qu'il juge être pilé affez fin , & en jettant un peu d'eau par deffus pour qu'il ne s'en perde pas.

§. XVII. Le confeil des mines affigne, fuivant les circonftances, les bocards qui feront employés à piler les minérais de telles ou telles mines ; il en eft qui font plus éloignés les uns que les autres, ce qui occafionne le réglement du droit que les compagnies doivent payer au prince pour s'en fervir.

§. XVIII. Par un ufage très-ancien , on a fixé à un certain nombre de quintaux les minérais qui doivent être livrés aux fonderies, & tous les comptes fe font par *roft* ou grillage qui eft compofé de trente-trois quintaux.

Pour le minérai pilé à fec, les compagnies païent au prince pour les machines & outils, leur entretien & celui des bâtimens, environ 40 fols par chaque grillage , bien entendu qu'elles fe chargent des ouvriers, mais au prix fixé par le confeil, lequel eft immuable.

Mais pour le minérai pauvre qui occafionne un grand & long travail à le piler & le laver , (on ne compte pas fur celui qui eft livré, mais fur fon produit nommé *fchlick* & tel qu'on le livre aux fonderies,) & qui provient des bocards les moins éloignés, on paie pour un grillage pefé étant mouillé, environ 12 livres, & feulement 10 livres pour ceux dont le tranfport des matieres eft plus difpendieux.

§. XIX. Tout ce qui eft menu minérai que l'on ne peut reconnoître, attendu les parties terreufes qui l'enveloppent, eft paffé au travail du crible. On en a plufieurs à cet ufage dont les deux premiers font des efpeces de tamis, femblables à celui dont on fe fert dans les bocards à fec que nous avons décrits, §. XVI , & dont les trous font d'une différente groffeur ; ceux du premier d'un bon pouce, & ceux de l'autre de demi-pouce. Leur grille eft faite avec des baguettes de fer plattes.

Tout ce qui provient de ces cribles ou tamis eft lavé premiére-

Travail du
crible.

ment dans une espece de caisse allemande & ensuite sur des tables, à l'exception du plus grossier que l'on traite au crible dans un cuvier pour en séparer les qualités, de la même maniere qu'il est pratiqué dans d'autres endroits, & ainsi que nous l'avons décrit dans plusieurs Mémoires de ce recueil. Nous observerons néanmoins à cet égard, que le procédé des laveries par gradation, usité aux mines de Schemnitz, est préférable (*).

(*) *Voyez* le Vᵉ Mém., Sect. I.

SECTION II.

De la livraison des minérais & de leurs essais.

§. I. Il n'est permis à aucune compagnie de faire fondre ses minérais dans d'autres fonderies que dans celles du prince, à qui elles paient un droit proportionné à la quantité des matieres que l'on y traite pour l'entretien des bâtimens, rouages, soufflets, outils, & même les honoraires des officiers, indépendamment de la dépense en bois, charbon & gages d'ouvriers.

Livraison des minérais.

§. II. Le minérai de chaque compagnie y est reçu sur un essai qui détermine la quantité d'argent qu'il contient, laquelle doit être livrée sans aucune diminution à celle à qui elle appartient; mais comme cet essai ne se fait point sur le plomb, on n'est tenu à livrer que celui que la fonte produit.

La livraison se fait chaque jour de la semaine, à mesure que l'on a du minérai pilé & lavé en provision, dont chaque espece est voiturée séparément pour être essayée de même. Après les avoir pesés, on en fait le mêlange comme il suit.

Ces minérais conduits dans les bâtimens où sont les fourneaux de grillage, sont reçus par le juré peseur & le maître grilleur, qui, par convention, les divisent par rôtissage, & prennent la livraison de deux à la fois. Chacun d'eux étant mouillé est composé de 33 quintaux (1), ce qui forme un total de 66; mais ces 66 quintaux doivent être de nouveau divisés en cinq parties, pour être grillés dans cinq fourneaux différens, à quoi le juré peseur pro-

(1) Le quintal de 123 livres, poids de Cologne.

cede à mefure qu'il les pefe; & pour que la divifion & les mêlange fe faffent plus exactement, il fe fert d'une même mefure pour ne faire qu'une pefée d'un quintal, dont le maître grilleur prend deux ou trois pincées de chacun, & qu'il met dans une fébille pour être effayée. Il en agit de même pour chaque efpece de *fchlick* qu'il a grand foin de ne pas mêler; il n'en eft pas de même des cinq parties divifées ou des 66, qui en contiennent 3 ou 4 fortes, ce qui eft égal pour le grillage & la fonte. A l'égard du minérai pur qui a été pilé à fec, on ne le mêle jamais avec d'autres; on le reçoit, on le pefe, on le divife & on en prend les effais de la même maniere, mais on le grille toujours feul : toutes ces opérations font enregiftrées par le maître pefeur à mefure de livraifon.

§. III. L'ufage n'eft point ici comme en Saxe, de faire fécher une partie du minérai, pour connoître la quantité d'eau qu'il contient, & conféquemment la déduire fur la livraifon ; mais l'on en eft convenu d'une par chaque grillage; par exemple, on diminue 6 quintaux pour l'humidité qui peut être contenue dans les 66 ; & comme les livraifons ne font pas toujours auffi fortes , la diminution fe fait dans la proportion fuivante.

Depuis 5 quintaux jufqu'à 14, on en déduit 1 quintal.

Depuis 15 jufqu'à 24, 2 quintaux.

Depuis 25 jufqu'à 34, 3

Depuis 35 jufqu'à 44, 4

Depuis 45 jufqu'à 54, 5

Et enfin depuis 55 jufqu'à 66, 6 quintaux.

D'après ce réglement , les compagnies cherchent volontiers à choifir pour leur livraifon le poids qui leur eft le plus avantageux ; & comme il peut fe faire qu'elle foit comme il fuit :

24 quintaux	2 livres d'eau à déduire.
14	1
14	1
14	1
66	5

ce qui ne fait que 5 livres fur 66 quintaux; on eſt convenu dans pareil cas de déduire le quintal qui manque , ſur la partie de minérai la plus riche, pour que cette différence tourne à l'avantage des fonderies.

Quant au minérai pilé à ſec qui ne contient d'eau que celle qui y a été jettée pour l'empêcher de s'élever en pouſſiere, on peſe ſeulement 63 quintaux pour les deux grillages , & on en déduit deux pour l'humidité.

Il y a quelques années que le conſeil des mines ayant reconnu que la déduction des ſix quintaux étoit un objet trop conſidérable, décida qu'elle ne ſe feroit plus que de cinq livres , & que pour ne point changer l'ordre ancien , ce quintal ſeroit ajouté dans les comptes avec la plume; mais ayant vu par la ſuite qu'il étoit impoſſible de pouvoir livrer l'argent ſuivant l'eſſai, on eſt revenu à l'ancienne méthode par laquelle on diminue les ſix quintaux ſans aucune addition.

Comme le minérai le plus fin & le plus riche en plomb fait plus de volume que l'autre, on diviſe les 66 quintaux en ſix parties au lieu de cinq pour former ſix grillages. Si on en livre une trop grande quantité à la fois, & qu'il ſoit trop mouillé, les officiers des fonderies ont le droit d'en faire ſécher une partie, pour calculer la diminution à faire de l'humidité, qui ſouvent eſt plus forte que celle que nous avons rapportée.

Lorſque ces minérais ſont livrés à la fonderie d'Altenau, éloignée des bocards de demi-lieue, on diminue un quintal de moins, attendu qu'il s'en perd dans le tranſport. On en agit de même à la *communion*, ſuivant le plus ou moins d'éloignement des bocards aux fonderies.

§. IV. Si dans les minérais qui ont été pris pour les eſſais, il s'en trouve qui ſoient trop groſſiers, comme cela arrive dans ceux qui ont été pilés à ſec, le maître peſeur, après les avoir paſſés au travers d'un tamis de crin, les broie avec un marteau très-uni ſur une plaque de fer à rebord ; il les remet enſuite au maître grilleur,

qui

qui en réduit le volume en divifant chaque efpece par la moitié, le quart, &c. ainfi que cela fe pratique en Saxe, & le renferme dans une boîte, fur laquelle il écrit le nom de la mine d'où le *fchlick* provient, fa dénomination & le nombre de quintaux qui ont été livrés. Chacune de ces boîtes eft remife à l'officier des fonderies nommé *Hütten wachter* ou *furveillant*, qui après avoir bien mêlé de nouveau leur contenu en remplit trois autres petites boîtes qu'il marque, & fur lefquelles il met fon cachet. De ce qui refte dans les grandes, l'écrivain des fonderies fait fon effai. Les trois autres font deftinées à l'effayeur des mines, au contre-effayeur ou contrôleur, & à l'écrivain des bocards ; cette derniere pour y avoir recours dans le cas qu'il y auroit une trop grande différence dans le produit qu'auroient obtenu les trois effayeurs.

On procede aux effais de la même maniere qu'en Saxe, & on y met toute la précifion & exactitude imaginables ; les balances font de la plus grande jufteffe, les effayeurs font obligés de donner la teneur du minérai jufqu'à un gros, & c'eft du réfultat des effais de deux d'entr'eux qui doivent être d'accord, que l'on fixe le produit réel, d'après lequel le directeur des fonderies eft tenu de fournir ou d'extraire la quantité d'argent portée par lefdits effais ; il le fait & même au-delà ; mais l'on fait que l'on ne peut pas fcorifier de l'argent, & qu'il ne s'agit que d'être attentif aux opérations pour ne pas en perdre beaucoup ; les petites coupelles à la vérité en imbibent toujours un peu, & ces infiniment petits étant réunis peuvent faire un objet, mais la diminution que l'on a fixée pour l'humidité, a été calculée de façon à avoir à la fin de l'année une augmentation plutôt qu'un déficit. Les compagnies n'y perdent rien ; car cet excédent leur eft réparti, de même que le cuivre qui fe trouve accidentellement dans les minérais, & cette répartition fe fait arbitrairement en raifon des quantités qui ont été livrées, de leur qualité & de leur richeffe ; le directeur des fonderies fuit à cet égard ce qui eft pratiqué depuis un très-grand nombre d'années.

S E C T I O N   I I I.

Du grillage & de la fonte des minérais.

Grillage des
minérais.

§. I. On trouve dans le Traité des fonderies de Schlutter, planche XIV, le deſſin du fourneau à griller les minérais du haut Hartz; on compte 12 de ces fourneaux dans le même emplacement, où l'on a conſtruit en planche un nombre ſuffiſant de diviſions ou caſes, pour contenir 150 grillages de 33 quintaux chaque.

Les 66 quintaux provenant de deux grillages étant diviſés en cinq ou ſix parties comme il a été dit, ne donnent plus pour chaque rôtiſſage que treize & un cinquieme ou onze quintaux, que le grilleur étend ſur l'aire du foyer qui eſt toujours chaude, puiſque ce travail ne diſcontinue point : c'eſt toujours à quatre heures du matin que l'on commence; on a ſoin de remuer toutes les heures en augmentant à fur & meſure le degré de chaleur, juſqu'à 9 heures que l'on donne un très - grand feu; trois quarts d'heures après, l'ouvrier ſe ſaiſit d'un long rable ſuſpendu à un crochet devant l'embouchure du fourneau, & en retire environ les deux tiers du *ſchlick* grillé; bientôt enſuite il attire ſur le devant les charbons, & y met du bois refendu croiſé l'un ſur l'autre pour donner une plus forte chaleur, après quoi on acheve de retirer ce qui reſte, qui ſe trouve mêlé avec les charbons. A une heure le fourneau eſt libre, & comme à chacun d'eux il n'y a qu'un ſeul ouvrier, ils s'aident les uns & les autres réciproquement dans le tems de la groſſe manœuvre. On laiſſe enſuite refroidir un peu le fourneau juſqu'à quatre heures, que d'autres ouvriers viennent relever les premiers; ils mettent du nouveau *ſchlick* & procedent de la même maniere juſqu'au lendemain quatre heures du matin; ainſi la durée de chaque rôtiſſage eſt de 12 heures.

Pour rôtir les 66 quintaux en cinq grillages, on a fixé la conſommation du bois de corde à 14 *malter* (1), quoiqu'elle ſoit

____

(1) La *malter* eſt une meſure d'environ 17 pieds cubes de roi.

un peu moindre, ce qui retourne à l'avantage des compagnies & dont on leur tient compte à la fin de l'année.

§. II. Chaque fonte dans un fourneau eſt toujours d'un grillage & demi, c'eſt-à-dire, d'environ 40 quintaux; le mélange pour la *ſchicht* ou journée ſe fait des différentes eſpeces de minérais, de maniere que celle qui eſt aiſée à fondre, ſerve de fondant à celle qui eſt réfractaire. A ce mélange on ajoute des matieres tenant plomb, comme litarge & cendre de coupelles, ſuivant que les minérais tiennent plus ou moins de ce métal; mais cette addition eſt toujours regardée comme un prêt que la fonderie fait à la compagnie; car elle le reprend en nature ſur le produit.

Le fourneau dont on fait uſage pour cette fonte eſt repréſenté exactement ſur la planche XXVII du Traité de Schlutter, où cet auteur donne les détails de ſa préparation, dans le 43ᵉ chapitre, & du procédé de cette fonte, ainſi qu'il eſt encore uſité.

Les matieres qui s'attachent aux parois des fourneaux, & que l'on en retire lorſque la fonte eſt finie, ſont miſes à part : elles appartiennent au prince comme un droit des fonderies.

La durée de la fonte du mélange ci-deſſus, avec les ſcories néceſſaires eſt de 15 à 20 heures, pendant laquelle on conſomme communément de 46 à 49 meſures de charbon, moitié ſapin & moitié bois de hêtre (1).

§. III. Il eſt bien étonnant que dans un pays où les mines ſont exploitées depuis plus de deux ſiecles ſans interruption, & dont pluſieurs officiers ont voyagé dans d'autres mines de l'Europe, perſonne n'ait travaillé aux moyens de continuer une fonte au-delà de 18 ou 20 heures, tandis que preſque par-tout ailleurs on fond 8 & 15 jours de ſuite & même plus. On comprend de reſte combien il en coûte beaucoup plus en charbon pour réchauffer un fourneau, & du plomb qui ſe ſcorifie à chaque fois, puiſque, lorſque la fonte ceſſe, on laiſſe agir les ſoufflets, juſqu'à ce qu'il

(1) Cette meſure contient environ 7 pieds cubes.

Fonte des minérais.

Fourneau.

Obſervations ſur la fonte.

S ſ ij

ne refte prefque plus rien dans le fourneau , & que pendant ce tems , il en fort une quantité prodigieufe d'une fumée blanche qui n'eft autre chofe que celle du plomb.

Les fourneaux font auffi de beaucoup trop bas ; car indépendamment de la fumée de plomb qui s'éleve pendant la fonte, & qui n'a pas le tems d'être arrêtée par les charbons, le vent des foufflets enleve encore quantité de *fchlick*, qui fe dépofe dans les voûtes des cheminées , & que l'on ramaffe chaque femaine. Leur produit annuel eft un objet d'environ 30 marcs d'argent, qui appartiennent au prince comme droit de fonderies.

Si l'on ne retire pas de ces minérais tout le plomb qu'ils contiennent, on peut l'attribuer à la modicité du prix que le prince paie. On ne court abfolument qu'après l'argent ; les effais, comme il a été dit, ne fe font que fur le fin ; cependant tous les minérais font de ceux de plomb , & celui dont le quintal en tient 30 liv. à peine en rend-il une par la fonte. Les fcories qui en proviennent font riches de 24 pour cent au moins ; ce font celles que l'on tranfporte dans le bas Hartz pour la fonte des mines de Rammelsberg , & dont on retire un très-grand avantage.

Ainfi que le décrit Schlutter, les plombs qui proviennent de la fonte font très-impurs & mêlés de quantité de mattes ; par conféquent très-difficiles à affiner. On éviteroit cet inconvénient en les faifant liquéfier avant de les paffer à la coupelle ; car celle-ci eft fouvent endommagée par l'efpece de fcories que l'on en retire , dont nous parlerons dans la Section fuivante.

SECTION IV.

De l'affinage du plomb & des mattes de plomb , fonte des litarges
& raffinage de l'argent.

§. I. Le fourneau à affiner le plomb eft le même que l'on trouve dans Schlutter, pl. XLV, lettres E F G, & l'on y opere comme dans le bas Hartz , avec cette feule différence que l'on n'y affine que 34 à 40 quintaux d'œuvres à la fois ; ce qui eft trop peu.

On pourroit doubler cette quantité en donnant plus de capacité au fourneau, mais en rabaiffant la voûte qui eft de beaucoup trop élevée; ce qui diminue d'autant le degré de chaleur, & confomme inutilement du bois.

En commençant l'affinage, on ne met qu'une partie du plomb fur la coupelle & l'on chauffe doucement ; on ajoute le reftant des œuvres, & lorfqu'elles font fondues on fait agir les foufflets bientôt après, & pendant deux ou trois heures on retire les fcories nommées *abftricht*, qui fe raffemblent fur la furface du bain, foit avec un rable lorfqu'elles font pâteufes, foit enfuite en les faifant couler par le paffage quand elles font bien fluides, en obfervant de ne le creufer dans la cendre fraîche qu'après qu'elle a pris un enduit, lequel feroit bientôt endommagé par lefdites fcories, mais qui doit être confervé pour l'écoulement de la litarge.

§. II. Des fcories nommées *abftricht*, on en retire par la fonte dans le même fourneau courbe, une matte très-riche en plomb qui contient de plus de l'argent, du cuivre, du foufre & de l'arfénic; on les ajoute auffi dans la fonte des *fchlicks* les plus pauvres, mais elles ne peuvent être traitées avec les litarges & les cendres de coupelles ; elles fcorifieroient une trop grande quantité de plomb.

Ce font ces mattes que l'on affine dans le fourneau de coupelle comme le décrit Schlutter, pag. 420; par cette premiere opération, on en obtient le plus de plomb poffible, foit par le degré de feu & par le vent des foufflets, qui en facilite la féparation d'avec les parties volatiles : cependant on ne pouffe pas l'affinage au point d'en chaffer tout le foufre & l'arfénic, dans la crainte que le cuivre ne s'en féparât pour fe mêler au plomb.

De cet affinage on retire quantité d'une efpece de fcories qui étant fondue, produit une matte plus cuivreufe, & moins chargée de plomb que la précédente ; mais comme elle en contient trop pour être paffée au travail du cuivre, on l'affine de nouveau.

Les fcories qui proviennent de ce dernier affinage étant fondues produifent des mattes de cuivre, que l'on raffemble pour être traitées à la fin de l'année, en les grillant 8 à 10 fois, & les fondant dans le fourneau courbe pour en obtenir le cuivre noir. Ces cuivres font enfuite liquéfiés pour en retirer l'argent qu'ils contiennent : on en trouve la defcription dans Schlutter, & le fourneau, planche XXIV de ce recueil. On les raffine dans le grand fourneau de réverbere, tel qu'il eft ufité au bas Hartz, avec la différence qu'à celui-ci on y a ajouté un fecond baffin de réception. L'opération en eft décrite par le même auteur au chapitre 121, page 571.

Quant au travail de la liquation, nous croyons n'avoir rien laiffé à defirer dans le XIIIe Mémoire, Sect. II, & fuivantes.

§. III. Des deux efpeces de litarge que produifent les affinages, l'une eft vendue dans le commerce, & l'autre plus jaunâtre eft revivifiée, quelquefois même la premiere lorfqu'on n'en a pas la confommation. Cette fonte fe fait dans le fourneau courbe, mais comme elles contiennent encore du cuivre qui nuiroit à la qualité du plomb, on prend la précaution de le bien purifier avant que de le couler en lingot ; pour cet effet le fondeur laiffe refroidir la matiere dans le baffin de réception, jufqu'à ce qu'après avoir écumé, la furface en eft bien nette : le cuivre fe refroidit le premier, & comme le plus léger vient à la furface.

Le déchet de cette fonte eft de 25 à 26 pour cent, c'eft-à-dire, que 100 livres de litarge produifent environ 84 à 85 livres de plomb.

§. IV. L'argent fe brûle fous la mouffle dans un fourneau à vent fans foufflets ; nous avons vu opérer fur 260 marcs en trois coupelles ou *teft*, que l'on forme dans des capfules de fer coulé d'un pouce d'épaiffeur, avec un diametre intérieur de 12 pouces fur 3 pouces un quart de profondeur dans leur milieu. On fe fert de la même cendre que l'on emploie dans les fonderies ; lorfqu'elle a été préparée & bien battue, on la coupe d'une capacité fuffifante à pouvoir contenir au moins 80 marcs d'argent. Ses dimenfions font de 8 pouces 4 lignes de diametre , fur 2 pouces 10 lignes de profondeur ; on ne laiffe dans le fond que 4 à 5 lignes d'épaiffeur.

Quand on a placé le *teft* dans le fourneau , & la mouffle par-deffus , on chauffe environ deux heures , on y introduit enfuite l'argent ; on bouche l'ouverture de la mouffle avec de gros charbons , & on en remplit le fourneau : on conferve toujours quelques morceaux d'argent , pour les ajouter après qu'il eft fondu dans le *teft* le moins plein. Une heure après & quand il eft bien chaud , on ôte les charbons de devant la mouffle , pour donner de l'air & faciliter par-là la fcorification du plomb qui peut encore refter dans l'argent ; alors avec une baguette de fer recourbée en rond à fon extrémité & rougie , on remue le bain jufques dans le fond du *teft* ; ce que l'on répete toutes les 2 ou 3 minutes. Peu à peu le plomb fe convertit en litarge qui s'éleve fur la furface, de même que des gouttes d'huile qui nagent fur l'eau ; elle retombe dans les bords ou s'imbibent dans la cendre ; au refte Schlutter en détaillant le procédé, fait mention de tous les fignes que donne l'argent à mefure qu'il fe raffine. Lorfqu'il approche de fa fin , on remet du charbon devant la mouffle pour éviter le refroidiffement , & afin que l'argent faffe fon éclair dans la plus forte chaleur ; enfin ce métal eft raffiné quand fa furface eft claire comme une glace, & qu'en foutenant un fer au-deffus, il eft réfléchi dans le bain fans qu'on apperçoive le moindre nuage ou filament. Du moment que l'argent eft fondu , jufqu'à ce qu'il foit parfaitement raffiné ou brûlé , il faut deux heures & demie à trois heures ; au furplus cela dépend du titre où il a été affiné dans les fonderies ; alors on retire les charbons de l'embouchure de la mouffle , & on en prend un effai, en trempant une baguette dans le bain , pour être remis à l'effayeur. Auffi-tôt après on place fur le *teft* l'extrémité d'un petit canal de cuivre, dans lequel on verfe de l'eau froide pour figer l'argent ; on enleve la mouffle & on retire le culot, dont on diminue le diametre en frappant deffus avec une maffe, afin qu'il puiffe entrer dans le creufet où il doit être fondu à la monnoie ; & on le nettoie avec une broſſe de fil de laiton. On en coupe alors un petit morceau pour être remis à l'eſſayeur.

L'argent eſt toujours brûlé au plus fin poſſible ; ſon titre eſt de 15 lots 16 grains, ou 11 deniers 22 grains, ſuivant celui de France.

§. V. Tous les procédés des fonderies du haut Hartz étant à peu près ſemblables, & Schlutter ayant traité des uns & des autres en particulier, nous nous diſpenſerons d'en décrire d'autres. Nous terminerons cette Section par un état des frais de fonte, que chaque compagnie paie aux fonderies pour y traiter les minérais qu'elle livre ; & par le réſumé du produit annuel en plomb & en argent.

§. VI. *État des frais à faire pour griller & fondre deux grillages de minérais, ou 66 quintaux de* ſchlick *peſés étant mouillés.*

	liv.	ſols.	den.
Gage du maître de fonderie, à 12 ſ. par grillage .	1	4	
Pour la braſque, à 6 ſ. *idem.* . , . .		12	
Gages des grilleurs, à 44 ſ. *id.* . , , .	4	8	
Idem des fondeurs, à 40 ſ. *id.* . , . .	4		
Idem des aides, à 18 ſ. *id.* . . , ,	1	16	
A celui qui voiture les ſcories, à 4 ſ. *id.* . . ,		8	
Pour le meſurage du charbon, à 1 den. la meſure .		5	5
Pour 2 *ſcherben* (1) de ſcories des anciens que l'on ramaſſe, à 16 ſ. *id.* . . , , .	1	12	
Pour 14 *limbien* (2) de cendres pour faire la coupelle, à 7 ſ. . . , , . .	4	18	
A l'affineur & ſon aide pour affiner 42 quintaux d'œuvre, à 3 ſ. le quintal y compris 8 ſ. par affinage pour peſer la litarge , . , , ,	8	2	
	27	5	5

(1) Cette meſure peſe 4 quintaux & plus, elle contient 3 pieds cubes pieds de roi.

(2) Le *limbien* eſt une meſure qui contient 1550 pouces cubes.

Pour

<table>
<tr><td></td><td>liv.</td><td>fols.</td><td>den.</td></tr>
<tr><td>*D'autre part* . . . . . .</td><td>27</td><td>5</td><td>5</td></tr>
<tr><td>Pour pefer les grillages, à 7 f. . .</td><td></td><td>14</td><td></td></tr>
<tr><td>A l'effayeur des mines, à 3 f. . . .</td><td></td><td>6</td><td></td></tr>
<tr><td>Au contre-effayeur, à 3 f. . . .</td><td></td><td>6</td><td></td></tr>
<tr><td>Pour brûler ou raffiner 17 marcs 2 lots d'argent, à 2 f.</td><td>1</td><td>14</td><td>3</td></tr>
<tr><td>14 malter, bois de corde (1) pour le grillage, à 32 f.</td><td>22</td><td>8</td><td></td></tr>
<tr><td>35 mefures, charbons de fapin, à 12 f. . .</td><td></td><td>21</td><td></td></tr>
<tr><td>30 *dites*, à 16 f. . . . .</td><td></td><td>24</td><td></td></tr>
<tr><td>3 fchock & demi de fagots, à 4 l. 10 f. . .</td><td></td><td>15</td><td>15</td></tr>
<tr><td>Le fchock eft de 60 fagots.</td><td></td><td></td><td></td></tr>
<tr><td>Droit de fonderies à 4 liv. par grillage .</td><td></td><td>8</td><td></td></tr>
<tr><td></td><td>121</td><td>8</td><td>8</td></tr>
</table>

§. VII. *État de la dépenfe pour rafraîchir ou révivifier* 100 *quin-taux de litarge*

<table>
<tr><td></td><td>liv.</td><td>fols.</td><td>den.</td></tr>
<tr><td>Gage du maître des fonderies à 24 f. pour 100 quint.</td><td>1</td><td>4</td><td></td></tr>
<tr><td>Pour la brafque, à 12 f. . . . . .</td><td></td><td>12</td><td></td></tr>
<tr><td>Gage du fondeur, à 4 l. 16 f. . . .</td><td></td><td>4 16</td><td></td></tr>
<tr><td>*Idem* de l'aide, 2 liv. 8 f. . . . .</td><td></td><td>2 8</td><td></td></tr>
<tr><td>Pour mefurer le charbon . . .</td><td></td><td>4</td><td>3</td></tr>
<tr><td>Pour voiturer la litarge, à 1 liv. . . .</td><td>1</td><td></td><td></td></tr>
<tr><td>Pour la pulvérifer, à 18 f. . . .</td><td></td><td>18</td><td></td></tr>
<tr><td>Pour pefer le plomb . . . .</td><td></td><td>18</td><td></td></tr>
<tr><td>Pour le marquer, à 4 f. . . . .</td><td></td><td>4</td><td></td></tr>
<tr><td>Pour entonneller 30 quintaux de litarge, à 1 l. pour cent</td><td></td><td>6</td><td></td></tr>
<tr><td>Pour mettre la marque de la fonderie . . .</td><td></td><td>4</td><td></td></tr>
<tr><td>Pour 50 mefures de charbon, à 12 f. . .</td><td></td><td>30</td><td></td></tr>
<tr><td></td><td>42</td><td>14</td><td>3</td></tr>
</table>

§. VIII. La voiture de charbon de fapin contenant 10 mefures eft payée au prince par les compagnies non privilégiées 5 l. 10 f. Prix du charbon.

(1) La *malter* eft de 17 pieds cubes.

Tome II.   T t

& celle en bois de hêtre 6 liv. 10 fols ; celles qui font privilégiées ne paient le premier que 4 livres 8 fols, & le fecond 6 livres.

Produit an-
nuel. §. IX. Le produit annuel de la fonderie de Claûfthal & de celle d'Altenau, où l'on traite les mêmes minérais, eft à peu près de 8000 quintaux en plomb, 5000 quintaux de litarge marchande., & environ 150 quintaux de cuivre : ce produit en argent en y comprenant celui de faint-Andréasberg qui eft raffiné & monnoyé audit Claûfthal , eft de 23 à 24 mille marcs fin.

DIXIEME MÉMOIRE.

ADMINISTRATION ET ÉCONOMIE DES MINES DU HARTZ.

§. I. **L**ES princes qui ont reconnu l'avantage que l'on pouvoit retirer de l'exploitation des mines, ont cherché les moyens de les mettre en valeur dans leurs états ; ils ont à cet effet accordé des priviléges, des exemptions & franchifes à tous ceux de leurs fujets ou étrangers qui voudroient s'y appliquer. Ils leur ont donné des loix & des réglemens particuliers, à mefure que les circonftances l'ont exigé, & une jurifdiction locale pour les faire exécuter, qui doit toujours être compofée des gens les plus inftruits dans cette partie, puifqu'ils font en même tems les officiers qui dirigent les exploitations, & fouvent font nombre des intéreffés ou entrepreneurs.

Franchife des mines accordée en 1554, par Erneft, duc de Brûnfwick & de Lunebourg (1).

Nous, par la grace de Dieu, Erneft, duc de Brûnfwick & de Lunebourg, faifons favoir par celle-ci & déclarons pour nous, les princes nos freres, nos héritiers, &c.

Comme par la grace du Tout-Puiffant, il s'eft découvert dans notre principauté, des mines d'argent & autres métaux que nous jugeons néceffaires de favorifer ; & de leur accorder des franchifes fuivant les ufages, & le droit des mines, dont chacune d'elles doit jouir avec juftice ; c'eft pourquoi nous donnons & accordons à chaque intéreffé les franchifes particulieres mentionnées ci-après,

(1) Nous avons traduit cette ordonnance, telle qu'elle eft écrite fur un tableau dans la falle du confeil des mines à Clauffhal.

T t ij

de même qu'à tous ceux qui voudront s'établir dans notre principauté, & fe conformer à nos ordonnances fur les mines pour
en jouir, nommément par ceux qui fe fixeront dans notre ville
franche de Claûfthal , vallées & montagnes des environs, pour y
chercher & exploiter des mines , & pour qu'ils puiffent

ART. Ier. Aller chercher dans nos forêts tous les bois dont ils
auront befoin pour l'étançonnage des puits & des mines , la
conftruction des fonderies & bocards , le grillage ou rôtiffage des
minérais, ainfi que pour leur chauffage fans payer le moindre droit;
mais ils ne vendront aucunement de ces bois , & n'en prendront
que dans les endroits qui leur feront indiqués par notre maître
des forêts : quant au charbon & bois d'affinage , ils feront exempts
pendant cinq années , du droit de forêt que nous nous propofons
de mettre par la fuite.

ART. II. Nous donnerons des marques de notre bienveillance, à
tous & à chacun des mineurs qui s'établiront dans nos villes franches
de mines , pour y rechercher de nouveaux filons , & qui en dé-
couvriront tenant argent , & qui méritent d'être exploitées.

Tous ceux qui à l'avenir travailleront des mines d'argent ou
autres métaux , que les filons aient été déjà découverts ou non ,
feront affranchis pendant cinq années de notre droit de dixieme.

ART. III. Nous voulons auffi donner des franchifes , comme il eft
d'ufage, dans les villes franches de mines, des électeurs, princes, comtes & autres feigneurs : ainfi nous donnons la permiffion de bâtir
des fonderies, bocards, maifons, habitations, écuries, &c. fuivant les
befoins que l'on en aura, mais on bâtira le tout réguliérement; c'eft
pourquoi nous voulons que toutes nos villes foient mefurées &
alignées, & que le marché, les rues, les églifes, la maifon de ville &
autres bâtimens , foient placés dans les lieux qui feront indiqués.

ART. IV. Ils y pourront braffer de la bierre , y vendre du vin ,
comme il leur plaira fans payer aucun droit.

ART. V. Sans en excepter quelque commerce que ce foit , des
chofes néceffaires pour l'exploitation des mines , & ce dont une

ville de mine peut avoir befoin, fans être également chargés d'aucuns droits.

Art. VI. Ceux qui s'établiront fur nos mines, pourront y porter & faire conduire librement tout ce qui leur fera utile, en jouir de même fans le moindre empêchement.

Art. VII. Ceux qui font employés ou néceffaires aux mines, feront, autant qu'il eft poffible, ainfi que cela convient pour lefdites mines, en fûreté & protégés contre toutes forces ou violence, ne feront chargés d'aucun impôt quelconque; mais au contraire en feront totalement affranchis; & ce qu'ils y auront gagné ou acquis, ils pourront l'engager, le vendre ou l'emporter comme bon leur femblera.

Art. VIII. Nous voulons établir dans notre ville des mines, un capitaine, un maître des mines ou des montagnes, un juge & une jurifdiction, ainfi qu'il eft d'ufage dans les villes franches de mines; & fi quelqu'un penfoit qu'on lui eût fait injuftice par une fentence ou jugement, il lui fera libre d'en appeller à nous ou à notre confeil.

Art. IX. Nous permettons auffi à notre ville des mines, pour le bien & l'utilité du public, d'y bâtir des bains, des boulangeries, boucheries, moulins à bled, greniers à farine & à fel.

Art. X. Comme nos exploitations de mines font nouvelles, qu'elles ont befoin de bocards & de fonderies, dont la conftruction feroit dans le commencement à charge aux entrepreneurs; c'eft pourquoi nous avons conftruit à nos frais un bocard & une fonderie, pourvus de tout ce qui y eft néceffaire pour y traiter les différentes matieres, pour lefquelles on ne payera aucun droit onéreux, mais ce qui eft d'ufage par les louables coutumes des mines, dont il fera fait mention & fpécifié dans les ordonnances que nous fommes dans l'intention de rendre. Les entrepreneurs ou intéreffés ne feront bocarder ou fondre leurs minérais dans aucune autre jurifdiction ou feigneurie que la nôtre.

Art. XI. Nous nous réfervons dans toutes les exploitations,

les *actions d'héritages*, c'eft-à-dire, quatre actions d'intérêts dans chaque mine.

Art. XII. Comme la louable coutume des villes des mines, eft, lorfqu'elles viennent en *ausbeûte*, c'eft-à-dire, qu'elles donnent du bénéfice, que les répartitions fe faffent en 130 parties, dont une appartient à l'églife & l'autre à la communauté de la ville, nous entendons que cette même coutume ait lieu dans nos mines.

Nous voulons que les intéreffés préfens & à venir qui font affranchis du dixieme, pendant les cinq premieres années, reçoivent de notre tréforier ou receveur pour les deux premieres, par chaque marc d'argent fin du poids d'*erfurt*, douze florins monnoie de *Brûnfwick*, & après ce tems feulement dix pour chaque marc ; de même pendant le même tems le quintal de plomb & celui de litarge feront payés chacun deux florins, comme il eft d'ufage à la recette du dixieme à Goflar.

Art. XIII. Nous ordonnons, ainfi qu'il eft d'ufage dans toutes les mines des rois, électeurs, princes, comtes, &c. que tout l'argent, le plomb & la litarge foient livrés à notre receveur du dixieme, fous peine d'une févere punition fuivant l'exigence du cas.

Art. XIV. Nous ordonnons & permettons qu'il y ait un marché franc tous les famedis, & même tous les autres jours de la femaine, à l'exception du dimanche & autres fêtes ; qu'il foit libre d'y apporter toutes fortes de denrées néceffaires à la vie, comme pain, beurre, fromage, viande, bœufs, cochons, moutons & autres, fans en excepter aucune, le tout franc & exempt de tout impôt, droit ou péage quelconque.

Art. XV. Les habitans des villes franches qui s'y feront établis en conformité de nos ordres, pourront y faire des jardins, des champs & des prairies, pour lefquels ils auront toute liberté fans payer aucuns droits, & feront exempts de toutes corvées & autres fervitudes de la cour.

Art. XVI. Si quelques calamités (ce dont Dieu nous préferve) venoient à affliger notre principauté, les habitans de nos mines fe montreront & fe conduiront en fideles fujets ; mais pour les biens qu'ils acquerront ou qu'ils auront eu en héritage, ils en paieront les lods, droits, fervis, &c. comme le faifoient ceux de qui ils les ont acquis ou hérités.

ART. XVII. Nous permettons à tous ceux qui font établis & demeurent fur nos mines, de fe retirer quand ils le jugeront à propos avec tous leurs biens & effets, mais fous les conditions qu'ils auront payé auparavant toutes les dettes qu'ils auront pu faire fur nos mines.

Nous établiffons auffi des confeillers & une juftice pour nos villes libres de mines, & ce, pour l'avantage public & le maintien de la tranquillité, & pour toutes les affaires qui regardent la bourgeoifie, leur permettons de fe choifir un juge & les membres d'une jurifdiction, qui toutefois auront été confirmés par nous & auront prêté ferment.

ART. XVIII. Nous défendons fous peine de punition févere, dans tout le département des mines, la pêche & la chaffe de quelque gibier que ce foit.

§. II. La partie du Hartz qui appartient feule au roi d'Angleterre, électeur d'Hanovre, comprend les trois villes de mines, Claûfthal, Altenau & Saint-Andréasberg. L'on pourroit mettre auffi du nombre celle de Lauterberg ; mais comme elle dépend de la derniere dont les officiers dirigent les mines, elle n'a point de titre de ville montaniftique, quoiqu'une partie des habitans jouiffe des mêmes privileges & franchifes que tous les bourgs & villages du Hartz.

Dans les villes montaniftiques, de même que dans celles de la communion, il n'eft permis à perfonne de s'y établir, à moins qu'elle ne foit ou employée dans les mines ou de quelqu'utilité, comme marchands & artifans de tous métiers, dont le nombre eft fixé, & il faut toujours avoir une permiffion par écrit fignée du capitaine des mines. On craint que les franchifes dont jouiffent les habitans n'y en attirent trop ; ce qui pourroit y faire augmenter le prix des denrées & la confommation du bois, foit pour la conftruction, foit pour le chauffage, dont chacun jouit fans payer d'autre droit que les frais de l'abattre, & la voiture qu'il fait faire par fes propres chevaux, ou par les voituriers ordinaires du pays.

Lefdits habitans paient cependant différens petits droits, mais comme ils retournent à l'avantage des mines, qu'ils ne font point forcés, & fe paient d'un confentement unanime ; ces villes n'en font pas moins réputées franches de tout.

Ces villes montaniftiques ont proprement trois jurifdictions, qui dépendent toutes d'un chef qui repréfente la perfonne du roi ; c'eft le capitaine des mines. Chaque ville a fa jurifdiction ordinaire, compofée d'un juge, des confeillers de ville & des magiftrats ; & comme ces villes n'ont d'autres revenus que ceux d'une caiffe qui dépend des mines, elles ne peuvent difpofer de la moindre chofe fans l'approbation du capitaine, & ce dernier ayant la police de tous les diftricts compris dans fon département, il eft abfolument le maître. D'ailleurs les magiftrats font tous en grande partie officiers des mines, raifon de plus pour ne rien faire qui ne foit agréable au capitaine.

§. III. Le confeil des mines dépend de la chambre d'Hanovre, dont un des miniftres doit toujours être inftruit dans l'art des mines : celui qui en a le département aujourd'hui, a été pendant nombre d'années capitaine des mines à Claûfthal.

Ce confeil nommé *Bergamt* eft compofé de deux efpeces de membres, ceux que l'on nomme *de la Plume* & ceux du *Tablier.* (On fait que tous les officiers inférieurs des mines qui ont la direction des fouterrains, portent, ainfi que les mineurs, un tablier de peau par derriere), ceux de la plume font les fuivans :

Le capitaine, le vice-capitaine & le droffard des mines. Ces trois officiers font toujours pris dans la nobleffe, & ce dernier a la fpectative de la place du vice-capitaine : il y a quelquefois une de ces places vacantes, comme dans le moment préfent, celle de

capitaine

capitaine, mais le vice-capitaine en fait toutes les fonctions &
en a les honoraires. La cour ne differe de lui donner le premier
titre, que parce qu'il faut avoir auparavant rempli pendant trois
ans celle de vice-capitaine.

Le receveur du dixieme, le syndic des mines, le secrétaire des
mines lorsqu'il se trouve à Claûfthal ; il fait sa résidence à Saint-
Andréasberg.

Le directeur des fonderies qui a sous sa régie toutes celles du
haut Hartz, le contrôleur du dixieme, l'écrivain ou greffier des
mines de Claûfthal : celui des mines de Saint-Andréasberg, lorsqu'il
est à Claûfthal.

Le contrôleur du greffier ou écrivain, & le directeur des machines.

Les officiers de la plume extraordinaire sont, le directeur des
fonderies & forges de fer, l'auditeur du conseil des mines ; c'est
par cet emploi que commencent tous les officiers ci-dessus, de
sorte qu'ils ont la spectative de la premiere place vacante, à
l'exception des trois premieres, qui sont réservées à la noblesse,
& l'écrivain des bocards.

Ceux du tablier sont toujours choisis dans les mineurs les plus
intelligens, c'est-à-dire, qu'il faut qu'ils aient passé par tous les
grades des ouvriers ; qu'ils aient travaillé dès leur enfance dans
les bocards, & ainsi de suite. Un *oberbergmeifter* ou premier
maître des mines ou des montagnes, un vice-*oberbergmeifter*, un
géometre souterrain, trois *unterbergmeifter* ou sous-maîtres des
mines, six jurés des mines, deux *einfahrer* ou contrôleurs des jurés.
Tous ces officiers composent le conseil qui se tient tous les same-
dis matin.

La troisieme jurisdiction est celle des forêts, qui est composée
des officiers de la plume, de quatre maîtres particuliers des forêts,
& de deux écrivains. Ces quatre premiers résident chacun dans un
district différent du Hartz ; ils ne s'assemblent au conseil qu'une
fois l'année, à moins qu'il ne survienne quelques cas particuliers ;

mais ils traitent prefque toutes les affaires , foit par écrit , foit en les rapportant de bouche au capitaine des mines , qui , comme chef, a le pouvoir de décider, & dont les décifions qu'il donne par écrit, ont la force d'une ordonnance.

Ce confeil dure prefque une femaine entiere , & fe tient au mois de février : on y juge tous les délits, décide les punitions & amendes envers ceux qui fe font rendus coupables de quelques vols pendant le courant de l'année précédente ; on y arrête les endroits des bois qui doivent être femés , & on fixe les fonds pour cela , de même que pour les autres dépenfes; on y détermine auffi la quantité pour l'année fuivante. *L'oberbergmeifter* y affifte pour y donner l'état de tous ceux qui font néceffaires pour les étançonnages & autres befoins de chaque mine , & on fixe les cantons où les bois feront coupés : une mine pauvre obtient ceux qui font moins éloignés pour avoir moins de charois ou tranfport à payer. Les directeurs des fonderies en fer affiftent auffi à ce confeil pour les bois néceffaires aux forges.

On y fixe le charbon pour les fonderies , les bois de chauffage & de conftruction pour les villes & villages qui en ont la jouif-fance ; enfin on y rapporte tout ce qui s'eft fait l'année précédente dont on arrête les comptes , & l'on détermine ce qui fe fera dans l'année fuivante.

Il y a une autre affemblée qui fe tient au mois d'octobre ou de novembre , mais qui n'eft compofée que des officiers des forêts & de ceux des fonderies ; elle n'eft que préparatoire pour convenir des différens approvifionnemens dont on peut avoir befoin.

Dans le département de la communion il y a un grand maître des forêts, place réfervée à la nobleffe , mais qui ne peut rien faire que d'accord & avec l'agrément des capitaines des mines, c'eft-à-dire , celui du duc de *Brunfwick* & celui de l'électeur d'Hanovre.

Tous les officiers le font du prince ; les principaux doivent être nommés par lui; il font tous à fes gages : il en eft plufieurs qui outre leurs appointemens ont quelque cafuel, comme on peut le voir dans le précis des ordonnances , & en quoi confiste l'emploi d'un chacun. Ils composent entr'eux la direction générale & particuliere pour l'exploitation de toutes les mines ; ils n'agissent que par les ordres du conseil à qui ils rendent compte de tout, & n'en reçoivent aucun des intéressés , qui n'ont d'autres droits sur l'exploitation & administration , que de faire des représentations.

§. IV. Pour rendre les ordonnances plus intelligibles , nous donnerons une idée de la façon dont se forment les compagnies, & se commencent les exploitations : ce qui se pratique à cet égard , ayant beaucoup de rapport aux usages de la Saxe , nous nous arrêterons sur-tout à ce qui peut en différer.

Lorsqu'une personne a découvert un nouveau filon ou des apparences, & qu'elle a dessein de l'exploiter , elle va trouver l'*oberbergmeister*, & lui remet un billet par lequel elle demande la permission de faire des recherches dans tel ou tel endroit. Le premier qui demande cette permission a le droit , & on ne peut le lui refuser ; il donne pour cela la valeur d'une cinquantaine de sols au vice-*oberbergmeister*, & est obligé dans la quinzaine de découvrir son filon ; si cela n'est pas possible , le vice-*oberbergmeister* peut retarder la confirmation.

Quoique la personne qui est devenue concessionnaire soit seule, ou qu'elle ait des associés, cette société se nomme *Lehnschafft*, & subsiste ainsi , en continuant les recherches de son filon , jusqu'à ce que le conseil des mines juge , par une visite qu'il en fait faire, que le filon par lui-même ou les apparences annoncent que cette mine promet une exploitation fructueuse ; car jusques-là le conseil des mines n'y ordonne aucune visite, & la situation de cette mine n'entre point encore dans le protocole ; c'est-à-dire, dans les rapports au *bergamt* ou conseil des mines ; mais aussi-tôt que l'on trouve du minérai & que le conseil, après une visite faite, juge que ce filon donne de bonnes espérances, & qu'il mérite d'être exploité, on forme la compagnie complette que l'on nomme alors

Gewerckſchafft. Toutes les mines ſont compoſées de 124 actions, lorſqu'elles ſont en perte ou qu'on y fait des avances , & de 130 lorſqu'elles donnent du bénéfice ; c'eſt ce qui ſera expliqué plus bas.

Sur 124 actions , les premiers entrepreneurs qui formoient le *Lehnſchafft* n'en conſervent que 60 à leur diſpoſition , les autres ſont partagées dans une proportion , qui eſt convenue entre les miniſtres de la régence & la chambre d'Hanovre , les ſecrétaires de ladite chambre , & tous les officiers qui compoſent le conſeil des mines à Claûſthal. Il en eſt de même à *Zellerfeld* pour la communion ; mais ce qui paroît injuſte dans un pareil arrangement , c'eſt que non-ſeulement ces premiers entrepreneurs , quelque bonne que ſoit leur découverte , ne tirent pas un ſol des 64 actions , mais encore on ne leur rembourſe rien des premieres avances qu'ils ont faites. C'eſt un abus bien grand qui s'eſt gliſſé dans l'adminiſtration , & qui fait un grand tort à la découverte de nouvelles mines.

Lorſque cette compagnie nommée *Gewerckſchafft* eſt nommée, il eſt extrêmement rare que la ſociété ne ſoit pas encore dans le cas de faire des avances , quand ce ne ſeroit que pour des puits principaux , machines , &c. Le conſeil des mines fixe alors le *χûbûſſe*, c'eſt-à-dire , les avances qui doivent être faites par chaque action tous les quartiers , & le ſurplus de l'argent pour la dépenſe de ladite mine , eſt avancé par la caiſſe ou receveur du dixieme , dont la ſomme eſt déterminée par une déciſion dudit conſeil. Cet argent ne doit être regardé que comme un prêt dont la mine eſt obligée de tenir compte , lorſque ſon produit eſt en état de le rembourſer , & ſi au contraire elle ne donne jamais du profit , c'eſt le prince qui ſupporte la perte du prêt.

La compagnie une fois formée , le conſeil nomme le commis qui doit tenir les comptes de cette mine & payer les ouvriers , &c. c'eſt celui que l'on nomme *Schietmeiſter* ou maître des journées: il eſt payé par la compagnie à laquelle il coûte peu , puiſqu'il peut avoir foin ou fervir en même tems à 3 , 4 jufqu'à 6 ou 7 mines, ce qui lui fait de très-petits appointemens pour chacune , n'ayant que 4 liv. par femaine d'une mine en perte. Cet arrangement a été fait ainfi pour diminuer aux compagnies les frais de régie.

Le confeil nomme auffi les maîtres mineurs & fous-maîtres qui commandent aux ouvriers dans la mine , lefquels font auffi payés par la compagnie.

§. V. Mais fi une perfonne prend une conceffion fur un filon déjà exploité , c'eft-à-dire , fur une partie qui n'a pas encore été concédée , elle forme auffi ce que l'on nomme *Lehnfchafft* , & lorfque le confeil juge que cette fociété doit être formée en *Gewerckfchafft* , les premiers entrepreneurs ne peuvent difpofer que de 12 actions au lieu de 60 ; les autres fe partagent comme nous l'avons dit précédemment , & on procede de même pour le refte : dans ce cas-ci le conceffionnaire rifque moins que dans le premier , puifque l'exploitation fe commence d'une mine à l'autre en fuivant le filon, que l'on a tout de fuite le minérai , & que les actions prennent une valeur intrinfeque.

Lorfqu'on forme une fociété complette, l'écrivain ou greffier des mines, enregiftre le nom & le furnom de chaque actionnaire & leur donne même à chacun une reconnoiffance qui juftifie de fon intérêt.

§. VI. Quand on commence une exploitation fur un nouveau filon , on l'attaque autant que l'on peut dans le bas d'une montagne , ou dans le fond d'un vallon par une galerie. On y a plufieurs avantages , celui d'une recherche moins coûteufe , en même tems d'écouler les eaux de la mine , & d'acquérir le droit des galeries d'écoulement ; ce font ordinairement les fouverains qui font faire à leurs frais ces galeries, y ayant peu de compagnies en état de les entreprendre , mais auffi ils en retirent le droit en tout ou en partie fuivant le cas.

Lorfqu'une galerie eft à 9 toifes & demie de profondeur perpendiculaire au-deſſous de la ſurface de la terre, qu'elle eſt dirigée ſur un filon, & qu'arrivant dans une mine elle en écoule les eaux au moins à la derniere profondeur, & qu'elle y procure de l'air, on la nomme *Erbsſtollen, galerie d'héritage* & *erbteiſe* ſa profondeur.

Celui ou ceux qui ont fait à leurs frais ladite galerie, retirent le neuvieme des métaux auſſi long-tems que la mine en produit ; ce droit a lieu encore lorſqu'elle rencontre du minérai, les entrepreneurs ont la liberté de l'extraire juſqu'à une toiſe un quart de hauteur, à compter du ſol de la galerie ſur une demi-toiſe de largeur, mais ſi une autre galerie eſt priſe 7 toiſes perpendiculaires plus baſſe que la précédente ; qu'elle ſoit pouſſée juſqu'à la même mine dont elle écoule les eaux, alors cette premiere perd ſon droit d'héritage, & la ſeconde retire ſeule le neuvieme : en un mot, l'une ou l'autre de ces galeries retire le neuvieme de toutes les mines à qui elles ſont utiles, bien entendu que celui ou ceux à qui elle appartient doivent l'entretenir en étançonnage, réparations, &c.

§. VII. Il en eſt ici comme en Saxe pour les meſures qui déterminent ou forment une conceſſion ; on en a de deux eſpeces, celle que l'on nomme *fundgrube* & les *maaſs*. La premiere de 42 toiſes de longueur, & les autres de 28. On n'accorde jamais qu'un *fundgrube* ſur un filon, quand même il y auroit 40 conceſſions, & toujours à la premiere compagnie qui a été formée, afin que l'on ſache où a commencé la premiere exploitation d'un filon : on ajoute à ce *fundgrube* pluſieurs *maaſs*, ainſi qu'il eſt porté par les ordonnances, mais pour les autres conceſſions, ſeulement des *maaſs* pour chacune deſquelles on paie un petit droit par quartier. La largeur d'une conceſſion eſt de même qu'en Saxe de trois toiſes & demie, en partant du toit du filon & autant en partant du mur.

Ces privileges ſont éternels comme dans toute l'Allemagne, c'eſt-à-dire que, tant que les actionnaires ſe conforment aux ordonnances, leurs actions leur appartiennent pour toujours & à leurs héritiers : l'on verra dans la jurifprudence que les cas où les conceffions deviennent nulles, font à peu près comme en Saxe.

§. VIII. La proximité de toutes ces conceffions qui fe limitent entr'elles fur un même filon, occafionneroit fans ceffe des procès, des difficultés & des travaux que l'on feroit, pour fe nuire les uns aux autres, fi on n'y avoit pourvu par les ordonnances qui ne fuffiroient pas encore, s'il n'y avoit pas un confeil fur les lieux pour les faire exécuter. Enfin quoiqu'il y ait un très-grand nombre de compagnies dont tous les intérêts font différens, on peut regarder le tout comme une feule exploitation, puifque toutes les mines font fous la même direction, toutes exploitées de même, & que l'on y balance les intérêts d'un chacun fuivant la circonftance, la fituation des mines, & l'avantage qu'elles retirent les unes des autres, &c.

On a vu par la franchife des mines que le prince fourniffoit le bois dont elles avoient befoin *gratis* : il paie tous les officiers qui dirigent les entreprifes, & fait encore une dépenfe qui n'eft pas moins avantageufe aux compagnies, mais qui fur-tout eft des plus effentielles pour l'exploitation des mines ; celle des étangs & de tous les conduits ou canaux qui y raffemblent les eaux.

Lorfqu'une mine a befoin d'eau extérieure pour faire mouvoir des machines à élever les eaux, & le minérai de l'intérieur des mines, le confeil fait prendre par le géometre les nivellemens néceffaires, & décide de quel étang, telle ou telle mine prendra ces eaux. Pour lors il fait faire le dévis de la dépenfe de la conduite d'eau, depuis l'étang jufqu'à l'endroit où doit être placée la roue de la machine. Les dépenfes fe font aux frais de la mine, de même que la conftruction des machines, &c.

Mais fi la mine n'eft pas dans une bonne fituation, on lui accorde une fomme d'avance prife dans la caiffe du dixieme. Ces machines, quoique conftruites fur une feule mine, font fouvent utiles à plufieurs ; c'eft le confeil qui l'apprécie & qui fixe les droits qu'elle doit payer à l'autre. Dans la fixation de ces droits on a beaucoup d'égard à la bonne ou mauvaife fituation de la mine qui eft utile à d'autres ; par exemple , il eft des cas où , fi une mine venoit à être abandonnée , elle occafionneroit des frais à celles qui limitent avec elles , qui feroient peut-être quadruples de ceux qu'il en coûte lorfqu'elle eft exploitée ; c'eft ce que l'on confidere , afin que l'une ferve au foutien de l'autre.

§. IX. Toutes les mines exploitées fur un même filon , ce qu'on nomme *Zûg*, ont une telle correfpondance entr'elles, que l'abandon d'une , peut entraîner celui de plufieurs autres. Comme il auroit été fort à charge à chaque compagnie de faire conftruire un bocard & une fonderie, que fouvent elle n'auroit pu entretenir avec fes minérais ; le prince fait les dépenfes à fes frais, & retire un droit de l'un & l'autre, lequel eft proportionné aux matieres que l'on y fait traiter ; ce droit eft à peine, à ce que l'on prétend, fuffifant pour les réparations des bâtimens ; bien entendu que les compagnies paient les frais d'ouvriers, bois, charbon, &c.

Par la franchife des mines , le prince tient quitte du dixieme pendant les cinq premieres années pour les nouvelles exploitations, mais il n'eft pas à dire pour cela , qu'il retire enfuite le dixieme entier defdites mines ; il n'y en a pas même une feule qui le paie aujourd'hui ; car celle de *Dorothée* qui eft une des plus riches qui foient en Europe, ne paie que le vingtieme des métaux qu'elle produit ; il en eft qui ne paient que le quarantieme & d'autres rien. Mais il faut cependant que le prince retire un avantage en dédommagement du bois qu'il donne *gratis*, pour retrouver les dépenfes des étangs & conduits d'eau, enfin pour payer tous fes officiers qui font en grand nombre ; il a à cet effet un très-gros bénéfice qui furpaffe de beaucoup le dixieme, fur l'achat des matieres du produit des mines que l'on ne peut vendre à d'autres, qu'à une efpece de banque de commerce établie à Hanovre , & qui rend compte des profits à la chambre, à l'exception de l'argent qui eft monnoyé au profit du prince.

On a vu par la même franchife, que le prince ne payoit que

10 & 12 florins du marc d'argent fin, mais aujourd'hui il y a plufieurs prix fuivant les cas; le plus bas eft fixé à 37 liv. 10 fols, & le plus haut à 53 livres du plus fin qui eft fa valeur intrinfeque.

Le quintal de plomb & celui de la litarge fe paient de même, & l'on eft convenu de prendre moitié l'un & moitié l'autre ; de forte que lorfque la banque de commerce a en magafin plus de litarge qu'elle ne peut en confommer, elle la fait réduire à fes frais & en fupporte les déchets. Le plus bas prix du quintal de ces deux matieres eft de 8 liv. 15 fols, & le plus haut de 11 liv. de forte que le prince par cette banque, gagne fur elle plus de cent pour cent; il n'y a qu'un feul prix pour le quintal de cuivre rafiné qui eft de 84 liv.

Le prince a auffi un profit fur le charbon qu'il fait faire & voiturer à fes frais aux fonderies, dont la mefure a auffi deux prix en raifon du privilége qu'ont les différentes mines. Chaque année, le miniftre qui a le département des mines à Hanovre, de même que plufieurs députés de la chambre, fe rendent à Claûf-thal pour la reddition générale des comptes de toute l'année ; c'eft alors que les maîtres des journées, au nom des entrepreneurs, préfentent des requêtes, par lefquelles ils expofent la fituation des mines qui font dans le cas de demander des faveurs ; ils obtiennent des diminutions fuivant les cas, fur les droits du dixieme, neuvieme, &c. une augmentation fur le paiement de leurs matieres, un moindre prix du charbon, &c. c'eft ce qu'on nomme des mines privilégiées ; il y en a un grand nombre dans ce cas, parce qu'il y a beaucoup de mines en perte.

La banque de commerce a auffi la vente de toutes les matieres & marchandifes néceffaires à l'exploitation des mines, comme fer, acier, cordes, cuirs, fuifs, poudre, &c. perfonne ne peut les acheter ailleurs que dans le magafin qu'elle a à cet ufage à Claûfthal. Le prince y a auffi un bénéfice, les mines privilégiées les paient plus ou moins chers ; quoique le prix de chacune foit fixé , nous penfons qu'il auroit pu fe difpenfer de mettre cette gêne dans le commerce.

Le roi s'eft réfervé encore un très-grand avantage fur les mines, ce font les quatre actions mentionnées dans la franchife. Nous avons dit que toute mine eft divifée en 124 actions dans le cas du *zûbûſſe*, c'eft-à-dire, tant qu'il faut faire des avances ; mais dès qu'elle donne du bénéfice, la répartition fe fait en 130 parties, dont 4 appartiennent au roi, une au profit de l'églife & de l'école, & l'autre à celui de la ville : cette derniere compofe ce que l'on nomme la caiffe du *Cammerey* ; cet argent eft fon principal revenu.

Dans la communion il y a quelque différence : une mine dans le cas du *zûbûſſe* a 128 actions, & fi elle eft en bénéfice ou *ausbeute* 135, dont 4 pour la communauté de l'électeur d'Hanovre & du duc de Brunfwick, & 3 au profit de l'églife & de la ville ou caiffe du *Cammerey*.

§. X. Pour le progrès & foutien de l'exploitation des mines, on a établi plufieurs caiffes qui font entre les mains du tréforier ou receveur du dixieme ; chaque ville montaniftique a les mêmes caiffes.

Celle nommée *Bergbaûcaſſa* ou caiffe à bâtir des mines, a fes revenus d'un petit droit que l'on a mis fur la bierre étrangere & l'eau de-vie, qui ne fait pas un objet confidérable. Cet argent eft à la difpofition du confeil des mines, & employé à prendre des actions à fon profit ou perte, fur-tout dans les cas où les fociétés ne font pas remplies ; par exemple, lorfqu'une mine a fait de fortes avances, qu'elle eft toujours en *zûbûſſe*, & que des intéreffés ont abandonné leurs actions, on propofe à ceux qui reftent de les prendre, & à leur refus on y oblige ladite caiffe.

Si la mine vient enfuite à bien, c'eft fon avantage ; elle devient alors plus en état de prendre des intérêts dans d'autres entreprifes ; c'eft précifément ce qui eft arrivé à celle de Claûfthal, & où elle s'eft enrichie. Dans le tems que l'on faifoit des recherches fur le filon de *Búrgstädter*, dans l’endroit où est située la mine de *Dorothée*, on ne trouvoit pas des intéressés, & plusieurs se rebuterent; on fit prendre à cette caisse 30 actions : peu après on fit la découverte de ce riche filon, qui depuis nombre d’années produit des sommes considérables.

On en a fait vendre partie à son profit, de sorte qu’on assure qu’elle a au moins actuellement 800 mille livres de capital, que l’on a fait placer en biens de terre & autres emplois.

Cette caisse sert aussi à contribuer à des dépenses onéreuses à une mine, eu égard à sa situation; enfin elle est absolument à la disposition du conseil, & destinée uniquement pour le soutien & avantage des mines; mais le soulagement qu’elle donne n’est point à titre de prêt comme le roi le fait ; c’est toujours en pur don , quand même la mine viendroit à donner le plus grand bénéfice. Chaque marchand & artisan qui sont établis dans les villes montanistiques, & qui ne travaillent pas aux mines, sont obligés de payer un petit droit qui est proportionné à leurs facultés ; il en est qui paient depuis trois jusqu’à vingt sols par semaine : cet argent est destiné à la réparation des galeries d’écoulement , dans les endroits où des mines ont été exemptées du droit des galeries par leur mauvaise situation , ou à d’autres emplois.

La caisse de *Quatembergeld* est encore un petit objet ; elle a ses revenus du droit que chaque concession paie par quartier, suivant l’étendue qu’elle a , & suivant la situation de la mine. La plus considérable du district paie environ 10 livres par quartier ; cet argent contribue à payer les officiers.

La caisse des pauvres mineurs ou des invalides qu’on nomme *Knapschafficassa* est tenue aussi par le trésorier ; elle a ses revenus sur les gages de chaque ouvrier, sur les prix-faits qu’on leur donne , &c. ce qui fait quelque chose de plus de 4 deniers pour livre l’un dans l’autre; on retient davantage de ce qu’ils gagnent des prix-faits que des journées ordinaires ; en outre les compagnies sont obligées de donner toutes les années 48 sols pour chaque ouvrier de fa mine ; de forte que fi une mine occupe 100 ouvriers, elle eft obligée de payer 240 livres à la caiffe des invalides, ce qui fe paie à proportion chaque femaine : cette caiffe a en outre les amendes qui font impofées aux ouvriers, lorfqu'ils font des fautes ou qu'ils ne rempliffent pas leur devoir ; dans ce dernier cas elle n'a que la moitié des amendes, l'autre moitié appartient aux intéreffés de la mine. Elle jouit auffi de tous les déblais, où on occupe les ouvriers hors d'état d'entrer dans les mines, à rechercher les minérais qui peuvent s'y trouver ; elle a les *aflers* ou déblais des bocards, qui font occupés pendant l'hiver à piler & laver de nouveau ces déblais pour fon compte ; cette caiffe y trouve un profit, tandis que les compagnies y auroient de la perte. Cette différence vient de ce que le prince fait moins de bénéfice fur elle, & qu'elle ne lui paie aucun droit ; elle a le charbon à meilleur marché que les compagnies, & le plus haut prix de l'argent, du plomb & de la litarge.

Les revenus font employés à foulager les pauvres mineurs, à leur payer partie de leurs gages lorfqu'ils font malades, & à leur faire des penfions lorfqu'ils font hors d'état de travailler, de même qu'aux veuves & enfans de mineurs.

Un juré qui n'eft plus en état de remplir fon emploi, retire de cette caiffe environ 8 liv. argent de France par femaine ; un vieux mineur qui n'eft plus en état de travailler, obtient de cette capitale 40 fols par femaine, la veuve d'un mineur retire 8 fols par femaine & pendant fa vie, & 4 fols pour chacun de fes enfans au-deffous de l'âge de 15 ans, & ainfi des autres plus ou moins ; c'eft le confeil des mines qui accorde ces penfions.

La caiffe nommée *Cammerey* a une action fur toutes les mines qui font en *ausbeüte* : elle retire un droit des braffeurs de bierre, & de ceux qui tiennent auberge ou vendent du vin, bierre, eaux-de-vie, &c. cet argent eft principalement deftiné pour tous les befoins de la ville, pavés, réparations, &c. mais les magiftrats ne peuvent en difpofer en aucune façon, fans l'approbation du capitaine. Le conseil oblige aussi cette caisse de prendre des actions dans les mines où il manque des intéressés ; on lui en a fait prendre dix dans le tems que l'on faisoit des recherches du filon dans la mine de *Dorothée*, lesquelles ont réussi, & depuis long-tems lui produisent un gros bénéfice, ce qui met le conseil dans le cas de disposer des revenus de cette caisse pour le soutien d'autres mines.

§. XI. L'on a pour principe non-seulement de conserver dans les mines du minérai en réserve dans les travaux supérieurs, à l'effet de rendre l'exploitation plus durable & maintenir le crédit, mais encore celui de ne pas faire bénéficier une mine, c'est-à-dire, de n'ordonner une répartition que lorsqu'elle a un fonds en caisse de son produit chez le receveur du dixieme. On proportionne ce fonds à l'étendue des travaux, à la difficulté de l'exploitation & aux accidens qui peuvent y arriver ; il est des mines qui ont un fonds de 10 à 12 mille livres, pendant que d'autres en ont 100, 200 jusqu'à 400 mille : celle de *Dorothée* est dans ce dernier cas. Par ce moyen on peut maintenir une mine sur le même pied de bénéfice & valeur des actions, quand même il y arriveroit quelques accidens ou autres cas qui pourroient occasionner des frais extraordinaires, parce qu'alors on prend sur ce capital qui appartient aux associés, & qui n'a d'autre destination que le soutien de l'exploitation.

Quand le conseil taxe la valeur des actions, il a non-seulement égard à la situation de la mine, mais encore audit capital. Cependant les intéressés ne peuvent en aucune façon toucher à cet argent ; car si la mine venoit à cesser de produire du minérai, & par conséquent du bénéfice, on continueroit néanmoins de l'exploiter, & il ne seroit pas permis à un intéressé de dire qu'il veut se retirer, & qu'il demande le remboursement de la proportion qu'il a d'intérêt sur ce capital ; cela va même plus loin, car si la mine étoit jugée ne plus mériter l'exploitation, on l'abandonne ; mais on ne rembourse pas pour cela l'argent des fonds quoiqu'il en refte : il eft employé à faire des recherches fur quelques nouveaux filons, & à former une nouvelle entreprife au profit des intéreffés à qui ils appartiennent.

§. XII. Nous avons dit que lorfqu'une mine étoit en perte, indé-pendamment des fecours qui lui étoient donnés du *Berbaúcaffa*, le prince faifoit des avances que nous avons nommées un prêt, dans l'intention de foulager les intéreffés, & pour qu'ils en aient moins à faire; comme par exemple celle d'une mine pourroit fe monter par quartier à 8 liv. pour chaque action, le confeil ne la fixe qu'à 4 liv. ainfi une moitié de l'avance fe fait par les affociés, & l'autre par emprunt, plus ou moins fuivant les circonftances; mais quoique cet argent foit avancé fous le nom du prince, il ne l'eft pourtant pas réellement alors; car il eft pris dans les capitaux des autres mines qui font entre les mains du tréforier : il n'eft pas perdu pour les compagnies, le prince en répond & leur rem-bourfe dans le cas où les mines, à qui ces avances auroient été faites, feroient abandonnées; il en eft plufieurs où le prince a perdu 60, 80, 100 mille livres & plus. Tout le défavantage qui réfulte de cet arrangement pour les intéreffés, dont les mines font en bénéfice, & qui ont par conféquent des capitaux, c'eft que l'in-térêt defdits capitaux eft entiérement perdu pour eux. Comme nous l'avons déjà dit, on a mis une telle connexion entre toutes les mines, qu'il faut qu'elles fe foutiennent les unes par les autres; qu'enfin l'exploitation fe faffe prefqu'en communauté, quoique les intérêts d'un chacun foient divifés à l'infini & très-différens. Tout cela feroit très-bien, fi la confiance y étoit, mais elle eft de beaucoup diminuée.

Une mine qui a contracté des dettes envers les prince par le prêt qui lui a été fait lorfqu'elle étoit en perte, ne peut redonner du bénéfice que le tout ne foit rembourfé, & qu'il n'y ait un fonds en caiffe proportionné à l'importance des travaux.

§. XIII. Le confeil des mines qui a l'adminiftration générale de toutes les exploitations, a fixé & fixe chaque jour le prix de toutes les dépenses quelconques. Les maîtres des journées, & les maîtres & sous-maîtres mineurs sont payés par les compagnies, de même que les ouvriers, mais ils ne peuvent exiger d'autres appointemens & gages que ceux qui leur ont été arrêtés par le conseil.

Les forgerons ont une taxe pour tous les ouvrages en fer, acier, outils qu'ils font pour le besoin des mines; les voituriers sont dans le même cas.

Mais comme il arrive quelquefois que les denrées augmentant de valeur, les ouvriers ne pourroient subsister, puisque leurs gages sont fixes, on a établi dans la ville d'*Osterode*, située aux pieds des montagnes du Hartz à portée d'avoir des approvisionnemens, un magasin qui est toujours rempli de bled. Lorsque le mineur ne peut se procurer dans les marchés publics du seigle à 50 sols & au-dessous, la mesure qui pese 48 à 50 livres, il va en prendre dans ledit magasin; le prince qui a cet approvisionnement s'est engagé à le lui livrer à 50 sols : dans ce cas, le jour de la paie le mineur, au lieu de recevoir de l'argent du maître des journées pour ses gages, prend un billet signé de lui, dans lequel est spécifié la quantité de bled qui lui revient; ledit billet est encore porté chez le trésorier qui doit aussi le signer & y mettre son cachet. Le garde-magasin ne peut en livrer que sur cet ordre; cela se fait dans la plus grande regle, afin d'éviter les friponneries. S'il arrive que le prince ait de la perte sur l'achat & la vente des bleds, il en supporte les deux tiers & les compagnies l'autre tiers, au prorata du nombre de leurs ouvriers.

§. XIV. Le même arrangement subsiste dans toutes les villes montanistiques du Hartz. Afin que les ouvriers & autres habitans desdites villes ne puissent être trompés dans ce qu'ils achetent, le conseil des mines a nommé un certain nombre de maîtres mineurs anciens & jeunes, pour veiller à ce que les poids & les mesures des marchands soient telles qu'elles doivent être; ils sont obligés de faire une tournée chaque jour de marché, pour examiner chaque chose & mettre à l'amende ceux qui prévariquent : ils fixent avec les magiftrats le prix de la viande que l'on apporte au marché : mais il y a concurrence ; car il eft rare qu'elle fe vende autant que ledit prix fixé. Ils ont auffi la police fur tous les ouvriers, comme d'empêcher les difputes, les émeutes, &c. & s'ils s'apperçoivent de quelque chofe, ils en avertiffent le capitaine des mines.

§. XV. Le tréforier ou receveur du dixieme eft la premiere perfonne du confeil, après les capitaines des mines. Outre qu'il doit entrer dans les différens genres d'exploitation ; tout l'argent en général qui entre en recette & dépenfe doit paffer par fes mains ; celui en nature qui vient des fonderies lui eft remis, il le livre aux raffineurs qui, après l'avoir affiné le lui reportent ; il fait avertir alors le directeur de la monnoie qui s'en charge pour le faire monnoyer, & dont ce dernier lui en fait enfuite la livraifon en efpeces, avec lefquelles il paie aux maîtres des journées les dépenfes de chaque mine, les différentes affignations fur les caiffes qu'il a, les bénéfices des mines, les appointemens des officiers, &c. Il reçoit également les plombs, litarges, cuivres, en tient des comptes pour chaque compagnie, les livre à la banque de commerce d'Hanovre, & en retire la valeur fuivant le privilége des différentes mines ; ladite banque tient compte du bénéfice de ces matieres à la régence.

La place de tréforier eft très-lucrative ; indépendamment de 7 à 8000 liv. de fixe, il a des cafuels fur les fommes qu'il touche & qu'il paie ; par exemple, il a trois *phenings* pour chaque *fpeciefthaler*, qu'il compte aux actionnaires pour la répartition des mines qui font en bénéfice. Ce droit équivaut une action fur chacune qui eft dans ce cas ; il a en outre tous les trois ans une gratification de 800 liv. de la caiffe *Bergbaûcaffa*.

§. XVI. Le fyndic des mines eft proprement la perfonne qui doit veiller aux intérêts des compagnies, qui tient le regiftre contenant les rapports faits au confeil de la fituation des mines, des ouvrages, &c. & les décifions qui en font forties, dont il envoie

des

des expéditions à qui il appartient pour les faire exécuter ; ſes honoraires ſe montent à 6000 liv.

§. XVII. Le *vice-oberbergmeiſter* eſt pris dans la claſſe des ouvriers qui ont paſſé dans tous les genres de manœuvres & de
travaux , & qui par gradation parviennent à obtenir ce titre.

Son emploi eſt principalement de donner les conceſſions & les
confirmer ; il peut être en outre conſidéré comme un inſpecteur
général des ſouterrains , des étangs , conduits d'eau , bocards &
de tout ce qui en dépend ; il a un très-bon caſuel des conceſſions
& confirmations , indépendamment du fixe qui eſt de 3200 liv.
On prétend que cet emploi va à 4000 liv.

§. XVIII. Les *bergmeiſters* , ont chacun un diſtrict comprenant
un certain nombre de mines qu'ils ſont obligés de viſiter chaque
jour , y voir ſi tout y eſt dans l'ordre , ſi les étançonnages ſont
bien faits & placés , ſi les prix-faits ne ſont point trop forts , &c.
examiner tous les jeudis les comptes des maîtres des journées ,
aider les différentes mines par ſes conſeils , & ce qui eſt en ſon
pouvoir , & faire le rapport de tout au *bergamt.*

§. XIX. Les jurés qui ont également chacun un diſtrict ,
doivent fixer le travail de chaque ouvrier , donner les prix-faits
& obſerver que tous les ouvrages ſoient conduits en regle.

§. XX. Les *einfanrers* ſont des eſpeces de contrôleurs des précédens , ils ont la liberté d'entrer dans toutes les mines ſans diſtinction , & doivent y aller de jour & de nuit ſans y être attendus , pour
examiner & contrôler ce que font & ordonnent les jurés , maîtres
mineurs , &c. punir les ouvriers qui ne ſont pas à leur travail , &
s'ils s'apperçoivent de la moindre mauvaiſe manœuvre ou négligence des jurés , ils ſont tenus d'en avertir le capitaine des mines.

§. XXI. Les maîtres mineurs doivent entrer dans la mine au
tems preſcrit , avec les ouvriers qu'ils ont à leur ordre , leur
diſtribuer le ſuif qui a été fixé pour chacun , ſuivant le travail
qu'ils ont à faire ; veiller à ce que les étançonnages des puits ,
galeries & autres endroits ſoient bien ſoutenus , ſur-tout prendre

garde que la quantité de minérai fixée foit extraite , & élevée au jour chaque femaine , & enfin que chaque ouvrier rempliffe fon devoir.

§. XXII. Les maîtres des journées doivent vifiter les mines qui leur font confiées, pour veiller à l'avantage & intérêt de leurs compagnies , en tenir les comptes avec exactitude. A cet effet ils fe rendent particuliérement le jeudi fur les mines , pour y coucher fur leurs livres toutes les dépenfes en préfence du juré & du bergmeifter du diftrict & du maître mineur. Tous les vendredis matins, les officiers des mines doivent fe rendre dans la maifon du confeil , où le capitaine doit auffi affifter , s'il n'a point d'affaires indifpenfables qui l'en empêchent.

Les maîtres des journées des différentes mines , lifent en leur préfence & à haute voix tous les détails des dépenfes de chaque mine qui ont été faites pendant la femaine , à l'effet de voir s'ils n'en ont point paffé d'inutiles. Ces comptes font remis enfuite au *vice-oberbergmeifter* qui les donne, après les avoir parcourus, à celui que l'on nomme le révifeur qui doit les examiner le plus fcrupuleufement poffible. On a des exemples que cet officier a trouvé les friponneries les plus cachées de la part des maîtres de journées , qui font punis très-févérement lorfqu'ils font dans ce cas-là.

§. XXIII. Outre tous les officiers dont il a été fait mention, il y a encore les fuivans dans le feul diftrict de Claûfthal. Un médecin des mines, le directeur de la monnoie, l'effayeur de la monnoie, deux révifeurs, un médailleur ou graveur pour la monnoie, le facteur pour les marchandifes néceffaires aux mines, celui pour la banque de commerce d'Hanovre, le garde-magafin du bled à Ofterode , l'écrivain de la boîte des invalides, l'effayeur des mines, l'effayeur-contrôleur , deux raffineurs ou brûleurs d'argent, l'écrivain des fonderies , deux maîtres des fonderies, l'un pour le jour & l'autre pour la nuit, le garde-magafin ou furveillant des fonderies , l'apothicaire des mines, deux chirurgiens des mines , l'écrivain du magafin à bled à Ofterode.

Tous ces officiers font payés par le prince à l'exception du médecin, apothicaire & chirurgien qui ont leurs revenus fur la caiffe des invalides.

Il y a huit maîtres des journées qui ont entr'eux la régie des dépenfes de toutes les mines ; ce qui eft à la difpofition du confeil.

§. XXIV. On verra par la jurifprudence qu'il étoit ancienne-ment défendu aux officiers du prince, de prendre des intérêts dans les mines fans une permiffion expreffe : tout a bien changé à cet égard, & cela étoit néceffaire ; on affure qu'ils ne peuvent toujours avoir aucune mine en leur nom, c'eft-à-dire, en être conceffionnaires, mais pofféder autant d'actions qu'ils jugent à propos, c'eft même ce qui donne du crédit aux mines vis-à-vis des actionnaires qui n'habitent pas fur les lieux ; car lorfqu'on leur offre des actions à acheter, ils demandent toujours s'il y a des officiers qui foient intéreffés dans celles dans lefquelles on leur propofe de prendre intérêt.

Mais lefdits officiers & membres de la régence d'Hanovre & de Brunfwick, ont abufé de l'avantage qu'ils pouvoient procurer aux mines en s'y intéreffant, puifque, comme il a été dit, ils fe font appropriés entr'eux plus de la moitié des actions des nouvelles découvertes, & cela fans entrer dans les rifques des premieres dépenfes que courent ceux qui commencent l'exploitation. On fent bien aujourd'hui combien cela fait tort aux progrès des mines; mais les uns & les autres ne veulent pas fe départir de cette pré-rogative, que le hafard peut leur rendre très-avantageufe.

On avoit autrefois des intéreffés étrangers en grand nombre, beaucoup d'Hambourgeois, des Hollandois & autres ; mais au-jourd'hui il n'y a prefque plus que les habitans du Hartz ; les étrangers fe font retirés peu à peu, à mefure que les mines ont diminué leur produit ou plutôt augmenté leurs dépenfes, fans fonger à faire de nouvelles recherches : ce qui fait encore un plus grand tort aux mines du Hartz, eft le bas prix dont le prince paie les métaux de leur produit. Lorsqu'on l'a fixé anciennement, ils étoient portés à leur valeur intrinseque, mais alors tout étoit à meilleur marché. On auroit dû l'augmenter à mesure que les denrées enchérissoient, de même que les journées des ouvriers ; on n'a point voulu diminuer les revenus du prince, tandis que les profits des mines étoient moindres de jour en jour, puisque les dépenses en augmentoient doublement, soit en ouvriers, soit parce que les mines devenoient plus profondes, & par conséquent plus dispendieuses. Tant qu'elles ont donné du bénéfice on a eu des actionnaires, & cela n'a pas paru sensible ; mais dès qu'elles ont été en perte, les intéressés ont cessé de payer leur contingent & se sont retirés, avec d'autant plus de raison que les mines ont été chargées de plus en plus de nouveaux impôts sous différentes dénominations. Il en est encore dont nous n'avons pas parlé qui est un droit d'étangs, de galerie d'écoulement, &c. que chaque mine paie par quartier au prince, suivant la quantité de matieres qui sont sorties des souterrains ; enfin on le proportionne à celles des eaux extérieures qu'une mine a employées pour faire mouvoir ses machines.

Il est certain que si l'on n'avoit pas les deux riches mines de *Dorothée* & de *Caroline* qui soutiennent tout le Hartz, il seroit dans la plus grande misere, & si le prince attend jusques-là de faire un sacrifice, ce sera alors trop tard ; car on dit déjà à haute voix : pourquoi voudrions-nous courir des risques dans de pareilles entreprises ; s'il y a du bénéfice il est pour le prince & ses officiers ; enfin on trouve ici ce qui n'est point ailleurs, que le prince retire même du bénéfice des mines, où les intéressés sont obligés journellement de faire des avances. Il n'y a que les habitans du Hartz qui jouissent d'un autre côté de plusieurs priviléges, qui puissent courir ces risques là.

Enfin des chefs zélés pour le bien des mines nous ont assuré qu'il n'y auroit presque pas une mine en perte, si le prince payoit la valeur intrinseque des métaux.

Comme les filons des mines en exploitation font déjà travaillés à une très-grande profondeur, & qu'il y a peu d'efpérance de ce côté-là, on eft dans l'intention d'en chercher de nouveaux ; ce n'eft que le hazard qui en peut procurer de bons, & il faudroit avoir beaucoup d'actionnaires pour faire des recherches ; il feroit donc néceffaire d'attirer des étrangers, fur quoi l'on eft aux expédiens ; & pour y parvenir il faut que la régence d'Hanovre faffe un facrifice, & en faffe faire un au prince ; ce qui fera très-difficile.

§. XXV. Quant au refte de l'adminiftration & de l'économie, nous ne pouvons que louer la forme que l'on a prife, de réunir fous une même régie des intérêts fi multipliés & fi différens que ceux de tous actionnaires. Les avances que le roi fait, les facilités qu'il donne & procure ; enfin la connexion que l'on a mife non-feulement dans les mines, mais encore dans tous les détails des exploitations & les caiffes que l'on a établies, &c. nous ofons dire que fans cela & fans le pouvoir qu'a le capitaine & le confeil, plus des trois quarts des mines feroient déjà abandonnées.

Si on repréfentoit au prince qu'en perdant l'exploitation des mines, il perdra non-feulement l'emploi de fes bois & forêts qui ne peuvent fervir à autre chofe, mais encore un revenu à fon pays & un très-grand nombre de fujets, certainement il feroit le facrifice néceffaire, qui par la fucceffion des tems pourroit lui produire des fommes plus confidérables que celles qu'il retire aujourd'hui.

Enfin les mines doivent être regardées comme un bien à l'état, & non pour faire un revenu particulier aux princes ; il ne faut que l'exemple de peu de perfonnes qui s'enrichiffent dans les mines pour encourager un grand nombre de nouveaux entrepreneurs.

ONZIEME MÉMOIRE.

MINES D'ARGENT,

CUIVRE ET PLOMB DE FREYBERG EN SAXE.

Par MM. J A R S & D U H A M E L , année 1757.

§. I. **L**ES mines des environs de Freyberg font divifées en cinq diftricts ou *réfiers* (1) : on en diftingue trois principaux, dont deux ont pris leurs noms de celles qui étoient les plus importantes, & le troifieme celui du village qui y eft renfermé. Cette divifion n'a été faite que pour mieux déterminer la fituation de chaque mine dans tous les actes & ordonnances qui en traitent, & pour fixer le département de chaque juré ou infpecteur (*), qui change de diftrict chaque quartier, pour prévenir les abus qui pourroient fe glifer dans la conduite des travaux ; de cette maniere ils contrôlent alternativement leurs ouvrages.

§. II. Pour rendre plus intelligible ce que nous avons à dire fur les filons & les obfervations qui y ont été faites, eu égard à leurs directions, nous croyons devoir répéter ici la diftinction que l'on en a fait. Les mineurs les divifent en quatre principaux, favoir.

Le filon feptentrional ou *fihende-gang* eft celui qui fe dirige entre 12 & 3 heures ; l'oriental ou *morgen-gang* entre 3 & 6 ; l'occidental ou *fpath-gang* de 6 jufqu'à 9 ; enfin le méridional ou *flach-gang* entre 9 & 12. On reconnoîtra toutes ces directions fi l'on jette un coup d'œil fur la bouffole des mineurs, qui eft divifée en deux fois douze heures (*) ; mais fi on les compare à

(1) Un *réfiers* ou diftrict comprend une étendue, limitée par des bornes dans fa circonférence.

la bouffole ordinaire, on y trouvera les fuivantes. Ayant dirigé la pinule qui eft parallele à la ligne du nord, fur la direction du filon, on remarquera que l'aiguille fera d'un côté entre N.N.O. & S.S.E. de l'autre pour le filon feptentrional; entre N.O.O. & E.S.E. pour l'oriental; entre O.S.O. & N.E.E. pour l'occidental, & enfin entre S.S.O. & N.N.E. pour le filon méridional.

Les filons font encore divifés en *directs tombans* ou *recht-fallender*, & *indirects tombans* ou *wiederfinnig*; un filon feptentrional eft appellé *direct tombant*, lorfqu'il incline du côté de l'occident; le *direct oriental* a fa pente entre l'occident & le nord, & le *direct occidental* du côté du midi; enfin *direct méridional* lorfqu'il a fon inclinaifon du côté qui eft entre l'occident & le fud; tous ceux qui l'ont dans un fens contraire font nommés *indirects*.

SECTION PREMIERE.

Mine de Jûng thorm hoff *dans le diftrict de* Hohen Birckner.

§. I. Cette mine éloignée de 860 toifes du centre de la ville de Freyberg (*), a été deux fois abandonnée par le manque de minérais; mais depuis 1724 qu'elle a été reprife, l'exploitation n'en a pas été interrompue; fa profondeur actuelle eft d'environ 65 toifes.

(*) *Voyez* la pl. XIX.

Le principal filon que l'on y exploite eft feptentrional, & fe dirige fur 2 heures & 4 huitiemes & demi; fa commune inclinaifon eft de 66 à 67 degrés, & quoiqu'elle varie un peu il conferve néanmoins la dénomination de filon *direct tombant*. Il produit de la mine d'argent vitrée, de celle d'argent rouge, de la blanche & un peu de la mine jaune de cuivre, mais fort rarement. On y trouve auffi de la galène qui tient jufqu'à 22 lots d'argent par quintal; richeffe qui n'eft due qu'à un mêlange de mine d'argent rouge, & de mine vitrée que l'on apperçoit entre fes parties: tous les minérais font raffemblés dans une pyrite martiale.

Efpece des minérais.

§. II. Ce filon eft fujet à être dérangé, refferré & même quelquefois entiérement coupé, par des maffes de rocher fans direcrection déterminée , mais qui eft le plus fouvent horifontale. Ce rocher eft de la même efpece que celui qui accompagne le filon , avec cette différence qu'il eft plus dur & plus compact , & que le quartz y eft en plus grande quantité ; les couches en font affez épaiffes ; c'eft le *kneis* des Allemands que *Vallerius* a décrit dans fa Minéralogie , genre 25 , page 282.

Kneis , ce que c'eft.

Entre le filon & ce rocher , il fe trouve communément une argille blanche d'environ un pouce d'épaiffeur , & dont le quintal tient depuis un quart jufqu'à 2 lots d'argent. Les mineurs la regardent comme un très-bon indice ; auffi ont-ils obfervé que le minérai ne manque jamais quand elle accompagne le filon , & que lorfqu'on ne la rencontre plus , il arrive très-fouvent que ce dernier fe retrécit fi fort , qu'il eft entiérement coupé & difparoît.

§. III. La galerie royale d'écoulement étant à la même profondeur des travaux de cette mine, on n'y a établi aucune machine pour l'élévation des eaux. On compte trois autres galeries à différentes hauteurs auxquelles on travaille, & que l'on fuit fur la direction du filon , pour reconnoître s'il conferve le minérai dans fon étendue horifontale. On trouvera dans le XIIe Mémoire , l'arrangement que le roi fait avec le particulier, pour la conduite de ces fortes d'ouvrages & le droit qu'il en retire.

§. IV. Tout le minérai eft trié & caffé fous le marteau, & le moins riche eft pilé à fec dans un petit bocard : malgré les précautions que l'on prend, il arrive encore affez fouvent que la mine d'argent rouge, qui fe réduit facilement en poudre très-fine , eft enlevée de deffous les pilons ; l'ouvrier qui conduit le bocard y remédie , en l'arrofant de tems en tems avec de l'eau pour la précipiter. Ces minérais font enfuite portés aux fonderies royales où ils font traités , en les mêlant avec d'autres dans différentes proportions (*).

(*) Voyez le XIIe Mém.

Les intérêts de cette mine, ainfi que ceux de toutes celles de Freyberg , font divifés en 128 actions ; chaque action de celle-ci

donne

donne 7 liv. 10 fols de bénéfice par quartier, ce qui forme un total de 960 liv. Quoique cette fomme foit un bénéfice réel, elle n'eft pas réputée pour telle, mais comme un rembourfement des avances que l'on y a faites dans le tems qu'elle étoit en perte : ce profit eft appellé *verlag*.

SECTION II.

Mine de Befchert glück, *éloignée du centre de Freyberg de 940 toifes* (*).

(*) *Voyez* la pl. XIX.

§. I. Le commencement de l'exploitation de cette mine, date de 1696 ; depuis cette époque elle a prefque toujours donné du bénéfice.

Le filon eft feptentrional, il produit de la mine de plomb ou galêne, de celle d'argent rouge, & un peu de celle de cuivre ; toutes font mêlées & unies à de la blende noire, du quartz, du fpath & de la pyrite, & font antimoniales ; on y trouve auffi quelquefois de l'argent natif. Le rocher qui l'accompagne eft un *kneis* comme dans la précédente mine, qui, entre lui & le filon, contient dans certains endroits une terre glaife noire, dont le quintal tient depuis un quart jufqu'à un demi-lot d'argent, & qu'ils regardent auffi comme un bon indice : la richeffe des différentes efpeces de minérais eft de 3 jufqu'à 11 lots d'argent par quintal, & depuis 16 jufqu'à 20 livres de plomb.

Le filon varie beaucoup dans fon cours, fe jettant tantôt à droite, tantôt à gauche ; il en eft de même de fon inclinaifon dont la plus ordinaire eft de 45 degrés *directs tombans*. L'expérience a prouvé que plus elle approchoit de l'horifontale, moins il produifoit, *& vice verfâ* ; fon toit étant plus tendre que le mur, il dépenfe en bois d'étançonnages plus que la précédente, notamment du côté du fud ; il eft d'ailleurs plus oblique.

§. II. L'exploitation du rocher & du minérai fe fait avec le pic & la pointerole dans les endroits tendres, & dans ceux où le rocher eft dur, on le fait fauter avec la poudre. On fe fert, comme

Exploitation.

généralement dans toutes les mines, de gros & de petits forets pour faire les trous ; les premiers en forme de bonnet de prêtre ou à quatre angles, & les petits en forme de ciseaux ou ciſoir.

Ces derniers font le meilleur effet dans les endroits durs, & notamment dans tout ouvrage en galerie, où deux ouvriers feroient gênés pour le travail. Les gros forets au contraire font préférables, lorſqu'on a affez de place ſur des *ſtroſſes* ou ouvrages en échellons, & principalement quand le filon eſt dégagé du côté du mur ; on a trois de ces forets pour faire un trou de mine, l'un de deux pouces de groffeur à ſon extrémité pour la diagonale, ſur 15 pouces de longueur, & les deux autres moins gros en proportion & plus longs, ſuivant la profondeur que l'on donne au trou qui eſt quelquefois de 40 pouces ; ce qui dépend de l'épaiſſeur du filon, & de l'eſpace que l'on a pour le travail.

Quoique les forets occupent deux ouvriers pour faire un trou, & que l'on y emploie autant de poudre que pour deux autres, on a reconnu qu'ils étoient plus avantageux que les petits, en ce qu'ils avançoient plus l'ouvrage ; cela eſt vrai lorſqu'on aura, comme nous l'avons dit, à travailler ſur des ouvrages en échellon ; & voici ce qui nous paroît de plus vraiſemblable pour déterminer cet avantage.

(*) Pl. XV,
fig. 1. Suppoſons A B (*) une maſſe de rocher que l'on veut abattre du côté G, où l'on a affez creuſé pour lui donner de la chûte ; que l'on perce deux trous en D & en E avec de petits forets, on fera ſauter les deux parties D H G, E G I ; mais au contraire ſi l'on fait un trou en F avec un gros foret, non-ſeulement on abattra la même quantité, mais encore la partie compriſe dans le trapeze F D G E, puiſque la direction du coup ſuivra de F en D, & en E.

§. III. La profondeur de cette mine eſt de 82 toiſes & demie ; la galerie royale y communique à celle de 71 toiſes & demie, & en écoule les eaux ; le ſurplus eſt élevé juſqu'à ſon niveau avec deux pompes à bras. Le travail d'un homme pendant 8 heures à chacune d'elles, suffit pour épuifer toutes les eaux qui fe font raffemblées pendant les 24 heures.

Le minérai le plus riche eft fondu après le triage, le moyen eft paffé au travail du crible avant la fonte, & le plus pauvre eft tranfporté au bocard pour y être pilé & lavé (1).

SECTION III.

Mine de Séegen gottés hertzog Auguft, *diftante du centre de Freyberg de* 850 *toifes* (*).

(*) Pl. XIX.

§. I. L'exploitation de cette mine fe fait fur des couches de rocher plus ou moins épaiffes, entre lefquelles fe trouvent plufieurs petits filons ou veines, dont la plus forte épaiffeur eft de 4 pouces ; il en eft qui n'ont qu'une ligne & qui font très-diftinds. C'eft très-improprement que les mineurs ont donné à ces fortes de filons la dénomination de *flötz* ; car ces couches font fort obliques, le rocher eft le même par-tout, & l'on ne peut déterminer une inclinaifon de montagne, puifque l'endroit où eft fituée cette mine eft fort plat. Les *flötz* au contraire font des couches de différentes efpeces de rocher, dont l'inclinaifon approche plus ou moins de la perpendiculaire, & fuit ordinairement celle de la montagne ; quoi qu'il en foit, les filons que l'on trouve entre les couches de rocher, font plus ou moins inclinés. En général ils le font de 30 jufqu'à 50 degrés, d'où il arrive qu'ils fe rencontrent très-fouvent, & que la maffe de rocher qui les fépare diminue en épaiffeur du côté où ils tendent à fe joindre ; c'eft à ce point de réunion qu'ils produifent prefque toujours beaucoup de minérai, fur-tout lorfqu'ils fe dirigent du nord au fud ; d'autres fois ils fe refferrent fi fort qu'ils fe perdent dans le rocher.

On exploite encore dans cette mine un filon feptentrional, dont la direction eft à peu près parallele à celle des couches, & l'inclinaifon de 50 à 60 degrés. Lorfque ces dernieres s'y réuniffent, il eft alors *direct tombant* & s'enrichit ; le contraire arrive

(1) On trouvera le détail de cette opération dans la Section fuivante.

quand il eſt *indirect*. A la profondeur de 74 toiſes , il s'eſt joint à un autre filon ſeptentrional *direct*, de maniere qu'ils forment deux plans inclinés , entre leſquels ſe trouvent les filons en couches qui en produiſent quantité d'autres : au point de jonction ils ont donné beaucoup de minérai, mais à une plus grande profondeur il s'eſt appauvri, puiſque le minérai ne tient plus que 2 ou 3 lots d'argent par quintal., tandis que celui que l'on extrait dans les hauteurs en contient juſqu'à 50.

Eſpece des minérais.

Cette mine produit du minérai de plomb à facettes , de la mine d'argent rouge, de la blanche, de la blende noire & de la pyrite, le tout mêlé avec du ſpath & du quartz ; on y trouve auſſi de l'argent natif. Le rocher qui diviſe les couches eſt le *kneis* dont nous avons déjà parlé, qui eſt plus dur dans les hauteurs que dans les profondeurs ; il eſt fort rare que les filons ſoient accompagnés de terre glaiſe, dont on rencontre cependant quelquefois des couches, mais qui en ſont ſéparées. Cette terre n'eſt ici de bon indice qu'autant que ſa couleur eſt blanche ; elle cauſe pour lors beaucoup de changement : il arrive auſſi que par l'humidité des fentes qui les contiennent, le rocher étant excavé en deſſous, il s'en détache des maſſes conſidérables qui mettent les ouvriers en danger de périr, ſur-tout lorſqu'on tire des coups de mine. Nous avons vu une de ces maſſes qui s'étoit détachée ſur 40 toiſes de longueur, dans laquelle on apperçoit nombre de petites veines qui ne méritent pas l'exploitation.

Cette mine eſt une des plus ſingulieres & des plus curieuſes du canton de Freyberg.

Machines hydrauli-ques.

§. II. La quantité d'eau qu'il y a dans cette mine profonde de 78 toiſes 2 pieds 7 pouces, a donné lieu à la conſtruction de deux machines hydrauliques, pour les élever juſqu'à la galerie d'écoulement, plus haute de 31 toiſes 1 pied 9 pouces. La premiere fait mouvoir deux grandes pompes de 67 pieds ; ſavoir, 21 pieds juſqu'au tuyau de fer dans lequel agit le piſton, & 46 pour la colonne d'eau qui eſt au-deſſus,

La feconde placée au-deffous de cette premiere, a également deux manivelles qui mettent en mouvement un train de pompe à quatre répétitions ; celles-ci n'ont de hauteur que 29 pieds 9 pouces, & élevent l'eau de réfervoir en réfervoir jufqu'à celui où font placées les deux grandes. L'une des roues a 27 pieds 8 pouces de diametre, & l'autre 43 pieds 3 pouces ; les tuyaux de fer où jouent les piftons 10 & 11 pouces, fur 4 pieds 2 pouces de longueur ; ceux en bois 4 à 5 pouces, & les manivelles 18 pouces de rayon. Nous parlerons dans la Vᵉ Section, §. III & IV, de l'avantage qui réfulte à fe fervir de ces manivelles, & de celui des grandes pompes comparées aux petites.

Les eaux extérieures qui fervent à ces machines, proviennent d'un étang affez confidérable, éloigné de deux lieues de la ville de Freyberg & hors de l'étendue du plan, d'où elles fe rendent dans plufieurs autres plus petits, qui les diftribuent enfuite aux différentes mines à l'aide de canaux ou conduits, & s'écoulent enfin par la galerie d'écoulement, dans le ruiffeau de la Molda à l'endroit G où elle a fon embouchure.

Pl. XIX.

§. III. Ces filons produifent une grande quantité de minérais à bocard ; le meilleur eft trié & caffé en morceaux de la groffeur d'une noix pour être livré aux fonderies, le moyen eft paffé par le travail du crible, ainfi qu'il fera détaillé ci-après. Avant de faire le triage de ces matieres minérales, on les foumet à une efpece de lavage pour les dégager des parties terreufes qui les mafquent, à l'aide d'un courant d'eau que l'on fait paffer par-deffus en les agitant dans une caiffe longue.

Triage des minérais.

Le bocard deftiné à piler les minérais eft conftruit avec 6 pilons, armés à leur extrémité d'un morceau de fer, de 6 pouces fur 7 en quarré, & mis en mouvement par des mentonnets fixés à un arbre de 2 pieds de diametre. Les montans qui les foutiennent font enterrés de 32 pouces, & affujettis à une piece de bois de traverfe, fur laquelle on a pilé & battu 20 pouces de hauteur du rocher,

Bocard.

qui forment le fol fur lequel frappent les pilons en écrafant le minérai (1).

A chacune des caiffes qui renferment trois de ces pilons eft fufpendue une trémie mobile, à laquelle eft fixé un morceau de bois qui eft frappé par l'un des pilons quand il defcend plus bas, & qui en reçoit une fecouffe affez forte pour faire tomber le minérai que l'on met dans ladite trémie, qui tient lieu d'un ouvrier qui feroit employé à le mettre dans lefdites caiffes. Ces 6 pilons pilent dans les 12 heures 31 pieds & demi cubes de minérai, & entretiennent 9 tables de même longueur & largeur, mais qui different dans leur inclinaifon, relativement aux efpeces de miné-rais : celle que l'on a donnée aux deux premieres eft de 9 degrés & demi, fur 12 pieds & demi de longueur & 3 de largeur ; aux quatre fuivantes 7 degrés & demi ; à deux autres 6, & enfin à la derniere 5 degrés ; il y a encore deux *fchlem graben* ou caiffes allemandes, de la même longueur fur 21 pouces en largeur. C'eft dans ces deux dernieres que fe fait la premiere opération du lavage du minérai, que l'on prend dans le premier réfervoir à la fortie des pilons, en le remuant & le remontant de bas en haut avec un rateau de bois : il eft enfuite porté fur les premieres tables pour être lavé de nouveau ; le plus gros fur celles qui font le plus inclinées, & le plus fin fur celles qui le font moins, & ainfi de fuite, en raifon de fon efpece jufqu'à ce qu'il foit exempt de parties pierreufes. Les labyrinthes ou caiffes longues où fe dépofe le minérai à la fortie des pilons, font auffi divifés pour avoir les différentes gradations.

On procede à ce lavage ainfi qu'il eft ufité par-tout avec le rateau & le balai, avec lefquels on agite le minérai fur les tables, qui par fa pefanteur fpécifique prend le deffous, tandis que le plus léger dans le tems du mouvement, fe trouve fufpendu dans l'eau

Laveries.

(1) *Voyez* la planche XVIII qui donnera une idée de cette conftruction, & de celle des tables à laver les minérais, quoiqu'elles different un peu dans chaque endroit, foit par leur longueur, foit par leur pente.

qui l'entraîne avec elle, dans un canal placé à l'extrémité. Cette premiere matiere ne contient point de minérai ; après celle-ci on en laiſſe échapper une ſeconde qui en contient un peu, & qui par cette raiſon eſt reçue dans un petit canal de bois mobile, qui la conduit dans une caiſſe enterrée, où on la reprend pour la laver de nouveau. Le meilleur & le plus riche qui a reſté ſur la table eſt reçu dans un petit ſeau, avec lequel on le tranſporte dans une cuve, où il ſe dépoſe encore, & eſt enſuite livré aux fonderies.

Tout le menu minérai de médiocre richeſſe eſt lavé au crible dans un cuvier rempli d'eau ; après quelques mouvemens circulaires que l'ouvrier donne au crible, il le retire pour en ôter tous les gros morceaux & le mettre dans des places ſéparées : il crible de nouveau, le plus léger prend le deſſus, le minérai à bocard le plus riche qui eſt dans le fond eſt également mis à part. A l'égard de ce qui s'eſt paſſé au travers, & qui s'eſt précipité dans le cuvier, on le paſſe par un crible plus fin, & celui qui a paſſé au travers de ce ſecond eſt lavé dans les caiſſes allemandes.

Travail du crible.

S E C T I O N I V.

Mine du prophete Jonas à 1575 toiſes du centre de Freyberg.

Pl. XIX.

§. I. Cette mine eſt la ſeule de ce diſtrict qui depuis le commencement de ſon exploitation, eſt dans le cas de ce que les Allemands nomment *zûbûſſe*, c'eſt-à-dire, que le produit n'eſt pas à beaucoup près ſuffiſant pour en payer les frais, & que les actionnaires ſont obligés de faire chaque quartier de nouvelles avances pour la continuation des travaux. Le filon que l'on exploite eſt ſeptentrional, & de l'eſpece de ceux que l'on nomme *indirects tombans*, avec une direction réglée entre 2 & 3 heures ; ſon inclinaiſon qui ſe montre près du jour de 65 à 70 degrés, diminue à meſure d'approfondiſſement, & approche de très-près la perpendiculaire ; ce filon produit dans une largeur d'un pied juſqu'à trois pieds, du minérai de plomb mêlé à de la mine jaune de cuivre, & à l'eſpece connue ſous le nom de *fahlertz*, que l'on

Nature du filon & ſon produit.

trouve décrite dans la Minéralogie de Henckel, page 112 ; le tout
très-divisé dans le quartz & le spath. Le quintal de ce minérai
tient de 3 à 4 lots d'argent & 43 livres de cuivre raffiné.

L'exploitation de ce filon se fait de la même maniere qu'il est
expliqué à la IIe Section, §. II.

§. II. La machine que l'on a construit dans cette mine pour
puifer les eaux de la profondeur, les éleve de 143 pieds jusqu'au
niveau de la galerie d'écoulement ; mais elle ne préfente pas tous
les avantages dont elle feroit fufceptible, par le frottement confidérable qu'elle éprouve dans toutes fes parties, foit par les rouleaux qui fupportent les tirans, foit auffi par les varlets répétés
que l'on a été obligé de placer aux angles des différens puits &
galeries, par lefquels il faut qu'ils paffent pour donner le mouvement à fix répétitions de pompes, que fait agir chacune des
deux manivelles fixées à l'arbre de la roue (1). La forme que l'on
a donnée aux varlets, contribue encore à l'augmentation du frottement ; on a penfé qu'un angle droit fuffifoit dans tous les cas
pour cette conftruction, mais on verra par la démonftration fuivante, que les angles defdits varlets doivent varier autant que
ceux des puits ou galeries fur lefquels on a intention de les placer.

Suppofons A B (*) le profil d'une galerie, & C D celui d'un
puits oblique ; fuppofons auffi que le fol de ladite galerie dans
laquelle on veut placer un varlet foit horifontal ; on demande
quelle eft la pofition la plus avantageufe, & l'angle qu'il doit
avoir pour faire mouvoir le pifton de la pompe E. Prolongez en
O la direction N du pifton, & celle F vers M, ces deux lignes fe
croiferont au point P ; élevez les deux perpendiculaires I K & I L
qui fe rencontreront au point I, ce qui vous donnera l'angle du
varlet & même fa pofition, qui dans ce cas eft fixé à l'axe du
tourillon I, centre du mouvement. La longueur des côtés du
varlet dòit être proportionnée au rayon de la manivelle qui fait
mouvoir le tirant F ; car s'ils étoient trop courts, il fe feroit pour

(1) Cette roue dont le diametre eft de 35 pieds, eft enterrée.

lors

lors un effort confidérable fur le tourillon I ; c'eft pourquoi on proportionne les diftances P K & P L aux longueurs defdits côtés, à moins toutefois que l'on ne voulût donner aux piftons une levée plus ou moins grande , que celle du diametre du cercle que décrit la manivelle à chaque révolution de la roue.

Nous venons de voir quel eft l'angle que doit avoir le varlet en plaçant fes côtés perpendiculaires aux tirans, nous allons déterminer par la démonftration quelle eft fa valeur.

Démonftration.

La figure I K P L eft un trapeze dans lequel on a les deux angles K & L qui font droits par l'hypothefe, puifqu'on a élevé les deux côtés du varlet perpendiculaires aux deux directions des tirans. Les deux autres angles du trapeze font enfemble égaux à deux droits, ainfi que les deux K P L & Q , puifqu'ils font fur une ligne droite ; mais l'angle K P L eft commun, donc l'angle Q eft égal à l'angle I du varlet. Ainfi ayant une fois connu l'angle que forment entr'eux les directions des tirans , on aura toujours celui que l'on doit donner au varlet puifqu'il en eft le fupplément ; ce qui eft général pour tous les cas : d'où il fuit que fi l'angle des directions eft droit , celui du varlet doit l'être auffi. Mais il arrive que l'on ne peut pas toujours placer le varlet à l'endroit H , foit parce qu'il incommoderoit pour le paffage de la galerie , foit par quelqu'autre inconvénient ; alors on peut le placer en P R ou G, il conferveroit le même angle ; par exemple , fi c'eft en G l'angle fera obtus, & formera précifément le même que donnent les deux directions des tirans au point où elles fe rencontrent. Le varlet placé de cette maniere eft auffi avantageux dans un cas que dans l'autre, d'où il réfulte que l'angle du varlet doit toujours être le même que celui du fupplément de l'angle auquel il eft oppofé ; s'il s'agit de conduire les tirans dans différens détours de galerie , la même regle fubfifte ; car en fuppofant que A B foit le plan d'une , & C D celui d'une autre, les varlets doivent être les mêmes , mais placés horifontalement, & fixés par un arbre vertical qui tourne fur un pivot.

§. III. On procede au caffage, triage & lavage des minérais, comme dans les mines précédentes, en obfervant d'en féparer les qualités fuivant leur richeffe. Le bocard n'eft monté qu'à trois pilons, ce qui eft plus que fuffifant pour la quantité de minérai que l'on extrait de cette mine.

SECTION V.

Pl. XIX. *Mine de* Küh Schaɛt *ou puits de la vache, à* 255 *toifes du centre de Freyberg.*

§. I. Cette mine aɛtuellement à la profondeur de 169 toifes & demie, & dont l'exploitation eft commencée depuis environ deux fiecles, donne un bénéfice conftant depuis 1700, qui néanmoins a beaucoup diminué à mefure de l'avancement des travaux par l'augmentation des dépenfes; d'ailleurs le minérai n'y eft pas auffi abondant ni auffi riche.

Pour avoir une idée du produit de cette mine, ce qui fera fuffi-fant pour s'en former une fur toutes les autres mines de ce diftriɛt, nous donnerons à la fin de cette Seɛtion, le détail de la recette & de la dépenfe pendant le dernier quartier de l'année 1756, extrait du regiftre des comptes.

§. II. Le filon principal eft feptentrional, fa pente qui eft in-direɛte eft de 75 à 80 degrés; il produit de la mine de plomb à Produit du filon. facettes, de la mine jaune de cuivre, de la pyrite, du mifpikel ou mine d'arfenic & de la blende; toutes ces matieres réunies dans un feul morceau, & raffemblées dans un quartz.

A la profondeur de 112 toifes, ce filon s'eft joint à un autre méridional indireɛt avec une inclinaifon de 50 degrés, qui non-feulement a apporté beaucoup de minérai, mais encore il l'a en-richi & en a changé la qualité; il produit dans cet endroit de la mine d'argent rouge, de la blanche, de la mine vitrée & quel-quefois de l'argent natif en feuilles ou lames fur une pierre cor-

née noire qui prend le poli, & auffi de la galène dont le quintal
tient 12 lots d'argent ; on y trouve encore de la pyrite de la
même richeffe, le tout dans un fpath blanc, que les mineurs
regardent de meilleur indice que le rouge, qu'ils difent appauvrir
le minérai ; ils ont la même opinion pour la glaife blanche qui
accompagne quelquefois le filon. La noire au contraire eft de
bonne augure, elle tient 2 à 3 lots d'argent par quintal ; le rocher
qui renferme le filon eft auffi un *kneis : voyez* §. I I de la premiere Section.

L'exemple que nous venons de citer du filon feptentrional qui
a été enrichi par un autre méridional, eft un cas excepté de tous
les filons de ce diftrict. Nous rapporterons à la fin de cette Section, §. IX, les obfervations qui ont été faites à cet égard.

La largeur ou épaiffeur des filons, c'eft-à-dire, entre le toit
& le mur eft depuis 6 pouces jufqu'à 4 & 5 pieds ; le minérai s'y
trouve maffif dans quelques endroits, & dans d'autres mêlé avec
beaucoup de rocher.

Pour exploiter le minérai, on commence par le déchauffer
avec l'acier ou pointerole, pour l'abattre plus facilement & en
plus grande quantité, avec les coups de mine dont les trous ont
été faits avec de gros forets : on forme auffi beaucoup d'ouvrages
en *ftroffe* ou échellon, comme la méthode la plus avantageufe.

La communication de la galerie d'écoulement de cette mine,
avec la galerie royale qui en reçoit toutes les eaux, a donné lieu
à un droit de 19 liv. 10 fols, que les actionnaires paient au roi par
chaque quartier.

§. III. A mefure d'approfondiffement de cette mine, on a
conftruit quatre machines hydrauliques pour en épuifer les eaux, Machines
hydrauli-
ques.
& les élever de 134 toifes & demie, jufqu'à la galerie d'écoulement qui n'amene que 35 toifes de profondeur. Les roues de ces
machines font placées à différentes hauteurs dans l'intérieur de la
mine, & font mouvoir huit trains de pompes qui forment 21 répétitions ; favoir, 16 des petites de 31 pieds, & 5 des grandes de

62 pieds, qui non-feulement élevent les eaux de cette mine, mais encore de celle de *Mathufalem* qui lui eft voifine, & qui communique par deux galeries, pour raifon de quoi cette derniere paie aux intéreffés de la mine de *Küh fchaɔ̃t*, une rétribution de 18 liv. 15 fols chaque femaine.

On a placé la premiere roue de ces machines avec un diametre de 38 pieds, à 41 pieds au-deffous de la furface de la terre, c'eft-à-dire, jufqu'au centre de l'arbre ; & la feconde du même diametre précifément au-deffous, de maniere que la diftance d'une manivelle à l'autre eft également de 41 pieds, & celle entre les aubes ou augets de 3 pieds 6 pouces ; le diametre de la troifieme n'étant que de 28 pieds 5 pouces, la diftance fe trouve ici de 46 pieds 6 pouces ; enfin celui de la quatrieme de 30 pieds 1 pouce, fon centre eft de 41 pieds 6 pouces plus profond. Leurs axes ou arbres ont un diametre de 26 pouces fur 5 pieds de longueur, & les aubes ou baquets 14, 18 & 20 pouces de largeur ; les manivelles de 16 à 18 pouces de rayon. Ces dernieres qui donnent une levée de 3 pieds font préférées à celles d'un plus grand rayon ; en effet le cercle qu'elles décrivent étant plus petit, elles peuvent élever un poids plus confidérable avec moins de frottement ; il eft vrai qu'avec une plus forte levée, on éleveroit un plus grand volume d'eau. On aura le même avantage fi l'on augmente le diametre des corps de pompes & celui des piftons.

Les eaux de cette mine étant très-vitrioliques, on n'a pu faire ufage par-tout des tuyaux ou corps de pompes en fer ; on y a fubftitué ceux de laiton qui font employés dans tous les puits perpendiculaires, & non dans les puits obliques dont l'inclinaifon leur feroit éprouver trop de frottement : malgré l'inconvénient des eaux, on fe fert dans ces puits de ceux en fer.

Les tuyaux de laiton du poids d'environ 108 livres, ont en longueur 3 pieds & demi avec un diametre intérieur de 10 pouces & demi, & 3 lignes d'épaiffeur. Pour donner plus de réfiftance à la preffion des piftons contre les parois, ces tuyaux font reliés avec des douves bien jointes, affujetties avec de bons cercles de fer ; s’ils font plus difpendieux que les autres, on trouve à s’en dédommager par l’économie qu’ils procurent dans l’emploi du cuir des piftons qui refte fix mois en place fans être changé, tandis que dans les corps de pompes en fer, à peine durent-ils fix femaines.

§. IV. Les grandes pompes paroîtroient d’abord préférables, en ce qu’elles tiennent lieu de deux petites, qu’il n’eft befoin que d’un feul pifton, que l’on épargne du cuir & que l’on évite beaucoup de frottement, ce qui eft très effentiel dans les machines, fur-tout lorfqu’elles font placées immédiatement au-deffous des roues, puifque le pifton étant plus bas que dans les petites, fe trouve plus éloigné du centre de mouvement de la manivelle.

Malgré tous ces avantages, elles préfentent les inconvéniens qui dans tous les cas feront préférer les petites ou baffes pompes.

S’il arrive que dans les premieres il faille changer les piftons, ou que ceux-ci demandent quelques réparations, cette opération ne peut fe faire qu’en faifant une ouverture à côté du tuyau, ce qui prend beaucoup de tems, pendant lequel les eaux montent dans la mine ; & fi par quelques accidens celle-ci venoit à être noyée, il feroit impoffible de les réparer : dans les petites pompes au contraire ces réparations font très-faciles, puifque le pifton eft placé dans le haut, qu’un feul homme peut le retirer du tuyau, remédier promptement à ce qui lui manque, ou en fubftituer un autre.

D’ailleurs la colonne d’eau qui eft au-deffus du pifton des grandes pompes eft très-confidérable, & par conféquent d’un poids qui exige beaucoup plus de puiffance pour l’élever.

L’ufage de ces pompes ne peut tout au plus avoir lieu que dans la partie fupérieure d’une mine, ou du moins dans celles où les eaux ne montent pas fenfiblement, de maniere que l’on puiffe avoir affez de tems pour les réparer ; mais toujours il fera plus avantageux de préférer les petites : l’expérience que l’on en a faite a donné lieu à nombre de réformes dans plufieurs mines.

§. V. Sur un des puits de cette mine, on a conſtruit une machine à moulettes qui ſeule ſuffit à l'extraction de toutes les
matieres, & les éleve de 89 toiſes & demie; elle eſt exactement
ſemblable à celle qui eſt repréſentée ſur la pl. XI, fig. 1 & 2.
Quant à la conſtruction, elle ne differe que dans quelques dimenſions; le tambour de celle-ci eſt de 10 pieds de diametre, & ſon
bras de levier de 30 pieds de longueur.

§. VI. Cette mine n'occupe qu'un ſeul bocard à trois pilons,
un *ſchlem graben* ou caiſſe allemande, & trois tables: cette premiere de 11 pieds de longueur, ſur 2 pieds 5 pouces de largeur,
avec une inclinaiſon de 7 degrés; les trois autres de 16 pieds de
long & 2 pieds 9 pouces de large, avec une pente de 7 degrés
pour la premiere, de 6 pour la ſeconde, & de 5 pour la troiſieme.

Le travail de ce bocard ne concerne que les minérais les plus
pauvres, les autres eſpeces ſont triées & lavées au crible de même
qu'à la mine de *Séegen gottes hertʒog Auguſt*, art. III, Sect. III.

§. VII. *Recette & dépenſe de la mine de* Küh ſchact, *pendant le
dernier quartier, extraites des regiſtres des comptes.*

	liv.	ſols.
Il a reſté en caiſſe du quartier précédent la ſomme de	8297	6
Pour 4085 quintaux de minérais extraits dans le dernier quartier, livrés aux fonderies purs & la-vés, & vendus ſuivant leurs différentes richeſſes	13853	15
Il a dû produire ſuivant les eſſais 324 marcs 10 lots un quart d'argent.		
Pour la vente d'un échantillon de minérai, eſtimé & taxé à	1	9
Rembourſement des droits que la mine avoit payés ſur ſes approviſionnemens		6
Pour le dédommagement que le roi accorde aux compagnies ſur le tranſport du minérai dans la		

22158 10

<table>
<tr><td></td><td>liv.</td><td>fols</td></tr>
<tr><td>Ci-contre . . . . : </td><td>22158</td><td>10</td></tr>
</table>

fonderie la plus éloignée , à raifon de 7 den. par
quintal , fait pour celle-ci   51   4

Pour le droit que cette mine retire de celle de *Mathufalem* pour élever fes eaux , à raifon de 18 l.
15 f. par chaque femaine , monte à . . .   243   15

Reçu de la même mine pour le loyer d'un bocard   99   18

Pour outils vendus   30   12

Pour ceux que les mineurs ont perdus & qu'ils
font obligés de payer   4   9

Total de la recette . . . 22588   8

Dépenfe.

<table>
<tr><td></td><td>liv.</td><td>fols.</td><td>den.</td></tr>
</table>

1 *Schichtmeifter* ou maître des journées , pour
fes gages, à raifon de 11 l. 5 f. par quinzaine,
fait pour le quartier (1)   73   7   6

1 Maître mineur à 16 l. 17 f. 6 d. par quinzaine,
ci   109   13   9

1 Sous-maître mineur, à 9 l. 7 f. 9 d. . .   60   18   9

Audit , à 7 l. 10 f. pour faire jouer les coups
de mines   48   15

1 Autre fous-maître mineur comme le précédent,
mais qui n'a pas rempli toutes fes journées   59   17   9

Dans le dernier quartier ils ont tiré 152
coups de mine de 40 pouces de profondeur,
pour lefquels ils ont confommé 110 liv. de
poudre.

1 Maître charpentier, à 11 l. 5 f. par 15 jours .   73   7   6

1 Maître des caffeurs, à 9 l. 7 f. 6 d. . .   60   18   9

1 Maître de bocard, à 9 l. 7 f. 6 d. . .   60   18   9

1 Maître cribleur, à 9 l. 7 f. 6 d. . . .   60   18   9

608   16   6

8

(1) Chaque quartier eft compofé de treize femaines.

		liv.	fols.	den.
8	*D'autre part*	608	16	6
1	Maître de machine, à 15 liv. . . .	75		
5	Charpentiers, à 8 l. 10 f. par 15 jours .	276	5	
2	Mineurs qui font les trous de mines, & caffent les gros morceaux des minérais, à 8 l. 10 f.	110	10	
59	Mineurs travaillant feulement avec l'acier & le pic, à 8 l. 8 f. 9 d.	3139	9	6
11	Apprentifs depuis 6 l. 10 f. jufqu'à 7 l. 10 f.	549	10	3
4	Forgerons, à 8 l. 10 f. & 13 l. 2 f. 6 d. .	266	8	
3	Manœuvres employés à remplir & vider les tonnes de la machine à moulettes, & à tranfporter le minérai aux cafferies, à 5 l. 6 f. 3 d. & 7 l. 10 f.	121	17	6
29	Autres manœuvres, à 6 l. 5 f. . . .	1170	15	
5	Jeunes garçons qui chargent les feaux dans la mine, à 5 l. & 6 l. 4 f. 9 d. . . .	182	3	9
60	*Idem* aux cafferies, depuis 1 l. 17 f. 6 d. jufqu'à 6 l. 5 f.	1295	9	10
4	Laveurs au bocard, depuis 4 l. 7 f. 6 d. jufqu'à 8 l. 10 f.	146	2	
8	Cribleurs, depuis 4 l. 7 f. 6 d. jufqu'à 8 l. 8 f. 9 d.	340	18	9
4	Aides pour les machines, à 11 l. 5 f. . .	236	5	
3	Mineurs à divers prix-faits	151	5	
206	*Ouvriers dont la dépenfe monte à* . . .	8670	16	1

Pour journées extraordinaires faites pas divers ouvriers pendant le quartier 90 18 9

Pour 900 livres de fer, à 13 l. 9 f. 9 d. . .   121 14 4

Pour 4 quintaux d'acier, à 21 l. 2 f. 6 d. . .   84 10

Pour différentes matieres dans lefquelles font compris 21 arbres fapin pour étançonnages . .   635 5 5

Pour 110 livres de poudre   88   9

                                           9691 5 4

Pour

	liv.	fols.	den.
Ci-contre	9691	5	4
Pour charbon de forge	98	8	9
Pour le tranfport des minérais	810	9	11
Pour brouettes, feaux & autres outils . . .	255		
Pour divers menus frais en penfions de veuves de mineurs, maladies, &c.	294	18	10
Pour différens droits	12	10	
Pour celui du vingtieme pris fur le dividende du bénéfice, fixé par le confeil des mines . .	128		
Pour le droit de la galerie royale d'écoulement .	19	10	
Pour autres petits droits qui appartiennent aux avocats & procureurs des mines, & aux jurés ou infpecteurs	9	4	4
Pour frais au pefage & aux effais des minérais aux fonderies	66	15	11
Pour diverfes dépenfes dans lefquelles font comprifes celles d'une mine nommée *Michaélis*, que la compagnie de *Kühfchad* exploite avec perte, & celles de la mine *prophete Jonas*, où elle a plufieurs actions	325	11	11
Total de la dépenfe	11711	15	

La recette étant de 22588 liv. 8 f. il refte en bénéfice, y compris ce qui étoit en çaiffe, la fomme de   10876 13

Sur laquelle il fera prélevé par décifion du çonfeil des mines, celle de   2560

Pour être répartie aux intéreffés, & qui produit par chaque action 20 liv.

Il refte donc en caiffe celle de 8316 13

A peu près égale à celle du quartier précédent.

§. VIII. Indépendamment des mines dont on a parlé ci-deffus, il y en a quantité d'autres dans le diftrict de *Hohen-birckner*, comme on peut le voir fur le plan (*), qui font exploitées de même, (*) Pl. XIX.

Tome II.   B b b

La plus confidérable eſt à peu près à la même profondeur de celle de *Kühſchaċt*, mais le filon s'étant appauvri & les dépenſes augmentant chaque jour, on fut contraint de l'abandonner en 1740 ; elle eſt actuellement remplie d'eau.

§. IX. Dans toutes les mines du diſtrict de *Hohen-birckner*, on n'exploite que des filons ſeptentrionaux ; tous les autres d'une direction différente, ne ſont que de petites veines qui contiennent ſi peu de minérai qu'il ne mérite pas les frais d'extraction ; mais ces veines y occaſionnent des changemens. L'expérience a prouvé & démontré tous les jours, que lorſqu'un filon oriental vient à en rencontrer un autre ſeptentrional, il le bonifie, de maniere qu'au point de réunion & pendant une certaine diſtance, il produit du minérai en plus grande quantité, & plus riche qu'il n'étoit auparavant.

Les petites veines ou filons occidentaux & méridionaux font un effet tout contraire, ils l'appauvriſſent tellement qu'ils le réduiſent à une très-petite épaiſſeur, & quelquefois le coupent entiérement. On n'a qu'un ſeul exemple de cette exception dans le filon de *Kühſchaċt*, qui a été enrichi par un autre méridional qui lui-même eſt devenu principal, & ſe ſoutient en largeur & en richeſſe ; d'où il ſuit que dans le cas de la découverte d'un filon quelconque dans ce diſtrict, à moins qu'il ne fût ſeptentrional, on en entreprendroit difficilement l'exploitation ; il faudroit que les apparences en fuſſent bien belles pour s'y déterminer.

§. X. Nous avons dit à la IIᵉ Section de ce Mémoire, §. II, comment ſe faiſoit l'extraction du minérai ; nous ajouterons à cet article que c'eſt toujours eu égard à la qualité, & dureté du rocher & à la richeſſe du minérai, que l'on emploie le pic & la pointerole, les petits ou les gros forets pour percer les trous. Lorſque le rocher eſt dur, & qu'il eſt diviſé par petites veines ou fentes, dans leſquelles les coups de mine ne feroient que peu d'effet, on n'y travaille qu'avec le pic & la pointerole, ce qui ſe pratique ſur-tout dans les galeries, où l'on n'a pas aſſez d'aiſance

pour faire de gros trous : fi le rocher eft trop dur & que l'on ne
puiffe pas parvenir a déchauffer le filon avec le pic & la pointerole,
on fait ufage alors des petits coups de mine , & enfuite de gros
forets pour abattre le minérai & les matieres qui l'accompagnent.
Déchauffer un filon, c'eft prendre du côté du toit ou du mur
fuivant qu'il eft plus ou moins dur, une certaine épaiffeur de rocher que l'on exploite en longueur & en profondeur, de maniere
que l'épaiffeur du filon qui refte, puiffe à l'aide de cette ouverture
être abattu avec plus de facilité & en plus grande quantité.

§. XI. Dans toutes les mines de Freyberg les journées des
ouvriers qui font employés à élever les minérais par différens
puits, font fixées à 8 heures de travail, pendant lefquelles ils font
obligés de tirer 1 20 feaux.

Comment on éleve les minérais des différens puits.

Dans les puits, depuis 7 jufqu'à 10 toifes de profondeur , on
ne met qu'un feul homme au treuil ou tourniquet (1) ; dans
ceux de 10 jufqu'à 20 toifes , deux ; & enfin dans ceux de 20 jufqu'à 30 & 36 , trois fuffifent ; & dans ces deux derniers cas , l'un
d'eux doit conduire le minérai avec la brouette , dans un endroit
affigné.

Les treuils ont communément 8 pouces de diametre , & leurs
manivelles 16 pouces de rayon , la corde qui s'enveloppe fur le
treuil 6 lignes de diametre ; le feau qui y eft fufpendu, de 14 pouces cubes, contient depuis 100 jufqu'à 150 livres de minérai , ce
qui dépend de fa qualité.

Si l'on fait le calcul de l'effort que fait l'ouvrier appliqué au
treuil , on verra qu'il n'emploie toute fa force que dans le cas où
il eft feul ; mais pour lors on charge moins le feau , & il n'eft pas
tenu au tranfport , mais feulement à élever le même nombre de
1 20 dans les 8 heures comme les autres.

(1) Un treuil eft un cylindre de bois coupé de la longueur de l'ouverture du puits ,
fur lequel on veut le placer, d'un plus ou moins grand diametre, & armé à fes deux
extrémités d'une manivelle en fer, qui repofe fur deux grenouilles affujetties à deux
pieces droites, fixées au deux petits côtés du cadre en bois qui forme l'embouchure du
puits. On nomme ces deux pieces de bois , *les chandeliers.*

L'ufage des petites cordes eft fans contredit préférable à celui des groffes, & même aux chaînes de fer que l'on emploie quelquefois dans certaines mines ; ces dernieres exigent plus de précautions , puifqu'elles caffent fouvent fans qu'on ait pu le prévoir. Les petites cordes fe ploient plus facilement fur le treuil, & y apportent par conféquent moins de réfiftance, d'ailleurs elles font d'un poids bien moins confidérable que les groffes, qui par leur pefanteur diminue la puiffance ; il eft vrai qu'elles ne durent pas autant, mais en proportion elles font beaucoup plus d'ufage. Les unes & les autres font fujettes aux mêmes inconvéniens , de fe pourrir plutôt que de s'ufer ; on y remédie en les rechangeant lorfqu'elles font bien imbibées pour les faire fécher.

SECTION VI.

Mine de Himmels fürften *dans le diftrict de* Braender , *à* 2370 *toifes du centre de Freyberg.*

§. I. Cette mine depuis très-long-tems donne un bénéfice réel & conftant, de 15 jufqu'à 20 liv. par chaque action tous les quartiers. On y exploite deux filons qui font alternativement feptentrionaux & méridionaux , de maniere qu'ils fe rencontrent affez fouvent dans leur direction , & produifent alors du minérai en plus grande abondance ; on y trouve de *l'argent natif* uni à un fpath blanc & rougeâtre, de la mine d'argent vitrée, de la mine d'argent blanche, de la mine de plomb, de la blende, de la pyrite martiale & arfénicale, du quartz & d'une efpece de pierre de corne qui prend un très-beau poli reffemblant au jafpe , mais fur-tout de la pierre cornée ordinaire; ils contiennent auffi une efpece de glaife de couleur bleuâtre, où l'on voit de la mine d'argent rouge.

L'inclinaifon de ces filons eft directe depuis 40 jufqu'à 50 degrés ; on remarque cette variété fur-tout dans la profondeur où ils approchent plus de la perpendiculaire. Dans le toit d'un de ces filons on a ouvert une galerie, dont le roi paie la moitié des frais, à l'effet de rejoindre un filon oriental connu.

§. II. La profondeur actuelle de cette mine est de 95 toises, & bien inférieure à celle de la galerie d'écoulement nommée *Thelef-berger*, qui n'est profonde que de 27 toises & demie depuis le jour. Les eaux font élevées jufqu'au niveau de cette galerie, par une machine hydraulique qui fait mouvoir 14 répétitions de petites pompes de 28 pieds 10 pouces 4 lignes de hauteur.

Section VII.

Mine de Grüner Zweige *à 2220 toifes du point central.*

Pl. XIX.

§. I. Cette mine n'a jamais donné ce que l'on appelle réellement bénéfice, c'est-à-dire, que l'on y a prefque toujours travaillé avec perte, ou plutôt que le bénéfice n'a pas été affez foutenu pour que la compagnie pût en retirer fes premieres avances : depuis 4 ans elle donne 3 liv. 15 f. par quartier pour chaque aêtion, en *verlag* ou profit confidéré comme rembourfement, ce qui forme pour l'année un total de 1920 liv.

§. II. Les deux filons que l'on exploite dans cette mine font feptentrionaux; l'un d'eux produit dans une largeur de 5 à 6 pouces, de la mine d'argent blanche, de la mine de plomb à facettes, de la blende, de la pyrite martiale & arfénicale, avec du fpath & un peu de quartz; l'autre dans une largeur de 2 à 3 pouces, de la mine d'argent rouge, de la blanche, de la mine d'argent vitreufe, de la mine de plomb, de la blende & pyrite, le tout dans un fpath blanc, beaucoup plus eftimé que le rouge, & auffi du quartz & de la pierre cornée.

Ces deux filons ont leur pente direête de 40 jufqu'à 50 degrés; comme le rocher y eft fort dur, on n'y forme des ouvrages ou *ftroffes* que de 2 pieds de largeur, ce qui en rend le travail très-pénible à l'ouvrier, qui eft obligé de fe coucher fur le côté pour extraire le minérai.

L'un de ces filons ayant communiqué au filon méridional de la mine de *Gélobtland*, toutes les eaux que fournit ce premier fe rendent dans cette derniere, & font élevées au jour par la machine qui y eſt établie, pour raiſon de quoi la mine de *Grüner Zwige* lui paie par chaque quartier un droit de 44 liv.; cette ſomme quoique modique eſt cependant regardée comme très-forte, eu égard à la petite quantité d'eau, mais on a pour principal objet d'aider à la mine de *Gélobtland*, que l'on exploite aujourd'hui avec perte, comme nous le dirons bientôt; de ſorte que ſi cette derniere étoit abandonnée, elle cauſeroit le plus grand préjudice à la premiere, puiſque toutes les eaux s'y rendroient. C'eſt dans de ſemblables cas que le conſeil des mines porte la plus grande attention, en balançant les pertes de l'une avec les avantages de l'autre, pour qu'en faiſant leur bien, on y trouve celui de l'état & du ſouverain, en maintenant le plus grand nombre de mines en exploitation.

Les eaux que fournit le ſecond filon, ſont élevées par des pompes à bras, juſqu'au niveau de la galerie d'écoulement de *Thelesberger*.

La profondeur totale de cette mine eſt de 75 toiſes; on y a entrepris deux galeries de recherche & un puits d'airage, dont le roi paie la moitié de la dépenſe.

Section VIII.

Mine de Gélobtland *à 2270 toiſes de Freyberg.*

Diſtrict de Braender. Pl. XIX.

§. I. Cette mine dont l'exploitation eſt fort ancienne, a éprouvé bien des variations dans le bénéfice comme dans la perte; il n'y a qu'une dixaine d'années que le bénéfice monta à 125 liv. par action dans un quartier, & aujourd'hui chaque intéreſſé eſt obligé d'y faire des avances.

§. II. Le principal filon que l'on y exploite eſt méridional; lors de ſa réunion avec celui de la mine précédente, il a produit abondamment du minérai. Il y en a encore deux autres, l'un quelquefois méridional & quelquefois ſeptentrional, & l'autre entiérement ſeptentrional. Leur pente eſt de 50 à 60 degrés; ils produiſent de la mine d'argent rouge, de la blanche, de la mine

vitrée, du minérai de plomb, avec blende, pyrite, fpath &
quartz & un peu d'argent natif. Une argille bleuâtre qui accompagne ces filons eft regardée comme un très-bon indice; ils
fe foutiennent en largeur & richeffe autant qu'elle s'y maintient;
le contraire arrive lorfqu'elle difparoît.

SECTION IX.

Mines de Neû glück drey Eichen *&* de Donat, *l'une à* 1870   Pl. XIX.
toifes, & l'autre à 2420 *toifes de Freyberg.*

§. I. Cette premiere n'a jamais donné ce qu'on nomme *auf-
beûte* ou bénéfice, mais pendant un tems, elle a rembourfé une
partie des premieres avances, & depuis quelques années fes dépenfes égalent fon produit; la feconde qui a été très-abondante
eft travaillée aujourd'hui avec perte.

§. II. Les filons principaux de ces deux mines font méridionaux,
mais dans la premiere il s'y en eft joint un feptentrional, & un
autre occidental qui cependant n'ont point enrichi le méridional, &
n'y ont apporté aucune augmentation, fi l'on en excepte quelques
petites veines orientales qui s'y réuniffent : ils produifent dans
l'une & l'autre mine de la mine d'argent rouge, de la blanche,
de la mine vitrée, de celle de plomb uni à la blende & à la pyrite
dans le fpath & quelquefois un peu d'argent natif. La glaife
bleuâtre y eft auffi d'un très-bon indice ; leur pente eft directe de
50 à 60 degrés.

Pour l'épuifement des eaux, ces deux mines, de même que les
précédentes, font deffervies par trois galeries royales d'écoulement ; toutes trois ont été ouvertes en fuivant la direction des
filons méridionaux, fous la dénomination de *Taûber ftollan*,
Brandt ftollen, & *Thelesberger ftollen*; la premiere profonde de
184 pieds & demi au-deffous de la furface de terre; la feconde
plus baffe de 103 pieds & demi, & la troifieme encore plus profonde de 103 pieds, ce qui forme un total de 65 toifes pour la
profondeur de ces mines.

Toutes les matieres qui en proviennent font pilées & lavées comme il a été dit, & portées enfuite aux fonderies où elles font diftribuées pour la fonte, fuivant les claffes où elles doivent être.

Obferva-
tions fur le
diftrict de
Braender.

§. III. Les collines ou petites montagnes qui dans ce diftrict renferment les filons, ont une pente plus confidérable que dans celui de *Hohen birckner*, & font plus expofées au midi qu'au nord : cette obfervation eft commune à la majeure partie des mines que nous avons vues ; cependant elle n'eft point générale, mais elle eft fuffifante pour préférer la pourfuite d'un filon, qui, par exemple, traverfe un ruiffeau du côté du fud ; s'il ne produifoit pas il faudroit la faire du côté oppofé, parce qu'il eft de regle qu'un filon qui change de colline, change auffi totalement en bien ou en mal. Il feroit encore mieux de l'attaquer dans l'endroit où fe fait la réunion des deux collines ; il eft démontré par l'expérience qu'il eft fouvent plus riche & plus abondant.

On exploite dans ce diftrict nombre d'autres mines qui ne different en rien de celles que nous venons de détailler, les filons feptentrionaux & méridionaux y font reconnus pour les meilleurs, mais fur-tout les premiers, & quantité de petites veines orientales qui s'y joignent, & qui non-feulement les rendent plus abondans en minérais, mais encore les enrichiffent : ils ne foutiennent leur produit que jufqu'à une certaine profondeur ; ils font fort étroits & très-inclinés.

Ce que c'eft
que *Zubuffe,*
Verlag &
Ausbeuthe.

§. IV. Comme nous aurons occafion de parler dans plufieurs Mémoires de ce qu'on nomme en fait de mines, *zubûffe*, *verlag*, *aûsbeûte*, nous croyons devoir ici en donner l'explication, & citer les cas où l'on fe fert de ces différentes dénominations pour y renvoyer le lecteur.

Quand on commence l'exploitation d'une mine, la fomme qui a été fixée pour les avances, ou les fonds à faire par chaque action eft nommée *zubûffe*, & l'on dit alors cette mine donne tant de *zubûffe* ; par exemple, 3 liv. 15 f. Si au bout d'un tems elle augmente en produit & que ce produit égale les dépenfes,

on

on dit qu'elle se bâtit d'elle-même; mais si ce produit les surpasse, on en fait une répartition , & l'on dit qu'elle donne tant de *verlag*, nom qu'elle conserve jusqu'à ce que les premieres avances aient été remboursées: dans ce dernier cas , si la mine continue à donner du bénéfice, on dit qu'elle donne tant d'*aûsbeûte* par chaque action; mais si au contraire elle diminue en richesse & que ses dépenses excedent le produit, elle retombe dans le cas du *ʒûbûſſe*, & ainsi de suite.

D'après ce que nous venons de dire, il peut y avoir des action-naires dans une même mine, qui regardent comme *aûsbeûte* ce qu'ils reçoivent des répartitions, tandis que , eu égard à la mine, ce n'est réellement que *verlag*; car, par exemple, qu'une personne ait acheté une action d'une mine qui est en *ʒûbûſſe* , & que dans le même quartier où s'est fait l'acquisition, le filon change totale-ment & produise beaucoup, il est évident que ce dernier acquéreur qui n'a jamais fait aucunes avances, reçoit par la répartition réelle-ment le bénéfice nommé *aûsbeûte*.

C'est le conseil des mines qui décide & fixe les répartitions, les avances & la valeur de chaque action en cas de vente, dans l'estimation desquelles il a moins égard au bénéfice ou aux fonds que l'on est obligé de faire , qu'à la nature & qualité du filon que l'on auroit reconnu devoir produire constamment , ce qui est très-équitable.

SECTION X.

Mines du district de Halsbrückner.

§. I. Le district de *Halsbrückner* a pris son nom d'une des plus Pl. XIX. fameuses mines qu'il y eût dans toute l'Allemagne , par l'étendue de ses travaux & le nombre d'ouvriers qui y étoient occupés. On voit sur la riviere de la *Molda* , un aqueduc de deux ponts l'un sur l'autre, qui servoit à la conduite des eaux nécessaires pour faire mouvoir 22 machines hydrauliques, construites & placées par gradation sur le penchant de la montagne , qui toutes étoient employées à l'épuisement des eaux de cette seule mine , mais qui ne suffisoient pas encore, soit parce que celles-ci étoient trop abondantes , ou que les machines fussent mal faites comme on nous l'a rapporté.

Le minérai quoique fort abondant ne pouvoit payer les frais de l'exploitation. Le soutien d'une mine aussi intéressante par l'abondance des matieres qu'elle fournissoit, & la quantité des ouvriers qu'elle occupoit furent proposés en l'année 1747 , & la question agitée dans les différens conseils, à l'effet de prendre le parti le plus convenable pour assurer la continuation de cette entreprise ; il s'agissoit d'une somme assez considérable que l'on demandoit au roi. La surintendance de Freyberg mieux instruite à cet égard que le grand conseil de Dresde , ne fut point écoutée dans ses représentations & dans son rapport, puisqu'il en résulta un ordre de la cour qui en décida l'abandon au grand regret de tout le pays. Il y a même grande apparence que cette mine ne sera jamais relevée ou rétablie , puisqu'on en fait monter la dépense à 7 à 800 mille livres.

Les minérais qu'elle produisoit étoient de la mine d'argent blanche très-riche ; on en trie encore aujourd'hui dans les décombres, mêlée de quartz & de pierre de corne, qui tient jusqu'à 5 lots d'argent par quintal.

§. II. Cette mine distante du centre de Freyberg , se travaille depuis très-long-tems sans interruption ; & quoiqu'elle produise beaucoup de minérais, ils ne peuvent suffire pour en payer les frais, de sorte que les intéressés sont obligés d'y faire des avances pour en soutenir l'exploitation.

Le filon principal est occidental, se dirigeant entre 7 & 8 heures de la boussole (*) ; sa pente varie beaucoup, de maniere qu'on ne peut la déterminer. Il est actuellement exploité sur une longueur de 70 toises en *strosses* ou échellons, & produit dans une largeur de 6 pieds jusqu'à 3 toises, du minérai de plomb à gros & à petits grains , de la mine jaune de cuivre , du quartz , du fpath & un fluor de différentes couleurs, fur-tout du verd & du jaune, & quelquefois, mais rarement, de la mine de plomb verte, de la mine de cuivre vitrée & du cuivre natif.

Toutes les veines qui ont la même direction & particuliérement celles qui font orientales, font reconnues bonnes & l'enrichiffent au point de jonction ; les veines méridionales font un effet contraire, elles coupent ordinairement le minérai ainfi que nous l'avons remarqué dans plufieurs endroits. A la profondeur totale & actuelle de 128 toifes, le filon a toujours été meilleur & plus abondant du côté de l'orient, que du côté de l'occident ; mais moins riche & en moindre quantité que dans les hauteurs.

Sa grande largeur met dans la néceffité de tout extraire pour féparer le minérai d'avec le rocher où il eft extrêmement divifé ; c'eft ce qui s'obferve exactement dans la mine, même pour éviter la dépenfe d'élever au jour le merrein, qui d'ailleurs eft utile pour charger les pieces de bois qui foutiennent la mine. Cette charpente eft d'autant plus néceffaire, que le rocher du toit & du mur du filon, n'eft pas affez dur ni affez ferme pour fe foutenir de lui-même ; d'où il réfulte une dépenfe confidérable en bois d'étançonnage, à raifon de fa grande largeur.

La méthode d'extraire le filon eft la même que nous avons détaillée à la IIe Section, §. II.

Pour élever au jour toutes les matieres qui en proviennent, on a établi fur deux différens puits deux machines à moulettes agiffant par l'eau (*), dont la conftruction quoique plus difpéndieufe que celles des machines à moulettes ordinaires, eft certainement à préférer, particuliérement quand on a une quantité d'eau fuffifante pour les faire mouvoir & quantité de matiere à élever ; d'ailleurs celle-ci peut tenir lieu de deux, ce que nous allons démontrer par comparaifon. Avec la machine de la mine de *Küh fchact*, on éleve de 539 pieds de profondeur quatre feaux ou tonnes de 6 pieds 4 pouces cubes dans une heure ; & avec celle-ci on en tire 8 de la même profondeur & dans le même efpace de tems,

Machines à moulettes.

(*) *Voyez* pl. XX, fig. 1 à 8 & l'explication.

ce qui dépend néanmoins en partie de la quantité d'eau que l'on met fur la roue. Quant à la dépenfe journaliere pour la manœuvre, elle eft égale; on y occupe de même cinq ouvriers, deux à remplir les feaux, deux pour les vider, & le cinquieme à la conduite de la machine.

Partie des eaux de cette mine s'écoule par une galerie profonde de 83 pieds, le furplus eft élevé jufqu'à ce niveau par quatre machines hydrauliques, où font attachés huit trains de pompes, dont les corps ont 10 pouces de diametre.

Deux bocards à 9 pilons & deux à 6 font employés à piler tous les minérais, & fourniffent à 62 tables à laver fans y comprendre le lavage du crible : deux de ces tables font d'une conftruction différente & particuliere ; elles font fufpendues par des chaînes mifes en mouvement par une machine agiffant par l'eau (*). Le travail que l'on y fait fe nomme *lavage par répercuffion* ; on y procede comme il fuit.

(*) *Voyez* pl. XXI, fig. 1, 2 & 3 & l'explication.

Lavage par répercuffion.

Lorfqu'on veut faire ce lavage, on tranfporte le minérai pilé dans la caiffe **K**, où pour le mieux divifer on l'agite avec le rateau **B**, comme il eft dit dans l'explication; pour cet effet on met une grille de fer au bout du canal **N** à l'endroit **O**, où font fixés plufieurs petits morceaux de bois, qui fervent à diftribuer également l'eau & le minérai, fur la table qui eft plus ou moins inclinée fuivant le degré de fineffe ; ce qui fe fait à l'aide d'un treuil fur lequel font enveloppées les deux chaînes **H**, qui foutiennent une des extrémités de la table. Le minérai que nous avons vu laver étoit d'une moyenne groffeur, & la table étoit inclinée de 7 degrés; on éleve plus ou moins la planche **P**, ce qui dépend de fa fineffe, de fa légéreté & de fa richeffe ; fans cette précaution l'eau entraîneroit beaucoup de matieres qui feroient perdues.

Sur une planche mife en travers fur les deux côtés de la table fe place le laveur (1), qui à l'aide d'un grand rateau agite légére-

(1) Cet ouvrier doit être accoutumé aux fecouffes de la machine, pour pouvoir fe tenir debout fur la table.

ment le minérai avec l'eau, fur-tout en le remontant de bas en haut. Par la fecouffe qu'éprouve la table, les matieres font portées du côté où elle a été donnée, mais le moment d'après elles font ramenées par le courant d'eau; il n'y a que les parties les plus pefantes qui fe précipitent, les plus légeres fe rendent dans un canal qui les porte en dehors des laveries. Les premieres matieres font entiérement mifes au rebut; on continue cette manœuvre jufqu'à ce qu'il y ait fur toute la furface de la table, une épaiffeur de 3 à 4 pouces de minérai; fi celui qu'on lave eft riche, on en retire quelques quintaux dès la premiere fois, un peu plus bas du médiocre qui paffe par un fecond lavage, & enfin de la troifieme efpece qu'il eft néceffaire de relaver jufqu'à 3 fois. Si le minérai eft pauvre on ne peut point en avoir de pur dès la premiere fois, mais on en diftingue les différentes efpeces qui font plus ou moins relavées, fuivant l'endroit de la table où elles fe font arrêtées. On peut y laver en 9 ou 10 heures, de 25 à 30 quintaux de minérai en raifon de fa qualité; mais communément du premier lavage il y a environ la moitié de diminution; deux ouvriers fuffifent à ce lavage, l'un porte le minérai dans la caiffe & l'autre conduit le travail.

Cette méthode de laver, quoique préférable aux autres par rapport à l'avance qu'elle procure, n'eft pourtant en pratique que dans deux mines de tous les diftricts de Freyberg, par deux raifons; la premiere que l'eau n'étant pas dans toutes les faifons fuffifante pour le fervice des mines, on aime mieux la conferver pour les machines hydrauliques que d'en employer à celles-ci. La feconde raifon eft celle de ne pouvoir y occuper que deux ouvriers, tandis que fur les tables ordinaires on occuperoit jufqu'à 12 petits garçons, qui dès leur bas âge s'accoutument au travail & forment par la fuite des fujets laborieux. Ils apprennent fur-tout à connoître les minérais & deviennent bons mineurs; on fe conferve par-là des ouvriers, fans courir le rifque d'en manquer.

§. III. Cette mine joint la fonderie de *Halsbrück* à 1300 toifes

Pl. XIX.

(*) *V.* pl. II, fig. 1, 2 & 3.

du centre de Freyberg ; elle eſt exploitée avec profit : ſon filon principal avec une pente directe de 40 à 50 degrés eſt occidental, ſur une direction de 8 heures 4 huitiemes (*) ; il produit ſur une largeur de 2 pieds juſqu'à 2 toiſes, du minérai de plomb à facettes, du ſpath blanc, du fluor verd cryſtalliſé, quelquefois du cobolt, de la mine de plomb verte & de la noire ; ces deux dernieres ſe trouvent plus ordinairement à l'orient, où le filon eſt moins dur que du côté de l'occident.

Dans ce diſtrict les filons occidentaux ſont reconnus généralement pour être les meilleurs, les méridionaux qui dans la précédente mine coupent le minérai, ſont bons dans celle-ci ; car on en exploite un avec ſuccès, toutes les autres veines ou filons y ſont un mauvais effet ; l'argille blanche eſt ici une très-bonne marque lorſqu'on la rencontre, on eſt preſque toujours ſûr de trouver de bons roignons de mine de plomb maſſive.

Le rocher du toit & du mur étant encore plus tendre que celui de la mine de *Lorentz gégen trüm* ; la dépenſe en bois d'étançonnage, y eſt en proportion beaucoup plus conſidérable.

Un bocard à 9 pilons avec 19 tables & un *ſchlem graben*, ſont employés à piler & laver tous les minérais qui proviennent de cette mine : nous avons décrit ce travail.

Machine hydraulique.

§. IV. Cette machine éleve les eaux de 37 toiſes & demie, qui eſt la profondeur actuelle de la mine, ſur laquelle profondeur il y a 9 répétitions de pompes, dont les 8 d'en bas ſont doubles, ce qui forme 16 corps de pompes en deux trains de tirans ; la neuvieme répétition ſe fait avec une ſeule pompe, qui par ſa groſſeur fait l'effet de deux. Les 8 premieres ſont de 25 pieds 10 pouces, & les autres ſeulement de 18 pieds.

Les corps de pompes en fer où joue le piſton des 8 répétitions d'en bas, ont un diametre de 10 pouces & demi, & les tuyaux en bois 3 pouces & demi ; ceux d'en haut de 15 pouces, & les tuyaux 5 pouces 9 lignes. C'eſt la ſeule pompe dans tous les environs de Freyberg qui ait un ſi grand diametre, dont l'avantage eſt tellement reconnu, qne l'on compte en établir de ſemblables dans toutes les mines. Il en eſt de même des piſtons à deux ſoupapes, dont on ſe ſert déjà dans pluſieurs, ſur-tout à cette derniere pompe, où l'on a fait quatre trous en forme de croix, au milieu de laquelle paſſe la branche du piſton. Chacune des ſoupapes en ferme deux; il faut obſerver que dans le cas où les pompes doivent être placées dans des puits inclinés, le piſton doit être ſur un des côtés qui eſt entre les deux ſoupapes, autrement il y en auroit une qui ne pourroit ſe fermer par la preſſion du cuir, contre le corps de pompes qui l'en empêcheroit.

Afin de mieux reconnoître l'avantage de ces gros-corps de pompes, il faut en calculer la ſurface comparée à celle des petits; par exemple, 15 pouces donnent 176 pouces 9 lignes pour la ſurface de la colonne d'eau des premieres, mais 10 pouces & demi ne nous donnent que 86 pouces 6 lignes pour celle des petits; il eſt donc évident qu'avec les gros corps de pompes, on éleve une colonne d'eau plus que double; car la levée des piſtons étant la même, le volume d'eau eſt en raiſon des ſurfaces. On a d'ailleurs l'avantage d'un frottement moins conſidérable dans une pompe que dans deux qui auroient 10 pouces & demi de diametre; de plus une bien moindre dépenſe en cuir, & beaucoup moins de tirans qui ne ſervent qu'à augmenter le poids.

Pour que la machine marche plus également, on a conſtruit la petite roue A (*) de 33 pouces de diametre, entre les deux tirans B C, de ſorte que tout le train des pompes attaché au tirant B, lorſqu'il deſcend par ſon propre poids, aide en même tems la roue à élever le tirant C à l'aide de la corde D, paſſée ſur la petite roue A; par ce moyen la grande roue reçoit moins de ſecouſſe & ſon mouvement eſt plus égal. Elle eſt ici éloignée de 80 toiſes du puits, ſur lequel ſont placées deux demi-croix ou varlets qui ſoutiennent d'un côté le train des pompes, & de l'autre les tirans, ſupportés de diſtance en diſtance par des balanciers de 8 pieds de hauteur, dont les tourillons portent ſur un

(*) Pl. XXII, fig. 1.

petit mur. Cette méthode de faire agir les balanciers paroît moins dispendieuse que celle de ceux qui sont fixés par le milieu, & qui ont double rang de tirans; mais dans le premier cas ils doivent nécessairement être plus longs, afin que l'arc qu'ils décrivent approche plus de la ligne horisontale.

Les manivelles qui tiennent à l'arbre de la roue ont 7 pouces de diametre à l'endroit qui passe dans le tirant, & pesent 7 quintaux; leur rayon est de 20 pouces, par conséquent la levée est de 40 pouces; elles sont plus solides, la machine acquiert d'autant plus de force & l'on diminue l'angle que forme le varlet avec le tirant. Cette roue de 31 pieds & demi de diametre fait sept tours par minute.

S E C T I O N XI.

Mines des districts les-plus éloignés de Freyberg.

Mine de *Chûr Prince Frideric.*

§. I. La mine de *Chûr prince Frideric*, située au nord de Freyberg & à une lieue & demie de distance de cette ville, est travaillée aux frais du roi, qui malgré les pertes qu'elle a données en a soutenu l'exploitation; son produit aujourd'hui balance les dépenses.

Son principal filon est occidental, & sa pente indirecte, mais bien réglée, est de 70 degrés. Il est exploité dans le fond sur une longueur de 108 toises, & par un ouvrage en échellon de 243 pieds de hauteur en partant du fond du puisard, jusqu'au niveau de la troisieme galerie d'écoulement.

On a reconnu dans cette mine que lorsque des filons ou veines orientales *morgen gang*, viennent à rencontrer le filon principal, ils l'appauvrissent considérablement, & qu'il s'enrichit au contraire par la rencontre de celles qui sont méridionales ou *fläch gang*; c'est-à-dire, dont la direction est depuis 9 jusqu'à 12 heures. On a aussi remarqué que les *flötz* ou couches qui se trouvent sur cette même direction font un effet tout opposé, puisque les premieres l'enrichissent.

II

Il produit de la mine de cuivre grife ou *fahl ertz*, de la mine d'argent blanche, & de la rouge qui fe trouve par lame fur cette derniere, de la mine de plomb à petits grains, dont le quintal tient de 12 à 15 lots d'argent, & de celle à facettes, le tout répandu & difperfé dans un fpath blanc & de la pierre cornée, fur une largeur d'un pied jufqu'à une toife. Lorfque cette pierre de corne devient plus abondante, & que le filon contient moins de fpath, il eft plus riche en minérais; & ce qui prouve cette obfervation, c'eft que ce filon eft tout fpath du côté de l'orient avec très-peu de minérai; quoique celui-ci ne paroiffe prefque pas dans cette efpece de pierre cornée dure & un peu tranfparente, le quintal tient cependant depuis 20 lots jufqu'à quelques marcs d'argent. La plus grande partie eft livrée aux fonderies en morceaux de la groffeur d'une noix, le furplus eft pilé & lavé avec d'autant plus de précaution, que la pefanteur du fpath eft à peu de chofe près égale à la fienne.

§. II. Cette mine dépendante du diftrict de *Braûnfdorf*, au nord de Freyberg, & à 2 fortes lieues de diftance de cette ville, donne 25 liv. d'*ausbeûthe* par action dans chaque quartier : on y exploite deux filons directs tombans, l'un feptentrional & l'autre oriental, dont la direction approche tellement, que fouvent ils fe réuniffent & n'en font qu'un feul : dans d'autres endroits ils font entiérement paralleles, & féparés feulement par une petite épaiffeur de rocher. Ces deux filons fur une largeur de 3 pieds, jufqu'à 3 toifes & demie, donnent de la mine d'argent blanche, de la rouge, de l'argent natif, de la mine d'antimoine rouge & blanche en plumes, & de celle qui eft ftriée, du quartz, du *kneis* noir & du fpath couleur de chair, moins eftimé que le quartz. On y trouve auffi du *mifpickel* ou pyrite arfénicale, de la pyrite ordinaire, & quelquefois de la blende noire tenant argent.

La méthode d'extraire ces minérais eft celle des *ftroffen* ou ouvrages en échellons; ils ont dans cette mine une étendue de 370 toifes, fur 76 de hauteur ou profondeur.

Tome II.   D d d

Mine de *Vertagliche gesell-schaft.*

§. III. Le filon de cette mine eſt ſeptentrional, c'eſt le même que l'on exploite dans celle de *Neüe hoffnûng gottes*; il produit ſi peu de minérais qu'elle ſe trouve dans le cas du *ʒûbûſſe*.

Machines hydrauliques, bocards & laveries.

§. IV. Pour élever les eaux de ces trois dernieres mines & des autres qui ſont exploitées dans les mêmes diſtricts, il y a pluſieurs machines hydrauliques, qui ne different pas eſſentiellement de celles que nous avons déjà décrites; on peut d'ailleurs conſulter le Traité de l'exploitation des mines à Freyberg, traduit de l'allemand par M. Monnet, où l'on trouvera le détail de la conſtruction d'une ſemblable machine avec le deſſin, planches XII, XIII & XIV. Il en eſt de même de ce qui concerne le travail des bocards & des laveries, qui ſont détaillés dans le même Traité avec leurs deſſins, planches XXI, XXII & XXIII. On peut également avoir recours aux détails qui ſont contenus dans différens Mémoires de ce recueil.

Nombre des mines en exploitation.

§. V. Dans toute l'étendue des diſtricts dont nous avons fait mention, on compte 193 mines en exploitation, & 31 dont le travail eſt ſuſpendu. De ces premieres il y en a ſept qui donnent *ausbeûthe* ou profit réel aux compagnies; quatre en *verlag*, dont le bénéfice n'eſt regardé que comme un rembourſement des avances: 19 mines ou galeries royales qui ſe bâtiſſent d'elles-mêmes, c'eſt-à-dire, dont le produit paie les dépenſes, & toutes les autres dans le cas du *ʒûbûſſe* ou travaillées avec perte: ſavoir, 16 dans le diſtrict de *Hohen birckner*, 24 dans celui de *Halsbrückner*, 25 dans le *Braender reſier*, & 67 dans les diſtricts éloignés.

SECTION XII.

De la maçonnerie des galeries & des puits.

§. I. C'eſt en l'année 1707 que s'eſt faite en Saxe l'application de la maçonnerie aux travaux des mines. La néceſſité y donna lieu; la rareté des bois qui ſe faiſoit ſentir chaque jour, & dont la conſommation augmentoit en proportion, à raiſon de l'étendue des galeries & des puits pour leur entretien, détermina le roi & les compagnies à employer cette méthode, dont l'utilité fubfiftera auffi long-tems que l'on exploitera des mines dans les environs, puifque ces ouvrages une fois bien faits ne feront plus fujets à aucune réparation. On prit donc le parti de voûter & de maçonner chaque année, une partie des galeries & des puits à mefure dans les endroits où les étais feroient dans le cas d'être changés ; ce qui continue de s'exécuter.

§. II. L'efpece de pierres propres à la conftruction des voûtes doit être affez dure pour ne pas être attendrie par l'eau, & ne contenir aucune matiere qui puiffe être décompofée par l'humidité ; elles doivent être de nature à pouvoir être taillées d'une largeur & hauteur fuffifante pour qu'une feule pierre forme, s'il eft poffible, toute l'épaiffeur de la voûte, ou du moins la majeure partie. La qualité de celle que l'on emploie à Freyberg eft le *kneis* que l'on trouve dans tous les environs.

Quand il s'agit de voûter une galerie, on a égard à l'inclinaifon du filon, puifque c'eft le toit & le mur qu'il faut foutenir, ce qui fe fait à peu près & fans principe, en confidérant feulement dans quel fens eft la pouffée du toit relativement à fon inclinaifon & au fardeau que doit fupporter la voûte chargée de déblais ; d'où il en eft réfulté la chûte de plufieurs, par la raifon que les corps par leur poids tendent continuellement vers le centre de la terre. Pour y remédier, on les conftruit aujourd'hui d'une épaiffeur fi confidérable, que l'on y trouve l'arc qu'elles doivent avoir fuivant les regles ; ce qui eft d'une forte dépenfe qu'il feroit avantageux d'éviter, la maçonnerie étant déjà par elle-même affez difpendieufe.

Ayant déterminé l'arc que doit avoir la voûte & les endroits du toit & du mur où doivent être placés les contreforts, on y excave le rocher de 1, 2, jufqu'à 2 pieds & demi de chaque côté plus ou moins, à raifon de fa dureté, objet effentiel pour que les voûtes aient un bon foutien ou point d'appui. On y met enfuite un ceintre en bois fur lequel fe conftruit en pierres féches la ma-

Maçonnerie des galeries.

çonnerie ; le mortier eft trop fujet à être délayé & entraîné par l'eau qui tranfpire ou filtre dans tous les ouvrages, on le remplace avec de la mouffe qu'on introduit entre les joints des pierres, au moyen de laquelle le tout eft rendu folide ; d'ailleurs la mouffe fert de rempart aux parties pierreufes que les eaux charient, & qui forment fouvent des ftalactites par la filtration ; elles s'y arrêtent & bouchent avec le tems toutes les cavités qui peuvent avoir reftées dans la voûte ; ce qui forme par la fuite un feul corps, auffi dur & auffi folide que le rocher même.

Maçonnerie des puits perpendiculaires.

§. III. La maçonnerie des puits fe fait de plufieurs manieres fuivant les cas ; fi c'eft un puits perpendiculaire, on en maçonne quelquefois les quatre côtés, d'autres fois trois & même feulement deux, fuivant la qualité du rocher qui eft fouvent plus tendre au toit qu'au mur du filon, *& vice verfâ*. Prenons pour exemple un puits maçonné dans toute fa capacité ; on commence par l'élargir de la grandeur qu'il doit avoir, compris l'épaiffeur des murs, & on en foutient les côtés feulement avec des bois que l'on enleve à mefure que l'on monte la maçonnerie. On excave enfuite le rocher pour appuyer le contrefort des arcs, qui doivent fervir de foutien ; on forme alors 4 arcs fur les 4 faces du puits, & l'on commence la maçonnerie par deffus d'environ 3 pieds & demi d'épaiffeur, que l'on monte de 4, 5 ou 6 pieds de hauteur, fuivant le plus ou moins de folidité du rocher. A cette hauteur on place 4 arcs femblables fur lefquels on monte encore un mur, mais plus haut que le précédent ; on forme de nouveau 4 arcs & ainfi de fuite, jufqu'à ce qu'on foit parvenu à la hauteur totale du puits, en montant les murs d'une égale élévation à ceux que l'on conftruit au-deffus du fecond rang d'arcs. Dans prefque tous ces puits on éleve en même tems un mur qui fépare la partie du puits par laquelle on extrait les minérais, d'avec celle où l'on entre dans la mine, ce qui ajoute encore à la folidité. On donne à ce mur environ 2 pieds d'épaiffeur.

Maçonnerie des puits obliques.

§. IV. On diftingue de deux efpeces de puits obliques, dont la maçonnerie eſt différente ; ceux qui ne ſont pas beaucoup inclinés ſont maçonnés de même que les précédens, en obſervant néanmoins de ſe régler pour la forme des arcs à l'inclinaiſon du rocher, afin de ſe conſerver la même ſolidité; mais ſi on a des puits obliques à maçonner, dont l'inclinaiſon eſt entre 40 & 50 degrés, & dont nous avons vu un exemple, on s'y prend comme il ſuit (1).

Si le filon n'a pas beaucoup de largeur, & que par conſéquent on n'ait donné au puits que celle qui eſt néceſſaire à l'extraction des matieres, on excave le toit du filon de la profondeur que doit avoir l'épaiſſeur de la voûte, qui dans le cas dont il s'agit eſt de 18 pouces en y comprenant celle de l'arc; on cherche enſuite à ſe procurer dans le fond du puits où elle doit prendre naiſſance, toute la ſolidité convenable. C'eſt ſur le mur du filon que ſont appuyés les deux contreforts de la voûte ſur toute la profondeur du puits; ce puits doit être conſidéré comme une galerie qui a beaucoup de pente & qui eſt fort large, la maçonnerie en eſt la même en obſervant que les contreforts ſoient toujours appuyés ſur la même ligne horiſontale, puiſque la naiſſance de l'arc eſt priſe à angle droit de l'obliquité du puits. Comme cette voûte exigeroit pour toute la longueur du puits un arc extrêmement grand, on fait une diviſion de ce premier, d'avec l'endroit où ſont les échelles; à cet effet on éleve un petit mur de ſéparation ſur toute la hauteur du puits, dans lequel ſont formés des arcs de 20 pouces de rayon, diſtans de 5 pieds & demi les uns des autres en partant de leur centre, pour lors on fait deux voûtes, & ce petit mur de l'épaiſſeur d'un pied, ſert d'appui à un des contreforts de la grande voûte, & à un de ceux de la petite voûte à l'endroit du paſſage où ſont les échelles.

(1) M. Monnet ſe trompe donc quand il dit, page 137, que la maçonnerie des puits obliques n'eſt point encore uſitée à Freyberg.

DOUZIEME MÉMOIRE.

DE L'ADMINISTRATION GÉNÉRALE

Des fonderies royales de Saxe, & des opérarations qui s'y font.

CET établissement étant une suite de l'économie des mines, & le seul qui puisse contribuer au progrès de cette branche de commerce, il est convenable que nous en donnions le détail : on y reconnoîtra la sagesse du ministere qui a pris le mèilleur parti pour étendre l'exploitation des mines, & enrichir par là l'état & ses sujets. Avant l'année 1710, le roi, ainsi que plusieurs compagnies, avoient des fonderies, où chacun apportoit son minérai & payoit au propriétaire la dépense de la fonte ; mais la consommation considérable du bois, qui commençoit à devenir rare dans le pays, joint aux difficultés de la fonte qu'on ne pouvoit surmonter qu'à grands frais, détermina sa majesté à faire faire les épreuves les plus exactes, dans les fonderies qu'on avoit pour lors, & par un travail des plus réfléchis à former des classes pour le paiement des minérais. L'intérêt du roi & celui du particulier y ont été balancés, de maniere que l'un & l'autre y trouvent leur avantage, & principalement ce dernier ; car si on fait attention aux prix que ce premier lui paie, on sera convaincu qu'il en auroit coûté beaucoup plus aux compagnies ; il est même de ces minérais qu'il seroit impossible de traiter seuls avec profit, quoiqu'on doublât les frais, ce qui est prouvé par la comparaison que l'on a fait des registres anciens avec ceux de la régie actuelle.

SECTION PREMIERE.

De la livraison & des essais des minérais.

§. I. Les minérais que les compagnies font obligées de livrer

Livraison des
minérais

aux fonderies font pefés à leur arrivée par le juré, qui, pour en faire l'effai, en prend ordinairement deux quintaux fur chaque pefée. Si c'eft du fchlick ou de celui qui provient du travail du crible ou pilé à fec, il les mêle enfemble, & fur le total il en prend différentes parties qu'il met dans une petite fébille ; & comme le minérai n'eft payé que fur fon poids, lorfqu'il eft privé de toute humidité, on le fait fécher fur une pelle de fer avant d'en faire l'effai. Il eft enfuite trituré & tamifé jufqu'à ce qu'il foit réduit en une poudre très-fine que l'on nomme *farine*, & on le remet dans la *trog* ou fébille : on en ufe de même pour le minérai trié, & fur chacune de ces trogs, on met une petite planche fur laquelle eft marquée la femaine où le minérai a été livré, fa quantité & de quelle mine il provient. Elles font enfuite rangées fur des rayons dans le même ordre que les minérais font enregiftrés : ces effais font faits par l'effayeur des compagnies & celui du roi; fi leurs produits font égaux on s'y tient, fi au contraire ils different ils l'enregiftrent fur une feuille volante, & l'effai fe répete par un tiers auquel on s'en rapporte. Cependant fi la différence étoit trop grande, & que les compagnies ne vouluffent pas s'y tenir, on envoie du même minérai dans un papier cacheté à l'effayeur du roi réfidant à Freyberg, qui avec le contrôleur en regle la teneur.

§. II. La méthode d'effayer les minérais fur argent, eft celle de la fcorification avec la quantité de plomb granulé requife, qui eft décrite dans tous les livres de *Docimafie*, de même que le procédé fur un minérai de plomb, ou de cuivre que l'on fait rôtir préalablement, & que l'on mêle enfuite avec le flux noir. Il ne feroit pas permis à un effayeur de pratiquer une autre méthode qui eft ufitée depuis l'établiffement des fonderies royales : les claffes ne pourroient pas fubfifter, fi on faifoit les effais en fuivant les procédés de M. Gellert.

Lorfqu'on a à effayer de la mine d'argent vitrée, de la rouge ou de l'argent vierge, on étend fur une table toute la livraifon, & de chaque morceau on en prend une petite partie, de maniere qu'il y ait de l'égalité dans le produit, environ trois livres réelles que l'on fond avec fix livres de plomb dans un bon creufet où on les fait fcorfier ; on prend enfuite la quatrieme partie de ce plomb que l'on affine fur la coupelle, & le bouton d'argent que l'on en obtient décide de la richeffe. Si le minérai contient de l'argent vierge , & de l'efpece de mine vitrée qui s'applatiffent fous le marteau , & par cette raifon ne peuvent point paffer au travers du tamis , on le fcorifie également avec le plomb , & on le coupelle ; le bouton d'argent eft le produit du métal qui fe trouvoit dans la petite *trog*: on en pefe exactement tout le minérai, & l'on dit fi cette quantité tient tant de fin , combien y en a-t-il dans toute la livraifon ? Le produit de celui qui a paffé au travers du tamis eft ajouté à celui du minérai, & malgré toutes ces pré-cautions, il eft difficile d'avoir des effais juftes des matieres auffi riches , on eft fouvent obligé de les répéter jufqu'à huit fois ; dans ce cas, on pefe tous les produits dont on prend la huitieme partie pour en avoir la vraie teneur.

§. III. Pour reconnoître les différentes efpeces de minérai qui font livrées aux fonderies , on prend la précaution de les divifer fuivant leur qualité & de les mettre féparément dans des cafes ; les plus riches dans un magafin dont le maître de la fonderie a la clef, & les pauvres indifféremment autour des fonderies & des grillages. Dans chacun des monceaux , on met une petite planche de champ que l'on fait reffortir d'un pied , pour y noter la fe-maine du quartier où le minérai a été livré, la quantité de quin-taux qu'il y a dans le tas, le nom de la mine d'où il vient & fa qualité : on évite la confufion qui feroit inévitable avec un fi grand nombre de monceaux , dont il 'y en a fouvent plus de 600 dans le même tems, & quelquefois 3 ou 4 de la même mine.

S E C T I O N I I.

Des claffes & du paiement des minérais.

§. I. Ce paiement a été divifé en fept claffes pour les mines du
département

département de Freyberg. Il eſt fondé ſur la vente de l'argent que l'on fait à la monnoie & ſur ſon titre.

La premiere claſſe comprend les minérais réfraĉtaires qui demandent à être fondus avec des pyrites & des matieres tenant plomb, comme *le quartz, le ſpath, la blende, la pierre cornée* & autres ſemblables, qui tiennent depuis 1 juſqu'à 56 lots d'argent & au-deſſus par quintal; de maniere que ceux de cette eſpece dont le quintal ne produit que 1, 2 & 3 gros, n'étant pas aſſez riches pour ſupporter les frais de fonte ne ſont point reçus, & doivent être auparavant mieux purifiés pour concentrer l'argent dans un plus petit volume.

Premiere claſſe.

Combien doit tenir en argent le quintal de minérai.	Paiement de chaque lot.			Combien cela fait par marc.		
	liv.	ſols.	den.	liv.	ſols.	den.
Depuis 1 lot juſqu'à 1 & demi	1		10	16	13	4
Depuis 2 lots juſqu'à 2 & demi	1	3	$11\frac{1}{2}$	19	3	4
Depuis 3 lots juſqu'à 5 & demi	1	7	1	21	13	4
Depuis 6 lots juſqu'à 8 & demi	1	10	$2\frac{1}{2}$	24	3	4
Depuis 9 lots juſqu'à 11 & demi	1	13	4	26	13	4
Depuis 12 lots juſqu'à 14 & demi	1	15	5	28	6	8
Depuis 15 lots juſqu'à 17 & demi	1	17	6	30		
Depuis 18 lots juſqu'à 24	1	19	7	31	13	4
Depuis 25 lots juſqu'à 55	2	1	8	33	6	8
Depuis 56 lots & au-deſſus	2	3	5	34	13	9

Seconde claſſe.

§. II. Les minérais compris dans celle-ci doivent être de la même richeſſe que ceux de la précédente, compoſés de matieres fuſibles, & contenir des pyrites & du plomb pour en avoir des mattes. On n'a point fait de tables particulieres pour cette claſſe : on ſe regle ſur la premiere, avec la différence cependant que l'on paie 3 ſols 1 denier & demi de plus par chaque lot; par exemple, lorſque le minérai de la premiere tient depuis 1 juſqu'à 1 lot & demi par quintal, le lot ſe paie 1 liv. 10 deniers; mais ſi du minérai de la même richeſſe eſt placé dans la ſeconde claſſe, il eſt payé 1 liv. 3 ſ. 11 den. & demi, & ainſi de ſuite.

§. III. Dans la troiſieme claſſe ſont compriſes les pyrites pures & ſéparées de tous rochers, de 2 gros juſqu'à 1 lot & demi d'argent : ſi elles ſurpaſſent cette richeſſe, elles ſont payées ſuivant la taxe de la quatrieme claſſe, & ſi elles ſont encore plus riches elles paſſent à la ſeconde.

Troiſieme claſſe.

Combien doit tenir en argent le quintal de minérai.	Paiement de chaque lot d'argent.		
	liv.	ſols.	den.
Un demi-lot		18	9
Trois quarts de lot	1	7	4
Un lot	1	10	5$\frac{1}{2}$
Un lot un quart	1	15	2
Un lot & demi	1	19	10

Suivant l'arrangement de la taxe, on ne devroit pas recevoir les pyrites qui ne tiennent point d'argent ou ſeulement un quart de lot ; mais comme on n'en a pas ſuffiſamment de plus riches, & qu'on ne peut s'en paſſer dans la fonte, il a été décidé que l'on en prendroit de cette eſpece ſeulement dans le beſoin. On les a diſtinguées en trois ; la premiere eſt payée ſur le pied de 18 ſ. 9 d. le quintal, les médiocres 16 ſols 4 den. $\frac{7}{8}$, & les plus pauvres 13 ſols 3 den. $\frac{3}{8}$.

§. IV. On ne reçoit dans la quatrieme claſſe que les minérais qui tiennent depuis un demi-lot juſqu'à deux & non au-deſſus, car ils paſſeroient à la ſeconde. Dans celle-ci ſont compriſes la mine de plomb bien triée & lavée, la pyrite, le quartz, la blende & les pyrites cuivreuſes.

Quatrieme claſſe.

Combien doit tenir en argent le quintal de minérai.	Paiement de chaque lot d'argent		
	liv.	ſols.	den.
Un demi-lot	1	7	1
Trois quarts de lot	1	9	2
Un lot un quart	1	11	3
Un lot & demi, juſqu'à deux	1	13	4

§. V. La cinquieme claſſe comprend les minérais pyriteux & cuivreux, lorſqu'ils contiennent depuis 1 juſqu'à 2 livres de cuivre rafiné, & depuis 1 juſqu'à 5 gros d'argent ; pour lors on les paie à tant le quintal ſuivant la claſſe ci-après.

Cinquieme claſſe.

Combien doit tenir en argent le quintal de minéral tenant depuis un juſqu'à deux livres de cuivre.	Paiement de chaque quintal de minérai.		
	liv.	ſols.	den.
Depuis 1 juſqu'à 1 demi-gros	1	9	2
Deux gros	1	10	$2\frac{1}{2}$
Depuis 2 & demi juſqu'à 3 gros	1	12	$3\frac{1}{2}$
Depuis 3 & demi un quart juſqu'à 5 gros . .	1	13	4

§. VI. Dans la ſixieme claſſe ſont compris les minérais de la précédente, mais qui tiennent plus de cuivre rafiné, c'eſt-à-dire, depuis 3 livres & au-deſſus par quintal. Pour lors chaque livre de cuivre eſt payée ſuivant la table ſuivante, indépendamment de l'argent qui peut y être contenu, pour lequel on ſuit la cinquieme claſſe, c'eſt-à-dire, que l'argent & les deux premieres livres de cuivre ſont payées ſuivant elle, & l'excédent ſuivant la ſixieme : par exemple, ſi l'on a du minérai dont le quintal tienne 2 gros d'argent & 3 livres de cuivre, il ſera payé 1 liv. 14 ſ. 10 den. trois quarts, dont 1 liv. 10 ſ. 2 den. & demi pour les deux gros d'argent & les deux tiers de cuivre, & 4 ſ. 8 den. un quart pour la troiſieme livre de cuivre ; mais ſi le minérai contient davantage d'argent ; par exemple, 1 lot & demi & au-deſſus, pour lors le paiement ſe fait ſuivant la premiere claſſe, & le cuivre depuis trois livres & au-deſſus, ſuivant la ſixieme : par exemple, ſi on a du minérai qui tienne trois livres de cuivre rafiné, & 1 lot & demi d'argent, le quintal en ſera payé 2 liv. 5 ſ. 3 den. trois quarts, dont il y a 14 ſ. trois quarts pour le cuivre, & 1 liv. 11 ſ. 3 den, pour le lot d'argent, en ſuivant la premiere claſſe.

Sixieme claſſe.

Combien doit tenir en cuivre le quintal de minérai.	Paiement de chaque livre de cuivre rafiné.	
	ſols.	den.
Depuis 3 juſqu'à 9 livres	4	8$\frac{1}{4}$
Depuis 10 juſqu'à 14	6	3
Depuis 15 juſqu'à 20	7	
Depuis 21 juſqu'à 26	7	9
Depuis 27 juſqu'à 32	8	7
Depuis 33 & au-deſſus	9	4$\frac{1}{2}$

Malgré ce paiement qui eſt conſidérable pour les compagnies, le roi en retire encore un grand avantage, en ce que pour la fonte crue, les mines de cuivre facilitent beaucoup la fuſion des matieres réfractaires ; que d'ailleurs elles produiſent des mattes, & que l'on n'eſt pas dans le cas d'acheter des pyrites qui coûtent plus en proportion.

§. VII. La ſeptieme comprend tous les minérais qui tiennent depuis 28 livres de plomb & au-deſſus, & depuis 1 lot d'argent juſqu'à 21 ; mais s'ils ſont plus riches ils reviennent à la ſeconde claſſe, & il n'eſt fait mention que de l'argent ; ce qui eſt dans la même proportion, ſuivant l'ordonnance de 1710. Cette claſſe n'a été faite que pour le minérai de plomb riche, juſqu'à 10 lots & demi ; mais comme depuis ce tems on en a eu qui tenoit plus d'un marc, la taxe en a été continuée juſqu'à 21 lots.

Septieme classe.

Richesse du minérai en argent.	Quand il tient en plomb depuis 28 jusqu'à 35 livres, il se paie			S'il tient en plomb de 36 à 45 livres, il se paie			En plomb depuis 46 jusqu'à 56 livres.			En plomb depuis 57 jusqu'à 63 livres.			En plomb depuis 64 & au dessus.		
	liv.	f.	den.	liv.	f.	den.	liv.	f.	den.	liv.	f.	den.	liv.	f.	den.
1 lot	4	15	4	5	9	4 ½	6	17	6	8	5	7 ½	8	15	0
1 lot ½	5	7	9 ½¼	6	1	10 ½¼	7	10	0	8	18	1 ½	9	7	6
2 lots	6	6	6 ½¼	7	0	7 ½¼	8	8	9 ¼	9	16	10 ½¼	10	6	3 ½
2 lots ½	7	0	7 ½¼	7	14	8 ¼	9	2	9 ¼	10	10	11 ¼	11	0	3 ¾
3 lots	8	4	0 ½¼	8	18	1 ½	10	6	3	11	14	4 ½	12	3	9
3 lots ½	8	19	8 ½¼	9	13	9	11	1	10 ½	12	10	0	12	19	4 ½
4 lots	9	15	3 ½¼	10	9	4 ½	11	17	6	13	5	7 ½	13	15	0
4 lots ½	10	10	11 ½¼	11	5	0	12	13	1 ½	14	1	3	14	7	6
5 lots	12	2	2 ½¼	12	16	3	14	4	4 ½	15	12	6	16	1	10 ½
5 lots ½	19	19	4 ½¼	13	13	5 ¼	15	1	6 ¼	16	9	8 ½	17	2	2 ½¼
6 lots	13	16	6 ¼	14	13	9	15	18	9	17	6	10 ½	17	16	3 ½¼
6 lots ½	14	13	9	15	10	11 ¼	16	14	4 ¼	18	2	6	18	11	10 ½¼
7 lots	16	12	9 ¾¼	17	6	10 ½	18	15	0	20	3	1 ½	20	12	6
7 lots ½	17	11	6 ¾¼	18	5	7 ½	19	13	9	21	1	10 ½	21	11	6 ⅛
8 lots	18	10	3 ¾¼	19	4	4 ½	20	12	6	22	0	7 ½	22	10	0
8 lots ½	19	9	0 ¾¼	20	3	1 ½	21	11	3	22	19	4 ½	23	8	9
9 lots	21	15	11 ¼	22	10	0	23	18	1 ½	25	6	3	25	15	7 ½¼
9 lots ½	22	16	3	23	10	3 ¼	24	18	5 ¼	26	9	8 ¼	26	15	11 ½¼
10 lots	23	16	6 ½¼	24	10	7 ½¼	25	18	9	27	10	0	27	16	3
10 lots ½	24	16	10 ½¼	25	10	11 ¼	26	19	0 ½	28	10	3 ½	28	16	6
11 lots	20	1	0 ½¼	26	7	7 ½¼	27	15	8 ½	29	6	11 ½	29	13	2
11 lots ½	20	19	3 ¼	27	4	3 ½¼	28	12	4 ½	30	3	7 ½	30	9	10
12 lots	23	2	6	28	1	11 ½	29	10	1 ½	31	1	4 ½	31	7	7
12 lots ½	24	1	9 ½¼	28	19	8 ½	30	7	9 ½	31	19	0 ½	32	5	3
13 lots	25	1	0 ½¼	29	17	4 ½	31	5	8 ½	32	16	9	33	3	0
13 lots ½	26	0	3 ¼	30	15	1 ½	32	3	2	33	14	5 ½	34	0	8
14 lots	26	19	7	31	12	9 ½	33	0	11 ½	34	12	2 ½	34	18	5
14 lots ½	27	18	10 ¼	32	10	6 ½	33	18	7 ½	35	9	10 ½	35	18	1
15 lots	30	9	4 ¾¼	33	9	3 ½	34	17	4 ½	36	8	7 ½	36	14	10
15 lots ½	31	9	8 ¾¼	34	8	0 ½	35	16	1 ½	37	7	4 ½	37	13	7
16 lots	32	10	0	35	6	9 ½	36	14	10 ½	38	6	1 ½	38	12	4
16 lots ½	34	2	9 ¾¼	36	5	6 ½	37	13	7 ½	39	4	10 ½	39	11	1
17 lots	35	3	1 ¾¼	37	4	3 ½	38	12	4 ½	40	3	7 ½	40	9	10
17 lots ½	36	3	5 ¾¼	38	3	0 ½	39	11	1 ½	41	2	4 ½	41	8	7
18 lots	38	8	9	39	2	9 ½	40	10	11 ½	42	2	2 ½	42	8	5
18 lots ½	39	10	1 ¼	40	2	7 ½	41	10	8 ½	43	1	11 ½	43	8	2
19 lots	40	11	5 ¼	41	2	4 ½	42	10	6 ½	44	1	9 ½	44	8	1
19 lots ½	41	12	9 ¼	42	2	2 ½	43	10	3 ½	45	1	6 ½	45	7	9
20 lots	42	14	2	43	1	11 ½	44	10	1 ½	46	1	4 ½	46	7	7
20 lots ½	43	15	6 ¼	44	1	9 ½	45	9	10 ½	47	1	1 ½	47	7	4
21 lots	44	18	10 ½	45	1	8 ¼	46	9	8 ¼	48	0	11 ¼	48	7	2 ¼

Par la précédente claffe, il paroît furprenant que le minérai qui tient depuis 28 jufqu'à 35 livres de plomb, & 11, 11 & demi & 12 lots d'argent, foit moins payé que celui de la même teneur en plomb, & qui ne tient que 10 & 10 lots & demi. On a dit que la feptieme claffe n'avoit d'abord été faite que jufqu'à 10 lots & demi, & que depuis on a eu du minérai de plomb qui tenoit plus d'un marc; mais comme celui qui ne tient que depuis 28 jufqu'à 35 livres de plomb, fe trouva alors très-impur & mêlé à des matieres des plus réfraêtaires, on décida que la feconde claffe fuffifoit pour payer ce minérai fans avoir égard au plomb; car il eft déjà bien payé par cette claffe. Ainfi la premiere colonne de la feptieme, depuis 11 lots jufqu'à 21, a été faite d'après la feconde. Quant aux autres qui défignent le paiement d'un minérai plus riche en plomb, on les a réglées en continuant la claffe, comme on peut le voir par le prix qui augmente dans une proportion comparée à la richeffe & à la dépenfe du minérai, pour en extraire les métaux qu'ils contiennent. Comme il n'eft queftion dans la précédente claffe que des minérais de plomb, depuis un lot & au-deffus, on a été d'avis que pour ceux qui ne tiendroient que 1, 2 ou 3 gros d'argent par quintal, cet argent ne feroit point payé, mais chaque livre de plomb à raifon de 1 f. 6 d. $\frac{3}{4}$.

On livre à la monnoie de Drefde tout l'argent des mines de Freyberg, qui doit être, fuivant les ordonnances, au titre de 11 deniers 19 grains & demi; mais comme il n'eft pas toujours égal en le raffinant, on tient un regiftre du degré de fin de chaque culot, afin que, lorfqu'il fe trouve à un titre inférieur, on puiffe faire la livraifon fuivante à un titre plus haut; on eft ainfi d'accord avec la monnoie qui en paie 41 liv. 17 f. 11 den. $\frac{5}{14}$ par marc; c'eft fur ce prix qu'on a établi les claffes, & qu'on y a compris certains droits que les compagnies étoient obligées ci-devant de payer.

§. VIII. Dans l'établiffement de ces fonderies & après nombre d'expériences, pour la formation des claffes qui fixent le prix des

minérais que l'on doit payer aux compagnies, le roi a eu principalement en vue le bien de ſes ſujets, puiſqu'il y a compris non-
ſeulement ſon vingtieme, mais encore d'autres droits. Il a réuni
le tout enſemble pour déterminer le prix de chaque lot d'argent,
ſuivant le plus ou le moins de difficulté à traiter le minérai : ſur le
prix du marc d'argent ci-deſſus, on en prit le vingtieme pour le
même droit dû au roi, ce qui fait

liv. ſol. den.

2 1 10 $\frac{37}{560}$ Pour le vingtieme.

2 2 2 $\frac{3}{4}$ Pour la caiſſe nommée *Gnaden Groſchen*, droit que
          les compagnies payoient ci-devant.

1 2 3 $\frac{6}{7}$ Pour les frais de la monnoie.

  1 3 $\frac{3}{4}$ Pour une caiſſe nommée *Miniſtérien Gels*, qui étoit
—————————
5 7 8 $\frac{511}{560}$ auſſi ci-devant une contribution pour chaque com-
          pagnie : tous ces droits ont été pris ſur chaque
          marc d'argent.

Prenons à préſent pour exemple un minérai tenant un lot
d'argent & qui a été placé dans la premiere claſſe, on en paie le
marc aux compagnies 16 liv. 13 ſ. 4 den. auxquels il faut ajouter
5 liv. 7 ſ. 8 den. $\frac{511}{560}$ pour les droits ci-deſſus ; ce qui fait 22 liv.
1 ſol $\frac{511}{560}$, il reſte donc pour les frais de fonte 19 liv. 16 ſ. 11 d.
ce qui fait 1 liv. 4 ſ. 9 d. $\frac{11}{16}$ par chaque lot, qui eſt en effet la
dépenſe trouvée par les expériences. Si on additionne ces ſommes,
on retrouvera le prix de l'argent qu'on en retire à la monnoie.

Prenons encore un exemple de la même claſſe, mais du minérai qui tient 4 lots d'argent par quintal, on verra que le marc en
eſt payé aux compagnies 21 liv. 13 ſ. 4 den., auxquels il faut
ajouter 5 liv. 7 ſ. 8 d. $\frac{511}{560}$, pour les mêmes droits ; on aura 27 l.
1 ſ. $\frac{511}{560}$, & pour les frais de fonte 14 liv. 16 ſ. 11 den. faiſant
pour un lot d'argent 18 ſ. 6 d. $\frac{11}{16}$, & en additionnant le total on
trouvera encore 41 liv. 17 ſ. 11 d. $\frac{5}{4}$, qui eſt le prix d'un marc
d'argent à la monnoie.

On voit que les frais de fonte ſont bien moindres dans ce cas
que dans le précédent, parce que les dépenſes diminuent proportion

gardée à la richeffe du minérai ; car il n'en coûte pas beaucoup plus pour extraire 4 lots d'argent d'un quintal de minérai, que d'en extraire un : c'eft toujours la même quantité de minérai à fondre ; il s'agit feulement d'augmenter un peu les additions.

§. IX. Nous avons fait voir que le vingtieme a été compris dans la formation des claffes, fur l'argent que l'adminiftration générale reçoit de la monnoie ; elle paie au tréforier du roi ou receveur du dixieme réfidant à Freyberg, le vingtieme de chaque marc d'argent qu'elle retire des fonderies, & en outre celui du bénéfice des mines qui font dans le cas d'*ausbeûthe* (*) ; elle tient compte auffi aux perfonnes qui en font chargées, de ce qui appartient par chaque marc d'argent aux caiffes nommées *Gnaden grofchen* & *Minifterien geld* ; nous en donnerons une explication dans la fuite. A l'égard du *fchlagel fchatz* qui eft affigné pour les frais de la monnoie, elle le paie également, & le directeur eft obligé à fon tour d'en rendre compte au roi, qui a un bénéfice réel fur la formation des claffes qu'il eft bon de faire obferver. On fait que par l'effai en petit des minérais, l'argent eft au titre le plus fin, & que c'eft fur ce pied que le roi l'achete ; mais il n'a formé fes claffes que fur l'argent au titre de 11 deniers 19 grains & demi ; il en retire donc plus au prix de 41 liv. 17 f. 11 d. $\frac{5}{14}$, qu'il n'en a réellement payé. L'argent le plus fin eft ici eftimé 53 l. 8 f. 9 d. le roi a donc, outre les droits ci-deffus détaillés, 11 l. 10 f. 10 d. de bénéfice par chaque marc ; il eft vrai qu'il y en a une partie de perdue, foit dans les fcories, foit dans les litarges ; mais fi l'on fait attention à celles infiniment petites qui reftent dans la coupelle de l'effai en petit, & pour lefquelles il eft impoffible d'avoir une balance affez fine & affez jufte pour y avoir égard, on fera convaincu que toutes ces petites parties, étant raffemblées par le mêlange des minérais, forment une quantité d'argent qui n'a réellement pas été payée. Il en eft de même des autres métaux qui fe rencontrent dans les minérais, que l'on fond & que l'on pefe bien moins exactement encore que l'argent ; par exemple, il n'eft

pas

pas poffible, par les effais ordinaires, de dire à une demi-livre près, combien une mine de cuivre pauvre tient réellement; fouvent ne tenant qu'une ou deux livres de ce métal par quintal, elle ne donne point de bouton dans l'effai, mais on apperçoit les parois intérieurs du creufet enduits d'une couleur rouge, ce qui défigne la préfence du cuivre : néanmoins cela n'eft compté pour rien & le cuivre n'en eft pas payé. Les pyrites de cette efpece font placées au premier rang, c'eft-à-dire, qu'elles font payées 18 f. 9 den. par quintal, lorfqu'elles ne tiennent pas affez d'argent pour leur affigner une claffe : en outre les minérais de plomb & de fcuivre ne font pefés pour les effais qu'avec un poids fictif de 100 livres, tandis que ceux d'argent le font avec un poids de 110 livres. Ainfi le roi fur 10 quintaux de minérai en gagne un ; car il ne paie que 50 livres de métal pour un quintal de minérai qui tient moitié pour cent, tandis qu'il devroit en payer 55 liv. les claffes ont été réglées en conféquence.

Le roi jouit encore d'un autre avantage fur les minérais qu'il achete. Lorfque les effayeurs trouvent plus d'un marc d'argent dans le produit, ils rabattent un lot : c'eft ce qu'on nomme en allemand *uber marckigt*; par exemple, fi le quintal tient 17 lots, ils doivent n'en enregiftrer que 16 ou un marc ; & quoiqu'il foit plus riche, il n'y a jamais qu'un lot de diminution. Ainfi fi un minérai tient réellement 40 lots d'argent par quintal, le roi en paie 39 fuivant la claffe où il eft placé.

Ce qui a donné lieu à cette diminution fur les mines riches en argent, c'eft qu'elles contiennent ordinairement des matieres plus difficiles à traiter, & qui exigent plus de plomb pour extraire le fin ; l'arfénic dont elles font rarement exemptes, en fe volatilifant en emporte toujours quelques particules. Cette diminution avoit déjà lieu en 1668, & a été confirmée par l'adminiftration générale des fonderies, par une ordonnance particuliere rendue le 29 Octobre 1712.

Les compagnies font obligées de donner pour petits droits,

en livrant leurs minérais aux fonderies, 5 f. $\frac{5}{8}$ pour chaque livraiſon de minérai aux eſſayeurs, aux peſeurs 1 den. & $\frac{9}{16}$ par chaque quintal, & 6 den. $\frac{1}{4}$ à ceux qui pulvériſent celui des eſſais. Cet argent eſt retenu à chaque compagnie lorſqu'on lui paie le minérai qu'elle a livré, ce qui forme trois comptes différens.

SECTION III.

Des claſſes & du paiement des minérais des hautes montagnes de la Saxe.

§. I. Il y a encore une taxe particuliere des minérais pour les mines des *hautes montagnes*, ſoit pour ceux qu'on conduit aux fonderies de *Freyberg*, ſoit pour ceux qui ſont fondus dans les fonderies de ces hautes montagnes qui ſont auſſi royales. On n'y a point compris les droits dûs au roi, le *gnaden groſchen* & autres; mais ſur l'argent que les receveurs du dixieme reçoivent de l'adminiſtration pour en payer les compagnies, ils retiennent ces différents droits.

On diviſe en cinq claſſes la taxe des hautes montagnes.

La premiere comprend les minérais qui exigent d'être fondus avec des pyrites, & enſuite avec du plomb pour en extraire l'argent.

Premiere claſſe.

Combien doit tenir en argent le quintal de minérai.	Taxe du minérai pour chaque lot d'argent quand on le livre à la fonderie de Johan George ſtadt ou à Schneeberg.			Taxe du minérai pour chaque lot d'argent, quand on le livre à la fonderie de Mariemberg.			Taxe du minérai pour chaque lot d'argent, lorſqu'on le livre aux fonderies de la ville de Freyberg.		
	liv.	ſols.	den.	liv.	ſols.	den.	liv.	ſols.	den.
Depuis 1 lot juſqu'à 1 $\frac{1}{2}$	1	1	10 $\frac{1}{2}$	1	3	5 $\frac{1}{4}$	1	6	6 $\frac{3}{4}$
Depuis 2 lots juſqu'à 2 $\frac{1}{2}$	1	5		1	6	6 $\frac{3}{4}$	1	9	8 $\frac{1}{4}$
Depuis 3 lots juſqu'à 3 $\frac{1}{2}$	1	9	2	1	9	11 $\frac{3}{8}$	1	11	3

Mais ſi les minérais de cette claſſe ſurpaſſent la richeſſe de trois lots & demi, on ne doit pas les recevoir dans les fonderies, parce qu'on y manque des additions que ces minérais exigent; mais on doit les tranſporter à l'adminiſtration générale des fonderies de Freyberg, où elles feront payées fuivant la taxe ci-après.

Continuation de la premiere claſſe des minérais portés à Freyberg.

Combien doit tenir en argent le quintal de minérai.	Paiement pour chaque lot d'argent à Freyberg.		
	liv.	fols.	den.
Depuis 4 lots jufqu'à 5 & demi	1	12	$9\frac{3}{4}$
Depuis 6 jufqu'à 8 & demi	1	15	$11\frac{1}{4}$
Depuis 9 jufqu'à 11 & demi	1	19	$\frac{3}{4}$
Depuis 12 jufqu'à 14 & demi	2	1	$1\frac{3}{4}$
Depuis 15 jufqu'à 17 & demi	2	3	$2\frac{3}{4}$
Depuis 18 jufqu'à 24 & demi	2	5	$3\frac{1}{4}$
Depuis 25 jufqu'à 63	2	7	$4\frac{3}{4}$
Depuis 4 jufqu'à 15 marcs	2	9	$1\frac{1}{16}$
Au-deſſus de 15 marcs	2	10	

Deuxieme claſſe.

§. II. Cette claſſe comprend les minérais qui tiennent un peu de plomb, du cuivre & de la pyrite; mais cependant dont la richeſſe en plomb & en cuivre ne furpaſſe pas celle qui eſt exigée par les claſſes ci-après. Le lot de ces minérais fe paie 3 fols 1 den. & demi de plus que dans la premiere, fans qu'il foit fait mention du plomb & du cuivre, ce qui concerne le minérai qui tient juſ-qu'à 7 lots & demi d'argent: s'il furpaſſe cette richeſſe, il revient à la premiere claſſe. Ainſi celui qui tient 7 lots en argent dans celle-ci fe paie pour chacun 1 liv. 19 f. trois quarts; celui qui en tient 8 fortant de la feconde, pour revenir à la premiere, ne fe paie par chaque lot que 1 liv. 15 f. 11 den. un quart; ce qui ne paroît pas juſte, mais il eſt impoſſible de faire une égalité de paiement, exactement proportionné à la richeſſe, fans que le roi y perde. Il eſt vrai qu'il y a des cas où il gagneroit beaucoup, fi on lui livroit toujours le même minérai; mais il a laiſſé la liberté aux compagnies de le lui livrer dans la richeſſe qu'elles veulent, pourvu qu'il foit exempt de rocher & d'une teneur à pouvoir être placé dans une des claſſes; au moyen de quoi lorſqu'une compagnie a un *schicktmeister* ou maître des journées un peu entendu , il fait un mêlange des différentes especes de minérais qu'il a suivant leur richesse , & tâche de lui donner une teneur qui puisse le faire payer le plus avantageusement qu'il est possible par la taxe.

§. III. On ne reçoit point de pyrites qui ne tiennent point d'argent, à moins que l'on en ait besoin ; alors le quintal se paie 12 f. 6 d. ; si au contraire elles en tiennent, on les paie suivant la taxe de la troisieme classe.

Troisieme classe.

Combien doit tenir en argent le quintal du minérai,	Taxe du minérai pour chaque lot d'argent , quand on le livre à la fonderie de Johan Georgestadt ou à Schneeberg.			Taxe du minérai pour chaque lot d'argent , quand on le livre à la fonderie de Mariemberg.			Taxe du minérai pour chaque lot d'argent , quand on le livre à la fonderie de Freyberg.		
	liv.	fols.	den.	liv.	fols.	den.	liv.	fols.	den.
Un demi-lot		15	$7\frac{1}{2}$		17	$2\frac{1}{4}$		18	9
Trois quarts	1	3	$5\frac{1}{4}$	1	5		1	7	$4\frac{1}{8}$
Un lot	1	7	$4\frac{1}{8}$	1	8	$10\frac{7}{8}$	1	10	$5\frac{5}{8}$

Les minérais de cuivre qui ne tiennent point d'argent , mais jusqu'à 2 livres de cuivre, font payés 18 f. 9 d. jusqu'à 20 f. 3 d. trois quarts le quintal, parce qu'ils tiennent lieu des pyrites pour avoir des mattes , & qu'ils facilitent aussi beaucoup la fusion des minérais réfractaires ; mais s'ils tiennent , indépendamment de deux livres de cuivre, aussi de l'argent , ils forment la quatrieme classe ; pour lors le quintal en est payé , l'argent & le cuivre compris ensemble , suivant la taxe suivante de la quatrieme classe.

Quatrieme classe.

Minérai de deux livres de cuivre par quintal , combien il doit tenir en argent,	Taxe du quintal de minérai lorsqu'on le livre à Johan - Georgestadt ou à Schneeberg.			Taxe du quintal de minérai, lorsqu'on le livre à Mariemberg.			Taxe du quintal de minérai , lorsqu'on le livre aux fonderies de Freyberg.		
	liv.	fol.	den.	liv.	fol.	den.	liv.	fol.	den.
Depuis 1 jusqu'à 1 gros $\frac{1}{2}$	1	5		1	6	$6\frac{3}{4}$	1	9	$8\frac{1}{2}$
Depuis 2 jusqu'à 3 gros	1	8	$1\frac{1}{2}$	1	9	$8\frac{1}{4}$	1	12	$9\frac{3}{4}$
Depuis 4 jusqu'à 5 gros	1	11	3	1	12	$9\frac{3}{4}$	1	15	$11\frac{1}{4}$

Quant au minérai de cuivre qui contient de ce métal en plus grande quantité & 5 gros d'argent, la livre de cuivre est payée fuivant la taxe ci-après. Par celle ci-deffus le quintal eft compté pour l'argent & pour les deux premieres livres de cuivre ; car s'il en tenoit 9, il n'y en auroit que 7 de payés à raifon de 4 f. 8 d. un quart: il en eft de même s'il en tient davantage ; mais fi au contraire il étoit plus riche en argent, celui-ci feroit payé fuivant la premiere claffe & le cuivre comme il fuit.

Combien le quintal de minérai doit tenir en cuivre.	Taxe pour chaque livre de cuivre.	
	fols.	den.
Depuis 3 jufqu'à 9 livres	4	$8\frac{1}{4}$
Depuis 10 jufqu'à 14	6	3
Depuis 15 jufqu'à 20	7	$\frac{3}{8}$
Depuis 21 jufqu'à 26	7	$9\frac{3}{4}$
Depuis 27 jufqu'à 32	8	$7\frac{1}{8}$
Depuis 33 & au-deffus	9	$4\frac{1}{2}$

Cinquieme claffe.

§. V. Elle comprend les minérais de plomb qui ne font pas unis à du cobalt ou minérai de bifmuth, mais à du fpath ou autres matieres fufibles ; ils font payés fuivant la taxe ci-après.

Combien doit tenir le minérai en argent & en plomb.	Taxe de chaque livre de plomb à Johan - Ceorge ftadt ou à Schnee-berg.			Taxe de chaque livre de plomb à Mariemberg.			Taxe de chaque livre de plomb à Freyberg.		
	liv.	fols.	den.	liv.	fols.	den.	liv.	fols.	den.
Lorfque le minérai de plomb tient un demi-lot d'argent, & 28 livres de plomb & au-deffus, chaque livre de plomb eft payée		1	$6\frac{3}{4}$		1	$6\frac{3}{4}$		1	$6\frac{3}{4}$
Mais fi le minérai tient 1 & 1 lot & demi d'argent, & jufqu'à 70 livres de plomb, chaque lot fera payé	1	1	$10\frac{1}{2}$	1	3	$5\frac{1}{4}$	1	6	$6\frac{3}{4}$
Et chaque livre de plomb		1	$6\frac{3}{4}$		1	$6\frac{3}{4}$		1	$6\frac{3}{4}$

On voit dans le premier cas que lorfque le minérai ne contient qu'un demi-lot d'argent par quintal, il n'y a que le plomb de payé fur le pied de 1 fol 6 den. trois quarts la livre ; mais que lorfque ce minérai tient 1 ou 1 lot & demi, chaque lot eft payé comme ci-deffus, & en outre chaque livre de plomb 1 fol 6 d. trois quarts.

Et fi le même minérai eft plus riche en argent avec la même quantité de plomb, il eft livré à l'adminiftration générale où ce dernier eft payé comme ci-deffus, mais chaque lot d'argent fuivant la taxe çi-après qui eft une fuite de la précédente claffe.

Combien le minérai doit ténir en argent.	Taxe de chaque lot d'argent contenu dans un quintal.		
	liv.	fols.	den.
Depuis 2 jufqu'à 2 lots & demi	1	11	3
Depuis 3 jufqu'à 5 & demi	1	14	$4\frac{1}{2}$
Depuis 6 jufqu'à 8 & demi	1	17	6
Depuis 9 jufqu'à 10 & demi	2		$7\frac{1}{2}$

Continuation de la 5ᵉ claffe.

§. VI. On n'a fait que cinq claffes des minérais des hautes montagnes, parce que les mines en contiennent moins d'efpeces que celles du diftrict de Freyberg.

Comme les mines n'en produifent pas une égale quantité, que ceux-ci font plus abondans dans les unes que dans les autres, & qu'il eft très-important d'avoir dans chaque fonderie les mêmes mêlanges, le directeur affigne aux maîtres des journées celle où ils doivent les livrer. La taxe en ayant été faite, on détermine la claffe où doit être placée chaque efpece ; cette opération fe fait tous les lundi & mardi de chaque quinzaine, le lundi dans les fonderies de la *Mulda*, & le mardi dans celle de *Halsbrück* ; l'une & l'autre font défignées fur la planche **XIX**.

Pl. XIX.

Le directeur des fonderies, le fous-directeur, l'effayeur & l'affeffeur des mines fe rendent le jour fixé pour la claffification dans l'une des fonderies, où fe trouvent les maîtres des journées des différentes mines, pour reconnoître fi l'effai fe rapporte à celui qui a été fait à Freyberg, & dans quelle claffe feront placés leurs minérais ; ce qui ne varie pas beaucoup, attendu que le filon produit toujours les mêmes matieres, & cela ne pourroit arriver que dans le cas où le minérai s'appauvriroit, ou que par la faute des maîtres de journées il n'eût pas été bien trié & lavé.

Le directeur ayant en main un feuille dont on trouvera ci-après un extrait pour en connoître la forme, y marque chaque espece de minérais livrés dans là quinzaine, sa qualité, le nom de la mine d'où il provient, & le poids de chaque livraison; c'est ce que l'on peut voir dans les deux premieres colonnes: la troisieme indique la classe où doit être placé tel ou tel minérai, dans la quatrieme est sa teneur en argent, plomb ou cuivre, suivant l'essai de l'essayeur des compagnies, & dans la cinquieme celle qu'a trouvée l'écrivain des fonderies, si son produit n'est pas d'accord avec l'autre; car lorsqu'il est égal on ne note que le premier : la sixieme colonne est réservée pour le troisieme essayeur quand les deux autres sont en différence.

Le directeur fait la lecture des divers articles couchés sur la feuille suivant le rang de chaque espece, & on lui apporte les *trogs* d'essais pris par le peseur lors de la livraison; on les lui montre les uns après les autres. A mesure qu'il lit le nom de la mine, il examine si le minérai pilé a été bien lavé ; s'il le trouve tel, & que sa qualité soit la même qu'il est spécifié dans la feuille, & après avoir vu l'article qui désigne sa richesse, il lui détermine une classe en se conformant à la déclaration de 1710, & l'enregistre dans la colonne qui lui est destinée. L'habitude qu'il a acquise à voir tous les quinze jours les mêmes minérais, rend cette opération très-prompte ; si celui qu'on lui présente pour échantillon ne lui paroît pas être bien purifié, il en fait laver devant lui, le réfuse ou le reçoit.

Le tems que l'on met à la classification est un objet d'environ deux heures.

§. VII. *Extrait de quelques articles de la feuille volante que tient le directeur des fonderies lorsqu'il détermine la classe des minérais.*

1re	2	3	4		5		6		7			8			9			10		
Poids de chaque livraison de minérai.	Noms & qualités des Minérais & des mines d'où ils viennent.	N°. de la classe.	Teneur du Minérai, trouvée par l'essayeur des Compagnies.		Teneur du Minérai, trouvée par l'écrivain des fonderies, ou essayeur pour le Roi.		Teneur du Minérai, trouvée par l'ober-schieds-guardein, ou troisième essayeur.		Combien chaque livraison doit produire d'argent fin en total.			Combien le lot de chaque livraison doit être payé, d'après la classe où a été placé le Minérai.			Combien doit être payé le quintal de Minérai.			Paiement de chaque livraison de Minérai, fait par le trésorier aux compagnies.		
Quintaux			argent, lots.	plomb ou cuivre.	argent, lots.	plomb ou cuivre.	argent, lots.	plomb ou cuivre.	marc.	lots.	gros.	liv.	sols.	den.	liv.	sols.	den.	liv.	sols.	den.
	JUNGEN THONNHOFF.																			
10 ⅛	Minérai de plomb à facettes, cassé avec la masse.	2	31 ½	54					19	14	3	2	4	9 ½				713	17	4 ⅞
17 ⅜	Minérai cassé, consistant en quarzs, blende & pyrite.	2	11						11	15		1	16	5 ½				348	3	6 ½
32 ⅞	même qualité de Minérai.	1	1				1		1		3	1		10				34	2	3 ½
16	idem.	1	1		1	¾+¼	1		1			1		10				16	13	
	BESCER GLUK.																			
21 ¼	Minérai cassé, quarzt & blende.	1	3						3	15	3	1	7	1				86	6	6 ⅛+¼
32 ¼	idem.	1	3 ½						7		3	1	7	1				152	13	7 ¼
	SIMON BOGNERS NIUE WERCK.																			
38 ⅛	Gros schlick, consistant en pyrite & spath.	2	3						7	3		1	10	2 ½				173	13	11 ¼
	KUKSCHACT.																			
50	Minérai de plomb à facettes trié.	7	4	58					7	8					13	5	7 ½	398	8	9
29	pareil au précédent.	7	4	58					7	4					13	5	7 ½	385	3	1 ¼
38	Minérai purifié par le crible, consistant en pyrites & blende.	4		¼+¼+¼	1			¾	1	12	2	1	9	2				41	11	3 ¼
35 ⅞	même espece.	3		¼+¼					1	10	3				1	7	4 ½	49		8 ¼

§. VIII.

§. VIII. Après la claffification l'affeffeur des mines examine tous les grains d'argent produits des effais, pefe enfuite les régules de plomb & de cuivre s'il y en a, & vérifie fi le tout a été bien enregiftré. Les effais de ces derniers métaux fe font toujours doubles, & l'on s'en rapporte toujours au plus pefant des régules qui font rarement égaux ; le fous-directeur des fonderies emporte enfuite la feuille dans laquelle il remplit les colonnes 7, 8, 9 & 10 qui fixent le nombre de marcs d'argent contenu dans chaque livraifon ; le prix de chaque lot ou de chaque quintal, fuivant la claffe où le minérai a été placé ; enfin le montant de la livraifon de chaque mine. C'eft fur cette feuille que fe regle le tréforier du roi pour la fomme qui eft due aux maîtres des journées des compagnies, pour le paiement des ouvriers qui fe fait tous les quinze jours, c'eft-à-dire, 8 jours après la claffification.

S E C T I O N I V.

De la fonte des minérais.

§. I. Mêlange de différens minérais qui ont été fondus en quinze jours dans deux hauts fourneaux ; travail qu'on nomme *fonte crue.*

De la mine Chûr prince Frideric.

27 quintaux un quart de minérai trié confiftant en fpath & quartz dont le quintal tient 5 lots d'argent, ce qui fait pour les 27 quint. un quart 8 marcs 8 lots 1 gros.

claffe.

1ere   18 quint. trois quarts minérai lavé femblable au précédent, tenant par quintal 1 lot & demi, ce qui fait un marc 12 lots.

De la mine Jûngen thorm hoff.

2e   7 quint. de minérai pilé confiftant en quartz & pyrites, tenant par quintal 7 lots & demi, ce qui fait pour les 7 quint. 3 marcs 4 lots 2 gros.

2e   20 quint. & demi de minérai bocardé & lavé nommé *röfches* ; c'eft le fable qui s'arrête dans les premieres caiffes

Tome II.   G gg du labyrinthe , autrement le gros ſchlick tenant 1 lot d'argent par quintal, ce qui fait pour les 20 quint. & demi 1 marc 4 lots 2 gros.

4ᵉ   16 quintaux un quart de ſchlick plus fin nommé *zeches*, tenant trois quarts de lot par quintal, fait au total 12 lots d'argent.

De la mine Gûtte gottes ſtolln.

1ʳᵉ   20 quint. & demi de minérai provenant du criblage, conſiſtant en ſpath & quartz, tenant par quintal 4 lots d'argent, ce qui fait 5 marcs 2 lots.

1ʳᵉ   21 quint. un quart gros ſchlick de même eſpece tenant 3 lots & demi, ce qui monte à 4 marcs 10 lots 1 gros.

1ʳᵉ   18 quint. minérai criblé *idem*, tenant 3 lots & demi, ce qui fait 3 marcs 15 lots.

1ʳᵉ   29 quint. un quart ſchlick très-fin de la mine de *Himmels furſten* tenant par quintal 2 lots, ce qui fait au total 3 marcs 10 lots 2 gros.

De la mine de Friedlicher Vertrag.

1ʳᵉ   10 quint. & demi de minérai pilé conſiſtant en ſpath & quartz, tenant par quintal 4 lots d'argent, ce qui fait 2 marcs & 10 lots.

1ʳᵉ 6 quintaux 7 huitiemes même eſpece & qualité, à 3 lots d'argent par quintal, fait 1 marc 4 lots 2 gros.

De la mine de Séegen gottes hertzog Auguſte.

1ʳᵉ   28 quint. de minérai lavé par le crible conſiſtant en quartz, tenant par quintal 5 lots d'argent, ce qui fait 8 marcs 12 lots.

1ʳᵉ   28 quintaux & demi même eſpece & qualité, à 3 lots & demi par quintal, fait 6 marcs 3 lots 3 gros.

2ᵉ   29 quint. 7 huitiemes de minérai pilé , conſiſtant en quartz & pyrite de la mine nommée *Jungen Thorm hoff*, tenant par quintal 2 lots & demi d'argent, fait 4 marcs 10 lots & 2 gros.

De la mine de Beschert gluck.

1re   34 quintaux de minérai pilé conſiſtant en quartz & ſpath, à 2 lots & demi par quintal., fait 5 marcs 5 lots.

1re   17 quint. & demi de même eſpece & qualité, à 2 lots & demi d'argent par quintal, fait 2 marcs 11 lots.

De la mine Alter gruner Zweig.

1re   16 quint. trois quarts de minérai pilé, conſiſtant en quartz & ſpath, à 5 lots d'argent par quintal, fait 5 marcs 3 lots 3 gros.

1re   11 quint. 3 huitiemes même eſpece & qualité, à 6 lots d'argent par quintal, fait 4 marcs 4 lots 1 gros.

Anciens décombres de la mine de Halsbrück.

1re   16 quint. & demi de minérai conſiſtant en ſpath & quartz, à 2 lots par quintal, font 2 marcs 1 lot d'argent.

1re   16 quint. de même eſpece & richeſſe, font 2 marcs.

1re   16 quint. même richeſſe font 2 marcs.

1re   17 quint. & demi même qualité & richeſſe, font 2 marcs 3 lots & 2 gros.

De la mine de Hoffnung Gottes.

2e   27 quint. un quart de ſchlick d'une moyenne groſſeur, à 4 lots par quintal, fait 6 marcs 13 lots d'argent.

2e   16 quint. & demi même qualité & richeſſe, fait 4 marcs 2 lots.

1re   22 quint. 1 huitieme de ſchlick le plus fin qui ſoit ſorti des bocards, à 3 lots & demi d'argent par quintal, fait 4 marcs 13 lots 1 gros.

De la mine d'Himmels furſten.

4e   37 quint. 1 huitieme de minérai lavé par le crible, conſiſtant en pyrite & blende tenant 1 lot par quintal, fait 2 marcs 2 lots.

4e   36 quint. 7 huitiemes même efpece & qualité, fait 2 marcs 4 lots 3 gros.

4e   33 quint. un quart même efpece & richeffe, fait 2 marcs 1 lot 1 gros.

4e   50 quint. & demi de fchlick le plus gros, même qualité, à un quart de lot par quintal, fait 12 lots & 2 gros d'argent, fe paie fans être claffé 16 f. 4 den. 7 huitiemes.

De la mine Sonneund Gottes Gabe.

4e   38 quint. un quart de minérai provenant du criblage, confiftant en pyrite & blende, à 1 lot d'argent par quintal, fait 2 marcs 6 lots 1 gros.

4e   36 quint. & demi de fchlick le plus gros, de même qualité, à 1 demi-lot par quintal, fait 1 marc 2 lots 1 gros.

4e   33 quint. un quart de minérai trié, à un quart de lot par quintal, fait 8 lots 1 gros, le lot fe paie 18 f. 9 d.

De la mine de Küh fchacht.

4e   38 quint. un quart de minérai paffé au crible, confiftant en pyrite & blende, à 1 lot d'argent par quintal, fait 2 marcs 6 lots 1 gros.

4e   35 quint. même efpece pilée, à 3 quarts de lot d'argent par quintal, fait 1 marc 10 lots 1 gros.

4e   37 quint. 1 huitieme même efpece, à 3 quarts de lot par quintal, fait 1 marc 11 lots 3 gros.

4e   35 quint. même efpece & qualité, à 3 quarts de lot par quintal, fait 1 marc 10 lots 1 gros.

4e   36 quintaux de même efpece & richeffe, fait 1 marc 11 lots.

4e   18 quint. 3 quarts de boue provenant du criblage, à 1 demi-lot par quintal, fait 9 lots d'argent.

4e   34 quint. 5 huitiemes minérai pilé de la même efpece, à 1 demi-lot par quintal, fait 1 marc 1 lot 1 gros.

4e   37 quint. & demi minérai trié, à 1 quart de lot par quintal, fait 9 lots 1 gros; le lot fe paie 18 f. 9 d.

De la mine du prophete Jonas.

claſſe.

4ᵉ   13 quintaux de boue du criblage, à 1 demi-lot par quintal, fait 6 lots 2 gros.

3ᵉ   17 quint. 3 huitiemes de gros ſchlick , à 1 demi-lot, fait 8 lots 2 gros d'argent.

De la mine Noübeſchert glück.

3ᵉ   34 quint. & demi de minérai trié conſiſtant en pyrite , à 1 demi-lot par quintal, fait 1 marc 1 lot 1 gros.

3ᵉ   45 quint. & demi même eſpece venant du criblage , à 1 demi-lot par quintal, fait 1 marc 6 lots 2 gros.

3ᵉ   47 quint. de minérai venant du criblage , conſiſtant en blende & pyrite de la mine nommée *Haaſen* , à 1 demi-lot par quintal, fait 1 marc 7 lots 2 gros.

De la mine d'Altmord grûbe.

43 quint. 3 quarts de minérai provenant du criblage , conſiſtant en blende & pyrite, à 1 quart de lot par quintal , fait 10 lots 3 gros d'argent.

43 quint. & demi ſemblables au précédent , à 1 quart de lot par quintal, fait 10 lots 3 gros d'argent.

De la mine de Schlüſſel.

3ᵉ   46 quint. 7 huitiemes de minérai provenant du criblage , conſiſtant en pyrite & blende , à 1 demi-lot par quintal , fait 1 marc 7 lots 1 gros.

37 quint. gros ſchlick, même eſpece , à 1 quart de lot par quintal, fait 9 lots 1 gros d'argent.

4ᵉ   21 quint. 3 huitiemes de minérai venant du criblage, conſiſtant en pyrite & blende de la mine de *Hohlwein* , à 1 lot par quintal, fait 1 marc 5 lots 1 gros.

4ᵉ   26 quint. 5 huitiemes de minérai venant du criblage, conſiſtant en pyrite & blende de la mine de *Johan Höhebirck* , à 3 quarts de lot d'argent par quintal, fait 1 marc 3 lots 3 gros.

1 6 quintaux 5 huitiemes minérai de même efpece & richeffe, de la mine nommée *Nachtigul*, tenant 1 quart de quintal, fait 4 lots.

	marcs.	lots.
Total des marcs d'argent . . .	132	15
Plus les additions ci-après . . .	7	1
Total du mêlange 1440 quintaux 5 huitiemes.	140	

On voit au commencement du détail de ce mêlange, que les trois articles de la mine de *Gutte gottes*, font payés plus avantageufement que ceux qui par leur teneur font dans les claffifications des tables précédentes. La raifon en eft que le roi, par une grace fpéciale, eu égard à la bonne qualité du minérai & à l'éloignement de la mine, a accordé à cette compagnie 6 f. 3 d. de plus par chaque lot, que le porte la claffe où ce minérai doit être placé : par exemple, dans ce cas-ci le lot de ce minérai auroit dû être payé 1 liv. 7 f. 1 d. fuivant la premiere claffe; mais en y ajoutant les 6 f. 3 den. ci-deffus, cela fait 1 liv. 13 f. 4 d. que le roi a payé pour chaque lot. Quant aux autres endroits où l'on a mis des fols & des deniers, c'eft pour défigner combien le quintal de ce minérai ou plutôt de cette pyrite a été payé, puifqu'on ne pouvoit lui affigner un claffe, attendu fon peu de richeffe en argent.

On a ajouté au mêlange ci-deffus des minérais.

100 brouettées des matieres qui fe refroidiffent dans le fourneau, nommées *durillons* ou *gefchur*, & de celles qui s'attachent au fourneau *offen bûch*; chacune d'elles pefe environ 2 quintaux.

36 brouettées des matieres qui fe trouvent avec la brafque, font partie des débris des fourneaux, & ont été lavées.

Par l'effai on a trouvé que ces matieres contenoient 7 marcs & 1 lot d'argent; le mêlange contient donc en total 140 marcs d'argent comme il a été dit.

600 brouettées de fcories de plomb qui ont été repaffées plufieurs fois au fourneau pour les appauvrir.

100 brouettées de fcories provenant de la fonte des mattes de plomb.

§. II. Ce mélange eft un compofé de moitié minérais de la premiere & feconde claffe qui font les plus réfractaires, mais arrangées de façon que les différentes qualités de quartz & de fpath, les plus convenables, foient mêlées enfemble pour former un tout plus fluide; ce qui eft fondé fur la propriété des pierres vitrifiables avec les calcaires, lefquelles unies enfemble dans une certaine proportion fe vitrifient parfaitement, d'où il paroîtroit que prefque tous les minérais de la premiere claffe, font improprement nommés réfractaires, puifqu'ils confiftent en quartz & en fpath : cela eft vrai, dans des proportions bien différentes ; car dans une efpece de minérai le quartz domine; il faut donc par les mélanges faire des combinaifons, qui, de deux matieres réfractaires, faffent un feul corps fluide. M. *Pott* a donné des exemples de ces mélanges, qui prouvent que l'on ne peut pas traiter plus avantageufement les minérais de Freyberg. A cette premiere & deuxieme claffe, on ajoute de ceux de la troifieme & quatrieme : il ne fuffit donc pas de leur procurer de la fluidité, mais il faut encore en raffembler toutes les parties métalliques, & fur-tout celles d'argent, dans un volume plus petit que celui où il étoit auparavant. C'eft à quoi l'on parvient à l'aide des pyrites, qui, donnant dans la fonte une matte plus pefante que les fcories, réuniffent les parties Métalliques ; elles facilitent auffi beaucoup la fufion, ce qui arrive par tout où le fer fe trouve mêlé au foufre. L'addition des fcories eft également effentielle dans cette fonte ; on étend par leur moyen, dans un grand volume très-fluide par lui-même, des matieres qui font encore réfractaires, & qui feules ne parviendroient qu'à une demi vitrification. La blende eft de cette efpece; on en a un exemple dans les durillons ou *gefchur* qu'on retire à chaque percée du fourneau, & dont on ajoute à chaque mélange une certaine quantité ; comme dans celui ci-deffus où il en entre 100 brouettées, qui n'obtiennent pas une fufion parfaite :

ils retiennent toujours des métaux. Il y a encore un avantage à ajouter des ſcories, puiſqu'on ne prend que celles qui proviennent de la fonte du plomb, & qui ont retenu une partie de ce métal avec de l'argent. Par la fonte crue les mattes ſe réuniſſent à preſque tout ce qui eſt reſté de réductible dans ces ſcories, & les parties infiniment petites des métaux, en en rencontrant d'autres, s'y mêlent auſſi & forment des globules plus conſidérables, qui alors ſont aſſez peſantes pour ſe précipiter : ce qui prouve qu'il ſeroit impoſſible de ſéparer tous les métaux des minérais pauvres, ſi on ne ſuivoit pas cette méthode. Le mercure qu'on peut diviſer juſqu'à le faire nager ſur l'eau, en eſt une preuve.

§. III. On fond le minérai du mêlange précédent dans un haut fourneau, ſemblable à celui qui eſt repréſenté ſur la pl. **XXXVIII** du Traité des fonderies de Schlutter ; mais avec quelques différences dont voici les principales. La hauteur totale de ce fourneau eſt de 16 pieds 5 pouces, y compris 4 pieds 6 pouces & demi pour les fondations ; de ſorte qu'il reſte 12 pieds 10 pouces & demi, depuis le ſol de la fonderie juſqu'au haut du fourneau, qui a 20 pouces 3 quarts de large dans ſa partie ſurpérieure, ſur 28 pouces & demi de longueur. Il forme un renflement à la hauteur de la tuyere qui va en diminuant juſques ſur le devant ; à cette hauteur il a 34 pouces 7 lignes de largeur, & ſur le devant où eſt la petite voûte pour la pierre de l'œil, 29 pouces 5 lignes, ſur une longueur de 36 pouces un quart.

Il diffère encore de celui de Schlutter, en ce que l'on a pratiqué à côté de l'avant-foyer, à l'endroit oppoſé du baſſin de réception, une eſpece de canal pour y faire couler les ſcories, lorſque le catin du premier eſt une fois plein. Ce canal eſt fait avec de la terre graſſe, ſur laquelle on bat de mauvaiſe braſque, & eſt un peu incliné.

Avant de commencer la fonte qui a ordinairement lieu le lundi, les fondeurs & leurs aides ſe rendent à 4 heures du matin à la fonderie pour préparer leur fourneau. Ils enlevent les ſcories &

autres

autres matieres qui y font reftées de la fonte précédente, de même que toute la brafque qui a été brûlée, & celle qui n’eft pas affez ferme pour qu’on puiffe en battre de nouvelle par deffus. Ils abattent avec un marteau & un acier, tout ce qui s’eft attaché aux parois intérieures, & s’ils trouvent que leur fourneau a une plus grande capacité que celle qui eft néceffaire, ou plutôt celle qui leur eft prefcrite, ils y remédient en bouchant toutes les cavités qui peuvent s’y être formées, fur-tout au-deffus de la tuyere, & le rétabliffent dans fon premier état. La vieille brafque eft criblée & mife à part pour être mêlée avec de la nouvelle pour le même travail ; toutes les matieres reftent fur le crible, font enfuite lavées dans une caiffe longue à une eau courante, pour en retirer la matte qui y eft adhérente ainfi qu’aux fcories ; c’eft ce qui fait partie des débris qui ont formé les 36 brouettées du mêlange : on met également à part les gros débris pour être fondus avec le *fchicht* ou journée.

§. IV. La brafque dont on fe fert eft légere, & non comme Schlutter l’a décrite au chapitre 58, page 336 ; elle eft compofée de partie égale d’argille bien féche, & de pouffier de charbon pilé fous un bocard, à côté duquel on a placé une grille en fer ou efpece de crible en plan incliné, dont les trous ont un diametre de trois lignes. Suivant la fineffe que l’on veut donner à la brafque, on l’incline plus ou moins ; on la jette fur ce plan à mefure qu’elle fort de deffous les pilons où le plus groffier retombe ; celle qui paffe au travers du crible eft employée à la préparation des fourneaux. On en met d’abord trois brouettées que l’on étend en dedans & en dehors, & que l’on bat enfuite avec un rateau de fer ; on acheve de battre cette premiere couche avec un pifton de bois de 4 à 5 pouces en quarré ; c’eft ordinairement à cette hauteur que fe place le bois ou le moule qui forme la communication de l’avant-foyer avec le baffin de réception. Ce bois a la forme d’un cône très-pointu ; on remet de nouveau une couche de brafque, après avoir arrofé la premiere pour qu’elle puiffe mieux fe lier, & ainfi de fuite, *ftratum fuper ftratum*, jufqu'à ce que tout l'encaiffement du fourneau foit plein; on en ajoute de nouvelle dans l'intérieur jufqu'à la hauteur de la tuyere, en la battant également avec un rateau; & l'on procede de même pour le baffin de réception. On avertit alors le maître de la fonderie pour le placement de la tuyere, lequel fe regle fur le mélange qu'il a à fondre : fi ce mélange tient à peu près le milieu entre les minérais réfraétaires & ceux qui font fufibles, il prend la moyenne proportionnelle, & il la place horifontalement à 1 5 pouces & demi au-deffus du niveau de l'avant-foyer : il met auffi les foufflets dans la même pofition (1); l'éloignement qu'on laiffe de l'un à l'autre, dépend de la force du vent qu'ils donnent; lorfqu'ils font neufs, la diftance à leur point d'appui eft de 1 5 pouces & demi, afin que l'endroit où le vent fe croife, s'étende moins dans le fourneau & ne faffe pas fon effet trop près de la chemife; car c'eft à ce point de jonétion & un peu plus loin, qu'eft la plus grande chaleur; mais fi les foufflets font déjà ufés, & que par cette raifon ils foient plus foibles, on ne les éloigne que de 1 3 pouces 10 lignes, pour que le vent faffe à peu près, au même endroit, l'effet que l'on doit en attendre.

§. V. Si l'on avoit à fondre du minérai plus réfraétaire que ceux du mélange ci-deffus, on pourroit élever la tuyere d'un pouce; pour lors ayant un plus grand intervalle pour arriver au baffin de l'avant-foyer, il acquerroit une fufion plus parfaite, le métal feroit mieux féparé & fe précipiteroit plus facilement par fon propre poids : il y auroit cependant un inconvénient de la placer trop haute; car le minérai n'ayant pas eu le tems d'être affez échauffé pour fe difpofer à la fufion, qui doit fe faire en paffant devant le foufflet, tombe fans avoir été attaqué par la chaleur, confomme inutilement du charbon, & occafionne même un engorgement dans le fourneau fi l'on n'y remédie. Comme on doit toujours fe

(1) Ces foufflets ont neuf pieds de longueur, fur trois pieds de largeur, ils font de cuir & doubles.

régler fur la pofition de la tuyere, il faut dans un pareil cas l'élever plus ou moins par derriere fuivant les circonftances : fi au contraire le minérai eft plus fluide que le mêlange, on la placera d'un demi jufqu'à un pouce plus bas, en la réhauffant un peu fur le derriere, de maniere que le vent agiffe du haut en bas ; fi elle étoit trop baffe, il y auroit également un inconvénient, celui de la lenteur de la fonte, du peu de fluidité des fcories, qui ne fe fépareroient pas bien d'avec les mattes & qui retiendroient de l'argent ; il y auroit auffi une confommation confidérable de charbons, à quoi l'on peut remédier en abaiffant un peu le point d'appui des foufflets : cependant on ne doit pas toujours attribuer une mauvaife fufion à l'arrangement de la tuyere, & l'on doit examiner fi les mêlanges ont été bien faits.

La tuyere placée, comme il a été dit, on forme la trace de 17 à 19 pouces de profondeur, & l'on creufe le baffin de l'avant-foyer de 11 à 13 pouces, de façon que tous les deux forment enfemble un feul baffin où fe raffemblent les mattes & les fcories. La brafque qui eft en pente depuis la tuyere jufqu'au fond de la trace, fe nomme le *fond du nez*.

On ferme enfuite le fourneau, en commençant par l'ouverture ou petite voûte que Schlutter a nommée pierre de l'œil, fur laquelle on maçonne des briques ou pierres qui réfiftent au feu, en fe fervant d'argille détrempée, & de petits coins de fer ou de pierres, jufqu'à la hauteur de la chemife du fourneau. On garnit la trace & les baffins de charbon que l'on allume, & on y entretient le feu pendant 3 ou 4 heures ; on remplit enfuite le fourneau de charbon, & l'on charge par-deffus deux trogs ou baquets de fcories de *halsbrück*, & alternativement jufqu'à ce que l'on ait mis la valeur d'une brouettée. Ces premieres fcories que l'on nomme *feiger fchlacken*, ne font ni trop épaiffes ni trop claires & fervent à former le nez. Ayant mis de nouveau par-deffus un panier de charbon, on charge la même quantité de minérai de la *fchicht* ou journée, ce que l'on continue jufqu'à ce que le fourneau foit entiérement plein ; alors le fondeur fait agir les foufflets , & veille à ce que le nez fe forme tel que le travail l'exige ; pour cette fonte, il doit avoir depuis 5 jufqu'à 8 pouces de longueur, & non comme le dit Schlutter, page 340, 18 pouces d'Allemagne qui en feroient ici 15 & demi : un nez de cette longueur ne pourroit qu'être très-préjudiciable à la fufion qui fe feroit trop près de la chemife du fourneau , & l'on courroit le rifque de le laiffer embarraffer. Le fondeur ne doit pas attendre que la charge foit trop baffe pour le charger de nouveau , parce que le minérai n'auroit pas le tems de s'échauffer avant d'arriver à la tuyere, ne fondroit point & defcendroit dans la trace dans le même état , ce qui feroit un dérangement confidérable dans la fonte , & occafionneroit une perte de tems.

Jufqu'à ce que le baffin de l'avant-foyer & l'intérieur du fourneau foient pleins , le fondeur remue de tems en tems la matiere de bas en haut par deffous la pierre de l'œil , pour empêcher les mattes & les fcories de s'y attacher , ce qui arrive ordinairement dans un fourneau nouvellement préparé. Il enleve auffi de tems en tems les fcories dans la crainte qu'elles ne deviennent trop épaiffes , & charge alternativement fon fourneau de minérais, autant qu'il peut en fupporter, & fe conduit pour le nez & la fonte, ainfi qu'il eft expliqué dans le VIᵉ Mémoire, §. XII & XV.

§. VI. Depuis quelques années l'on a introduit dans les fontes l'ufage du charbon de terre qui a été employé avec fuccès. Il fe charge en travers fur le devant du fourneau , comme la *fchicht* ou journée dans le côté oppofé, mais en très-petite quantité à la fois pour ne pas le furcharger ; car comme il ne brûle pas auffi vîte que celui de bois, il s'en feroit un amas qui fe mêleroit au minérai & boucheroit le fourneau. Il ne doit jamais toucher le minérai , mais fervir feulement à réfléchir une chaleur très-vive & occuper une place où il faudroit du charbon de bois. Nous parlerons ci-après de l'épargne qui en eft réfultée, mais on ne peut fixer ce que l'on doit ajouter : cette addition varie fuivant le plus ou le moins de fluidité des matieres & sa qualité ; car s'il est trop pierreux, on ne peut l'employer qu'en très-petite quantité & avec beaucoup de précaution (1).

§. VII. On a la bonne méthode de ne faire les percées que quatre fois au plus dans les 24 heures : le bassin de l'avant-foyer en est moins ébranlé, & n'est pas dans le cas d'être refait dans la quinzaine que dure la fonte. Les petits dommages qui occasionnent les scories se réparent à chaque fois que l'on perce, & ce qui contribue beaucoup à le conserver, c'est qu'on ne le fait jamais dans le même endroit mais à côté ; car il y reste toujours de la matiere qui se refroidit contre le bouchon & qui causeroit un ébranlement dans tout le bassin, si l'on vouloit y faire une ouverture, quelquefois si considérable qu'il faut le réparer entiérement. Par cette méthode l'on gagne du tems, & on épargne beaucoup de charbon; il n'est besoin que de faire dans le fourneau une trace assez grande & des bassins plus profonds (2).

§. VIII. Quand il s'agit de percer, on nétoie le bassin de réception qui a été échauffé précédemment, on prépare deux bâtons à l'extrémité desquelles on met une pelote d'argille, & on arrête le vent des soufflets, en mettant un bouchon de terre devant la tuyere ; ensuite on introduit un fer pointu dans le canal de la percée, on l'enfonce d'abord doucement; si le fondeur trouve de la résistance il se sert d'un marteau, il retire son fer pour laisser couler la matte. Quand il ne paroît plus de celle-ci, & que les scories se présentent à l'entrée du canal, il rebouche aussi-tôt avec la pelote d'argille; si l'une ne suffit pas il prend l'autre. On enleve

(1) C'est ici le cas de renvoyer le lecteur au Mémoire qui traite de cette matiere, contenu dans le premier volume de cet ouvrage, sous le titre de *Maniere de préparer le charbon de terre, pour le substituer au charbon de bois dans les travaux métallurgiques*, & de confirmer son emploi avec le plus grand succès dans les mines de cuivre du Lyonnois, sans aucun mélange.

(2) Cette méthode qui est en pratique dans les fonderies des mines de cuivre du Lyonnois, a été bien reconnue pour être la meilleure & la plus économique ; quelquefois même la fonte se continue jusqu'à trois semaines.

du baſſin de l'avant-foyer les premieres ſcories qui ſont refroidies, & avec des ringards ou leviers de fer, on détache ce qui s'eſt figé dans la trace, le long des parois du fourneau & autour du baſſin, ce qu'on nomme *offenbrück*, pour les jetter à fur & meſure fur la *ſchicht* ou journée, & les recharger avec le minérai. On en uſe de même pour les durillons *geſchür*, ou matieres qui n'ont pas acquis une parfaite fuſion & qu'on retire du fourneau ; elles forment un compoſé de mattes & de blende ; cependant s'il y en a trop abondamment, on les réſerve pour la fonte de la quinzaine ſuivante.

On raccommode le baſſin de l'avant-foyer en y battant de la mauvaiſe braſque, & on redonne le vent aux ſoufflets ; la matte eſt enſuite levée en gâteaux que l'on met de côté pour la laiſſer refroidir, & de chaque piece on en prend un morceau pour le remettre au maître de la fonderie chargé d'en faire l'eſſai. Pour avoir la teneur en argent de chaque percée, on continue de procéder à la fonte juſqu'à ce que le mêlange qu'on a mis en *journées* ſoit entiérement paſſé (1) ; c'eſt ordinairement le ſamedi qu'elle eſt achevée, & quelquefois le dimanche matin. On laiſſe deſcendre le minérai & les charbons juſqu'à la tuyere, & auſſi-tôt que le *nez* eſt entiérement détruit on arrête les ſoufflets ; on ouvre le devant du fourneau, & pendant qu'il eſt encore chaud on le nétoie autant qu'il eſt poſſible, on perce & on fait couler toutes les matieres reſtantes.

§. IX. Le mêlange fondu en 330 heures a conſommé 81 chariots de charbon de bois, 24 tonnes de charbon de terre, & un chariot & demi de tourbe pour chauffer les fourneaux (2).

En comparant les anciennes fontes avec celles-ci, il eſt évident que par l'addition du charbon de terre, on a épargné 1728 pieds

___

(1) La durée de la fonte eſt de 15 jours ſans interruption.

(2) Le chariot de charbon eſt de 108 pieds cubes, par conſéquent 8748 pieds cubes pour le total ; la tonne de charbon de terre étant de 3 pieds 8 lignes cubes, les 24 feront 87 pieds 4 pouces, & en tourbe 162 pieds cubes.

cubes de charbon de bois: on a retiré 560 quintaux de matte à 4 lots d'argent par quintal, ainsi qu'il a été reconnu par les essais de chaque pesée; ainsi le total contient 140 marcs, même produit que celui de l'essai des minérais; plus 7 marcs & 1 lot contenus dans les débris & autres matieres de fourneau, qu'on a ajoutés au mêlange.

L'avantage qui résulte de cette opération est d'avoir rassemblé tout l'argent contenu dans 1440 quintaux 5 huitiemes de minérai, en une masse de 360 quintaux, dont il est bien plus facile de le séparer par les procédés qu'on va détailler; un maître fondeur & son aide conduisent cette fonte.

§. X. Pour faire les essais des mattes & en connoître la richesse, on se sert d'un poids fictif divisé seulement en 100 livres, &c. tandis qu'elles sont pesées en grand avec un poids réel de 110 livres; d'où il suit que l'on trouve moins d'argent qu'elles n'en contiennent réellement; par exemple, dans le cas présent le poids de 110 livres a donné 560 quintaux de mattes, ce qui en fait 616 suivant le quintal de 100 livres; il y en a donc dans toute la masse 154 marcs au lieu de 140, que l'on compte de cette maniere pour n'en avoir pas de moins en les fondant; car on sait qu'il en reste toujours dans les scories de la fonte de plomb par laquelle elles passent, mais qui se retrouve dans la fonte crue, puisqu'on y emploie les mêmes scories; ce qui est évident par l'augmentation considérable que l'on a. Outre les 14 marcs ci-dessus, il y a encore beaucoup d'argent dans les débris des deux fourneaux, qui n'est point compté, mais que l'on estime de 7 à 8 marcs; ainsi l'on voit que le roi a réellement une augmentation d'argent par la réunion des parties infiniment petites dont on a parlé.

§. XI. Les mattes crues provenant de cette fonte sont cassées en morceaux de la grosseur d'un poing, pesées & transportées dans un fourneau de grillage de 20 pieds 9 pouces de long, sur 10 pieds 4 pouces & demi de large: *voyez* la planche X, lettre D du Traité des fonderies de Schlutter. Sur l'aire de ce fourneau pavée de briques, on forme un lit de 108 pieds cubes de charbon fur lequel on met jufqu'à 450 quintaux de cette matte, qui par la quantité de foufre qu'elle contient, fe grille facilement & comme d'elle-même. On n'y met en charbon que ce qu'il faut pour lui faire prendre feu ; car fi on en mettoit davantage ou que l'on ajoutât du bois , l'un & l'autre fe brûleroit en pure perte fans en retirer aucun effet ; la trop grande chaleur feroit fondre la matte fans la griller. Toute matte ou minérai grillé doit être fpongieufe, c'eft-à-dire, remplie de cavités ; c'eft la meilleure preuve que le feu a fait l'effet que l'on defiroit. Quand elle eft refroidie, on fait un nouveau lit de charbon dans un fourneau femblable , pour lui donner un fecond feu , en obfervant de n'y mettre que celle qui n'a pu être grillée , & d'en féparer toute celle qui eft prife enfem-ble & qui a acquis les qualités ci-deffus : elle l'eft fuffifamment pour la fonte avec le plomb ; la matte de ce fecond grillage qui n'a pas été bien calcinée , eft mife une troifieme fois fur un lit de charbon, mais en en diminuant la quantité ; celui-ci n'eft que de 54 pieds cubes : il eft tout fimple que la confommation du charbon eft moindre à chaque fois en raifon de la diminution des ma-tieres.

Comme dans les livraifons des minérais , il fe trouve beaucoup plus de pyrites pauvres en argent & en cuivre qu'il n'en faut , pour fe procurer des mattes dans la fonte crue, on en fait griller une partie afin que par la diffipation du foufre & de l'arfénic, la quantité de matte foit réduite en un plus petit volume. On a auffi l'avantage d'avoir des fcories , qui ne font ni trop fluides ni trop épaiffes , & qui par cette raifon fe féparent très-bien des mattes fans en retenir ; conféquemment on évite d'en ajouter une fi grande quantité au mêlange, puifque les pyrites grillées en four-niffent elles-mêmes de très-bonnes.

Calcination des pyrites. §. XII. On a deux manieres de griller ces pyrites ; la premiere qui ne concerne que les morceaux de la groffeur d'une noix, pro-venans du triage , fe fait dans un fourneau de 10 pieds 4 pouces de

longueur ,

longueur, fur autant de largeur & 9 pieds 4 pouces de hauteur (*). Dans le mur de derriere il a fix ouvertures à côté les unes des autres de deux en deux fur la hauteur, d'un pied fur 10 pouces qui répondent à une petite cheminée de 20 pouces en quarré, à laquelle eſt adapté un conduit ou canal de 18 pouces de large, conſtruit en briques, & recouvert avec des planches dont les jointures feulement font bouchées avec de la terre ; ce canal eſt enterré & fe prolonge de 12 toiſes en faiſant des finuofités, & à fon extrémité eſt une autre cheminée femblable à la premiere. On a deux de ces fourneaux à côté l'un de l'autre, auxquels le canal eſt commun ; fur un lit compofé de 107 pieds 6 pouces cubes de bois & 54 pieds cubes de charbon, on étend depuis 600 juſqu'à 800 quintaux de pyrites : l'ouverture de devant fe ferme avec des briques que l'on range de façon à laiſſer un intervalle entr'elles pour le paſſage de l'air ; par-deſſus on met une épaiſſeur de deux ou trois pouces d'autres pyrites réduites en poudre & humeĉtées, pour empêcher la fumée de paſſer au travers, & l'obliger à enfiler le canal où le foufre fe dépofe en fleurs, ce qui fait une vraie fublimation. A mefure que les pyrites s'échauffent, on bouche en partie la premiere cheminée afin que le feu ne foit point étouffé ; par cette cheminée il s'évapore quelques portions du foufre, fans pouvoir l'éviter, & quantité d'arfénic qui fe fublime contre les parois ; s'il fe forme des fentes ou gerçures fur le grillage, on les bouche avec de nouvelles pyrites mouillées.

Ces grillages reſtent en feu pendant fix femaines, deux mois & quelquefois plus ; le foufre que l'on en retire eſt fuffifant pour payer les frais, & lorſqu'on ne donne aux pyrites que ce feul feu de grillage, elles peuvent alors être employées au mêlange de la fonte crue.

Pour la feconde méthode on a les mêmes fourneaux que ceux dont on fe fert pour les mattes, & l'on n'y grille que les pyrites pilées ou réduites en très-petits morceaux, comme celles qui proviennent des bocards & du travail du crible, qui ne pourroient l'être avec fi peu de bois que les précédentes.

(*) Pl.
XXIII, fig.
1 & 2.

*Tome II.*I i i

Sur chaque fol de deux de ces fourneaux, on étend 40 quintaux de pyrites les plus groſſieres, ſur leſquelles on arrange 80 pieds 8 pouces & demi cubes de bois de corde, & par-deſſus 108 pieds cubes de charbon; on fait un nouveau lit de 40 quintaux de pyrite la plus fine, & un ſecond de 130 quintaux de la groſſiere qui a été lavée au crible; le tout recouvert encore de 30 quintaux de *ſchlick*; ainſi les deux grillages ſont compoſés de 480 quintaux. On met enſuite des charbons allumés autour des murs pour communiquer aux autres; par cet arrangement alternatif de pyrite groſſiere & menue, le feu agit par deſſus & par deſſous: il y reſte 15 jours. Ces pyrites ſont très-pauvres; car les 480 quintaux ne contiennent pas plus de 26 à 27 marcs d'argent. Nous penſons qu'on épargneroit du bois & du charbon, en opérant ſur une plus grande quantité, ſans craindre d'étouffer le feu qui ſe maintient aiſément par l'abondance du ſoufre des pyrites.

SECTION V.

De la fonte riche.

§. I. Mêlange des minérais riches en argent, avec ceux de plomb qui ont été grillés enſemble.

Mine de Séegen gottes hertzog Auguſte.

claſſe.
2ᵉ 24 quintaux 1 quart de minérai pilé avec des maſſes, conſiſtant en minérai de plomb, quartz & pyrites, à 29 lots d'argent par quintal, fait 43 marcs 15 lots 1 gros.

Mine de Neûe Jahr Eléonora.

1ʳᵉ 20 quintaux 2 livres minérai pilé comme le précédent, à 34 lots d'argent par quintal, fait 42 marcs 8 onces 2 gros.

Mine de Neû hoffnûng gottes.

2ᵉ 29 quintaux 7 huitiemes minérai lavé, à 7 lots par quintal, fait 13 marcs 1 lot.
____
73 quint.

Mine de Chûr prince Frideric Augufte.

classe.

2e   17 quintaux 3 huitiemes minérai trié , confiftant en fpath &
quartz , à 9 lots & demi d'argent par quintal , fait 10
marcs 5 lots.

Mine de Jûngen thorm hoff.

2e   5 quint. 3 quarts minérai de plomb pilé avec des maffes , à
25 lots & demi par quintal, fait 9 marcs 2 lots 2 gros.

97 quint. 1 quart & 2 livres.   En argent 119 marcs 1 lot.

§. II. Noms & qualités des minérais de plomb , auxquels on
ajoute ceux ci-deffus , pour en compofer un mêlange.

Mine de Gûtte Gottes ftollen.

7e   26 quint. minérai de plomb pilé avec des maffes , contenant
du fpath , à 6 lots d'argent , fait 9 marcs 12 lots & 34 livres
de plomb par quintal.

Mine de Lorentz gégen trüm.

31 quint. 3 huitiemes minérai de plomb paffé au crible , à
2 lots d'argent par quintal, fait 3 marcs 14 lots 3 gros , tient
61 livres de plomb.

30 quint. 7 huitiemes minérai de plomb en *fchlick*, à 2 lots
& demi d'argent, fait 4 marcs 13 lots , tient 52 livres de
plomb.

3 quint. 5 huitiemes pareil au précédent, à 1 lot & demi ,
fait 5 lots d'argent & 1 gros , tient 42 livres de plomb.

13 quint. 3 huitiemes *idem*, à 2 lots, fait 1 marc 11 lots
1 gros, tient 47 livres de plomb.

Mine d'Altemord grûbe.

35 quint. 1 huitieme minérai de plomb paffé au crible, à 4
lots par quintal, fait 8 marcs 12 lots 2 gros, tient 62 livres de
plomb.

I i i ij

8 quintaux 1 quart minérai de plomb pyriteux paſſé au crible, à 2 lots, fait 1 marc, tient 47 livres de plomb.

Mines d'Himmels fürſten.

23 quint. 1 quart minérai de plomb pilé avec la maſſe, à 4 lots & demi, fait 6 marcs 8 lots 2 gros, tient 50 livres de plomb.

25 quint. 1 quart minérai paſſé au crible à 4 lots, fait 6 marcs 5 lots, tient 48 livres de plomb.

32 quint. 5 huitiemes ſchlick de plomb pyriteux de *Kûh ſchaʒ*, à 1 lot & demi, fait 3 marcs 3 gros, tient 28 livres de plomb.

Mine de Jûngen Saint-André.

7 quint. & demi minérai paſſé au crible, à 3 lots & demi, fait 1 marc 10 lots 1 gros, tient 58 livres de plomb.

3 quint. 1 quart pareil au précédent, à 1 lot & demi, fait 4 lots 3 gros, tient 29 livres de plomb.

2 quint. 3 quarts *ſchlick* de plomb à 2 lots, fait 5 lots 2 gros, tient 39 livres de plomb.

2 quint. 5 huitiemes minérai paſſé au crible de *Jûngen David*, à 3 lots & demi, fait 9 lots, tient 53 livres de plomb.

3 quint. 3 huitiemes, même eſpece de *Kirſch baûm*, à 1 lot, fait 3 lots 1 gros, tient 33 livres de plomb.

7 quint. 3 quarts, même eſpece de *Schluſſel*, à 3 lots & demi, tient 1 marc 11 lots d'argent & 46 livres de plomb.

7 quint. 5 huitiemes, même eſpece de *Haaſen*, à 7 lots, fait 3 marcs 5 lots 1 gros, tient 60 livres de plomb.

___

362 quint. 1 huitieme & 2 livres. Total 173 mar. 4 lots. 3 g. d'arg.

§. III. Tous les minérais compris dans ce mêlange ſont trop riches pour être fondus ſans avoir été grillés auparavant; on riſqueroit de perdre du fin. Il faut abſolument les dégager d'une partie de leur ſoufre & arſénic, afin que l'argent ſe trouvant

Grillage des minérais riches.

débarraffé des parties volatiles qui l'uniffent aux fixes, fe raffemble avec le plomb : on y procede comme il fuit.

Après avoir divifé en trois parties égales les 362 quintaux un huitieme & deux livres , & avoir fait dans trois fourneaux un lit de 180 pieds 4 pouces & demi cubes de bois , & par deffus 94 pieds cubes & demi de charbon, on y met une épaiffeur de 4 pouces du mêlange ; on allume enfuite ces trois grillages qui reftent en feu 3 ou 4 jours. Lorfqu'ils font froids on arrange par deffus le minérai, la même quantité de bois & de charbon qui compofoit le premier lit, & fur celui-ci on y étend le minérai du fourneau le plus près ; fur la moitié du troifieme grillage, on met la moitié du bois & du charbon que l'on y avoit employé la premiere fois, & l'autre moitié de minérai par deffus ; de cette maniere le feu agit dans tous les fens ; celui qui étoit le plus près du bois la premiere fois, & qui n'a pu griller, fe trouve précifément deffus & deffous. Pour lui donner un troifieme feu, on fait un nouveau lit de bois & de charbon, que l'on augmente de moitié en fus ; fur le premier on retourne tout le minérai des deux grillages qui avoient été mis enfemble, & fur le demi-lit celui du troifieme grillage, de façon qu'il fe trouve entiérement par-deffus.

§. IV. On a depuis quelques années une autre méthode de griller ces minérais dans un fourneau de réverbere, qui confomme à la vérité la moitié moins en bois & en charbon, mais on ne peut y donner un feu affez vif, qui eft pourtant néceffaire pour en chaffer l'arfénic fans crainte de faire une maffe du total. Nous fommes néanmoins d'avis qu'avec de l'attention le minérai doit mieux s'y griller.

Lorfque le minérai eft étendu fur l'aire de ce fourneau (*), on jette quelques bûches de bois par-deffus , & on fait du feu dans la chauffe avec du charbon de terre ; on remue de tems à autre le minérai avec des rateaux de fer, par les quatre ouvertures marquées 6 , que l'on bouche auffi-tôt après avec des briques ; on renouvelle le charbon & le bois , en obfervant de donner un feu

Grillage des minérais au réverbere.

(*) *Voyez* la Pl. XXIII , fig. 3, 4, 5, 6, & 7, & l'explication.

doux en commençant, dans la crainte que le minérai ne devienne pâteux.

On emploie 24 heures à griller 25 quintaux que l'on retire du fourneau par le côté oppofé à la chauffe; on les remplace par une même quantité, & l'on continue cette opération jour & nuit. On diftingue l'efpece de minérais que l'on y grille, c'eft toujours du *fchlick* groffier & de celui qui a paffé par le crible, & non du plus fin qui feroit emporté par la flamme, ni de celui en gros morceaux qui ne pourroit être attaqué par la chaleur. Il en eft de même du minérai très-riche, on ne le calcine point dans ce fourneau; mais s'il l'eft moins & qu'il contienne beaucoup d'arfénic, on le rôtit fans danger dans ceux à feu ouvert, ayant foin cependant de les bien mêler avec ceux de plomb.

§. V. Aux 362 quintaux 1 huitieme du mêlange des minérais, contenant en argent 173 marcs 4 lots 3 gros, on a ajouté 270 quintaux de matte crue grillée 3 fois, contenant 70 marcs d'argent, & 128 quintaux de plomb ou œuvre pauvre d'une précédente fonte, contenant 92 marcs 7 lots d'argent; *en total* 335 *marcs* 11 *lots* 3 *gros*. A ce mêlange on a ajouté encore 30 quintaux de litarge, & 60 quintaux de teft ou cendre de coupelle imbibée de plomb.

Comme il y a beaucoup de ces minérais qui tiennent plus d'un marc d'argent, & que le lot au-deffus du marc n'a point été compté par l'effayeur, ainfi que nous l'avons dit, il en réfulte une augmentation de 3 marcs 2 lots en fus de ce qui a été payé; par conféquent le total contient réellement 338 *marcs* 13 *lots* 3 *gros*.

On a mis fur la *fchicht* ou journée 53 brouettées de fcories de *halsbrück*, & 15 de celles d'une précédente fonte qui ont été fondues plufieurs fois.

Fonte. §. VI. Le mêlange des minérais riches en argent avec ceux de plomb, eft dans une proportion convenable pour s'unir enfemble; mais les trois grillages ne feroient pas fuffifans pour que la

précipitation s'en fît fans qu'il reftât beaucoup de mattes. On y
fupplée par l'addition des mattes crues, qui elles-mêmes doivent
abandonner une quantité d'argent qu'elles contiennent ; elles font
un compofé de foufre uni au fer, de cuivre, d'arfénic, d'un peu d'argent & de zinc : on en fait un mêlange pour les fondre avec les minérais ci-deffus. Il arrive que le foufre & l'arfénic qui y font encore
affez abondans s'uniffent au fer des mattes & fe fcorifient ; une
partie du zinc fe révivifie & s'unit au plomb, l'autre partie s'unit
à une furabondance de foufre, d'arfénic, de cuivre & de fer, qui
ont plus d'affinité avec ce demi-métal que le plomb, ce qui forme
de nouvelles mattes qui participent de toutes les matieres de cette
fonte ; car elles retiennent du plomb & conféquemment de l'argent,
on les nomme *mattes de plomb.*

Mattes de plomb.

§. VII. Le fourneau dont on fe fert pour cette fonte eft le
même qui a fervi à la fonte crue ; comme il eft alors plus large,
le plomb eft moins dans le cas de fe fcorifier. La tuyere (1) fe
place à 15 pouces au-deffus du niveau du baffin de l'avant-foyer,
avec une inclinaifon de demi-pouce ou 3 degrés & demi ; cette
hauteur eft, dit-on, néceffaire pour fondre les minérais ; mais ce
qu'il y a de certain, c'eft qu'elle contribue beaucoup à la fcorification du plomb, ainfi qu'il eft prouvé par la richeffe des fcories.
On obferve d'ailleurs de modérer l'action du vent ; la profondeur
de la trace doit être coupée de 16 à 17 pouces, & celle du baffin
de 11 à 13, en laiffant en deffous une épaiffeur de brafque de
3 pouces pour le fiege du nez, afin que les matieres qui fe refroidiffent & celles qui ne font pas bien fluides, puiffent facilement
fe détacher, & ne s'engagent point dans les murs du fourneau ;
du refte on procede comme pour la fonte crue.

§. VIII. Les 128 quintaux d'œuvre pauvre que l'on a ajoutés,
ont été divifés pour chaque percée, & chaque partie a été

______

(1) La tuyere eft de 11 pouces de longueur & 12 pouces de largeur fur le derriere,
fur 7 pouces 2 lignes de hauteur, & fur le devant 1 pouce deux tiers fur 2 & demi de
large, 4 lignes d'épaiffeur fur le derriere, & un bon pouce fur le devant ; elle pefe
50 à 60 livres.

chargée peu de tems avant les percées ; de cette façon le plomb s'enrichit beaucoup mieux qu'en le mettant dans l'avant-foyer, comme cela se pratiquoit du tems de Schlutter ; car ce métal peut saisir l'argent du minérai, & des mattes en passant au travers du fourneau, & dans le bassin on ne fait que l'étendre dans un plus grand volume, puisque le plomb passe sous les mattes, & par cette raison ne peut s'y unir. La litharge & le test sont également chargés sans addition, quelque tems avant la percée.

A mesure que la matte se refroidit dans le bassin de réception, on enleve les gâteaux avec des fourches de fer ; on écume & lorsque le plomb n'est plus rouge, on le puise avec un cuiller de fer enduit d'argille pour le verser dans des moules de fer demi-sphériques. Le bassin étant à peu près à moitié, le fondeur en met dans d'autres petits moules creusés dans une brique, pour être remis au maître de la fonderie qui en doit faire l'essai, pour connoître le produit de chaque percée, qui a lieu toutes les huit heures : les scories qui tiennent encore 12 à 13 livres de plomb par quintal sont jettées sur la *schicht* ou journée ; s'il y en a de surplus, elles sont mises à part pour la fonte crue. Le plomb qui est vitrifié se révivifie par le phlogistique des charbons, & s'unit à la matte qui l'empêche de se florifier de nouveau, & quoique toutes les scories soient refondues, il y a toujours une perte réelle du plomb à chaque vitrification ; il seroit bien important de parvenir à rendre les scories moins riches. Quant aux *geschür* ou durillons & les *offenbrück* ou matieres que l'on a détachées des fourneaux, elles sont toutes rassemblées avec les scories ; de la fonte de ce mélange les 3 fourneaux en ont produit 33 brouettées, & 24 de celles qui sont mêlées avec la brasque, & qui contiennent encore beaucoup de matte.

C'est ordinairement le jeudi matin que l'on a achevé de fondre le mélange avec ses additions ; on compose alors une *schicht* ou journée avec les 57 brouettées ci-dessus, & les mattes provenant de cette fonte ; c'est ce qu'on nomme *changer les mattes*.

Les

Les nouvelles mattes, les ſcories & les débris que l'on obtient ſont mis à côté de la *ſchicht* pour en former une autre, & le plomb qui en provient eſt aſſez riche pour être affiné (1) : comme il eſt trop embarraſſé dans les mattes par le ſoufre, l'arſénic, le fer, le cuivre & le zinc, on ajoute à la ſeconde fois qu'on les change, de la litharge & du teſt, afin que le plomb ſe ſaiſiſſe de tout l'argent qui y eſt contenu ; alors elles ſont plus pauvres & l'œuvre que l'on en retire l'eſt trop pour être affiné.

§. IX. Le mêlange fondu en 137 heures dans trois fourneaux, a produit 275 quintaux 7 huitiemes d'œuvre, contenant 314 marcs 4 lots d'argent, & 66 quintaux de matte de plomb à 5 lots, ce qui fait 20 marcs 10 lots ; mais il y avoit 338 marcs 13 lots 3 gros, il eſt donc reſté dans les ſcories & dans les débris 3 marcs 15 lots 3 quarts qui ſe retrouvent dans une fonte ſuivante. On a conſommé 4014 pieds cubes de charbon de bois, & 43 pieds 8 pouces cubes de charbon de terre, qui, à ce que l'on prétend, en ont épargné 1296 des premieres.

§. X. Ces mattes changées & refondues pluſieurs fois tiennent encore 4 à 5 lots d'argent par quintal, 12 à 16 livres de plomb & 7 à 8 livres de cuivre, de l'arſénic, du ſoufre, du zinc & du fer ; on les grille de 5 juſqu'à 8 fois, ce qui dépend du plus ou moins de fuſibilité ; ce ſont les mêmes fourneaux de grillage qui ſervent à cette opération, dans leſquels on fait un lit de 81 pieds cubes de charbon, & par deſſus 300 quintaux de matte ; à chaque feu on augmente un peu le charbon, de ſorte que le ſixieme eſt compoſé de 99 pieds cubes. On retourne cette matte alternativement d'un grillage à l'autre, & dans la crainte de la mettre en fuſion, ce qu'il faut toujours éviter, on n'y emploie point de bois.

Le fourneau pour la fonte eſt le même que celui du travail du

Produit de la fonte.

Fonte des mattes de plomb.

Haut fourneau.

(1) **Nota.** Le plomb pour être affiné doit tenir au moins 1 juſqu'à 2 marcs d'argent par quintal, s'il eſt moins riche il eſt refondu la ſemaine ſuivante ; les 128 quintaux d'addition au mêlange provenoient du changement des mattes.

Tome II.   Kkk

plomb, & eſt accommodé de la même maniere; la ſeule différence eſt dans la trace qui doit être creuſée de 20 à 21 pouces depuis la tuyere, & le baſſin de l'avant-foyer de 12 à 15 pouces & demi de profondeur : on y fond dans une ſemaine le mêlange ſuivant.

Mêlange pour une fonte.

302 quintaux matte de plomb qui a été grillée 6 fois, & qui tient en total 80 marcs 11 lots 2 gros d'argent.

52 brouettées de ſcories provenant de la fonte de cuivre.

129 *dites*, provenant de la fonte de plomb, mais changées & fondues pluſieurs fois.

40 *dites*, du même travail à meſure qu'elles ſe refroidiſſent.

64 quintaux de litharge que l'on a ajoutée pendant la fonte, par diviſion pour chaque percée qui eſt réglée de 8 heures en 8 heures ; on en charge, par exemple, 3 ou 4 quintaux avant de percer.

Produit de la fonte.

La durée de cette fonte a été de 130 heures : elle a produit 69 quintaux de plomb cuivreux qui à 12 lots par quintal, font 51 marcs 12 lots ; plus 61 quintaux matte de cuivre, à 7 lots & demi, font 28 marcs 9 lots 2 gros ; & ces deux ſommes enſemble 80 marcs 5 lots 2 gros ; par conſéquent une différence de 6 lots en déficit de ce que les mattes contenoient, qui ſe retrouvent en ſupplément dans une autre fonte.

§. XI. On a conſommé pour le grillage des 302 quintaux de matte à 6 feux, 612 pieds cubes de charbon de bois, & pour les fondre 2277, avec 6 tonnes de charbon de terre, ou 21 pieds 10 pouces cubes.

§. XII. Le plomb ou œuvre que l'on retire n'étant pas aſſez riche pour être affiné eſt fondu de nouveau, mais en petite quantité à la fois, & on y trouve un double avantage ; celui de s'enrichir & d'en retirer une partie du cuivre qui y étoit contenu. Ce métal rencontrant du ſoufre & du fer avec leſquels il a plus d'affinité qu'avec le plomb, s'y unit pour abandonner ce dernier : il en reſte cependant une partie qui eſt comme perdue ; car en ſe ſcorifiant dans l'affinage, il ſe mêle à la litharge avec laquelle il eſt vendu. Quant à celui qui reste dans celle dont on se sert pour addition dans les fontes, on en profite peu ; car il est tellement scorifié qu'il est en partie irréductible.

Le plomb que l'on obtient de cette fonte des mattes, est un plomb cuivreux contenant argent, du *speis* (1) qui le surnage, une matte de 25 à 30 pour cent en cuivre unie à du fer, du soufre, de l'arsénic, du zinc & du plomb ; cette matte ne différe de celle de plomb que par les proportions ; dans la premiere le plomb y dominoit, dans celle-ci c'est le cuivre : il est vrai que le volume en est moindre, mais on a consommé une grande quantité de charbon, & l'on a perdu évidemment du plomb, sur-tout dans les changemens de la fonte des mattes ; il s'en perd aussi à chaque feu de grillage.

§. XIII. La méthode qui nous paroîtroit la plus avantageuse pour traiter les mattes de plomb, seroit celle du haut Hartz que l'on trouve décrite dans le Traité des fonderies de Schlutter, page 420, & qui est aussi usitée à Sainte-Marie aux mines. Plusieurs raisons devroient engager à l'adopter même en la perfectionnant ; on épargneroit du charbon, & on éviteroit une perte considérable de plomb ; d'ailleurs le zinc qui par des calcinations réitérées se réduit partie en chaux irréductible, & partie en chaux qui se révivifie dans la fonte, se vitrifieroit ou préviendroit encore la perte d'une grande quantité de cuivre ; car les mattes en sortant de l'affinage, seroient fondues avec des matieres tenant plomb, qui en extrairoient une bonne partie de l'argent, sans qu'il y eût à craindre qu'il se mêlât beaucoup de cuivre avec le plomb ; le soufre & le fer le retiendroient. On auroit aussi bien moins de *speis*, parce que la majeure partie de l'arsénic seroit emportée par le vent des soufflets, ce qui seroit un avantage, puisque ce *speis* contient toujours un peu d'argent que l'on ne peut en séparer qu'avec perte. Cette méthode enfin est sans contredit celle qui se

Speis, ce que c'est.

(1) Le *speis* est un composé en grande partie d'arsénic, de fer, avec un peu d'argent & de cuivre.

K k k ij

rapporte mieux aux principes de chymie, qui doivent être la bafe de toutes les opérations de Métallurgie.

SECTION VI.

De l'affinage de l'argent.

Fourneau.

§. I. Le fourneau d'affinage eft le même que celui qui eft repréfenté fur la planche XLVI du Traité des fonderies de Schlutter; on y a feulement ajouté une chauffe pour y mettre le bois , & comme il differe un peu dans les proportions, nous en donnerons les principales. Sa hauteur depuis le fol de la fonderie jufqu'au niveau de la cendre qui forme la coupelle, eft de 3 pieds 4 pouces, & de 12 pouces au-deffus fur 16 d'épaiffeur; cette partie eft en brique. L'ouverture de la chauffe dans le fourneau pour le paffage de la flamme, a en largeur 4 pieds 4 pouces fur 11 pouces de hauteur; celle du paffage de la litharge 14 pouces, & celle vis-à-vis la chauffe eft de 10 pouces de large. Il y en a encore une contre le mur où font les foufflets , qui par une direction oblique répond aux tuyeres ; elle ne fert que dans le cas où il s'attache de la litharge aux papillons. Elle eft de 4 pouces en quarré, & eft ordinairement bouchée avec de l'argille ; le diametre de la coupelle vis-à-vis des foufflets eft de 8 pieds 3 pouces, & de 7 pieds 7 pouces en face de la chauffe ; car le mur fait une fection au cercle , & prend en dedans 8 pouces depuis la circonférence. Le mur qui fépare la chauffe de la coupelle a 10 pouces d'épaiffeur , & la chauffe 16 pouces de largeur ; le chapeau de fer s'éleve de fa bafe de 7 à 8 pouces ; au lieu d'une couche d'argille que l'on faifoit anciennement au-deffous de la cendre, on y arrange feulement des briques de champ très-jointes enfemble, ce qui facilite bien mieux l'évaporation de l'humidité , qui s'échappe dans les foupiraux ou ventoufes.

Préparation de la coupelle.

§. II. Sur fix tonnes ou bariques de cendres (1), on en ajoute

(1) Cette mefure eft de 2 pieds 9 pouces 11 lignes cubes, ce qui fait pour les fept bariques 19 pieds 9 pouces 7 lignes.

une de chaux éteinte; on mêle bien le tout enfemble & on l'humecte à plufieurs reprifes, c'eft-à-dire, à quelques heures d'intervalle, de façon que la cendre puiffe fe peloter dans la main fans s'y rendre adhérente ; la chaux fert à lui donner affez de confiftance, pour que la coupelle puiffe réfifter contre les impuretés du plomb. On n'emploie pas à chaque affinage la même quantité de cendres ; car on fait fervir celle qui n'a pas été imbibée dans une précédente opération que l'on a retirée du fourneau : on en garde cependant un peu de la féche pour le befoin.

Les deux tuyeres font placées de façon que celle qui eft du côté oppofé à la chauffe, eft de demi - pouce plus baffe que l'autre, afin que le vent puiffe mieux chaffer la litharge vers le paffage, autrement il en refteroit une trop grande quantité. On leur donne au plus deux degrés de pente, on les met en dedans de la coupelle à 17 pouces l'une de l'autre en partant de leur centre ; chacune d'elle a un *papillon* (1) pour diriger le vent des foufflets fur le bain de plomb.

Pour former la coupelle on commence par bien nétoyer le fol de briques, dont on bouche les petites fentes & que l'on arrofe avec de l'eau ; on y porte alors la cendre que l'affineur range circulairement en commençant du côté de la tuyere, il l'égalife avec les mains, & lui donne à vue l'inclinaifon qu'elle doit avoir vers le centre ; il la preffe enfuite avec les doigts, & en ajoute dans les endroits où il n'y en pas affez. Il prend alors un rateau de fer un peu chaud, & bat cette couche en allant du centre à la cirçonférence, & de la circonférence au centre & circulairement ; il prend enfuite un crible qu'il remplit de cendre féche du précédent affinage, & les tamife fur toute la furface de la coupelle ; il en met environ deux *trogs*, qu'il étend le plus également qu'il lui eft poffible avec un rateau de bois ; il bat de nouveau & balaie ce qu'il y a de trop ; il fait une nouvelle couche de cendre neuve bien

(1) On nomme papillon une petite plaque de fer mobile fufpendue devant le trou de la tuyere.

féche & criblée qu'il bat plus fortement & qu'il étend également ;
pour lors il prend un piſton de bois de 5 à 6 pouces de diametre ,
& frappe de nouveau ſur toute la coupelle, juſqu'à ce que le
doigt ne puiſſe y faire aucune impreſſion. Il examine ſi rien n'em-
barraſſe le jeu des papillons, après quoi avec un morceau de fer
demi-ſphérique & tranchant d'un côté, il racle toute la coupelle
pour enlever les inégalités ; il prend enſuite un niveau pour connoître ſi elle a une pente égale vers le point où la trace doit être
faite, ou autrement il ſe ſert d'une petite boule qu'il fait rouler en
partant de la circonférence, & remarque l'endroit où elle s'eſt
arrêtée. Il répete cette opération dans pluſieurs endroits, & ſi la
boule s'arrête au même point, il lui ſert de guide pour former la
trace qui ſe fait toujours de 3 ou 4 pouces plus près des foufflets
que ne l'eſt le centre de la coupelle, ſinon il coupe de la cendre
où il y en a trop ; il égaliſe l'endroit de la trace, & de ce point qui
doit être le plus profond, il en décrit avec un compas la circonférence, que l'on proportionne à la quantité d'argent qui doit
réſulter d'un affinage ; c'eſt le maître de la fonderie qui détermine
cette meſure : il la creuſe de 2 lignes de profondeur & bien également, ce qu'il reconnoît avec le niveau. Il balaie enſuite les cendres qu'il a enlevées de la trace, & nétoie toute la ſurface de la
coupelle, ſur laquelle il répand une *trog* de cendre tamiſée bien
féche qu'il étend avec les mains, qui d'une part emporte toute
l'humidité & de l'autre la rend plus unie.

§. III. La coupelle étant ainſi préparée, l'affineur y arrange les
pieces ou lingots de plomb, en plaçant les côtés convexes ſur le
ſol, & on en forme deux rangs l'un ſur l'autre ; il y met par-
deſſus un panier de charbon & quelques-uns d'allumés, qu'il recouvre de pluſieurs bûches de bois. Il place enſuite le chapeau de
fer à l'aide de la grue qui le ſoutient & le lute avec de l'argille ; il
garnit la chauffe de charbon de terre, & fait agir léntement les
ſoufflets, ce qu'il augmente peu à peu, & en mettant du bois ſur
le bain de plomb ; il lui donne enfin un grand feu, & lorſque le

plomb eſt bien chaud, il en nétoie la ſurface avec un rateau de bois (1) & en enleve exactement toutes les impuretés : ce n'eſt qu'après 2 heures & demie, même 3 heures, que le plomb acquiert ce degré de chaleur ; on ceſſe alors de mettre du charbon de terre dans la chauffe, mais ſeulement du bois, de façon qu'il donne pendant une demi-heure une forte chaleur ; tems à peu près néceſſaire pour que les ſcories nommées *abſtricht* ſoient en partie formées. Lorſqu'il y a deux travers de doigts de la circonférence de la coupelle imbibés de plomb, & que l'on apperçoit beaucoup de ces ſcories ſur le bain, on les fait couler par le paſſage ; on en retire juſqu'à 3 quintaux, d'un affinage de 60 à 70 quintaux d'œuvre. Après les ſcories viennent les litharges noire, jaune & rouge, & l'on continue en donnant tantôt chaud & tantôt froid, ſuivant que l'opération l'exige : le degré de chaleur ne peut être déterminé ; car il y a des plombs qui en demandent plus que d'autres, par exemple, s'ils contiennent beaucoup d'arſénic, il leur en faut un moindre que pour ceux qui ſeroient purs.

Pour entretenir la chaleur & l'augmenter, on met du bois autour de la coupelle à meſure que le bain diminue, & principalement à la fin de l'opération, où elle eſt néceſſaire pour que l'argent faſſe ſon éclair : auſſi-tôt après on arrête les ſoufflets, & à l'aide d'un canal de bois, on fait couler de l'eau chaude délayée avec un peu d'argille, ſur les bords de la coupelle & qui ſe rend ſur l'argent. Lorſqu'on le ſoupçonne aſſez figé, on introduit dans la trace une baguette de fer pour enlever la piece, que l'on nétoie tout de ſuite dans une eau froide courante ; la précaution que l'on prend de ſe ſervir d'eau chaude paroîtroit inutile, puiſqu'en paſſant ſur la coupelle avant que d'arriver ſur l'argent, elle acquiert ſuffiſamment de chaleur ; mais il faut obſerver que l'eau froide pourroit occaſionner des fentes à la coupelle, dans leſquelles l'argent s'introduiroit avant d'être figé.

(1) C'eſt un morceau de bois d'environ un pied, qui eſt fixé à l'extrémité d'une baguette de fer.

L'argille que l'on mêle à l'eau eft moins fujette à faire fauter l'argent.

Cet argent eft porté au laboratoire où il eft pefé & marqué du nom de la fonderie d'où il provient, & envoyé à Freyberg pour y être raffiné ou brûlé.

§. IV. 66 quintaux un quart de plomb qui tenoient 75 marcs d'argent, ont produit une piece du poids de 85 marcs 13 lots, 9 quintaux de litharge rouge, 5 quintaux de la jaune, 4 quintaux de la noire & 30 quintaux de la jaune & de la rouge mêlées, que l'on met à part pour être révivifiées : plus 22 quintaux de teft ou cendre de coupelle imbibée & un quintal d'*abftricht* ; d'où il réfulte qu'il y a eu réellement une perte d'environ 18 quintaux de plomb, en comptant même que la litharge rend les trois quarts en plomb & le teft la moitié. La piece d'argent ayant été raffinée au titre auquel il eft livré à la monnoie, a pefé 76 marcs 14 lots 1 gros, ce qui feroit en argent le plus fin 75 marcs 8 lots 2 gros 1 denier ; il y a donc une augmentation de 8 lots 2 gros, ce qui ne paroîtra pas étonnant fi l'on fait attention que les effais ont été faits avec un poids fictif, dont le quintal eft divifé en 100 liv. &c. tandis que ce qui a été affiné a été pefé avec le poids réel de 110 livres. L'augmentation d'argent devroit même être plus confidérable, mais il en a refté dans la litharge & le *teft* ; c'eft auffi par cette raifon que l'on a un poids différent pour les effais, afin qu'on ne trouve pas de la diminution apparente dans l'opération : les litharges tiennent ordinairement demi-gros d'argent par quintal, & les cendres de coupelle imbibées depuis un gros jufqu'à trois gros.

Cet affinage n'a confommé que 110 pieds cubes de bois de corde de 4 pieds de longueur, & 3 pieds 7 pouces cubes de charbon de terre ; fa durée eft de 14 à 16 heures, ce qui dépend des matieres qui font unies au plomb, & qui facilitent ou retardent la vitrification.

Section VII.

Du rafraîchissement ou révivification des litharges, des cendres de coupelles imbibées & des abstrichts.

§. I. Il est rare que l'on fasse une fonte à part des litharges & des cendres de coupelles imbibées, & principalement de ces dernieres ; car elles sont toujours employées pour addition dans les différentes fontes de plomb. A l'égard des litharges rouges & jaunes, elles se vendent plus avantageusement que le plomb que l'on en retireroit ; ainsi on ne les révivifie que dans le cas où l'on a besoin de ce métal à la fonderie de liquation, ou lorsqu'on a surabondamment de la noire pour les additions : cependant comme cela arrive quelquefois dans l'année, il est à propos d'en décrire le procédé.

§. II. Si on a une certaine quantité de litharge à réduire, depuis 6, 7 jusqu'à 800 quintaux, on se sert du haut fourneau ; mais pour une moindre, on préfere le fourneau courbe.

Le haut fourneau se prépare de la même maniere que pour la fonte du plomb, avec la différence que l'on en enleve toute l'ancienne brasque pour en mettre de la nouvelle, que l'on bat plus fortement pour que le plomb ne puisse y pénétrer. La tuyere se place horisontalement à 14 pouces & demi de hauteur, avec une inclinaison de deux degrés ; la trace est creusée de 20 pouces & demi, & le bassin de 15 & demi : on laisse 2 pouces de brasque d'épaisseur sous la tuyere pour le siege du nez, & environ un pouce de chaque côté du fourneau. Il y a deux bassins de réception pour avoir le tems de vider l'un, pendant qu'on perce dans l'autre.

§. III. La schicht ou journée se fait de 7 à 800 quintaux de litharge, sur lesquels on met 35 à 40 brouettées de scories les plus fluides ; le fourneau étant suffisamment échauffé, on le remplit aux deux tiers de charbon, & par-dessus deux *scories* pour former le *nez*, on recouvre de charbon & on charge de la *schicht* ;

on perce après la troifieme charge & de fuite. Les fcories qui proviennent de cette fonte font fort riches, puifqu'elles contiennent 20 à 24 livres de plomb par quintal, & non 80 livres comme le dit *Schlutter*, page 411; car ce feroit plus que le verre de plomb. Les litharges achevées d'être fondues on termine la femaine par le changement ou refonte des fcories, qui tiennent encore après 10 à 12 livres de plomb très-impur, elles fervent à d'autres fontes, mais en petite quantité; le plomb eft verfé dans des lingotieres.

On confomme pour la quantité ci-deffus, 1512 pieds cubes de charbon de bois, & on en retire communément environ 600 quintaux de plomb.

On perd néceffairement beaucoup de plomb par cette méthode; il vaudroit bien mieux faire cette réduction dans un fourneau très-bas, & n'y donner qu'un degré de chaleur convenable, & n'y faire aucune addition de fcories qui demandent plus de chaleur & auxquelles le plomb fe fcorifie. On ne fait point de fonte à part des cendres de coupelle imbibées, à peine fuffifent-elles pour les additions néceffaires dans les fontes.

Fonte des fcories ou *abftrichts.*

§. IV. La fonte des abftrichts n'a lieu que lorfqu'on en a à peu près 120 quintaux & plus; on rifqueroit beaucoup fi on vouloit les mêler dans celle du plomb, elles font trop chargées d'impuretés. On fe fert d'un haut fourneau préparé pour le travail crud; la *fchicht* eft compofée, par exemple, de 120 quintaux de ces fcories, & de 12 brouettées de celles qui ont été fondues plufieurs fois, & qui proviennent de la fonte des litharges; plus 8 pieds 5 pouces 9 lignes cubes de chaux pour fervir d'abforbant.

Liquation de plomb impur.

§. V. Les plombs qui réfultent de ces deux fontes, fur-tout de celle des *abftrichts* étant trop impurs pour les vendre, on les fait auparavant liquéfier. Cette liquation fe fait fur un foyer de 4 pieds 2 pouces de long, fur 3 pieds 9 pouces de large, entourré de murs de 2 pieds 2 pouces de hauteur; entre ces murs eft une aire qui s'incline du côté d'un baffin de réception, préparé comme elle avec de la brafque; on met du charbon fur l'un & l'autre pour les faire fécher, & on arrange du bois de corde fur l'aire en les faifant porter fur les murs ; on en met d'autre par-deffus en travers, fur lequel on pofe les pieces de plomb ; on fait du feu, le plomb ne tarde pas à dégoutter & vient couler dans le baffin, où on laiffe du charbon allumé pour qu'il ne fe convertiffe pas en chaux. On écume la furface du bain, & on puife le métal pour le verfer dans des lingotieres ; on doit avoir une attention particuliere de n'employer qu'un feu bien modéré, afin que les impuretés reftent fur l'aire, ou du moins fi elles font entraînées que l'on puiffe en écumant les retirer du bain.

Quelque précaution que l'on prenne pour purifier le plomb des *abftrichts*, il refte encore très-caffant ; s'il tient 1 ou 2 lots d'argent, il fert d'addition dans les fontes de plomb ; fi au contraire il ne tient qu'un demi ou quart de lot, il eft réfervé pour la vente.

Le plomb dont on fe fert pour les effais eft pris fur celui qui a été révivifié, & que l'on affine de nouveau pour l'appauvrir davantage : de cette derniere litharge révivifiée on obtient un plomb qui ne tient alors que 4 grains & demi ; c'eft celui qu'on grenaille & qu'on partage entre tous les effayeurs. *Plomb choifi pour les effais.*

§. VI. Le grillage des mattes eft très-difpendieux. On n'opere que fur 50 quintaux à la fois, & on leur donne jufqu'à 16 feux & même 30 lorfqu'elles font très-pauvres ; d'où il réfulte une confommation confidérable en bois & en charbon, dont on épargneroit une bonne partie, fi on grilloit dans un feul fourneau 300 & 350 quintaux de ces mattes. Il feroit également bon de les affiner comme il a été dit qu'on pourroit le faire de celles de plomb, ainfi que cela fe pratique à Saint-Marie aux mines. *Grillage des mattes de cuivre.*

§. VII. La fonte de ces mattes fe fait dans un fourneau courbe, dont la hauteur totale depuis le fol de la fonderie eft de 11 pieds 3 pouces, fa profondeur intérieure de 2 pieds 2 pouces, & fa largeur de 20 pouces trois quarts. La pierre qui forme l'encaiffement eft enterrée de 6 pouces, & élevée de 21 au deffus du fol ; il fe charge par le côté comme les hauts fourneaux, & a également *Fonte des mattes.*

un renflement dans fa largeur du côté de la tuyere, il eft feulement plus petit. La brafque eft compofée d'une partie d'argille fur deux de charbon; la tuyere fe place à 9 pouces ou 9 pouces & demi au-deffus du niveau du baffin de l'avant-foyer, avec une pente de 5 à 6 degrés; la trace fe coupe de 20 à 21 pouces, & on donne au baffin 14 à 15 pouces de profondeur.

Mèlange de la fonte.

§. VIII. On fond dans ce fourneau 3 ou 4 *fchichts* ou journées de fuite qui font compofées de même; il fuffira d'en donner un exemple.

30 quintaux de matte de cuivre grillés 15 fois, tenant 8 lots par quintal, fait 15 marcs.

2 quintaux de matte riche à 8 feux, à 4 lots, fait 8 lots; total 15 marcs 8 lots.

A ce mêlange on a ajouté fix brouettées de fcories d'une bonne fufion, mais un peu épaiffe, & deux brouettées d'une fufion très-claire.

§. IX. On chauffe le fourneau pendant fix heures, & l'on commence la fonte comme il eft d'ufage, en obfervant de conferver le nez court, ferme & clair, pour ne pas laiffer refroidir la matte, attendu le peu de profondeur du fourneau. Si la fonte étoit trop fluide, il faudroit ajouter des premieres fcories, & dans le cas contraire, moins de celles-ci & plus des autres; mais en général il faut éviter d'en mettre trop, la journée fera plutôt paffée & le cuivre a moins le tems de fe refroidir dans la trace & lè baffin; car l'on ne fait la percée que quand la quantité ci-deffus eft entiérement fondue, & on commence tout de fuite un autre mêlange. On leve une ou deux feuilles de matte qui fe trouve par-deffus le cuivre, & avec une baguette de fer que l'on trempe dedans, on prend le premier effai, on répand de l'eau par-deffus & on enleve la premiere piece lorfqu'elle eft affez figée; on en prend un fecond de la même maniere en obfervant de n'enfoncer la baguette que de la profondeur égale à la piece qu'on doit lever, & ainfi de fuite pour chaque piece : ce cuivre eft enfuite effayé par

le maître des fonderies; les ſcories qui en proviennent ſont employées dans le travail du plomb.

On a retiré de cette fonte dont la durée a été de 7 heures , & en une ſeule percée, 10 quintaux de cuivre noir , tenant 22 lots d'argent par quintal, ce qui fait 13 marcs 2 lots; en outre 5 quin- taux de matte riche à 4 lots, 1 marc 4 lots, & en total 15 marcs; ainſi il manque 8 lots qui ont reſté dans les ſcories, & les débris de fourneau.

Produit de la fonte.

On a conſommé 180 pieds cubes de bois.

§. X. Ce cuivre noir eſt très-plombeux & fait un déchet au raffinage de 20 à 25 pour cent. Quelquefois il eſt livré à la fonderie de liquation de *Grünenthal*, où il eſt payé ſuivant ſa teneur en cuivre & en argent, d'autres fois il eſt raffiné pour être vendu à la monnoie de Dreſde; dans le dernier cas il ſuffit de le faire reſſuer dans le fourneau à cet uſage, pour en ſéparer tout le plomb poſſible, & on le raffine après ſur le petit foyer. La roſette qui en provient eſt fondue de nouveau ſur le même foyer , d'où on le prend pour le verſer dans une caiſſe où il paſſe un courant d'eau à l'effet de le grenailler. Cette opération demande beaucoup de précautions & d'adreſſe de la part du raffineur.

Grenailler le cuivre.

§. XI. Il arrive quelquefois, mais rarement, que lorſqu'on a des mattes crues en trop grande quantité, que l'on veut réduire en un plus petit volume pour concentrer les métaux qu'elles contiennent, on les fait calciner deux ou trois fois , & on les fond dans un haut fourneau, avec un mélange de matieres & ſcories d'une fuſion un peu épaiſſe , afin qu'elles retiennent le plus d'argent qu'il eſt poſ- ſible. Il en eſt de même quand on a trop de pyrite, on en fait griller une partie pour avoir moins de matte, & l'on a l'avantage d'ajouter moins de ſcories dans le mélange.

Enrichir les mattes crues.

SECTION VIII.

Du raffinage de l'argent à Freyberg.

§. I. L'argent s'y raffine ſur un foyer ſemblable à celui qui eſt repréfenté fur la planche III, lettres A B du Traité de Docimacie de Schlutter; on forme le teft avec fix parties de cendres de bois, & une de cendre d'os bien leffivées & tamifées. Le tout étant bien mêlé & humecté, on le met dans un poëlon de fer qui a auparavant été arrofé, & on le bat fortement avec un marteau de fer bien uni, en obfervant de ne point mettre la cendre par couche, mais en une feule fois; les *tefts* font toujours préparés 15 jours d'avance. Ayant coupé de la cendre pour former un vide capable de contenir l'argent que l'on a intention de brûler, on y tamife un peu de cendre d'os qu'on y rend adhérente par le moyen d'une boule de laiton qu'on y fait mouvoir du centre à la circonférence; on place le teft à 2 doigts en deffous de la tuyere, & on le garnit tout autour de cendres pour le confolider: on y arrange l'argent en morceaux, en laiffant un efpace entre lui & la tuyere pour y mettre du charbon, dont on le recouvre en quantité fuffifante pour le faire fondre fans qu'on foit obligé d'en ajouter. Lorfqu'il eft bien en fufion, on retire les charbons auxquels on fubftitue des morceaux de bois de pin, que l'on met en travers du teft & en angle droit de la tuyere; on continue de fouffler, l'argent eft bientôt raffiné. Lorfqu'on veut augmenter le degré du feu, on ôte le bois à moitié confumé pour en mettre d'autre, & pour accélérer l'opération, on a grand foin de remuer fouvent dans le fond du teft avec un fer recourbé en fpirale.

Lorfque le bain eft bien clair, on y ajoute environ 3 lots de cuivre grenaillé fur 50 marcs d'argent, ce qui ne peut être déterminé au jufte; cela dépend de la quantité de cuivre que cet argent contient déjà par lui-même. L'on chauffe encore un peu & l'on prend différentes épreuves, en trempant une baguette de fer froide dans le bain, pour reconnoître s'il eft au titre auquel il doit être livré à la monnoie; ils connoiffent ce point par la grande habitude, à des taches noires & blanches.

On arrête les foufflets, on ôte le bois & le charbon, on laiffe figer l'argent que l'on acheve d'éteindre avec de l'eau de favon chaude, on retire le culot pour le mettre dans de l'eau froide, & on le nétoie avec une broſſe; on le fait enſuite ſécher.

Le même ſoufflet peut ſervir à deux foyers à la fois, comme il eſt expliqué dans Schlutter: on raffine ordinairement ſur ces deux teſts, la piece d'argent provenue d'un affinage que l'on partage en deux également, ce qui peut faire environ 45 à 50 marcs pour chacun.

C'eſt ordinairement le jeudi de chaque ſemaine que l'on commence à brûler l'argent des trois fonderies; le maître raffineur en préſence de l'aſſeſſeur peſe les culots d'argent, & les fait porter chez le tréſorier où ſe trouve l'eſſayeur du roi, qui en coupe en deſſus & deſſous pour les eſſayer au titre. Les lingots ſont portés à la monnoie de Dreſde.

§. II. Suivant les conventions que nous avons rapportées, tout l'argent eſt livré à la monnoie au titre de 15 lots 3 gros, ce qui fait pour celui de France 11 deniers 19 grains & demi; c'eſt pour obtenir ce titre, qu'avant que de retirer l'argent du teſt, on y ajoute un peu de cuivre en grenaille, mais en proportion de celui qu'il contient encore. Si l'argent provenu d'une quinzaine ſe trouve plus fin, on le rend à un titre plus bas dans une autre livraiſon, afin que le prix ſoit toujours le même.

Si l'argent étoit chargé de beaucoup d'impuretés, ſur-tout qu'il tînt quantité de cuivre, on y ajoute environ par chaque marc une demi-once de plomb; & à la fin de l'opération, toujours le cuivre néceſſaire pour ſe conſerver le titre de 11 deniers 19 grains & demi.

Cette méthode eſt plus expéditive que les autres, dans le cas où on n'ajoute point de plomb; mais autrement la vitrification en eſt retardée par le phlogiſtique des charbons qui ſe trouvent ſur la ſurface du bain.

§. III. On conſomme annuellement pour cette opération 12 à 1300 pieds cubes de bois & autant de charbon.

Prix du bois & du charbon, rendus aux fonderies.

La mesure de bois de sapin flotté qui contient 322 pieds 11 pouces 4 lignes cubes, coûte 15 liv.

Le chariot de charbon de 108 pieds cubes revient au roi, année commune, de 7 à 7 liv. 10 s. & la tonne de charbon de terre de 3 pieds 7 pouces 8 lignes cubes, 1 liv. 11 s.

Produit des fonderies de Freyberg pendant un quartier.

§. IV. Il a été livré le dernier quartier dans les trois fonderies de l'administration générale, 37757 quintaux 63 livres 5 huitiemes de minérai de différentes especes, dans lesquels il y avoit 7380 marcs 6 lots 2 gros d'argent fin d'après les essais, qui ont été payés suivant les classes où ils ont été placés, 266620 l. 1 s. 6 d. 3 quarts.

Dans le même quartier on a eu les produits suivans, provenus en partie des minérais précédens, & de ceux qui sont aussi restés en magasin ; 1590 quintaux de litharge rouge & jaune & autres matieres, dont on n'a pu savoir la quantité.

61 quintaux de cuivre noir, qui ont produit 42 quintaux 80 livres de cuivre rosette.

Il a été livré à la monnoie 6825 marcs d'argent, au titre de 11 deniers 19 grains & demi, faisant 6720 marcs d'argent fin.

Produit annuel en argent.

On voit par ce compte que le produit actuel de presque toutes les mines de Saxe est, année commune, d'environ 26880 marcs d'argent le plus fin, sans y comprendre celui des cuivres qu'on retire dans le travail de la liquation.

TREIZIEME

TREIZIEME MÉMOIRE.

MINES D'ARGENT ET DE CUIVRE
D'EISLÉBEN DANS LE COMTÉ DE MANSFELD.

Par MM. JARS, année 1766.

SECTION PREMIERE.

Des mines, de leur exploitation & de la fonte des minérais.

§. I. SUR une petite montagne dont la pente eſt preſque inſen-
ſible & près de la ville d'Eiſlében, ſont ſituées les mines d'argent
& de cuivre en ardoiſe, dont la couche s'étend à pluſieurs lieues ;
on prétend que c'eſt la même que l'on exploite dans le duché de
Magdebourg & dans le pays de Heſſe ; mais ce qu'il y a de certain, c'eſt qu'on n'en connoît point d'inférieure à celle-ci.

Cette couche dont la direction eſt du ſud-eſt au nord-oueſt Direction &
inclinaiſon
de la couche.
varie beaucoup dans ſon inclinaiſon, qui dans pluſieurs endroits
eſt conſtamment de 3 pieds par toiſes du côté du nord-eſt, &
dans d'autres horiſontale ; elle eſt même ſouvent dérangée par des
parties de rocher qui la changent. En général tous les filons er
couches, comme mines de charbons & autres ſont ſujets à ce
accidens ; mais on aſſure que celle-ci éprouve le contraire de
ce qui arrive aux couches de charbons, qui, lorſqu'elles ſont dé-
tournées dans leur direction ou inclinaiſon, ne produiſent pas
autant de minérais en quantité & qualité, au lieu que ces dérangemens ſont toujours avantageux à la couche d'ardoiſe dans quel
ſens qu'ils la jettent, & elle eſt alors plus riche.

Pour arriver à la couche de minérais on traverſe d'abord une Couches ſu-
périeures à
celle d'ardoi-
ſe.
forte épaiſſeur de terre franche, une autre d'argille & de ſable,

Tome II. M m m

enfuite 4 toifes d'une efpece de pierre à chaux qui paroît être gypfeufe; après celle-ci une toife & demie d'un rocher reffemblant à du limon durci, que l'on nomme improprement *pierre cornée*; car elle ne fait pas feu avec l'acier, elle donne une odeur très-défa-gréable en la caffant; au-deffous c'eft un rocher d'une toife d'épaiffeur qui ne differe pas beaucoup en apparence du précédent, mais qui ne donne point d'odeur; on le nomme *raûchwachen*. La couche fuivante de 4 toifes eft la *pierre de porc*, après celle-ci une autre d'un pied & demi d'une terre grife fablonneufe & friable nommée *afche gebirge* par fa reffemblance avec de la cendre; on traverfe enfuite 2 toifes & demie d'un rocher gris très-compact, défigné par *zecheftein* que l'on peut regarder comme le toit de la couche, quoique entr'elle & lui il fe trouve un fchifte noir de 6 pouces d'épaiffeur qui reffemble à l'ardoife même, mais qui ne contient prefque point de cuivre; on le nomme *lochberg*, & im-médiatement au-deffous de cette couche, fe trouve celle d'ardoife fur laquelle on voit quelquefois des empreintes de poiffons, & dont la furface eft fouvent couverte de pyrite cuivreufe, & auffi de la mine de cuivre vitrée en feuilles, lames & petites veines que l'on apperçoit entre fes lits; fur quelques morceaux le miné-rai eft en globules & en grenailles; ils offrent encore, mais rare-ment, du cuivre vierge en feuilles très-minces, & beaucoup d'au-tres qui à la premiere vue ne préfentent rien de métallique, mais qui en les examinant en font remarquer dans leur intérieur. Cette

Epaiffeur de la couche.

couche n'eft que de 6 à 8 pouces d'épaiffeur, on ignore celle du mur; celui-ci paroît être un compofé de fable durci parfemé de grains de quartz dont les angles font arrondis; ce rocher eft très-dur & de couleur un peu rouge.

Ce minérai après le triage ne tient en cuivre que 2 pour cent, mais le quintal de ce cuivre de 8 jufqu'à 12 onces d'argent.

Exploitation.

§. II. La maniere dont on exploite cette couche en rend le tra-vail des plus pénibles, puifqu'on n'extrait avec elle que celle du nom de *lochberg* qui lui eft fupérieure, & que les deux ne forment que 15 à 18 pouces d'épaiſſeur ; il n'y a qu'une grande habitude qui mette les ouvriers dans le cas de pouvoir y réſiſter , il faut qu'ils y aient été accoutumés dès leur enfance. Ils travaillent dans la poſition la plus gênante & preſque nuds , car ils ne gardent que leur culotte ; ils s'attachent à la cuiſſe droite ou à la gauche , ſui-vant le côté de leur ouvrage, une planche & une autre le long du bras : comme ils doivent être entiérement couchés ſur le flanc , ils ſont préſervés par elles de l'humidité , mais ſur-tout de l'inégalité du rocher ; c'eſt dans cette attitude qu'ayant toujours un bras appuyé depuis le coude juſqu'à l'épaule , ils extrayent à coup de pic & quelquefois avec des trous de mine , la couche de minérai & celle de *lochberg.* Ils travaillent 7 heures de ſuite dans la même poſition ; l'endroit eſt ſi reſſerré qu'il leur eſt preſque impoſſible d'en prendre une autre ſans ſortir de l'ouvrage, ce qui leur eſt expreſſément défendu ſous peine de punition.

Les excavations ſe ſoutiennent avec de petits étançons ou piliers de bois droits que l'on y met de diſtance en diſtance, & principalement avec le rocher *lochberg* que l'on ſépare du minérai, & avec lequel on forme de petits murs.

Pour l'aiſance de l'exploitation & pour la communication des différens ouvrages , on y fait des galeries de traverſe, mais qui ſont encore fort baſſes puiſqu'elles n'ont que 3 pieds de hauteur, & qui ſe dirigent toujours en montant, autrement il ſeroit im-poſſible aux ouvriers d'extraire le minérai ; car ils ſont beaucoup plus gênés , lorſque la couche approche davantage de la ligne horiſontale. Des enfans de 13 à 14 ans ſont employés à aller chercher le minérai dans l'ouvrage des mineurs , pour le conduire dans la galerie de traverſe, & de cette galerie ſous un puits. Cette manœuvre les accoutume de bonne heure à ce travail pénible , puiſqu'ils ſont obligés d'être dans la même poſition, & de ſe mettre également des planches au bras & à la cuiſſe ; ils attachent à leur pied la corde qui tient au traîneau chargé de minérais , & le conduiſent ſur le côté hors de l'ouvrage.

M m m ij

Tous les ouvriers en général font à prix-faits, qui font réglés par les jurés & qui font prefqu'invariables; on les donne ordinairement par bande de 20 mineurs, qui font furveillés par des maîtres; ils extrayent communément par chaque femaine 5 foudres de minérais (1), pour chacun defquels ils ont, dans certaines mines, 30 à 32 liv. & dans d'autres feulement 22 à 24 liv.; fur cette fomme ils font tenus de fe fournir la lumiere, la poudre & tous les outils quelconques, & de payer les manœuvres de l'intérieur comme ceux de l'extérieur, c'eft-à-dire, ceux qui travaillent au treuil.

§. III. Lorfque le minérai eft élevé au jour, il eft trié au plus grand avantage des compagnies & des mineurs; les ouvriers affectés pour ce travail prêtent ferment de fidélité à la maîtrife des mines; car il leur feroit fort aifé de favorifer les mineurs en mêlant le rocher avec le minérai, ce qui feroit d'autant plus préjudiciable aux compagnies, que l'on ne pourroit s'en appercevoir que par les fontes long-tems après, mais encore très-difficilement; car tous les minérais que l'on apporte aux fonderies de différentes mines y font mêlés, & conféquemment on ne pourroit favoir de laquelle provient la diminution du produit en matte ou en cuivre. Il faut à ces ouvriers l'expérience la plus confommée pour diftinguer les minérais qui peuvent être fondus avec avantage, d'avec ceux qui ne paieroient pas les frais de fonte.

§. IV. On compte neuf mines en exploitation fur cette couche dans le département d'Eifleben, & par le manque d'eau extérieure, on n'a pu y établir qu'une machine hydraulique qui eft placée dans la mine de *Kûnft fchaft*, où nous fommes defcendus par le puits du même nom jufqu'à la plus grande profondeur de 79 toifes perpendiculaires. La roue de 44 pieds de diametre eft placée fur la galerie d'écoulement profonde de 64 toifes, & éleve les eaux de 15 jufqu'à fon niveau; fon emplacement eft conftruit en maçonnerie, de même que les galeries où paffent les tyrans des pompes. On avoit

(1) Le foudre eft une mefure qui pefe 48 quintaux.

entrepris un nouveau puits de profondeur, dont les eaux étoient élevées par la même machine, mais leur abondance força à l'abandon de cette recherche, & l'on ne s'occupe qu'à suivre la couche dans son étendue.

§. V. La galerie d'écoulement qui est, dit-on, commencée depuis près de 80 années, & qui est utile à toutes les mines du département, est déjà d'une étendue bien considérable, puisque sur sa longueur on compte 59 puits d'airage, distans de 200 jusqu'à 400 toises les uns des autres; tout a été excavé dans le rocher ferme jusqu'au cinquante-quatrieme, le reste plus tendre a été maçonné en bonnes pierres, avec un mortier fait avec de la chaux & des scories pilées pour tenir lieu de sable. Au trente-septieme puits on a trouvé la couche de minérai; mais que l'on n'a suivi que depuis le cinquante-quatrieme.

Galeries d'é-
coulement.

On a commencé depuis 8 à 9 années une seconde galerie qui n'écoulera que les eaux de 5 toises au-dessous de la premiere, mais on a considéré dans cette entreprise, que celle-ci est de beaucoup trop petite & si basse, que les eaux peuvent à peine y passer, & que s'il y arrivoit un éboulement, les mines seroient aussi-tôt noyées; c'est pour prévenir ce malheur qu'on s'est déterminé à faire la dépense de cette seconde galerie, que l'on maçonne à mesure que l'on avance.

§. VI. Toute l'étendue du département du college des mines d'Eislében a été divisée en 7 districts, qui appartiennent à sept compagnies différentes qui chacune ont leurs fonderies; mais dont les travaux par la grande connexion qu'ils ont entr'eux, sont réglés de concert avec elles & dirigées par les officiers du prince; sans cet arrangement il auroit été impossible de réunir ces compagnies, pour faire en commun les frais des galeries d'écoulement, pour lesquelles on a établi une caisse particuliere nommée *caisse des galeries*, qui retire le *neuvieme* du produit des mines, & avec ce produit on entretient non-seulement l'ancienne, & on avance la premiere, mais encore on paie les frais de la nouvelle.

La maîtrife des mines a auffi pourvu depuis très-long-tems à l'inconvénient qui réfulte de l'établiffement de plufieurs fonderies dans un même canton, relativement à l'aprovifionnement du bois & du charbon, que la concurrence feroit payer beaucoup plus chers ; elle a établi une caiffe pour cet objet, c'eft elle qui les fait acheter à un prix moyen, de façon qu'une compagnie ne les paie pas plus qu'une autre, & que chacune foit également aprovifion-née ; les voitures font auffi payées par ladite caiffe. Malgré cet ar-rangement qui eft très-fage, il arrive que des compagnies qui font dans le cas d'extraire plus de minérais, fe plaignent qu'on ne leur fournit pas affez de charbon. Pour prévenir ces plaintes, la maîtrife des mines s'occupe des moyens, en diminuant le nombre des fonderies, de faire des mêlanges plus avantageux, & de réunir les fept compagnies pour n'en former qu'une feule.

Le comté de Mansfeld étant fous la puiffance de l'électeur de Saxe, c'eft la chambre des mines établie à Drefde qui y nomme les officiers, & qu'elle paie avec le produit du dixieme & ving-tieme ; nous difons l'un & l'autre droit quoique ce ne foit que le même, puifque le premier ne concerne que les mines qui donnent du bénéfice, & le fecond celles qui font en perte : elles paient en outre au clergé le cinquantieme, qui fubfifte depuis Martin Luther natif d'Eiflében, qui l'obtint du comte de Mansfeld.

En confidération ou plutôt en dédommagement de ces droits, on a affecté une forêt pour le fervice des mines, dont on n'a à payer que les frais de coupe & de voiture du bois.

Les neuf mines comprifes dans le diftrict, produifent chaque femaine 4 à 5 mille quintaux de minérais, & occupent environ 900 ouvriers.

Si quelque partie des endroits où s'étend la couche n'étoit pas affermée ou cédée, une nouvelle compagnie qui fe préfenteroit pour l'exploiter en obtiendroit la conceffion, mais on ne lui per-mettroit pas d'y bâtir une fonderie à caufe de la rareté des bois. On en a l'exemple dans un entrepreneur qui par cette raifon fut obligé d'abandonner fon projet.

§. VII. Comme ces minérais tiennent du bitume , du foufre , de l'arfénic & du zinc, il eft indifpenfable de les griller ; cette opération fe fait à feu ouvert en très-grande quantité à la fois , en obfervant d'en féparer les efpeces pour la facilité des mêlanges. On commence à former fur le fol du terrain un lit de minérais d'un pied d'épaiffeur, fur lequel on arrange 200 fagots, & par-deffus, le reftant des matieres que l'on a intention de griller ; ce qui compofe un total de 40 à 50 foudres, qui dans le milieu s'éleve de 4 à 5 pieds , & a plus de longueur que de largeur : **on** n'obferve point d'égalité pour la quantité, cela dépend de celle que l'on a en avance ; car il s'en fait de bien moins confidérables, au bout de 15 jours que dure le feu. Ce minérai eft fondu dans un haut fourneau , femblable à celui qui eft repréfenté fur la pl. **XXXIX** du Traité des fonderies de Schlutter (*) ; nous obferverons que le mur de derriere s'éloigne en dedans de trois pouces de la perpendiculaire, depuis l'endroit de la tuyere jufqu'en haut ; s'il eft endommagé par une précédente fonte on le répare, & on le prépare ainfi qu'il eft ufité dans toutes les fonderies. La brafque dont on fe fert eft de deux parties d'argille fur une de pouffier de charbon, & celle qu'on emploie aux baffins de réception, eft par moitié de l'un & de l'autre. Le devant du fourneau fe ferme avec des briques ; comme la brafque y eft bientôt détruite & que la fonte eft d'une très-longue durée, on y a fuppléé par une pierre de fol qui réfifte au feu, & qui fait le même effet.

Pour retirer le plus grand avantage de 7 à 8 efpeces de minérais qui different entr'eux par leur plus ou moins de fufibilité , on en fait des mêlanges dont on compofe la *fchicht* ou journée ; chacune d'elle eft de deux foudres, par conféquent de 96 quintaux, de 8 quintaux de fcories propres, & de 6 quintaux de fpath fufible ; total 110 quintaux qu'un fourneau fond en 24 heures. Lorfqu'on veut commencer une fonte , il eft inutile de chauffer long-tems le

Rôtiffage des minérais.

Fonte de minérais.

(*) *Voyez* la pl. XXIII, fig. 6 & 7, & l'explication.

fourneau; on prétend que 4 à 5 heures fuffifent; on le remplit enfuite de charbons jufqu'à la moitié, & par-deffus l'on charge les matieres que l'on a fondues ; la fonte du minérai eft toujours précédée par celle des grillages de matte pour en obtenir le cuivre noir, elle fe continue après 16 à 18 femaines fans interruption , & produit de chaque *fchicht* du mélange 5 à 6 quintaux de mattes, & par femaine 40 quintaux provenans de la fonte de 772 quintaux de minérais.

La conduite de la fonte dans un haut fourneau eft des plus importantes. Le fondeur doit veiller à ce qu'il ne s'embarraffe point; car il feroit fort difficile & très - coûteux d'y remédier. Il ne doit pas perdre de vue le nez de fon fourneau pour le maintenir dans un bon état: on prétend que pour que la fonte aille bien , il doit avoir 18 pouces de longueur (1); le fondeur introduit de tems en tems un ringard de fer par le trou de l'œil , pour dégager les matieres qui s'attachent fur la pierre du fol, malgré cela il en refte toujours qu'on trouve à la fin de la fonte, qui font corps avec elle , & forment enfemble une maffe ferrugineufe , dont on ne fait aucun ufage par la difficulté qu'il y auroit à la caffer. Quant à un plus ample détail de la fonte, *voyez* la defcription qu'en fait Schlutter dans fon Traité, chap. XCV.

§. VIII. Les mattes qui réfultent de la fonte çi-deffus font foumifes à 7 feux de grillage , dans un fourneau fermé par trois murs & de la maniere que le dit Schlutter, chap. XXXII, page 113; mais avec des fagots feulement par-deffous pour les trois premiers feux, & non *ftratum fuper ftratum*, avec les charbons comme dans les quatre autres fuivans. On n'y opere que fur 40 quintaux. Ces mattes font enfuite traitées par le haut fourneau pour commencer la fonte, environ 120 quintaux qui en produifent à peu près 48 en cuivre, & 6 en matte riche ou *fpor ftein*; celles-ci font grillées en les mêlant aux autres dans les quatre derniers feux.

Grillage des mattes, leur fonte.

(1) Dix-huit pouces ou trois quarts d'aunes de Mansfeld, égalent 15 pouces 9 lignes de roi ; le pied differe d'un pouce & demi.

On

On épargneroit beaucoup de bois & de charbons, fi, comme il eft ufité avantageufement dans d'autres fonderies, on formoit les grillages de 300 quintaux au moins, que l'on pourroit fondre tout de fuite ; mais le préjugé des anciens ufages prévaut toujours, & il feroit prefqu'impoffible de faire changer d'idées ; on n'ignore pourtant pas que dans ces fortes d'entreprifes on ne doit pas négliger les épreuves, fur-tout lorfqu'elles ne font pas trop difpendieufes.

§. IX. Chacune des fept fonderies du diftrict dépenfe annuellement environ 900 écus en fagots pour les grillages; & pour que les compagnies ne puiffent fe nuire dans leur achat & dans celui du charbon, la maîtrife des mines les fait faire comme il a été dit & en fait la répartition : elle a à cet effet établi une caiffe où chaque compagnie fait un fonds de trois mille écus chaque quartier, pour lefquels on lui livre annuellement 18 *fchocks* de charbon (1) qu'elle paie 400, 450 jufqu'à 500 écus. Ce prix varie chaque année, mais on en fait une compenfation pour qu'une compagnie ne paie pas plus cher qu'une autre; ce qui forme pour chacune d'elles une fomme de 8 à 9 mille écus & 900 en fagots : il refte donc dans la caiffe un fonds de 2 à 3 mille écus par chacune ; il fert dans le befoin à payer l'augmentation des charbons, ou bien l'année fuivante, elle paie une moindre fomme par quartier: fans cet arrangement les mines feroient bientôt ruinées, & les compagnies fe détruiroient entr'elles.

*§. X. Le produit annuel de ces mines eft de 5 à 6 mille quintaux de cuivre noir riche en argent, qui eft tranfporté dans la fonderie de *Hettftedt* pour en faire la féparation. Quoique cette fonderie appartienne en commun aux compagnies des mines, elles ne fe mêlent point du tout du traitement de leurs métaux; elles ont un traité par lequel le facteur ou directeur de la fonderie, fe charge de tous les frais des opérations, moyennant la rétribution

Comment fe fait l'achat en commun des fagots & des charbons.

Produit annuel.

____

(1) Le *fchock* contient 60 foudres & le foudre 12 mefures ; le prix du *fchock* eft de 400 écus ou environ 1550 liv.

de 8 lots d'argent par quintal de cuivre ; mais comme il en coûte moins, il se fait une répartition du bénéfice entre les compagnies.

S E C T I O N I I.

Fonderie de liquation de Hettstedt (1).

§. I. Tous les cuivres noirs qu'on y apporte d'Eislében sont divisés en parties de 18 quintaux qu'on nomme *poste* (2), & de chacune des parties qui en proviennent, on en coupe un morceau dessus & dessous pour en faire l'essai sur argent & sur cuivre rosette. Ces morceaux sont mis à part & marqués du numéro du *poste*, & sont fondus séparément dans un creuset devant un soufflet de forge que l'on entoure de charbon, dont on le recouvre également lorsqu'on y a introduit le cuivre ; quand ce métal est en parfaite fusion, ce que l'on reconnoît avec une baguette de bois , on le verse dans une lingotiere qui a été échauffée & enduite de suif : on enleve du creuset tout ce qui auroit pu y rester d'adhérent ; on y met de nouveaux morceaux de cuivre d'un autre numéro , & ainsi des autres. Les lingots qui proviennent de cette fonte sont aussi marqués du même numéro du *poste* (3), l'essayeur coupe de chacun d'eux un morceau qu'il divise & applattit sous

Poste, ce que c'est.

Comment on prend l'essai.

Essai sur argent.

(1) Cette fonderie est située à trois lieues d'Eislében entre la ville d'Hettstedt & le bourg de Widerstedt.

Comme elle est la mieux montée de celles de ce genre , que tout s'y fait dans le plus grand ordre, que toutes les opérations se succedent les unes aux autres sans le moindre embarras ni perte de tems, & qu'enfin elle peut servir de modele , nous y renverrons le lecteur lorsque l'occasion se présentera : ce sont ces motifs qui nous engagent à en donner tous les détails, quoique ce travail soit bien connu. Ils tiendront lieu aussi de la description de ceux de la fonderie de Grünenthal également en Saxe, où les opérations sont à peu près les mêmes. Nous nous bornerons seulement à quelques observations , lorsque la différence dans les procédés le demandera.

(2) A Grünenthal le *poste* n'est que de 9 à 10 quintaux provenans de chaque percée de la fonte du cuivre noir.

(3) Les cuivres de Freyberg tenant beaucoup de plomb, on observe de ne pas les laisser long-tems au feu ; il s'en scorifieroit une partie & il en résulteroit un essai faux, puisque le cuivre se trouveroit alors plus riche en argent & en cuivre rosette, qu'il ne l'est réellement.

le marteau pour le réduire en lames très-minces ; il en prend enfuite 50 livres d'un poids fictif, qu'il mêle avec 16 fois autant de
plomb grenaillé, & procede à cet effai comme il eft expliqué dans
la Docimafie de Schlutter.

§. II. Tous les cuivres noirs ne font reçus à cette fonderie
qu'avec un poids de quintal de 114 livres, & ne font livrés en
rofettes que fur celui de 110 livres ; de forte qu'il paroît n'y
àvoir aucun déchet : cependant la différence des poids en donne
un réel dans les opérations de la liquation, fans compter celui du
cuivre noir.

§. III. L'effai du cuivre noir fur rofette fe fait par comparaifon
avec ce dernier : on fait à peu près le déchet qu'il doit faire ; nous
le fuppofons de 5 livres par quintal ; d'un côté l'on pefe 95 livres
de cuivre rofette, & de l'autre 100 livres de cuivre noir. On les
met féparément dans une coupelle fous la mouffle, avec une addition de 10 à 12 livres de plomb à chacun, & l'on procede pour
la conduite de l'effai, comme il eft décrit dans la plupart des livres
de Docimafie. L'effayeur pefe les boutons qui en réfultent &
ajoute au déchet des 100 livres de cuivre noir, celui des 95 livres
de cuivre raffiné ; de cette façon on approche de très-près de la
réalité du déchet, qui ordinairement n'eft jamais bien jufte dans le
travail en grand (1).

Effai fur cui-
vre raffiné.

(1) A Grünenthal cet effai fe fait dans un petit fcorificatoire avec 10 livres de borax
feulement, & fans addition de plomb pour le cuivre de Freyberg qui en contient
beaucoup ; il n'en eft pas de même de ceux de Catherinenberg, d'Altemberg & autres,
qui ne pourroient fe fondre ni fe raffiner fans cette addition : fi c'eft du premier qui
tient du fer, on y ajoute 30 livres de plomb, après les 10 livres de borax ; & pour celui
d'Altemberg qui indépendamment du fer tient auffi un peu de l'étain, 40 livres de
plomb & 10 livres de borax.

Lorfque l'on pefe les boutons de cuivre, il ne faut pas oublier d'y ajouter autant de
livres de cuivre que l'on a mis de dixaines de livres de plomb ; par exemple, fi on en a employé 30 livres, il faut compter 3 livres de plus que le bouton ne pefe réellement : il eft
prouvé par nombre d'expériences que 10 livres de plomb détruifent toujours une livre
de cuivre qui fe fcorifie avec lui ; on en ajoute encore une livre que l'on prétend avoir
été détruit par le borax. Quoiqu'il foit vrai que 10 livres de plomb ne fcorifient qu'une
livre de cuivre, nous croyons néanmoins que 30 livres en doivent détruire plus de

§. IV. Les cuivres qu'on livre à la fonderie étant en trop grandes pieces pour pouvoir en faire les mélanges, font réduits ou caffés en petits morceaux de 4 à 5 livres; mais comme ils ne font pas bien épais, on n'a pas befoin de les faire rougir au feu, on fe fert de la machine que l'on trouve gravée fur la planche XLVIII, fig. 1 du Traité des fonderies de Schlutter (1).

On en ufe de même pour les lingots de plomb frais qui font trop gros pour les mélanges, en les fondant dans un petit fourneau de liquation, d'où il eft verfé dans des petits moules ronds qui peuvent en contenir 10 à 12 livres.

Mélanges pour la fonte. §. V. Celui qui eft chargé de faire les mélanges pour la fonte (2), ayant reçu de l'effayeur la teneur en argent des différens cuivres & plombs, les fpécifie fur fon regiftre article par article, le nombre de *pofte*, de cuivre, leur poids & combien le quintal de chaque pofte contient d'argent, & la quantité de plomb frais, &c. d'après le calcul qu'il en fait il compofe les mélanges, de maniere que chaque piece de liquation ou *feiger ftuck* contienne 18 lots ou 9 onces d'argent; elle doit toujours

3 livres; c'eft ce dont on peut fe convaincre par l'expérience. Il arrive quelquefois que les proportions de plomb ci-deffus ne font pas fuffifantes, & qu'on eft obligé de faire un fecond effai; pour lors on y ajoute 10 livres de plus de plomb.

Si les effais fe rapportent pour le produit à ceux qui ont été faits à Freyberg ou que la différence foit petite, on s'y tient; mais fi elle eft trop confidérable, l'effayeur eft obligé de fe rendre à Grünenthal pour répéter les effais de concert avec l'effayeur de la fonderie de liquation; celui qui eft chargé des opérations de cette fonderie eft tenu de trouver ou de retirer en grand la même quantité en argent & en cuivre que l'on a eu par les effais; ce qui paroit impoffible puifqu'il y a eu une perte confidérable de l'un & de l'autre qui refte dans le cuivre raffiné; à quoi nous obferverons que le cuivre qui eft livré, n'eft reçu qu'avec un poids de 110 livres, & que les effais fe font fur celui de 100 livres; de forte qu'il fe retrouve par cette différence 10 livres de bon, & qu'aulieu d'avoir une diminution, on a toujours une augmention apparente à la fin de l'année.

(1) Pour avoir les cuivres en petits morceaux propres aux mélanges, on eft en ufage à Grünenthal de les faire rougir au feu; cette opération fe fait dans un des fourneaux de liquation où les pieces font placées verticalement: on les retire au bout de deux heures pour être caffés; on n'y met jamais à la fois que les cuivres d'un pofte, environ 9 à 10 quintaux.

(2) On le nomme *aurichter*, & la fonte *frifchen* ou rafraîchir.

être compofée de 11 quarts de quintal de plomb , & 3 quarts de quintal de cuivre , auxquels on ajoute 5 livres en fus de litharge pour le déchet qu'elle peut faire en fe révivifiaht (1) , & 3 livres de cuivre pour là brafque qui peut y être attachée. On a reconnu que cette proportion étoit la meilleure ; que s'il y avoit plus d'argent, il refte dans le cuivre , & que fi la quantité de plomb eft plus confiérable , il entraîne beaucoup de cuivre dans la liquation. Nous allons donner un exemple de deux de ces mêlanges qui ont été fondus en notre préfence , & d'un troifieme que MM. Jars & Duhamel ont vu fondre à la fonderie de Grünenthàl.

Premier Mêlange pour une feule piece de liquation , le quintal étant de 110 livres.

$\frac{3}{4}$ de quintal de plomb tenant 3 lots 1 gros, fait 9 gros 3 grains.

$\frac{3}{4}$ de quint. d'un autre plomb, à 3 lots . . 9

$\frac{2}{4}$ *idem* d'un autre , à 2 lots 3 gros . . 5   2

$\frac{2}{4}$ *idem* plomb frais qui ne tient point de fin.

$\frac{1}{4}$ litharge & 5 livres en fus pour le déchet.

$\frac{11}{4}$ de quintal de plomb.

$\frac{1}{4}$ de quintal de cuivre tenant 20 lots , fait   20

$\frac{1}{4}$ *idem* , à 19 lots 19

$\frac{1}{4}$ *idem*, à 9 lots 9

$\frac{14}{4}$ de quint. de 110 livres ou 385 livres. . 72   1

Deuxieme mêlange

$\frac{5}{4}$ de quintal de plomb , à 2 lots 3 gros . . 13   3

$\frac{3}{4}$ *idem* d'un autre , à 2 lots 1 gros . . . 6   3

$\frac{2}{4}$ *idem* plomb frais.

$\frac{1}{4}$ *idem* litharge & 5 livres pour le déchet.

$\frac{11}{4}$

$\frac{2}{4}$ *idem* de cuivre, à 17 lots 34

$\frac{1}{4}$ *idem* , à 18 lots 18

$\frac{14}{4}$ de quintal ou 385 livres 72   2

(1) On compte ordinairement qu'un quintal de 110 livres de litharge donne 90 livres de plomb.

Mélange de Grünenthal.

		gros.	grains.
$\frac{3}{4}$	de quintal de plomb nommé d'addition, à 2 lots, fait	6	
$\frac{1}{4}$	de quintal *idem*, à 2 lots 1 gros	4	2
$\frac{2}{4}$	*idem*, à 1 lot 2 gros	2	1
$\frac{2}{4}$	*idem* provenant des scories, & qui ne tient point de fin.		
$\frac{1}{4}$	plomb frais *idem*.		
$\frac{1}{4}$	litharge & 5 livres pour le déchet.		
$\frac{11}{4}$	de quintal de plomb. . . .	12	3
$\frac{3}{4}$	*idem* de cuivre ou 385 livres, en $\frac{1}{4}$ & 13 livres $\frac{1}{2}$ cuivre de Freyberg, ci à 23 lots, fait . .	34	1
	20 livres cuivre de Catherinenberg, à 25 lots .	18	$\frac{1}{2}$
	7 livres *idem* des hautes montagnes, à 2 lots .		2
	6 livres $\frac{1}{2}$ cuivre de Freyberg, à 3 gros 2 grains .	1	$3\frac{1}{2}$
	4 livres $\frac{1}{2}$ cuivre *idem*, à 11 lots 1 gros 3 grains $\frac{1}{4}$.	1	$3\frac{1}{2}$
	3 livres $\frac{1}{2}$ *idem*, à 20 lots 2 gros 2 grains . .	2	$2\frac{1}{2}$
$\frac{14}{4}$	de quintal de 110 livres, contenant . .	72 gros.	

Une fonte ou rafraîchissement est composée de 40 pieces, dont chacune est du même mêlange; on en fait 4 à 5 dans la semaine qui produisent 160, même 200 pieces de liquation (1).

Tous les mêlanges sont mis séparément près du fourneau à rafraîchir (*), les culots de plomb d'un côté, & le cuivre & la litharge chacun dans une trog ou sébille.

(*) Voyez la Pl. XXIV, fig. 1, 2 & 3.

Le devant du fourneau qui est construit en briques, & qui fait partie de la chemise, reste toujours fermé dans sa partie supérieure; & lorsqu'on le démolit à la fin de la fonte, on ne lui laisse qu'une ouverture d'environ 20 pouces au-dessus du bassin, pour avoir la facilité de le réparer : malgré cela le fondeur est obligé de se servir d'une petite échelle pour battre la brasque, avec un rateau de fer à long manche.

(1) La fonte à Grünenthal se fait de 84 pieces ou mélanges, pareils à celui dont nous avons donné l'exemple.

§. VI. La préparation du fourneau se fait avec une brasque, composée de deux parties d'argille sur une de poussier de charbon. Lorsqu'elle est bien battue dans l'intérieur & sur l'avant-foyer, & qu'on lui a donné une inclinaison depuis la tuyere jusqu'au trou de l'œil, en y formant une trace pour l'écoulement du métal, le fondeur en ferme la partie ouverte avec des briques, & non avec des charbons revêtus d'argille, comme cela se pratique à Grünenthal. Il coupe ensuite le bassin d'une capacité suffisante, pour contenir la matiere d'une piece de liquation; environ 12 à 15 pouces de profondeur, sur 9 à 10 de diametre : on lui donne à peu près autant de largeur dans le bas que dans le haut; il y ménage aussi un canal pour la percée ; le bassin de réception est toujours fixe, c'est un moule de fer coulé qui dans la partie supérieure a 23 pouces & demi de diametre & 22 dans le fond, 5 pouces de profondeur dans le milieu, & 3 pouces d'épaisseur.

(*) §. VII. Après que le fourneau (1) a été chauffé pendant quelques heures, on le remplit de charbons, on fait agir les soufflets ; & l'on charge pour la premiere fois le cuivre destiné pour une piece ; peu de tems après on y jette la litharge & par-dessus un panier de charbon, & tout de suite les culots de plomb, qui, avec le cuivre & la litharge, doivent composer une piece ; on les recouvre aussi-tôt d'un autre panier de charbon, & par-dessus le cuivre de la seconde piece. Lorsque la charge est un peu baissée & que toutes les matieres du premier mêlange sont arrivées dans le bassin de l'avant-foyer, un des fondeurs fait la percée dans le moule, pendant que l'autre charge le fourneau du reste de mêlange de la seconde piece qui doit suivre, & ainsi de suite jusqu'à ce qu'on ait achevé de fondre tous ceux qui ont été préparés (2); cette

(*) Voyez la pl. XXIV, fig. 1, 2, 3.

______

(1) Le fourneau de Grünenthal est le même mais plus petit, il n'a que 4 pieds 5 pouces de hauteur, 23 de profondeur y compris l'épaisseur des briques qui le ferment par devant ; 13 pouces & demi de largeur dans le derriere & 8 pouces sur le devant. La tuyere placée à 10 pouces au-dessus du bassin, & l'ouverture seulement de 16 pouces trois quarts ; le moule differe de peu dans les proportions.

(2) La maniere de charger le fourneau à Grünenthal est un peu différente ; on com-

fonte eſt ſi prompte qu'il ſe fait 8 percées dans une heure (1), & par conſéquent une fonte de 40 pieces en 5 ; l'une n'a pas été plutôt enlevée du moule qu'il faut percer de nouveau ; les trois ouvriers qui y ſont employés n'ont aucun relâche, leurs journées ſont fixées au tems qu'il faut pour fondre 40 pieces., c'eſt-à-dire, de 5 heures ; ils ſont relevés par trois autres pour le même tems, & alternativement pendant 20 ou 25 heures que dure la fonte.

Lorſque la matiere commence à ſe figer dans le moule, on y introduit un crochet de fer pour l'en retirer avec facilité ; à l'aide d'une corde que l'on y attache, & qui d'un autre bout eſt fixé à l'extrémité d'un chariot à deux roues ; on enleve la piece du moule en faiſant levier pour la conduire tout de ſuite près des fourneaux de liquation : auſſi-tôt après on enduit le moule d'une légere couche d'argille humeétée, pour le préparer à recevoir une autre piece ; ce qui ſe pratique à chaque percée.

Comme l'on n'ajoute point de ſcories dans cette fonte, & que l'on n'a pour but que de fondre les matieres avec le plus de célérité poſſible, afin qu'il puiſſe d'autant moins s'en ſcorifier, on ne laiſſe point former un nez dans le fourneau ; cette fonte exige ſeulement beaucoup d'exaétitude dans la maniere de le charger, pour que les matieres d'une piece ne ſe mêlent pas avec celles d'une autre, & que chacune d'elles ſoient à quelques livres près du même poids ; & comme elles coulent continuellement du fourneau dans le baſſin de l'avant-foyer, il faut avoir la plus grande attention de les tenir toujours recouvertes avec du pouſſier de

mence par une piece de plomb du mêlange, la moitié à peu près de cuivre, & par-deſſus toute la litharge que l'on recouvre d'un panier de charbon, ſur lequel on met le reſtant du cuivre & après un panier de charbon, enſuite tout le plomb à la réſerve de deux pieces d'environ 20 livres chacune ; & lorſque le baſſin eſt preſque plein, on charge les deux pieces de plomb reſtantes, par-deſſus un panier de charbon & la moitié du cuivre du ſecond mêlange.

(1) On ne fait à Grünenthal que ſept percées dans le même tems, par conſéquent 84 pieces en 12 heures ; leurs journées ſont de 6 heures.

charbon,

charbon, qui fert à révivifier quelques portions de plomb & à empêcher d'autres de fe fcorifier.

Pour un rafraîchiffement ou une fonte de 40 pieces de liquation, on confomme de 6 à 7 mefures de charbon (1), qui, à raifon de 54 fols, forment un objet de dépenfe de 18 à 20 livres.

SECTION III,
De la liquation.

§. I. La liquation eft la féparation de l'argent d'avec le cuivre, qui ne peut s'opérer que préalablement on n'y ait uni un corps qui ait plus d'affinité avec ce premier métal; aucun autre que le plomb ne peut produire cet effet; c'eft ce qu'on a vu dans la précédente opération du rafraîchiffement, par une addition de ce métal proportionnée à la quantité d'argent contenue dans le cuivre.

On procede à la liquation avec un feu de charbon, dans des fourneaux femblables à celui qu'on trouve dans le Traité des fonderies de Schlutter, planche XLVIII, lettres A B C D, mais doubles, c'eft-à-dire, l'une à côté de l'autre (*); ils ne font féparés que par un mur de deux pieds de largeur dans le bas, au niveau des pieces de fer coulé qui forment les plans inclinés. Dans ce mur & à cette hauteur il y a 7 foupiraux ou ventoufes de 3 pouces & demi en quarré, qui communiquent d'un fourneau à l'autre: chacun d'eux a environ 30 pouces de largeur dans œuvre, fur 5 pieds 2 ou 3 pouces de longueur. Cette derniere dimenfion eft affez grande pour contenir 8 pieces de liquation; on en a d'autres où l'on ne peut en mettre que 6, & d'autres encore qui peuvent en contenir jufqu'à 9, ce qui dépend uniquement du plus ou moins de longueur, fans qu'il y ait aucun changement dans les autres proportions (2). Les pieces de fer qui

(*) *Voyez* la pl. XXIV, fig. 1, 2, 3, 4 & 5.

(1) Cette mefure contient à peu près 8 pieds cubes.

(2) Dans les fourneaux du Hartz comme dans ceux de la fonderie de Grünenthal, on ne fait liquéfier que fix pieces à la fois.

forment les deux plans inclinés ont chacune 16 pouces de largeur, fur 3 pouces d'épaiffeur; l'ouverture qu'on laiffe entr'elles pour l'écoulement du plomb eft d'un pouce & demi fur toute la longueur; celle qui eft en deffous dont le fol eft incliné & pavé de briques, & dans le milieu duquel on a ménagé un petit canal ou rigole, pour communiquer à un baffin de réception qui eft placé fur le devant du fourneau, a 10 à 11 pouces de largeur. Ce baffin eft conftruit en maçonnerie de briques, au fond duquel il y a un moule rond en fer coulé; à l'autre extrémité dudit canal eft un tuyau ou efpece de petite cheminée, qui furmonte d'environ deux pieds la partie fupérieure du fourneau.

§. II. Pour la même opération on a dans cette fonderie une autre efpece de fourneau très-avantageufe, où l'on n'emploie qu'un feu de bois de corde ou de fagots, & dans lequel on opere fur une plus grande quantité de pieces. Il fut conftruit il y a environ fix années fur le projet qu'en donna le directeur, qui vraifemblablement en conçut l'idée fur celui qui eft repréfenté fur la planche XLIX du Traité des fonderies de Schlutter; celui-ci differe effentiellement en ce qu'il eft beaucoup plus grand (*). Nous parlerons de fes autres avantages après avoir détaillé la conduite de l'opération dans les premiers, qui fe fait alternativement de l'un à l'autre & jamais dans les deux enfemble (1).

(*) *Voyez* la pl. XXIV, fig. 6, 7, 8, 9 & 10.

§. III. Lorfqu'on veut faire une liquation, on commence par enduire les plans inclinés d'une légere couche d'argille délayée dans l'eau, & auffi le baffin de réception; on y arrange enfuite les pieces provenant du rafraîchiffement, en les plaçant verticalement, & laiffant entre chacune d'elles un intervalle de 3 à 4 pouces, & que l'on foutient avec des petits morceaux de bois qu'on met entre deux. On garnit les efpaces de gros charbons, de même que le canal & le baffin de réception; on allume d'abord ces derniers;

(1) Le degré de chaleur ne feroit pas le même, la fortie des foupiraux qui fe communique d'un fourneau à l'autre, feroit interceptée & nuiroit à l'opération; mais dès qu'elle eft finie dans l'un, on recommence auffi-tôt dans le fecond.

on ferme le côté ouvert du fourneau avec une piece de tole doublée d'argille, l'ouvrier met enfuite une pellée de charbon allumé
entre les pieces de liquation, & auffi-tôt il en remplit toute la
capacité & même par-deffus. De cette maniere le feu s'allume
très-lentement, ce qui eft très-effentiel dans le commencement ;
pendant ce tems le même ouvrier prépare l'autre fourneau,
comme il vient d'être dit.

Peu de tems après que le charbon eft allumé, le plomb commence à dégoutter dans la trace ou canal qu'on a foin d'entretenir
toujours recouvert de pouffier de charbon, ainfi que le baffin de
réception. A mefure que la chaleur augmente il dégoutte plus
fort ; lorfque le baffin en eft plein, l'ouvrier avec une cuiller remue & agite dans tous les fens la maffe de la matiere fondue
pour la bien mêler, & la verfe tout de fuite dans de petits moules de fer battu de forme demi-fphérique ; il en verfe auffi à part
un petit lingot réfervé pour l'effai, & fur lequel il met un numéro :
il en agit de même à chaque fois que le baffin s'eft rempli de nouveau. Tous les culots qui en proviennent font mis exactement de
côté, pour, après l'effai fait, fervir aux mêlanges fuivant leur richeffe
en argent.

Lorfque pendant l'opération, le plomb ne coule pas bien dans
le baffin & qu'il s'arrête dans les charbons le long de la trace,
pour lors l'ouvrier le remue avec un crochet fixé au bout d'un
bâton, & l'attire à lui avec ce que M. Hellot a nommé déchets
de la liquation, qui confiftent en plomb demi-vitrifié, des grumeaux & quelques impuretés qui proviennent des pieces & du
fourneau.

Le degré de chaleur eft ici de la plus grande importance ; il
doit tenir le milieu entre celui qui eft capable de fondre le cuivre,
& celui qui eft trop foible pour ne pas en féparer tout le plomb
poffible : il doit être réglé de maniere que les pieces qui reftent fur
le foyer, & qui prennent pour lors le nom de *Kinn fleck*, foient,
à peu de chofe près, égales en poids. On reconnoît que la chaleur

eſt trop forte, lorſque les gouttes qui tombent en filets ſont rouges & qu'elles ſe détachent en grumeaux ; alors on introduit dans la trace un ou pluſieurs fagots ſuivant le beſoin , ou à défaut de fagots, des bûches de bois. L'action de la flamme qui entraîne toujours avec elle de l'humidité , ralentit bien vîte le degré de feu ; mais au contraire s'il eſt trop foible, il ſuffit d'y ajouter du charbon : la liquation eſt finie quand les pieces ne dégouttent plus ; ſa durée eſt ordinairement de deux heures & demie, pendant leſquelles on conſomme deux meſures de charbon ; on enleve la porte de fer & on retire les *Kinn ſteck* , que l'on tranſporte près du fourneau de reſſuage ou de torréfaction , pour les ſoumettre à une nouvelle opération , à l'effet d'en extraire ce qui peut y reſter de plomb.

(*) *Voyez* la pl. XXIV, fig. 6 & ſuiv.

§. IV. Le grand fourneau de liquation (*) eſt un compoſé de quatre petits , réunis enſemble , ſur leſquels on a placé ou conſtruit une voûte , & à leur côté une grille & un cendrier pour y faire un feu de bois , & à l'extrémité de ladite voûte une cheminée pour le paſſage de la flamme. Ce fourneau differe des autres :

1°. En ce que les pieces de fer qui forment les plans inclinés étant de 7 pieds de longueur , contiennent 15 pieces de liquation , ce qui forme un objet de 60 dans chaque opération.

2°. En ce qu'on retire du même nombre de pieces, une plus grande quantité de plomb qui, dans les autres, ſe ſcorifie (1).

3°. En ce que le charbon étant plus rare que le bois, on a l'avantage de pouvoir employer ce dernier.

4°. En ce qu'une liquation dans ce fourneau ne dure que 7 heures , tandis que dans les autres elle en exigeroit 15 ou 18 ; il eſt vrai que l'on peut faire travailler à la fois pluſieurs petits fourneaux qui feroient à peu près le même effet, mais il n'en réſulteroit jamais un ſi grand avantage. En commençant l'opération on fait

(1) On a reconnu par des épreuves que 40 pieces rendoient 6 à 7 quintaux d'œuvre de plus , qui dans les petits fourneaux paſſent dans les déchets , mais qui ſe retrouvent enſuite en grande partie dans la fonte deſdits déchets.

brûler plufieurs fagots dans chaque canal ou trace, jufqu'à ce que le fourneau foit un peu échauffé; du refte on y procede comme dans les petits, foit pour le degré de chaleur, foit auffi dans la maniere d'en retirer l'œuvre. Il nous fuffit d'obferver que dans l'arrangement des pieces, & pour fuppléer aux charbons dont on fait ufage dans les petits, pour les foutenir verticalement fur les plans inclinés & pour conferver entr'elles l'intervalle néceffaire, on fe fert de morceaux de bois de chêne de 3 à 4 pouces d'épaif- feur, enduits & recouverts d'argille mêlée avec de la paille ha- chée, afin qu'ils réfiftent plus long-tems au feu : on en met d'abord un morceau plus court que les autres, fur l'ouverture que for- ment les plans inclinés entre deux pieces , & par-deffus un autre un peu plus long , & ainfi de fuite jufqu'à la hauteur des pieces.

§. V. Les frais de cette opération font portés à environ 30 liv. ce qui fe rapporte à ceux du petit fourneau pour la même quan- tité de pieces; mais, comme nous l'avons dit, l'avantage eft dans l'emploi du bois qui eft plus abondant que le charbon; d'ailleurs. l'on confomme encore affez de ceux-ci dans les petits fourneaux.

Chaque femaine on liquéfie dans deux de ces grands fourneaux 120 pieces produites de trois rafraîchiffemens; les 40 ou 80 pieces reftantes le font dans les petits qui font au nombre de 14, c'eft- à-dire, 7 doubles.

Le réfultat ordinaire de la liquation dans le procédé que l'on vient de détailler , eft de 90 à 93 quintaux de plomb d'œuvre produits de 40 pieces ; le quintal de cet œuvre de 6 à 7 lots d'ar- gent (1).

S E C T I O N I V.

Torréfaction ou reffuage des pieces qui fortent de la liquation.

§. I. *Torréfier* les *Kinn fteck*, c'eft les expofer de nouveau à une plus forte chaleur & plus concentrée, pour en retirer le reftant

---

(1) Un rafraîchiffement du cuivre à Grünenthal étant de 42 pieces , celles-ci doivent produire 100 quintaux d'œuvre , dont le quintal tient 6 jufqu'à 6 lots 1 gros d'argent.

de l'œuvre ou du plomb enrichi qu'ils pourroient avoir retenus, & qui n'a pu en être entiérement féparé dans la liquation : c'eft le fondement de l'opération fuivante qui fe fait dans des fourneaux femblables à celui qui eft repréfenté fur la planche 50, lettres A B C D, du Traité des fonderies de Schlutter, auquel nous renvoyons le lecteur. Quant à la forme, il fuffira de donner les dimenfions de ceux dont on fe fert à *Hettftedt.*

§. II. Chacun de ces fourneaux eft compofé de fept murs de féparation, y compris ceux des extrémités qui forment corps avec ceux qui le ferment de côté ; ces murs font de 10 pouces d'épaiffeur, & font montés quarrément en groffes briques jufqu'à la hauteur de 3 pieds 2 pouces fur le devant, & feulement 2 pieds dans le fond, attendu l'inclinaifon qu'on donne au fol des voies. Ils ne font point recouverts comme à Grünenthal de plaques de cuivre ni de celles de fer, ainfi qu'il eft ufité dans d'autres endroits, mais ils font entiérement conftruits en briques comme le reftant de la maçonnerie, & liés avec des bandes de fer. A un pied & demi au-deffus des murs des extrémités, prend la naiffance de la voûte qui dans fon centre a 31 pouces & demi de hauteur ; les fix voies ou ouvertures entre les murs de féparation, ont 9 pouces de largeur. En réuniffant toutes ces dimenfions, on aura pour la largeur totale du fourneau 12 à 13 pieds, fur 10 à 11 de profondeur : dans le mur du fond de chacune des voies eft un foupirail de 5 pouces & demi en quarré, & un autre de même grandeur au niveau de la furface des murs de féparation. Le devant du fourneau fe ferme avec une feule porte de fer, que l'on éleve & baiffe à l'aide d'une poulie & d'une chaîne, ainfi qu'on peut le voir dans la planche 50 de Schlutter.

Le fourneau de torréfaction que nous venons de décrire, contient autant de pieces qu'il en faut pour produire 350 quintaux de cuivre raffiné, c'eft-à-dire, environ 300 pieces (1) defféchées qu'on y arrange comme il fuit ; on les place verticalement fur les

(1) Le fourneau de Grünenthal contient 284 *kinn fteck.*

murs de féparation, de maniere que l'une fe foutienne par celle qui
lui eft oppofée & qui porte fur un autre mur, & qu'elles forment
entr'elles un triangle dont l'angle du fommet eft fort aigu, & dont
la bafe eft la ligne du niveau des murs; mais comme il y auroit
beaucoup de difficulté à ranger ces pieces qui ne peuvent fe foutenir d'elles-mêmes dans cette pofition, on y parvient à l'aide de
petits morceaux de fer de la forme d'une fourche, en appuyant
le côté pointu fur les murs, & le côté fourchu contre les pieces
liquéfiées, qui reftent affujetties jufqu'à ce qu'on leur en ait oppofé d'autres : on retire les morceaux de fer & l'on continue
l'arrangement de *Kinn fteck* de la même maniere, jufqu'à ce que
le fourneau en foit entiérement rempli; alors on abaiffe la porte
de fer que l'on ferme exactement en la luttant avec de l'argille.
On garnit les voies ou ouvertures de charbon que l'on allume,
& de quelques bûches de bois à leur entrée; on entretient le feu
jufqu'à ce que le cuivre devienne d'un rouge obfcur, mais pour
que le bois ne brûle pas trop vîte, & pour conferver une chaleur
égale, on bouche entiérement ou en partie les foupiraux; ce
degré de feu eft entretenu, jufqu'à ce que le cuivre ne donne
prefque plus de fcories; on l'augmente enfuite vers la fin de
l'opération pour en féparer tout ce qui peut lui refter de plomb.
On y trouve d'ailleurs l'avantage d'avoir un cuivre meilleur &
bien plus facile à raffiner. A chaque fois qu'on renouvelle les
bûches dans les voies, on retire les fcories qui s'y font ramaf-
fées; elles font mifes à part pour être fondues comme il fera dit
ci-après, lorfqu'on en a une quantité fuffifante (1). Quand l'opération eft finie, c'eft-à-dire, après 18 ou 20 heures, on enleve la
porte du fourneau pour le laiffer refroidir pendant quelques jours

____

(1) Outre les crochets & les rables dont on fe fert pour retirer des voies les fcories,
on a à Grünenthal un grand cylindre ou rouleau de bois, garni à chacune de fes extrémités d'un petit boulon de fer que l'on fait porter fur deux grenouilles, dont l'une eft
emboîtée dans un pilier d'un côté, & de l'autre dans le mur; ce cylindre fert à
foutenir les rables ou crochets avec lefquels on nétoie les voies; on le met & on le
retire chaque fois qu'on fait cette manœuvre.

avant d'en retirer le cuivre, ce qui eft d'autant plus commode qu'on a deux fourneaux femblables qui operent alternativement, & que d'ailleurs on n'eft pas dans le cas d'en faire ufage chaque femaine.

Pour une torréfaction on confomme 14 à 15 *malter* de bois de corde (1).

§. III. Il n'en eft pas de même à Grünenthal où l'on retire le cuivre tout de fuite après l'opération, à l'aide de crochets & rables, & en jettant les pieces refluées encore rouges dans une caiffe où il paffe un courant d'eau, afin que les fcories dont elles font encore enveloppées puiffent mieux s'en détacher; ce qui s'acheve avec de petits marteaux pointus quand on les a retirées de l'eau, & auffi avec un balai fort rude. Le cuivre alors eft raffiné ou fur un petit foyer ou dans un grand fourneau (*) ; la durée de l'opération y differe auffi, puifque l'on emploie 36 heures pour le reffuage des 284 pieces liquéfiées, qui confomment 440 pieds cubes de bois de corde (2).

(*) *Voyez* ci-après la Sect. VII.

SECTION V.

De l'affinage du plomb pour en retirer l'argent.

§. I. Toutes les *œuvres* ou plombs imbibés d'argent qui proviennent de la liquation, & dont le quintal tient de 6 & demi jufqu'à 7 lots, font affinées dans un fourneau à peu près femblable à celui qui eft repréfenté par les lettres G F, fur la planche XLV du Traité des fonderies de Schlutter, avec la différence qu'il eft beaucoup plus grand, & que la voûte eft plus élevée qu'à celui de Freyberg. Il a environ 11 pieds dans œuvre du côté de la chauffe, fur 8 pieds de largeur, & à peu près 4 pieds & demi pour la hauteur de la voûte fur laquelle repofe le chapeau de fer.

(1) Cette mefure contient 23 pieds 9 pouces & demi cubes.

(2) Tout Métallurgifte fait qu'il eft impoffible de priver entiérement le cuivre de l'argent qu'il contient, & qu'il en conferve toujours une portion ; celui qui provient de toutes les opérations ci-deffus détaillées, eft eftimé ne tenir après le raffinage qu'un lot par quintal ; ce qui eft très-peu & qui prouve qu'on a bien procédé.

Le

Le fourneau de Grünenthal differe dans les proportions; il eſt rond avec un diametre de 9 pieds 7 ou 8 pouces. Quant à la préparation de la coupelle, elle eſt la même dans l'une & l'autre fonderie, & ſe fait ainſi que cela ſe pratique dans celle de Freyberg (*), & les cendres dont on ſe ſert ſont de celles des ſavonnieres qui contiennent un peu de chaux ; le plomb qui provient de la liquation étant privé des impuretés qui rongent les cendres & endommagent la coupelle, on n'eſt point dans le cas d'y ajouter de la chaux ou autre matiere quelconque.

(*) Voyez le XIe Mém.

§. II. On procede à cette opération avec le produit de 40 pieces de liquation, c'eſt-à-dire, 90 quintaux de plomb d'œuvre; quantité qui eſt toujours la même pour chaque affinage, & dont on retire ordinairement 42 à 43 marcs d'argent (1). L'opération d'ailleurs ſe conduit comme à Freyberg ; ſa durée eſt de 16 à 17 heures.

SECTION VI.

De la fonte des déchets de la liquation & du reſſuage, & de celle des litharges & cendres de coupelles.

§. I. Toutes ces matieres ſe traitent dans un haut fourneau à peu près ſemblable à ceux d'Eiſlében (*) ; il n'en differe qu'en ce qu'il n'eſt pas à lunettes, & qu'on y a pratiqué un avant-foyer & un baſſin de percée. La pierre de ſol de l'intérieur du fourneau

(*) Voyez la pl. XXIII, fig. 6 & 7.

---

(1) Chaque affinage à Grünenthal eſt de 100 quintaux d'œuvre, & 4 quintaux de cuivre noir le plus riche en argent; on ne retire dans l'opération aucune des ſcories que l'on nomme *abſtricht*, ce qui prouve que le plomb n'eſt pas chargé d'impuretés ; d'ailleurs la litharge paroît dans le commencement ; il eſt vrai que la majeure partie eſt noire & qu'on en obtient très-peu de la rouge, ce que l'on ne doit attribuer qu'au cuivre que l'on pourroit ſe diſpenſer d'y ajouter ; car il s'en vitrifie beaucoup avec le plomb, & il ne peut plus ſe révivifier, quoique avec addition des mêmes litharges & cendres de coupelle imbibées.

On a conſervé dans cette fonderie une ancienne méthode abuſive de chauffer la coupelle pendant quelques heures avant d'y mettre le plomb ; elle a été abolie à Freyberg, & n'a pas lieu dans d'autres endroits.

La durée d'un affinage à Grünenthal eſt de 20 à 22 heures, pendant leſquelles on conſomme deux meſures de bois ou 220 pieds cubes.

n'en occupe dans celui-ci que la moitié fur le derriere, afin que l'autre moitié puiffe fervir à former le baffin de l'avant-foyer, qui doit prendre un peu intérieurement, tandis que dans ceux à lunettes il eft entiérement extérieur ; de cette façon on peut facilement le réparer en remettant de la nouvelle brafque, pour changer de fonte, fans qu'il foit befoin de laiffer refroidir le fourneau.

Nous croyons devoir donner ici les proportions de ce fourneau qui font très-exactes.

Sa hauteur totale eft de 12 pieds 3 pouces, pied de roi ; la forme ou tuyere eft placée à 21 pouces au deffus du niveau du baffin de l'avant-foyer (1), & à 8 pouces au-deffus le mur s'élargit infenfiblement jufqu'à fa partie fupérieure, de façon qu'il s'éloigne d'un pied de la perpendiculaire. A cette hauteur fa largeur eft de 26 pouces fur le derriere & de 14 fur le devant, avec 28 pouces de profondeur ; au niveau de la tuyere cette premiere dimenfion eft de 27 pouces, la feconde de 16 & la troifieme de 31, non compris 7 pouces d'épaiffeur en briques qui ferment le fourneau par-devant.

Le baffin de réception eft une poële ou moule de fer coulé, femblable à celui des fourneaux à rafraîchir.

§. II. Toutes les litharges, cendres de coupelle, déchets de la liquation & du reffuage, font fondues chaque femaine dans ce fourneau, en obfervant toujours que les mêlanges foient faits de façon que les pieces ou *kinn fteck* qu'ils doivent produire, contiennent à peu près la même proportion en plomb & en cuivre, que dans les rafraîchiffemens ; celle en plomb néanmoins doit toujours être un peu plus forte & moindre en argent. Le plomb ou œuvre qui en provient eft celui que nous avons dit, dont on fe fervoit pour addition dans la fonte à rafraîchir, & qui tient 2 ou 3 lots d'argent par quintal ; les percées ne s'y font pas à beaucoup près auffi vîte que dans cette derniere, puifqu'elles n'ont lieu que 15 fois toutes les 12 heures.

(1) Anciennement la tuyere étoit placée à 36 pouces au-deffus du niveau du baffin de l'avant-foyer ; mais depuis qu'on l'a baiffée & mife à 21 pouces, on a reconnu que la fonte alloit mieux, & que l'on retiroit 10 pour cent de plus en plomb.

§. III. Cette fonte n'a lieu que pendant une couple de jours de la femaine, le refte du tems eft employé à fondre les fcories qui en proviennent , & dont le quintal tient en plomb & en cuivre jufqu'à 50 livres : elles font fondues une feconde fois dans ce même fourneau, & après cette feconde fonte, elles tiennent encore 12 à 15 livres. On les fond de nouveau une troifieme fois, comme nous le dirons ci-après.

L'avantage qu'on retire de ce fourneau eft de pouvoir y fondre deux ou trois mois de fuite & quelquefois 13 femaines. La fonte ne foufre d'autre interruption, que celle du tems néceffaire pour réparer le baffin de l'avant-foyer, & pour nétoyer le fourneau lorfqu'on change de fonte ; ce qui fe pratique comme il fuit.

Par exemple, quand on veut ceffer la fonte des fcories pour commencer celle des déchets, on laiffe un peu baiffer le fourneau & on arrête les foufflets. On ouvre enfuite le devant dudit fourneau jufqu'à la hauteur de la tuyere, & l'on chaffe dans les charbons un morceau de planche mouillée, pour retenir ceux qui font en deffus; alors on nétoie par-deffous jufqu'à la pierre de fol, & l'on y bat de la nouvelle brafque, ainfi que dans le baffin de l'avant-foyer que l'on répare à neuf. Le devant du fourneau fe ferme non avec des briques, mais avec de gros charbons que l'on confolide & que l'on affujettit extérieurement avec de l'argille ; on chauffe un peu le baffin de l'avant-foyer, on fait enfuite agir les foufflets, & l'on commence la fonte que l'on continue jufqu'à la femaine fuivante, à moins que le baffin ne fût dans le cas d'être réparé de nouveau; alors on procede comme il vient d'être dit.

§. IV. Les fcories que nous avons dit être riches encore de 12 à 15 livres, tant en plomb qu'en cuivre, font fondues une troifieme fois dans un autre haut fourneau, mais à lunettes, femblable à ceux d'Eiflében , avec addition de minérai de cuivre pour en compofer des mattes. Le foufre que contient ce minérai s'unit plus facilement au plomb & au cuivre, de maniere qu'après cette fonte les fcories ne retiennent plus que 5 à 6 livres, dont la va-

Ppp ij

leur ne mérite plus les frais d'une autre fonte ; les mattes qui en proviennent font grillées & fondues à l'ordinaire.

Outre les fcories que produit l'opération du reffuage, il s'en amaffe peu à peu dans les voies d'une efpece plus riche en argent ; mais ce n'eft qu'après 18 mois ou deux ans qu'on les retire. En démoliffant tous les murs de féparation, on nétoie les briques & la terre qui en contiennent ; elles font pilées, lavées & fondues dans un fourneau courbe & à lunettes.

§. V. Par toutes les opérations que l'on vient de détailler, on compte fur une perte de 40 livres de plomb par quintal de cuivre.

Le produit annuel de cette fonderie eft de 5 à 6 mille quintaux de cuivre, & de 7 à 8000 marcs d'argent.

§. VI. La fonte des déchets à Grünenthal fe fait dans un fourneau femblable à ceux dont on fe fert pour le rafraîchiffement, quant à la forme (*), mais qui differe dans les proportions.

(*) *Voyez* la pl. XXIV, fig. 1, 2, 3, 4 & 5.

Sa profondeur eft de 30 pouces, compris l'épaiffeur de la brique qui le ferme, fa largeur de 20 pouces fur le derriere, & 11 pouces fur le devant.

Fonte des déchers à Grünenthal.

Le moule de fer coulé qui fert de baffin de réception a feulement 21 pouces & demi de diametre dans le fond, & dans fa partie fupérieure 22 pouces & demi, fur 5 pouces de profondeur, avec une épaiffeur de 3 pouces 9 lignes dans fa circonférence.

La brafque eft la même que l'on emploie pour la fonte à rafraîchir.

Le mélange pour la fonte fe fait avec les fcories d'un reffuage & les déchets de 284 pieces de liquation, dont il y en a 121 qui proviennent d'une femblable fonte ; enfemble tous les débris & les fcories de provifion qui ont été lavées. On forme de ce total une fchicht que l'on recouvre des litharges de trois affinages, & des cendres de coupelle de quatre ; ce mélange s'arrange d'une égale épaiffeur, afin que les pieces qui en proviennent contiennent les mêmes proportions des trois métaux.

Lorſque le fourneau eſt fermé, on y met quelques charbons allumés & par-deſſus du charbon noir dont on le remplit entiérement ;
on fait enſuite agir les ſoufflets, & l'on charge deux petites *trogs*
ou baquets du mélange que l'on recouvre d'un panier de charbon ;
on remet encore deux *trogs* ſemblables & du charbon ; bientôt
après la matiere ſe rend en fuſion dans le baſſin de l'avant-foyer,
que l'on a ſoin de recouvrir de pouſſier de charbon, pour que le
plomb ne puiſſe pas ſe ſcorifier, & lorſque le catin eſt plein on
fait couler les ſcories de côté ſur la braſque. Juſqu'à ce que le
fourneau ſoit bien échauffé, on charge peu de matieres à la fois
dans le commencement ; lorſqu'on juge que les déchets ne contiennent pas aſſez de cuivre pour les proportions néceſſaires, on
en ajoute quelques livres par chaque piece de liquation, & quand
le catin contient à peu près trois quintaux de matieres, on attire
les ſcories avec un petit rateau de bois & on fait la percée. On agit
enſuite comme à la fonte des rafraîchiſſemens, pour retirer les
pieces du moule ; & pour que le fondeur ſe regle ſur le poids de
chacune qui doit être à peu près égal, on peſe la premiere.

La durée de cette fonte eſt de 28 à 30 heures, pendant leſquelles
on fait 121 pieces de liquation, & l'on conſomme 56 meſures de
charbon de 11 pieds 10 pouces cubes.

Toutes les pieces ſont liquéfiées au nombre de ſix que l'on met
dans le fourneau par chaque opération ; ces ſix pieces produiſent
environ 14 quintaux & un quart de plomb, qui tient à peu près
2 lots d'argent par quintal ; c'eſt celui qu'on nomme plomb
d'addition, & dont on ſe ſert pour les mélanges dans la fonte à
rafraîchir.

§. VII. Cette fonte ſe fait dans le même fourneau où l'on traite
les déchets, & les pieces de produit ſont également liquéfiées.
Lorſqu'elle eſt finie, on les fond une ſeconde fois dans le même
fourneau, ce qui ne s'entreprend cependant que quand on en a
une quantité ſuffiſante pour travailler pendant pluſieurs jours ; les
mêmes ſcories que l'on retire de cette fonte, ſont de nouveau

Fonte des
ſcories à
Grünenthal.

fondues deux ou trois fois dans un fourneau courbe, mais fans addition de pyrites comme le dit Schlutter, page 549 de fon Traité des fonderies. Cette méthode feroit certainement meilleure, on épargneroit beaucoup de charbon, & l'on retireroit une plus grande quantité de plomb & de cuivre qui fe fcorifient à chaque fonte; cela eft fi vrai, que les fcories tiennent encore 8 ou 10 pour cent en plomb & quelques livres : il feroit donc plus avantageux de les traiter comme dans la fonderie de *Hettftedt*, en les mêlant avec des pyrites dans une feconde ou troifieme fonte.

§. VIII. Il réfulte de toutes les opérations que l'on fait à Grünenthal pour la liquation, que pour retirer tout l'argent contenu dans le cuivre, il en coûte 48 livres de plomb qui eft vitrifié & en pure perte.

Le déchet du cuivre eft porté à environ 4 à 5 pour cent, & chaque quintal de cuivre raffiné retient un lot jufqu'à 5 gros d'argent.

Ce réfultat prouve que l'on a bien procédé, mais auffi que l'on pourroit opérer plus avantageufement, puifque nous avons vu que dans la fonderie de *Hettftedt*, il ne fe détruifoit que 40 livres de plomb par quintal de cuivre, ce qui forme une différence de 8 livres, que l'on pourroit retrouver en employant une meilleure méthode pour fondre les fcories.

SECTION VII.

Du raffinage du cuivre à Hettftedt & à Grünenthal.

§. I. Le raffinage du cuivre à *Hettftedt* fe fait fur le petit foyer, & ainfi qu'il eft décrit dans le Traité des fonderies de Schlutter, pages 553 & fuivantes.

§. II. Cette opération fe fait à Grünenthal dans un grand fourneau de réverbere, repréfenté fur la planche LII de Schlutter; & quoiqu'elle foit décrite par cet auteur, nous ne croyons pas être difpenfés, d'après les obfervations que nous y avons faites, d'en détailler le procédé : nos réflexions en feront connoître l'avantage & les inconvéniens.

§. III. La brasque pour la préparation du fourneau est composée de deux parties d'argille & d'une partie de charbon, comme le dit Schlutter ; on l'y introduit tout à la fois & on l'étend sur toute l'aire ; deux ouvriers la battent ensuite avec des rateaux de fer, de maniere que dans le milieu elle ait une épaisseur de 6 à 7 pouces ; alors avec de petits instrumens de cuivre, de forme ronde & bien polis, ils en battent toute la surface, sur laquelle ils répandent une quinzaine de livres de sable qu'ils battent de nouveau, en observant d'y laisser une pente du côté des bassins de réception. Pour détourner le vent des soufflets de la surface de l'aire, & le diriger contre la voûte, on place une brique creusée au-dessous de la tuyere, dont on bouche entiérement l'ouverture avec une pelote d'argille ; on forme ensuite des élévations avec de la même terre, dans les deux ouvertures opposées à la chauffe pour retenir la matiere.

Lorsque le grand bassin est entiérement préparé, ce qui se fait toujours le matin, on étend sur toute sa surface environ 12 à 15 pieds cubes de charbon auxquels on met tout de suite le feu ; on bat aussi-tôt la brasque dans les deux bassins de réception, dont on enduit toute la circonférence avec un peu de cendre humectée, pour que le cuivre s'en détache plus facilement. On les remplit également de charbon que l'on entretient allumé pendant toute l'opération.

§. IV. On laisse ainsi sécher le fourneau jusqu'au lendemain soir, que l'on y introduit 40 quintaux de cuivre noir ; on l'arrange du côté des deux trous à feu, de maniere que la flamme ait son passage entre deux pour aller sortir par leurs ouvertures, dont la grandeur fait consommer inutilement une grande quantité de bois.

Le cuivre étant entiérement arrangé on ferme une bonne partie de la grande bouche à feu, & l'on remplit la chauffe & le cendrier de bois de corde que l'on allume, & qu'on laisse brûler juſqu'à minuit que les ouvriers arrivent ; d'où il ſuit que , comme cette quantité de bois, quoique conſidérable , n'eſt pas ſuffiſante pour entretenir le même degré de chaleur pendant 4 heures d'intervalle, depuis les 8 heures que l'on a commencé ; il s'enſuit, dis-je, que le fourneau ſe refroidit, ainſi que nous l'avons remarqué, puiſque, nous avons ſuivi l'opération d'un bout à l'autre, ce qui eſt un abus de la part de l'ouvrier qu'il ſeroit facile de corriger, & qui prouve encore combien il ſe conſomme du bois inutilement.

§. V. Après une heure d'un feu continuel, on apperçoit quelques gouttes ſe détacher du cuivre, qui ne ſont encore que des ſcories qui l'enveloppoient ; pour lors on fait ſauter la pelotte d'argille qui bouchoit la tuyere, & l'on fait agir les ſoufflets, & pour rendre la chaleur plus vive, on jette le bois de façon qu'il ſe trouve toujours au moins une bûche devant ladite tuyere. Deux heures après le cuivre eſt preſque entiérement fondu ; on enleve auſſi-tôt la brique qui dirigeoit le vent contre la voûte, afin qu'il frappe ſur la ſurface bu bain ; mais il n'y fait que très-peu d'effet, puiſque par la forme qu'on a donnée au baſſin, la matiere eſt éloignée de la tuyere de 8 ou 10 pouces, ce qui eſt un grand inconvénient pour porter le cuivre à ſa perfection, à quoi l'on ne peut réuſſir parfaitement par cette raiſon.

§. VI. Lorſque le cuivre eſt entiérement fondu , on en retire les ſcories à pluſieurs repriſes pendant l'opération, qui finit vers les 9 ou 10 heures du matin. On ſe conduit du reſte pour les épreuves , pour la percée & la façon de lever les roſettes ; comme le dit Schlutter.

La conſommation du bois de corde eſt de 438 pieds cubes, & d'environ 24 pieds cubes de charbon.

§. VII. Un autre abus non moins eſſentiel, eſt celui du peu de durée du grand baſſin & de ceux de réception, qui ne ſervent jamais que pour un ſeul raffinage , tandis qu'ils pourroient ſoutenir deux ou trois opérations , ainſi que cela ſe pratique dans

le

le fourneau conftruit aux mines du Lyonnois (*), dont on trouve la defcription dans le XXe Mémoire.

(*) Pl. V.

En général celui de Grünenthal eft très - mal conftruit, & brûle plus du double de bois qu'il n'eft néceffaire ; il feroit même impoffible d'y raffiner, & peut être encore d'y fondre un cuivre qui ne contiendroit point de plomb, fur-tout de celui qui proviendroit d'une pyrite cuivreufe.

QUATORZIEME MÉMOIRE.

Mines d'argent, plomb, bifmuth & cobolt des hautes Montagnes de la Saxe & celles de la Bohême, avec une defcription des fabriques d'azur, & des mines de mercure d'Ydria, fuivie du procédé du cinabre en Hollande.

Par MM. J A R S & D U H A M E L, *années* 1757, 1758 & 1759.

SECTION PREMIERE.

Mines du diftrict de Marienberg.

Mine de *St. George fündgrübe.*

§. I. A u fommet de la montagne où eft fituée cette mine, on remarque un grand nombre de filons orientaux peu diftans les uns des autres & parallèles, fur lefquels il y a eu environ 200 mines en exploitation qui ont été très-riches ; mais qui font abandonnées depuis plus de cent ans. Suivant les anciens manufcrits on en compte jufqu'à 30 qui donnoient des profits confidérables, & notamment quelques-unes, dont le bénéfice étoit porté à 500 liv. par action dans chaque quartier. C'en étoit affez pour déterminer à y faire de nouvelles recherches, qui ont lieu depuis 60 ans par la reprife de l'ancienne galerie d'écoulement de *Weiflauber* ; à l'effet de communiquer avec les anciens travaux, laquelle eft aujourd'hui avancée d'environ 3000 toifes & traverfe 4 montagnes ; elle eft voûtée en grande partie.

Des deux filons, l'un oriental & l'autre méridional que l'on exploite dans cette mine, le premier eft le principal dont la pente varie depuis 56 jufqu'à 70 degrés du côté du nord, mais qui généralement eft meilleur, lorfque cette inclinaifon fe rapproche de la perpendiculaire : il produit fur une largeur de 6 ou 8 pouces, de la mine d'argent rouge, de la blanche, de la mine vitrée, de l'argent natif, du cobolt, rarement de la blende, du quartz, du fpath & un peu de fluor nommé *améthyfte* ou de fa couleur. Le fpath blanc eft plus eftimé que le quartz ; la richeffe du filon augmente en proportion de la quantité de fpath qui s'y trouve uni ; on ne fait point de cas de la glaife.

Le filon méridional eft un compofé de terre glaife, & d'une efpece d'ardoife tendre, dans lefquelles fe trouvent les mêmes minérais, mais feulement lorfqu'il fe réunit au premier ; pour lors il eft riche fur une certaine étendue, & enfuite ne produit plus rien, de maniere qu'on ne l'exploite qu'accidentellement.

Toutes les veines, filets & filons qui traverfent le principal l'enrichiffent, & produifent beaucoup de minérais au point de réunion. Les *flöts* ou couches font auffi très-bonnes quand elles inclinent du même côté, c'eft-à-dire, lorfqu'elles le rencontrent ; ce qui arrive, parce que dans leur inclinaifon, elles approchent plus que lui de la ligne horifontale ; mais fi elles ont une pente oppofée, elles l'appauvriffent au lieu de l'enrichir, ou du moins elles n'en augmentent pas la richeffe.

Le rocher qui accompagne les filons, eft de l'efpece du *kneis* fouvent mêlé avec de l'ardoife.

Dans une ancienne mine abandonnée, fituée au bas de la montagne, on a exploité un filon feptentrional qui s'eft joint au principal, & qui à ce point de réunion a produit beaucoup de minérais. La crainte d'en attirer les eaux a fait renoncer à de nouvelles recherches fur ce filon ; mais dans la partie la plus baffe de la colline, il y a encore un filon méridional, dont la direction eft la même que celle de la montagne, & qui s'eft enrichi de même lorfqu'il a été rencontré par un autre oriental ou feptentrional ; celui-ci eft très-large, & ne contient qu'une efpece de rocher un peu jaunâtre de nature calcaire.

§. II. Pour l'avancement de la galerie d'écoulement à laquelle on travaille fans interruption, & qui eft déjà à 400 toifes d'éloignement de la mine de Saint-George, on a fubftitué aux puits d'airage une trompe ou foufflet à eau , au moyen duquel on a établi un courant d'air jufqu'à l'extrémité de ladite galerie. Cette machine eft affez connue pour être difpenfé de la décrire.

§. III. Cette mine a livré le dernier quartier à l'adminiftration générale des fonderies de Freyberg, 42 quintaux de minérais riches de 26 lots & demi d'argent par quintal , & 10 quintaux feulement de 14 lots.

S E C T I O N   I I.
Mines du diftrict d'Annaberg.

Mine de *St. André.*

§. I. Cette mine profonde de 80 toifes obliques eft fituée fur la montagne de *Stadtfeld* qui s'incline au nord. Les filons orientaux y font les principaux, & reconnus pour être les meilleurs ; celui que l'on y exploite , & dont la pente eft de 40 à 45 degrés au nord eft de cette efpece; il produit par rognons de la mine d'argent rouge, de la mine d'argent vitrée , de l'argent natif avec un peu de mine de plomb cubique, de la pyrite, de la blende, du quartz & des fluors bleus & noirs. Il eft toujours plus riche, lorfque dans fon inclinaifon il approche plus de la ligne perpendiculaire que de l'horifontale ; le mineur dit alors : *le filon a été chercher le minérai.*

On travaille auffi dans la même mine & avec profit, un filon méridional qui en traverfant le premier, n'en a pas, il eft vrai, augmenté la richeffe ; mais a apporté avec lui du cobolt, comme tous ceux de cette direction qui font dans cette montagne. Les orientaux au contraire ne produifent que des minérais d'argent.

On y exploite encore un autre filon qui produit abondamment du *kúpfer nickel* ou mine d'arfénic (1), avec du très-beau cobolt, du quartz & un fluor noir, & quelquefois auffi du bifmuth, mais très-rarement. Le rocher qui renferme ces filons eft le même que celui de la mine précédente.

(1) Il eft décrit à la page 413 du premier livre de la Minéralogie de Valerius.

§. II. Le minérai de cobolt le plus pur eſt pilé à ſec, & livré enſuite à la manufacture de *Schnéeberg*: le moins riche eſt lavé comme il ſuit ; le plus groſſier qui ſe précipite dans le premier réſervoir à la ſortie des pilons, ſur une table inclinée de 5 degrés & demi, & le plus fin ſur une autre table moins inclinée.

Le produit de chaque quartier que l'on livre à *Schnéeberg* eſt un objet de 70 à 80 quintaux, & en minérais d'argent la valeur de 20 marcs.

§. III. Le filon de cette mine qu'on exploite dans la montagne de *Schreckenberg* eſt méridional, & s'incline à l'*occident* d'environ 70 degrés dans les hauteurs. A une plus grande profondeur il eſt preſque perpendiculaire & devient meilleur ; il produit par rognons comme celui de la mine de Saint-André, du cobolt, de l'argent natif, de la mine vitrée, de la mine d'argent rouge, de la pyrite martiale & arſénicale, avec du quartz, du ſpath & du *fluor* bleu & noir. Le rocher du toit & du mur eſt de l'eſpece de l'ardoiſe. Les filons méridionaux ſont reconnus pour être les meilleurs dans cette montagne, ſur-tout lorſqu'ils ſont rencontrés par d'autres orientaux ; les ſeptentrionaux n'y font rien du tout : ils different de ceux de la précédente mine, en ce que leur pente directe eſt dans un ſens contraire à celle de la montagne.

§. IV. Les minérais ayant été triés, pilés, criblés & lavés, comme il a été dit, ſont livrés ; ſavoir, ceux d'argent aux fonderies de Freyberg, & ceux du cobolt à Schnéeberg, ces derniers ſuivant leur qualité ; on en a formé cinq claſſes différentes pour tous ceux qu'on extrait dans ce diſtrict.

	liv.	ſols.	den.	
La premiere eſpece a été taxée à .	31	8	$1\frac{1}{2}$	le cent.
La ſeconde	29	10	$7\frac{1}{2}$	
La troiſieme	27	13	$1\frac{1}{2}$	
La quatrieme	25	15	$7\frac{1}{2}$	
La cinquieme	23	18	$1\frac{1}{2}$	

Prix auxquels les compagnies des manufactures royales l'achetent, & qui quoique modiques ſeroient néanmoins ſuffiſans, ſi elles achetoient autant de cobolt que les mines en peuvent fournir, on y trouveroit même un très-grand profit ; mais la quantité en a été fixée dans chaque diftrict. Les compagnies des mines n'en peuvent difpofer, elles font même obligées de ne pas employer tous les ouvriers qu'elles pourroient placer, & de garder du cobolt en provifion ; quelques-unes en ont plus de 100 quintaux ; & comme ce minérai s'effleurit facilement à l'air, on le garde dans la mine, en le mettant dans l'eau où il fe conferve très-bien.

SECTION III.

Diftrict de Johan Georgen ftadt *en Bohême.*

Mines de *Gott helfi-fchaler* & de *Silber kammer.*

§. I. Ce font deux mines différentes, mais dont les compagnies fe font réunies pour exploiter un filon méridional qui les traverfe. Le filon incline à l'occident, & produit de la mine d'argent rouge, de la mine vitrée, du minérai de plomb, du cobolt, du bifmuth, du quartz, de la pyrite, de la blende & du fpath, le tout renfermé ou contenu dans un rocher fchifteux. A côté du filon, on trouve quelquefois une glaife ou argille bleuâtre, que les mineurs regardent comme un très-bon indice ; ils difent auffi que dans les endroits où l'eau forme des ftalactites, ils font prefque toujours certains de rencontrer de riches minérais.

Ce filon eft exploité fur une profondeur de 93 toifes & demie ; à celle de 66 toifes, on a trouvé une couche d'argille ayant la même direction & inclinaifon, mais cette derniere approchant plus de la ligne horifontale, de forte qu'elle l'a entraîné dans le toit ; elle a été travaillée jufqu'à la profondeur actuelle, fans rien produire ou du moins fi peu, qu'il ne méritoit pas l'extraction. La grande obliquité de cette couche fait douter fi c'eft le véritable filon, ou fi elle l'a feulement traverfé ; il auroit donc été convenable de s'en affurer, en faifant une galerie de traverfe en angle droit du mur de la couche.

La compagnie de *Gott helfifchaler* fait encore exploiter cinq filons, mais feule, fans que l'autre compagnie y ait la moindre part; l'un d'eux est méridional & les quatre autres occidentaux, & tous fort bons; ils produisent à peu près les mêmes matieres que le premier. On en compte encore une douzaine dont un seul est méridional, les autres sont orientaux & occidentaux; ils sont tous abondans & exploités par la compagnie de *Silber kammer;* ces deux mines donnent du bénéfice. Les compagnies aux frais desquelles les galeries d'écoulement ont été faites, retirent, ainsi que dans tout le district, le neuvieme du produit des mines auxquelles elles sont utiles.

Avant de piler les minérais, on a grand soin de séparer ceux d'argent d'avec le cobolt qui en tient quelquefois; si ce dernier est assez riche pour en retirer plus de profit, en le vendant à Freyberg, on l'envoie aux fonderies, où il est payé suivant sa classe.

§. II. Ces deux mines qui autrefois ont donné en bénéfice jusqu'à 400 liv. par action dans chaque quartier, sont aujourd'hui dans le cas du *zubússe* (*); on y exploite un filon oriental qui produisit alors une masse énorme d'argent natif, & de mine vitrée. On en travaille quantité d'autres, dont quelques-uns sont occidentaux: on y trouve une espece de schiste entre les couches de laquelle il y a de l'argent natif en feuilles, qu'on a grand soin de séparer avec beaucoup de précaution, au lavage qui se fait sur des tables couvertes de toiles.

La profondeur de ces mines est de 73 toises.

Mines de *Hohen neüe jahr,& Unver hofft glück.*
(*) *Voyez* le IIe Mém., Sect. IX, §. IV.

SECTION IV.

District de Joachimsthal.

§. I. La montagne où elle est située est fort élevée, & a son exposition à l'orient; cette mine est exploitée par la communauté de la ville, de même que deux autres qui sont en *zubússe.* Des trois on en a formé une société composée de 200 actions, c'est la seule compagnie qui soit dans ce cas, les autres ne le sont jamais que de 128; ces 200 actions ont été divisées à chaque bourgeois ou particulier en raison de ses facultés. Les avances que

Mine d'*Einigkeit.*

l'on fait pour les deux mines en perte, déduites fur le bénéfice que donne la premiere, en laiffent encore un bien confidérable, puifqu'il refte net du produit des fix premiers mois de cette année 75000 livres, qui l'année derniere 1756, ne monta qu'à 127500 liv. pour les 12 mois; de cette derniere fomme il en fut fait une répartition des deux tiers, & l'autre tiers gardé en caiffe pour les befoins à venir : la retenue de ce tiers n'a lieu que pour cette mine feule; car dans toutes les autres la répartition fe fait en entier, ce qui n'eft pas auffi bien qu'en Saxe, où, comme nous l'avons dit, elle eft réglée proportionnellement à la nature du filon reconnu.

Efpece des filons & des minérais.

§. II. On exploite dans cette mine trois filons principaux, l'un méridional & les autres que l'on peut regarder comme orientaux & occidentaux, puifque leur direction eft entre 5 & 7 heures; ils produifent tous les trois de l'argent natif, de la mine vitrée, de la mine d'argent rouge & de la blanche, du cobolt & du bifmuth dans du quartz & du fpath, de la mine de plomb & une pierre cornée rouge efpece de jafpe. L'un des derniers à la profondeur actuelle de 220 toifes, indépendamment des minérais ci-deffus, produit fur-tout de la mine d'argent vitrée qui fe trouve dans l'efpece de pierre que l'on nomme *Waacken*, décrite dans la Lithogéognofie de M. Pott, page 163, & que les mineurs appellent *rocher fauvage*, parce qu'il eft rare qu'il contienne des minérais & qu'on le regarde comme de très-mauvais augure. L'expérience prouve cependant dans cette mine le contraire, elle eft alors plus tendre.

Ces filons fe font croifés & ont produit de très-bon minérai au point de réunion. Ils font quelquefois traverfés par de petites veines qui les coupent entiérement; nous en avons remarqué une de cette efpece d'un pouce d'épaiffeur en un fpath blanc & rouge; d'autres veines les enrichiffent, lorfqu'elles contiennent elles-mêmes du minérai.

Quoique ces filons n'aient pas toujours produit de même, foit

en

en longueur, foit en profondeur, ils font néanmoins reconnus pour être très-abondans; & actuellement dans la profondeur ils font plus riches qu'ils n'ont jamais été.

Le filon méridional s'eft féparé dans la hauteur, & a formé deux branches diftantes de 5 à 6 toifes l'une de l'autre, fans apparence de fe rejoindre, de maniere que l'une d'elles a été regardée comme un autre filon que la compagnie a été obligée de louer, puifqu'elle ne fe trouve plus dans la largeur ordinaire d'une conceffion.

L'avantage & le foutien de cette mine font dûs au grand nombre de recherches & de pourfuites, qui font de la plus grande importance, fur-tout fur des filons à rognons. En travaillant dans plufieurs endroits à la fois, on eft comme affuré que fi l'un d'eux ceffe de produire, on fait des découvertes dans les autres.

La méthode de mettre les ouvrages à prix-fait, a été introduite depuis quelques tems à *Joachimfthal*; elle eft certainement la plus avantageufe quand on ne travaille pas fur des minérais riches; l'ouvrier qui n'a d'autre but que celui d'avancer fon travail pour gagner davantage, peut laiffer échapper dans les déblais la valeur de dix fois fon ouvrage en minérais; dans ce cas, il eft défendu à l'ouvrier de toucher au filon que le maître mineur ne foit préfent; malgré cela il eft prefque inévitable qu'il ne s'en perde quelques morceaux en le déchauffant, fi l'on n'y prend bien garde.

§. III. Tous les minérais que l'on extrait dans cette mine font élevés par un puits, avec une machine à moulettes femblable à celle qui eft repréfentée fur la planche XI, fig. 1, 2; mais qui n'en differe que dans quelques parties. Le tambour de celle-ci a un diametre de 22 pieds fur 2 toifes de hauteur; les deux bras de levier ont chacun 22 pieds, à l'extrémité defquels on attele quatre chevaux, qui dans l'efpace de 7 heures élevent 48 tonnes (1) de la profondeur de 90 toifes.

Machine à moulettes.

Pl. XI, fig. 1 & 2.

(1) Cette mefure contient 9 pieds cubes.

Triage des
minérais.

§. IV. On diſtingue dans le triage des minérais trois eſpeces différentes : la plus riche tient juſqu'à 80 marcs d'argent par quintal, la moyenne unie à beaucoup de rocher environ 10 marcs, & d'autres enfin ſeulement 1 ou 2 marcs; chaque eſpece eſt pilée avec des maſſes & livrée enſuite aux fonderies. Le minérai de cobolt eſt également trié à part, & réduit en morceaux de la groſſeur d'une noix; on fait auſſi une diſtinction de celui de biſmuth.

Mine de
Hohe tann.

§. V. Le filon de cette mine eſt ſeptentrional & s'incline à l'occident; il eſt exploité juſqu'à la profondeur de 159 toiſes & produit de la mine d'argent vitrée ou *glas-ertz*, de celle d'argent rouge dans une pyrite arſénicale, un peu de minérai de plomb avec du quartz, du ſpath & ſur-tout une eſpece de pierre cornée d'un rouge pâle ou jaſpe; du côté du ſud le filon eſt dans un ſchiſte, du côté du nord au contraire c'eſt la pierre cornée qui contient des parties de quartz cryſtalliſé.

Ce filon s'eſt diviſé en deux parties comme celui de la mine d'*Einigkeit*; l'un eſt diſtingué par filon principal quoiqu'il ne produiſe dans la profondeur qu'une eſpece d'ardoiſe très-tendre, en partie friable, & un peu de quartz; l'autre partie eſt connue ſous la dénomination de branche du filon, qui à la profondeur actuelle eſt perpendiculaire, & produit abondamment du minérai très-riche : ces branches ſe font ſéparées pluſieurs fois en approfondiſſant, mais toujours du côté du nord & non de celui du midi, où elles font quelquefois éloignées l'une de l'autre depuis 2 juſqu'à 6 toiſes.

Cette mine a produit dans le dernier quartier 100 livres de bénéfice par action; la reine y eſt intéreſſée pour les deux tiers.

Machines à
moulettes.

§. VI. La machine à moulettes avec laquelle on éleve les minérais au jour, eſt la même que celle qui eſt conſtruite à la mine d'*Einigkeit* (*). Sur la mine de *Hüber* dans le même diſtrict eſt une autre machine à moulettes agiſſant par l'eau, dont la conſ-

(*) *Voyez* la
pl. XI.

truction est à peu près semblable à celle qui est représentée sur la planche **XX**, mais beaucoup mieux exécutée (*).

La petite roue avec laquelle on arrête le mouvement de la grande est mieux entendue; car elle la presse également dans tous les sens, ce qui occasionne moins d'effort à la machine & donne plus d'aisance à l'arrêter. Le tambour ou treuil sur lequel s'enveloppe la corde est très-bien fait; il représente deux cônes tronqués réunis par leur base, de façon que l'axe de la roue & du tambour se trouve être la perpendiculaire commune aux cônes, mais qui devient une ligne horisontale par la position dudit tambour, qui dans son milieu où se fait la réunion des bases des cônes, a 10 pieds de diametre, & à leurs extrémités ou sommets 5 pieds & demi seulement; de maniere que le bras de levier se trouve plus long dans des momens que dans d'autres, ce qui est nécessaire pour donner l'égalité du mouvement à la machine; car que nous supposions une tonne pleine de minérais au fond du puits & une autre vide dans le haut, toutes deux attachées à la corde qui est enveloppée sur chacun des cônes, & que l'on fasse agir la machine, la corde qui éleve la tonne commence à s'envelopper au sommet du cône, alors le bras de levier de la puissance est plus long, il faut donc moins de force pour la faire mouvoir; mais à chaque instant le bras de levier s'accourcit ou plutôt le rayon du treuil ou de la lanterne augmente, puisque la corde s'enveloppe sur le cône en venant vers la base. Il ne faut pas plus de puissance, car le poids du sceau ou tonne, joint à celui de la corde, en descendant de l'autre côté du puits, tend à faire agir la machine, & seroit seul capable d'élever l'autre tonne lorsqu'elle a passé la distance où elle peut faire équilibre; c'est ce dont on s'apperçoit aux machines à moulettes à chevaux, où l'on est obligé d'attacher au bras de levier pendant un tems un traîneau chargé de pierres, pour faire résistance au poids de la corde & de la tonne. L'uniformité du mouvement de cette machine fait qu'elle dépense moins d'eau.

(*) *Voyez* la pl. **XXV**, fig. 1, 2, 3, & l'explication.

Au deſſus de la roue eſt un réſervoir ſoutenu par un plancher qui a 7 à 8 pieds en quarré ſur 5 de profondeur ; il eſt conſtruit en planches bien jointes, & diviſé dans ſon intérieur par une grille de bois deſtinée à retenir les morceaux de bois, & les graviers que l'eau pourroit y amener, qui empêcheroient que les bondes ou vannes ne puſſent ſe fermer exactement, ce qui dérangeroit le mouvement de la machine. De chacune des deux vannes part un canal dans un ſens oppoſé pour porter ſur la roue qui eſt double ; on tient le réſervoir toujours plein, afin que quand on ouvre une vanne, la vîteſſe & la quantité d'eau ſoient plus conſidérable, pour déterminer la roue à agir tout à coup dans le ſens & du côté qu'on le deſire ; ces vannes s'ouvrent d'en bas comme à la machine de *Lorentz gégen trüm.*

Cette machine éleve de 67 toiſes de profondeur, communément 80 tonnes toutes les 8 heures, & même juſqu'à 100 ſi on veut la forcer avec beaucoup d'eau ; elle eſt en général bien conſtruite & très-avantageuſe, quand on a une ſuffiſante quantité d'eau pour la faire mouvoir.

Comme il arrive quelquefois en été & même en hiver que l'eau manque, on y ſupplée par une autre que des chevaux font mouvoir (*), à laquelle les moulettes de la premiere ſervent ; on ne fait que les détourner.

(*) Pl. XI, fig. 1 & 2.

S E C T I O N V.

Du travail des bocards & des laveries à Joachimſthal.

§. 1. Les bocards different de ceux de Freyberg, en ce qu'il n'y a point de grille à la caiſſe des pilons, & que cette caiſſe eſt toujours remplie d'eau & de minérai, juſqu'à la hauteur de deux pieds, où eſt placé un canal par lequel s'écoule l'eau chargée de minérai. On prétend que celui-ci eſt pilé plus également par l'agitation continuelle qu'il reçoit ſous les pilons, dans la caiſſe qui eſt ici beaucoup plus étroite ; les pilons d'ailleurs ſont moins peſans de 5 à 6 pouces d'équarriſſage, & armés de 60 livres de fer.

A chacun des trois pilons il y a également une caiſſe ou eſpece de trémie mobile, qui par la ſecouſſe qu'elle reçoit de leur mouvement laiſſe tomber le minérai que l'on y met pour être pilé ; ſon inclinaiſon eſt de 15 degrés.

Les canaux où ſe dépoſe le minérai à la ſortie des pilons, ce qui forme le labyrinthe, ſont placés par gradation, c'eſt-à-dire, que les deux premiers qui ſont enſemble, pour en faire remplir un pendant que l'autre ſe vide, ſont plus élevés que les deux ſuivans de toute leur hauteur & ainſi de ſuite. A l'extrémité de chacun de ces canaux, on met des petits morceaux que l'on place les uns ſur les autres à meſure que chaque canal ſe remplit ; ils ont environ demi-pouce en quarré ; par exemple, on en met un, & lorſque le canal ſe trouve plein à cette hauteur de demi-pouce, on en place un autre, afin qu'il ne ſéjourne pas trop d'eau dans chacun d'eux, & que dans les premiers il ne s'y dépoſe pas du minérai fin avec du gros, & que dans chacun il y ſoit ſuivant le degré de fineſſe qu'il a acquis ſous les pilons. Celui qui conduit le bocard, doit avoir la plus grande attention de mettre ces morceaux de bois à tems ; car s'il les plaçoit trop tôt, il ſe dépoſeroit du minérai fin dans les premiers canaux ; & s'il les mettoit trop tard, & que ces derniers par-là ſe trouvaſſent trop pleins, il arriveroit que le courant d'eau entraîneroit du gros minérai dans les canaux ſuivans. Cette ſéparation de chaque eſpece ſuivant ſon degré de fineſſe eſt très-eſſentielle pour le lavage ; car on proportionne la quantité d'eau & la pente des tables, à défaut de quoi ſi le fin eſt mêlé avec le gros, comme cela eſt inévitable dans les bocards ordinaires, il arrive que ce premier eſt entraîné par l'eau, & eſt entiérement perdu, tandis que le rocher reſte ſur la table.

§. II. Le lavage par répercuſſion que l'on a reconnu être le plus avantageux, ſoit par l'épargne de la main-d'œuvre, ſoit parce qu'il ſe perd moins de minérais, eſt le ſeul qui ſoit actuellement uſité à Joachimſthal : toutes les autres laveries ont été détruites (*).

Labyrinthe des bocards.

Laveries.

(*) *Voyez* pl. XXI, fig. 1, 2, 3, & l'explication.

On a donné 22 degrés & demi d'inclinaison à la partie supérieure des tables qui est fixe, & sur laquelle coule l'eau & le minérai, qui se distribuent sur toute son étendue par le moyen des petits morceaux de bois que l'on y met. Quant à celle des tables mobiles, on a égard à l'espece des minérais ; par exemple, pour celui qui est le plus gros 6 ou 7 degrés, pour le médiocre environ 4 degrés, & pour le plus fin que l'on nomme *schlam* 2, 3 jusqu'à 3 degrés & demi. La table où on lave ce dernier reçoit 23 secousses dans une minute, sans y comprendre celle qu'elle éprouve à chaque fois, lorsqu'elle retombe contre la piece de bois de derriere.

On emploie plus ou moins d'eau au lavage en raison de l'espece du minérai & de son degré de finesse, ce qui sert aussi de regle pour le nombre des morceaux de bois que l'on met pour diviser cette eau. Le plus grand est de 6 au plus de chaque côté pour le minérai le plus fin ; si on veut laver de cette espece, on le met dans une grande caisse placée au haut de la table, à laquelle est suspendue une palette de bois, soutenue par un axe en travers que mettent en mouvement des tirans & des balanciers : si c'est du gros minérai, on le jette dans la caisse de la partie supérieure, où il est entraîné par l'eau qui y tombe ; un seul ouvrier conduit ce lavage.

Le nombre des lavages ne peut se déterminer, cela dépend de la qualité des minérais ; quelques-uns ne sont lavés que deux fois, tels que ceux qui restent sur le haut des tables d'environ 2 pieds de largeur ; ce qui est au-dessous l'est encore une ou deux fois, & ce qui est entiérement dans le bas l'est encore davantage : on ne rejette en un mot que celui qui ne contient absolument rien.

S E C T I O N V I.

De la taxe des minérais ; de quelle maniere s'en fait la livraison,
& de leur fonte.

§. I. C'est à l'imitation de la Saxe que sa majesté l'impératrice a établi à Joachimsthal une fonderie royale, où toutes les compagnies des mines font obligées de livrer leurs minérais, aux prix fixés par les claffes fuivantes, telles qu'elles ont été arrêtées le 30 avril 1756.

La premiere comprend les minérais réfractaires qui demandent à être fondus avec des pyrites & du plomb; ils font payés fuivant le poids de Prague qui équivaut à 110 livres de Freyberg.

Combien le quintal de minérai de 100 livres, poids de Prague, doit tenir en argent.	Paiement de chaque lot d'argent.		
	liv.	fols.	den.
Depuis 1 lot jufqu'à $1\frac{3}{4}$		19	$4\frac{1}{2}$ 1re claffe.
Depuis 2 jufqu'à $2\frac{3}{4}$	1	2	6
Depuis 3 jufqu'à $3\frac{3}{4}$	1	9	2
Depuis 4 jufqu'à $5\frac{3}{4}$	1	13	9
Depuis 6 jufqu'à 8	1	16	8
Depuis $8\frac{1}{4}$ jufqu'à $8\frac{3}{4}$	1	18	4
Depuis 9 jufqu'à $11\frac{1}{4}$	2	1	8
Depuis 12 jufqu'à $14\frac{3}{4}$	2	4	2
Depuis 15 jufqu'à $17\frac{3}{4}$	2	6	8
Depuis 18 jufqu'à $24\frac{3}{4}$	2	7	11
Depuis 25 jufqu'à $63\frac{3}{4}$	2	10	5
Depuis 4 jufqu'à 18 marcs	2	11	8
Au-deffus de 18 marcs	2	13	4

On voit par cette claffe que le minérai eft moins payé qu'à Freyberg, quoiqu'en ce dernier endroit foient compris plufieurs droits, ainfi qu'il a été expliqué; ce qui eft différent à Joachimfthal où il n'y en a aucun de compris, par la retenue du dixieme ou du vingtieme que fait le tréforier fur le paiement des minérais, que l'on ne peut traiter auffi avantageufement qu'à Freyberg, parce qu'on n'en a pas affez de pauvres, ni affez de pyrites pour établir la fonte crue.

La feconde claffe comprend les minérais qui tiennent du plomb, de la pyrite & du cuivre, dont la richeffe eft moins grande que celle des claffes fuivantes. Le lot d'argent eft payé 3 f. 1 d. & demi de plus que celui de la premiere claffe; mais fi le minérai tient au-delà de 17 lots trois quarts, le paiement s'en fait comme il a été dit fans y ajouter les 3 f. 1 d. & demi, étant pour lors affez payé.

Combien le quintal de minérai doit tenir en argent.	Paiement de chaque lot d'argent.		
		liv. fols.	den.
2ᵉ claffe. Depuis 1 lot jufqu'à 1¾	1	2	6
Depuis 2 jufqu'à 2¾	1	5	7½
Depuis 3 jufqu'à 3¾	1	12	3½
Depuis 4 jufqu'à 5¾	1	16	10½
Depuis 6 jufqu'à 8¾	1	19	9½
Depuis 9 jufqu'à 11¾	2	3	1½
Depuis 12 jufqu'à 14¾	2	5	7½
Depuis 15 jufqu'à 17¾	2	8	1½

Dans la troifieme claffe font compris les minérais qui tiennent depuis 1 gros jufqu'à 1 lot d'argent par quintal, & qui font propres pour les additions; le quintal en eft payé comme il fuit.

Combien le quintal de minérai doit tenir en argent.	Paiement de chaque quintal de minérai.		
		liv. fols.	den.
3ᵉ claffe; Lorfqu'il tient 1 gros		12	6
Lorfqu'il tient 2 gros		15	
Lorfqu'il tient 3 gros	1	1	8
Lorfqu'il tient 1 lot	1	5	

La quatrieme claffe concerne les pyrites cuivreufes qui tiennent deux livres de cuivre raffiné par quintal. Lorfqu'elles ne tiennent point d'argent, le quintal en eft payé 1 liv. 2 den. & demi; fi elles en tiennent un peu & 2 livres de cuivre, le quintal eft payé fuivant la claffe fuivante.

Combien doit tenir en argent le quintal de minérai lorfqu'il tient deux livres de cuivre raffiné.	Paiement de chaque quintal de minérai.		
		liv. fols.	den.
4ᵉ claffe. Depuis 1 gros jufqu'à 1½	1	4	7
Depuis 2 jufqu'à 3	1	7	9
Depuis 4 jufqu'à 5	1	9	2

Mais fi la pyrite qui contient jufqu'à 5 gros d'argent tient plus de deux livres de cuivre, l'argent & les deux livres de cuivre

feront

feront payés comme il vient d'être dit, & l'excédent fuivant la taxe de la cinquieme claffe; ainfi fi la pyrite tient deux gros d'argent & trois livres de cuivre, le quintal en fera payé 1 liv. 11 f. 8 den., dont 1 liv. 7 f. 1 den. pour les deux gros d'argent, & 4 f. 7 den. pour la troifieme livre de cuivre.

Combien doit tenir en cuivre le quintal de minérai.	Paiement de chaque livre de cuivre rafiné.		
		fols.	den.
Depuis 3 livres jufqu'à 9		4	7	5ᵉ claffe.
Depuis 10 jufqu'à 14		6	3
Depuis 15 jufqu'à 20		7	1
Depuis 21 jufqu'à 26		7	11
Depuis 27 jufqu'à 32		8	9
Depuis 33 & au-deffus		10	

Si la pyrite cuivreufe tient un lot & demi d'argent & au-deffus, l'argent fera payé fuivant la taxe de la premiere claffe, & le cuivre fuivant celle de la précédente.

Dans la fixieme claffe font compris les minérais de plomb qui ne font pas réfractaires, & qui ne font pas unis à du cobolt, mais à du fpath ou autres matieres fufibles. Lorfque le quintal ne tient pas au-deffus de 28 livres de plomb, celui-ci n'eft pas payé, mais l'argent fuivant la taxe ci-après.

Combien doit tenir en argent le quintal de minérai lorfqu'il tient au-deffus de 28 livres de plomb.	Paiement de chaque lot d'argent.		
	liv.	fols.	den.
Lorfqu'il tient un demi-lot			2	6	6ᵉ claffe.
Lorfqu'il tient trois quarts de lot			5	
Depuis 1 lot jufqu'à $1\frac{1}{4}$	1	2	1
Depuis 2 jufqu'à $2\frac{3}{4}$	1	11	8
Depuis 3 jufqu'à $5\frac{1}{4}$	1	14	7
Depuis 6 jufqu'à $8\frac{1}{4}$	1	19	2
Depuis 9 jufqu'à $12\frac{3}{4}$	2	3	9
Depuis 13 jufqu'à $15\frac{1}{4}$	2	5	10
Depuis 16 lots & au-deffus	2	8	4

Lorfque la teneur en plomb excede 28 livres, chaque livre

d'excédent eſt payée 2 ſols & demi, indépendamment de l'argent ; cette taxe eſt beaucoup plus forte qu'à Freyberg, ce qui provient ſans doute de ce qu'on eſt obligé de tirer le plomb de l'étranger, mais ſur-tout de la différence des poids ; car l'on nous a aſſuré que le lot de Freyberg eſt beaucoup plus léger que celui de Prague.

Livraiſon des minérais.

§. II. Il y a une ſemaine fixée dans chaque quartier, pour la livraiſon & reconnoiſſance du poids des minérais, qui ſe font toujours en préſence du grand-maître mineur, du directeur & du contrôleur de la fonderie, du maître des journées & du maître mineur de la mine d'où provient le minérai, & auſſi de ceux des intéreſſés qui veulent y aſſiſter. On n'en peſe qu'un quintal à la fois ; la ſemaine ſuivante on prend les eſſais de ces minérais comme il ſuit.

Eſſais des minérais.

Si la livraiſon eſt conſidérable, par exemple, de 20 quintaux, ces eſſais ſe prennent à différentes repriſes ; de la moitié de cette quantité, on en fait une couche de 2 à 3 pouces d'épaiſſeur, de laquelle on en enleve environ deux quintaux, en les prenant par petites parties dans pluſieurs endroits de ladite couche, leſquels ſont mis à part pour être enſuite mêlés avec les deux autres quintaux, provenans de l'autre moitié de la livraiſon à laquelle on a procédé de même. De ces quatre quintaux on en forme une nouvelle couche, mais de moindre épaiſſeur & de laquelle on en prend environ 150 livres, que l'on étend encore ſur le même plancher, & que l'on réduit toujours de la même maniere à 15 livres, qui pour lors ſont miſes dans une grande *trog* ou ſébille de cuivre ; de ces 15 livres on en prend ſeulement une, que l'on met ſur une petite pelle pour la faire ſécher à un petit feu de charbon. On peſe de nouveau cette livre, & par la diminution qui s'y trouve, une regle de proportion donne la quantité d'eau qu'il y a dans la livraiſon entiere. Ce minérai ſéché eſt remis au juré pileur qui le pile autant de fois qu'il eſt néceſſaire, pour que le tout puiſſe paſſer au travers du tamis ; on procede de même pour la mine vitrée & l'argent natif s'il y en a. Le maître des montagnes ou *bergmeifter* & celui de la fonderie ont la plus grande attention à ce qu'il ne foit rien jetté dans le mortier qui pût rendre l'effai faux, & pour cet effet les affiftans doivent s'en tenir un peu éloignés.

On étend ce minérai bien pilé & tamifé dans une longue *trog* de cuivre, & après l'avoir bien mêlé on en prend avec une petite pelle de laiton dans plufieurs endroits, & de toute la livre on en forme cinq paquets, avec du papier que le maître de la fonderie marque de fon cachet ; & fur chacun d'eux on écrit d'où provient le minérai, le quartier où il a été livré & la quantité de la livrai- fon. Ils font enfuite diftribués, l'un au grand bailli des mines, un à la compagnie, un à l'effayeur de la reine, un au maître de la fonderie, & un au contrôleur. Ce font ces trois derniers qui pro- cedent chacun féparément à cet effai, dont ils portent le produit au premier bailliage des mines, lequel eft compofé du grand bailli, du *bergmeifter*, des jurés & de l'écrivain des mines ; c'eft dans cette affemblée qu'on pefe les trois régules dont on prend le tiers.

Si la compagnie croit que fon minérai eft plus riche, elle a la liberté de le faire effayer par tel effayeur qu'elle juge à propos ; & fi celui-ci y trouve plus de produit, elle en fait fes repréfenta- tions ; pour lors le grand bailli remet fon paquet aux trois mêmes effayeurs pour y procéder de nouveau ; & dans le cas où cette compagnie n'en eft pas encore fatisfaite, il eft ordonné de répéter ce qu'on a déjà fait en formant une nouvelle couche de toute la livraifon, de prendre & faire les effais comme il a été dit, aux produits defquels la compagnie doit fe tenir, quand même ils feroient moindres que les premiers. Ce que nous venons de dire doit être fait dans l'efpace de 15 jours après les premiers effais, au delà duquel tems on n'eft plus écouté fur les demandes qu'on pourroit faire à cet égard.

Lorfque le grand bailliage a décidé en dernier reffort de la teneur des minérais des différentes livraifons, il en envoie la note au maître de la fonderie, d'après laquelle, conjointement avec le contrôleur, ils en fixent le prix en fuivant la taxe contenue dans les claſſes que nous avons rapportées ci-deſſus, & pour lors ils en expédient des billets ou mandats à chaque compagnie, qui en reçoit le montant du tréſorier, déduction faite des droits de la reine.

La mine d'argent vîtrée ſe trouvant très-pure dans quelques mines de ce diſtrict, eſt caſſée & réduite en petits morceaux pour être livrée à la fonderie, où elle eſt fondue & traitée de la maniere ſuivante, en préſence des intéreſſés ou du maître des journées qui les repréſente.

Après avoir préparé un teſt ou coupelle ſemblable à celui dont on ſe ſert pour raffiner ou brûler l'argent, après l'avoir bien fait ſécher & chauffer, on y met 12 livres de plomb; & lorſque celui - ci eſt chaud & commence à travailler, on y introduit 6 ou 7 livres de minérai; on retire avec un petit crochet de fer les ſcories qui nagent ſur le bain, & dès que le plomb travaille de nouveau, on remet du minérai à pluſieurs repriſes, juſqu'à ce qu'il y en ait ſuffiſante quantité: elle eſt ordinairement de 12 à 15 livres pour 12 livres de plomb; on laiſſe enſuite affiner l'argent à ſon titre ordinaire, que l'on raffine ou brûle à celui de 11 deniers 21 à 22 grains, pour le livrer à la monnoie qui le paie à raiſon de 56 livres 10 den. le marc, poids de Vienne (1). Le *teſt* ayant retenu beaucoup de fin dans cette opération eſt caſſé en morceau, & eſt livré par la compagnie comme minérai, après que l'eſſai en a été fait.

§. III. Les fourneaux dont on ſe ſert ſont de l'eſpece de ceux que l'on nomme *courbes*, & qui ont été reconnus les meilleurs pour la fonte des mines de ce diſtrict, comme il ſera expliqué ci-après; ils ſont ſemblables à celui qui eſt repréſenté ſur la planche XXIX du Traité des fonderies de Schlutter, & n'en different que dans quelques parties que nous allons détailler.

Leur hauteur eſt de 4 pieds 1 pouce, ſur 2 pieds 8 pouces de profondeur & 2 pieds 3 pouces de largeur. Les tuyeres de fer

(1) Les 100 livres équivalent 110 livres, poids de Prague.

coulé font placées à 16 pouces au-deffus de la pierre d'encaiffement, & font inclinées d'un degré & demi en dedans des fourneaux,
& non horifontales comme le dit Schlutter. A chaque fourneau
il y a deux foufflets de bois fimple de 9 pieds 2 pouces de longueur,
fur 3 pieds de largeur, avec une inclinaifon de 10 degrés.

Le fourneau fe prépare avec une brafque légere compofée de
trois parties de pouffier de charbon fur une d'argille ; cette brafque
fe bat à l'ordinaire, comme il eft dit dans plufieurs Mémoires, &
en laiffant une trace depuis la tuyere, pour donner l'écoulement
à la matiere dans le baffin de l'avant-foyer.

§. IV. On ne connoît à Joachimfthal qu'une feule méthode de
fondre les minérais que l'on peut nommer fonte crue, ou fonte
par le plomb en même tems. Nous allons donner un exemple des
mélanges qui different à chaque fois, fuivant la nature des minérais. La durée de cette fonte eft toujours du lundi au famedi de
chaque femaine.

Sur un plancher pratiqué fur le fol de la fonderie, on étend fix
quintaux de minérais de diverfes efpeces, fur-tout de ceux de la
premiere claffe qui font réfraftaires, comme étant ceux dont on
livre une plus grande quantité, fur lefquels on met 4 quintaux de
litharge & de teft, 2 quintaux de fcories de fer, 4 quintaux de
matte grillée 5 fois, 60 à 70 livres de grenailles de fer, & par-
deffus une douzaine de quintaux de fcories, tant de celles ordinaires que de celles qui ont été pilées & lavées. Quant à la richeffe
des minérais qui entrent dans ce mêlange, on fait enforte que le
plomb qui doit provenir de cette fonte tienne au moins 2 ou 3
marcs d'argent par quintal ; fi les minérais font bien riches, il en
tient quelquefois jufqu'à 12.

Après avoir chargé le fourneau de fcories pour l'échauffer & y
former le nez, on commence toujours la fonte par celle des durillons ou *gefchür* & des *offenbrück* (1), d'environ 12, 16 jufqu'à

Fonte des
minérais.

____

(1) *Gefchür* & *offenbrück* font un compofé de mattes, de fcories, de blende qui fe ramaffent & fe durciffent, foit dans le baffin, foit contre les parois de l'intérieur du
fourneau.

24 quintaux, & enfuite 130 livres de plomb frais plus ou moins fuivant la richeffe du minérai, & par-deffus du mêlange ou la *fchicht* ou journée. Lorfque celle-ci eft achevée de fondre, ce qui arrive au bout de 10 à 12 heures, on fait la percée pour faire couler la matiere dans le baffin de réception ; auffi-tôt après on nétoie celui de l'avant-foyer & la trace, on en enleve les durillons ou *gefchür*, & on le répare avec de la brafque ; on charge enfuite du plomb frais comme il a été dit, & l'on continue la fonte avec un fecond mêlange à peu près femblable au premier. Lorfque la fonte va bien, on charge ordinairement toutes les demi-heures, & fur chaque panier de charbon de 10 à 11 livres, on met une *trog* du mêlange de 20 à 25 livres ; la charge eft de 5 paniers de charbon & de 10 *trogs* de minérais : le premier toujours fur le devant du fourneau & le minérai fur le derriere. On a grande attention qu'il n'y ait point de flamme ; lorfqu'il s'en éleve on l'éteint auffi-tôt avec un balai mouillé, & l'on fait aller doucement les foufflets.

Peu de tems après qu'on a fait la percée, on enleve environ deux doigts d'épaiffeur de mattes qui nagent à la furface du plomb ; ce font celles qui fervent d'addition après qu'elles ont été grillées ; on en retire auffi un peu de *fpeis* (1) qui fe trouve entr'elles & le plomb : on puife enfuite ce dernier avec une cuillier & on le verfe dans des moules ronds : ce plomb eft très-mauvais & de la plus grande difficulté à affiner. Si en fuivant la méthode de Freyberg on le laiffoit un peu refroidir, & que l'on écumât toutes les matieres qui s'élevent à la furface, ce qui facilite l'évaporation d'une partie de l'arfénic qui y eft contenu, on auroit un plomb bien plus pur. L'effai fe prend lorfque le baffin eft à moitié, en en verfant un peu dans un petit fcorificatoire.

Obfervations fur la fonte.

§. V. En général les minérais de ce diftrict contiennent une grande quantité d'arfénic, qui eft affez volatil pour entraîner avec lui de l'argent, ce qui eft prouvé par celui qui fe fublime dans les

____

(1) *Voyez* l'article 5 fuivant de cette Section.

voûtes des cheminées, qui tient pluſieurs lots. On a fait en conſéquence nombre d'épreuves pour appliquer à ces minérais la meilleure méthode de les traiter ; on a d'abord eſſayé de les rôtir
avant que de les fondre, mais on s'eſt bientôt apperçu d'une
diminution d'argent enlevé par l'arſénic : on a tenté encore de
les fondre dans des hauts fourneaux, mais inutilement, puiſque le
minérai reſtant trop long-tems expoſé à l'action du feu , l'arſénic
s'en volatiliſoit & enlevoit avec lui du fin , ce qui faiſoit le même
effet du grillage. On a enfin employé l'uſage des fourneaux courbes, comme la méthode reconnue pour être la plus avantageuſe ,
par les additions que l'on fait qui ſont des plus eſſentielles ; car ſi
l'on examine ces minérais, on verra qu'ils contiennent avec une
grande quantité d'arſénic, un peu de ſoufre, de la pierre cornée ,
très-peu de ſpath & de l'argent.

Par l'addition des ſcories de fer, on préſente un fondant qui en
même tems abſorbe un peu de ſoufre & d'arſénic, par le fer
même une matiere qui a une grande affinité avec eux , & qui ne
peut s'unir au plomb, qui de ſon côté a une très-grande analogie
avec l'argent ; on a donc l'avantage , en ſe ſervant des fourneaux
bas , de faire une prompte décompoſition du minérai, & d'expo-
ſer le moins de tems qu'il eſt poſſible à l'action du feu, le compoſé
d'argent & d'arſénic ; car auſſi-tôt que le mêlange arrive devant
le ſoufflet, une partie du fer des ſcories & de celui qui a été mis
en nature, s'unit à l'acide vitriolique du ſoufre, & ſe ſcorifie avec
un peu d'arſénic, une autre partie ſe mêle au ſoufre qui n'a pas été
décompoſé , & forme la matte avec du plomb, de l'argent &
quelquefois un peu de cuivre, & peut-être auſſi un peu de zinc &
de l'arſénic ; une autre partie enfin s'unit à la plus grande quantité de l'arſénic & forme du *ſpeis* ; par-là une grande partie de   *Speis*, ce que
l'argent ſe trouvant débarraſſé de l'arſénic, & ſous ſa forme mé-   c'eſt.
tallique rencontre le plomb auquel il s'unit & ſe précipite avec lui ;
ce qui s'accorde parfaitement avec les principes.

La précaution que l'on prend de faire agir les ſoufflets lentement,

& de ne point laiſſer élever la flamme dans la partie ſupérieure du fourneau eſt auſſi très-bonne, puiſqu'il ſe volatiliſe moins d'arſénic & qu'il eſt enlevé avec moins de force, & que d'un autre côté l'humidité que l'on entretient ſur le fourneau, retient la fumée d'arſénic qui s'attache en grande partie aux charbons.

§. VI. Les minérais & les mattes ſont grillés dans les mêmes fourneaux, de l'eſpece de ceux qui ſont murés de trois côtés, de 6 pieds de longueur ſur 8 pieds de largeur : ces premiers *ſtratum ſuper ſtratum*, avec bois & charbon en quantité de 60 à 80 quintaux, & ſeulement une fois, ce qui ſuffit & eſt très-convenable à ces minérais, ſur-tout quand ils ſont réduits en *ſchlick*. A l'égard des mattes on en fait ſeulement une couche de 40 à 50 quintaux, ſur un double lit de bois de corde, ce que l'on répete 4 à 5 fois juſqu'à ce qu'elles ſoient aſſez grillées.

§. VII. Toutes les ſcories provenantes des fontes, ſont, comme il a été dit, ajoutées au mêlange & refondues 2 & 3 fois; elles tiennent alors depuis un & demi juſqu'à deux gros d'argent par quintal; mais comme l'on ne veut perdre de cet argent que le moins poſſible, on a imaginé de le concentrer dans un plus petit volume par le pilage & le lavage.

Ces ſcories ayant été pilées de la même maniere que l'on agit pour les minérais, ſont lavées ſur des tables ſemblables à celles dont on ſe ſert pour le lavage par répercuſſion (*), avec cette différence que celle-ci ſont fixes; du reſte l'opération eſt la même. Les ſcories pilées ſe mettent de même dans la caiſſe au-deſſus de chaque table où il paſſe un courant d'eau qui les entraîne : l'eau s'y diviſe auſſi par le moyen des petits morceaux de bois; le plus léger eſt emporté hors de la table & eſt entiérement rejetté : quant à ce qui s'y eſt dépoſé que l'on évalue de 7 à 8 quintaux, on en fait deux eſpeces différentes que l'on met à part, pour les laver de nouveau ſéparément juſqu'à 3 ou 4 fois, ou plutôt juſqu'à ce que le quintal de ce *ſchlick* tienne 9 à 10 lots d'argent. Le contrôleur des fonderies étant chargé d'en faire l'eſſai, c'eſt lui

qui

(in margin)
Grillage des minérais de plomb & des mattes.

Pilage & lavage des ſcories.

(*) *Voyez* la pl. XXI, fig. 1, 2, 3.

qui regle les lavages. Ce *schlick* ajouté aux mêlanges tient lieu de scories, & procure le double avantage de servir de fondant & de donner une augmentation d'argent; il en résulte d'ailleurs très-peu de frais, puisque toutes les 24 heures, trois ouvriers peuvent piler & laver 24 quintaux de scories qui, réduits à 3, 4 ou 5 quintaux de *schlick* après le lavage, contiennent 24, 36 jusqu'à 48 gros d'argent. Il est assez particulier que cet argent qui est divisé à l'infini, vraisemblablement sous sa forme métallique, puisse par le lavage se séparer aisément d'une matiere vitrifiée; il y a lieu de croire qu'il y est enveloppé dans du plomb qui s'y trouve en grenailles.

§. VIII. Le fourneau d'affinage ne differe de celui de Freyberg, qu'en ce qu'il est rond avec un diametre de 7 pieds 7 pouces; & qu'on n'ajoute point de chaux aux cendres pour la préparation de la coupelle, qui en seroit bien meilleure, plus compacte & moins sujette à être attaquée & rongée par l'arsénic, qui, comme nous l'avons dit, est très-abondant dans les mines de ce district; & qui d'ailleurs enleve avec lui de l'argent, au point que ce que la fumée laisse aux murs du fourneau, tient de 5, 6 & 8 lots par quintal. C'est par cette raison, & pour remédier en partie à cet inconvénient, que pendant l'affinage on répand, sur le bain, du fer en grenailles qui tend à fixer l'arsénic, & qui dans le moment est converti en scories, qui coulent avec celles que l'on nomme *abstrichts* & les litharges, d'où il arrive que celles-ci sont toujours noires & que l'on n'en obtient jamais de rouges. On emploie environ 20 livres de fer en grenailles, pour affiner 40 à 42 quintaux de plomb ou œuvre.

Affinage de l'argent.

Par l'abondance de la fumée d'arsénic qui se volatilise & se répand sur toute la surface du bain, l'affineur ne peut voir ce qui s'y passe qu'en donnant un degré de feu violent; pour lors la matiere recevant moins le contact de l'air se volatilise moins, comme cela arrive pour la calcination des métaux, sur tout pour l'évaporation de l'antimoine; d'où il suit que le plomb prend un degré de vitrification plus considérable qu'il n'est besoin pour avoir de la

belle litharge, dont une grande partie ſe vitrifie entiérement, &
s'imbibe dans la coupelle juſqu'à 3 & 4 pouces d'épaiſſeur en
quelques endroits, laquelle retient auſſi beaucoup d'arſénic; de
cette façon le produit de la litharge eſt moindre, & par conſéquent
on a un plus grand déchet. Le maître de la fonderie prétend que
ſi on affinoit le plomb à une moindre chaleur, il ſe figeroit; ce
ſeroit dans ce cas une néceſſité qu'il faut attribuer à la mauvaiſe
qualité du plomb, ce qui exigeroit néanmoins qu'on cherchât à
s'en convaincre par l'expérience; car l'on ſait qu'un métal conſerve plus aiſément ſa chaleur lorſqu'il contient de l'arſénic.
A l'égard de la fumée qui dans cette opération incommode toujours les ouvriers, & les met quelquefois en danger d'être perclus
de leurs membres le reſte de leur vie, il eſt poſſible de trouver des
moyens de les en garantir en grande partie, en donnant au fourneau d'affinage une conſtruction différente. Feu mon frere m'avoit
fait part pluſieurs fois de ſes idées, & ayant trouvé dans ſes ma-
nuſcrits le projet de ce fourneau, je crois devoir le rappeller dans
cet Ouvrage pour y avoir recours, & ſervir de guide à ceux qui
voudroient entreprendre de remédier à cet inconvénient, ſauf les
changemens & les corrections, dont il pourroit être ſuſceptible (*) (1).

(*) *Voyez* la pl. XXVI. fig. 1, 2, 3, 4, 5, 6, & l'explication.

§. IX. L'argent ſe raffine ou ſe brûle dans des teſts, que l'on
met dans un fourneau ſemblable à celui qui eſt repréſenté ſur la
planche II, lettres G, H, I du Traité de Docimaſie de Schlutter;
où l'on trouvera décrit le détail de cette opération.

Raffiner ou brûler l'ar-gent.

Le produit en argent de l'année 1756, a été de 15701 marcs.

SECTION VII.

Diſtrict de Schnéeberg.

Mines de *Weiſſenhirſch* & de *Himmel farth.*

§. I. Dans ces deux mines profondes de 80 toiſes, on exploite
deux filons méridionaux paralleles, qui produiſent du biſmuth;

(1) Le projet de ce fourneau a été fait ſous deux points de vue; celui d'y affiner le
plomb, & l'autre pour ſervir au raffinage du cuivre: *voyez* l'explication des figures.

du très-bon cobolt & du quartz, & quelquefois dans la derniere,
de l'argent natif qui se trouve dans de petites cavités de quartz &
dans le cobolt même. Quoique les veines orientales & occiden-
tales ne donnent rien par elles - mêmes, elles sont néanmoins
bonnes & enrichissent les filons lorsqu'elles les rencontrent ; ceux
qui sont septentrionaux ne valent rien dans tout ce district.

§. II. Ces deux mines situées dans la même montagne des précédentes, mais dans la partie qui est exposée entre le nord & l'orient,
sont les seules de ce district qui fournissent le plus de bismuth, & du
beau cobolt : on y exploite trois filons occidentaux & un oriental
qui produisent principalement les premiers, dans une largeur de
une ou deux toises, quantité de quartz demi-transparent, dans
lequel se trouve de la pierre cornée, du bismuth & du très-beau
cobolt. Le quartz extrait de la mine, se vend aux fabriques d'azur
à raison de 9 s. 4 d. & demi le quintal.

Les eaux de ces mines sont écoulées par différentes galeries, &
élevées par des machines hydrauliques, semblables à celles que
nous avons déjà décrites ; on y voit aussi plusieurs puits maçonnés comme à Freyberg, §. III, Sect. XII, Mémoire IXᵉ.

§. III. Les minérais de cobolt sont traités de même qu'à Annaberg en pilant à sec les meilleurs, & les plus pauvres à l'eau, &
lavés dans un *schlem graben* & sur une table. Le plus riche & le
plus pur est trié & réduit en très-petits morceaux, pour être
livré aux fabriques d'azur ; on y emploie aussi le travail du crible.

§. IV. Pour séparer le bismuth de son minérai qui se trouve
assez abondamment avec le cobolt, on a des fourneaux à peu
près semblables à ceux dont on se sert pour la distillation du soufre,
planche XV du Traité des fonderies de Schlutter. On a substitué
aux tuyaux de terre, cinq tuyaux de fer pareils à des corps de
pompes de 4 pieds de long avec un diametre de 9 pouces, dont
les extrémités ressortent hors du fourneau, & sont portées sur les
murs en inclinant, & bouchées avec une brique luttée d'argile ;
on y a ménagé seulement un trou pour l'écoulement du bismuth,

*Mines de Ge-
sell schaffier
& de Michae-
ler maassen.*

Pilage & la-
vage des mi-
nérais.

Fonte du mi-
nérai de Bis-
muth.

T t t ij

qui eſt reçu dans une capſule de fer placée en deſſous, mais aſſez élevée pour que l'on puiſſe la chauffer pour maintenir ce demi-métal en fuſion; l'autre extrémité des tuyaux eſt fermée avec une porte de fer.

Lorſque ces tuyaux ſont placés en ordre, on y introduit par l'ouverture la plus élevée, 50 juſqu'à 75 livres de minérai de biſmuth ou de celui de cobolt qui en contienne réduit en petits morceaux; ils ſont auſſi-tôt rebouchés, & bientôt après on le voit couler par le petit trou de la brique dans la capſule, d'où on le retire pour le verſer dans des lingotieres. Pendant le cours de la fonte on a ſoin de remuer le minérai, afin que le biſmuth ne ſoit point arrêté, & toutes les demi-heures on enleve le minérai pour en remettre du nouveau, ce qui ſe continue juſqu'à ce qu'on ait employé tout celui que l'on a en proviſion : ce minérai après cette fonte retient encore du biſmuth & quantité de cobolt, qu'on livre aux fabriques comme cobolt, qui après l'eſſai ſe vend de 34 à 37 liv. 10 ſ. le quintal. Le biſmuth ſe livre en nature à chaque actionnaire ſuivant ſon intérêt; ſon prix ordinaire eſt d'environ 20 ſols la livre.

On fait tant de myſtere en Saxe & en Bohême de toutes les opérations qui concernent le cobolt, que ce n'eſt qu'avec une permiſſion particuliere que nous avons viſité les deux dernieres mines, & que nous avons pu avoir accès dans les différentes fabriques d'azur dont nous allons rendre compte.

SECTION VIII.

Fabrique d'azur de Joachimſthal *en Bohême.*

Taxe des cobolts.

§. I. Depuis quelques années ſa majeſté a envoyé à Joachimſthal, une taxe qui fixe le prix de tout le minérai de cobolt qui s'extrait en Bohême, depuis 20 juſqu'à 48 liv. 15 ſ. le quintal, ſur laquelle tous les entrepreneurs de fabriques nationaux ou étrangers doivent ſe régler; car il eſt permis d'exporter le cobolt, ce qui eſt défendu en Saxe ſous peine de punition corporelle.

A cet envoi font joints fix échantillons différens de couleur bleue ou azur, fur chacun defquels eft marqué ledit prix; ce verre ou couleur bleue eft pilé groffiérement, & renfermé dans des papiers bien cachetés, qu'on dépofe dans la chambre du confeil pour y avoir recours lorfqu'on veut faire la taxe.

§. II. L'ufage pour les effais eft d'ajouter à chaque quintal de minérai, trois quintaux de caillou ou quartz que l'on nomme auffi *Kifelftein*; & fur le produit de chaque effai que l'infpecteur porte au confeil, on examine quelle eft la claffe dont il approche le plus, & on en détermine le prix; mais fi le verre eft d'une couleur bleue plus foncée que celle d'aucun des modeles ou échantillons, on procede à un nouvel effai avec addition d'une plus grande quantité de quartz de 6 ou 9 parties de plus, & on en compare le produit; s'il eft femblable à celui qui a été taxé à 30 liv. & que l'on ait ajouté 6 parties de quartz, le quintal fera payé 60 liv. & ainfi des autres par proportion.

§. III. On grille les minérais de cobolt dans un fourneau de réverbere, à peu de chofe près femblable à celui dont on fe fert à *Gayer* pour les minérais d'étain, & à celui dans lequel on calcine les pyrites à Freyberg: on y a de même adapté un grand canal en maçonnerie où fe dépofe la farine d'arfénic qui fe fublime (*). On n'y grille que 3 quintaux à la fois dans l'efpace de 2 ou 3 heures, ce qui dépend de la qualité du cobolt qui demande plus ou moins de calcination; pour ne pas perdre de la couleur on a foin de le remuer de tems à autre.

§. IV. Le fourneau deftiné à la fonte du cobolt, eft conftruit de maniere à recevoir dans fon intérieur quatre creufets qui contiennent le mélange (*): ces creufets d'une égale grandeur ont dans leur partie fupérieure 18 pouces 3 quarts de diametre, qui diminue dans le bas de 3 pouces, fur un pied de hauteur. A côté de ce fourneau, il y en a un autre à peu près femblable à celui d'un four de boulanger, où l'on fait rougir ces creufets avant que de les introduire dans le premier; c'eft alors qu'on y met le mélange

Effais des cobolts.

Grillage du cobolt.

(*) *Voyez* pl. XXIII, fig. 3 à 7, & l'explication.

Fonte du cobolt.
Fourneau.
(*) *Voyez* pl. XXVII, fig. 1 à 7, & l'explication.

pour la fonte, à laquelle on procede comme il fera expliqué dans la Section fuivante, où l'on détaillera également toutes les autres préparations fucceffives pour parvenir à faire de l'azur : nous nous bornerons dans celle-ci à quelques obfervations particulieres à cette fabrique.

On y emploie deux efpeces de quartz, l'une d'une roche quartzeufe & ferrugineufe qui, par fa nature, gâte la couleur, & dont la dureté met dans la néceffité de la griller avant de l'employer, tandis que le caillou que l'on ramaffe dans les rivieres, n'a befoin d'aucune préparation.

Dans la compofition du mêlange il n'y entre que du cobolt & de la potaffe calcinée, du caillou ou quartz pilé & féché, & un peu de la farine d'arfénic ; la quantité de la potaffe eft toujours la quatrieme partie de celle du minérai, qui revient de 20 à 22 liv. 10 f. le quintal, poids de Prague (1). Quant à celle du quartz on ne peut la déterminer, attendu la variété dans les efpeces de cobolt qui peuvent en fupporter plus ou moins ; c'eft ce que l'on étudie par les effais que l'on en fait. A ce mêlange on y ajoutoit anciennement du *fpeis* que l'on a entiérement fupprimé comme nuifible à la couleur.

§. V. Le produit annuel de cette fabrique eft d'environ 1000 quintaux d'azur de différentes qualités, pour lefquels on a employé de 200 à 250 quintaux minérai de cobolt, auxquels on a ajouté 3, 4, 5 & 6 parties de cailloux.

SECTION IX.

Fabrique d'azur de Platten en Bohême.

§. I. On procede au grillage du minérai de même qu'à Joachimfthal & dans un fourneau femblable (*), en obfervant de l'agiter ou de le remuer fouvent, ce qui dépend du plus ou moins d'arfénic & de foufre qu'il contient ; 3 ou 4 heures fuffifent ordinairement pour cette opération. L'habitude feule peut en

______

(1) Le poids équivaut à peu près le poids de marc.

déterminer le tems , jointe à la parfaite connoiffance qu'il faut avoir des minérais, puifqu'il y a des cobolts qui noirciffent & d'autres qui prennent une couleur plus claire ; s'ils font trop calcinés, ils font plus foibles en couleur, & conféquemment fup-portent moins de cailloux ; fi au contraire ils ne le font pas affez, ils n'ont point de couleur ou bien elle eft très-mauvaife.

Après ce grillage le cobolt eft pilé , tamifé & les qualités mifes à part féparément. On n'emploie que du caillou blanc qui eft pilé & lavé & que l'on fait fécher après ce lavage, & enfuite calciner dans l'endroit du fourneau qui lui eft deftiné. Il acquiert dans cette opération beaucoup plus de blancheur.

§. II. Le fourneau pour la fonte du cobolt eft le même que celui de Joachimfthal , mais d'une capacité plus grande puifqu'il y entre 6 creufets ; d'ailleurs il eft mal conftruit & fait inutilement une grande dépenfe en bois (*). Fourneau.

§. III. Les mélanges fe font dans une grande piece de bois creufée en forme de canal ; nous allons détailler un de ceux que nous avons vu faire. (*) Pl. XXVII.
fig. 1 à 7.
Mèlange de
la fonte.

    1 quintal de couleur impure (1), dont on forme une couche
        fur laquelle on étend

    1 quintal de cobolt grillé, pilé & tamifé.

    1 quintal de caillou calciné.

    1 *dit* de cobolt.

    1 *dit* de fable ou caillou.

    $\frac{1}{2}$ quintal de cobolt.

    1 quintal de fable ou caillou.

    1 quintal de potaffe calcinée.

    1 *dit* de fable ou caillou.

    1 *dit* de potaffe.

    1 *dit* de fable.

    $\frac{3}{4}$ de quintal & 6 livres de potaffe.

---

(1) C'eft celle qui eft dépofée dans les grands réfervoirs , ainfi qu'il eft expliqué à l'article 5 de cette Section.

1 quintal de fable ou caillou , & environ

40 livres de farine d'arfénic.

ce qui forme un total de 1271 livres, où il eft entré un quart de potaffe , fans y comprendre la couleur & l'arfénic.

Fonte des mélanges.

§. IV. Avant que de mettre les creufets dans le fourneau de fonte, on a la même précaution qu'à Joachimfthal, de les faire rougir dans un autre fourneau ; & auffi-tôt après qu'ils y ont été introduits, on les remplit du mêlange par les ouvertures ς (*) que l'on rebouche tout de fuite en partie; alors on fait un feu continuel pendant 8 heures , en remuant la matiere de tems à autre ; après ce tems les deux ouvriers qui conduifent cette fonte puifent le verre d'azur avec une cuiller , & le portent dans une grande caiffe où l'eau fe renouvelle fans ceffe. Les creufets ne font pas plutôt vides qu'on les remplit d'un nouveau mêlange, ce que l'on continue de fuite auffi long-tems que le fourneau peut le fupporter, à peu près 4 à 5 mois : s'il caffe un creufet, on y en introduit auffi-tôt un autre tout rouge ; & lorfqu'après 2 ou 3 jours l'on s'apperçoit que dans leur fond il s'eft précipité du *fpeis* , on ouvre la petite ouverture qui y eft pratiquée , pour la faire couler dans les baffins ς (*).

(*) *Voyez* la pl. XXVII , fig. 3.

(*) Fig. 2.

Quelques efpeces de cobolt demandent une fonte de 10 heures pour que la vitrification foit parfaite ; ce fourneau confomme de 20 à 25 mefures de bois par femaine (1) , ce qui eft exorbitant & à quoi l'on fe propofe de remédier en changeant la conftruction.

§. V. Le verre d'azur après ce premier lavage eft pilé groffiérement à fec, & tamifé de même à travers d'une grille de fer inclinée placée à côté du bocard; il eft enfuite broyé fous des meules ainfi que cela fe pratique à Joachimfthal. On a deux moulins femblables qu'une feule roue met en mouvement, & dont la conftruction ne differe de ceux à farine, qu'en ce que dans ces derniers la lanterne eft placée au-deffous de la meule , & que dans

Moulins à broyer le verre d'azur.

(1) Cette mefure eft de 110 pieds cubes.

ceux ci

ceux-ci elle eſt en deſſus. A l'arbre de la roue on a fixé deux rouets
de 4 pieds 8 pouces de diametre, armés chacun de 40 dents qui
engrennent dans deux lanternes verticales, dont l'axe traverſe la
meule ſupérieure de chaque moulin ; cette meule formée de deux
pieces aſſujetties par des barres de fer a 32 pouces de diametre,
ſur 11 pouces & demi d'épaiſſeur ; celle de deſſous de même
épaiſſeur eſt d'une ſeule piece ; toutes les deux ſont renfermées
dans une barique ou tonneau de 38 pouces 6 lignes de diametre,
& poſées de niveau, mais aſſez profondément pour que dans la
partie ſupérieure il reſte environ 8 à 9 pouces de vide en hauteur,
pour ſervir à retenir l'eau chargée d'azur, lorſqu'on ie met ſur le
moulin. Au bas dudit tonneau eſt une ouverture pour faire écouler la matiere quand elle eſt ſuffiſamment broyée, ce qui a lieu
après 6 heures de travail ; d'où elle eſt reçue dans un baquet pour
être portée dans une cuve, de la contenue d'environ une barique
& demie, que l'on remplit en même tems d'une eau bien claire ;
& à meſure que cette derniere arrive, un ouvrier muni d'une
grande ſpatule de bois agite rapidement la matiere pendant quelques minutes, qu'il laiſſe enſuite repoſer un peu. Bientôt après il y
adapte un long canal, pour communiquer à une cuve aſſez grande
pour contenir dix bariques ; il puiſe dans la premiere & verſe
dans le canal l'eau chargée d'azur : quand il ne reſte plus que
quelques pouces d'eau ſur le précipité qui s'eſt fait du plus groſſier
on ceſſe de puiſer, & l'on fait venir de la nouvelle eau fraîche dans
la petite cuve. On agite de nouveau la matiere, on la laiſſe repoſer
& on la fait couler dans une autre cuve ; ce verre d'azur alors eſt
plus groſſier que le premier, & paroît avec raiſon d'une couleur
plus foncée. A l'égard de celui qui s'eſt dépoſé au fond de la petite
cuve, il eſt de nouveau paſſé au moulin.

Lorſque les grandes cuves ſont pleines, & que l'on s'apperçoit
que la matiere s'eſt précipitée, on débouche l'ouverture de leur
fond pour en faire couler l'eau dans un grand réſervoir, où elle
acheve de dépoſer tout ce qu'elle tenoit encore ſuſpendu entre ſes

parties, qui n'eſt autre choſe qu'une mauvaiſe couleur chargée des impuretés qu'avoit le verre, & qui ſert toujours d'addition dans les mêlanges.

Tous les dépôts d'azur provenant des différentes cuves ſont portés dans une chambre chaude ou eſpece d'étuve, où on l'étend ſur des planches pour le faire ſécher ; & comme cette couleur s'endurcit beaucoup, on eſt dans la néceſſité de la piler & de la paſſer au travers d'un tamis de ſoie très-fin : ces tamis ſont placés & renfermés dans une grande caiſſe couverte, & à chacun d'eux eſt fixé un bâton ou manche aſſez long, pour que l'ouvrier puiſſe l'agiter & le mettre en mouvement ; ce qui ne peut paſſer au travers eſt mis à part pour être refondu, & ſervir d'addition aux mêlanges.

SECTION X.

Fabrique d'azur de Schnéeberg en Saxe.

Fabrique d'azur d'*Ober ſchlemm.*

§. I. Le prix du minérai de cobolt que le roi & les compagnies achetent pour leurs fabriques, a été réglé depuis 22 liv. 10 ſ. juſqu'à 45 liv. le quintal, ſuivant les eſpeces ; c'eſt toujours d'après l'eſſai qui en a été fait, qu'il eſt fixé dans le conſeil du maître des montagnes, en comparant les produits avec les échantillons. On n'ajoute dans cet eſſai qu'une partie de caillou ; mais comme l'on ne peut en obtenir qu'une couleur trop foncée, il eſt permis aux compagnies de faire une addition de caillou plus forte, & c'eſt de ce mêlange que l'on eſſaie ; d'où il réſulte qu'il y a du cobolt qui ſe paie quelquefois 90 juſqu'à 135 liv. le quintal, quoique la taxe n'excede pas 45 liv.

Dans le nombre des eſpeces de cobolts que l'on emploie dans cette fabrique, quelques-uns ſont dans le cas d'être calcinés & d'autres s'emploient cruds ; d'autres encore qui contiennent aſſez de quartz pour tenir lieu d'une plus grande quantité qu'on y ajouteroit : on ne ſe ſert de ce dernier que pour les moyennes couleurs.

Le quartz calciné en gros morceaux eſt enſuite pilé à l'eau, &

ramaffé pour être porté dans l'endroit du fourneau deftiné pour le faire fécher. Avant que de faire les mêlanges pour la fonte en grand, on procede toujours à des effais en petit des différentes efpeces, du réfultat defquels on regle les proportions pour obtenir les couleurs conformes aux échantillons, & c'eft de ces proportions dans les additions que les Saxons font le plus grand fecret. Nous nous contenterons d'obferver que l'on n'emploie que de la potaffe calcinée, dont la quantité varie à chaque fois ainfi que celle du quartz ; il entre auffi dans les mêlanges un peu de farine d'arfénic, & quelquefois du *fpeis.* L'arfénic, dit-on, fert moins à donner du verre qu'à aider la fufion, puifqu'en s'évaporant il fait des ouvertures au travers de celui qui fe forme à la furface, & qui fans lui empêcheroit la chaleur de pénétrer. La couleur qui refte fur ces tamis, la plus fine même, & celle qui fe dépofe dans les grands réfervoirs, entrent encore dans lefdits mêlanges.

§. II. Le grillage du minérai de cobolt fe fait dans un fourneau femblable à celui de Platten ; celui pour la fonte differe de celui qui eft ufité dans ce dernier endroit, & même de celui de Joachimfthal ; 1°. en ce qu'il eft mieux conftruit ; 2°. en ce que l'emplacement des creufets eft de forme ronde, & qu'il y en entre fix dans fa circonférence (*). La durée de la fonte eft ici de 8 heures, après lefquelles on retire le mêlange avec des cuillers pour le verfer dans une grande caiffe où l'eau fe renouvelle. Quand un creufet eft prefque entiérement puifé, on enleve du *fpeis* avec le verre & on le fait couler dans un moule de fer rond avant que de mettre le verre dans l'eau ; & comme il en fort une fumée purement arfénicale, on a foin de placer ce moule de maniere qu'elle puiffe enfiler la cheminée du fourneau : ils prennent auffi la précaution d'avoir un mouchoir devant la bouche pour s'en garantir ; du refte on procede comme à Joachimfthal pour la fuite du travail. Il n'y a qu'un ouvrier devant ce fourneau qui eft relevé toutes les 8 heures par un autre ; c'eft dans le moment qu'il puife la matiere qu'il vide trois creufets, & les remplit d'un nouveau mêlange.

(*) *Voyez* pl. XXVII, fig. 8, 9, 10 & 11, & l'explication.

La confommation du bois par chaque femaine n'excede pas 8 mefures & demie de 110 pieds cubes; le produit d'une fonte de
24 heures eft de 15 quintaux de verre d'azur, qui au fortir de
l'eau eft pilé & tamifé à fec comme à Platten, & enfuite broyé
fous des meules; il eft de même porté dans une étuve où on
l'étend fur des grands bancs, & où un ouvrier armé d'un petit
cylindre de bois le mêle bien en le roulant, ce qui l'empêche de
fe durcir en féchant.

Le fafflor ou faffre fe fait avec le meilleur cobolt que l'on pul-
vérife & que l'on fait griller pendant 5 ou 6 heures. On en
fabrique de quatre efpeces comme il eft dit dans Schlutter, &
environ 15 fortes de couleur bleue ou azur, qui fe vend depuis
37 liv. 10 f. jufqu'à 150 liv. le quintal, mais rarement de ce dernier; on n'en vend que fous la condition que l'on prenne trente
fois autant de couleur d'azur; par exemple, fi l'on veut un baril
de faffre, il faut acheter trente barils d'azur; cela eft ainfi arrangé
pour que l'on ne puiffe pas faire avec profit de la couleur bleue
avec ce même cobolt grillé nommé *faffre*.

On prétend que l'on n'a pas en Bohême du cobolt qui donne
une fi belle couleur que celui de Saxe, auffi l'azur y eft-il à plus
bas prix : il lui manque encore un point effentiel, c'eft de pouvoir
faire une couleur fi conforme à l'échantillon, que l'on ne puiffe
y appercevoir la moindre différence ; c'eft à quoi les Saxons
réuffiffent parfaitement, & dont ils font le plus grand fecret.

Lorfqu'on a une certaine quantité de *fpeis*, on fait une fonte
de tous les culots dans un des grands creufets où l'on refond le
verre ; ceux qui en proviennent font enfuite liquéfiés pour en
féparer le bifmuth. Quant à celui qui tient de l'argent, ils le con-
centrent par un procédé particulier dont on nous a fait myftere,
& le livrent enfuite à l'adminiftration générale des fonderies de
Freyberg.

Section XI.

Mines de mercure d'Ydria dans le Frioul.

§. I. La découverte de ces mines date de l'an 1497; elle fut faite par un berger du canton (car il n'y avoit pas d'autre espece d'habitans), qui ayant fait un vaisseau de bois, le plaça dans un petit ruisseau pour éprouver s'il tiendroit bien l'eau. Lorsqu'il revint le lendemain, il fut singuliérement étonné d'y trouver dans le fond du vif argent; il le porta à un apothicaire de la ville la plus voisine, qui lui en donna très-peu d'argent & lui dit de revenir; il continua pendant quelque tems ce commerce qui fut bientôt reconnu. Il se forma dès-lors une compagnie qui fit exploiter les mines jusques sous le regne de l'archiduc Charles d'Autriche qui lui-même en fit l'entreprise.

On ne travaille plus dans l'endroit où s'est fait la découverte, mais dans la colline opposée; on assure que tout y a été excavé, & il n'y a point de communication avec les anciens travaux.

§. II. On exploite dans ces mines quatre filons principaux peu distans les uns des autres & paralleles; ils sont plus ou moins inclinés du couchant au levant, & se dirigent entre 12 & 3 heures; ils ressemblent plutôt à des couches qu'à des filons; ils sont souvent dérangés dans leur direction par un rocher très-dur qui les coupe entiérement. Si au contraire le rocher est plus tendre qu'eux, le minérai se soutient & augmente en abondance & en richesse; mais celui qui l'accompagne ordinairement est un rocher d'ardoise dont on compte plusieurs especes, la moindre de couleur blanche contient du cinabre en feuilles; dans l'espece qui est noire & luisante souvent mêlée avec du cinabre, le minérai de mercure y est massif, & tient au moins 60 pour cent. On la trouve aussi avec du cinabre de couleur de brique, dont le quintal ne tient que 18 livres; il y a encore une espece d'ardoise très-dure qui contient de petits globules noirs & luisans, & qui ne rend qu'une ou deux livres par quintal, on la nomme *coral ertz* , mine de corail;

Découverte des mines.

le cinabre fe trouve encore dans de la pierre à chaux, efpece dont toutes les montagnes des environs font compofées, & qu'improprement l'on défigne par *hornftein* ou pierre cornée ; on le voit auffi avec le quartz & le fpath. Le meilleur minérai eft accompagné d'une ardoife noire très-friable, dont on voit découler le mercure vierge en travaillant, & fur-tout des rognons de pyrites lorfqu'on les caffe ; ce mercure coulant fe trouve également dans le quartz, la pyrite & l'ardoife unis enfemble, de même qué dans le minérai maffif & dans du cinabre ; quelquefois auffi ori rencontre dans ces mines du vrai charbon de terre, qui tient une ou deux livres de mercure par quintal ; il brûle de même & donne la même odeur.

Le rocher d'ardoife dont font compofés les filons, & celui de la montagne qui les renferme, font alumineux & vitrioliques ; on remarque dans la mine de l'alun de plume, & des ftalactites de vitriol bleu & verd. On a fait auffi par la leffive des effais des terres les plus vitrioliques qui ont donné un très-beau vitriol.

§. III. A l'embouchure de la galerie principale de cette mine, on a mis une porte de fer ou grille, que l'on tient exactement fermée lorfque les ouvriers font dans les travaux, & que l'on n'ouvre qu'à l'heure où ils doivent fortir. A une diftance de 130 toifes, on a conftruit dans cette galerie une chapelle où l'on dit la meffe les jours de grandes fêtes ; de là on arrive dans les ouvrages par des efcaliers en pierre de taille ; le paffage ainfi que la galerie font maçonnés à chaux & fable & voûtés en ovale. A différentes hauteurs on a formé des niches pour y mettre des figures de faints, fermées par une grille en fer : on defcend enfuite par des degrés de bois & plus bas avec des échelles. Ce n'eft que depuis environ vingt années que l'on a adopté la méthode de foutenir les travaux par une maçonnerie folide, avec d'autant plus de raifon que la mine eft très-difficile à boifer, & qu'il en coûte une dépenfe énorme en bois : d'ailleurs l'objet de ces travaux eft affez important ; on y compte environ 3 mille toifes de maçonnerie, & chaque année on en fait plufieurs toifes. La maniere de boifer eft la même qu'à Schemnitz; on fe propofe également de maçonner les puits.

Il y a fur cette mine deux puits principaux de 120 toifes de profondeur, & à 30 toifes de diftance l'un de l'autre, l'un oblique & l'autre perpendiculaire, par lefquels on fait l'extraction des minérais & on éleve les eaux; on y a établi deux machines hydrauliques & une à moulettes, femblable à celle qui eft exécutée à Freyberg (*).

(*) Pl. XX.

§. IV. L'infalubrité de l'air qui regne dans cette mine, fur-tout pendant l'été, & qui occafionne des tremblemens aux ouvriers, ne permet pas d'y travailler dans cette faifon. On extrait dans le refte de l'année la quantité fuffifante de minérai, pour livrer le nombre de quintaux de mercure qui eft fixé.

Les mineurs bleffés font traités aux frais de la reine, & fi l'un d'eux fe trouvoit perclus de fes membres, de façon à ne pouvoir plus travailler, on lui maintient fa paie.

§. V. Il n'y a qu'un feul bocard à 12 pilons pour y traiter tous les minérais pauvres, c'eft-à-dire, qui ne tiennent que 3 livres de mercure par quintal & au-deffous; les autres font triés & mis à part pour être diftillés. Il n'y a de différence dans le bocard de ceux de Schemnitz, qu'en ce que les caiffes des pilons y font moins profondes, & que les mantonnets qui les font agir font en fer d'un pouce d'épaiffeur; de cette façon l'arbre eft moins affoibli, & ils font plus avantageux, fur-tout fi on a affez d'eau; car il en faut un peu plus à caufe du frottement; le fol des caiffes des pilons eft auffi de fer, & leur intérieur doublé de plaques du même métal.

Bocard.

§. VI. On fe fert comme à Schemnitz des laveries par gradations (*) pour le minérai qui eft en petits morceaux, ce qui refte fur les grilles eft paffé par le travail du crible: ceux de moyenne groffeur font choifis fur des tables; on a également un labyrinthe au-deffous des laveries pour retenir le minérai fin, qui eft enfuite lavé fur des tables; celles-ci font plus ou moins inclinées fuivant

Laveries par gradations.
(*) Pl. XV, fig. 1, 2, 3, 4, 5.

le degré de fineffe ; celui qui fe dépofe dans les premieres caiffes du labyrinthe à la fortie des pilons , eft lavé fur une table parti-culiere qui a plus d'inclinaifon que les autres , & qui dans fa partie fupérieure a également une caiffe pour y recevoir le mi-nérai , & un petit canal de 4 à 5 pieds de long , fur 6 pouces de large & incliné , dans lequel il y a de diftance en diftance de petits linteaux de bois , pour arrêter la majeure partie du mercure vierge. Tout ce qui eft fur la table eft divifé en trois parties ; la premiere eft ce que l'on ramaffe dans le haut, qui eft le plus pefant & le meilleur ; il eft encore lavé deux fois : ce qui eft au milieu & dans le bas l'eft de nouveau trois fois. En prenant du pre-mier *fchlick* & le comparant avec ces derniers, on apperçoit une différence totale , tant par fa pefanteur que par fa couleur qui eft d'un rouge plus vif. Ce qui eft entraîné par l'eau eft reçu dans une caiffe au-deffous de la table ; fi le *fchlick* qui s'y dépofe tient encore du mercure, on le lave de nouveau ; celui du milieu lavé trois fois eft affez net , car il tient de 40 à 50 pour cent; d'ailleurs on rifqueroit d'en perdre davantage; car le cinabre fe pile extrêmement fin , & en partie nage fur l'eau comme une graiffe , raifon pour laquelle on doit avoir la plus grande atten-tion de ne pas donner trop d'inclinaifon ni trop d'eau aux laveries.

Produit.

§. VII. La quantité de mercure que l'on retire annuellement eft fixée à 3 mille quintaux ; il y a un marché fait avec la Hollande pour les lui livrer chaque année ; & pour ne pas manquer à cet engagement, on a toujours la provifion de deux années dans le magafin de Triefte. Le mercure fe tranfporte dans de la peau de bouc ou mouton préparé avec de l'alun, pour qu'il ne paffe pas au travers. Les peaux où on l'a renfermé font mifes dans de petits barils.

Prix du mer-cure.

Le prix du mercure en gros eft de 3 liv. 15 f. la livre , & de 5 liv. dans le détail, qu'il foit diftillé ou qu'il foit vierge ; de ce dernier la mine en fournit environ 100 quintaux.

§. VIII·

§. VIII. On fait à Ydria un grand fecret du travail des fonde- Fonderie.
ries, puifqu'on n'y laiffe approcher aucun étranger ; & quoique
nous nous y foyons trouvés dans le tems où l'on ne travailloit pas ,
il y avoit des fentinelles qui en défendoient l'entrée. L'on fait cependant que le fourneau a été conftruit depuis 8 à 9 années , par
ordre du comte Königffeg, qui en prit les deffeins & la defcription
dans les mémoires de l'académie royale des fciences de Paris (*) ; (*) Ann.
c'eft exactement le même , & on y fuit le même procédé qu'aux 1719, p. 349.
mines de mercure d'Almadene en Efpagne : nous avons appris que
l'intermede que l'on emploie pour obtenir le mercure eft la chaux.

§. IX. Pour retirer les 3000 quintaux on confomme annuellement mille toifes cubes de bois de corde. La dépenfe générale
des mines & des fonderies eft d'environ 200 mille livres ; &
du produit ci-deffus , il refte à l'impératrice un profit d'environ
un million de livres : ces mines occupent 500 ouvriers , à la tête
defquels il y a un directeur qui a le titre de confeiller.

SECTION XII.

Procédé des Hollandois pour faire le cinabre.

§. I. Nous ne pouvons rapporter de ce procédé que ce que l'on
nous en a dit, attendu le myftere que font les Hollandois dans
toutes leurs manufactures.

§. II. Quand on a mêlé par la trituration le mercure avec le foufre, on en met 4 à 5 quintaux dans un grand pot de grès fur lequel
on met un grand balon de verre, dont on réunit l'embouchure
qui eft de 8 à 10 pouces avec celle du pot. On fe fert d'une veffie
ou d'un parchemin, qui d'une part eft attachée au pot & de l'autre
au balon ; mais pour faciliter la fublimation on y fait des trous
d'épingle ; on a huit de ces pots à la fois dont chacun a fon fourneau. La diftillation fe fait à feu lent , & on retire le balon quand
on juge que le tout eft fublimé.

QUINZIEME MÉMOIRE.

Sur les mines de plomb d'Angleterre , leur fonte & l'affinage du plomb pour en extraire l'argent ; sur celles de plomb à crayons dans le comté de Cumberland, avec la description d'une mine de plomb du comté de Namur, suivie des procédés des Hollandois & des Anglois pour fabriquer la céruse, le blanc de plomb & le minium.

Années 1765 & 1766.

SECTION PREMIERE.

Mines de plomb de Léad - Hill *en Écosse.*

§. I. *LÉAD-HILL* eſt un village ſitué dans un vallon très-ſauvage & ſans culture à plus de quatre milles à la ronde, où l'on ne trouve que des bruyeres & de la tourbe ; il a été bâti par des gens employés aux mines, qui l'habitent en grande partie.

Droits régaliens.

§. II. Le terrain, avec le *royalty* ou droits régaliens, appartient au comte de Hopeton ; cette faveur fut accordée à ſes ancêtres par un roi d'Écoſſe, avec exemption de droits ſur tous les plombs qui proviendroient de ſes mines. Son arrondiſſement eſt diviſé en quatre parties ou diſtriĉts, dont trois ſont affermés à trois diffé-rentes compagnies ; le comte d'Hopeton fait exploiter le qua-trieme.

Tous les baux à ferme ſont de 20 ans, à la charge par les en-trepreneurs de donner au comte, le ſixieme ſaumon de plomb en nature, & d'entretenir non-ſeulement une ancienne galerie ouverte depuis 200 ans, mais encore de la continuer ou prolon-ger à meſure de l'avancement des ouvrages. La compagnie qui a fon diftrict dans la partie la plus baffe du vallon , eft celle à qui il en coûte le plus pour l'entretien de ladite galerie , mais auffi elle exploite l'endroit le plus riche du filon principal & des veines adjacentes.

S'il furvient quelques difficultés pour les limites , il y a un géometre qui mefure les ouvrages fouterrains , & qui détermine le point intérieur qui correfpond aux bornes extérieures ; mais pour plus de fûreté, on approfondit un puits perpendiculaire fur le point de jonction aux frais des deux compagnies , & le minérai que l'on en extrait fe partage par égale moitié ; ce puits fert de limites pour ce côté de l'arrondiffement. Le feigneur a un agent fur les lieux pour retirer fon droit , & veiller à l'exécution du traité.

On exploite auffi beaucoup de mines dans le duché de *Queenf-berry*, dont le feigneur jouit du même droit régalien.

§. III. On remarque particuliérement dans le vallon de *Léad-Hill*, le filon principal comme le plus abondant de tous ceux que l'on y exploite, d'où il fe détache fouvent des branches ou veines qui produifent communément du bon minérai; ce filon a fa direction du nord au fud, & fon inclinaifon dans le même fens que celle de la montagne qui eft expofée à l'*eft* ; cette pente approche beaucoup de la perpendiculaire. On compte encore nombre d'autres filons qui font très-bons & paralleles à ce premier , mais qui inclinent dans un fens contraire. L'efpece de rocher qui les accompagne & les renferme, eft un fchifte qui peut être mis dans le rang des ardoifes, & qui eft beaucoup plus tendre du côté du mur que de celui du toit.

§. IV. Le filon principal produit jufqu'à la plus grande profondeur où on l'exploite, de 100 pieds au-deffous de la galerie d'écoulement, du très-beau fpath, du minérai de plomb à larges facettes irrégulieres & cubiques (1), de la mine verte, de la noire,

_____

(1) Cette efpece eft la plus commune , & le fpath eft regardé comme le meilleur indice.

& de la blanche non cryftallifée, & de cette derniere en cryftaux blancs & très-friables ; cette efpece eft très-belle & extrêmement riche en plomb (1). J'ai vu exploiter ce filon fur une très-grande étendue, au moins de 4 pieds de largeur en minérai maffif, & l'on m'a affuré qu'il s'élargiffoit en approfondiffant, puifqu'à fa plus grande profondeur il en avoit 7. Ce filon eft un des plus riches qu'il y ait en Europe, je n'ai encore rien vu qui approche de cette abondance ; cependant il eft quelquefois coupé par la réunion du rocher du toit & de celui du mur, mais confervant toujours quelques petites veines. L'expérience a appris dans cette mine, à fuivre par préférence, celles qui fe dirigent du côté de l'*eft* ; & lorfque ces recherches ne répondent pas à l'efpérance des entrepreneurs, ce qui arrive néanmoins très-rarement, ils en font de nouvelles en pouffant des galeries de traverfe à droite & à gauche. On rencontre quelquefois dans le filon des cryftallifations de quartz mélés avec le minérai, mais celui-ci n'y eft jamais en abondance.

§. V. La méthode d'exploiter ces filons par des ouvrages en montant, que l'on trouve détaillée dans plufieurs de ces Mémoires eft très-bonne par elle-même & avantageufe ; mais on defireroit que la charpente, foit pour la formation des *caftes*, foit pour l'affemblage des bois & leur force, fût beaucoup mieux entendue : il en eft de même de celle des puits qui font très-mal conftruits, d'où il eft réfulté très-fouvent la perte de plufieurs ouvriers, occafionnée par des éboulemens. Le feul moyen que l'on met en ufage pour les prévenir, eft de boucher ces puits pendant l'hiver pour fupprimer le courant d'air. Un autre inconvénient qui forme un très-petit objet d'économie pour les entrepreneurs, c'eft que dans aucun des puits, il n'y a pas une échelle pour defcendre dans la mine, & qu'on eft obligé de s'attacher à la corde du treuil qui fert à élever le minérai, pour en faire la vifite, ce qui eft fort incommode & même très-dangereux, ainfi

Exploitation.

(1) Ce n'eft que depuis peu d'années que l'on tire parti de ce minérai ; on le rejettoit auparavant comme une efpece de fpath.

qu'il eſt prouvé par les accidens qui y arrivent, dont on a quelques exemples.

Tous les ouvrages en général de cette mine ſe donnent à prix-fait, pour excaver, extraire, caſſer, laver & fondre le minérai ; on leur fixe une ſomme par chaque tonne de plomb fondu & coulé en ſaumon (1), ce qui dépend de l'éloignement & de la ſituation des travaux ; par exemple, on paie 4 ſchlings pour extraire de certains endroits la quantité de minérai ſuffiſante pour avoir une tonne de plomb & le tranſporter au jour, & ainſi en proportion des autres ouvrages. Ces ouvriers ſont diviſés par compagnies ou entrepreneurs de 4 & de 8, qui travaillent deux à deux dans le même endroit & ſe relevent de 6 en 6 heures, pendant leſquelles chacun d'eux gagne au moins 14 pences (2).

§. VI. Sur des pierres larges placées les unes à côté des autres, ſur le penchant de la montagne, & jointes de façon qu'elles forment enſemble une eſpece de table longue, on caſſe le minérai avec de petites maſſes, & on en ſépare les qualités que l'on diſtingue par *galéne*, mine blanche, mine noire & mine verte ; chacune de ces eſpeces enſuite eſt paſſée au travail du crible (3). A l'égard du minérai que l'on extrait en petits morceaux, la ſéparation s'en fait par le lavage ; ce lavage conſiſte à faire paſſer un courant d'eau ſur ledit minérai, que l'on met ſur des planches aſſemblées ſur le terrain ; ce qui a beaucoup de rapport aux laveries angloiſes dont on fait uſage en baſſe Bretagne, mais on y opere avec beaucoup moins de ſoin qu'on ne le fait dans ce dernier endroit : ce qui ſort de ces laveries ou plutôt ce qui eſt entraîné par le courant d'eau, eſt reçu dans des grands foſſés où le plus fin ſe précipite ; celui-ci eſt enſuite lavé ſur des eſpeces de tables mal conſtruites & mal diſpoſées. Les bocards dont on fait très-peu d'uſage ſont compoſés de trois pilons ſuivant la méthode allemande, mais très-

Caſſeries & laveries.

(1) La tonne eſt de 21 quintaux.

(2) Les 14 pences égalent 27 à 28 ſols argent de France.

(3) *Voyez* les Mémoires qui donnent le détail de cette opération, & notamment le neuvieme, tome II.

mal faits de même que la caiffe & le canal : on n'y a pratiqué aucun labyrinthe, feulement de grands creux en terre pour recevoir ce qui en fort ; ce travail en un mot n'a rien de comparable aux foins que l'on prend en Allemagne pour ce genre d'opérations; d'ailleurs on perd beaucoup de minérais.

La reffemblance de la mine de plomb blanche avec le fpath qui eft auffi fort pefant, en rend la féparation très-difficile dans les laveries ; mais ce n'eft point un inconvénient, puifque ce fpath fert d'abforbant dans la fonte, & y tient lieu de chaux que l'on ajoute au minérai pur.

§. VII. Ces fourneaux font d'une conftruction particuliere ; chacun d'eux eft une efpece d'encaiffement formé avec des pieces ou plaques de fer coulé, adoffées à un mur fous une grande cheminée de 20 à 22 pouces en tout fens, tant en hauteur qu'en largeur & profondeur. A chacun des côtés font d'autres murs de foutien qui ne font pas plus élevés que le fourneau, dont le fol eft également formé avec une femblable plaque de fer; mais à celle-ci il y a un rebord d'un bon pouce, auquel on a fait une petite entaille ou échancrure, qui communique à un canal pratiqué dans une autre piece de fer coulé, placée en plan incliné devant le fourneau, qui m'a paru auffi longue & auffi large; & au – deffous dudit canal un pot de fer pour recevoir le plomb fondu. La tuyere eft à peu près à 8 pouces d'élévation au-deffus du fond, & le devant du fourneau ne fe ferme que jufqu'à cette hauteur, le furplus refte entiérement ouvert ; à chacun de ces fourneaux eft un foufflet double en cuir.

§. VIII. On procede à la fonte avec de la tourbe & du charbon de terre ; cette premiere doit être parfaitement féchée, alors on commence par en mettre 3 à 4 morceaux dans le fourneau, mais feulement devant le foufflet ; on le remplit enfuite avec du charbon de terre réduit à la groffeur d'une noix. Lorfque le tout eft allumé, on charge fur le charbon du minérai tel qu'il fort des cribles & des laveries, & par-deffus un peu de chaux fufée à l'air;

celle-ci avec le minérai & le charbon fe prennent enfemble , & forment un maffe que l'on remue de tems en tems avec des ringards de fer, ayant foin particuliérement de la tenir éloignée de la tuyere , en mettant entre deux quelques morceaux de tourbe , de maniere que le vent du foufflet frappe toujours immédiatement fur celle-ci & non fur le charbon. Peu à peu par l'agitation que l'on donne au minérai , la maffe diminue & le plomb fe raffemble dans le fond du fourneau ; on retire de tems en tems ladite maffe fur la plaque inclinée , pour en féparer les fcories que l'on enleve , & l'on repouffe le reftant de la maffe , fur laquelle on recharge du nouveau charbon , du minérai & de la chaux, & lorfque le petit réfervoir du fond du fourneau , formé par le rebord de la plaque eft plein , le plomb s'écoule par le canal & fe rend dans le pot de fer placé au-deffous , que l'on chauffe auparavant avec de la tourbe.

On conduit cette fonte de la même maniere pendant 5 heures, les fondeurs prétendent que s'ils la continuoient plus long-tems , le fourneau deviendroit trop chaud , & conféquemment que l'on courroit les rifques de vitrifier du plomb : ils arrêtent le fourneau fi le plomb en fort trop rouge ; ils difent que dans cette premiere fonte le minérai le plus riche leur rend jufqu'à 70 pour cent , & que pendant les 5 heures ils retirent une tonne de plomb ou 21 quintaux. J'ai d'autant plus de peine à croire ce rapport, que la fonte va très-lentement, & que la féparation fe fait très-mal, puifque les fcories en fortent extrêmement riches ; cela eft fi vrai , qu'elles tiennent encore 50 à 55 pour cent.

Lorfque la fonte eft finie on nétoie bien le fourneau , on le laiffe refroidir pendant 6 ou 7 heures, & l'on recommence comme il a été dit ; de forte qu'on fait communément deux fontes dans les 24 heures.

Pour donner de l'émulation aux fondeurs , on accorde des gratifications à ceux qui retirent du minérai au-delà du produit ordinaire ; de même il y a des amendes ou exclufion de l'ouvrage , pour ceux qui ont un produit de beaucoup au deſſous de ce que doit rendre le minérai.

Les ſcories provenans de la fonte ſont fondues dans les mêmes fourneaux, d'où on les retire plus vitrifiées, mais chargées de grenailles de plomb : on en fait la ſéparation par le pilage & le lavage.

Produit.

Cette mine produit deux mille tonnes de plomb chaque année, de 21 quintaux poids d'Amſterdam ; ce plomb s'exporte en Hollande.

Obſervation ſur la fonte.

§. IX. Quoique les procédés de la fonte me paroiſſent mal entendus, & qu'il réſulte une perte conſidérable en plomb, je ne ſaurois le condamner dans tous les points, puiſque le charbon leur coûte fort cher, & que la charge d'un cheval en tourbe ne leur revient qu'à 15 ou 16 ſols ; ce que je penſe qu'ils pourroient corriger & à très-peu de frais, ce ſeroit de ſupprimer le ſol de leur fourneau qui eſt en fer, pour lui en ſubſtituer un autre fait avec une braſque très-légere. Sur la queſtion que je leur ai faite, de ce qu'ils ne fondoient pas au fourneau de réverbere, comme cela ſe pratique dans pluſieurs endroits de l'Angleterre, ils m'ont répondu l'avoir éprouvé, mais que leur méthode leur étoit plus avantageuſe ; ce que j'ai bien de la peine à croire relativement au déchet du plomb : ſans doute ils ont mal fait leurs expériences.

SECTION II.

Mines de plomb de Rampgil *&* Coal-Cleugh *, dans les comtés de Cumberland & de Northumberland.*

§. I. Ces mines ſont ſituées à cinq milles du bourg d'Alſton, dans la partie que l'on nomme *Alſton Moore*, où l'on en exploite pluſieurs autres. Le droit régalien appartenoit autrefois au duc de Darenwater qui fut décapité dans la rébellion de 1716 ; les biens de ce ſeigneur qui étoient immenſes furent ſaiſis au profit du roi, qui par la ſuite en fit un don à l'hôpital des invalides pour les matelots ,

Droit régalien.

matelots; celui-ci a affermé les mines pour 21 ans à une compagnie, à la charge par elle de lui donner le cinquieme du minérai pur prêt à fondre. On en étoit au fecond bail qui fut renouvellé avant l'expiration du premier.

§. II. La compagnie qui fait travailler ces mines & que l'on nomme communément *quakers company*, parce que la plupart des actionnaires font *quakers*, eft la plus confidérable qu'il y ait en Angleterre ; non-feulement elle en fait exploiter dans le comté de Cumberland, mais encore dans celui de *Derbyshire*, & dans plufieurs autres provinces; chacun a la liberté d'y être intéreffé en achetant des actions ; on la nomme auffi *London company*, parce que la direction eft à Londres. Cette compagnie eft divifée en un très-grand nombre d'actions ; j'en ai vu une lifte ancienne où j'ai compté 171 intéreffés, qui prefque tous en ont plufieurs. La direction de Londres ou confeil eft compofée d'un gouverneur qui peut être regardé comme le préfident, d'un député du gouverneur, & de douze affiftans qui font élus par les intéreffés, en raifon du nombre d'actions qu'ils ont acquifes ; par exemple, il faut avoir cinq actions pour une voix, dix pour deux, quinze pour trois, & enfin vingt pour quatre & non au-deffus; car un intéreffé auroit cent actions qu'il ne peut pas avoir plus de quatre voix. La regle eft d'élire chaque année de nouveaux membres ; mais il eft rare qu'ils foient changés, ce font prefque toujours les mêmes : cette cour ou bureau de direction s'affemble une ou deux fois par femaine, dont les membres ont pour chaque féance une fomme prife fur la caiffe générale.

§. III. Le *royalty* que cette compagnie afferme eft d'une affez grande étendue, quoique celle-ci ne comprenne qu'une très-petite partie de Cumberland ; fes limites à cet endroit font les mêmes que celles qui féparent cette province de celle de Northumberland, & précifément le filon le plus confidérable fe trouve dans deux royalty différens, de maniere qu'il y a deux entreprifes formées, l'une qui appartient à la compagnie dont il a été parlé, & l'autre

Quakers company, ce que c'eft.

Combien il faut avoir d'actions pour une voix.

Deux royalty fur le même filon.

au feigneur de l'endroit qui jouit également du droit régalien , & qui exploite par lui-même. Par la fituation du filon ces deux exploitations ne peuvent fe nuire en aucune maniere ; comme il traverfe entiérement la montagne où il eft renfermé , fur une longueur de près de deux milles ; chacune des compagnies travaille fur un côté de ladite montagne. Les limites des royalty ont été anciennement réglées fous terre , ainfi qu'elles l'étoient à la furface , par un puits perpendiculaire fait aux frais des deux compagnies, & par une marque fur le rocher qui détermine l'étendue de chaque exploitation , de maniere qu'elles ne peuvent être dans le cas d'avoir la moindre difficulté. Quant au minérai qu'une compagnie pourroit voler à l'autre , chacune d'elle y a la plus grande attention, & il n'y a pas à préfumer qu'aucune voulût en courir le rifque ; car , comme on l'a dit ailleurs , il y a crime de félonie fuivant les loix (*).

§. IV. Toutes les montagnes d'*Alfton moore* & de fes environs font compofées de couches de rocher prefque horifontales, ayant feulement une très-petite inclinaifon au *nord-eft.*

Ces couches que l'on trouve répétées plufieurs fois, mais avec très-peu de différence, confiftent en pierre de fable ou grès , une efpece de fchifte noir qui fe décompofe à l'air, du charbon de terre, & de la pierre à chaux. Ces premieres font les plus multipliées, on en voit de très-minces, & les plus épaiffes font de 6 toifes ; leur efpece varie par la couleur, le grain & la dureté ; il en eft dont on pourroit faire des meules à aiguifer, d'autres qui fe taillent facilement propres à bâtir, quelques-unes qui fe délitent par feuilles, & d'autres enfin qui réfiftent au feu & qu'on nomme par cette raifon *pierre à feu.*

Le fchifte varie auffi par fa dureté, par fa couleur plus ou moins noire, & par la facilité que l'un a plus que l'autre de fe décompofer à l'air ; fes couches font en très-grand nombre, & en général très-minces ; on en remarque cependant une de onze toifes d'épaiffeur.

Limites.

(* *Voyez* les ordonnances, tome III.

Des montagnes & des différentes couches de rocher ; leur efpece.

L’espece de charbon qui forme une de ces couches que les Anglois nomment *crow-coal*, ne contient point de bitume, mais il est très-sulfureux, & très-propre pour brûler ou cuire la chaux ; il convient aussi pour les appartemens, parce qu’il maintient long-tems sa chaleur, & qu’il ne donne point de fumée. L’épaisseur de cette couche est tout au plus d’un pied, & conséquemment elle ne mérite pas les frais d’une exploitation réglée : on en extrait néanmoins dans trois de ces couches pour l’usage qui a été dit.

La quatrieme de ces couches est celle de pierre calcaire qui produit une excellente chaux ; celles-ci ne sont pas à beaucoup près aussi multipliées que celles de grès & de schiste, mais il y en a une qui a jusqu’à 10 toises d’épaisseur.

§. V. Ces couches telles qu’on vient de les décrire, sont traversées par des filons qui les coupent entiérement, dont la direction commune est de l’*est* à l’*ouest*, & qui inclinent un peu au *sud* ; cependant ils sont quelquefois presque perpendiculaires, & d’autres fois ils ont une inclinaison de 60 à 70 degrés. Ils varient dans leur produit suivant les différentes couches qu’ils traversent ; par exemple, c’est ordinairement dans la pierre à chaux qu’ils s’enrichissent ; ils sont aussi très-bons dans le grès, mais rarement donnent-ils du minérai dans le schiste.

§. VI. Une observation particuliere à ces filons, c’est que le minérai qu’ils contiennent ne touche pas immédiatement le rocher qu’ils traversent, mais un autre plus dur & plus compact qui l’accompagne, & qui ne participe de celui dans lequel il est renfermé que par la couleur qui en est très-distincte, & dont il prend le nom. Ce rocher qui avec le minérai compose le filon, se nomme en général *rider* ; il a un grain extrêmement serré, donne beaucoup de feu avec l’acier, & éclate lorsqu’on le fait rougir : on croit devoir le mettre au rang des pierres cornées.

Lorsque ces filons se trouvent dans des couches de pierre à chaux, il leur arrive assez souvent de former entre ses lits des

Y y y ij

Filons métalliques.

Dans quelle espece de rocher, les filons sont les meilleurs.

cavités qui font remplies de minérai pur, & d'autres fois de fpath fufible, coloré en jaune & en améthyfte, affectant communément des cryftaux en cubes, mais rarement du quartz, & fouvent de la blende & de la galêne cryftallifées, enveloppées de la pierre cornée.

Une autre obfervation bien finguliere, & qui peut fervir beaucoup au fyftême de la formation & de l'origine des filons, c'eft que lorfqu'ils font inclinés ou qu'ils s'éloignent de la perpendiculaire, ils dérangent totalement les couches dans leur pofition horifontale, & cela en raifon du plus ou moins de leur inclinaifon, c'eft-à-dire, que les couches du côté du toit & correfpondantes à celles du côté du mur, fe trouvent alors à des hauteurs différentes; par exemple, celle de pierre à chaux du côté du toit fe trouvera de plufieurs pieds plus baffe, que la même couche correfpondante qui eft au mur, de forte qu'à la même hauteur & fur le même horifon, le toit du filon fera de pierre à chaux, tandis que le mur fera du fchifte, &c. & ainfi des autres.

Ces obfervations peuvent être regardées comme des loix générales pour tous les filons & veines de ce diftrict, dont quelques-uns font remarquables par des particularités que l'on ne trouve pas dans les autres, ainfi que je l'ai obfervé dans un de ceux que l'on exploite à 3 milles de *Coal-Cleugh*, qui eft prefque perpendiculaire & qui ne produit que très-peu de minérai dans fa direction, foit en longueur, foit en profondeur; mais à l'endroit où il coupe la principale couche de pierre à chaux, il forme dans trois de fes lits différens, trois veines ou couches horifontales les unes au-deffus des autres, très-abondantes, qui s'étendent de plufieurs toifes de chaque côté, & qui annoncent une plus grande continuité, puifqu'il y a encore du minérai à l'extrémité de chacun des ouvrages; on n'extrait abfolument que les endroits les plus riches & les plus abondans, par les raifons que nous expliquerons ci-après.

Ce filon qui s'étend, comme il a été dit, dans différens lits de

pierre à chaux, conferve avec lui l'efpece de pierre cornée nommée *rider* qui accompagne le minérai, & qui forme très - fouvent des cavités, dont toutes les parois font tapiffées de fpath fufible
cryftallifé, communément coloré en jaune plus ou moins foncé ;
elles renferment auffi de la mine de plomb & de la blende cryftallifées, mais plus fréquemment elles font remplies d'une efpece
d'argille fablonneufe, qui enveloppe de très-gros morceaux de
galêne très-pure, & qui contient auffi du fpath fufible ; elle eft
regardée dans cette mine comme un très-bon indice.

§. VII. Après avoir parlé des généralités qui concernent les
filons des environs d'*Alfton Moore*, je crois à propos d'entrer
dans quelques détails de leur exploitation, & je prendrai pour
exemple le filon principal qui s'étend depuis *Rampgil* jufqu'à
Coal-Cleugh, & qui eft exploité par deux compagnies différentes
jufqu'à 100 toifes de profondeur. Indépendamment de ce filon
on en exploite un autre qui lui eft parallele, diftant du premier de
425 toifes ; l'un incline au nord, & le fecond eft perpendiculaire ;
tous les deux font très-riches & très-abondans, mais fur-tout le
premier dans la partie de *Rampgil* : il s'élargit dans certains endroits & produit plufieurs pieds jufqu'à deux toifes & plus en
minérai maffif.

Du côté de *Coal-Cleugh* on exploite encore un troifieme filon
que l'on nomme *petite veine*, à 80 toifes de diftance du principal
qui incline au fud ; de forte qu'ils forment deux plans inclinés, &
conféquemment doivent fe réunir dans la profondeur, mais à
une profondeur fi grande, qu'il n'y a pas à efpérer qu'on puiffe
jamais y parvenir.

§. VIII. Chacune de ces mines a des galeries pour en écouler
les eaux, mais avec beaucoup plus de facilité du côté de *Coal-*
Cleugh : la premiere que nous nommerons fupérieure a été faite
par une traverfe de 400 toifes de longueur jufqu'au filon principal, qui a même une profondeur de 60 toifes depuis le fommet
de la montagne ; la feconde plus longue eft encore de 33 toifes

plus bas, de forte qu'il ne reſte plus qu'environ 7 toiſes au-deſſous, d'où on éleve les eaux juſqu'à elle. Cette galerie cómmunique à la petite veine ou troiſieme filon, dont les ouvrages ſont encore plus profonds de 26 toiſes, ſur leſquels on a établi une petite machine hydraulique ; mais pour élever les eaux d'une plus grande profondeur, on eſt dans l'intention de profiter de celles qui paſſent en très-grande quantité dans la galerie ſupérieure, pour faire mouvoir une machine d'une nouvelle conſtruction, à laquelle celle à feu a donné lieu. On ſe propoſe d'avoir un cylindre ſemblable, mais au lieu de la colonne d'air de toute la hauteur de l'atmoſphere, on veut conduire ſur le piſton une très-grande colonne d'eau ; elle ne differera de celles des mines de Schemnitz en Hongrie, qu'en ce que dans cette derniere la colonne d'eau prend ſous le piſton (*) ; je prefererois ſans difficulté celle de Schemnitz, parce qu'elle eſt beaucoup moins ſujette à ſe déranger & à réparation.

§. IX. Lorſque les minérais & les déblais ont été élevés par pluſieurs puits des différentes profondeurs, ſoit à l'aide des treuils, ſoit par une machine à moulettes établie dans la mine, juſqu'au niveau de la galerie ſupérieure d'écoulement, elles ſont extraites au jour par cette même galerie, dans laquelle on a pratiqué un chemin ſemblable aux nouvelles routes, dont on fait uſage à Neucaſtle pour voiturer le charbon, & dans des mêmes chariots, avec cette différence, qu'au lieu de 4 pieds entre les deux pieces de bois ſur leſquelles roulent leſdits chariots, il n'y en a que deux, & que ceux-ci ſont plus petits & ſur-tout très-bas ; un ſeul cheval en conduit deux pleins de matieres (*). La galerie eſt prolongée fort avant dans le filon, même juſqu'aux limites des deux exploitations ; & comme la compagnie de Londres n'a pas dans ſa mine la même aiſance pour le tranſport de ſes déblais, elle paie à l'autre compagnie pour le paſſage, une ſomme fixée par chaque chariot.

§. X. Quoique le rocher ſoit aſſez ferme dans ces mines, & que par cette raiſon il en coûte peu pour les bois d'étançonnage, le peu

Machine.

(*) Voyez la pl. XIV.

Comment ſe fait l'extraction des minérais.

(*) Voy. la pl. V, fig. 1 à 6 du tome I.

Étançonnages.

de charpente qui eſt abſolument néceſſaire dans les puits, & dans quelques galeries, eſt auſſi mal entendue qu'à *Léad-Hill*; il y a même une négligence très - grande à cet égard: j'ai paſſé dans pluſieurs de ces galeries où les bois étoient pourris & caſſés, & menaçoient d'un danger évident.

On ne connoît point l'uſage des échelles pour deſcendre & remonter les puits.

§. XI. Ces mines dans pluſieurs endroits ſont très-dangereuſes pour le mauvais air, qui ne s'enflamme point à la vérité comme dans celles de charbons; mais il ſuffoque les ouvriers au point que s'ils ne ſont pas ſecourus promptement en les tranſportant dans un air frais, ils en périſſent; on a nombre d'exemples d'un ſemblable accident, mais je crois qu'on auroit pu les ſauver; car on en a vu conſerver de la chaleur dans pluſieurs parties de leur corps pendant deux & trois jours. Si les directeurs entendoient bien la théorie de la circulation de l'air dans les mines (*), il ſeroit facile de chaſſer ce mauvais air par des tuyaux de communication d'un ouvrage à l'autre; car il ne manque pas de ceux-ci, dont les embouchures extérieures different conſidérablement de hauteur, & beaucoup plus qu'il ne faut pour rompre l'équilibre des colonnes d'air.

§. XII. Tous les ouvriers en général travaillent à prix·fait par troupe de deux, quatre, ſix, huit, &c. On leur donne tant par toiſe pour les endroits où il n'y a pas du minérai, & pour ceux où il y en a, le prix eſt fixé pour chaque meſure que l'on nomme *bing* (1); ſur ce prix ils ſont tenus de ſe fournir les outils, la poudre, la lumiere, de trier le minérai & de le livrer prêt à être fondu. Les prix-faits ſe renouvellent ſeulement tous les trois mois, tems de beaucoup trop conſidérable, eu égard aux changemens qui peuvent ſurvenir au rocher & au filon, ce qui eſt toujours au déſavantage de l'entrepreneur; mais voici de quelle maniere il fait ſon calcul pour avoir toujours un bénéfice certain;

Mouffettes.

(*) *Voyez* le XVIe Mém., tome I.

Tous les ouvriers ſont à prix faits.

(1) Un *bing* eſt une meſure qui peſe 8 quintaux de 112 livres, poids d'Angleterre.

par exemple, pour un *bing* de minérai trié & lavé, la compagnie
de Londres paie depuis 8 fchlings jufqu'à 23 ou 25 au plus ; ce
dernier prix fe regle fur celui de la vente du plomb, & comme
ladite compagnie ne fond du minérai, qu'autant qu'il eft de la
même qualité & pureté, elle a calculé fon bénéfice en proportion, déduction faite du droit qu'elle paie à l'hôpital des invalides :
ce prix eft celui des fermiers. Le propriétaire du royalty de *Coal-
Cleugh* au contraire qui exploite par lui-même, paie 30 fchlings
de la même mefure au lieu de 23 ou 25 ; & comme il eft en même
tems fermier de plufieurs autres mines dans un autre diftrict, il a
deux prix différens.

Cet arrangement quoique profitable aux intéreffés, tend abfolument au défavantage de l'exploitation ; car l'on néglige d'extraire, & l'on remplit même de déblais des endroits où il y a du
minérai, fouvent meilleurs que la plupart des mines que l'on
exploite dans l'étranger ; j'en ai vu jetter dans le ruiffeau que l'on
regarderoit en Allemagne comme trop riche pour être traité par le
pilage & le lavage, & que l'on n'eftime pas en valoir la peine.
A plus forte raifon met-on au rebut tout celui qui eft à bocard ;
on ne fait pas ce que c'eft que ce moulin fi utile dans les travaux
des mines : il eft vrai qu'un fermier pourroit difficilement fe tirer
d'affaire avec un bocard en payant des droits, mais le propriétaire
d'un *royalty* qui fait exploiter à fes frais, pourroit s'en fervir
avantageufement.

De ces prix-faits mal entendus, il réfulte que les falaires des
ouvriers font fort fouvent beaucoup plus confidérables qu'il ne
conviendroit ; chacun d'eux gagne quelquefois dans trois mois de
travail, depuis 12 jufqu'à 40 livres fterlings, ce qui eft exorbitant. Les intéreffés difent à cela qu'il leur eft abfolument égal,
parce qu'ils ont fait leur calcul de maniere que le produit du
minérai eft toujours de 50 pour cent, même au-deffus & jamais
au-deffous, & que d'ailleurs cela fert d'encouragement ; cela peut
être vrai dans un fens, mais en général un ouvrier qui gagne

trop

trop eft rarement bon ouvrier ; il vaudroit beaucoup mieux que
cet argent fût employé à travailler dans des endroits regardés
comme trop pauvres pour mériter l'exploitation, ce qui pourrŏit
conduire à des découvertes.

Les mineurs en général ne font pas auffi bons que les Allemands,   Mauvais mi-
& même que la plupart de ceux que nous avons actuellement en   neurs.
France : ils ne s'étudient point à connoître la façon de placer les
coups de mine pour faire éclater le rocher de la maniere la plus
avantageufe; il fe fervent comme nous de petits forets pour percer,
mais avec cette différence qu'ils font toujours deux comme s'ils
travailloient avec des gros ; d'où il fuit qu'ils s'embarraffent l'un
& l'autre, fur-tout dans une galerie où un feul ouvrier feroit autant d'ouvrage.

§. XIII. On procede au triage, lavage & travail du crible de   Triage & la-
la même maniere qu'à *Léad-Hill*, mais encore avec beaucoup   vage du mi-
moins de précaution ; de forte que l'on perd quantité de miné-   nérai.
rai, indépendamment de celui que l'on jette au rebut. Nombre
de payfans en ramaffent pendant la belle faifon le long du
ruiffeau jufqu'à plufieurs milles au-deffous de la mine, le trient &
l'apportent à la compagnie qui l'achete.

§. XIV. On m'a dit que la compagnie de Londres qui exploite   Produit des
la partie de *Rampgil*, retiroit année commune de cette mine   mines.
6500 *bing* ou 52000 quintaux en minérai pur prêt à fondre, &
le propriétaire de celle de *Coal-Cleugh*, feulement 1500 *bing* ou
12000 quintaux de 112 livres.

§. XV. La fonte des minérais fe fait dans des fourneaux fem-   Fonte du
blables à ceux de *Léad-Hill*, & on fuit exactement le même   minérai.
procédé ; il n'y a de différence que dans celle des fcories que l'on
fond avec des *cinders* ou *coks*, dans une efpece de petit fourneau
courbe préparé avec de la brafque.

SECTION III.

Mines de plomb de Winfter *& de* Wirkf-worth *dans le comté de Derby.*

Couches de pierre à chaux.

§. I. Les montagnes où font renfermées ces mines font, ainfi que celles de plufieurs autres diftriêts dont il a été parlé, compofées par couches & principalement de celles de pierre à chaux, dont on voit prefque par-tout le rocher à découvert; & auffi d'une efpece de fchifte noir, dont communément il n'y en a qu'une feule, & qui eft fupérieure aux premieres fuivant les pofitions; celle-ci a été reconnue de 50 toifes d'épaiffeur dans quelques endroits : l'une & l'autre varient à cet égard de même que dans leur inclinaifon. Dans le diftriêt de *Winfter* on trouve au-deffous du premier lit de pierre à chaux, un rocher couleur

Toad-ftone, ce que c'eft.

de gris de fer fort pefant que l'on nomme *toad-ftone*, pierre de crapauds; on prétend & on le croit très-bonnement que l'on y a trouvé des crapauds qui y étoient renfermés tout vivans : quoiqu'un des maîtres-ouvriers m'ait dit en avoir vu un lui-même, je regarde la chofe comme très-fabuleufe.

Dénomination des filons & couches des mines de *Winf-ter*.

§. II. Les couches, veines ou filons que l'on exploite dans ces montagnes fe diftinguent en trois efpeces, *pipe-work*, *rake-work* & *flat-work* ; mais avant que de donner leur définition, il eft bon d'obferver que l'on ne trouve jamais du minérai dans un autre rocher que celui de pierre à chaux, où il eft renfermé avec différentes matieres minérales.

Pipe-work, ce que c'eft.

1°. Ce que l'on nomme *pipe* ou *pipe-work* a beaucoup de rapport au *flock-werck* des Allemands; il paroît que les *pipes* doivent leur origine à des cavités confidérables, mais irrégulieres, qui ont été formées dans le rocher de pierre à chaux, & qui ont été remplies en grande partie par des fubftances minérales. Ces *pipes* font ordinairement limitées par le roc; cependant il y a toujours de petites veines, branches ou filets qui le traverfent & conduifent fouvent à une autre *pipe*, par une direêtion horifontale ou perpendiculaire, de forte qu'il arrive affez communément que l'on a exploité ou que l'on exploite plufieurs *pipes* dans une même mine; quelquefois auffi elles fe communiquent entr'elles par des veines minérales très-abondantes : ces fortes de mines font ordinairement très-riches, mais fujettes à être abandonnées promptement; car lorfqu'on a extrait tout le minérai contenu dans une *pipe*, & qu'on a fait des recherches infructueufes pour en découvrir un autre, on fe rebute; d'où il arrive que ces anciens ouvrages font fouvent repris avec beaucoup de fuccès.

2°. On par entend *rake* ou *rake-work*, des matieres minérales qui fuivent une direction quelconque en longueur & profondeur; c'eft ce que nous nommons en général un filon. Il en eft qui participent des deux que l'on nomme *rake* & *pipe*; c'eft un filon réglé dans la direction duquel il fe trouve par intervalle des cavités très-confidérables remplies de minérai.

Rake-work, ce que c'eft.

3°. On nomme *flat-work* des couches minérales qui fe trouvent entre les lits de pierre à chaux, & qui s'étendent horifontalement en tout fens; c'eft ce que les Allemands défignent par *flötz*.

Flat-work, ce que c'eft.

§. III. Les couches de pierre à chaux qui renferment les veines minérales dans le diftrict de Winfter, où l'on exploite une très-grande quantité de mines de plomb, font un peu inclinées du côté du nord. Les *pipes* & les *rakes* fuivent à peu près une direction parallele du fud au nord; ces derniers coupent lefdites couches en angle droit, & le minérai dans les unes & dans les autres fe trouve prefque toujours dans des cavités irrégulieres, communément uni à du fpath fufible, très-rarement à du fpath calcaire, mais très-fouvent à une matiere blanche affez dure que je crois très-calcaire, & auffi à de l'argille : il y eft en morceaux plus ou moins gros, fi peu adhérent au rocher qu'il s'en détache très-aifément; on y trouve encore de la galêne, de la blende & du fpath fufible cryftallifés.

Inclinaifon & direction des couches.

Produit des couches.

§. IV. Ces mines font exploitées jufqu'à 100 toifes de profondeur perpendiculaire; les eaux qui y font très-abondantes font

Exploitation.

Zzz ij

élevées par plufieurs grandes machines à feu, qui fouvent ne fuffifent pas pour les épuifer, ainfi qu'il eft arrivé à une ancienne mine très-riche, & abandonnée par cette raifon depuis 26 ans, fur laquelle on avoit conftruit trois de ces machines pour élever les eaux feulement de 80 toifes ; on efpere cependant en reprendre les travaux, lorfque l'on aura achevé la galerie d'écoulement commencée depuis une quinzaine d'années, pour arriver au fond ; cette galerie fera de 1400 toifes de longueur.

La facilité qu'on a en Angleterre pour la conftruction des machines à feu, fait qu'on abufe communément de fon ufage, & qu'on les applique trop généralement par-tout où l'on a des eaux à élever, fans même confidérer les frais confidérables de leur entretien, fur-tout dans les mines dont on vient de rendre compte où le charbon eft fort cher. Il y a dans ces diftricts un petit ruiffeau, à l'aide duquel & des étangs que l'on conftruiroit, on pourroit établir des machines hydrauliques ; il y a auffi nombre d'endroits où l'on pourroit pratiquer des galeries d'écoulement.

§. V. Les mines de ce diftrict ont beaucoup de rapport avec celles de *Winfter*, mais on y voit très-peu de *pipes* ; les filons font prefque par-tout de l'efpece de ceux qu'on nomme *rakes*, & toujours dans la pierre à chaux, dont on ne connoît pas l'épaiffeur ; quelques-uns ont de trois, quatre jufqu'à cinq pieds de largeur, & produifent quantité de minérai pur. Leur direction commune eft de l'*eft* à l'*oueft*, ils font prefque perpendiculaires & un peu inclinés au nord ; on y remarque un nombre prodigieux de filons paralleles, à peu de diftance les uns des autres, fur plus d'un mille d'étendue ; il y en a encore plufieurs très-bons qui coupent les principaux, & qui au point de réunion donnent une très-grande abondance de minérais.

§. VI. Ces mines font auffi très-profondes, mais on en écoule les eaux par des galeries : on eft beaucoup plus dans cet ufage qu'à *Winfter*, car il n'y a pas une feule machine à feu dans ce diftrict.

Il n'y a rien de particulier dans le comté de Derby, pour la maniere d'extraire & de préparer le minérai propre à être vendu pour la fonte ; l'extraction s'en fait par plusieurs avec des machines à moulettes ; & le triage , en le cassant avec la masse pour le laver ensuite au crible. On n'est point en usage de le piler pour en faire la séparation , de maniere que celui qui seroit propre à ce travail est entiérement rejetté & par conséquent en pure perte , qui cependant n'est pas aussi considérable que dans les mines d'Écosse , ce que je crois devoir attribuer à la différence des droits que l'on paie dans ces provinces. Quant à la méthode d'exploiter, elle est la même ; tous les ouvriers font également à prix-faits que l'on renouvelle toutes les six semaines , ce qui est beaucoup mieux que dans le comté de Cumberland.

Le nombre des mines de plomb, riches & abondantes, que l'on exploite dans le comté de Derby est incroyable ; je suis très-persuadé qu'il n'y a pas une seule province en Europe d'où l'on retire une aussi grande quantité de plomb.

S E C T I O N   I V.

Fonte des minérais de plomb dans le comté de Derby & autres.

§. I. Les Anglois ont deux méthodes de fondre les minérais de plomb , l'une dans des fourneaux à soufflets, & la seconde dans ceux à réverbere ; ces premiers n'ont été construits que parce que les mines se trouvoient trop éloignées de celles de charbon , & l'on se sert toujours des autres lorsqu'elles font à portée de ces carrieres.

Les fourneaux à soufflets font semblables à ceux d'*Alston Moore* (*), mais bâtis avec une espece de pierre de grès , au lieu de plaques de fer ; ils ont environ un pied de profondeur au-dessus de la pierre de devant qui forme le plan incliné , de sorte qu'il y a toujours un bain de plomb considérable sur lequel nage la matiere. On ne fait point usage de la tourbe , mais de petits morceaux de bois que l'on met devant le soufflet toutes les 3 ou 4 minutes , & très-peu de charbon de terre ; rarement on mêle de la chaux

Fourneaux à soufflets.
(*) *Voyez* la Sect. 2, §. 1 3.

avec le minérai, le fpath qui y eft uni en tient lieu fans doute ; on ne travaille jamais que de jour, la fonte eft arrêtée pendant la nuit. Les ouvriers m'ont dit retirer de la journée 14 à 15 barres de plomb du poids de 150 liv., ce qui me paroît bien confidé-rable, fi cela eft vrai ; car par cette méthode il y a fûrement une perte en minérai, de celui qui eft enlevé par le vent des foufflets.

§. II. Les fcories qui proviennent de cette fonte font fondues avec du charbon réduit en *coaks*, dans un autre fourneau à peu près femblable au premier, mais dont la pierre de devant eft creufée de maniere qu'elle forme un baffin intérieur & extérieur, qui fe remplit auffi-tôt à mefure qu'elles fondent, & quand ce-lui-ci eft plein de plomb, on arrête la fonte pour le retirer : les nouvelles fcories qui en proviennent & que l'on enleve par-deffus, m'ont paru chargées encore de plomb vitrifié.

§. III. Les fourneaux de réverbere où l'on fond les minérais de plomb font conftruits comme ceux que nous avons en France (*), mais ils font du double plus larges & un peu plus longs ; ils font ifolés & ont trois portes de chaque côté pour remuer la matiere ; mais comme l'on ne pourroit pas chauffer également toute leur largeur intérieure qui eft de 7 pieds, on y a pratiqué deux ouver-tures pour la cheminée, divifées par un pilier d'un pied de large, & au-deffous defquelles il y a une porte en dehors. La chauffe eft de même, mais un peu plus élevée que le fol qui eft formé fur une voûte en briques, avec la même argille fur laquelle on fond les fcories qui proviennent de la fonte au fourneau courbe ; on prétend que ce fol dure autant que le fourneau : le baffin pour la percée eft placé fous la porte du milieu d'un des côtés, & l'on retire les fcories par les portes du côté oppofé.

Le minérai s'introduit à l'ordinaire dans le fourneau par la trémie qui eft au-deffus de la voûte, mais on n'en met que 18 à 20 quintaux au plus, ce qui eft peu de chofe relativement à fa capacité. De cette façon il préfente plus de furface & l'opération avance beaucoup plus ; car on affure qu'il ne faut pas plus de 8 heures pour cette opération qui ailleurs en exige 15. On y procede en commençant à donner pendant fix heures un feu doux que l'on augmente peu à peu , ayant foin de remuer fort fouvent le minérai , & d'y jetter de tems en tems quelques pellées de charbon de terre & de chaux vive éteinte à l'air. Au bout de 9 heures on fait la premiere coulée , la feconde 3 heures après , & la troifieme auffi 3 heures après la feconde ; on nétoie enfuite le fourneau en retirant les fcories , & on charge de nouveau minérai. Le bon minérai rend dans cette fonte les deux tiers de fon poids.

SECTION V.

De l'affinage du plomb pour en extraire l'argent.

§. I. Avant que d'entreprendre un affinage , on fait ordina're ment un effai du plomb pour connoître fa teneur en argent. A cet effet on coupe un morceau de chaque barre ou faumon, pour les fondre enfemble , & on en prend environ une livre réelle qui eft à peu près la pefanteur du poids fictif dont on fe fert , & qui repréfente un *fodder* (1). Le fourneau dont on fait ufage n'eft point une mouffle, mais un fourneau à vent auquel il y a une cheminée, & dans l'efpace qu'il y a entr'elle & lui , on a ménagé une place pour y mettre une grande coupelle d'effai que l'on y introduit, & que l'on en retire par une porte , dont l'ouverture fert pour voir le bain de plomb & ménager le degré de chaleur. Cette opération fe fait avec du charbon de terre , dont la flamme paffe fur la coupelle.

§. II. Le fourneau de coupelle dont on fe fert en Angleterre pour affiner le plomb, eft le même que l'on avoit en 1752 & 1753 aux mines de baffe Bretagne , & qui eft encore ufité dans celles de Pompean (*), avec la différence que l'on emploie ici du charbon de terre au lieu de fagot ; par conféquent on a changé la

Effai du plomb.

(*) *Voyez* la pl. XXVIII, fig. 1, 2, 3, 4, & 5 & l'explication.

(1) Un *fodder* pefe 21 quintaux de 112 livres.

porte ou ouverture de la chauffe qui n'a pas plus de 6 pouces en
quarré, & que l'on bouche à chaque fois avec du charbon que
l'on ne fait que pouffer fur la grille à mefure qu'il eft befoin pour
en mettre d'autre.

La coupelle eft entiérement faite avec des cendres d'os fans
aucun mêlange, bien tamifées & humectées, que l'on bat de la
maniere ordinaire dans le cercle ou ovale de fer.

Derriere le fourneau eft un feul foufflet de cuir double de 6 pieds
de longueur; le bout ou extrémité de fon tuyau eft plat & recourbé en dedans de la coupelle, pour que le vent foit toujours
dirigé fur le bain de plomb.

Lorfqu'on affine dans ce fourneau, le plomb ne s'ajoute pas
en faumons à côté du foufflet comme cela fe pratiquoit en baffe
Bretagne; fans doute que ceux-ci font trop gros; mais on le
fait fondre dans une marmite de fer, que l'on chauffe avec des
cinders, & dans laquelle on le puife pour le mettre fur la coupelle. Comme ce plomb eft très-pauvre puifqu'il ne contient
que 3 ou 4 gros de fin par quintal, on raffemble l'argent de trois
affinages pour le retirer en un feul gâteau.

§. III. Chaque affinage fe fait tout au plus de fept milliers de
plomb en 15 à 16 heures, & confomme 17 à 18 quintaux de
charbon; on ceffe lorfqu'on juge que la matiere reftante eft un
compofé de moitié plomb & moitié argent. On procede ainfi à
deux de la même maniere, toutes fois après avoir refait la coupelle;
ce n'eft que fur la fin du troifieme affinage que l'on ajoute les
gâteaux de plomb & argent des deux précédens; alors il s'agit
de pouffer l'opération & d'affiner l'argent auffi fin qu'il eft poffible,
c'eft-à-dire, au même point que ce que l'on appelle en Allemagne
brûler l'argent. Pour cet effet environ un quart d'heure avant la
fin de l'affinage, on jette quelques petits morceaux de bois dans
la chauffe, foit pour accélérer l'opération, foit auffi afin que l'on
puiffe mieux découvrir le bain pour en faire couler la litharge,
& qu'enfin l'on voie lorfque l'argent fait fon éclair & qu'il eft

affez

affez affiné : ce à quoi l'on ne pourroit parvenir avec le charbon de terre qui donne une fumée trop épaiffe ; c'eft la feule raifon qu'on allegue , car on affure que le charbon de terre n'aigrit pas l'argent , ce qui feroit d'ailleurs fort égal puifqu'il doit être refondu chez l'orfévre.

Lorfque l'affinage eft entiérement achevé , on ceffe de mettre du bois & du charbon dans la chauffe , & l'on arrête les foufflets ; on laiffe refroidir l'argent fans y verfer de l'eau , dans la crainte qu'elle ne le fît éclater attendu fon degré de fineffe ; car fans eau il bouillonne en refroidiffant , & s'éleve comme l'argent brûlé ou raffiné ; & auffi-tôt que le gâteau eft entiérement figé , on le retire pour le jetter dans l'eau , & enfuite le nétoyer pour en ôter la cendre.

On compte que par cette opération & celle de la révivification de la litharge, teft ou cendrée, il n'y a que 12 pour cent de perte ou déchet en plomb.

§. IV. Une partie de la litharge provenant de ces affinages , c'eft-à-dire , la plus belle eft vendue aux verreries de Neucaftle pour la compofition du verre blanc nommé *flint-glafs* ; fans doute elle tient lieu de minium. Le furplus, ainfi que la cendrée, fe révivifient dans le fourneau de réverbere (*) ; mais à celui-ci il n'y a point d'ouverture par-devant, feulement une marmite de fer qui fert de baffin de réception ; c'eft par la porte du côté de la cheminée que l'on y introduit la litharge, après l'avoir bien mêlée auparavant avec du charbon de terre pilé groffiérement, pour lui rendre fon phlogiftique ; c'eft auffi par la même ouverture que l'on remue la matiere, ce qui ne doit pas être à beaucoup près fuffifant. Quant au fol du fourneau, il fe prépare avec un lit de cendres d'os bien battues, fur lequel on en met un autre d'argille. Ces cendres fervent fans doute à recevoir l'humidité de l'argille ; je ne trouve pas d'autre raifon qui m'apprenne pourquoi on en fait ufage dans cette opération. On a ménagé à ce fol une pente du côté de la percée, qui refte toujours ouverte pour que

Revivifica-
tion de la li-
tharge.
(*, Pl. XX.

le plomb puiſſe couler continuellement dans le baſſin de réception ; mais ce qui m'a paru fort extraordinaire dans ce travail,
c'eſt que toutes les ſcories provenantes des révivifications, ſont
jettées à la riviere, ſans retirer le plomb qu'elles contiennent
encore en très-grande quantité.

On affine du plomb très-pauvre en argent.

§. V. Il paroîtra ſurprenant que l'on puiſſe affiner avec avantage
du plomb auſſi pauvre que celui dont on vient de parler ; mais
il faut obſerver que l'abondance & la richeſſe des mines de plomb
en Angleterre, y rendent ce métal à plus bas prix que dans
aucun autre endroit de l'Europe, puiſque le *fodder* de plomb ou
21 quintaux de 112 livres, ne ſe vend que 14 livres ſterlings, ce
qui égale 14 à 15 livres le quintal argent de France. Un des intéreſſés de cette fonderie m'a dit que lorſque les 21 quintaux contenoient un marc d'argent ou ſeulement 6 onces (1), on pouvoit affiner
le plomb avec avantage, au prix où il eſt actuellement ; car dans
la derniere guerre la même meſure ne s'eſt vendue que 10 à 12 livres ſterlings. Les entrepreneurs confiderent auſſi une conſommation plus certaine de leur plomb, ſoit par l'argent qu'ils en
retirent, ſoit par la litharge qu'ils vendent ; d'ailleurs la dépenſe
de l'affinage eſt un petit objet, le charbon y eſt à très-grand
marché, & deux ouvriers ſuffiſent pour cette opération.

SECTION VI.

Mine de plomb pour les crayons nommés Black-Lead *ou* Wad-Léad.

§. I. La fameuſe & je crois la ſeule mine connue en Europe
pour les bons crayons eſt celle de *Barrowdale*, ſituée dans les
montagnes les plus hautes du comté de Cumberland, à 10 à 12
milles de la ville de *Keſwick*, dans le diſtrict duquel on exploite
pluſieurs mines de plomb & de cuivre.

Nature des rochers.

Pour parvenir à cette mine on traverſe pluſieurs montagnes,
dont le rocher qui les compoſe eſt à peu près de même nature ; il

(1) La livre du poids pour l'argent eſt diviſée en 12 onces, de ſorte qu'on le
compte par once & non par marc.

eſt bleuâtre & foi mé d'une eſpece d'ardoiſe: on deſcend enſuite ſur un replat entourré d'autres montagnes, où l'on extrait une très-grande quantité de tourbes; c'eſt au revers d'une de ces montagnes fort élevée & inclinée au ſud, que ſe trouve le filon de mine de plomb à crayons, qui ſe dirige de même que le vallon du ſud-oueſt au nord-eſt, & a ſa pente au ſud-eſt.

§. II. Le rocher qui accompagne le filon qui forme le toit & le mur, & que j'ai vu au jour à découvert, eſt le même que celui des autres montagnes, de l'eſpece de l'ardoiſe, mais entre-mêlé de quartz, où l'on remarque dans quelques morceaux des taches vertes, & reſſemblant parfaitement à un indice de minérai de cuivre.

La ceſſation du travail de cette mine, par les raiſons qui feront détaillées ci-après, ne m'ayant pas permis d'en faire la viſite, je ne puis en rapporter que ce qui m'a été dit par un des *ſtewards* ou inſpecteurs.

Le filon quoique de 8 à 9 pieds de large & même plus, varie très-ſouvent dans ſon produit; le minérai y eſt mêlé, mais on a grand ſoin de trier le bon d'avec le mauvais; on nomme bon celui qui n'eſt ni trop dur ni trop tendre, & qui dans la caſſure eſt auſſi uni que ſi l'on coupoit du plomb fondu. Quelquefois il ſe paſſe beaucoup de tems, & l'on fait beaucoup d'ouvrages ſans en rencontrer de la bonne eſpece, & d'autres fois on en trouve tout à coup une très-grande quantité, comme cela eſt arrivé avant la ſuſpenſion de l'exploitation; on en tira en 48 heures pour environ trois mille livres ſterlings, tandis que depuis ſix mois que l'on y travailloit, on n'en avoit extrait que pour mille livres; de ſorte que la derniere vente qui fut faite ſe montoit à 4000 livres ſter-lings, à raiſon de 12 ſchelings la livre, mais ſous la condition de la part de l'acquéreur que la compagnie ceſſeroit le travail, & n'en extrairoit pas davantage avant 4 ans & demi, pour avoir le tems de le vendre & d'en maintenir le prix. Comme le terme de cette convention devoit finir au mois d'Avril 1765, ladite compagnie fe préparoit à ouvrir de nouveau cette mine, & à en recommencer l'exploitation. On n'y occupe que 8 ouvriers, avec fix furveillans ou efpece d'infpecteurs, qui ne les quittent ni le jour ni la nuit, & qui vifitent très-fouvent leurs poches crainte de vol.

Lors de la ceffation du travail, toutes les ouvertures furent comblées avec les déblais, & l'on eut fur-tout la précaution de jetter dans le fond le minérai de mauvaife qualité pour qu'il ne fût pas volé. Cette compagnie obtint en outre un acte du parlement, qui déclare que tous ceux qui iront fouiller dans les décombres pour en extraire de la mine de plomb, feront pourfuivis juridiquement comme pour le crime de félonie. Malgré cet acte il y a nombre de payfans qui en ramaffent, & la vendent pour en fabriquer des crayons communément mauvais, puifque leur intérieur n'eft rempli que de celle de mauvaife qualité qui a été mife dans les rebuts.

§. III. Cette mine eft dans le même cas des autres pour le *royalty* ou droit régalien.

SECTION VII.

Mine de plomb dans le comté de Namur.

§. I. Cette mine fituée près du village de *Védrin*, à trois quarts de lieue de Namur eft des plus importantes, & même très-particuliere : tous les rochers des environs de cette ville, ainfi que ceux de la montagne où eft renfermé le filon de plomb, font dif-

Efpece des rochers. — pofés par couches d'une pierre calcaire de couleur bleuâtre très-propre aux conftructions ; leur pofition approche beaucoup de la perpendiculaire, s'inclinant plus ou moins du côté du fud ; ces rochers font quelquefois des fauts, c'eft à-dire, que dans l'appro-

Direction du filon. — fondiffement les couches deviennent prefque horifontales. C'eft dans une de ces couches que fe trouve le filon qui par les ouvrages que l'on a faits fur la montagne, paroît avoir été reconnu fur une étendue de plus de 600 toifes de longueur, dans la direction du nord-eft au fud-oueft. Il eft le premier que nous ayons vu entre deux lits de pierre à chaux, qui du côté de fon mur fe change quelquefois en une marne, & d'autres fois du même rocher auffi dur que celui du toit.

§. II. Ce filon varie beaucoup dans fon épaiffeur, qui fouvent n'eft que d'un pied, & dans certains endroits de 18 & 20 pieds. Il confifte en une terre ocreufe, dans laquelle font enveloppés des rognons de minérai de plomb très-pur, ou galêne, fi peu adhérens entr'eux & à la terre martiale, qu'on peut les détacher facilement avec le pic & la maffe. On trouve dans le même filon de la pyrite martiale qui contient du minérai de plomb, & que l'on extrait pour en obtenir du foufre & du vitriol ; & à environ 150 ou 200 toifes au *nord-oueft*, on en exploite plufieurs autres à peu près de même efpece en minérai de fer qui lui font paralleles, mais dont les couches approchent plus de la ligne horifontale ; ce minérai eft une ocre jaune durcie qui quelquefois eft mêlé avec celui de plomb.

Produit du filon.

§. III. Le filon de cette mine eft peut-être un des plus faciles à exploiter & fur-tout avec peu de frais ; cependant le travail en eft mal entendu : voici comment on s'y prend.

Exploitation.

Sur le filon ou à côté on approfondit des puits perpendiculaires, éloignés les uns des autres de 50 à 60 toifes ; quelques-uns font très-grands, d'un quarré-long, & boifés depuis leur embouchure jufqu'à la profondeur actuelle de 50 toifes ; d'autres font petits, de forme ronde, & boifés avec des cerceaux de bois. Les ouvrages fouterrains que l'on fait en fuivant le filon fe communiquent rarement ; car quoique l'on faffe intérieurement des efpeces de galeries boifées pour le foutien des terres, on les bouche à mefure que l'on avance le travail, avec les déblais qui fe trouvent dans le minérai ; mais pour donner de l'air dans ces ouvrages & en écouler les eaux, on eft obligé de pratiquer de diftance en diftance des traverfes qui partent de la galerie d'écoulement, que l'on continue toujours dans le mur du filon ; du côté de l'*est*, cette galerie commencée en 1740, & dont l'embouchure est prise au bord de la Meuse, est au niveau de la profondeur actuelle. Il conviendroit beaucoup mieux de n'avoir qu'un ou deux puits principaux, sur lesquels on auroit construit des machines à moulettes pour élever les matieres au jour, qui auroient été conduites sous lesdits puits par des galeries de communication; on éviteroit certainement beaucoup de main-d'œuvre, puisque ceux que l'on a emploient à chaque treuil 3, 4 jusqu'à 5 ouvriers pour élever des tonnes qui ne pesent que 3 à 4 quintaux au plus.

§. IV. On ne fait d'autre triage des minérais extraits qu'en séparant les morceaux purs de la terre martiale ou ocre; ces premiers sont réduits à la grosseur d'une noix, & l'on traite la terre par le lavage dans un crible; ce qui passe au travers est ensuite lavé dans une laverie Angloise en l'agitant fortement avec l'eau. Nous pensons que le travail du bocard & des laveries, en suivant la méthode Allemande & Françoise, conviendroit beaucoup mieux à cette espece de minérai, dont les petits grains trop enveloppés par la terre ne peuvent être apperçus, & sont entraînés par l'eau ou jettés dans les déblais.

Fourneau. §. V. Il n'y a qu'un seul fourneau pour fondre les minérais, & c'est tout ce qui compose la fonderie; il est de l'espece de ceux qu'on nomme *courbes*, appuyé contre un mur, & au-dessus duquel il s'éleve une grande cheminée, entiérement fermée par-devant, mais isolée des deux côtés. A chacune de ces faces latérales, on a ménagé une percée, l'une supérieure pour faire couler les scories lorsqu'il y en a suffisamment de rassemblées dans le fourneau, & l'autre pour le plomb. On ne fait point du tout usage de brasque, soit pour la préparation intérieure, soit pour celle des bassins de réception; cette premiere & le bassin pour le plomb se fait avec des briques & de l'argille; celui qui est destiné à recevoir les scories est formé simplement avec la terre qui provient du lavage: la tuyere nous a paru être très-basse & fort inclinée.

Fonte du minéral. §. VI. La conduite de cette fonte est simple: on ne fait point ce qu'on appelle *fchicht* ou journée; fur un panier de charbon, on charge quelques pellées de minérai pur, & enfuite de celui qui a été lavé avec des fcories de fer fans aucune autre addition, & jamais de celles de la même fonte. On conçoit que ce minérai doit donner la plus grande partie du plomb qu'il contient, puifqu'on y ajoute un double abforbant du foufre, celui de la terre martiale qui l'accompagne & celui des fcories. Le fer y eft quelquefois fi abondant, qu'il fe précipite dans le fond du fourneau en maffe.

Avant que de couler le plomb en faumons, on en retire l'écume que l'on peut regarder comme une matte, pour la jetter dans le fourneau.

Deux ouvriers conduifent cette fonte pendant 24 heures & font relevés par deux autres, & ainfi de fuite jufqu'au famedi foir, que l'on répare le fourneau pour recommencer le lundi fuivant : ces ouvriers de même que ceux des laveries retirent 5 liv. 10 f. par chaque millier de plomb coulé en faumons, à la charge par eux de fe fournir le charbon, mais fans leur pefer le minérai. On ignore abfolument combien il rend par quintal.

§. VII. Suivant le rapport qu'on nous a fait du produit d'une femaine, qui eft de 120 jufqu'à 140 faumons du poids de 150 livre; l'objet annuel eft de plus de 600 milliers de plomb, ce qui eft bien confidérable pour n'occuper que 80 à 100 ouvriers.

§. VIII. Ces mines paient à l'impératrice reine de Hongrie, pour fon droit régalien, le fixieme du plomb en nature, en confidération de quoi elle fournit gratis tous les bois néceffaires à leur exploitation. Malgré un droit auffi fort, les intéreffés y gagnent encore beaucoup. Il conviendroit mieux que ce droit fût plus modique, & que fa majefté obligeât les entrepreneurs à travailler plus en regle qu'ils ne le font, pour affurer une exploitation durable. Ces mines en un mot ont été fi abondantes, que les droits régaliens étoient anciennement fixés au tiers du produit; leur réduction date depuis l'entreprife de la galerie d'écoulement. Indépendamment de ces droits , les entrepreneurs paient encore le dixieme du minérai en nature aux propriétaires des fonds fous lefquels ils travaillent; de forte que ceux-ci deviennent intéreffés , & entrent dans les frais d'exploitation.

SECTION VIII.

Art de fabriquer la cérufe & le blanc de plomb (1).

§. I. Les fabriques de cérufe, de minium , de cinabre, de fublimé , de fel de faturne, la purification du camphre & du borax, la diftillation de l'huile de térébenthine & autres, font autant de branches de commerce , dont les Hollandois & les Anglois font , pour ainfi dire, les feuls poffeffeurs.

Dans le nombre de ces préparations, celle du plomb pour en faire de la cérufe n'eft pas la moins importante , & mérite d'autant plus notre attention, que nous n'avons en France aucune fabrique de ce genre qui puiffe être comparée à celles qu'ils ont chez eux. La feule en exiftence & qui, je crois, eft l'unique, eft celle de Grenoble dont le travail n'eft que momentané : je citerai à cette occafion le projet d'un pareil établiffement formé par le fieur Jolinger, Baron d'Efpuler, & autorifé par un arrêt du confeil du 15 Janvier 1765, qui lui donne la permiffion de fabriquer, pendant 10 ans à Paris & au lieu qui lui feroit indiqué par le lieutenant général de police, du blanc de cérufe, du minium, du cinabre, &c. avec la faculté de les vendre & débiter dans toute l'étendue du royaume, &c. ; mais cet établiffement n'a point eu lieu , & quels que foient les motifs qui en ont empêché l'exécution , j'obferverai que, quoique très-inftruit des principes fur lefquels font fondés ces divers procédés , on eft fouvent arrêté parce qu'on ne l'eft pas affez de certaines pratiques particulieres , que je regarde comme très - effentielles au fuccès de toute entreprife de cette nature.

Du fecret & du myftere que les Hollandois font de ces prépa-

______
(1) Cet article eft de MM. Jars freres.

rations,

rations, naît la difficulté de pénétrer dans leurs fabriques, & conféquemment l'impoſſibilité d'en connoître les détails ; aſſez heureux cependant d'avoir été admis dans une de celles de Rotterdam & dans une autre à Amſterdam, où l'on fait de la céruſe, je me ſuis appliqué à en ſuivre toutes les opérations.

Quoique ce procédé ſoit décrit par pluſieurs auteurs, & que même il ait été publié dans les cahiers des arts & métiers de l'académie royale des ſciences, il m'a paru laiſſer quelque choſe à deſirer & ſuſceptible d'une plus grande extenſion dans les détails ; je crois donc devoir y ſuppléer en détaillant celui qui eſt en uſage en Hollande & en Angleterre ; nous ſavons d'ailleurs qu'au grand déſavantage de notre commerce, nous ſommes obligés d'avoir recours aux étrangers, pour nous procurer une matiere dont la conſommation eſt immenſe. Pourquoi donc avec les mêmes connoiſſances ne profiterions-nous pas de ces mêmes avantages en gagnant cette main-d'œuvre ?

C'eſt ſous ce point de vue, Meſſieurs, celui du progrès des arts & le deſir d'être utile à ma patrie, que j'ai l'honneur de vous faire part de mes obſervations, & de celles que j'ai recueillies avec feu mon frere.

Je commencerai par rendre compte de ce qui ſe pratique en Hollande, & terminerai ce Mémoire par un précis de ce qui peut différer dans le procédé qu'on ſuit en Angleterre.

§. II. La céruſe & le blanc de plomb ſont toujours le même produit du plomb, eſpece de chaux ou rouille de ce métal corrodé par l'acide du vinaigre réduit en vapeurs. On ne les diſtingue dans les arts que parce que le blanc de plomb eſt pur, & que la céruſe eſt un mêlange de celui-ci, avec une quantité plus ou moins grande de craie qui en augmente ou diminue le prix, ſuivant qu'il en eſt plus ou moins chargé ; ce mêlange néanmoins n'eſt point eſſentiel à ſa compoſition. Le prix du blanc de plomb en écailles eſt de 12 florins & demi le quintal, & celui de la céruſe

Tome II. B b b b

depuis 8 & demi jufqu'à 12 florins fuivant fa qualité ; plus on y ajoute de la craie, plus elle eft fujette à jaunir.

Le plomb dont les Hollandois fe fervent pour cette fabrication vient d'Angleterre en faumons ou lingots du poids de 250 livres ; ils le fondent dans une chaudiere de fer coulé, avec celui qui a été féparé de la cérufe, & le coulent en feuilles ou lames qui, en préfentant plus de furface, le mettent en état d'être attaqué plus promptement par l'acide du vinaigre.

Cette chaudiere, avec un diametre de 3 pieds & demi fur 18 pouces de profondeur, eft fixée par une maçonnerie de briques, dans laquelle on a ménagé par-deffous une grille, un cendrier & une cheminée du côté oppofé : on y fait ufage du charbon de terre.

Lorfque le plomb eft fondu, fans avoir d'autre chaleur que celle qui eft néceffaire pour le tenir en fufion, on le coule dans des moules de fer battu ou tôle, dont la forme eft platte & d'un quarré-long d'environ 2 pieds, fur 4 à 5 pouces de largeur, avec un rebord de deux lignes, & un manche en bois à chacune de leurs extrémités. On a trois de ces moules à cet ufage, qui font rangés les uns à côté des autres, fur des tréteaux de 3 pieds de hauteur, & placés exactement de niveau pour éviter l'inégalité que la moindre inclinaifon occafionneroit dans les feuilles.

Un des deux ouvriers qui font employés à cette premiere opération, puife du plomb dans la chaudiere avec une cuiller de fer, d'une capacité fuffifante à contenir affez de métal pour couler trois feuilles à la fois ; il verfe dans le moule le plus éloigné de lui que je nommerai le premier, le tiers du plomb en commençant par l'extrémité à fa gauche, & revenant vîte jufqu'à l'autre extrémité à fa droite, de maniere qu'il couvre toute la furface intérieure d'une lame de plomb très-mince, à peu près égale en épaiffeur dans toute fon étendue ; il en fait autant au fecond & troifieme moule. Le métal eft bientôt refroidi & figé, alors chacun des ouvriers prend le premier moule par les manches, & le renverfant fur une planche mobile qui eft placée à côté, ils en font détacher la lame de plomb ; ils agiffent de même en mettant par-deffus celles du fecond & troifieme, & portent enfuite les trois feuilles fur d'autres planches deftinées à les recevoir, où elles font amoncelées. Ils recommencent à en former de nouvelles, & à procéder comme il vient d'être dit.

Les ouvriers ne trempent jamais les moules dans l'eau pour les refroidir, parce que, difent-ils, le plomb ne s'y attache que lorf-qu'il eft trop chaud ; & fi le cas arrive, ils ont attention de ralentir le feu fous la chaudiere. Lorfque la furface du bain de plomb eft trop chargée de craffes ou chaux métalliques, on les enleve avec une écumoire pour être mifes à part & refondues en lingots; ainfi l'on ne perd que le déchet ordinaire que fait ce mé-tal à chaque fois qu'il eft mis en fufion. A mefure qu'il diminue dans la chaudiere, on y introduit un nouveau faumon, ce qui peut contribuer encore à refroidir le bain s'il étoit trop chaud.

Les lames de plomb ne font point d'une égale épaiffeur ; on en a de deux efpeces, celle du plus grand nombre eft d'une demi-ligne, les autres d'un bon tiers de plus. L'habitude fait que l'ouvrier ne fe trompe point dans ces proportions; par la fuite du procédé on verra l'emploi des unes & des autres.

§. III. Ces feuilles ou lames de plomb font expofées à la vapeur de l'acide du vinaigre dans des pots ou efpece de creufets, faits d'une terre commune rouge dans la caffure, & verniffés en dedans, plus ouverts dans le haut que dans le bas, & de 7 à 8 pouces de hau-teur, leur plus grand diametre eft de 4 à 5 pouces. Pour retenir le plomb & l'empêcher de tomber au fond des pots, on y affu-jettit un peu au-deffus du tiers de fa profondeur, un morceau de bois de trois quarts de pouces en quarré, coupé de la longueur du diametre.

Les pots dont on fe fert dans les fabriques de cérufe d'Amfter-dam, me paroiffent plus avantageux & méritent la préférence; ils different des autres en ce qu'en les fabriquant, on y a menagé intérieurement & au tiers de leur hauteur, trois pointes faillantes placées triangulairement, qui tiennent lieu par conséquent des morceaux de bois qu'on est obligé de mettre dans les autres pour retenir le plomb. A un de ces pots que j'ai mesuré, j'ai trouvé 6 pouces & demi de profondeur, & 2 pouces de distance depuis le fond jusqu'au niveau des pointes triangulaires.

Chacun de ces pots ayant été rempli de vinaigre, jusqu'à la hauteur de ces points d'appui, de façon que le vinaigre & le plomb ne puissent se toucher en aucune partie, on y introduit les lames ou feuilles que l'on a auparavant roulées sur elles-mêmes en spirale, de maniere à laisser un petit espace entre les circonvolutions, & de grosseur convenable à remplir l'intérieur des pots depuis les points d'appuis jusqu'à leur embouchure, en les plaçant verticalement.

On se sert du vinaigre de biere dont on trouve plusieurs fabriques dans chaque ville de la Hollande.

§. IV. Le lieu destiné à recevoir les pots préparés comme il vient d'être dit, est une espece de halle d'environ 15 pieds de largeur sur 60 de longueur, fermé d'un côté par un mur, dans laquelle on a formé quatre encaissemens égaux, qui ne sont séparés d'abord que par les piliers en bois qui soutiennent la charpente, mais ensuite par de forts plateaux afin qu'ils soient indépendans. Sur une couche de fumier de 4 pieds d'épaisseur très-serrée, on arrange les pots garnis de vinaigre, & des lames de plomb roulées, les uns à côté des autres, sans fumier entre deux, mais recouverts des lames de plomb les plus épaisses que l'on met dans toute leur longueur & des planches par-dessus. On fait un nouveau lit de fumier, un autre rang de pots, de lames de plomb & de planches, que l'on répete jusqu'à ce qu'il y en ait cinq de la même contenue ; chacun de ces rangs est composé de 750 pots, par conséquent chaque encaissement est de 3750, ce qui forme un total de 15000 pots. Pour retenir le fumier & les pots à mesure que l'on forme les rangs, on applique contre les piliers les plateaux dont on a parlé, en les plaçant de champ les uns sur les autres, jusqu'à ce que les encaissemens soient remplis.

On laisse les pots dans cet état ordinairement pendant un mois & quelquefois cinq semaines, ce qui dépend sans doute de la saison & de la qualité du fumier; dans un des rangs que j'ai vu entiérement à découvert, j'ai remarqué que tous les pots ne travailloient pas également; dans les uns la lame de plomb étoit convertie en cérufe, dans d'autres elle l'étoit en partie, ailleurs il n'y avoit que la surface qui fût un peu attaquée; inégalité qui provient sans doute de ce que le fumier s'échauffe plus dans un endroit que dans un autre. A l'égard des lames de plomb plus épaisses qui recouvrent les pots, elles forment une croûte ou écaille de cérufe plus dure & plus compacte; ces écailles font mifes à part pour en faire le blanc de plomb.

Lorsque le fumier a servi plusieurs fois, & que l'on juge qu'il n'est plus capable de donner assez de chaleur, on lui en substitue de nouveau, mais il sert encore d'engrais pour les terres; il n'en est pas de même du vinaigre qui reste dans quelques-uns des pots, il est rejetté comme trop affoibli.

Les rouleaux de plomb en partie convertis en cérufe au sortir des pots, font portés sur des bancs ou especes de tables longues très-solides, où l'on en fait la séparation d'avec les morceaux de plomb qui n'ont pas été corrodés, soit en les brisant ou broyant avec les mains, soit en frappant dessus avec une masse de bois revêtue en fer, ayant soin de les arroser de tems en tems avec de l'eau pour que la cérufe ne s'éleve pas en pouffiere, & que les ouvriers n'en soient pas incommodés.

§. V. Cette cérufe est mife dans une grande fébille de bois avec de l'eau, d'où on la retire pour la broyer sous des meules; il y a deux moulins à cet usage placés à côté l'un de l'autre, dont la construction est la même que celle de nos moulins à farine, mais beaucoup plus petits, & avec cette différence que le mouvement se fait par-dessus, à l'aide d'un cheval attaché à un bras de lévier, de

8 pieds de longueur ; dans le haut eſt fixé un rouet horiſontal du même diametre que les meules, & dont les dents engrennent dans une petite lanterne placée au-deſſus de chacune d'elles , mais dont l'axe vertical eſt le même que celui de la meule , qui fait par conſéquent les mêmes révolutions ; ces meules peuvent avoir 24 à 26 pouces de diametre.

Comme les deux moulins ne travaillent jamais enſemble , l'axe de la lanterne eſt fixé de façon dans le haut qu'on peut le détourner aſſez pour le ſortir de l'engrennement du rouet , & faire mouvoir celui des moulins que l'on veut. Ils ſont à Rotterdam à la même hauteur; mais à Amſterdam on en a trois qui ſont placés par gradation les uns au-deſſus des autres, de maniere qu'à meſure que la céruſe a été broyée dans le premier, elle coule dans le ſecond, & du ſecond au troiſieme d'où elle tombe dans un cuvier deſtiné à la recevoir.

L'ouvrier qui conduit le moulin prend dans la fébille ou cuve de la céruſe avec une cuiller percée, & la verſe dans l'ouverture du centre de la meule où eſt l'axe ; c'eſt alors qu'on ajoute plus ou moins de craie pour faire le mêlange. Après qu'elle a été broyée dans le premier moulin, on la broie de nouveau dans le ſecond, dont on a rapproché davantage les meules pour la mieux diviſer.

Ces meules travaillent trois ſemaines de ſuite plus ou moins ſans être repiquées ; l'on eſtime qu'elles peuvent broyer dans un jour 15 quintaux de céruſe ordinaire , & ſeulement 10 quintaux de blanc de plomb, ce qui n'eſt pas ſurprenant, puiſque celui-ci eſt plus dur & qu'il doit être broyé plus fin. Ce blanc de plomb ſe fait avec les écailles provenant des lames qui recouvrent les pots ; on les paſſe trois fois ſous les meules , ayant ſoin de les rapprocher encore à la troiſieme, & en obſervant de ne le broyer que dans le tems où les meules ont été fraîchement piquées ; comme celui-ci eſt plus dur que la céruſe ordinaire, & qu'il n'eſt pas d'une auſſi grande conſommation , il s'en fabrique très-peu.

§. VI. La derniere préparation que l'on donne à la céruſe après avoir été broyée deux fois eft celle de la faire fécher ; cette opération fe fait avec beaucoup de précaution dans de petits pots de terre commune fans vernis, dont la forme eft celle d'un cône renverfé, que l'on remplit de cette matiere encore dans l'état de boue, & que l'on porte fur de larges étageres en planches conftruites dans un bâtiment fort long & fort étroit , dans les faces ou côtés duquel on a pratiqué un grand nombre de volets à charniere qui fe replient de bas en haut , s'ouvrent & fe ferment à volonté pour garantir la cérufe du foleil & de la pluie qui nui-roient à fa blancheur. Après cinq ou fix femaines de féjour dans les pots, elle s'en détache & forme une feule maffe dans le milieu ; on les renverfe alors fur les étageres , où chacun d'eux laiffe un pain de céreufe de 4 pouces de hauteur égal au diametre de fa bafe : on la laiffe dans cet état jufqu'à ce qu'elle foit parfaitement féche , pour lors on en ôte les bavures avec un couteau , & cha-cun de ces pains eft plié féparément dans un papier , & lié avec une ficelle ; ils font enfuite mis dans des barils pour être exportés & vendus dans le commerce.

A l'égard du blanc de plomb qui a été broyé trois fois, on le fait fécher de la même maniere dans de femblables pots, mais plus petits ; on le nomme alors *blanc de plomb d'écailles.*

§. VII. Il me refte à parler du procédé qu'on fuit en Angleterre, & fur-tout de ce qui peut différer de la méthode des Hollandois.

Dans la fabrique de Scheffield , comté d'Yorck , on fe fert de deux efpeces de moules pour couler le plomb en lames ; les pre-miers font femblables à ceux des Hollandois, avec cette différence que dans un de leurs côtés longs, ils ont une échancrure de 2 ou 3 pouces au plus, par laquelle s'écoule l'excédent du métal qui a formé la lame ; l'autre efpece de moule eft de forme ronde avec un diametre de 9 à 10 pouces , les lames qui en proviennent font deftinées à recouvrir les pots.

A côté de la chaudiere on a un tonneau plein d'eau pour rafraîchir les moules , dont la trop grande chaleur rendroit les feuilles trop épaisses. Il n'en est pas de même en Hollande, puisque, comme nous l'avons dit, cet inconvénient n'a lieu que lorsque le plomb est coulé trop chaud.

On a vu quelques fabriques se servir du plomb laminé pour cette préparation, mais on n'y trouvoit pas les mêmes avantages que dans la méthode que nous avons rapportée, qui est préférable à tous égards; elle est moins dispendieuse & plus expéditive; d'ailleurs les pores du plomb étant plus ouverts, ce métal est beaucoup plus susceptible de recevoir l'impression de l'acide du vinaigre.

Les pots ou creusets à contenir les lames de plomb roulées, different un peu dans leur forme, qui néanmoins est également bonne pour le même but; ceux-ci ont dans leur fond une partie plus étroite, ou pour mieux dire une recoupe, dans laquelle ou met le vinaigre. Les dimensions sont à peu près les mêmes.

Lorsque le plomb a été exposé pendant six semaines ou deux mois à la vapeur du vinaigre, on n'en fait point la séparation d'avec la céruse comme en Hollande, en frappant les lames avec une masse; on se sert d'un bluttoir ou grille placée dans une caisse bien fermée & mise en mouvement par une roue à eau. La grosseur des trous est celle d'un pois; tout le plomb qui provient de cette séparation est refondu avec le neuf pour couler de nouvelles lames.

La céruse est ensuite broyée dans deux moulins, comme cela se pratique à Amsterdam, c'est-à-dire, que l'un est plus élevé que l'autre; les dimensions des meules sont un peu plus grandes, mais elles ne sont point essentielles.

Quand on a suffisamment de céruse broyée dans le cuvier de réception, au-dessous du second moulin, on en décante l'eau dans une grande cuve enterrée à chaque côté, & au-dessus de laquelle on a pratiqué six rangs de caisses ou réservoirs joints ensemble, ne se communiquant que par leur partie supérieure, & formant une spece de labyrinthe.

On

On agite fortement l'eau chargée de cérufe dans la grande cuve, & quand on juge qu'elle eft affez divifée, on la puife pour la verfer dans un des réfervoirs, où en circulant & parcourant les divifions elle dépofe la cérufe, de maniere qu'elle retombe claire dans la grande cuve.

On retire la cérufe qui s'eft dépofée dans ces caiffes pour la mettre dans une plus grande, toujours avec de l'eau, & quand il y en a fuffifamment en provifion, on décante cette eau & on enleve la cérufe avec des cuillers, dont chaque morceau conferve la forme. C'eft dans cet état qu'on la porte dans un grenier ouvert de tous les côtés pour la faire fécher, mais ces côtés font garnis de toiles pour empêcher la pouffiere d'y entrer ; elle n'eft parfaitement féche qu'après qu'elle a été ainfi expofée pendant 4 mois en été & fix mois en hiver ; une chaleur artificielle la feroit fécher plus promptement, mais on rifqueroit de la faire jaunir.

Section IX,

Procédé des Anglois pour faire le minium.

§. I. L'on trouve deux de ces fabriques dans le comté de Derby, près de la ville de *Chefterfield* & de celle de *Wirks Worth.*

Le fourneau deftiné à cette opération (*) eft un réverbere à deux chauffes, renfermées fous une feule & même voûte, & qui ne font féparées du fol que par deux petits murs d'environ 10 à 12 pouces d'élévation au-deffus dudit fol. Ces chauffes m'ont paru avoir 15 pouces de large, elles font auffi longues que l'intérieur du fourneau eft profond ou large ; j'eftime cette largeur ou profondeur de 8 à 9 pieds, & la diftance d'une chauffe à l'autre de 9 à 10 pieds ; l'embouchure du fourneau peut avoir 18 pouces de largeur fur 15 de hauteur ; cette ouverture, ainfi que celles des deux chauffes, ne fe ferment jamais, toutes les trois fe trouvent placées fous une grande cheminée commune bâtie à l'intérieur ; enfin ce fourneau a beaucoup de rapport à celui de boulanger, avec cette différence que l'on y a formé intérieurement deux chauffes fans

(*) *Voyez* la pl. XXVIII, fig. 1, 2, 3.

Tome II. Cccc

grilles ni cendriers. Le charbon de terre s'y place de champ contre les petits murs de féparation , & toujours en morceaux affez gros pour qu'ils puiffent le déborder ; l'intérieur du fourneau eft pavé avec des briques.& exactement de niveau.

§. II. Pour une opération on emploie communément dix lingots , barres ou faumons de plomb , dont chacun pefe 150 livres, ce qui forme un total de 15 quintaux ; du nombre de ces lingots il n'y en a que neuf de celui qui provient de la fonte ou fourneau de réverbere, le dixieme eft le produit de la fonte des fcories au fourneau courbe avec des *coaks* ; on prétend que l'on ne feroit pas du minium fans ce dernier, que le premier eft trop chaud & ne fe convertiroit pas en pouffiere. Dans une de ces fabriques les 15 quintaux fe mettent tout à la fois, & dans l'autre on ne l'introduit qu'à fur & mefure.

§. III. Quand on veut opérer, on commence par mettre intérieurement & devant l'embouchure du fourneau, le groffier de la matiere jaune, qui dans le lavage a refté au fond de la baffine & dont il fera parlé par la fuite (*) ; cette matiere fert à retenir le plomb lorfqu'il eft en bain fur le fol, & l'empêcher de couler en dehors du fourneau ; alors on l'introduit dans fon intérieur & auffi-tôt qu'il eft fondu, on l'agite & on le remue continuellement avec un long rable de fer, dont le manche appuie fur le crochet d'une chaîne de fer fufpendue devant l'embouchure. A mefure que le plomb fe réduit en chaux, l'ouvrier le retire de côté , & laiffe toujours enfemble celui qui eft en fufion, qu'il ne ceffe de remuer jufqu'à ce que le total foit converti en pouffiere.

On ne met jamais plus de 4 ou 5 heures pour réduire en chaux les 15 quintaux ; mais il s'y trouve toujours quelques morceaux de plomb que l'on a foin de retirer lorfqu'on les apperçoit, & que l'on garde pour une autre opération. On donne une chaleur vive au fourneau pendant tout le tems de cette converfion, mais elle n'eft que d'un rouge de cerife très-foncé ; car les deux ouvertures des chauffes & l'embouchure du fourneau, reftent toujours

Ouvertes, afin que l'air frais puiffe frapper continuellement la matiere, & accélérer fa calcination ou fa privation de phlogifti-que; la fumée du plomb & celle du charbon reffortent par l'em-bouchure & enfilent la cheminée extérieure.

Il faut plus que les 4 ou 5 heures qui convertiffent le plomb en chaux pour qu'il le foit en poudre jaune, ainfi on le laiffe encore près de 24 heures dans le fourneau, mais on ne le remue pas fouvent, feulement autant qu'il eft néceffaire pour l'empêcher de fe mettre en grumeaux & qu'il ne fonde pas en maffe. Quand on juge la chaux de plomb affez calcinée, on la retire & on la fait tomber fur un pavé uni : on fait couler de l'eau fraîche par-deffus ; les ouvriers difent que c'eft pour lui donner du poids, mais c'eft plutôt pour divifer la chaux qui s'eft mife en grumeaux, & la rendre affez friable pour être paffée au moulin ; on y fait arriver autant d'eau qu'il eft néceffaire pour l'imbiber entiérement, & la refroidir ; cette matiere étant chaude reffemble beaucoup à de la litharge, mais lorfqu'elle eft entiérement froide elle prend la couleur de l'ocre jaune.

§. IV. Le moulin dont on fait ufage eft femblable à ceux dans lefquels on broie la cérufe (*), il eft mû par une roue à eau. On met dans l'ouverture qui eft au milieu de la meule fupérieure la matiere jaune imbibée d'eau, on y verfe auffi de l'eau ; lorfque le tout a été bien moulu, il coule dans une grande cuve placée au-deffous pour le recevoir ; mais comme cette matiere n'eft pas broyée également, on eft obligé d'en faire un lavage ; pour cet effet, on a placé à côté de la cuve du moulin un tonneau plein d'eau. On prend la matiere telle qu'elle tombe dans la cuve, dont on remplit à moitié une baffine de cuivre qu'un ouvrier tient des deux mains, & la portant dans le tonneau il l'agite de façon que la plus fine fe mêle à l'eau, & fe précipite à mefure dans le fond, tandis que la plus pefante, qui eft celle qui n'a pas été affez divi-fée par le moulin, peut-être parce qu'elle n'étoit pas fuffifamment calcinée, refte dans le fond de la baffine ; c'eft cette matiere que

(*) *Voy.* §. 5 & 7 de la fec-tion précé-dente.

l'on a dit qu'on mettoit devant l'embouchure intérieure du fourneau, pour être calcinée de nouveau avec le plomb & l'empêcher de couler au dehors. On continue de procéder de la même maniere pour le moulin & le lavage, jufqu'à ee que toute la matiere provenue de la premiere calcination, ait été entiérement paffée. Lorfque le lavage eft fait on laiffe précipiter au fond du tonneau, celle qui eft fufpendue dans l'eau par fa grande divifion ; on décante cette eau pour la retirer, & la foumettre à l'opération fuivante.

Seconde opé-
ration pour
donner la
couleur rou-
ge à la chaux
de plomb.

§. V. Cette feconde opération fe fait à *Wircks Worth* dans le même fourneau, & à *Chefterfield* on en a deux femblables.

On introduit dans fon milieu toute la poudre fine qui s'eft précipitée au fond du tonneau, dont on forme un feul tas applati par-deffus, & fur la furface duquel on trace des raies ; on la remue rarement, mais feulement pour empêcher qu'elle ne fe prenne enfemble. On m'a dit dans une de ces fabriques qu'il falloit que la chaux de plomb fût ainfi au feu pendant 36 ou 40 heures, & dans l'autre 48 heures ; des expériences bien faites peuvent déterminer le tems. Le feu fe continue dans les deux chauffes de la même maniere qu'on le fait pour la premiere converfion du plomb en chaux. Comme il n'y a point de grilles, on ne remue pas le charbon, qui par conféquent perd lentement fon bitume : il n'y en a qu'une petite partie qui fe réduit en cendres ; car on en retire beaucoup de converti en *cinders* ou *coaks*, & pour lors on renouvelle le feu avec du nouveau charbon.

Quand la matiere a acquis le degré de calcination qu'on defire & qu'on la retire du fourneau, étant encore chaude, elle a la couleur d'un ocre rouge très-foncé, mais en refroidiffant elle prend ce beau rouge que nous connoiffons au minium.

Ce minium en fortant du fourneau eft mis dans une grande fébille de bois où on le laiffe refroidir ; il eft enfuite paffé par un tamis de fer très-fin pour le rendre propre à la vente ; mais pour n'en pas perdre, l'opération fe fait dans un tonneau où il y a deux morceaux de fer qui le traverſent, & qui ſervent à ſupporter le tamis, auquel eſt fixée une baguette ou manche auſſi en fer qui reſſort en dehors du tonneau , avec laquelle on agite le tamis, lorſqu'on a fermé ledit tonneau bien exactement avec un couvercle. On y procede de ſuite juſqu'à ce que l'on juge que le tout a paſſé au travers, & l'on n'ouvre que lorſqu'on ſoupçonne que la poudre ſera dépoſée dans le fond & contre les parois. Le minium préparé comme il vient d'être dit , ſe vend 14 à 15 ſchelings le quintal de 112 livres.

§. VI. On eſtime la conſommation du charbon dans une ſemaine à une tonne ou 21 quintaux. Toute eſpece de charbon, ſuivant le dire des ouvriers, n'eſt pas bonne pour ces opérations, ſur-tout pour la derniere ; on en emploie de deux qualités , l'une qui a beaucoup de reſſemblance à celui dont on fait uſage communément à Neucaſtle, & une autre moins bitumineuſe. On préfere cette premiere , & l'on dit même qu'on ne pourroit faire cette préparation , avec celui de la ſeconde eſpece ; mais ce qui m'a beaucoup ſurpris & qui ſurprendra tout le monde , c'eſt qu'on eſt perſuadé dans ces fabriques qu'on ne peut faire du minium avec du bois ; on prétend même en avoir fait l'expérience , ſans avoir pu y réuſſir. Quoi qu'il en ſoit, ce n'eſt certainement pas la ſeule choſe qui a fait échouer les établiſſemens qu'on a voulu entreprendre en France dans ce genre , mais bien plutôt une mauvaiſe méthode de procéder ; car de toutes celles dont j'ai entendu parler, je n'ai jamais rien ouï qui fût ſemblable à ce que je viens de décrire ; cependant je ne prétends pas aſſurer qu'il n'y a rien de défectueux dans cette deſcription , puiſque je n'ai pas été le maître de ſuivre ces opérations dans tous ſes détails. Ce que j'ai vu & obſervé dans ces fabriques eſt plus que ſuffiſant & s'accorde aſſez bien , pour me perſuader qu'un chymiſte entendu dans le travail en grand, pourra réuſſir à faire du minium en ſuivant ce procédé dans ſes expériences.

Fin des Mémoires contenus dans ce ſecond Volume.

EXPLICATION DES FIGURES.

PLANCHE PREMIERE.

LA premiere figure repréfente plufieurs filons ou veines métalliques qui fe dirigent & s'inclinent en différens fens.

A B C D E F, font des filons plus ou moins inclinés qui montent jufqu'à la furface du terrain.

G H, filon oriental.

I K L, veines qui s'écartent d'un filon principal, qui le rejoignent enfuite & le traverfent.

M N, font des filons ou veines qui fortent du filon principal & le rejoignent très-rarement ; on les nomme *déferteurs.*

O P, filons nommés *compagnons*, parce qu'ils côtoient le principal.

Q R, filet fortant ou déferteur.

S T, efpeces de fentes nommées *klûft*, que l'on trouve à côté ou dans le filon même fans le détruire.

V V, X Y, fentes dans le rocher, qui, comme les filons, ont leur direction & leur pente.

W, embouchure d'une galerie fur la direction du filon.

Z, *idem* d'une galerie d'écoulement.

&, puits ouverts fur le filon.

a, vieux puits.

La figure 2 repréfente la coupe ou profil d'une mine.

A B C D G H, font des filons inclinés.

E F, filons droiteurs ou perpendiculaires.

I K, veines ou filons qui s'écartent du principal, le rejoignent & le traverfent.

L M N O, petites veines féparées du filon principal.

P, deux puits perpendiculaires.

Q, puits intérieur.

R S T, galerie d'écoulement.

V, galerie de communication avec le puits Q.

X, ouvrages en montant fur les petits filons C D E F.

Y, extrémité de la galerie d'écoulement.

Z, fon embouchure.

&, embouchure d'un puits au jour qui communique avec la galerie principale.

La troisieme figure est le plan horisontal des ouvrages souterrains de la mine ci-dessus.

n°. 1 , est l'embouchure & le commencement de la galerie d'écoulement.

  2, galerie sur la direction du filon oriental, sept. 4 heures 2 huitiemes.

  3, galerie de traverse.

  4, filon méridional, sur sept. 10 heures.

  5, 6 & 7, galerie de détours.

  8, extrémité de la galerie d'écoulement.

  9, galerie sur la direction du filon septentrional, sept. 2 heures 3.

  10, galerie de traverse en angle droit au filon principal, appellée galerie de recherche.

  11, direction du filon occidental dans la galerie principale, sept. 6 heures 5.

PLANCHE II.

La premiere figure A, B, C, D, est le plan de la boussole des mines, qui consiste en une boîte circulaire de laiton, divisée en quatre parties égales, dans laquelle on place le cercle G, H, I, K, divisé par deux fois 12 heures, fig. 2.

La figure 3 est le profil de cette boîte suspendue par les deux anneaux O P, dans laquelle on voit le pivot d'acier qui porte l'aiguille aimantée.

La quatrieme figure représente la même boussole en profil dans le grand cercle S T, auquel sont fixés les crochets V pour la suspendre.

A B C D, figure 5, est un demi-cercle ou niveau avec lequel on prend les degrés de pente d'un terrain quelconque, à l'aide du cordon de soie G H, attaché au petit plomb I.

A C, sont les deux crochets qui servent à suspendre le niveau à la chaîne.

E F, figure 6, est le profil du même niveau pour désigner son épaisseur.

La figure 7 est le dessin des vis de laiton, dont on se sert pour fixer la chaîne à chaque mesure que l'on prend.

La figure 8, est celui d'un plomb avec lequel on plombe les puits perpendiculaires pour en connoître la profondeur.

PLANCHE III.

La premiere figure représente la chaîne en fil de laiton, avec laquelle on mesure les distances dans les mines.

La figure 2, A, B, C, D est le plan d'un instrument appellé *viseur*, dont on se sert pour observer la situation des objets, & auquel on suspend la boussole.

E F, figure 3 & 4, sont les deux pinules marquées sur le plan par les mêmes lettres. G, fig. 2, & H, fig. 5, sont les vis que l'on tourne pour tendre le cordon de soie ou de boyau I, auquel on suspend la boussole & le demi-cercle.

La figure 5, A, B, E F, est le profil de cet instrument.

Les figures 6 & 7, font le plan de deux cercles de laiton, garnis de deux regles A B, C D, fixées par une vis. On s'en sert pour lever les plans dans les mines de fer, où l'on ne peut pas faire usage de la boussole.

La figure 8 est le profil de ces cercles.

A B C D E F, fig. 9, est le plan du rapporteur dans lequel il y a un petit encaissement pour placer la boussole, comme on peut le voir par le profil, fig. 10.

G, est une vis pour serrer la boussole dans ledit encaissement, & empêcher qu'elle ne varie.

PLANCHE IV.

La premiere figure représente le plan horisontal, tant intérieur qu'extérieur de la galerie A, B, pour déterminer au jour son extrémité; la ligne ponctuée désigne les dimensions extérieures.

C, D, est le filon principal que la galerie traverse.

E, premiere ligne mesurée depuis l'embouchure de la galerie.

F, piquet perdu au jour, à peu de distance de l'extrémité de la galerie.

G, autre piquet perdu au jour.

H, puits du jour.

I, veine ou filon qui traverse le principal, & que l'on a rencontré avec la galerie.

K, ouvrage en montant.

L, autre veine qui passe près du puits.

La seconde figure de cette planche est un second exemple du problême précédent, pour déterminer au jour le point perpendiculaire où correspond l'extrémité de la galerie A, B.

La troisieme figure est le plan d'une galerie souterraine O, S, qui communique au puits perpendiculaire T S.

P, est le point qui est perpendiculairement au-dessus de l'extrémité O, de ladite galerie.

La

La quatrieme figure eſt le profil d'un puits oblique A, B, C; dont on veut connoître la diſtance horiſontale qu'il occupe par ſa pente.

D, piquet perdu.

E, F, filon, ſon inclinaiſon.

La cinquieme figure repréſente les cercles avec leſquels on leve dans les mines de fer, & la maniere dont on trace les lignes.

La ſixieme figure eſt le plan d'une méthode de lever dans les mines de fer ſans le ſecours des cercles, avec la chaîne & le demi-cercle.

Problême VIII, Ier Mé-moire.

PLANCHE V.

On a tracé ſur cette planche l'exemple d'un nivellement pour déterminer la hauteur d'une riviere F, dont on pourroit conduire les eaux à l'endroit donné K.

F, G, H, K, ſont deux galeries ſéparées par une montagne (*).

(*) Problê-me IX, Ier Mémoire.

PLANCHE VI.

Figure premiere A B C D, piquets placés ſur la direction d'un filon ſeptentrional ſept. 12 heures, 7.

E, F, filon occidental, ſur 9, 7 & demi.

F, G, H, filon méridional, ſur 10, 1.

H, M, filon oriental, ſur ſept. 3, 7 & demi.

K, S, filon oriental ſept. 3, 1.

F, L, filon méridional, mer. 11, 5 & demi.

N, O, galerie par laquelle on a découvert le filon 1, 2, ſept. 12, 5.

Q, R, S, T, V, X, points où ſe croiſent les filons.

Y, Z, ligne qui traverſe tous les filons ou veines que l'on ſoupçonne être dans un terrain.

&, puits ſouterrains.

F, G, *figure* 2, eſt une galerie par laquelle on a découvert le filon incliné F, H, ſept. 12, 5.

La figure 3, eſt le profil d'un puits perpendiculaire F, C, B, & de la galerie horiſontale C, D.

A, B, filon qui incline de 54 degrés.

S, T, autre de 43 degrés d'inclinaiſon.

F, tête du filon F, A.

I, K, T, autre filon incliné.

Tome II.   Dddd

EXPLICATION
PLANCHE VII.

La figure premiere est le plan horisontal d'une mine dans lequel on a placé tous les terrains, chemins & ruisseaux des environs, & où l'on voit aussi les filons & les veines minérales.

A B, galerie principale d'écoulement sur sept. 2 heures 4 huitiemes.

C D, direction parallele & inférieure du filon, mer. 7, 3 & demi.

E, point qui correspond à un piquet perdu, où le filon traverse la galerie.

F, extrémité d'une galerie venant du puits souterrain G.

H, point de réunion du filon A B, avec le filon C D.

I K, autre filon sept. 4, 3, qui traverse la galerie au point L.

M N, direction supérieure & inférieure d'un filon méridional 10 heures.

O P, galerie.

Q, puits oblique.

R, ouvrages en montant que l'on veut communiquer perpendiculairement avec le fond du puits Q.

La figure 2 est la coupe ou profil de la galerie A B, & des autres ouvrages intérieurs, à laquelle elle communique par puits & galeries.

C, embouchure d'un puits perpendiculaire qui a rencontré le filon E, & que l'on a apronfondi sur l'inclinaison dudit filon.

D, fond du puits oblique.

F, ouvrage en montant.

G, piquet perdu.

H, filon incliné.

I, puits perpendiculaire.

K L, extrémités de deux galeries qui partent des puits C I, & qui viennent à la rencontre l'une de l'autre.

X Y Z, fig. 3, est un triangle rectangle dont l'hypoténuse Z Y, est la distance oblique de la ligne Q, R, fig. 1.

PLANCHE VIII.

Coupe ou profil de la mine d'or d'Adelfors, dans la paroisse d'Alshéda, province de Smoland en Suede.

A B, galerie supérieure sur la direction du filon du sud au nord.

C, galerie inférieure.

D, galerie en direction du côté du sud.

E, autre du côté du nord.

F, galerie nommée de la reine Louife Ulrick.

G, autre inférieure du côté du nord.

H, pompes.

I, autres pompes du côté du nord, dans le puits principal de la nouvelle couronne.

K, la plus grande profondeur de la mine au-deffous du puits d'Adolphe Fréderic.

L, embouchure du puits d'Adolphe Fréderic, fur lequel eft conftruit la machine hydraulique pour élever les eaux.

M, embouchure du puits de la nouvelle couronne.

N°s 1, 1, 1, maffifs ou piliers de réferve.

    2, 2, *caftes* ou charpentes en bois qui fervent de foutien, & que l'on conftruit à mefure d'exploitation, en laiffant le merrein fous les pieds.

    3, 3, 3, font les tirans de la machine qui font mouvoir les pompes.

    4, dans ce même puits d'Adolphe Fréderic on fait l'extraction des matieres.

    5, forge pour les outils, établie dans la mine.

    6, ouvertures de plufieurs galeries de recherche.

PLANCHE IX.

La figure premiere eft le plan d'une des mines de Kongsberg, fur un des principaux filons ou *fall-band*, où l'on voit toutes les veines de minérais qui le traverfent, & toutes les galeries que l'on a faites pour les rechercher.

a, eft la ligne horifontale que donne l'inclinaifon du puits que l'on a approfondi dans le *fall-band*, pour la recherche des veines minérales.

b, communication de ce puits avec la premiere veine au nord.

c, ouvrage en montant.

d, recherche en defcendant à l'extrémité d'une traverfe.

e, premiere galerie de traverfe du côté du nord.

f, feconde dite.

g, troifieme.

h, quatrieme.

i, recherche en defcendant fur la feconde veine du nord.

k, galerie de recherche.

l l l, cinquieme galerie de traverfe au nord & une autre de recherche.

m, ancienne tentative fur le fol de la précédente traverfe.

n o p q r f v, autres galeries de traverfe au nord.

t, échellon ou ouvrage en montant fur la feconde veine du côté du nord.

u, douzieme traverfe, & un échellon fur la premiere veine.

w, autre traverfe.

z, emplacement de la machine dans le fond du puits *a*.

1, 2, 3, 4, 5 jufqu'au n°. 21, même figure, font autant de veines minérales de différentes direction.

La feconde figure eft le profil du puits, galeries & autres ouvrages marqués dans le plan.

PLANCHE X.

Deffin d'une machine hydraulique exécutée aux mines d'argent de Kongsberg en Norwege, qui en même tems qu'elle fait agir les pompes, éleve les tonnes.

La figure premiere eft le plan du tambour fur lequel s'enveloppe la chaîne.

a, arbre auquel eft fixé le tambour & la lanterne.

b, deux pieces de bois qui fupportent l'arbre par fes deux tourillons.

c, petite roue fixée au même arbre que l'on arrête quand on veut, à l'aide des leviers *f*.

d, lanterne garnie de fix fufeaux de fer.

e, tambour horifontal fur lequel s'enveloppe la chaîne.

f, les petits tirans ou leviers avec lefquels on arrête, ou l'on fait aller la machine.

La feconde figure eft le profil de ladite machine avec tous fes tirans & varlets.

a, l'arbre.

b, la lanterne.

c, le tambour garni de fa chaîne.

d, la petite roue avec les leviers.

e, croix ou varlets.

f, les tirans horifontaux.

g, quatre crochets de fer fixés aux tirans des croix, qui engrennent dans la laterne pour faire tourner le tambour.

h, les petits tirans avec lefquels on arrête la machine.

i, poulies qui fupportent les chaînes au-deffus du puits *l*.

k, tonne remplie de minérais, fufpendue à la chaîne du tambour.

m, corps de pompes avec les tuyaux & les tirans.

n, les tirans extérieurs de la machine.

o, pieces de bois qui fupportent l'arbre de la roue par fes tourillons.

p, arbre.

q, tourillon à manivelle.

r, tirant qui tient à la manivelle, & par lequel la machine eft mife en mouvement lorfque la grande roue *f* tourne.

t, le canal ou conduit qui amene l'eau fur la roue.

u, l'endroit où eft enfermé la roue.

PLANCHE XI.

Deffin d'une machine à moulettes ordinaire, femblable à celle qui eft conftruite aux mines de cuivre du Lyonnois.

A B C, *figure premiere*, eft le plan de l'arbre & des bras de levier.

D, le tambour.

E, les deux poulies fur lefquelles s'enveloppe la corde I.

F, murs qui foutiennent la charpente du couvert.

G, piliers en bois qui fervent à fupporter les groffes pieces.

H, portes.

La *feconde figure* eft le profil de cette machine.

A, arbre moteur de 14 à 15 pouces d'équarriffage.

B C, extrémités des deux bras de levier, qui chacun ont 18 pieds de longueur en partant du centre de l'arbre.

D, tambour fur lequel s'enveloppe la corde.

E, deux poulies ou moulettes de 2 pieds de diametre.

F, murs de l'enceinte.

G, piliers qui foutiennent la charpente.

H, bâtiment où eft renfermé le puits K,

I, cordes.

L, terrain.

M, excavation dans le terrain L, où eft placée l'extrémité de l'arbre A, auquel on a laiffé cette longueur de plus, dans le cas où l'on voulût y appliquer telle autre machine que l'on voudra pour faire mouvoir des pompes.

N, couvert du bâtiment du puits.

O, Les pieces de bois de la charpente du couvert de la machine.

Même planche : deffin d'une machine agiffant en même tems par des chevaux & par l'eau pour élever les eaux, des mines d'or de Schemnitz en Hongrie.

La troisieme figure eſt le plan de la machine.

A, murs qui forment une eſpece de cave au-deſſous du rez-de-chauſſée.

B, embouchure du puits.

C, deux ovales de ſix pieds dans leur grand diametre, & de deux dans le petit, avec une épaiſſeur de 5 pouces, tous deux reliés avec chacun une forte bande ou frête de fer.

D, arbre auquel ſont fixés les deux ovales.

E, deux pieces de bois horiſontales, qui alternativement ſont miſes en mouvement par les ovales.

F, centre du mouvement des deux ſuſdites pieces autour d'un boulon de fer.

G, deux tirans horiſontaux fixés d'un bout aux pieces E, & de l'autre aux croix de deſſus le puits, mais que l'on n'a pas fait voir en plan, le profil les rendant beaucoup mieux.

H, cercle ponctué qui déſigne la ligne que les chevaux parcourent à chaque tour.

La quatrieme figure eſt le profil ou élévation de la machine;

A, murs de la cave ou ſouterrain.

B, fort plancher ſur lequel les chevaux marchent en partie.

C, l'arbre vertical avec ſa crapaudine & ſon pivot.

D, les deux ovales fixés audit arbre que l'on voit dans leur épaiſſeur; l'un ſuivant ſon plus grand diametre, & l'autre ſuivant ſon petit.

E, les deux pieces de bois déſignées par cette même lettre ſur le plan, mais vues ici par leurs extrémités.

F, les deux bras de levier ou s'attelent les chevaux.

G, piece de bois ſoutenue ſur la charpente du petit bâtiment qui couvre la machine, & qui ſert de collier au tourillon de l'arbre.

H, les deux tirans vus en G dans le plan, leſquels ſont fixés d'un bout aux pieces ou leviers E, & de l'autre aux croix qui ſont au-deſſus du puits.

I, les deux croix ou varlets.

K, le puits ſuivant ſa coupe perpendiculaire à l'horiſon.

L, partie d'une des pompes.

M, tirant dans le puits fixé à l'une des croix par un boulon; il y en a un ſemblable à l'autre croix.

N, tirant de fer portant le piſton dans la pompe, & mis en mouvement par celui M, auquel il eſt fixé, ainſi que la figure le repréſente,

Pour épargner des chevaux on a fait à cette machine l'addition dont le détail fuit.

O, eſt une caiſſe ou réſervoir plein d'eau qui lui eſt fournie par un petit canal ; ce réſervoir eſt ſupporté par quatre poteaux ſemblables aux deux que l'on voit.

P, les poteaux.

Q, un balancier.

R, autre balancier.

S, Une caiſſe à l'extrémité de chaque balancier.

T, un des ſupports deſdits balanciers où l'on voit le centre du mouvement ſur un boulon.

U, une des bondes ou vanne, ou plutôt le tirant qui la leve.

X, piece de bois fixée au poteau P où elle a ſon centre de mouvement, & dans laquelle la queue de la bonde eſt paſſée & arrêtée par un boulon.

Y, piece de bois verticale auſſi fixée par un boulon à la précédente.

Z, cheville de bois.

&, tirans de fer fixés d'un bout aux croix I, & de l'autre aux balanciers Q & R.

Il eſt maintenant aiſé de concevoir le mouvement & les effets de cette machine.

L'on voit par la ſituation des croix & des ovales, que l'une de ces premieres eſt dans ſa plus grande levée qui eſt de 31 pouces, & l'autre dans ſon plus bas.

Que le balancier Q fixé en & à la croix, eſt élevé en S juſques près du réſervoir O, & qu'en s'élevant il rencontre la piece de bois Y, qui enleve celle X, laquelle ouvre la bonde U; alors il tombe de l'eau dans la caiſſe S, fixée à l'extrémité du balancier Q, qui par là ſe trouve très-chargé, eu égard à la différence des leviers T S & T &, & ſoulage l'effort que les chevaux ont à faire dans ce moment, où il s'agit de lever par la croix tout le train des tirans, M N, & la colonne d'eau de la pompe, &c.

A meſure que le balancier Q deſcend, la bonde ſe ferme par ſon propre poids, & le balancier R monte & va remplir ſa caiſſe comme leſpremier ; mais ſuivons celui-ci juſqu'à ſon arrivée ſur la cheville Z : la caiſſe S a une porte ou ſoupape dans ſa partie inférieure, qui s'ouvre en venant ſe poſer ſur ladite cheville, & auſſi-tôt l'eau s'écoule; alors le balancier devient plus léger, & n'a plus que le poids convenable pour faire équilibre avec celui des tirans & des piſtons.

La cinquieme figure est le profil ou coupe d'un moulin pour l'amalgamation du mercure avec l'or contenu dans le schlick de plomb ; cette machine est de Saltzbourg en Tirol.

A, arbre ou axe auquel est fixée une roue.

B, rouet fixé au même arbre, & qui engrenne dans une lanterne.

C, lanterne dont l'axe est une barre de fer.

D, barre de fer de la lanterne.

E, autre barre de fer au centre de laquelle passe celle D, & qui soutient la meule.

F, meule faite de bois dur, laquelle est armée en dessous de lames d'acier pour que la trituration se fasse mieux, & qui tourne sur son axe D.

G, la partie du dessous du moulin qui est en fer coulé, ou plutôt ce qui renferme la meule.

H, piece de bois dans laquelle passe l'axe D, pour empêcher que l'eau & le mercure ne sortent par le dessous de la meule.

I, endroit où l'on met le schlick, & dans lequel il vient continuellement un filet d'eau.

K, canal qui conduit l'eau sur le schlick, lequel est entraîné par l'ouverture L, sur la piece de fer coulé immobile M, d'où il est emporté dans le moulin par le tuyau N,

O, est une roue dentée de fer qui fait tourner la lanterne P, qui engrenne dans les dents qui sont à la circonférence de la caisse Q, ce qui la fait tourner ; elle tourne sur son centre pour que le schlick soit emporté, mais très-doucement, de sorte que la caisse Q ne fait qu'un tour par 8 heures ; c'est un mentonnet qui est à l'arbre A, qui fait tourner la roue dentée O, à l'aide d'un balancier sur lequel il y a deux crochets de fer, semblables à ceux dont on se sert dans les scieries.

PLANCHE XII.

Dessin d'une machine dont on se sert à Schemnitz en Hongrie, pour puiser les eaux des mines.

A, tuyaux d'injection qui ont depuis le jour jusqu'au bas du cylindre 46 toises perpendiculaires ; on n'en voit qu'une partie.

B, robinet que l'on ouvre ou ferme quand on veut faire agir ou arrêter la machine.

C, cylindre de cuivre allié d'étain.

D, piston du cylindre.

E,

E, un marteau.

F, autre marteau.

G, branche de fer qu'on nomme *coureur*, qui eſt miſe en mouvement par la chûte des marteaux E & F, & qui ouvre & ferme le robinet du deſſous du cylindre.

H, crochet qui arrête le marteau E lorſqu'il eſt relevé par la chaîne.

I, régulateur qui fait mouvoir les marteaux.

K, deux petits balanciers qui ſont chargés pour donner plus de poids.

L, tirant du piſton du cylindre, lequel eſt chargé de fer d'un poids ſuffi-ſant pour faire monter le tirant des pompes qui eſt de l'autre côté.

M, balancier principal à un bout duquel eſt attaché le tirant du piſton du cylindre, & à l'autre celui des pompes.

N, tirant des pompes.

O, balanciers pour relever les tirans.

P, caiſſe que l'on remplit de pierres.

Q, tirans des piſtons des pompes.

R, les pompes.

S, une caiſſe de cuivre qui embraſſe la partie ſupérieure du cylindre.

T, tuyau par lequel s'écoule l'eau qui paſſe au-deſſus du piſton du cylindre.

V, la partie inférieure du cylindre, dans lequel on voit la coupe du robinet qui eſt ouvert & fermé par le coureur G, qui lui-même eſt mis en mouvement par les marteaux E & F; quand la communication des tuyaux A eſt ouvert, le piſton D monte, & lorſque celui-ci deſcend la même communication eſt fermée, mais l'eau qui eſt entrée dans le cylindre s'écoule par le tuyau qui eſt derriere lui.

X, branche de fer ſur laquelle le régulateur I preſſe pour faire tomber le marteau E.

Y, eſt un petit crochet qui ſert à retenir le marteau F, & le laiſſer tomber quand le régulateur I en montant l'en éloigne.

P L A N C H E   X I I I.

Nouvelle machine à eau & à air conſtruite pour la premiere fois au mois de mars 1755, aux mines de Schemnitz en Hongrie.

A, caiſſe ou réſervoir placé au jour, dans lequel les eaux extérieures ſe raſſemblent.

B, tuyaux de fer qui doivent toujours être pleins d'eau, & qui ont

Tome II.   E e e depuis la caiffe A , jufqu'au réfervoir D, 23 toifes perpendiculaires.

C , robinet qui ferme & ouvre la communication des tuyaux de fer B , avec le réfervoir D.

D , réfervoir de cuivre dans lequel l'air fe trouve comprimé par l'eau qui y vient des tuyaux B.

E , robinet par lequel on laiffe écouler l'eau du réfervoir D.

F , autre robinet pour l'entrée de l'air dans la chaudiere D.

G , Robinet pour laiffer le paffage à l'air.

H , tuyaux qui conduifent l'air dans le réfervoir inférieur I.

I , autre réfervoir de cuivre dans lequel on fait entrer l'eau des fouterrains.

K , robinet par lequel on laiffe entrer l'eau dans le réfervoir I.

L , caiffe dans laquelle les eaux de la mine s'affemblent.

M , robinet pour la fortie de l'air du réfervoir I après chaque opération.

N , tuyaux de fer par lefquelles l'eau du réfervoir I eft obligée de monter par la preffion de l'air jufqu'en O , où elle a fon écoulement , ainfi que celle du réfervoir D par la galerie de *Heylige drey faltigkeit.*

P , tuyau de communication avec le réfervoir I.

PLANCHE XIV.

La figure premiere eft le plan d'une machine à feu qui avoit été conftruite aux mines de Poulaoüen en baffe Bretagne.

A , la chaudiere.

B , le cylindre.

C , le balancier.

D , les pieces de bois qui foutiennent le cylindre & le balancier.

E , les deux crapaudines fur lefquelles tourne le balancier.

F , le tourillon.

G , la cheminée.

La feconde figure eft la coupe ou profil de la machine à feu.

A , la chaudiere qui eft de cuivre.

B , cylindre.

C , le pifton de cuivre qui a 6 lignes de moins en diametre que le cylindre.

D , le balancier.

E , poutres & crapaudines qui foutiennent le balancier.

F , réfervoirs qui fourniffent l'eau pour le cylindre.

G, tuyau de plomb qui conduit l'eau dans le cylindre.

H, robinet de l'injection.

I, chapeau de l'injection.

K, buse par où s'échappent les vapeurs superflues.

L, tuyau de plomb par lequel s'écoule l'eau du cylindre.

M, le régulateur.

N, soupape du régulateur.

O, tuyau qui sert à faire sortir les vapeurs de la chaudiere, lorsqu'elles sont trop fortes.

P, la chauffe.

Q, le cendrier.

R, pièce de bois qui sert à recevoir le poids du balancier.

S, petite pompe que le balancier fait mouvoir, & qui fournit toujours de l'eau dans le réservoir F.

T, murs du bâtiment.

PLANCHE XV.

Dessein des laveries par gradation dont on se sert à Schemnitz en Hongrie, pour séparer les minérais d'or & d'argent, suivant leur qualité & grosseur.

A B, *figure premiere*, est le plan des différentes grilles par où l'on fait passer le minérai.

a, canal qui amene l'eau sur le minérai.

b, plancher sur lequel on met le minérai.

C, division de plusieurs caisses longues dans lesquelles le minérai le plus fin se dépose ; on les nomme *labyrinthe*.

D, canal par où s'écoulent les eaux du labyrinthe.

e, planchers inclinés sur lesquels tombent l'eau & le minérai, en passant par les grilles 1, 2, 3, 4, 5 & 6.

1, 2 & 3, sont les trois premieres grilles ou cribles, faites avec des baguettes de fer.

4, 5 & 6, trois autres grilles faites avec des feuilles ou plaques de cuivre percées de plusieurs trous.

7, six cuves dont il y en a quatre pour le lavage au crible, & deux pour recevoir le minérai prêt à être livré aux fonderies.

8, canal qui conduit l'eau dans les cuves.

9, tables où l'on trie le minérai pour en former différentes classes.

La figure 2 eſt le profil ou coupe de ces laveries ſur la ligne A B.

La figure 3 eſt le plan de la caſſerie & des tables à laver le minérai.

A, la caſſerie ou table ſur laquelle nombre de petits garçons trient le minérai, & en ſéparent les qualités.

B, tables où l'on lave le minérai.

C, canal qui amene l'eau dans les caiſſes D, d'où elle ſe rend par le petit canal E ſur la partie ſupérieure avec le minérai.

D, caiſſe à contenir le minérai qu'on veut laver.

F, morceaux de bois qui diviſent l'eau & le minérai ſur la table.

G, canal au bas des tables, qui communique aux caiſſes de dépôt ou réſervoirs H.

La figure 4 eſt la coupe d'une des tables ſur la ligne C D.

La figure 5 eſt la coupe ou profil des trois tables ſur la ligne E F du plan, fig. 3.

La figure 6 eſt une autre coupe des laveries par gradation, & de la caſſerie ſur la ligne G H du plan, fig. 1 & 2.

P L A N C H E   X V I.

A B, *figure premiere*, repréſente une maſſe de rocher que l'on voudroit abattre le plus avantageuſement poſſible avec des coups de mine, en ſe ſervant de gros ou de petits forets.

A B, *fig.* 2, eſt le profil d'une galerie horiſontale, dans laquelle on veut placer un varlet d'une machine hydraulique pour faire mouvoir les piſtons de la pompe E dans un puits oblique.

C D, puits inclinés.

E, pompe.

Les fig. 3 & 4 ſont le plan & le profil d'une *trog* ou ſébille de bois, avec laquelle on lave les minérais d'or & d'argent à Schemnitz en Hongrie.

A B, *fig.* 5, eſt le profil d'un vaiſſeau dont on ſe ſert pour diſtiller le mercure des boules provenant de l'amalgamation de l'or.

A, eſt la partie ſupérieure de ce vaiſſeau de 11 pouces & demi de profondeur, ſur 4 pouces & 8 lignes de diametre dans œuvre.

B, partie intérieure dans laquelle la premiere s'emboîte depuis C juſqu'à F; elle eſt enterrée dans le ſable juſqu'à cette hauteur, & à 8 pouces 9 lignes de profondeur ſur 5 & demi de diametre, on l'entoure de charbon juſqu'en A & au-deſſus.

D, trépied en fer ſur lequel on met le *teſt*.

E, *teft* où se placent les boules.

La figure 6 est le plan d'un de ces *teft*, dans lequel on met les boules pour être distillées.

PLANCHE XVII.

ABCDEF, est la coupe ou profil de la digue d'un étang construit à Saint-Andréasberg dans le Hartz, dont les eaux servent pour faire mouvoir les machines hydrauliques.

A, est un canal ou voûte en maçonnerie, par lequel s'écoulent les eaux de l'étang lorsqu'on veut le vider.

B, deux canaux joints ensemble dans le fond dudit étang pour l'écoulement des eaux lorsqu'on ouvre la bonde, ils sont aussi en maçonnerie.

C, espece de puits dans lequel est la vanne ou bonde, qui sert à boucher l'ouverture du canal du fond de la digue.

D, les deux murs principaux en dehors & en dedans de l'étang, qui servent de soutien ou de retenue.

E, gazons de terre.

F, l'endroit au-dessus du puits pour ouvrir ou fermer la vanne.

G, étang dont la masse d'eau a 800 toises de surface.

PLANCHE XVIII.

Cette planche représente le plan d'un bocard, tels qu'ils sont construits dans le Hartz, pour piler & laver les minérais de plomb tenant argent.

ABCD, est l'enceinte des murs du bâtiment du bocard à six pilons.

EF, mur de séparation du bocard avec l'emplacement de la roue.

G, arbre moteur.

H, piece de bois de chêne sur laquelle porte le tourillon de l'arbre.

I, canal qui amene de l'eau sur la roue.

K, porte pour entrer dans l'emplacement de la roue.

LM, portes du bocard.

N, fenêtres du bocard.

O, canal au-dessus de la roue qui amene l'eau dans la caisse des pilons, & sur les tables.

P, tuyau qui amene l'eau du canal O dans les caisses des pilons.

Q, canal un peu incliné à la sortie des caisses des pilons, par où s'écoule l'eau & le minérai dans celles du labyrinthe.

RST, murs du bâtiment où sont renfermées les tables à laver les minérais & le labyrinthe du bocard.

V, portes d'entrée dudit bâtiment.

W, les fenêtres.

X, continuation du canal de la fortie des caiffes des pilons, dans celles du labyrinthe.

Y, n°. 1 à 7, caiffes du labyrinthe.

Z, canal qui diftribue l'eau fur les tables & dans les *fchlem graben*.

A A, caiffes allemandes ou *fchlem graben*.

B B, canaux à la fortie des caiffes allemandes qui communiquent au réfervoir qui eft en deffous.

C C, creux ou réfervoirs au-deffous des *fchlem graben*.

D D, tables à laver le minérai pilé.

E E, pieces de bois auxquelles font affemblées les planches pour former les tables.

F F, partie fupérieure triangulaire de la table où l'on met le minérai pour être lavé.

G G, caiffes au-deffus de la table qui reçoivent l'eau des canaux fupérieurs.

H H, creux ou réfervoirs au-deffous des tables.

I I, canaux ou caiffes où fe rend le fchlick le plus pauvre, provenant des *fchlem graben*.

K K, caiffes ou cuves dans lefquelles on lave les toiles des tables, divifées en trois parties.

L L, mêmes caiffes divifées en deux.

M M, autres caiffes ou réfervoirs en dehors du bocard, où les eaux dépofent encore ce qu'elles peuvent contenir.

N N, autres réfervoirs plus grands de forme quarrée & de forme ronde, qui fe communiquent tous par leur partie fupérieure, & font deftinés au même ufage.

O O, emplacement à côté du bocard où l'on met le minérai pour être pilé, & où on le trie.

P P, porte de communication du bocard aux laveries.

a, les montans ou pieces de bois qui forment l'encaiffement des pilons.

b, fol fur lequel frappent les pilons.

c, pilons de fer de 110 à 114 livres.

d, cannes ou mentonnets en bois fixés à l'arbre de la roue, lefquels font mouvoir les pilons.

e, les grilles & les petits canaux intérieurs par où s'écoulent l'eau & le minérai à la fortie des caiffes des pilons.

f, les canaux en dehors des caiſſes des pilons qui reçoivent le minérai, d'où il ſe rend dans celles du labyrinthe par ceux *g*.

e e, les petits canaux qui diſtribuent ſur les tables.

h h, les pieces de bois qui ſupportent ces petits canaux.

i i, ſéparations dans les premiers canaux, au moyen deſquelles le plus groſſier ſe dépoſe.

n, petits canaux pratiqués dans le milieu des principales pieces de bois des côtés de chaque table, de 3 pouces de largeur, par leſquels s'écoule l'eau qui eſt de trop.

o, ouverture qui communique de la caiſſe à la table.

p, eſt une caiſſe à contenir l'eau du lavage dans les caiſſes allemandes.

q, petite ouverture de demi-pouce, par laquelle on fait couler l'eau en deſſous.

r, autre ouverture pour laiſſer échapper l'eau qui eſt de ſurplus.

ſ, petit robinet que l'on ouvre pour faire couler l'eau dans la caiſſe.

On peut au reſte, pour avoir plus de détails, conſulter ce qui eſt dit dans la traduction de M. Monnet, & la planche XXIII du traité de l'exploitation des mines.

P *L A N C H E* X I X.

Plan ou carte des environs de Freyberg en Saxe, diviſés en trois principaux diſtricts ſous le nom de *Braënder reſier*, *Hohen birckner reſier* & *Hals brückner reſier*, dans laquelle eſt marquée la ſituation des différentes mines, l'embouchure des puits & galeries d'écoulement, les bocards, les étangs qui fourniſſent l'eau aux machines, & celles des fonderies, tous déſignées par leurs noms.

P *L A N C H E* X X.

Machine exécutée à la mine de *Lorentz gégen trüm* près de Freyberg, avec laquelle on éleve les matieres; elle eſt mue par l'eau.

A, *fig. 1*, plan de la machine avec celui des fondations de la cage qui renferme la principale roue.

B, *fig. 1 & 2*, la roue principale qui eſt double.

C, *fig. 3*, la petite roue ne ſervant uniquement que pour arrêter la grande.

D, *fig. 4*, eſt le plan des canaux qui portent l'eau ſur la roue, avec celui du deſſus de la cage où eſt renfermée la roue.

E, *fig. 5*, élévation de la machine dans laquelle il ne paroît que la petite roue, la grande étant cachée par le bâtiment qui la renferme.

1, *fig. 1*, eſt l'arbre où ſont fixées les deux roues.

2, les principales pieces de bois qui forment la charpente de l'emplacement de la grande roue.

3, deux moulettes placées ſur le puits pour diriger la corde à laquelle ſont attachés deux ſeaux ou tonnes pour l'extraction du minérai.

4 & 5, *fig. 5*, deux écluſes qui portent l'eau ſur chaque côté de la roue qu'on arrête en ouvrant celle 6 par où l'eau ſe décharge ; mais quand on veut faire tourner la roue dans un ſens contraire, on ouvre l'une des deux écluſes ſupérieures, tandis qu'on ferme l'autre : ce qui ſe fait en bas par le moyen de trois bâtons 7, qui s'arrêtent avec des chevilles.

8, 9 & 10, ſont trois pieces de bois en deſſus & en deſſous de la petite roue, qui ſont miſes en mouvement par le levier 11, & qui preſſent la roue lorſqu'on veut arrêter la machine, ayant préalablement détourné l'eau de deſſus la grande, & ayant ouvert l'écluſe 6 ; un ſeul ouvrier fait toute cette manœuvre.

12, ſont deux planches que l'on rechange très-ſouvent, puiſqu'elles s'uſent très-vîte par le frottement de la roue, qui ſans elles auroit bientôt coupé les pieces de bois 9 & 10.

13, eſt un morceau de fer pris dans deux colliers, lequel tient les deux pieces de bois 8 & 9 enchaînées.

14, pierre poſée ſur la piece de bois inférieure, qui ſert à lui donner plus de poids pour la faire baiſſer quand on relâche le levier 11, ce qui fait lever la piece 8 ſeulement fixée au point 15, qui tourne ſur le même point, & qui en même tems par le fer 13, éleve celle qui eſt placée ſur la roue, laquelle tourne ſur le point 16.

17, *fig. 1 & 5*, eſt le puits au milieu duquel il y a une ſéparation 18 pour empêcher les tonnes de ſe toucher.

19, *fig. 6*, eſt une eſpece de lanterne ou tambour fixé à l'arbre, & ſur lequel s'enveloppe la corde.

20, *fig. 5*, deux cordes auxquelles ſont attachés des crochets de fer que l'on paſſe dans des anneaux en deſſous des tonnes, par le moyen deſquels on les renverſe pour les vider.

Les fig. 7 & 8, ſont le plan & profil des moulettes ou poulies qui ſupportent les cordes au-deſſus du puits.

P L A N C H E XXI.

Les figures 1, 2 & 3, repréſentent le plan, profil & vue en perſpective
d'une

d'une table à laver le minérai par répercuffion à la maniere hongroife, exécutée dans les mines de Freyberg en Saxe.

A, arbre fixé à une roue qui eft mife en mouvement par l'eau.

B, cammes ou mentonnets autour de la circonférence dudit arbre.

C, croix ou varlet fur lequel paffent les cammes.

D, piece de bois àttachée au même varlet.

E, la table fufpendue par 4 chaînes contre la tête ou partie fupérieure,
de laquelle la précédente piece de bois vient frapper, au paffage de chaque
camme afin de la faire reculer, & la camme étant paffée frappe une autre
piece de bois, ce qui occafionne une petite fecouffe.

F, piece de bois clouée au haut de la table pour recevoir le choc, afin
que ladite table n'en foit pas endommagée.

G, les deux chaînes qui fupportent le devant de la table, qui refte
toujours à la même hauteur.

H, les deux autres chaînes qui fufpendent l'autre bout de la table.

I, treuil fur lequel paffent les deux chaînes H, & par le moyen duquel
on éleve ou l'on baiffe la table fuivant que le minérai l'exige.

K, caiffe dans laquelle on met les matieres que l'on veut laver, & que
l'on y agite dans l'eau.

L, petite pelle avec laquelle on agite les matieres dans ladite caiffe.

M, chevilles que l'on ôte lorfqu'on veut donner de l'eau dans la
caiffe K.

N, canal qui fournit l'eau.

O, autre petit canal qui reçoit l'eau avec les matieres de la caiffe K,
lefquelles font entraînées fur la partie fupérieure de la table.

P, petits morceaux qui fervent à faire couler également les matieres fur
toute la largeur de la table.

PLANCHE XXII.

La premiere figure eft le profil d'une petite roue appliquée à une machine
hydraulique, au moyen de laquelle fon mouvement eft plus égal.

A, *fig.* 1, la petite roue fur laquelle s'enveloppe la corde qui eft attachée
aux tirans.

B C, les tirans.

D, la corde.

Les figures 2 & *3* repréfentent le plan & la vue en perfpective de deux fourneaux à griller, dont on fe fert à Freyberg en Saxe, pour calciner les

Tome II. F f f f

Le pied de
Freyberg qui
eft la moitié
d'une aune

pyrites ou minérais pauvres, dont on retire en même tems une partie du soufre qu'elles contiennent.

, l'aire du fourneau.

b, les murs.

c, murs en briques du conduit ou canal.

d, le canal ou espece de cheminée.

e, les ouvertures dans le fond du fourneau pour le passage de la fumée.

f, ouverture de la cheminée de 20 pouces en quarré.

g, les planches qui recouvrent le canal ou conduit qui communique à la cheminée.

h, ouverture du devant du fourneau que l'on bouche avec des briques (*).

PLANCHE XXIII.

Les figures 1, 2, 3, 4 & 5, représentent le plan, la coupe, l'élévation & la perspective d'un fourneau à vent ou de réverbere, pour la calcination ou grillage des minérais de Freyberg.

1, canaux pour l'humidité & ventouses.

2, grille faite avec des briques où l'on met le charbon de terre & le bois.

3, intérieur du fourneau où se met le minérai.

4, ouverture par laquelle on jette le minérai dans le fourneau.

5, porte par laquelle on remue le minérai, & par où on le retire.

6, ouvertures par lesquelles on remue aussi le minérai, & l'on met du bois par-dessus.

7, chauffe ou fourneau à vent par lequel on introduit le charbon & le bois sur la grille.

8, canal où s'arrête le soufre & l'arsénic.

Plan & profil du haut fourneau dont on se sert dans le comté de Mansfeld, pour fondre les minérais de cuivre en ardoise ; on n'y a point mis d'échelle, mais on en trouve ci-après les mesures principales, ce dessin n'étant que figuré.

La sixieme figure est le plan de ce fourneau.

A, massif de maçonnerie qui forme le corps du fourneau.

B, endroit où se place la tuyere.

C, le fond du fourneau au-dessus de la pierre du sol, dans lequel on fait la trace pour l'écoulement de la fonte.

D, table du bassin de l'avant-foyer.

E, bassin de l'avant-foyer.

F, canal de percée.

G, bassin de réception.

est plus petit que celui de roi, de 1 pouce 7 lignes & deux-tiers.

(*) Voyez le XIIe Mém., Sect. 4, §. 12.

n°. 1 à 2, 2 pieds 10 pouces dans le bas, pied de Mansfeld qui differe,
    & est moindre de celui de roi de 1 pouce 6 lignes.

    Et 2 pieds 7 pouces dans le haut.

  2 à 3, 14 pouces en bas.

    18 *dits* en haut.

  1 à 4, 23 *dits* en bas.

    36 pouces en haut.

  La septieme figure est le profil de ce même fourneau.

A, murs du derriere du fourneau.

B, intérieur.

C, fermeture du fourneau en briques soutenues par des barres & liens
de fer.

D, tuyere.

E, la pierre de sol.

F, le fond du fourneau garni avec de la brasque, incliné depuis la tuyere
au bassin d'avant-foyer.

G, espace entre le fourneau & le pilier en maçonnerie qui sontient une
des faces de la cheminée.

H, pilier qui supporte la cheminée.

I, une des faces de la cheminée.

K, cheminée.

L, bassin d'avant-foyer.

La distance du n°. 5 à 6, est de 28 pouces.

Celle de 5 à 7, de 11 pieds 6 pouces.

Le fourneau incline de 10 pouces.

PLANCHE XXIV.

Dessin du fourneau à rafraîchir, dont on se sert dans le comté de Mansfeld, pour former les pieces de liquation, & aussi à Freyberg.

  La premiere figure est le plan de ce fourneau.

A, la maçonnerie des piliers & du mur de derriere.

B, murs de la doublure du fourneau.

C, place de la tuyere.

D, place des soufflets.

E, sol du fourneau.

F, table de l'avant-foyer.

G, pierres droites qui soutiennent la brasque dont est formée la table
de l'avant-foyer.

F fff ij

H, marche pour monter fur l'avant-foyer, d'où l'on charge le fourneau.

I, baffin de l'avant-foyer.

K, la poële de liquation qui eft en fer coulé.

   La feconde figure eft la coupe ou profil de ce fourneau.

A, murs du derriere du fourneau.

B, voûte ou murs de la cheminée.

C, cheminée, fon ouverture.

D, la doublure du fourneau.

E, pierre qui fupporte la cheminée.

F, fermeture en briques du devant du fourneau.

G, un des côtés de l'intérieur du fourneau.

H, partie du devant du fourneau que l'on ouvre pour le réparer.

I, baffin d'avant-foyer.

K, l'avant-foyer.

L, pierres de l'entablement de l'avant-foyer.

M, marche pour monter fur le fourneau.

N, fond ou fol du fourneau.

O, tuyere.

P, canon du foufflet.

Q, foufflet.

R, recoupe du mur de derriere du fourneau.

   La troifieme figure eft l'élévation du même fourneau.

A, corps du fourneau en maçonnerie.

B, pierres faillantes qui fupportent la cheminée.

C, l'arcade du fourneau.

D, chemife ou doublure du fourneau.

E, le devant du fourneau fermé avec des briques.

F, la partie que l'on ouvre pour le réparer.

G, avant-foyer.

H, marche pour monter fur le fourneau.

   La quatrieme figure eft le plan de deux fourneaux de liquation dont on fe fert dans la même fonderie.

   A, murs du derriere & de l'intérieur des fourneaux.

   B, foupiraux ou ventoufes dans le fond des voies ou rigoles.

   C, fept foupiraux dans le mur qui féparent les plans inclinés, & qui communiquent d'un fourneau à l'autre.

   D, les plans inclinés ou 4 pieces ou plaques de fer coulé.

   E, ouverture entre les plaques de fer fur toute leur longueur, par laquelle le plomb tombe en gouttes des pieces de liquation, à mesure qu'il fond.

F, deux petits baffins faits en maçonnerie de briques, & dans lequel on met un moule en fer coulé pour recevoir la matiere fondue.

G, terrain du devant du fourneau.

La cinquieme figure est le profil de ces deux fourneaux.

A, murs qui féparent les plans inclinés ou les deux fourneaux.

B, foupiraux ou canaux dans le derriere des fourneaux.

C, foupiraux de communication.

D, intérieur des fourneaux que l'on remplit de charbon quand les p'ec.s font arrangées.

E, pieces de liquation placées verticalement fur les plans inclinés.

F, voies ou rigoles où le plomb tombe en gouttes pour fe rendre dans les baffins F du plan.

G, plaques de fer qui forment les plans inclinés dans chaque fourneau.

H, portes de fer formées avec des tôles fur toute la longueur du fourneau.

Deffin d'un grand fourneau de liquation à réverbere, exécuté dans la fonderie de Hetteſteds du comté de Mansfeld.

La fixieme figure est le plan inférieur.

A, murs qui compofent le corps du fourneau.

B, foupirail.

C, le cendrier.

D, voies ou rigoles.

E, baffins de réception.

F, foupiraux ou ventoufes.

La feptieme figure est le plan ou niveau des plaques qui forment les plans inclinés.

A, maçonnerie du corps du fourneau.

B, la grille ou chauffe.

C, plaques de fer coulé.

D, paffage de la flamme dans la cheminée.

E, les baffins de réception au niveau du terrain.

F, foupiraux.

La huitieme figu e est l'élévation du fourneau.

A, les murs.

B, l'ouverture de la chauffe.

C, quatre foupiraux à la voûte.

D, porte pour entrer dans le fourneau.

E, voies par lefquelles coule le plomb.

La neuvieme figure eft le profil des plans inclinés.

A, le mur du fourneau à l'extrémité de la chauffe.

B, murs de féparation des plans inclinés.

C, les plans inclinés au travers defquels on place verticalement les pieces de liquation.

D, paffage de la flamme dans la cheminée.

La dixieme figure eft le profil en perfpective| de ces plans.

A, les murs du fourneau,

B, les plans inclinés ou plaques de fer.

C, les pieces de liquation.

D, les voies ou rigoles.

PLANCHE XXV.

Deffin d'une machine à moulettes agiffant par l'eau pour élever les matieres minérales, exécutée à Joachimfthal en Bohême.

La premiere figure repréfente le plan de la machine avec la cage de la roue en maçonnerie.

A, murs fervant de cage à la roue dans fa partie inférieure.

B, autres murs plus élevés pour le même ufage.

C, murs du bâtiment qui couvre toute la machine.

D, l'arbre ou axe de la roue avec fes fupports, tourillons, &c.

E, la roue qui, comme on le voit, eft à double rang d'augets ou godets.

F, autre roue qui fert à arrêter le mouvement de la premiere & fixée au même arbre.

G, tambour formant deux cônes tronqués, fixés à l'arbre par trois chaffis en croifée qui portent des courbes, fur lefquelles font attachées avec des chevilles de fer, les pieces de bois ronds que l'on y voit.

H, deux cables dont un à chaque bout du tambour; lorfque l'un s'enveloppe en montant vers le plus grand diametre, l'autre defcend vers l'extrémité où eft le plus petit rayon; c'eft cette différence des leviers qui procure l'uniformité de mouvement à la roue.

I, l'orifice ou embouchure du puits duquel cette machine retire les matieres.

K, les deux moulettes ou petites roues qui portent les cables & les dirigent dans le puits.

L, la charpente qui fupporte les moulettes.

La feconde figure eft le profil ou élévation de la machine.

A, mur fervant de cage à la partie inférieure de la roue.

B, autres murs en retraite des premiers qui forment la cage de la partie fupérieure de la roue.

C, mur du bâtiment.

D, arbre de la roue avec le tambour, &c.

E, la roue à eau.

F, la roue fervant de régulateur.

G, le tambour.

H, grande caiffe fervant de réfervoir où l'eau arrive par un canal qui lui en fournit fans ceffe, lequel eft placé au-deffus de la roue & perpendiculairement à fon axe.

I, deux tirans à l'extrémité defquels eft fixée une bonde ou vanne, & qui en les ouvrant fourniffent alternativement de l'eau, dans l'un ou l'autre côté de la roue, pour la faire tourner en fens contraire.

K, les deux leviers des vannes.

L, piece de bois fervant de fupport ou de point d'appui à ces leviers.

M, deux tirans par le moyen defquels on leve les vannes, & l'on regle la quantité d'eau.

La troifieme figure repréfente la roue fervant à arrêter la machine.

Comme fouvent il eft néceffaire d'arrêter la grande roue, qui une fois en mouvement feroit plus de révolutions qu'il n'en faudroit, même en ôtant l'eau de deffus, on a imaginé un moyen affez fimple par lequel on parvient à l'arrêter à volonté, ainfi qu'il va être expliqué.

A, mur en élévation de l'un des côtés de la cage de la grande roue.

B, l'arbre des roues.

C, la grande roue à eau dont on ne voit qu'un fegment, par une ouverture laiffée à cet effet dans le mur de fa cage.

D, roue fixée fur le même axe fervant à régler le mouvement de la premiere.

E, piece de bois au-deffus de cette roue.

F, autre piece de bois en deffous de la même roue.

GG, deux autres *idem* fixées aux deux précédentes.

HH, deux courbes en forme de gouffets, ou liens affemblés avec les précédentes.

I, poulie.

K, chaîne qui paffe fur cette poulie.

L, chappe ou mouffle de fer qui embraffe la piece de bois E, & à laquelle eft fixée la chaîne K.

M, un tirant fixé à la chaîne qui paſſe dans une mortoiſe de la piece de bois E.

N, autre chappe de fer où le tirant M eſt fixé, & qui embraſſe la piece F.

O, autre tirant fixé à la chappe L.

P, levier.

Q, chevalet dans lequel le levier a ſon centre de mouvement ſur un boulon.

R, chappe paſſée au levier P & fixée au tirant O.

S, autre chevalet qui porte verticalement une crémaillere de fer, ſervant à arrêter à l'endroit convenable le levier P.

D'après ce détail on doit concevoir qu'un homme qui eſt toujours près du chevalet S eſt le maître d'arrêter la machine ; car en paſſant ſur le levier P, le tirant O fait baiſſer la piece de bois E, qui a ſon centre de mouvement où eſt cette lettre ; & à meſure que cette piece baiſſe, ainſi que celles G & H qui y ſont fixées, celles F G H du deſſous de la roue ſont élevées par le moyen de la chaîne qui paſſe ſur la poulie ; tôutes ces parties qui en même tems touchent la moitié de la circonférence de la roue D, occaſionnent un frottement conſidérable qui arrête toute la machine ; & lorſqu'on veut la faire aller, on leve le levier P qui avec le tirant O, fait remonter la piece E, tandis que celle F deſcend, & alors toutes les pieces ceſſent de toucher ia roue.

P L A N C H E XXVI.

Cette planche repréſente le projet d'un fourneau de coupelle d'une conſtruction nouvelle, que M. Jars avoit imaginé pour remédier prinçipalement aux dangers auxquels ſont expoſés les ouvriers par la fumée du plomb.

Ce fourneau eſt conſtruit ſous deux points de vue, & de maniere à pouvoir ſervir au raffinage du cuivre ; il n'y auroit d'autres changemens à y faire que de ſupprimer le chapeau de fer, de mettre une voûte à ſa place, & de former deux baſſins de réception, de chaque, côté à l'endroit où il y a des portes que l'on a fermées avec des briques. Ce fourneau ſeroit plus commode en ce qu'il donneroit plus d'aiſance pour le travail, que celui qui eſt uſité aux mines du Lyonnois quoique très-avantageux (*).

Si l'on conſtruiſoit un pareil fourneau, il conviendroit de l'adoſſer contre un mur, ſous une grande cheminée qui tireroit toutes les vapeurs ; ce mur ſépareroit le fourneau d'avec le ſoufflet, de façon que l'endroit où ſe place la tuyere ſeroit pris dans ce mur, où l'on auroit fait une voûte

pour

(*) *Voyez* la [...]. V, tom. III & l'explication.

pour former comme une grande porte, & que l'on acheveroit de maçonner avec des briques, que l'on pourroit défaire pour raccommoder le fourneau fans endommager le mur, contre lequel on doit conftruire la grande cheminée ; & fi l'emplacement permet de ménager un cendrier fouterrain, il fera bien de le faire.

La premiere figure eft le plan inférieur de ce fourneau.

A, lit de fcories au-deffus des canaux pour l'évaporation de l'humidité.

B, canaux ou foupiraux qui fe communiquent & reffortent au dehors du fourneau.

C D E, canaux ou voûtes pour l'humidité.

F, fondations de la partie du fourneau du côté de la cheminée.

G, maffif de maçonnerie du corps du fourneau.

H, le cendrier.

I, pilier en maçonnerie pour appuyer la potence ou gruau qui fupporte le chapeau de la voûte.

La feconde figure eft le plan fupérieur.

A, ouverture ménagée pour donner de l'air & de la vivacité à la flamme.

B, cheminée.

C, tuyau ou conduit par lequel la flamme enfile la cheminée.

D, fecond conduit pour le paffage de la flamme qui aboutit dans la grande cheminée.

E, ouverture ou emplacement de l'écoulement de la litharge, & par laquelle on retireroit les fcories fi l'on raffinoit du cuivre dans ce fourneau.

F G, voie de la litharge & rigole par où elle s'écoule, formées dans une pierre creufée.

H, deux ouvertures fermées avec des petits murs de briques.

I, le baffin ou la coupelle.

K, petite ouverture par laquelle l'affineur voit ce qui fe paffe dans le fourneau.

L, la tuyere.

M, recoupe voûtée dans le mur du fourneau pour l'aifance du travail.

N, canon du foufflet.

O, le foufflet.

P, le paffage de la flamme dans la coupelle.

Q, l'entrée ou ouverture de la grille ou chauffe.

R, la grille.

Tome II. Gggg

S, baffin de réception que l'on a figuré dans le cas qu'on voulût fe fervir de ce fourneau pour y raffiner du cuivre.

T, murs qui compofent l'enceinte du fourneau.

U, gruau qui a un tourillon deffus & deffous, afin qu'on puiffe le faire tourner avec le chapeau de fer.

La troifieme figure eft la coupe du fourneau fur la longueur.

A, le lit des fcories au-deffus des petits canaux ou ventoufes.

B, les petits canaux pour l'humidité qui ont leur iffue en dehors du fourneau.

C D E, les canaux principaux pour la fortie de l'humidité au-deffus des fondations.

F, conduit de la cheminée qui monte obliquement & aboutit dans la grande.

G, l'ouverture pour l'écoulement de la litharge.

H, la cheminée oblique.

I, la grande cheminée perpendiculaire ; les lignes ponctuées marquent l'ouverture pour la conduite de la flamme.

K L, les deux conduits par lefquels paffe la flamme à la fortie du fourneau pour enfiler la cheminée.

M, le commencement du dôme ou voûte de l'intérieur du fourneau.

N, petit mur de briques qui ferme l'ouverture H du plan.

O, l'endroit où fe place le chapeau de fer.

P, emplacement de la tuyere.

Q, la tuyere.

R, la recoupe derriere le fourneau.

S, l'intérieur de la voûte ou dôme.

T, le lit de cendres formant la coupelle.

U, le fol de briques placées de champ au-deffous des cendres.

V, les pierres qui recouvrent les canaux principaux pour la fortie de l'humidité.

X, les fondations.

Y, la rigole ou la voie de la litharge.

La quatrieme figure eft la coupe fur la largeur du fourneau du côté de la cheminée.

A, porte derriere la cheminée qui fert à donner de l'action à la flamme en fortant du fourneau.

B, ouverture intérieure de la cheminée perpendiculaire.

C D, les deux conduits de la flamme qui aboutiffent à la grande cheminée.

E, paſſage de la flamme dans la cheminée oblique.

F, voûte du fourneau ſur laquelle repoſe le petit côté du chapeau de fer, au-deſſus de la voie de la litharge.

G, paſſage de la flamme à la ſortie de la coupelle.

H, la voie de la litharge ou l'ouverture par laquelle on la fait couler.

I, l'intérieur du fourneau.

K, lit de cendres avec lequel eſt formée la coupelle.

L, lit de briques arrangées verticalement.

M, lit de ſcories.

N, les petits ſoupiraux ou ventouſes.

O, hauteur à laquelle ſont conſtruits les canaux principaux, ſur la longueur & largeur du fourneau.

P, un de ces canaux qui en traverſe la longueur.

Q, les pierres qui les recouvrent.

R S, les deux ouvertures ou portes de chaque côté fermées avec un mur de briques.

T, la partie ſupérieure de la maçonnerie du fourneau du côté de la cheminée.

U, maçonnerie ou murs à la hauteur de la coupelle.

X, les fondations.

La cinquieme figure eſt l'élévation du même fourneau vu du côté de la cheminée.

A, la pierre creuſée pour ſervir à l'écoulement de la litharge.

B, l'ouverture du fourneau vis-à-vis la tuyere, qui ſert de voie à la litharge.

C, la rigole.

D, l'ouverture de la cheminée.

E, la cheminée oblique.

F, le paſſage de la flamme dans la cheminée oblique.

G, la grande cheminée perpendiculaire.

H, les murs du fourneau.

I, la ſortie d'un des ſoupiraux.

K, le mur de la chauffe.

La ſixieme figure eſt le plan du fourneau à ſa hauteur ſupérieure.

A, ouverture de la cheminée.

B, cheminée oblique.

C, paſſage de la flamme,

G g g g ij

D, les murs du fourneau.

E, le chapeau de fer.

F, l'endroit où est placé le gruau qui supporte le chapeau de fer.

La septieme figure est le profil de ce gruau ou potence qui tourne sur un pivot.

PLANCHE XXVII.

Plans, coupes & élévation du fourneau dont on se sert à Joachimsthal en Bohême, pour la fonte du cobolt & en faire de l'azur.

La premiere figure est le plan inférieur.

n°. 1, massif de maçonnerie.

2, la grille de la chauffe qui est en briques.

3, un soupirail qui communique au derriere du fourneau.

4, autre soupirail à la hauteur de la chauffe.

La seconde figure est le plan supérieur.

1, sol intérieur du fourneau en briques.

2 porte du fourneau.

3, ouverture par où la flamme entre dans le fourneau.

4, quatre petites ouvertures contre lesquelles on place chaque creuset; mais de façon qu'elles sont bouchées par les creusets mêmes, du côté où ils ont un petit trou dans le bas, par lequel on fait couler les speis dans les bassins.

5, les bassins qui sont faits chacun d'une seule brique.

6, trou par où passe la flamme pour sécher le caillou ou quartz pulvérisé, que l'on met dans un autre fourneau à côté.

7, l'aire de ce fourneau.

8, porte de fer pour mieux retenir la chaleur.

9, passage pour la sortie de la flamme.

La troisieme figure est la coupe sur la ligne AB du plan supérieur.

n°. 1, intérieur du fourneau.

2, porte par laquelle on fait entrer les creusets, & que l'on rebouche ensuite avec une brique de même grandeur, que l'on y lutte bien avec de l'argille, & que l'on laisse fermée jusqu'à ce qu'on veuille retirer les creusets pour en mettre d'autres dans le cas qu'il y en ait qui cassent.

3, passage de la flamme de la chauffe dans le fourneau.

4, petites ouvertures par lesquelles on perce dans les creusets pour faire couler le *speis*.

5, ouvertures ou passages qui servent à introduire les matieres dans les creufets & les en retirer ; chacune d'elles eft formée dans une grande brique. On les bouche avec des briques de façon qu'on y laiffe à côté un petit trou de 12 à 15 lignes pour la fortie d'une partie de la flamme.

6, paffage de la flamme qui fe rend dans la voûte.

7, la voûte où l'on met le caillou ou quartz pour fécher.

8, la porte de fer.

9, paffage de la flamme qui enfile l'ouverture 10, pour aller fécher le bois dans la voûte 11. Comme il n'y a qu'une feule perfonne qui ait cette fabrique, elle ne fait pas des avances néceffaires pour être approvifionnée, elle eft par conféquent obligée de faire fécher fon bois dans ladite voûte qu'elle a ménagé à fon fourneau, mais il s'en confomme plus qu'il ne peut en fécher ; on en emploie auffi qui n'eft pas fec, ce qu'il conviendroit cependant d'éviter.

12, ouverture que l'on bouche quand on veut faire paffer la flamme dans la voûte 11.

13, endroit par où on met le bois dans la chauffe.

14, la chauffe.

15, un foupirail.

16, la grille de la chauffe.

17, le cendrier.

18, foupirail dans lequel on met auffi du bois.

19, voûte qui répond au foupirail 18, & qui fert comme d'entonnoir à l'air qui le fuit & va animer le feu dans la chauffe.

La quatrieme figure eft la coupe fur la ligne C D.

n°. 1, intérieur du fourneau.

2, la voûte en briques.

3, paffage de la flamme dans le fourneau.

4, ouvertures par lefquelles on perce les creufets pour faire couler le *fpeis* dans les baffins.

5, les baffins.

6, paffage de la flamme pour fe rendre dans la voûte où l'on met fécher le quartz.

7, la chauffe.

8, la grille.

9, foupirail au rez-de-chauffée.

10, le cendrier.

11, portes par lefquelles on met les matieres dans les creufets.

12, deux plaques de fer.

La cinquieme figure eſt la coupe ſur la ligne E.F.

1, voûte où l'on met ſécher le bois.

2, foyer où l'on fait ſécher le quartz.

3, paſſage de la flamme dans la voûte.

4, les voûtes qui ſont exprimées dans la coupe A B par **19**.

5, le ſoupirail.

6, une pierre poſée ſur le ſol de la fonderie, ſervant de marche-pied pour mettre le bois ſécher par l'ouverture **7**, que l'on ferme avec une porte de fer.

La ſixieme figure eſt l'élévation du derriere du fourneau,

1, voûte.

2, pierre que l'on met lorſqu'on veut alonger la chauffe.

3, ſoupirail.

4, trou dans lequel on met une brique pour gêner la flamme, & l'obliger de monter dans l'endroit où l'on fait ſécher le bois.

La ſeptieme figure eſt le profil ou élévation ſur la longueur du fourneau.

1, entrée où on met le bois à ſécher, & que l'on ferme avec une porte de fer.

2, la voûte du fourneau.

3, fenêtres ou ouvertures par leſquelles on introduit les matieres dans les creuſets & par où on ſort le verre.

4, une plaque de fer.

5, les petites ouvertures par où l'on perce les creuſets pour faire couler le *ſpeis*.

6, la pierre ſervant de marche-pied pour mettre le bois ſécher par l'entrée **1** de la voûte.

Plans, coupe & élévation du fourneau ſervant à fondre le cobolt à Sehnéeberg en Saxe.

La huitieme figure eſt le plan à la hauteur du ſol du fourneau.

A, maſſif de maçonnerie élevé de 6 pouces au-deſſus du rez-de-chauſſée.

B, cercle de fer qui lie ce maſſif.

C, ſix piliers de maçonnerie pour porter la voûte du fourneau.

D, paſſages des creuſets dans le fourneau : les deux cercles ponctués déſignent l'épaiſſeur des murs au-deſſus de ces mêmes paſſages.

E, eſcalier pour deſcendre juſqu'au ſol du cendrier & pour mettre le bois dans la chauffe.

F, la porte de la chauffe qui se trouvant plus bas est ponctuée, ainsi que toute la longueur de cette chauffe.

G, trou par lequel passe la flamme dans le fourneau ; l'on y voit en totalité le dessus de l'un des arceaux & deux autres en partie, avec l'espace de l'un à l'autre ; ces arceaux servent de grille pour porter le bois dans la chauffe.

H, massif de maçonnerie pour servir de base à un autre fourneau, pour sécher le quartz ou sable crystallin.

I, escalier qui descend jusqu'au sol du cendrier, & par où l'on retire les braises, qui en même tems sert de soupirail ou de passage à l'air pour animer la flamme, & lorsque le courant d'air est trop fort, on en ferme le passage en tout ou en partie avec une porte de fer.

La neuvieme figure est le plan du fourneau à la hauteur de la partie supérieure des creusets.

A, massif de maçonnerie.

B, les six piliers qui supportent la voûte.

C, plaques de fer.

D, six petites portes par lesquelles on entre & l'on sort la matiere des creusets ; elles servent aussi pour le passage des fumées & de la flamme ; on les bouche à moitié avec une brique à chacune.

E, six creusets pour la fonte des matieres ; ils sont placés chacun dans son embrasure.

F, six briques posées sur les bords des creusets ; elles servent à rompre la flamme qui vient frapper contre, & l'oblige de circuler tout autour ; il y a une de ces briques sur laquelle on voit trois petits creusets d'essai, contenant différens mélanges pour s'assurer si la couleur qui en provient est belle, & suivant l'échantillon demandé.

G, ouverture menagée dans l'un des piliers par où passe une partie de la flamme, pour sécher le quartz crystallisé & pulvérisé.

H, murs du fourneau où l'on met sécher le quartz.

I, intérieur du même fourneau.

L, porte de ce fourneau.

La dixieme figure est la coupe du fourneau sur la ligne A B.

A, massif du fourneau au-dessus du rez-de-chaussée.

B, deux des piliers qui portent la voûte.

C, la voûte du fourneau qui est supportée par six piliers semblables aux deux que l'on voit en B.

D, lit de terre & sable qui couvre la voûte, afin de lui donner plus de folidité , & de procurer plus de chaleur lorfque le fourneau eft échauffé.

E, l'un des creufets que l'on voit dans fon embrafure , dans la partie poftérieure du fourneau.

F, deux autres embrafures femblables à la précédente, mais vues de côté avec deux autres creufets.

G, trois petites portes du nombre des fix, par lefquelles on met les matieres dans les creufets , & qui fervent au paffage de la flamme.

H, la chauffe où l'on met le bois.

I, paffage de la flamme dans le fourneau.

K, l'un des fept petits arceaux qui fervent à porter le bois dans la chauffe, entre lefquels y a des intervalles pour le paffage des braifes.

L, le cendrier qui reçoit les braifes.

M, ouverture par où il paffe affez de flamme & de chaleur pour fécher le quartz pulvérifé.

N, intérieur du fourneau fervant à fécher le quartz.

O, la cheminée.

La onzieme figure préfente le fourneau vu de profil ou en élévation.

A, maffif de maçonnerie au-deffous du rez-de-chauffée.

B , cercle de fer qui lie ce maffif à la hauteur du rez-de-chauffée.

C , le cendrier.

D, la porte de la chauffe.

E, l'une des fix portes par lefquelles on fait entrer les creufets dans le fourneau , & qui fe bouchent avec des briques pendant la fonte pour con-ferver la chaleur.

F, l'une des petites fenêtres fervant à introduire les matieres dans les creufets·& à les en fortir lorfqu'elles font fondues.

G, plaque de fer qui eft une de celles vues en C, de la deuxieme figure.

H, fourneau pour mettre fécher le quartz pulvérifé.

I, la cheminée.

K , la porte par où l'on met le quartz dans le fourneau.

Plans, coupes & élévation du fourneau de réverbere Anglois dans le-quel on fond les minérais de plomb.

La douzieme figure eft le plan des fondations , ou inférieur.

A, voûte au-deffous du baffin du fourneau.

B, le cendrier.

C, communication du cendrier avec la voûte.

D, ouverture du cendrier du côté oppofé à la porte par où on met le feu, laquelle ouverture tient depuis le bas jufqu'à la grille,   E ,

E, maçonnerie maffive.

F, maçonnerie de la cheminée.

La treizieme figure eft le plan fupérieur où fe fait la fufion.

A, baffin d'argille où fe met le minérai ; il eft en pente & forme comme une efpece de baffin vers la porte D , afin que la percée fe faffe dans celui E.

B, porte fous la cheminée par où l'on retire les craffes.

CCD, les trois portes par lefquelles on remue le minérai.

E, le baffin extérieur.

F, paffage de la flamme.

G, grille de la chauffe fur laquelle on met des barres en travers pour que le charbon de terre ne tombe pas dans le cendrier.

H, porte par où on met le charbon de terre ; elle eft petite & on n'y met point de porte , elle fe bouche avec le charbon.

I, cheminée perpendiculaire.

K, ouverture au bas de la cheminée.

L, maçonnerie faite en pierres, qui réfiftent au feu & maçonnées avec un mortier d'argille.

La quatorzieme figure eft la coupe fur la ligne AB.

A, intérieur du fourneau.

B, argille avec lequel eft formé le baffin.

C, voûte en briques fur laquelle fe met l'argille qui forme le baffin.

D, voûte deffous le baffin.

E, liens de fer.

F, communication de la voûte au cendrier.

G, le cendrier.

H, la grille.

I, paffage de la flamme.

K, pieces de bois qui foutiennent la trémie.

L, autres pieces de bois , *idem.*

M, trémie dans laquelle on met le minérai, d'où il tombe dans le fourneau.

N, ouverture à la voûte par laquelle paffe le minérai en fortant de la trémie.

O, coupe de la cheminée oblique.

P, porte par où l'on retire les craffes.

Q, les murs du fourneau.

Tome II. Hhhh

R , la voûte du fourneau & de la chauffe.

S, la cheminée oblique.

T , la cheminée perpendiculaire.

La quinzieme figure est la coupe sur la ligne D C du plan supérieur.

A, La forme du grand bassin d'argille pour faire rassembler le plomb à l'endroit de la percée.

B , la porte par où on retire les crasses.

C , une des portes par laquelle on remue le minérai.

D , le dessous de la porte du milieu où se fait la percée.

E , le canal pour conduire le plomb dans le bassin de réception.

F , le bassin de réception.

G , le mur du fourneau.

H , la voûte en briques sur laquelle se place la trémie.

I, l'argille qui forme le bassin.

K , la voûte sous le bassin.

L , l'ouverture dans la voûte sur laquelle se place la trémie.

M , la cheminée oblique.

N , l'entrée de la cheminée oblique dans la perpendiculaire.

O , la cheminée perpendiculaire.

La seizieme figure est l'élévation en perspective de ce fourneau.

A , la face latérale.

B , la face de devant.

C , le bassin de réception.

D D E , les trois portes par où on remue le minérai.

F , l'ouverture de la chauffe par où on met le charbon dans le fourneau & qui se bouche avec le charbon même.

G , la trémie.

H , la cheminée oblique.

I , la cheminée perpendiculaire.

K , la porte par laquelle on retire les crasses où scories.

P L A N C H E XXVIII.

Plans, coupes & élévation du fourneau de coupelle dont on se sert en Angleterre , pour affiner le plomb. Ce fourneau a été exécuté en basse Bretagne ; mais on lui a préféré la coupelle Allemande , il est encore usité dans les mines de Pontpéan : la coupelle de celui de Pontpéan est de six pouces plus longue que celle de basse Bretagne.

La premiere figure est le plan inférieur ou des fondations.

A, massif de maçonnerie.

B , le cendrier.

La seconde figure est le plan supérieur à la hauteur de la coupelle.

C, la coupelle.

D, la grille sur laquelle on met le bois.

E, porte de la grille.

F, paſſage de la flamme.

G, canaux par où paſſe la flamme avec la fumée qui aboutit dans la grande cheminée perpendiculaire.

H, la cheminée.

I, petite cheminée par où paſſe la fumée du plomb, que le soufflet renvoie en devant.

K, porte par où on met le plomb dans la coupelle.

L, mur de la fonderie.

M, petit emplacement où l'on met le plomb qui coule accidentellement avec la litharge.

N, emplacement du soufflet.

La troisieme figure est la coupe sur la ligne AB.

A, les fondations.

B, soupirail voûté par où entre l'air dans la chaufl

C, petit canal.

D , la chauffe.

E, le paſſage de la flamme.

F, intérieur de fourneau.

G, la coupelle.

H, canal qui conduit la flamme & la fumée dans la cheminée.

I, la cheminée perpendiculaire.

K, ouverture par laquelle l'air donne plus d'activité à la flamme & à la fumée.

L, porte de la chauffe.

M, plusieurs barres de fer qui portent la coupelle.

N, la grille.

O, ouverture de la tuyere.

La quatrieme figure est la coupe sur la ligne C D.

A, le cendrier ou soupirail par où l'air entre dans la chauffe.

B, le mur des fondations.

C, la coupelle.

D, porte par où on met le plomb.

E, l'intérieur du fourneau,

F, canaux pour la fortie de la flamme & de la fumée.

G, petite cheminée oblique & courbe qui aboutit dans la grande,

H, porte par où l'affineur travaille.

La cinquieme figure eft l'élévation de ce fourneau au-deffus du niveau du terrain.

A, ouverture par où l'affineur conduit fa coupelle,

B, la coupelle.

C, barres qui portent la coupelle,

D, mur de la fonderie.

E, la cheminée.

F, la petite cheminée oblique.

G, petite ouverture où l'on met le plomb qui coule avec la litharge,

Fourneau dont les Anglois fe fervent pour faire le *minium*.

La fixieme figure eft le plan de ce fourneau à la hauteur de fon fol.

A, murs du fourneau.

B, l'intérieur du fourneau payé avec des briques, dans lequel on met le plomb en lingots.

C, les deux murs qui féparent l'aire du fourneau d'avec les chauffes.

D, les deux chauffes fans grille ni cendrier, qui n'ont point de portes & ne fe ferment jamais.

E, embouchure du fourneau par où on met le plomb, ainfi que l'ouverture des deux chauffes pour mettre le charbon,

F, le fol du terrain au-deffous de l'embouchure du fourneau, lequel eft pavé en pierres plattes.

La feptieme figure eft la coupe de ce fourneau.

A, les murs.

B, l'intérieur du fourneau.

C, les murs qui féparent les chauffes.

D, les deux chauffes où l'on met le charbon.

E, la voûte du fourneau.

La huitieme figure eft l'élévation vue du côté de l'embouchure,

F, l'embouchure du fourneau.

G, le pavé en pierres plattes au niveau du terrain,

H, les ouvertures des chauffes.

K, la voûte.

L, la cheminée extérieure par laquelle paffe la flamme & la fumée, qui reffortent par l'embouchure du fourneau.

Fin de l'explication des Figures.

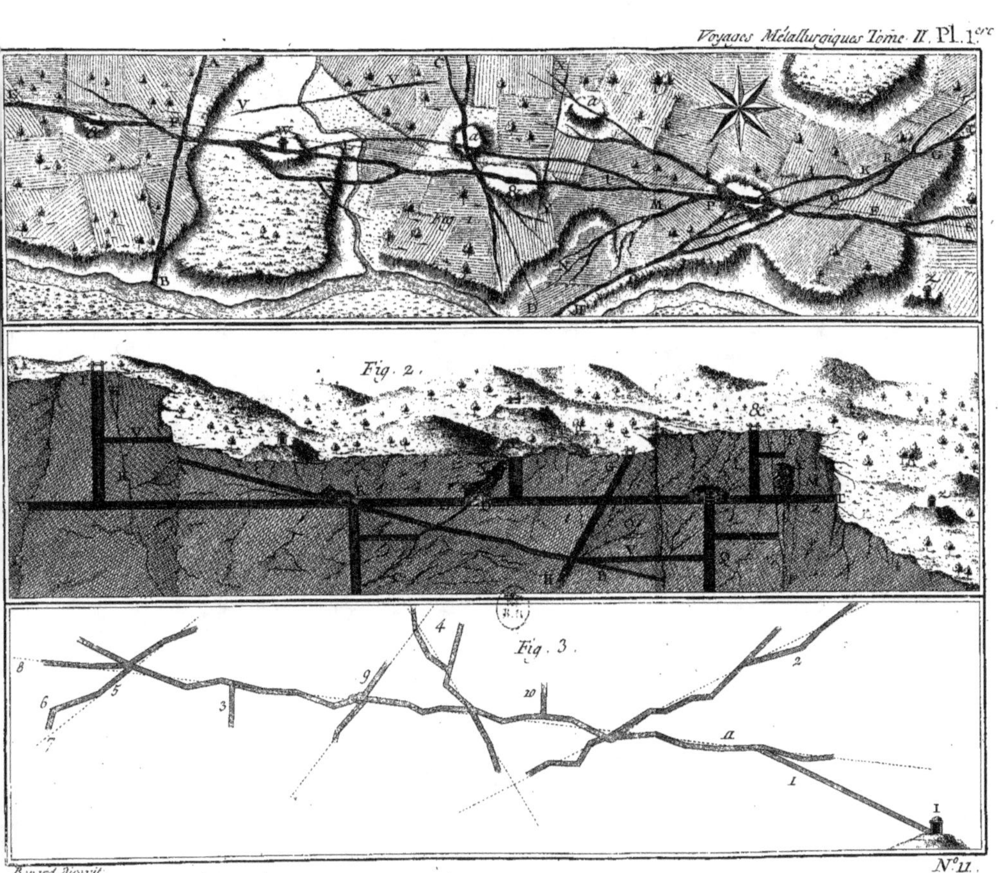

Voyages Métallurgiques Tome II. Pl. 1.ere
Fig. 2.
Fig. 3.
Benard Direxit.
N.° 11.

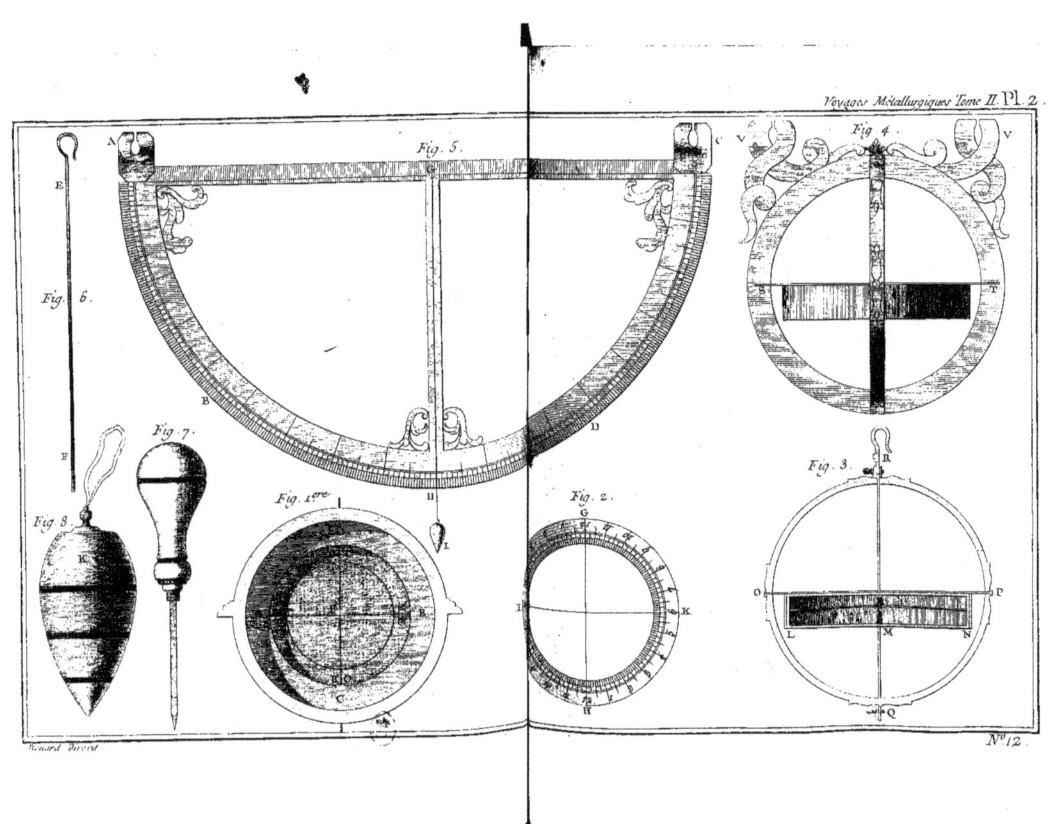
Fig. 5.
Fig. 4.
Fig. 6.
Fig. 7.
Fig. 1ere
Fig. 2.
Fig. 3.
Fig. 8.
No. 12.

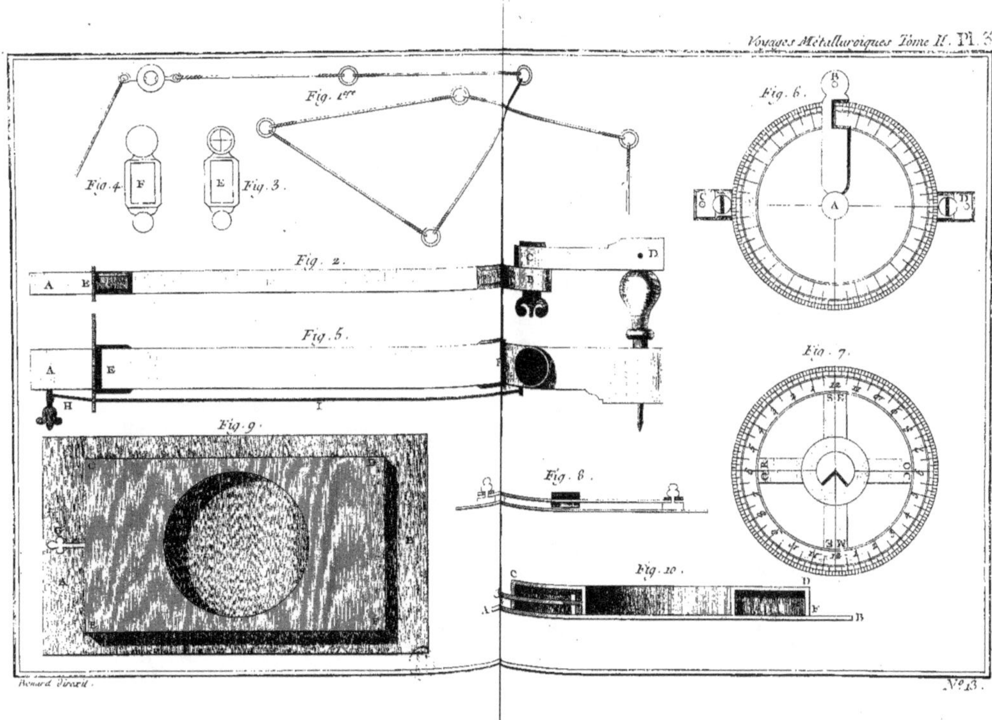

Renard direxit.

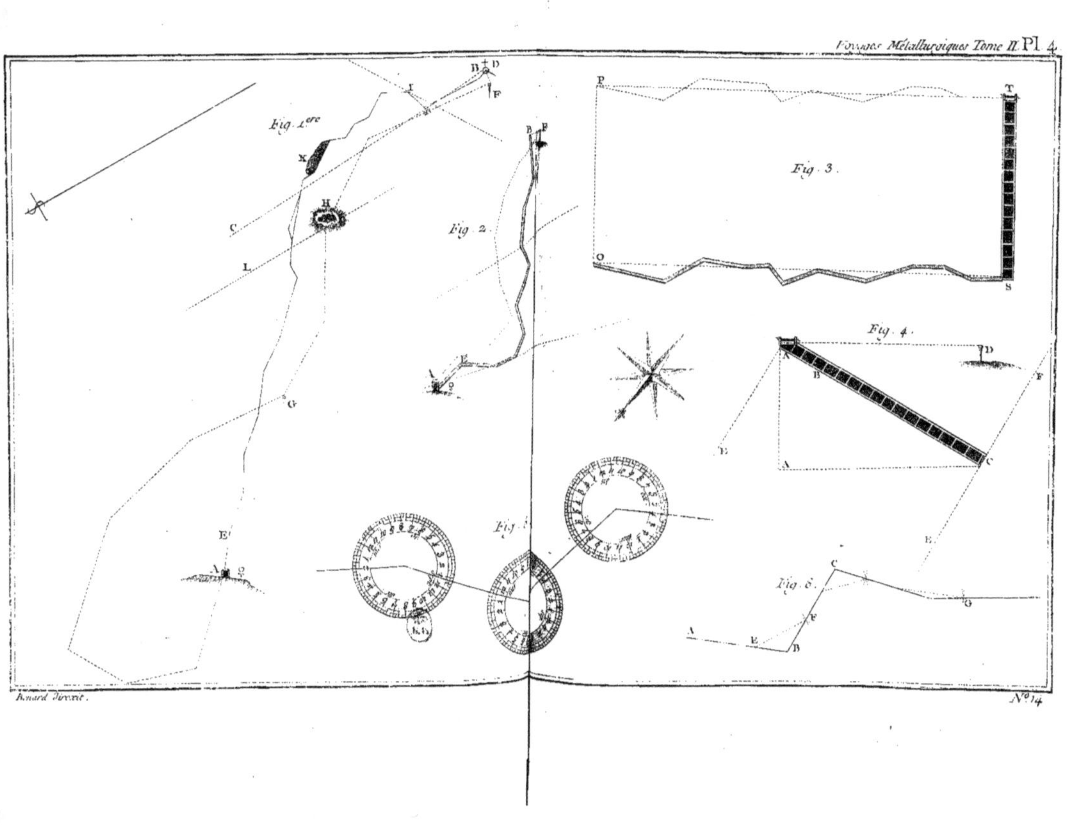

Voyages Métallurgiques Tome II. Pl. 4.
Fig. 1ere
Fig. 2.
Fig. 3.
Fig. 4.
Fig. 5.
Fig. 6.
Benard Direxit.
No. 14.

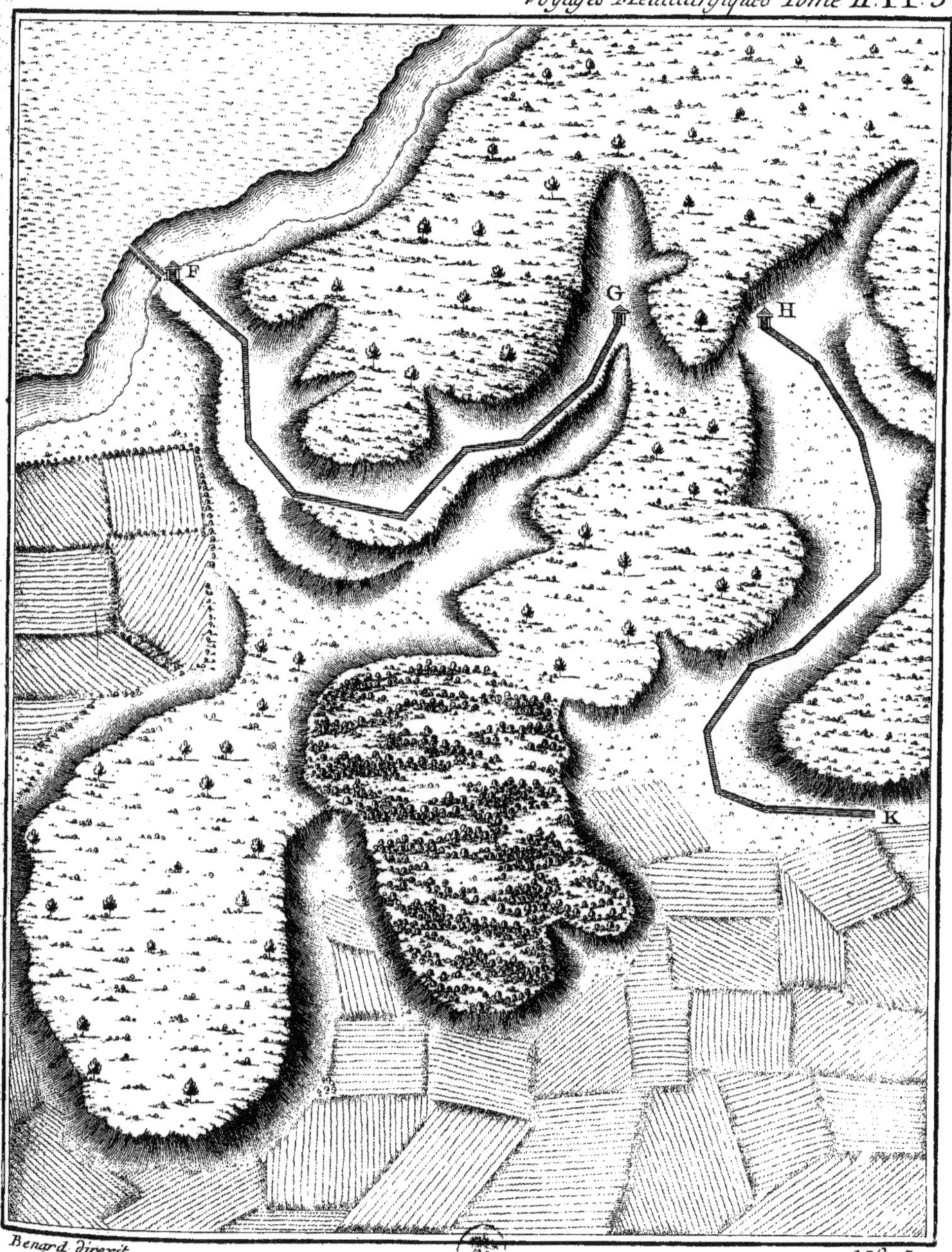

Benard direxit.

Nᵒ. 15.

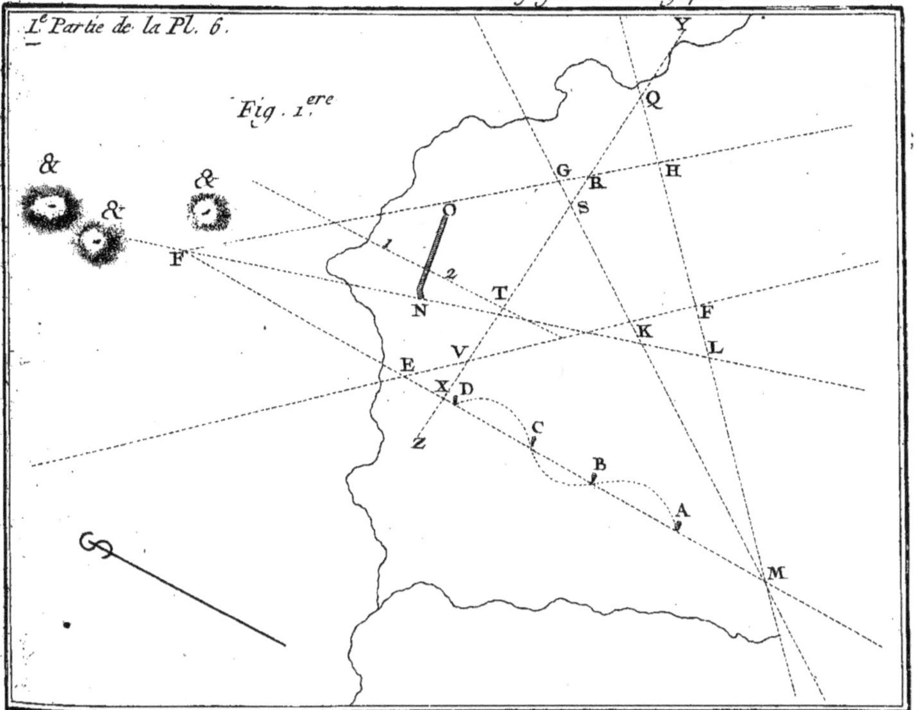
1e Partie de la Pl. 6.
Fig. 1ere
&
&
&
O
N
F
G
R
H
Q
Y
S
T
K
F
L
V
E
X
D
C
B
A
M
Z
1
2

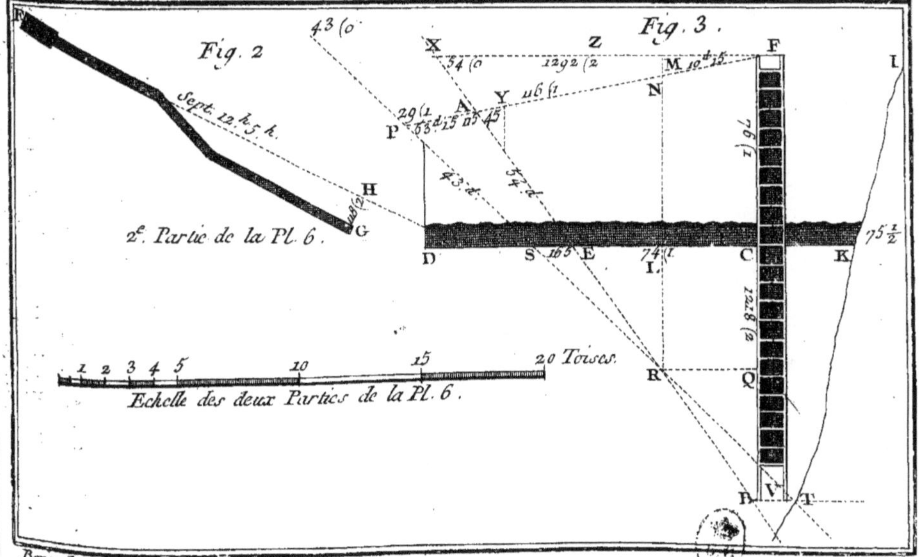
Fig. 2
Sept. 12. h. 5. h.
H
G
2e. Partie de la Pl. 6.
Fig. 3.
X
Z
F
I
M
N
Y
A
P
D
S
E
I
C
K
R
Q
V
T
1292 (2
75 ½
Echelle des deux Parties de la Pl. 6.
20 Toises.

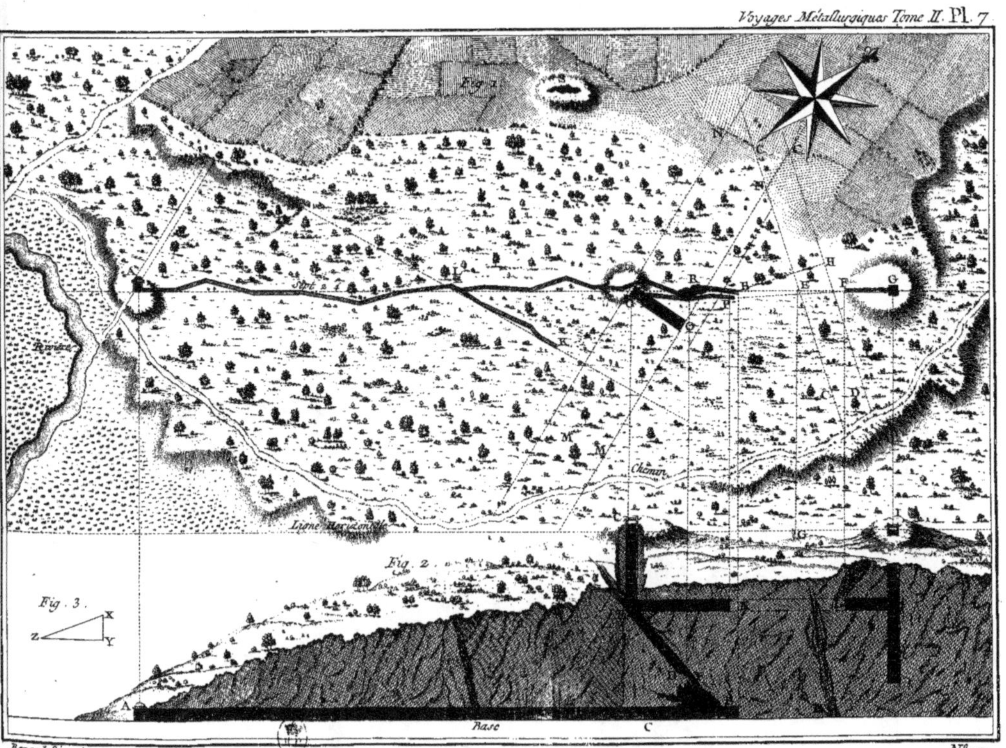
Fig. 1.
Rivière
Ligne Horizontale
Chemin
A
K
L
R
H
F
G
Q
D
M
M
IG
Fig. 2.
Fig. 3.
X
Z
Y
A
Base
C
N
C
C
N

Benard Direxit.

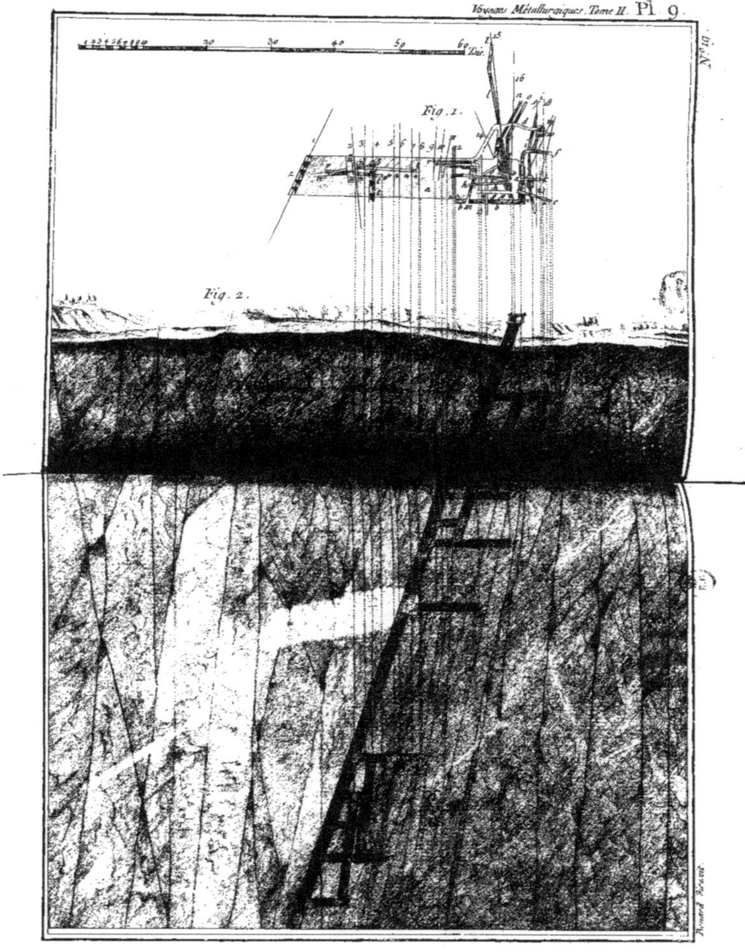

Voyages Métallurgiques. Tome II. Pl. 9.
N.º 10.
Fig. 1.
Fig. 2.
Bonard Fecit.

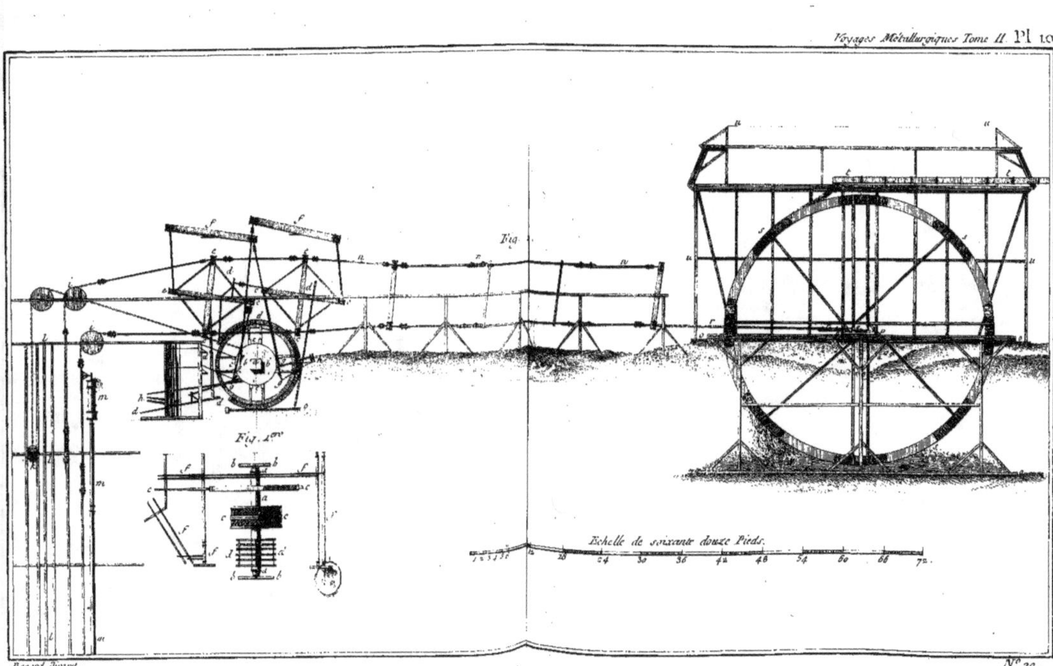

Fig.
Fig. 1er
Echelle de soixante douze Pieds.
1 2 3 4 5 6   12   18   24   30   36   42   48   54   60   66   72

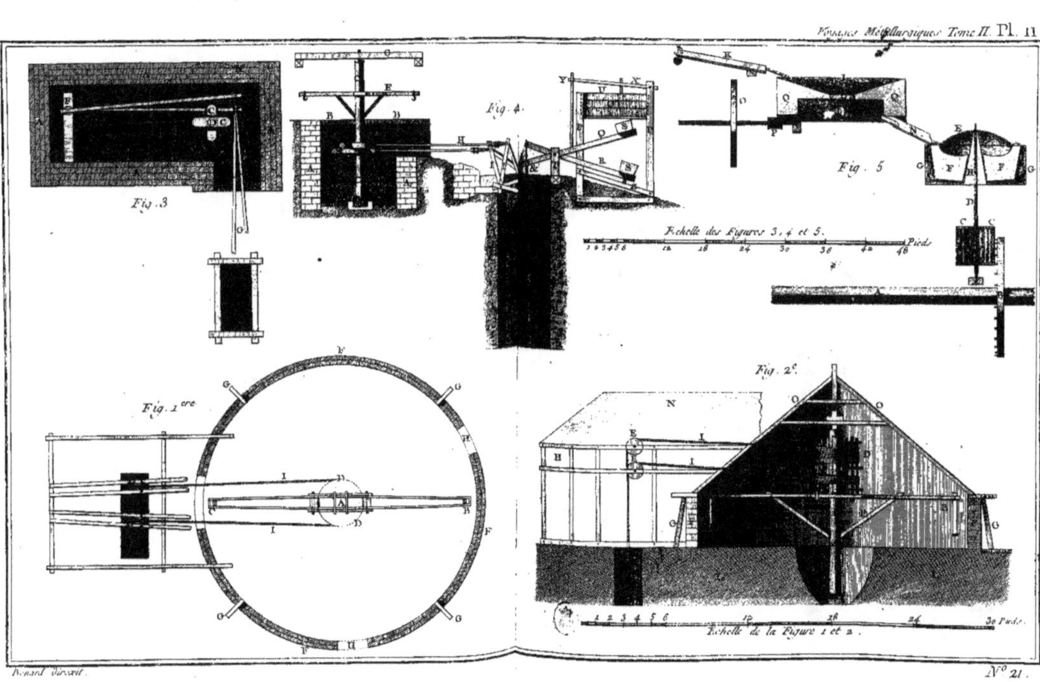
Voyages Métallurgiques Tome II. Pl. 11
Fig. 3
Fig. 4
Fig. 5
Fig. 1.ere
Fig. 2.e
Echelle des Figures 3, 4 et 5.
1 2 3 4 5 6   12   18   24   30   36   42   48   Pieds
Echelle de la Figure 1 et 2.
1 2 3 4 5 6   12   18   24   30 Pieds
Bernard direxit.
N.° 21.

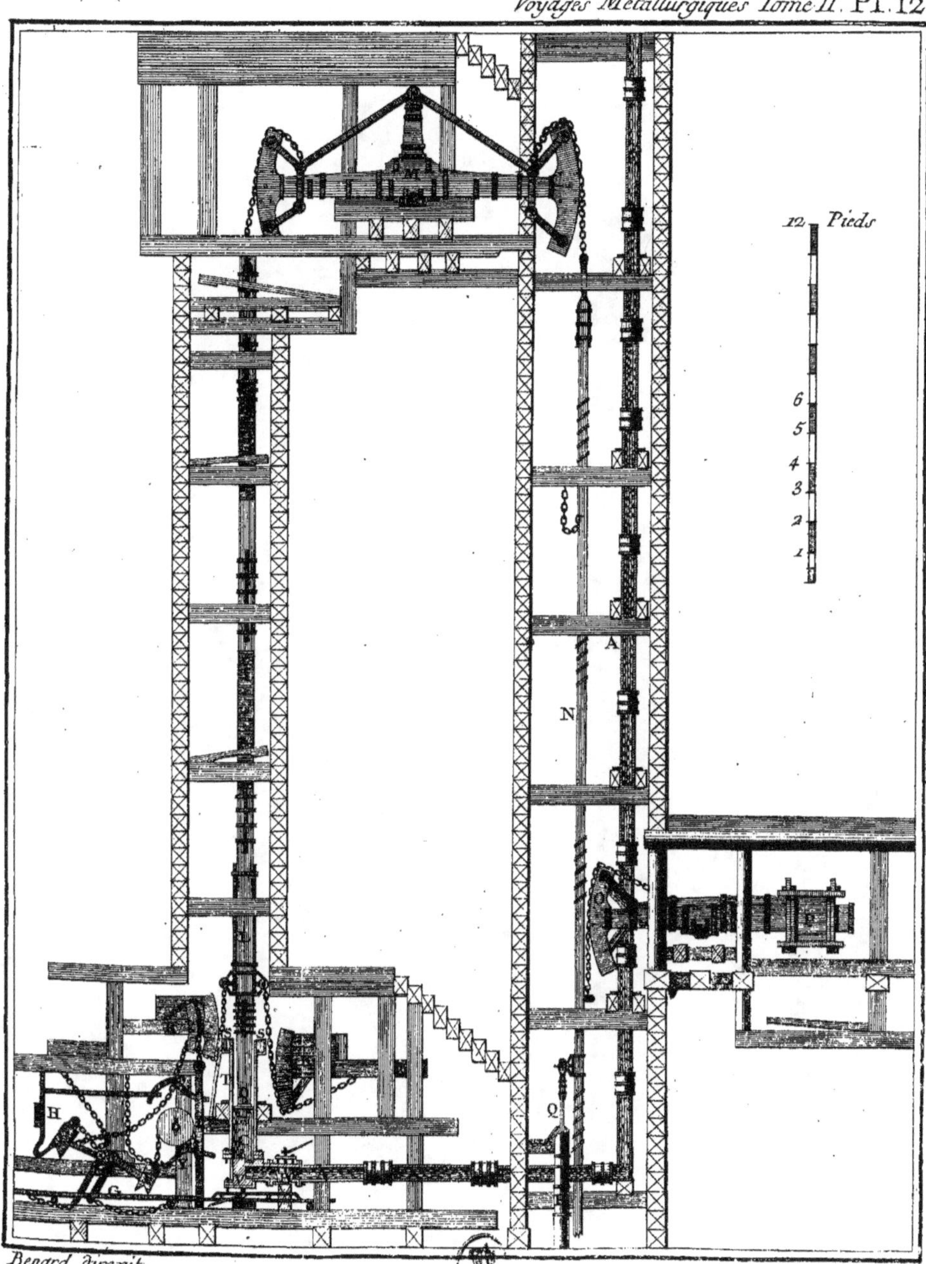

Benard direxit.

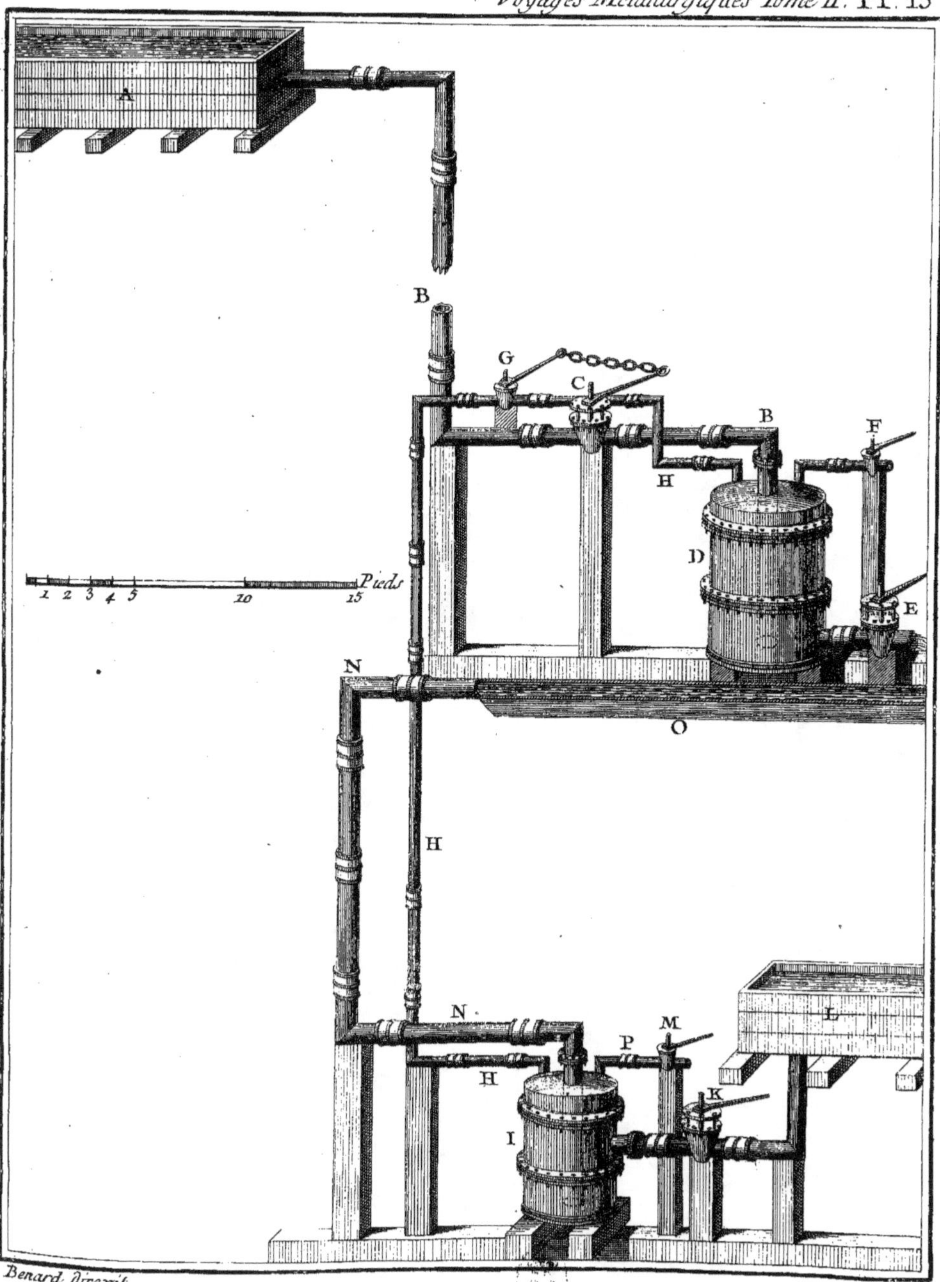
A
B
G
C
B
F
H
D
E
Pieds
1 2 3 4 5 10 15
N
O
H
N
H
P
M
L
K
I
Benard direxit.
N.º 23.

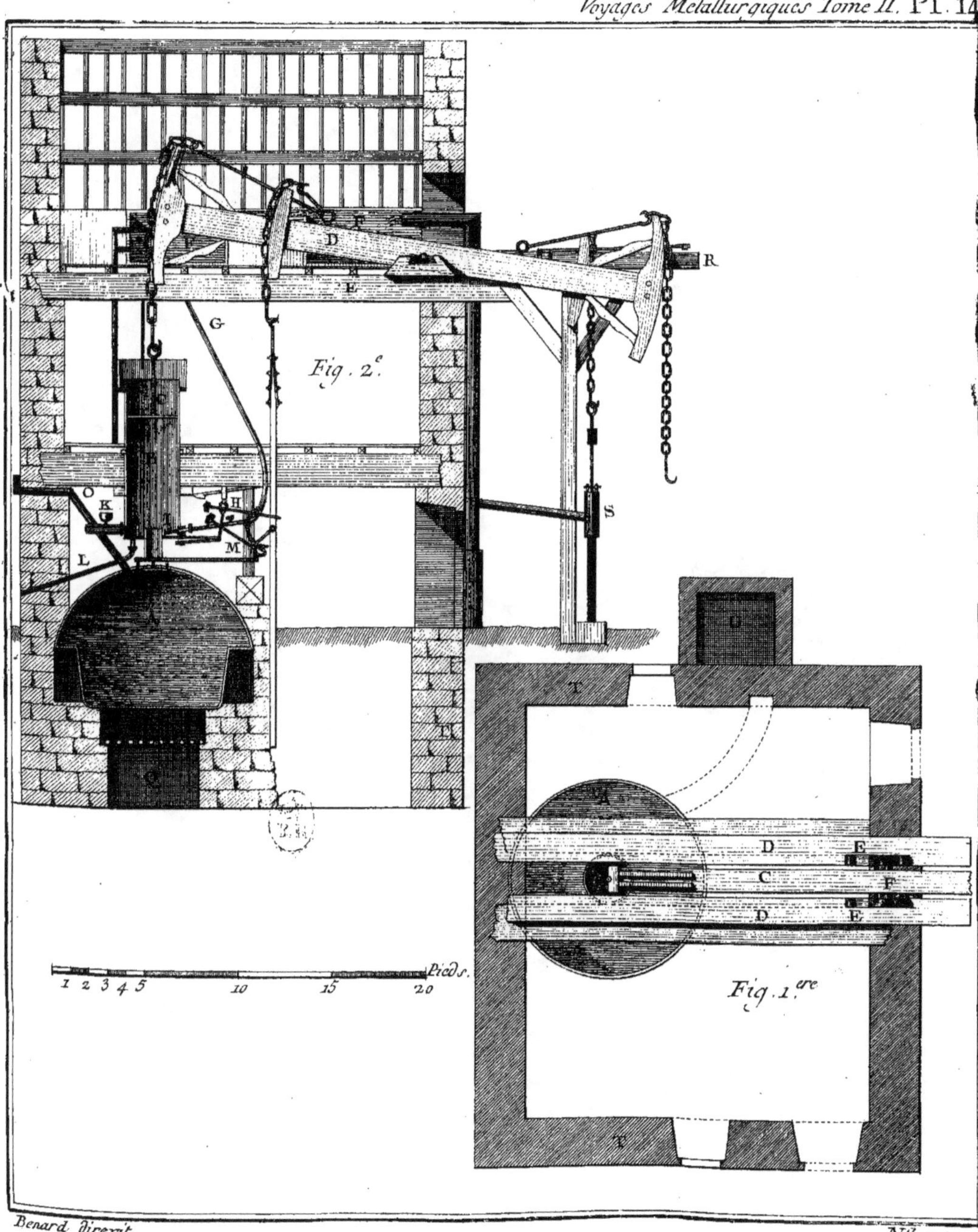
Fig. 2.
Fig. 1.ere
Pieds.
1 2 3 4 5   10   15   20

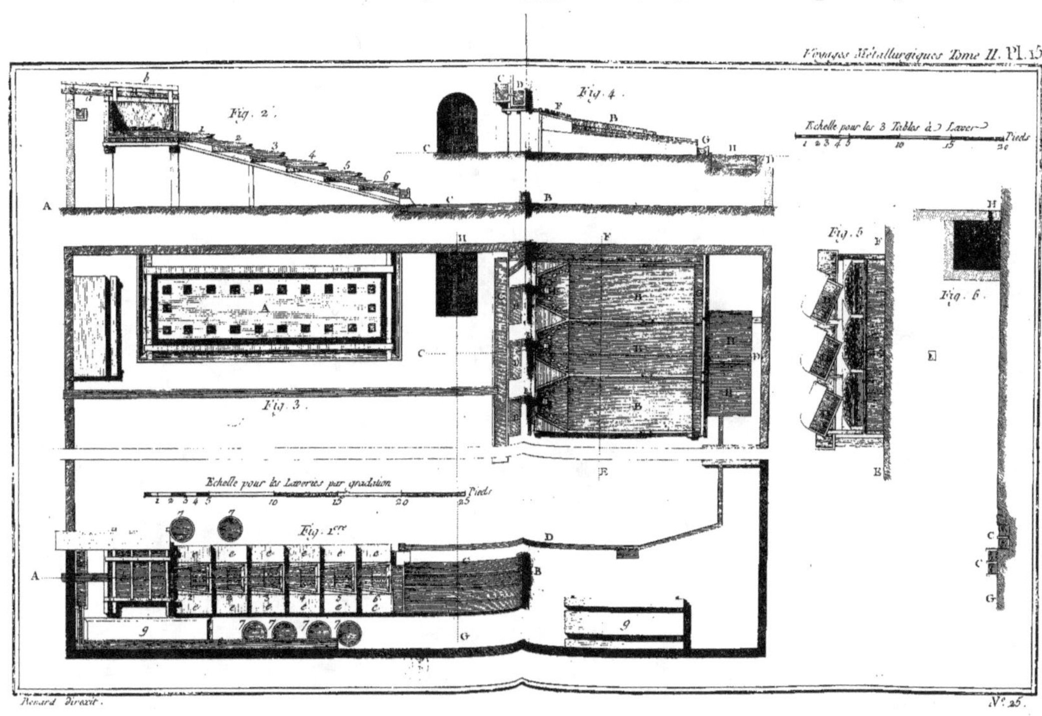
Fig. 2.
Fig. 4.
Fig. 3.
Fig. 1.ere
Fig. 5.
Fig. 6.
Echelle pour les 3 Tables à Laver.
Pieds
Echelle pour les Laveries par gradation.
Pieds
Renard direxit.
N.º 25.

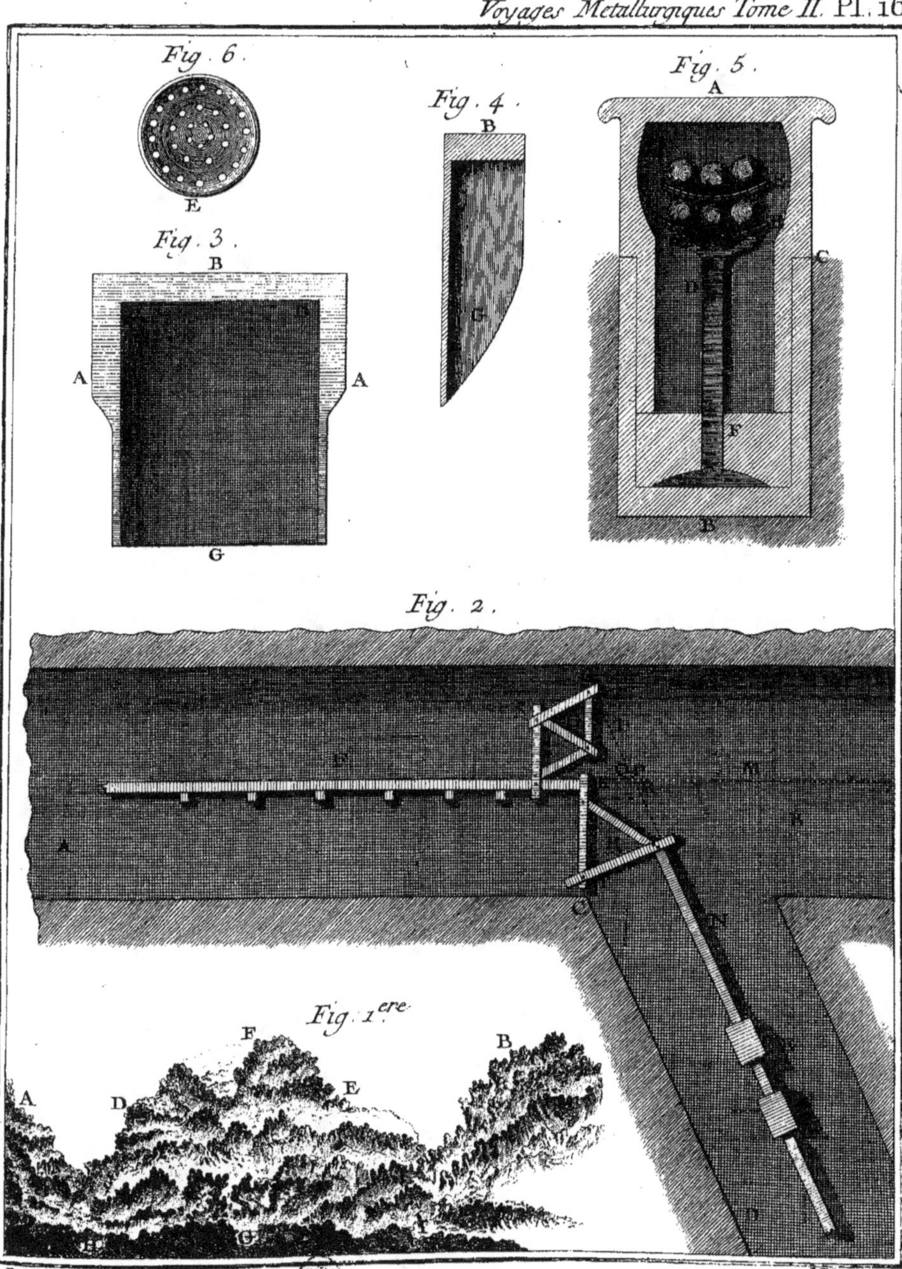
Fig. 6
E
Fig. 3
B
A
A
G
Fig. 4
B
G
Fig. 5
A
C
D
F
B
Fig. 2
A
Fig. 1ere
F
D
E
A
B
E
H
G
Benard direxit.
No. 26.

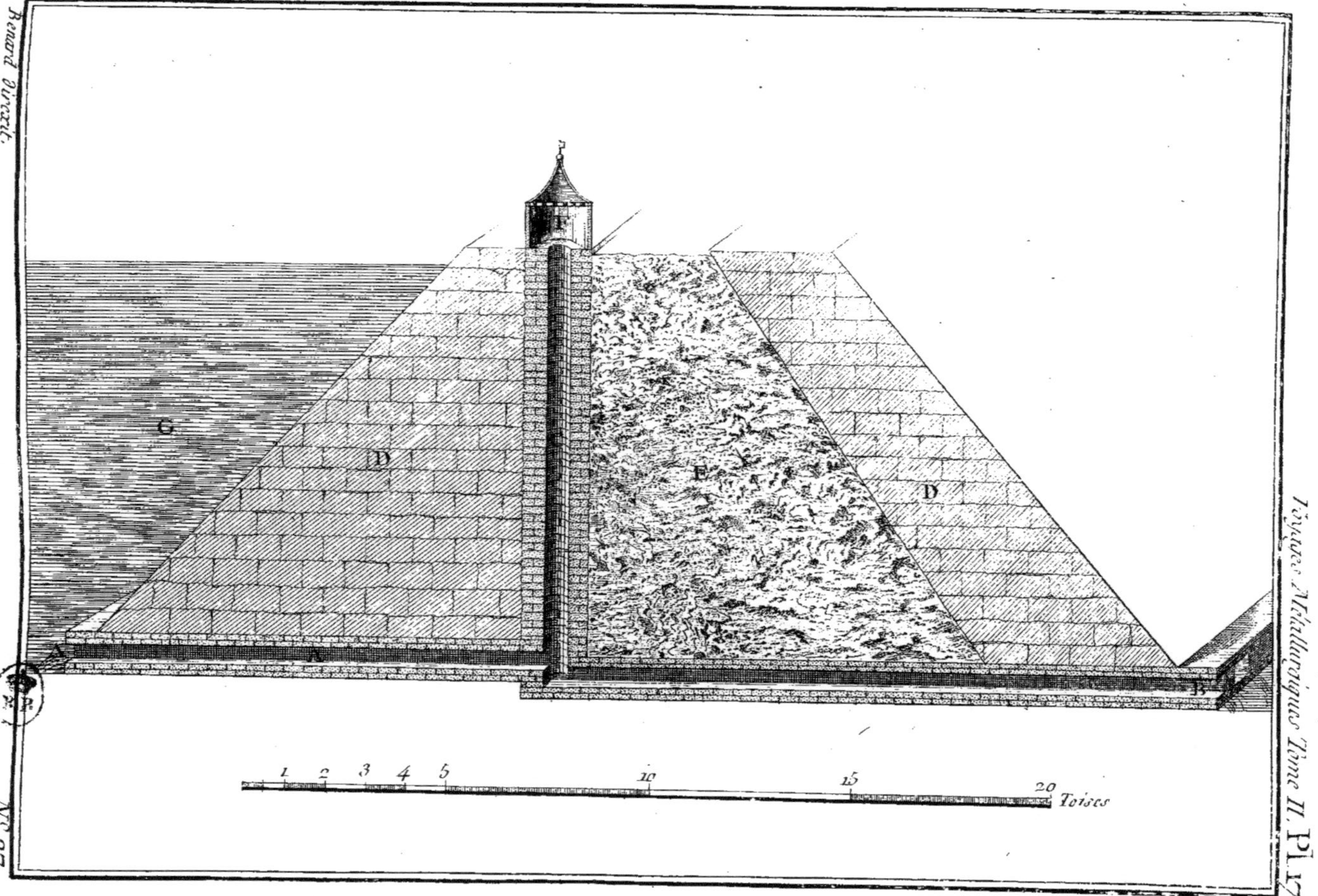

Benard direxit.
Voyages Métallurgiques Tome II. Pl. 17.
N.° 27.
G
D
F
D
A
A
B
1 2 3 4 5 10 15 20 Toises

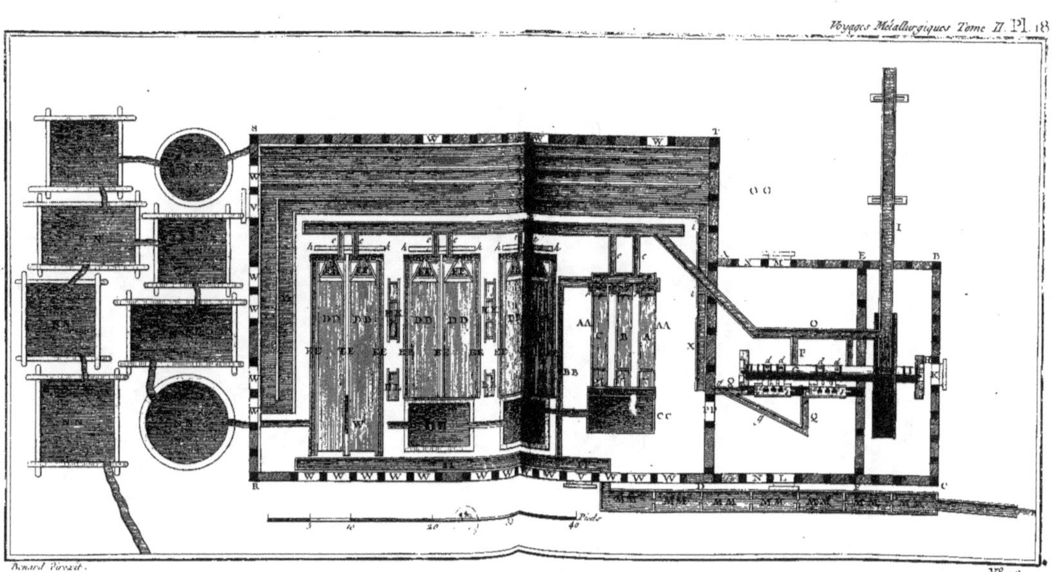

Bernard Direxit.
N.º 28.
Pieds

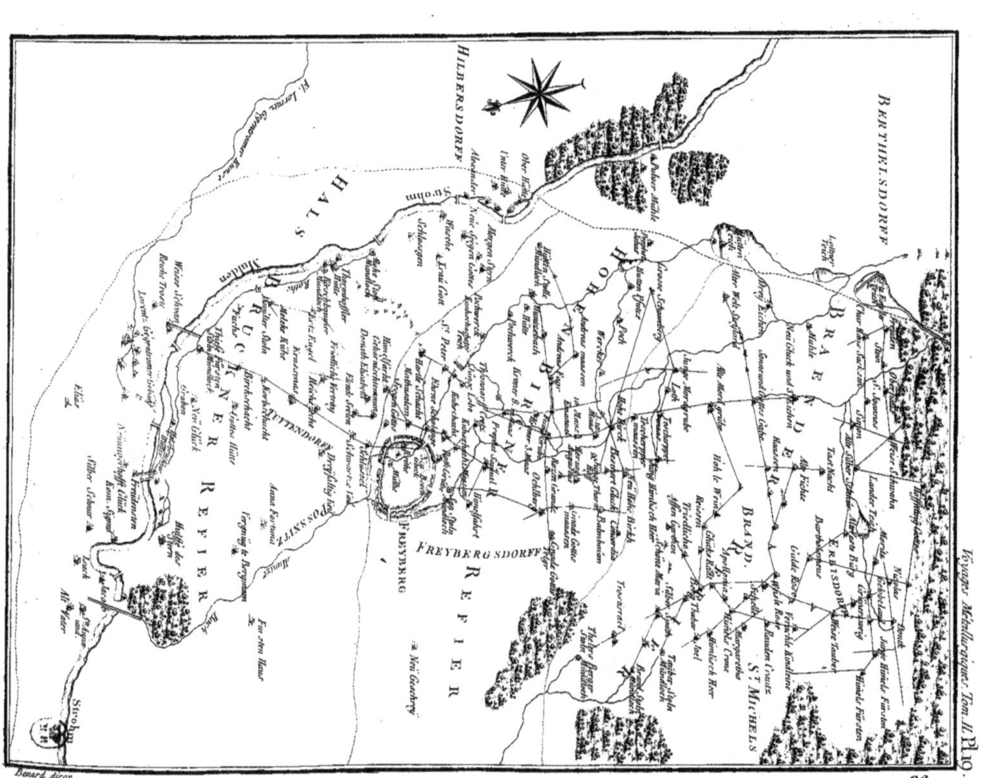

Voyages Métallurgique. Tom. II. Pl.10.
BERTHELSDORFF
HILBERSDORFF
HALS
BRUCKNER REFIER
POSSNITZ
FREYBERG
FREYBERGSDORFF
REFIER
BRICKNER
BRAENDE
BRAND.
ERSTSDORF
St. MICHELS
Strohm
Benard direx.
29

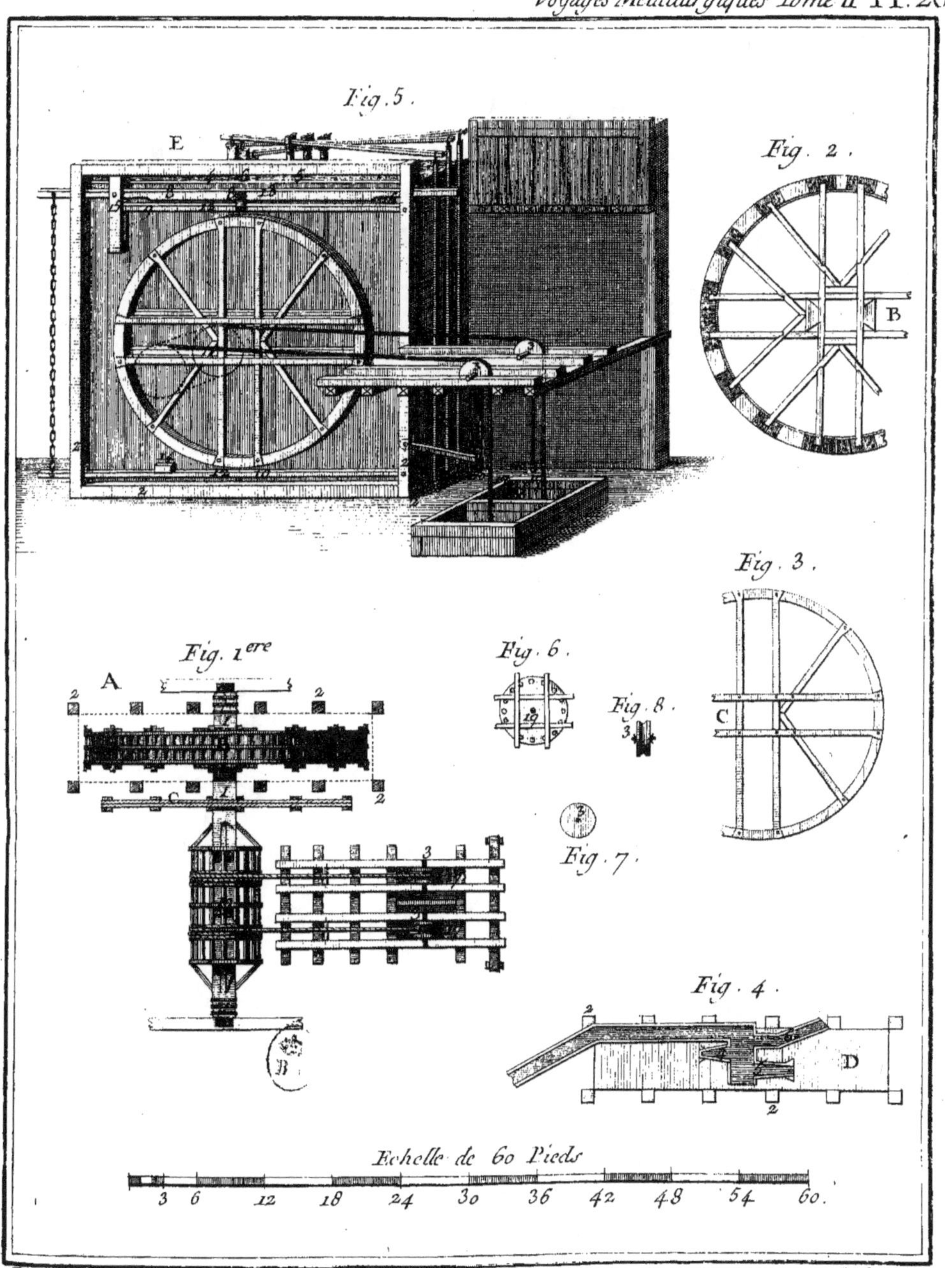
Fig. 5.
E
Fig. 2.
B
Fig. 3.
Fig. 1ere
A
C
Fig. 6.
Fig. 8.
C
Fig. 7.
B
Fig. 4.
D
Echelle de 60 Pieds
3 6 12 18 24 30 36 42 48 54 60.

Benard direxit.
N° 30.

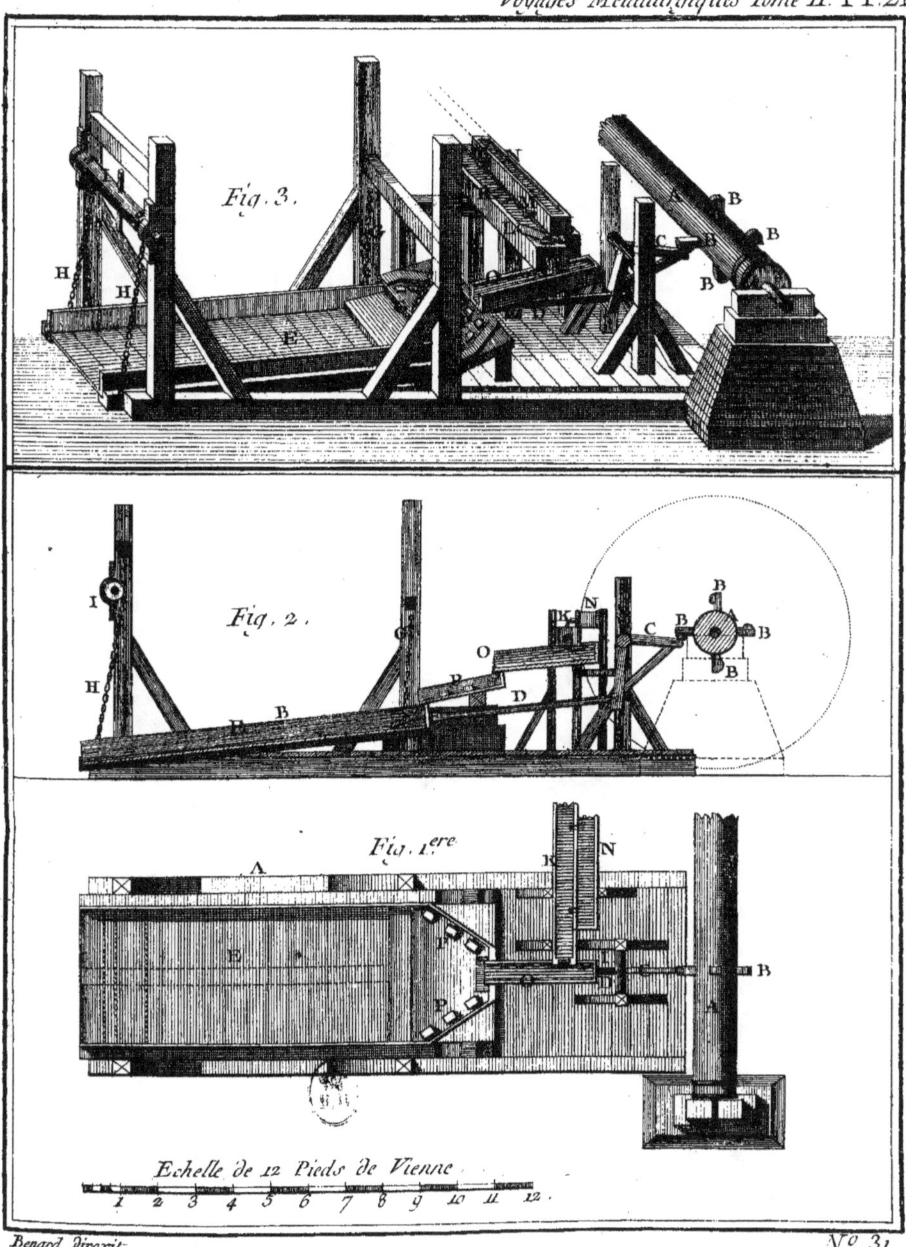
Fig. 3.
H
H
E
A
B
B
B
C
B
B
Fig. 2.
I
H
B
G
O
P
B
D
K
N
C
B
B
A
B
B
Fig. 1.ere
A
E
L
P
I
Q
D
B
A
K
N
B
Echelle de 12 Pieds de Vienne
1 2 3 4 5 6 7 8 9 10 11 12

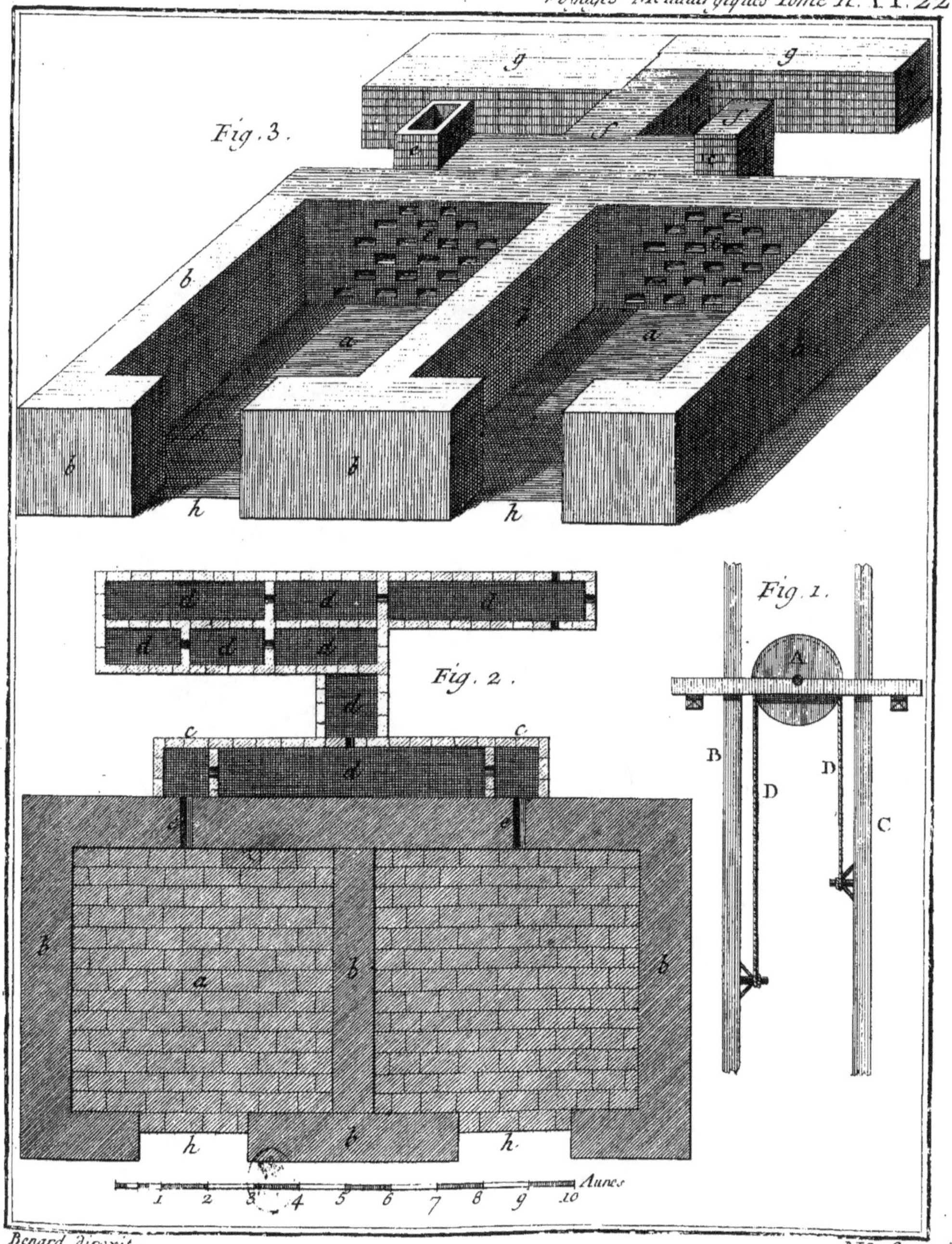

Voyages Métallurgiques Tome II. Pl. 22
Fig. 3.
g
g
f
e
b
a
b
a
d
b
d
h
h
Fig. 2.
d
d
d
d
d
d
d
c
c
d
e
e
b
a
b
b
h
b
h
Fig. 1.
A
B
D
D
D
C
Aunes
1 2 3 4 5 6 7 8 9 10
Benard direxit.
N.º 32.

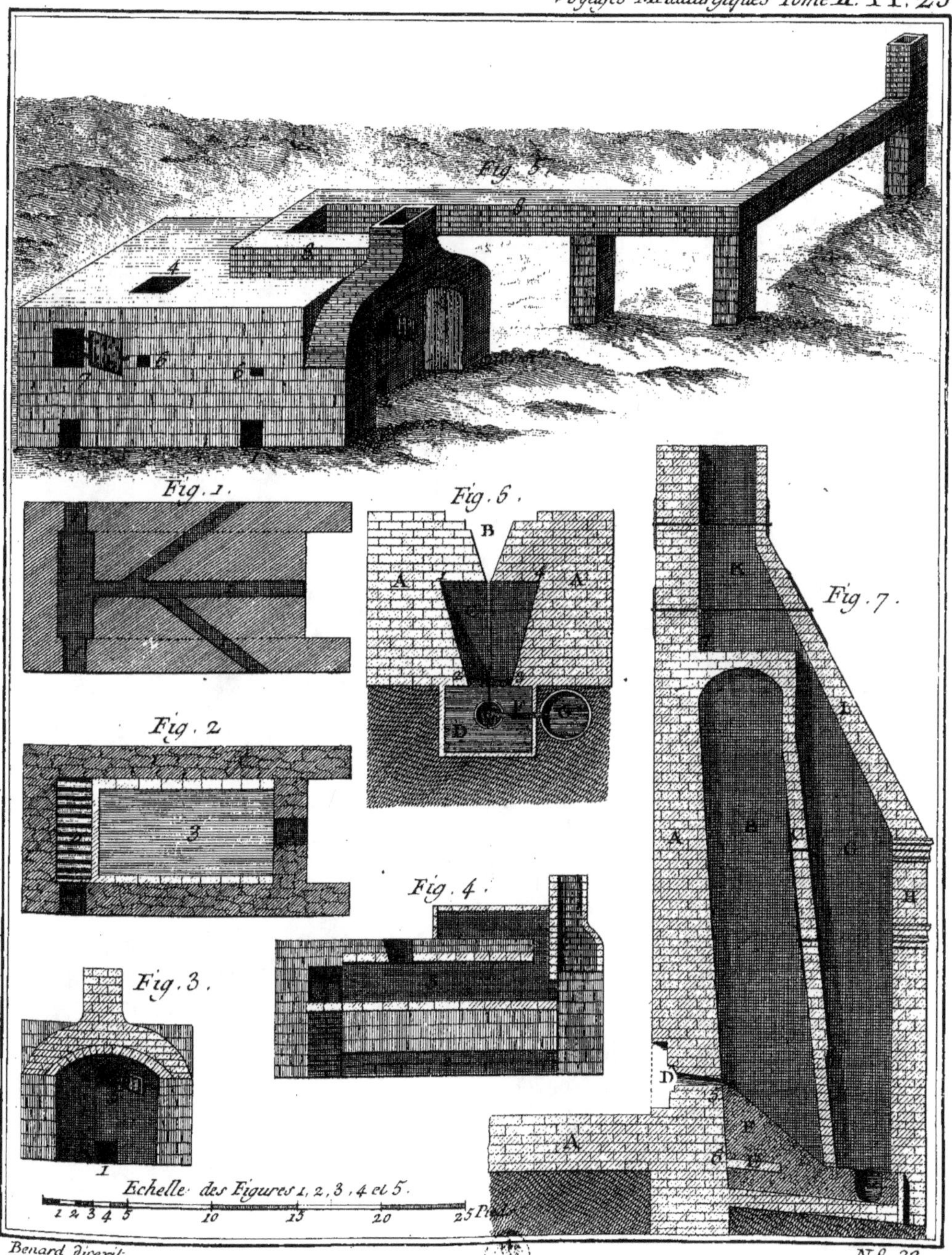
Fig. 5.
Fig. 1.
Fig. 6.
B
A
A
A
c
D
G
Fig. 7.
K
A B G
H
A
D
Fig. 2.
3
Fig. 4.
5
Fig. 3.
1
A
Echelle des Figures 1, 2, 3, 4 et 5.
1 2 3 4 5   10   15   20   25 Pieds

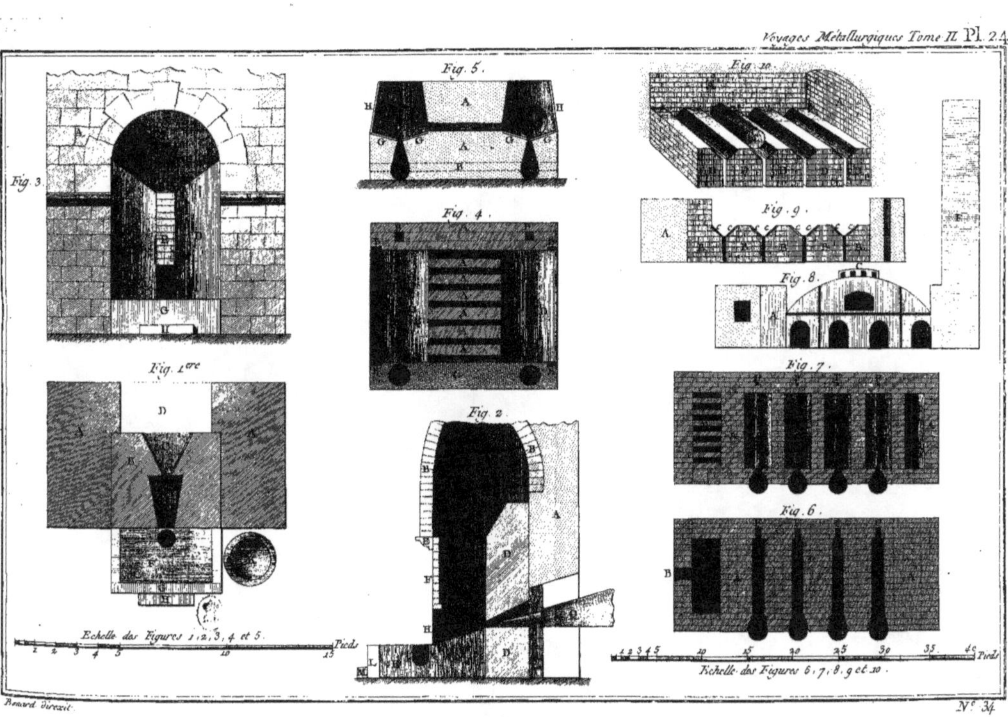

Fig. 3.
Fig. 1ere
Fig. 5.
Fig. 4.
Fig. 2.
Fig. 10.
Fig. 9.
Fig. 8.
Fig. 7.
Fig. 6.
Echelle des Figures 1, 2, 3, 4 et 5.
Pieds
Echelle des Figures 6, 7, 8, 9 et 10.
Pieds

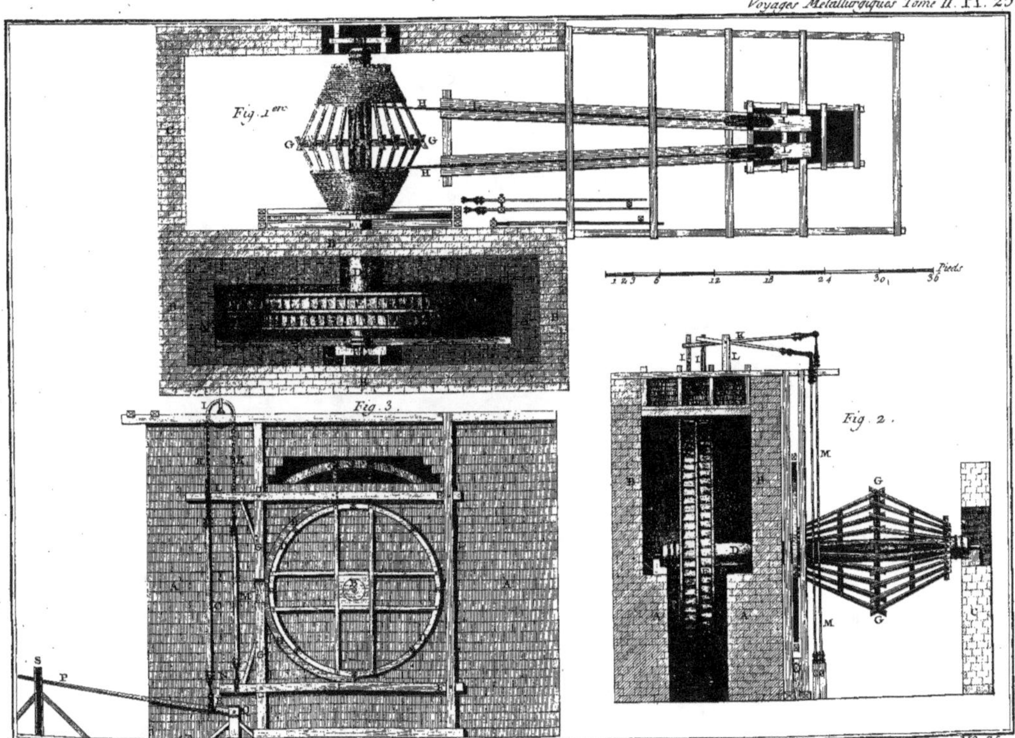

Voyages Métallurgiques Tome II. Pl. 25.
Fig. 1.ere
Fig. 2.
Fig. 3.
Pieds
Benard Direxit.
No 35.

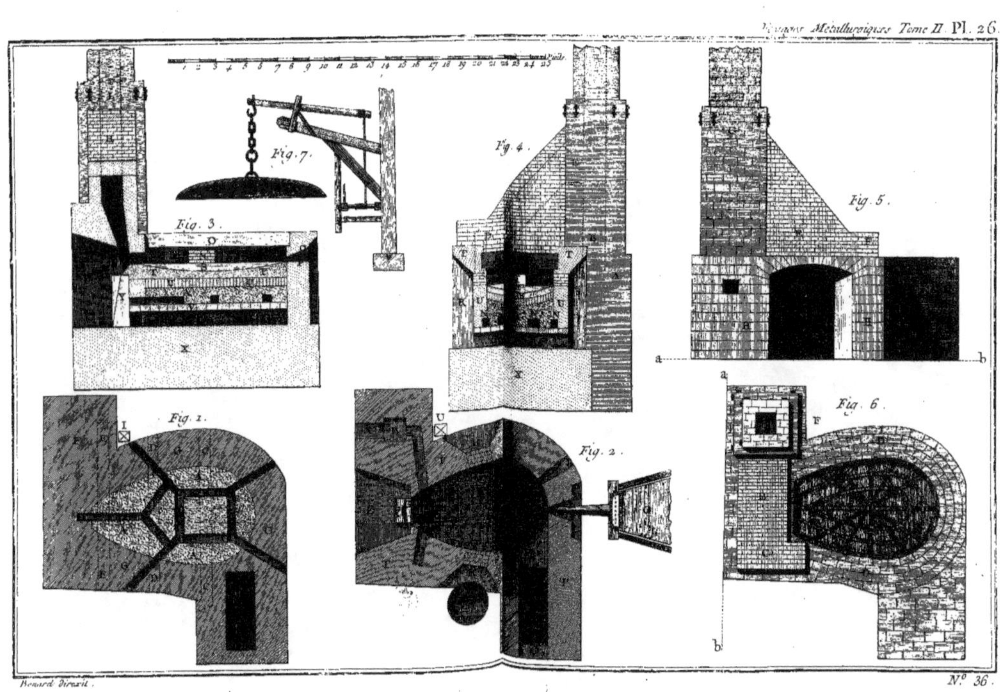

Voyage Metallurgique Tome II Pl. 26.
Fig. 7.
Fig. 4.
Fig. 5.
Fig. 3.
Fig. 1.
Fig. 2.
Fig. 6.
Benard direxit.
N.° 36.

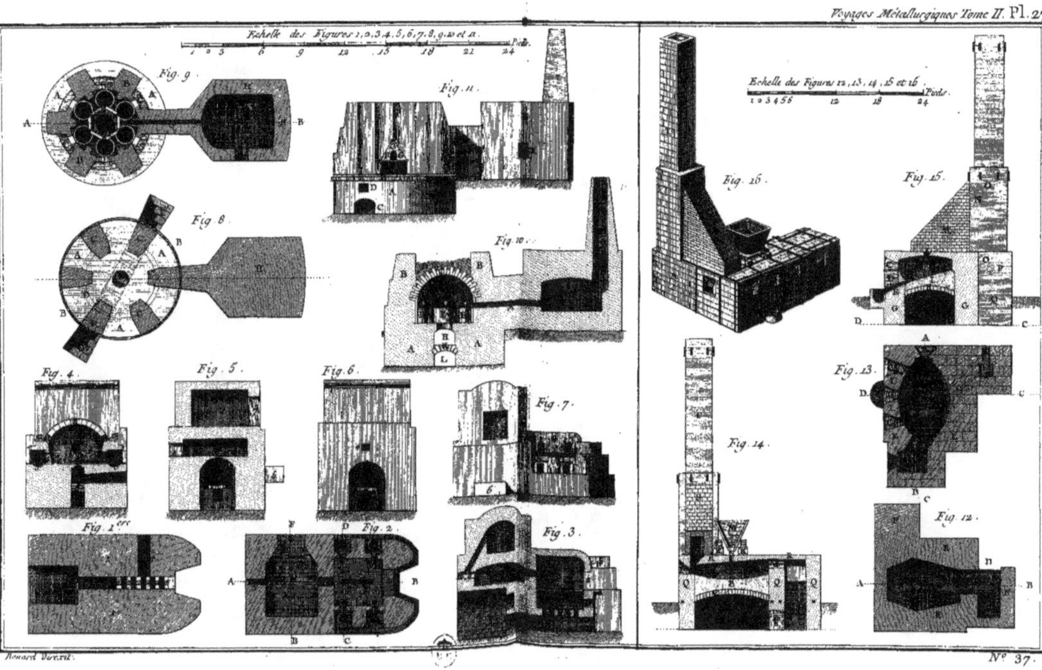

Voyages Métallurgiques Tome II. Pl. 27.
Echelle des Figures 1.2.3.4.5.6.7.8.9.et 11.
Echelle des Figures 12.13.14.15 et 16.
Fig. 9.
Fig. 8.
Fig. 11.
Fig. 10.
Fig. 4.
Fig. 5.
Fig. 6.
Fig. 7.
Fig. 1.ere
Fig. 2.
Fig. 3.
Fig. 16.
Fig. 15.
Fig. 13.
Fig. 14.
Fig. 12.
Renard Direxit.
Nº 37.

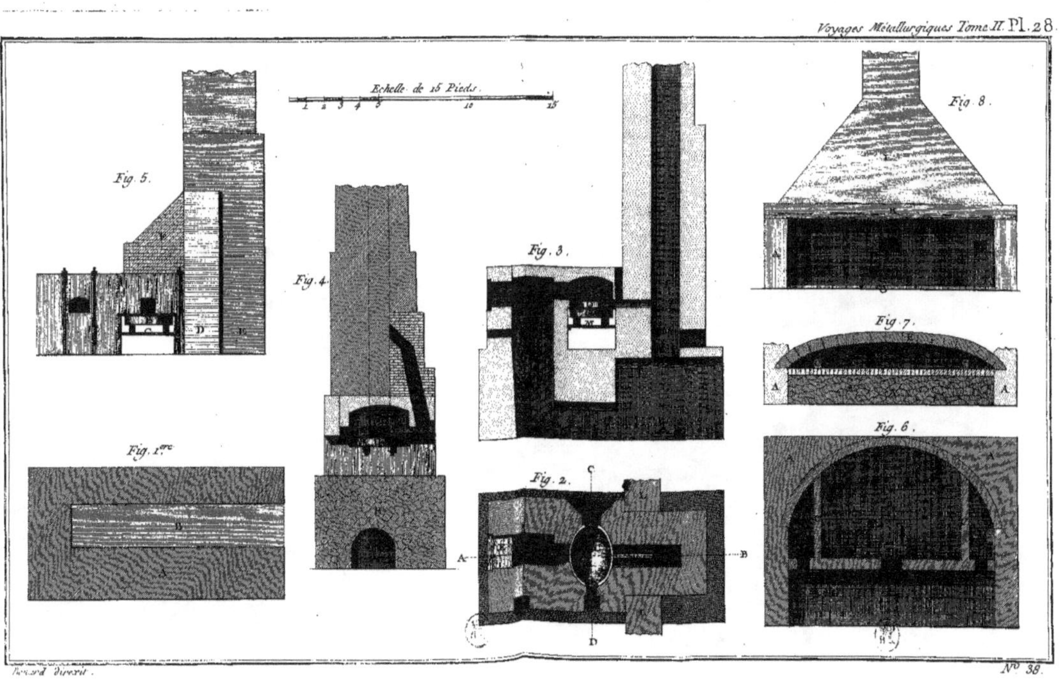

Voyages Métallurgiques Tome II. Pl. 28
Echelle de 15 Pieds.
Fig. 5.
Fig. 4.
Fig. 3.
Fig. 8.
Fig. 7.
Fig. 6.
Fig. 1re.
Fig. 2.
No. 38.